通用飞机复合材料典型损伤和修补技术

Typical Damage and Repair Technology of Composites in General Aviation Aircraft

刘　军　黄领才　刘松平　白金鹏　耿小亮　张猛创　著

国防工業出版社

·北京·

图书在版编目(CIP)数据

通用飞机复合材料典型损伤和修补技术/刘军等著.—北京:国防工业出版社,2022.9
ISBN 978-7-118-12606-8

Ⅰ.①通… Ⅱ.①刘… Ⅲ.①飞机-复合材料-损伤②飞机-复合材料-维修 Ⅳ.①V267

中国版本图书馆 CIP 数据核字(2022)第 150877 号

※

国防工業出版社出版发行
(北京市海淀区紫竹院南路 23 号 邮政编码 100048)
三河市腾飞印务有限公司印刷
新华书店经售

*

开本 710×1000 1/16 印张 26¼ 字数 460 千字
2022 年 9 月第 1 版第 1 次印刷 印数 1—2000 册 定价 138.00 元

国防书店:(010)88540777 书店传真:(010)88540776
发行业务:(010)88540717 发行传真:(010)88540762

致　读　者

本书由中央军委装备发展部**国防科技图书出版基金**资助出版。

为了促进国防科技和武器装备发展，加强社会主义物质文明和精神文明建设，培养优秀科技人才，确保国防科技优秀图书的出版，原国防科工委于1988年初决定每年拨出专款，设立国防科技图书出版基金，成立评审委员会，扶持、审定出版国防科技优秀图书。这是一项具有深远意义的创举。

国防科技图书出版基金资助的对象是：

1. 在国防科学技术领域中，学术水平高，内容有创见，在学科上居领先地位的基础科学理论图书；在工程技术理论方面有突破的应用科学专著。

2. 学术思想新颖，内容具体、实用，对国防科技和武器装备发展具有较大推动作用的专著；密切结合国防现代化和武器装备现代化需要的高新技术内容的专著。

3. 有重要发展前景和有重大开拓使用价值，密切结合国防现代化和武器装备现代化需要的新工艺、新材料内容的专著。

4. 填补目前我国科技领域空白并具有军事应用前景的薄弱学科和边缘学科的科技图书。

国防科技图书出版基金评审委员会在中央军委装备发展部的领导下开展工作，负责掌握出版基金的使用方向，评审受理的图书选题，决定资助的图书选题和资助金额，以及决定中断或取消资助等。经评审给予资助的图书，由国防工业出版社出版发行。

国防科技和武器装备发展已经取得了举世瞩目的成就，国防科技图书承担着记载和弘扬这些成就，积累和传播科技知识的使命。开展好评审工作，使有限的基金发挥出巨大的效能，需要不断摸索、认真总结和及时改进，更需要国防科技和武器装备建设战线广大科技工作者、专家、教授，以及社会各界朋友的热情支持。

让我们携起手来，为祖国昌盛、科技腾飞、出版繁荣而共同奋斗！

国防科技图书出版基金

评审委员会

国防科技图书出版基金
2018年度评审委员会组成人员

前　　言

当今，飞机结构不断向大型化、复杂化、轻巧化及精密化发展。先进复合材料作为航空、航天领域的四大结构材料之一已经得到了广泛应用。其不仅具有高的比强度和比模量、好的抗疲劳断裂和耐腐蚀性，而且具有材料可设计性和易于整体成型等优点，有利于实现结构和材料高度统一的优化设计。因此，复合材料的应用比例已经成为衡量飞机先进性的重要指标之一。虽然国内在复合材料结构设计和制造方面取得了一些成果，但在复合材料结构损伤修补和评定方面，与国外相比，起步较晚，依然有一些关键技术尚未解决，如对不同缺陷和损伤尚无具体和明确的修补方法，仅有的一些方法也未经正式的试验验证和长期的试用考核；修补材料和工艺还没有通过正式的鉴定；尚无正式批准的修补规范和指南等。航空公司虽然已经开始关注复合材料的修理，但尚未建立复合材料结构检测与修理的适航要求与符合性验证方法。目前，大型客机和运输机项目已经启动，这些关键技术的解决有助于加速复合材料在大型客机和运输机上的应用。

在工业和信息化部民机专项项目（MJ-Y-2013-26）、国家自然科学基金项目（51305351）、航空科学基金项目（2013ZA53010）和陕西省自然基金项目（2017JM5018）等项目资金的资助下，作者团队近年来在飞机复合材料结构修补强度分析和相关试验验证领域中探索和实践取得了一些成果，本书是这些成果的汇总。本书紧贴工程实际问题，具有较高的工程应用价值。

全书共分为 10 章：第 1 章为概论，主要介绍通用飞机使用复合材料的种类、结构类型、应用部位和设计特点、承载情况和服役环境等；通过缺陷与损伤种类识别、频次统计、程度评估等方法，梳理通用飞机复合材料结构缺陷与损伤类型和发生概率；根据 CAAC 以及 FAA 对通用飞机复合材料结构设计、使用、检测和维护等方面的适航要求及符合性验证技术文件，结合国内航空工业和航空公司在复合材料结构设计、制造、检测、维修方面的经验，开展通用飞机复合材料适航及符合性验证方法试验分析。第 2 章为复合材料理论介绍，主要介绍了复合材料在工程中经常用到的一些力学知识。包括复合材料层合板的经典理论，层合板的刚度、强度计算及相应的失效准则。第 3 章基于复合材料结构常见的损伤机理与缺陷类型，重点通过目视检测、敲击法检测、超声谐振法等检测技术，分析玻璃纤维、碳纤维复合材料结构损伤检测技术的适用性和经济性，评估适用于通用飞机复合材料结构缺陷及损伤的内场、外场检测方法和设备，制定通用飞机复合材料结构检测技术与方法的指导性技术规范。第 4 章介绍了修理选材试验技术，包含复合材料的许用值试验及理化性能试验，通过试验结果确定选材，同时为修补选材提供一种方法。第 5 章介绍了蜂窝夹层结构损伤及不同修理方法修理后试验技术，对蜂窝夹层结构穿孔、划伤等损伤进行侧压、弯曲试验，分析了不同修理方式修补损伤蜂窝夹层后的修复效果。第 6 章通过蜂窝夹层结构的各类损伤及修复后数值分析，研究了各类损伤在不同加载方式下的失效模式。第 7 章介绍了层合板损伤的力学性能试验技术，分析了各种损伤对层合板力学性能的影响及失效模式。同时采用机翼结构件进行修补验证。第 8 章通过层合板损伤和修补数值分析，研究了不同损伤下层合板的失效模式，给出不同修理方式修补损伤后层合板的力学性能。修补方式包括铺层修理、斜面修理、补片修理、切口修理等。考察了层合板的拉伸、压缩性能，确立最佳的修补方式。第 9 章开展了复合材料损伤修理容限分析，确立了损伤修理的判据，采用数值模拟的方法研究了层合板及蜂窝夹层结构的损伤修理容限，对复合材料修与不修、能修与不能修界限进行了分析。第 10 章针对复合材料的选材、损伤、修补的试验数据和分析数据建立相应数据库，包含元件级、构件级、部件级等模块内容。介绍了数据库的安装和使用方法。

在相关预研和型号项目的完成过程中，康建雄博士、谯盛军博士、华林博士生、段苗苗博士生、王星硕士、鲁静硕士、赵益民硕士生、朱占超硕士生等以及飞行器结构完整性技术工业和信息化部重点实验室的岳珠峰主任、管欣工程师、张少伟工程师等也承担了一定科研任务。书中有关内容采纳或参考了以上人员的相关论文和工作报告，并由王星硕士汇总完成书稿内容的整理工作。本书的完成还得到中航通用飞机有限责任公司、中航复合材料有限责任公司相关领导和工程技术人员的大力支持，在此一并表示感谢。同时，书中还引用了国内外其他专家学者的研究成果，由于疏忽或遗漏，可能没有标明出处，在此也表示由衷的歉意。

本书特点是内容系统、全面、工程实用性强，同时反映了近几年国内外在该领域的最新研究成果，可供相关专业的研究人员和工程技术人员参考。

由于作者水平有限，书中不妥之处在所难免，希望读者不吝批评指正。

作者

2020 年 4 月

目　　录

Contents

第1章 概 论

复合材料由于具有比强度高、比刚度高，抗振、抗疲劳、破损安全性、耐热性和成型工艺性好等优点，在现代航空结构中得到了越来越广泛的应用[1]。主要应用于雷达罩、垂直尾翼、水平尾翼、机翼、整流罩、腹鳍、内部接头和座舱盖、轮舱盖等部位。据报道，用复合材料制作的 F－16 飞机水平、垂直尾翼以及各种操纵面约占结构总重量的 3%。而在 F/A－18 飞机上，复合材料重量占结构总重量的 9%，表面积占总表面积的 35%[2]。目前，在航空领域，先进军用飞机的主承力构件上已广泛使用复合材料，所占比重达 25% 左右，直升机已达到 60%，无人机则高达 80%；航天方面，先进复合材料问世后已被大量运用于导弹、火箭、航天飞机和卫星结构上[3]。可见，复合材料在航空航天领域的需求及发展极具前景。

对于复合材料飞机结构，虽然有其众所周知的一系列优点，但是复合材料有其固有缺点，如在过载情况下，内力重新分配的能力差，甚至在较小的冲击载荷作用下，也可能造成内部分层。这种损伤会降低结构的刚度和强度，其抗压强度降低更加显著[4]。在实际应用中发现，由于完全不同于金属的组织结构，复合材料结构的抗冲击阻抗、抗冲击韧性低，而且受低速冲击后的损伤不像金属一样呈现在表面，而是隐藏于结构的内部。这些不可见的损伤可引起材料强度的急剧下降，它们往往出现在制造、修理、维护中[5]。在航空领域，飞行器中的复合材料构件不可避免地会受到飞鸟、冰雹等低速冲击，发生不可见的内部分层损伤，最终导致结构压缩强度的急剧降低，直接威胁到飞行器的使用安全。飞机在服役期间受损是难免的，为了确保飞机的正常使用或延寿的需要，必须对受损部位进行维修，或对受损构件进行更换。而对于那些受损不严重的构件，如果更换损伤结构，将花费大量的人力、物力和财力，而更换下来的材料又不能循环利用，不利于环保和可持续发展。因此，复合材料结构的修理具备广阔的市场需求。

本章简单介绍了复合材料修理的背景、复合材料典型损伤形式、修理方式及修理的适航要求等基本知识。

1.1 背景介绍

随着我国低空空域的逐步开放,通用航空产业正在高速发展壮大,特别是我国2010年颁布了《关于深化我国低空空域管理改革的意见》,确定通过5~10年的全面建设和深化改革,充分开发和有效利用低空空域资源,为我国通用飞机的发展带来契机,通用飞机将成为我国航空产业发展的一个非常重要的板块。仅目前我国自行设计研发和生产的各种通用飞机,已有800~1000架在投入营运,其中图1-1是我国生产和研制的几款通用飞机。

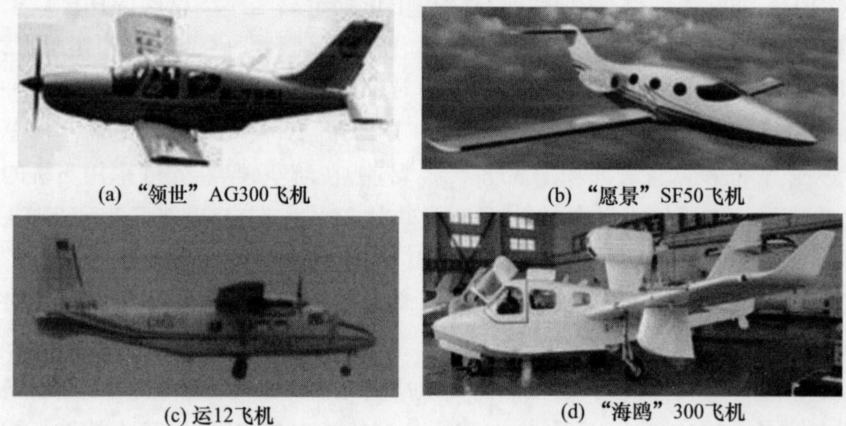

(a) "领世"AG300飞机　(b) "愿景"SF50飞机　(c) 运12飞机　(d) "海鸥"300飞机

图1-1　我国自行研制的通用飞机

预计到2035年,我国通用飞机数量在20000架以上。未来通用飞机将是我国航空产业的一个非常重要的支柱。为此,中航工业集团公司整合了国内从事通用飞机设计、制造、试飞等的专业工厂、院所,通过自主设计、引进和消化吸收,设计和生产出YU-15系列、小鹰500、AG50以及AG100等型通用飞机。

设计采用大量的轻质高效复合材料结构是目前国际上各大飞机制造企业提升其产品性能和市场竞争力的一个主要技术途径,通用飞机复合材料化是目前和今后的一个发展趋势。目前,大量采用的是低成本玻璃纤维和碳纤维复合材料结构,特别是随着碳纤维复合材料成本的降低,碳纤维复合材料也将会成为未来通用飞机设计采用的重要结构选材。

复合材料构件在制造过程中可能会产生分层、脱粘、撕裂等制造缺陷,在使用过程中可能产生撞击等损伤,而且由于复合材料吸能和各向异性等特点,往往会表现出材料内部损伤比表面目视损伤要严重得多的情况，缺陷和损伤如果不能得到及时有效的修理，将会影响复合材料结构完整性和受力以及成本，甚至威胁通用飞机的持续安全。为此，首先必须通过采用适用高效可靠的低成本无损检测技术和方法，进行复合材料结构的无损检测，及时对复合材料结构制造中产生的缺陷和使用过程中产生的损伤进行检测和预报，为修理工艺分析和修理结果评估提供数据基础，以便设计人员和制造工程师及时做出技术上的判断和给出后续处理技术方案。因此，在现代通用飞机制造和使用过程中，无损检测与修理制造已成为影响复合材料结构制造成本、生产效率和持续安全的一个重要支撑技术。因此，复合材料结构损伤检测技术与维修方法是飞机和材料制造商在型号研制阶段需要重点考虑的问题，检测与维修的经济性是制造商和航空公司关心的重要指标，直接关系到飞机运营的盈利水平，也关系到我国通用飞机在国内和国际上的竞争力。目前，我国通用飞机复合材料结构制造和使用维修经验匮乏，在通用飞机复合材料结构制造缺陷和损伤检测与修理方面的研究基础几乎空白，严重制约着我国通用飞机的应用和发展，不能满足我国低空空域开放以后通用飞机迅猛发展的需求。

目前在我国境内营运的通用飞机主要分为两类：一类是从国外直接引进的飞机，这类通用飞机营运过程中，主要是依据供应商提供的技术文件（如维修指南等）进行复合材料结构检测与维修，其维修用材料、工艺和检测方法等都需要按照供应商的技术文件执行，国内可介入的技术部位内容不多，也难以从技术上深度介入；另一类是由我国自己设计制造的通用飞机，如小鹰 500、Y－12、N5、Y5 以及目前正在研发的海鸥 300 等，目前已有超过 800 架以上的通用飞机投入营运，其中设计采用了大量的复合材料结构，主要是由中国航空工业集团公司设计制造。随着我国通用飞机研发和生产规模不断扩大，通用飞机不断批量投入使用，通用飞机制造和使用过程中的复合材料结构检测与维修问题日益迫切，目前复合材料结构无损检测与结构修理技术已成为影响通用飞机制造和使用低成本规模化发展的技术瓶颈，直接影响到我国通用飞机的市场营运和市场竞争力。近年来，业内专家一直在呼吁和建议尽快启动和开展通用飞机复合材料结构检测与修理方面的研究，在《民用飞机专项科研 2013 年技术研究类项目指南》中已将“通用飞机玻璃纤维复合材料结构检测与维修技术研究”列为第 28 个专题，旨在以玻璃纤维复合材料结构的检测与修理为突破口，兼顾通用飞机采用的碳纤维复合材料与玻璃纤维/碳纤维混杂复合材料结构的检测与修理，鼓励业内相关单位开展立项申请研究，以期解决我国通用飞机制造和使用过程中的复合材料结构检测与修理技术瓶颈。

1.2 国内外研究情况及最新进展

在通用飞机复合材料结构检测与修理研究方面,国外开始于20世纪70年代,随着通用飞机的复合材料化,近年通用飞机复合材料结构检测与修理已成为该领域的研究热点。在复合材料结构损伤技术研究层面:一方面,结合通用飞机及其复合材料结构,面向复合材料结构制造环境,开展复合材料结构损伤分析,研究制造缺陷成因、对结构使用性能的影响程度、预防方法,为结构修理和检测提供基本信息和指导;另一方面,研究通用飞机在使用过程中,可能产生的损伤及其对复合材料结构使用性能的影响,为结构修理和损伤评估提供判据。这方面的研究主要集中在:①制造缺陷与使用损伤的分析,例如,制造过程产生的分层、脱粘等缺陷,飞行过程中,遇到的鸟体撞击以及飞机在实际飞行过程中遭受到的各种外来物体的冲击等引起的损伤对复合材料结构使用性能的影响研究;②复合材料结构损伤模式和损伤行为等研究,例如,冲击引起的复合材料结构内部分层、横向裂纹、损伤面积和损伤深度等,为复合材料结构修理与检测提供指导;③缺陷与损伤模拟分析,这也是近几年提出的一个重要技术发展趋势,采用计算机模拟表征与计算分析技术,进行缺陷和冲击损伤预测及评估研究,从而为复合材料结构修理与检测提供数理指导和基础;④复合材料结构失效分析,这是复合材料结构今后的一个十分重要的发展趋势,是通过基于失效准则进行复合材料结构冲击损伤分析与预测,将复合材料结构损伤模式和力学性能以及检测技术相结合,给出复合材料结构是否失效的判断,通过需要将数值仿真结果与试验结果进行比对验证,其对未来通用飞机复合材料结构的修理与检测具有十分重要的意义。

在通用飞机复合材料适航性分析与符合性验证方法研究方面,国际上目前主要还是基于制造商的适航认证的管理方式。一方面,飞机制造商必须针对所研发和生产的机型,开展适航和支持适航的要求的符合性研究和足够的试验验证,例如西瑞公司针对设计的SR-20(见图1-2),1998年获得美国FAA适航证;另一方面,任何针对制造商机型的复合材料结构检测与修理技术方法或者工艺、用材等,都必须符合制造商相关文件或者手册、规范的要求,而且要有足够的目视验证试验,验证其适用性和有效性。目前国际上较为流行的就是按照FAA适航文件中的23部和25部相关章节的要求,由制造商建立相应的通用飞机复合材料适航性分析与符合性验证方法。针对通用飞机制造和使用,国外目前已经建立了相应的通用飞机复合材料选材、复合材料结构修理与检测的符合性验证方法,与复合材料结构修理与检测直接相关的适航符合性方面的文件有23

部、25 部以及 AC20－107B 等。技术上主要是依据适航条例和要求，制造商结合具体飞机型号及采用的复合材料结构及检测要求等，通过试验和大量的验证分析，建立通用飞机复合材料适航性分析与符合性验证方法。

图 1－2　西瑞公司设计的 SR－20 全复合材料飞机

国外在通用飞机复合材料损伤无损检测方法与适用性研究方面，开展了比较系统的研究，对通用飞机复合材料损伤机理、损伤检测方法、修理方法以及每种检测方法的适用性等方面都有了成体系的研究，并进行了大量的试验验证分析，已经积累了丰富的经验和较为成熟的条例。例如，FAA 在 20 世纪 70 年代中期就颁布了编号为 AC20－107 的"复合材料飞机结构"咨询通告，并于 2011 年颁布了该文件的新版本 AC20－107B，规定了复合材料结构的适航要求，其最新版本更是明确要求飞机复合材料结构应由适当机构来编制维护手册，其中就包括复合材料维护、损伤检测及修理方法。图 1－3 为 AC20－107B 对需要修理的损伤缺陷在载荷与损伤严重性不同时的分类，其中损伤类别 2、3、4、5 需要进行无损检测与修理。这就要求根据通用飞机复合材料及结构、工艺类型、损伤特点与严重性，研究制定合理有效可靠的无损检测方法，并且要建立符合性验证方法，通过试验验证所选择检测方法的符合性，复合材料结构缺陷和损伤的无损检测方法和缺陷评判值的依据需要由结构设计部门进行技术确认并给出。

在复合材料典型结构修理方法与数值分析研究方面，国外一直投入较多。早在 20 世纪 70 年代初期，澳大利亚航空实验研究所的 Baker 等人率先开展了复合材料的修补技术研究，英国、美国、法国等国家相继投入了众多的人力和大量的资金，对复合材料修理技术展开了全面的研究，经过近三十年的理论分析和实验研究，提出并验证了修补设计的分析方法，并在多种飞机上得到了成功应用[6]。国外最初的复合材料结构修理技术研究都是针对特定型号的特定结构，研究相应结构的修理方法、修理选材和修理工艺等。随着复合材料在民机结构上的应用，复合材料结构修理技术也随之得到了迅猛的发展。20 世纪 80 年代中期，随着长期的大量修理数据的积累和修理技术的成熟，国外在修理设计、修理材料、修理方法和修理设备方面取得了长足的进步，西方各大飞机公司开始在正式的设计文件和使用维护手册中规定较详细的复合材料结构的修理方法，并

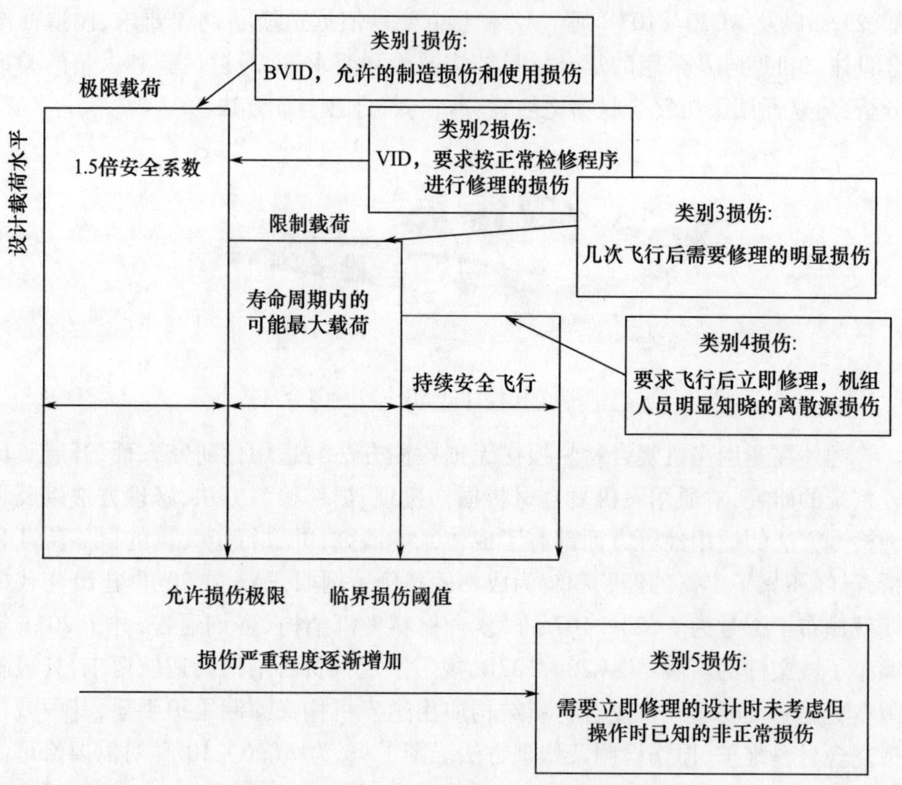

图1-3 设计载荷水平与损伤严重性类别关系图

针对具体型号制定了详细的结构修理手册。如德国空中客车公司(Deutsche Airbus)在修理工作中使用了各种各样应用于修理复合材料结构的文件,如SRM(结构维修手册)、CMM(部件维修手册)、ISB(检查服务通信)、SIL(服务信息信件)等;波音飞机公司提出的250℉固化的芳纶织物/环氧与芳纶织物/环氧-碳/环氧混杂复合材料结构的修理方法。美国FAA发出有关复合材料结构的咨询通告AC20-107A。其有关修理问题的规定是"维修手册中提供的修理程序,应通过分析或试验进行验证,证明该修理方法可恢复结构达到适航标准"等。近年来,相关的复合材料结构修理应用则更加完善具体,系列化的成套修理设备已大量推出和销售,如GMI、Heatcon等公司的修补仪和修补工具等系列产品。在修理材料方面,国外也做了大量系统深入的研究工作,推出了许多适用于不同环境条件下复合材料构件修理使用的树脂体系和胶粘剂,如RP-377、CG1300、RP-7020、Redux319等,使其修理技术更趋成熟[7]。总的来说,国外复合材料修理技术方面的问题已得到比较好的解决,但仍在不断研究和发展中。随着国外修理技术的发展,为了更好地适应飞机复合材料修理市场的需求,目前已开始进行复合材料结构修理的自动化技术的研究。另外,由于各个飞机公司均以自己具体型号的复合材料结构及材料牌号来发展修理技术,因此,相应的修理技术不能很好地共用。随着复合材料修理行业的进一步发展,修理技术的标准化问题已在业界内开始尝试解决。为此,美国和欧洲共同组建了商用飞机复合材料修理委员会(CACRC),该委员会自1991年以来,一直在做如推动一些复合材料修理方面的标准规范的制定等工作。但在复合材料修理认证标准的问题上,目前业内始终难以得出一个一致性意见。针对通用飞机复合材料结构,总体上,国外目前建立了较为可行和配套的复合材料结构修理方法和计算分析方法及相关规范、标准等。

国外在通用飞机复合材料结构数据库建设方面比较成体系,利用通用飞机供应商提供的修理手册、修理指南、技术通报等可以直接检索到复合材料零件的修理工艺方法、修理材料、修理容限、检测方法、验收规范等。我国目前尚未建立通用飞机复合材料结构数据库,近年中航通用飞机有限责任公司(简称中航通飞)和中航复合材料有限责任公司(简称中航复材)开始规划和构建策划这方面的工作。

我国在通用飞机复合材料结构损伤分析方面尚处于起步阶段,开展过部分原理性损伤试验分析和探索性研究,对通用飞机复合材料结构损伤有一定的认识和了解。通用飞机复合材料结构的冲击损伤是一个多种因素综合作用下的复杂过程,多年以来,如何准确评估和预测通用飞机复合材料结构的冲击损伤一直是我国在通用飞机领域内面临的难题。

国内在通用飞机复合材料适航性分析与符合性验证方法研究方面十分欠缺,由于对外购的国外通用飞机,需要严格执行供应商的技术条例和指南,故目前主要对我国自主研发和生产的通用飞机,在开展一些相关研究。例如,中航复合材料有限责任公司依托民机预研项目已进行了一些前期探索性研究,在十二五"民机全尺寸复合材料尾翼"课题和"民机复合材料机翼"课题中开展了复合材料模拟适航研究,并取得了阶段研究成果,积累了一定经验,这些都为开展通用飞机复合材料适航性分析与符合性验证方法研究打下了较好的基础。

国内目前已经有一些用于通用飞机复合材料结构无损检测的仪器方法,也已在实际中应用,但在适航符合性研究与试验验证方面,所开展的技术研究工作不多,也尚未建立我国自己的通用飞机无损检测方法与符合性验证方法。但在我国民机研发过程中,开展过一些相关的无损检测方法与符合性方面的前期工作,例如,在MD-82、AE100、ARJ-21等民机研发过程中,开展了复合材料无损检测方法及适航性方面的研究工作,并取得了阶段性研究成果,有了一定的经验,为开展通用飞机复合材料无损检测方法与符合性验证方法研究打下了较好的基础。

在复合材料结构修理基础研究方面,国内有关院校在复合材料结构损伤剩余强度、修理容限、贴补/挖补修理结构设计方法和新型修理用固化技术(微波、电子束、激光)方面进行了较多的基础性的研究,为复合材料结构修理技术奠定了一定的理论基础。在修理技术的工程化应用方面,国内部分飞机公司在引进与合作的基础上,进行了实际修理工作并取得了一定的经验;部分科研单位也在工程项目的生产制造时进行了某些缺陷和损伤的修复研究工作等。例如,"九五"期间,由中航601所和中航复材等单位共同开展了"树脂基复合材料结构修理技术研究",并编制出版了《复合材料结构修理指南》。总体来看,随着近年来国内先进树脂基复合材料在通用飞机上的大量应用,与复合材料结构相关的修理技术的研究已逐步受到重视,在开展一些研究工作,但我国研制和生产的通用飞机复合材料的修理问题尚未解决。主要表现在对不同的复合材料缺陷和损伤尚无具体和明确的评定标准和修理方法,修理方法未走积木式试验的全过程,未经正式的试验验证和长期的使用考核,修理仪器和工具也无专业厂家生产销售,还没有通过鉴定的系统性修理材料和工艺,还没有实用的飞机复合材料维修手册等,在复合材料结构修理数值模拟分析方面研究工作还有待迎头赶上。

通用飞机复合材料结构检测与维修的损伤容限评估技术是复合材料结构设计应用和飞机设计中最为关键的技术之一。针对通用飞机复合材料结构检测与维修的损伤容限评估准则,其技术内核细节和技术诀窍保密性非常强,一般不对外公布和发表,国外在飞机设计和研发过程中,十分重视通用飞机复合材料结构检测与维修的损伤容限评估技术的研究,目前国外通用飞机制造商基本上都已形成了自家设计生产的通用飞机复合材料结构检测与维修的损伤容限评估准则或者规范标准,以此作为通用飞机在使用过程中的复合材料结构修理容限和依据。国内在这方面的研究工作比较薄弱,对于进口的通用飞机,主要是严格按照供应商提供的修理文件,严格执行相关的通用飞机复合材料结构检测与维修的损伤容限评估细则和手册。近年来,中航通飞和中航复材开始在筹划和启动这方面的研究工作,特别是中航通飞收购了美国的西锐飞机公司后,对开展通用飞机复合材料结构检测与维修技术的研究提供了很好的技术标杆。

国内目前还尚未能建立通用飞机复合材料结构数据库,近年中航通飞和中航复合材料在开始这方面的规划和构建策划工作。

综上所述:①国外通用飞机复合材料结构检测与修理首先是需要以飞机的设计制造商为主体,针对具体机型及其所采用复合材料结构,按照适航和持续适航要求,在系统研究和大量试验验证基础上,真正有效建立复合材料结构检测与修理技术体系。②通用飞机使用过程中,主要是执行制造商提供的有关检测与修理手册、规范、标准等。③任何针对制造商飞机型号的复合材料结构检测与修理必须符合制造商的手册、规范、标准等技术要求,并且只有通过了制造商的认证后才能使用。④国内总体上，在通用飞机复合材料结构检测与修理方面的适用研究非常匮乏，十分缺少有效的试验数据和验证数据。⑤我国复合材料结构检测与修理技术研究，必须顺应世界潮流和发展趋势，以通用飞机制造商为龙头，从设计、材料、工艺、检测、试验验证与数值分析综合考虑，统筹研究。同时，在修理材料的开发、修理工艺的适应性研究以及修理设备的研发方面，进行相应的技术突破和加大试验验证。

1.3 复合材料结构修理适航要求

在《正常类、实用类、特技类和通勤类飞机适航规定》(CCAR－23－R3)中，涉及通用飞机复合材料结构设计适航条例的条款有9条。我们对这些条款进行梳理，并结合型号设计经验给出了每一条款的验证方法。为了让验证条款有一个明确的思路，本节同时对部分条款的验证方法进行了分析。

根据前期的资料整理及查询，发现适航上对于结构修理问题主要以咨询通告(AC)的形式给出指导。美国联邦航空管理局(FAA)发布的与通用飞机复合材料胶接修理相关的AC包括AC20－107B(复合材料飞机结构)、AC21－26A(quality system for the manufacture of composite structures，复合材料结构制造质量体系)、AC145－6(航空器航线维修)、AC65－33(复合材料维修技术文件信息的培训/管理方案的制定)和AC43－214(飞机复合材料搭接结构的修理和改装)等。

1.3.1 修理的相关条款

对于复合材料制件的修理和修理的适航验证的主要依据是CCAR－23－R3《正常类、实用类、特技类和通勤类飞机适航规定》。涉及的条款如表1－1所示。

表1－1　CCAR－23－R3复合材料修理相关条款汇总

序号	条款章节及内容
1	23.303 安全系数
	除非另有规定，安全系数必须取1.5。
2	23.305 强度和变形
	(a)结构必须能够承受限制载荷而无有害的永久变形。在直到限制载荷的任何载荷作用下，变形不得妨害安全运行。 (b)结构必须能够承受极限载荷至少三秒钟而不破坏，但是如果结构能够承受要求的极限载荷至少三秒钟，则在限制载荷与极限载荷之间产生局部失效或结构失稳是可接受的。当用模拟真实载荷情况的动力试验来表明强度的符合性时，此三秒钟的限制不适用。

续表

序号	条款章节及内容
3	23.307 结构符合性的证明 (a)必须表明每一临界受载情况下均符合第23.305条强度和变形的要求。只有在经验表明某种分析方法对某种结构是可靠的情况下,对于同类结构,才可用结构分析来表明结构的符合性。否则,必须进行载荷试验来表明其符合性。如果模拟该用于设计的载荷情况,则动力试验包括结构飞行试验是可以接受的。 (b)结构的某些部分必须按照本规章D章的规定进行试验。
4	23.573 结构的损伤容限和疲劳评定 (a) 复合材料机体结构　复合材料机体结构必须按本条要求进行评定,而不用第23.571和第23.572条。除非表明不可行,否则申请人必须用本条(a)(1)至(a)(4)规定的损伤容限准则对每个机翼(包括鸭式、串列式机翼和翼尖小翼)、尾翼及其贯穿结构和连接结构、可动操纵面及与其连接结构、机身和增压舱中失效后可能引起灾难性后果的复合材料机体结构进行评定。如果申请人确定损伤容限准则对某个结构不可行,则该结构必须按照本条(a)(1)和(a)(6)进行评定。如果使用了胶接连接,则必须按照本条(a)(5)进行评定。在本条要求的评定中,必须考虑材料偏差和环境条件对复合材料的强度和耐久性特性的影响。 (1) 必须用试验或有试验支持的分析表明,在所使用的检查程序规定的检查门槛值对应的损伤范围内,带损伤结构能够承受极限载荷。 (2) 必须用试验或有试验支持的分析确定,在服役中预期的重复载荷作用下,由疲劳、腐蚀、制造缺陷或冲击损伤引起的损伤扩展率或不扩展。 (3) 必须用剩余强度试验或有剩余强度试验支持的分析表明,带有可检损伤的结构能够承受临界限制飞行载荷(作为极限载荷),该可检损伤范围与损伤容限评定结果相一致。 对于增压舱,必须承受下列载荷: (ⅰ) 正常使用压力与预期的外部气动压力相组合,并与临界限制飞行载荷同时作用; (ⅱ) 1G飞行时预期的外部气动压力与等于1.1倍正常使用压差的座舱压差相组合,不考虑其他载荷。 (4) 在初始可检性与剩余强度验证所选的值之间的损伤扩展量(除以一个系数就得到检查周期)必须能够允许制定一个适于操作和维护人员使用的检查大纲。 (5) 对于任何胶接连接件,如果其失效可能会造成灾难性后果,则必须用下列方法之一验证其限制载荷能力: (ⅰ) 必须用分析、试验或两者兼用的方法确定每个胶接连接件能承受本条(a)(3)的载荷的最大脱胶范围,对于大于该值的情况必须从设计上加以预防; (ⅱ) 对每个将承受临界限制设计载荷的关键胶接连接件的批生产件都必须进行验证检测; (ⅲ) 必须确定可重复的、可靠的无损检测方法,以确保每个连接件的强度。 (6) 对于表明无法采用损伤容限方法的结构部件,必须用部件疲劳试验或有试验支持的分析表明其能够承受服役中预期的变幅重复载荷。必须完成足够多的部件、零组件、元件或试片试验以确定疲劳分散系数和环境影响。在验证中必须考虑直至可检性门槛值和极限载荷剩余强度的损伤范围。

续表

序号	条款章节及内容
5	23.603 材料和工艺质量 (a) 其损坏可能对安全性有不利影响的零件所用材料的适用性和耐久性必须满足下列要求： (1) 由经验或试验来确定； (2) 符合经批准的标准，保证这些材料具有设计资料中采用的强度和其他性能； (3) 考虑服役中预期的环境条件，如温度和湿度的影响。 (b) 工艺质量必须是高标准的。
6	23.605 制造方法 (a) 采用的制造方法必须能生产出一个始终完好的结构。如果某种制造工艺（如胶接、点焊或热处理）需要严格控制才能达到此目的，则该工艺必须按照批准的工艺规范执行。 (b) 飞机的每种新制造方法必须通过试验大纲予以证实。
7	23.609 结构保护 每个结构零件必须满足下列要求： (a) 有适当的保护，以防止使用中由于任何原因而引起性能降低或强度丧失，这些原因中包括： (1) 气候； (2) 腐蚀； (3) 磨损。 (b) 有足够的通风和排水措施。
8	23.613 材料的强度性能和设计值 (a) 材料的强度性能必须以足够的材料试验为依据（材料应符合标准），在试验统计的基础上制定设计值。 (b) 设计值的选择必须使因材料偏差而引起结构破坏的概率降至最小。除本条(e)的规定外，必须通过选择确保材料强度具有下述概率的设计值来表明符合本款的要求： (1) 如果所加的载荷最终通过组件内的单个元件传递，而该元件的破坏会导致部件失去结构完整性，则概率为99%，置信度95%； (2) 对于单个元件破坏将使施加的载荷安全地分配到其他承载元件的静不定结构，概率为90%，置信度95%。 (c) 至关重要的部件或结构在正常运行条件下热影响显著的部位，必须考虑温度对设计许用应力的影响。 (d) 结构的设计，必须使灾难性疲劳破坏的概率减至最小，特别是在应力集中处。 (e) 对于一般只能用保证最小值的情况，如果在使用前对每一单项取样进行试验，确认该特定项目的实际强度性能等于或大于设计使用值，则通过这样"精选"的材料采用的设计值可以大于本条要求的保证最小值。

续表

序号	条款章节及内容
9	23.867 电气搭铁和闪电与静电防护
	(a) 必须防止飞机因受闪电而引起灾难性后果。 (c) 对非金属组件可用下列措施之一表明符合本条(a)的要求: (1) 该组件的设计使闪电的后果减至最小; (2) 装有可接受的分流措施将产生的电流分流,以使其不危及飞机。

1.3.2 修理的相关条款分析

1. 第 23.303 条　安全系数

分析:维修过程中采用的数值模拟和分析等,同样需要引入安全系数。

2. 第 23.573 条　结构的损伤容限和疲劳评定

分析:通过试验室试验的方法对复合材料修理所用材料、结构形式和修理方法在损伤容限和疲劳方面的性能做评估,以使修理后结构满足本条款的要求。

3. 第 23.603 条　材料和工艺质量

分析:修理对于安全性有不利影响的零件所用材料。材料的适用性和耐久性必须通过经验或试验表明符合性。试验采用的标准必须是经过批准的。同时,材料的选用必须考虑预期服役中的环境和修理实施现场的环境限制。

4. 第 23.605 条　制造方法

分析:对复合材料修理的工艺方法要严格控制,确保修补零件质量的稳定。同时制定工艺规范,需要适航批准。对于新的制造方法必须通过批准的试验方法来进行验证。

5. 第 23.609 条　结构保护

分析:复合材料修理过程中要充分考虑结构保护的问题。

6. 第 23.613 条　材料的强度性能和设计值

分析:复合材料修理用的材料,材料设计值必须通过足够的试验来确定。材料试验要引入环境影响,修理方案制订必须使灾难性疲劳破坏的概率减至最小,特别是在应力集中处。

载荷最终通过组件内的单个元件传递,而该元件的破坏会导致部件失去结构完整性,则概率为 99% ,置信度 95% 。对于单个元件破坏将使施加的载荷安全地分配到其他承载元件的静不定结构,概率为 90% ,置信度 95% 。

7. 第 23.867 条　电气搭铁和闪电与静电防护

分析:复合材料修理设计必须使闪电的后果减至最小,飞机正常的分流措施必须恢复,使电流分流。

复合材料结构检测和修理的适航符合性验证，主要是对修理流程中涉及的适航条款进行验证。验证的方法以咨询通告 AC20－107B 为基础，见表 1－2。

表 1－2　修理流程涉及的适航条款的验证思路

序号	修理流程	适航条款	验证思路
1	无损检测	23. 605(a)	AC20－107B－10b(1)(2) 通过试验证明检测方法的可靠性和置信度，并形成无损检测规范
2	损伤修理性评估	23. 303、 23. 305、 23. 307、23. 573、23. 605	AC20－107B－10a、AC20－107B－10c 通过计算完成修理性评估，并形成计算报告；计算方法需要说明可靠性或通过试验进行验证
3	损伤修理材料、工艺、方法、设备	23. 603、23. 605、23. 613	AC20－107B－10b 通过工艺试验和力学性能试验验证，形成材料规范和工艺规范
4	修理后结构强度和刚度评估	23. 303、23. 305、23. 307、23. 573	AC20－107B－10c 强度评估报告
5	修理实施	23. 605	AC20－107B－10b(3) 工艺规程
6	修理后的适航性恢复	23. 609、23. 867	AC20－107B－10b(3)(4) 维护记录

1.4　复合材料结构典型损伤类型

1.4.1　复合材料结构缺陷

复合材料结构缺陷是复合材料生产制造过程中产生的，树脂基复合材料结构缺陷主要包括贫胶、富胶、空隙、分层、脱粘、厚度超差、疏松、翘曲或扭曲、表面压痕、夹杂物等，如表 1－3 所列。

表 1－3　树脂基复合材料主要制造缺陷

缺陷类型	主要产生原因
贫胶	含胶量控制不严；加压点控制不好
富胶	含胶量控制不严；加压点控制不好
空隙	组合体中空的、未被填充的空间，可能是固化时树脂流动性差而导致发泡作用引起，或者是由于树脂里混入在固化温度下能产生气体的物质引起。可用无损检测仪器或 X 射线检查
分层	多层结构中相邻层的分离。产生的原因主要有：①预浸料被污染；②工艺过程控制不好；③含有夹杂物

续表

缺陷类型	主要产生原因
脱粘	①胶接表面污染;②固化过程控制不好;③装配不协调
厚度超差	含胶量控制不严;加压点控制不好
疏松	加压点控制不好
翘曲、扭曲	与理论外形不符。主要原因:①含胶量控制不均匀;②铺层角度有误
表面压痕	模具或粘在模具上的外来物夹杂在固化期间造成的凹坑或低洼。一般表现为纤维变形,但没有断裂
夹杂物	外来物(如薄膜、盖纸碎片等)混入叠层件

1.4.2 复合材料结构损伤

在飞机服役期,由于飞机滑行时跑道上的沙石,飞行时遭受鸟撞、冰雹、雷击,以及维护过程中的不当操作(如修理时工具的掉落等)等,飞机复合材料结构可能产生各种不同类型的损伤,如表面划伤、表面氧化损伤、孔变形、分层、脱胶、蜂窝与层板脱粘、边缘损伤、凹陷、穿透损伤等,具体见表 1-4、表 1-5。

表 1-4　树脂基复合材料主要损伤形式

损伤	产生主要原因
表面划伤	使用维护不当
表面氧化损伤	①雷击;②燃烧、过热;③枪弹冲击
孔变形	受挤压破坏或超载
分层	冲击损伤
脱胶	冲击损伤;超载
蜂窝与层板脱粘	冲击损伤
边缘损伤	口盖或可拆卸部件操作不当
凹陷	冲击损伤(石头飞溅、工具掉落);在不准踩踏处走过
穿透损伤	枪弹冲击;尖锐物体冲击

表 1-5　复合材料结构典型损伤类型

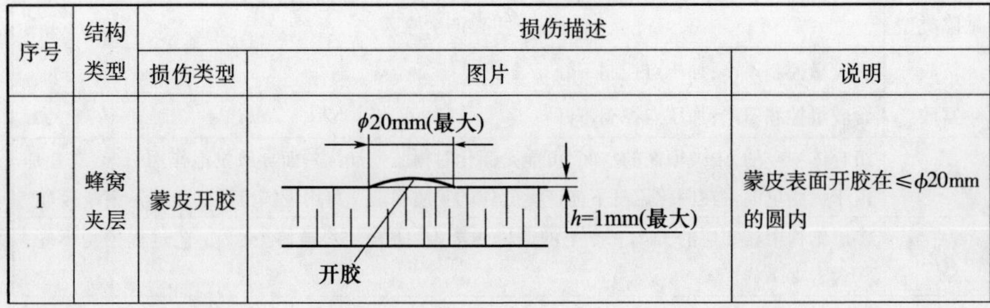

序号	结构类型	损伤描述		
		损伤类型	图片	说明
1	蜂窝夹层	蒙皮开胶	ϕ20mm(最大) h=1mm(最大) 开胶	蒙皮表面开胶在≤ϕ20mm 的圆内

续表

序号	结构类型	损伤描述		
		损伤类型	图片	说明
2	泡沫夹层	蒙皮开胶	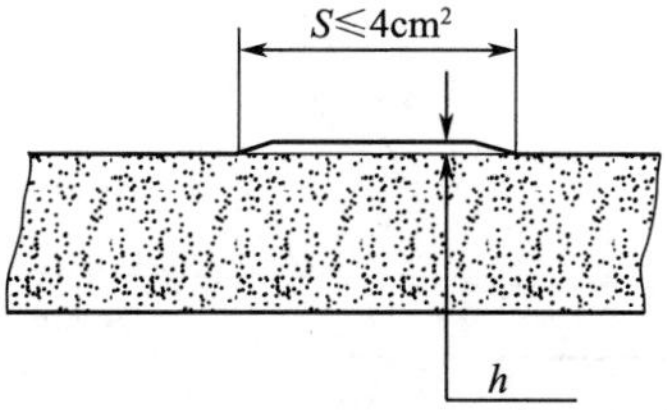	蒙皮与泡沫芯开胶，其面积 $S \leqslant 4cm^2$，且高度 $h \leqslant 1mm$
3	蜂窝夹层	穿孔	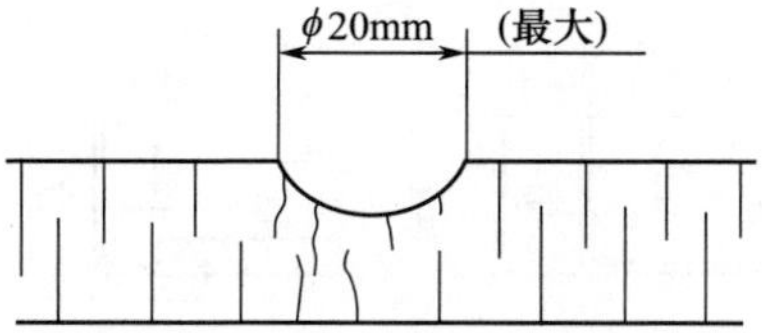	蒙皮穿孔且蜂窝芯损坏，缺陷在 ϕ20mm 内
4	泡沫夹层	穿孔	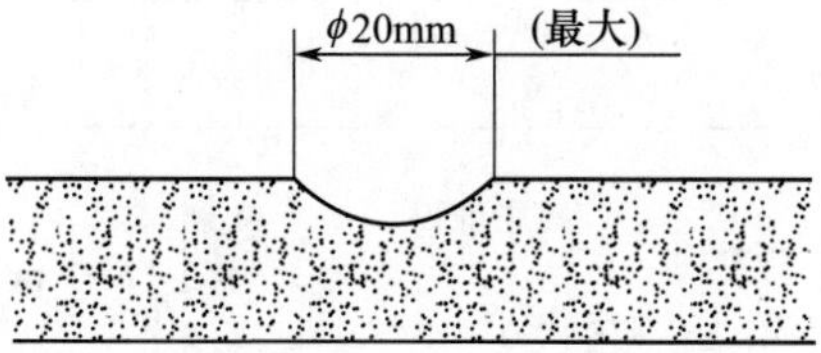	蒙皮损坏且泡沫损坏，缺陷在 $\leqslant \phi$20mm
5	层板或夹层表面	划伤	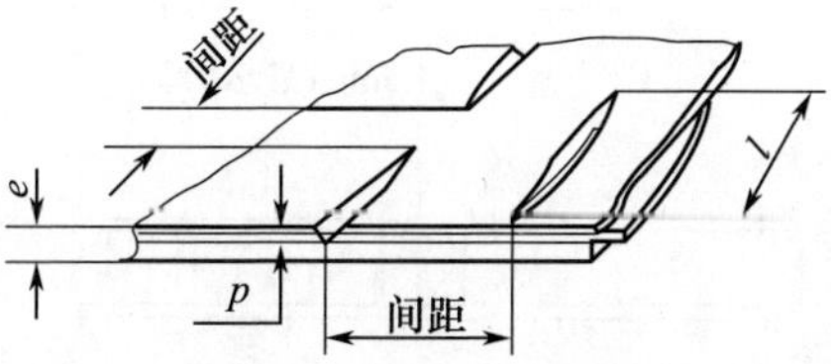	划伤深度 $p \leqslant 20\% e$；划伤长度 $l \leqslant 30mm$；两个划伤间距 $\geqslant 100mm$
6	层板或夹层表面	布未断的波纹	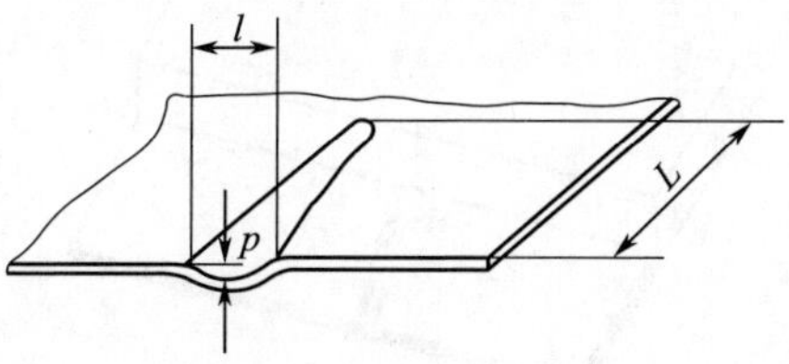	标准Ⅰ：$l/p \leqslant 4$ 或 $p > 1mm$；$L \leqslant 3mm$；标准Ⅱ：$l/p \geqslant 4$ 和 $p \leqslant 1mm$；L 没有限制

续表

序号	结构类型	损伤描述		
		损伤类型	图片	说明
7	夹层结构	露出蜂窝	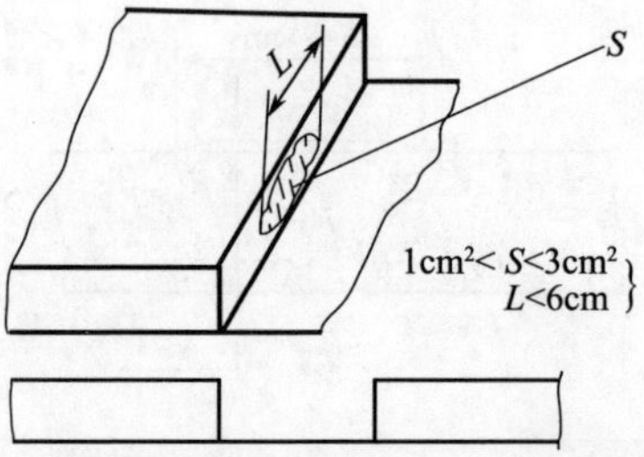	在夹层板上露出蜂窝
8	夹层或实体件	多层分层	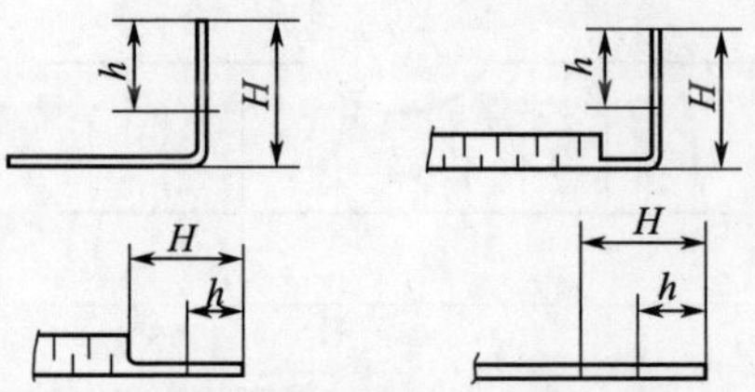	在胶接面或胶接的反面2层布（n层布）分层。H—胶接表面层，h—分层高度
9	夹层结构		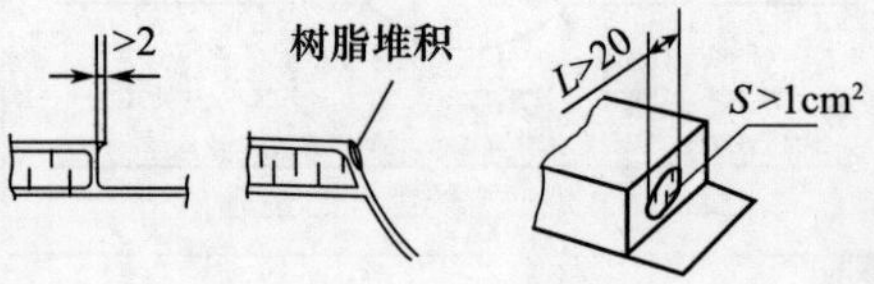	树脂堆积、布滑移和蜂窝露出
10	夹层结构		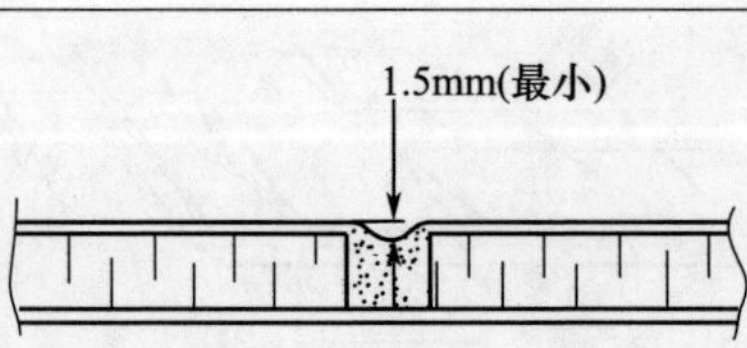	蜂窝接缝下陷>1.5mm
11	夹层边缘	断裂	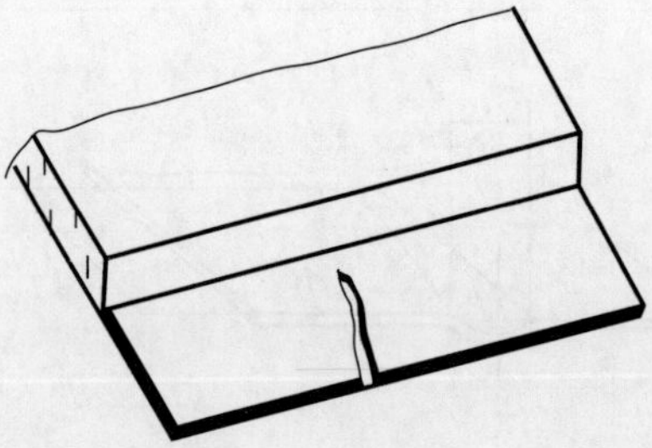	

续表

序号	结构类型	损伤描述		
		损伤类型	图片	说明
12	层板结构	穿孔	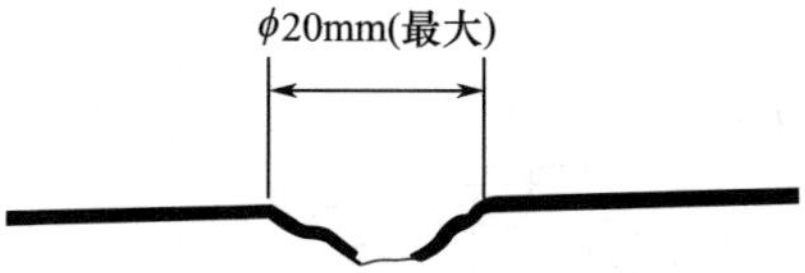 ϕ20mm(最大)	穿孔在直径≤ϕ20mm 的圆内
13	层板结构	分层	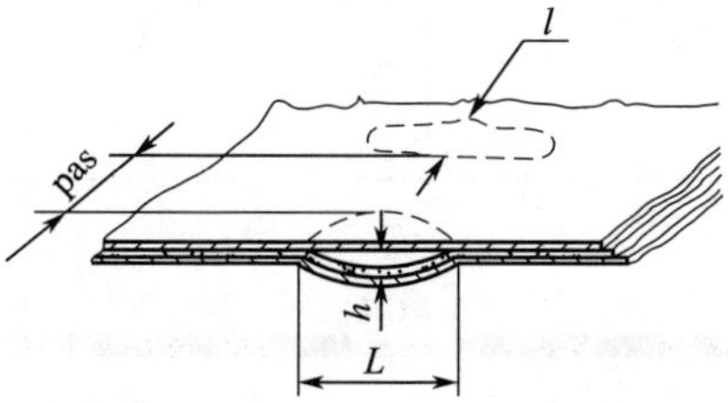 l pas h L	布层局部分离：l——缺陷宽度；L——缺陷长度；h——缺陷的最大挠度；pas——2 个缺陷之间的距离
14	实体组件	胶接边缘裂纹	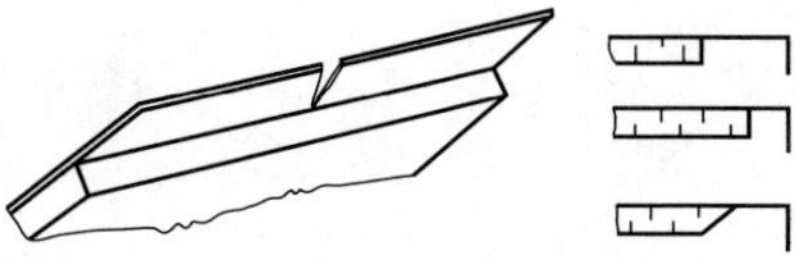	实体板边缘裂纹
15	实体元件	裂口裂纹分层	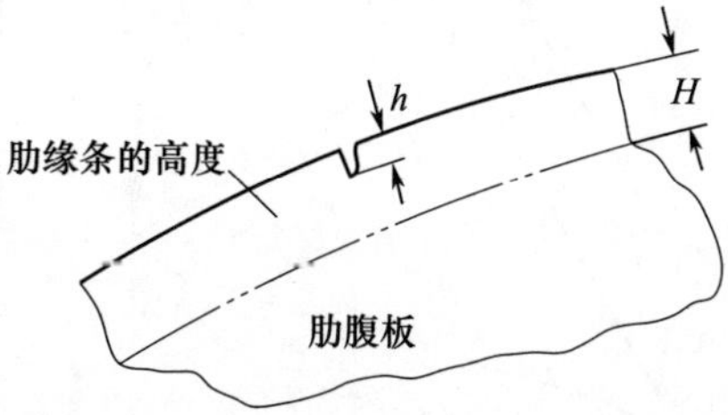 h H 肋缘条的高度 肋腹板	由 $h \leqslant \frac{1}{10}H$ 所限定的缺陷
16	实体元件	肋缘条裂口	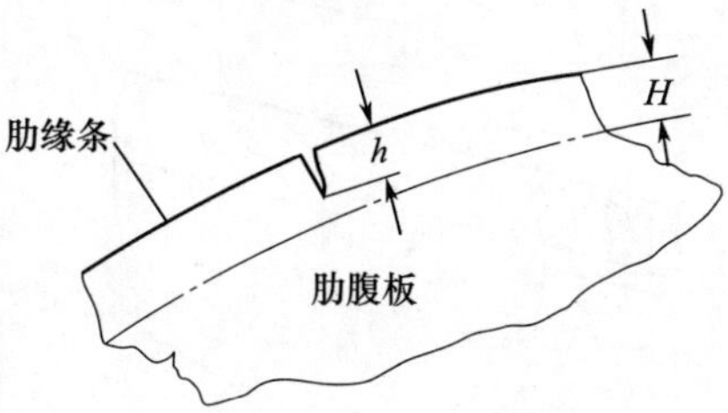 H 肋缘条 h 肋腹板	规定的缘条裂口：$\frac{H}{10}<h \leqslant H$

续表

序号	结构类型	损伤描述		
		损伤类型	图片	说明
17	实体元件	深起鳞	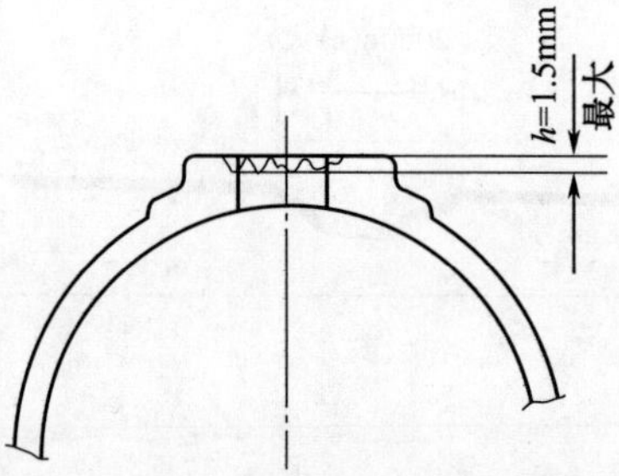	在凸起部位起鳞，最大厚度达 1. 5mm
18	夹层或实体件	表皮或边缘起鳞		碳纤维布的裂痕、分层或擦伤；缺陷在直径 ≤ φ20mm 的圆内
19	实体件	断裂	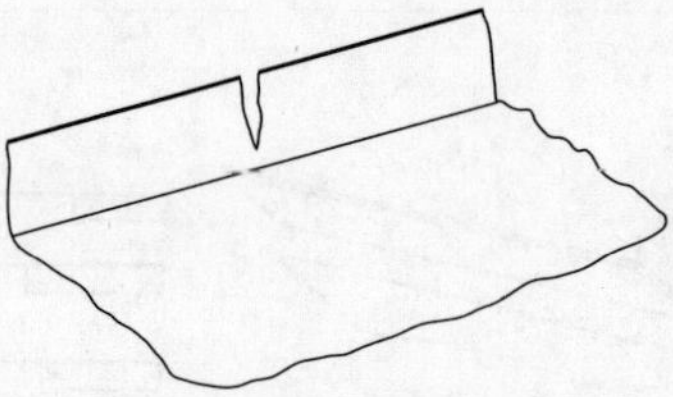	
20	实体件	断裂	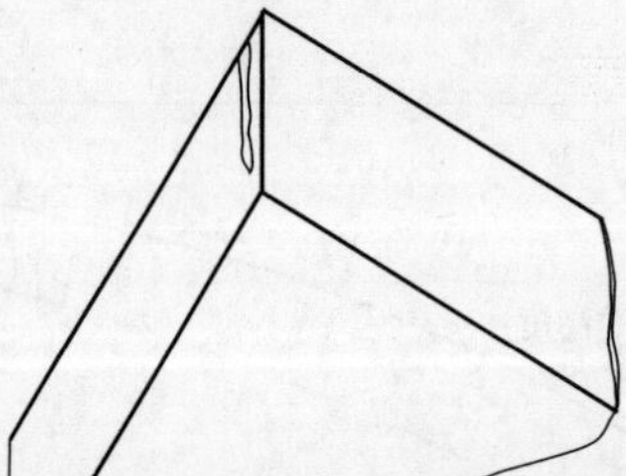	
21	实体件	分层	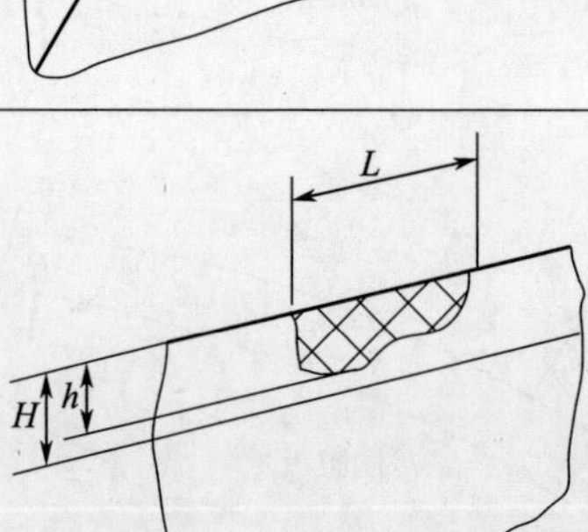	$h \leqslant H$

续表

序号	结构类型	损伤描述		
		损伤类型	图片	说明
22	实体件或蜂窝边缘	分层	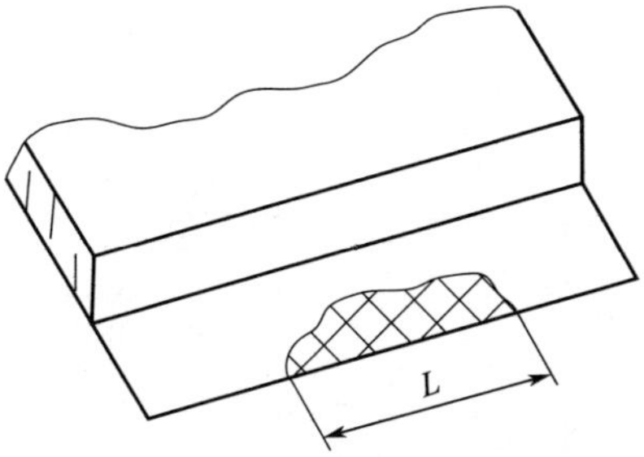	
23	实体件或蜂窝边缘			在 20mm×200mm 矩形区的压实不良,且表面不外观不良
24	实体或夹层件	划伤	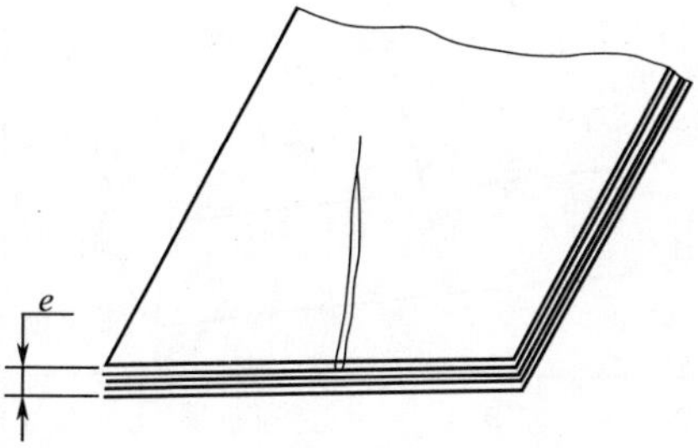	深度<20% 厚度的划伤
25	实体或夹层件	褶皱	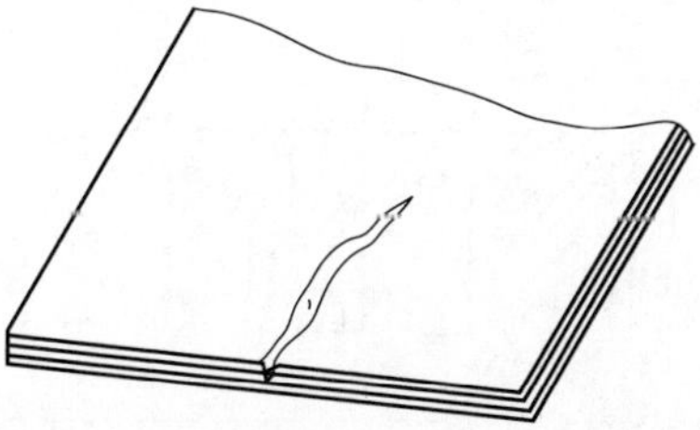	布层形成褶皱,但没有断裂。深度在 0.3~1mm
26	夹层或实体件	褶皱	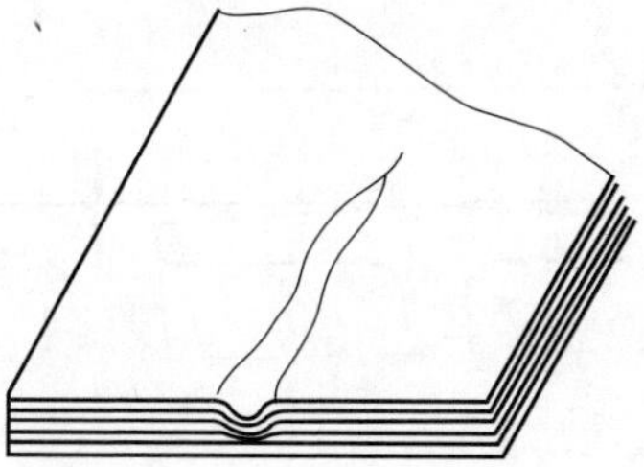	布层形成褶皱,但没有断裂。深度>1mm

续表

序号	结构类型	损伤描述		
		损伤类型	图片	说明
27	实体件		$e>0.5$	锥体胶接区平直不良
28	实体件			中央加强件上截面不足
29	层板结构胶接	胶接面缺陷	长度不受限制 胶接缺陷 胶接区 $l_1+l_2=l$ l_1 l l l L l_2	由于缺胶或胶缝断裂，两个或若干个组件局部分离或全部分离。 $l \leq x\% L$
30	元件胶接	胶接表面不平	0.8 0.8(最大)	与肋胶接的凸缘表面不平

续表

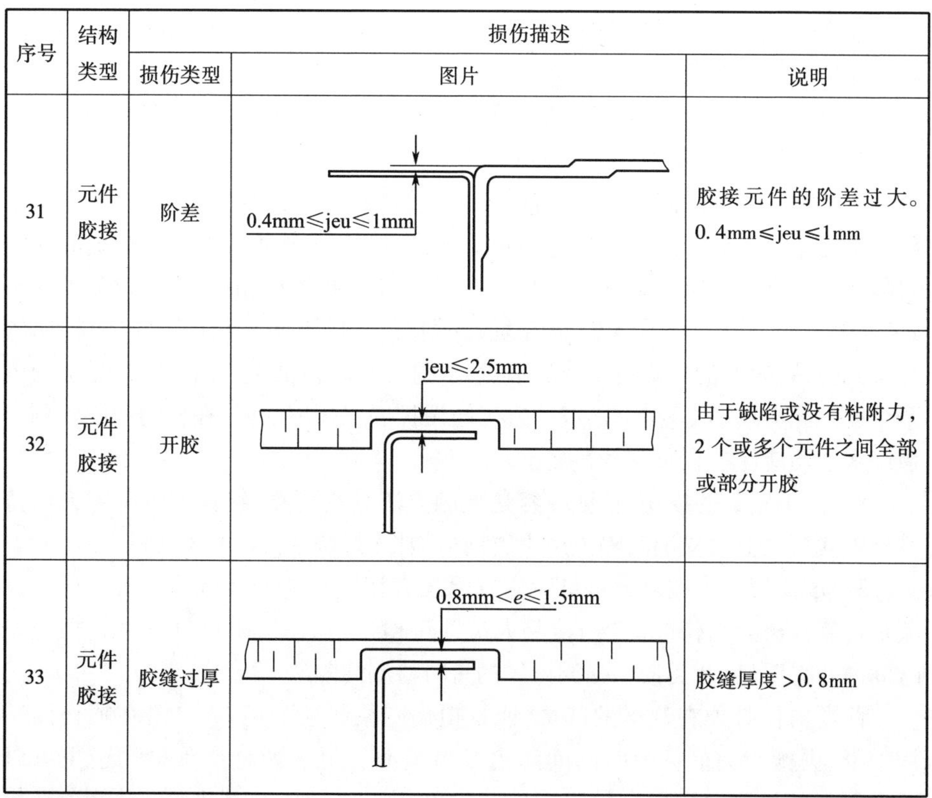

序号	结构类型	损伤描述		
		损伤类型	图片	说明
31	元件胶接	阶差	0.4mm≤jeu≤1mm	胶接元件的阶差过大。0. 4mm≤jeu≤1mm
32	元件胶接	开胶	jeu≤2.5mm	由于缺陷或没有粘附力，2 个或多个元件之间全部或部分开胶
33	元件胶接	胶缝过厚	0.8mm<e≤1.5mm	胶缝厚度 >0. 8mm

1.4.3 损伤分类

在 AC20－107B 的第 8 节“结构的验证——疲劳和损伤容限”的 c 小节指出：一旦损伤威胁评估完成后，各类损伤可分为 5 个类别，如下所述（如图 1－3 所示）。申请人在与管理机构协商一致后也可采用有助于描述疲劳和损伤容限验证的其他损伤类别。

1. 类别 1：周期性检测或指导性外场检测未检出的允许损伤或允许的制造缺陷（不影响载荷水平）

在保持极限载荷（UL）能力情况下，存在类别 1 损伤的结构验证含可靠服役寿命的证明。也就是说，若结构中存在类别 1 的损伤，必须证明结构在具有极限载荷能力的情况下可以全寿命可靠服役。根据定义，这类损伤必须满足本通报第 7 章的要求与指导。损伤类别 1 的例子包括目视勉强可见冲击损伤（barely visible impact damage，BVID）和制造与使用过程中产生的允许缺陷（例如小的分层、孔隙、小划痕、凹坑以及小的环境损伤），验证数据可以证实这些缺陷在飞机结构整个寿命中不影响极限载荷。

注意:类别 1 的缺陷、损伤,验证内容是在飞机整个寿命期内缺陷、损伤不能影响结构的极限载荷。

2. 类别 2:周期性检测或按规定间隔进行的指导性的现场、外场检测方法能够可靠检出的损伤(载荷水平可控)

对于类别 2 的缺陷结构验证包括:可靠的检测方法和使承载能力高于限制载荷检测间隔。对于给定范畴的类别 2 损伤,结构剩余强度依赖于选定的检测间隔和检测方法。类别 2 损伤实例包含目视可见冲击损伤(visible impact damage,VID),尺寸从小到大 VID 为深坑、深划痕,工厂不明显制造失误,可检出的分层或脱粘,较大的局部灼伤或环境退化,这类缺陷在被发现前应保持足够的剩余强度。此类缺陷不应扩展,或若发生缓慢扩展或扩展受阻,在检测间隔内剩余强度水平均应保持在限制载荷之上。

注意:类别 2 的损伤,验证内容是检测方法是否可靠、结构的承载能力保持在极限载荷之上的检测间隔。产生类别 2 损伤时,剩余强度是可控的。

3. 类别 3:可由在复合材料检测方面没有特别技能的停机坪上操作或维护人员可靠检出的损伤(非专门检测人员即可检出,损伤清晰可见或潜在损伤短时间内变得明显,此类损伤强调可靠的短时检测间隔)

此类损伤必须在这样的部位,或是损伤迹象清晰可见,或是潜在损伤因结构变形、失配或失能在短时间间隔内变得显而易见。两种严重损伤迹象可以保证深入的检测可以发现检出构件及构件周围区域的全部损伤(对整个损伤进行完整的评估)。实际设计的结构需要提供足够大的损伤承载能力,以保证存在易检的类别 3 损伤的结构具有承受极限或近极限载荷的能力。类别 2 和类别 3 损伤之间的主要差别是大损伤时的极限或近极限的载荷承受能力验证,后者的时间间隔要低于前者(也即类别 3 损伤承受极限或近极限载荷的时间间隔要短于类别 2 损伤)。类别 3 损伤的剩余强度验证取决于可靠的短时检测间隔。类别 3 的损伤实例包括在正常工作期间(例如在工作期间产生的燃料泄漏、系统故障或机舱噪声)或巡回检测期间能够发现的大的 VID 或其他明显损伤。

注意:类别 3 的损伤,强调可靠的短时检测间隔,此类缺陷具有明显可观的特征。

4. 类别 4:已知偶发事故引起飞行受限(飞行操作受阻)的离散源损伤

类别 4 损伤的结构验证含规章规定的载荷下剩余强度的验证。应当指出,对于充压结构,类别 4 损伤剩余强度的级别要高于图 1 – 3 的水平,类别 4 损伤的实例有叶片破裂、鸟撞(按规章规定)、轮胎爆裂、严重冰雹撞击。

注意:类别 4 损伤,偶发事故引起、影响飞行、需要在着陆后马上处理。

5. 类别 5:设计准则或结构验证程序未涵盖的异常地面或飞行事件导致的严重损伤

在当前指南中,对于这类损伤需要确保负责复合材料飞机结构设计工程师和 FAA 与维修机构协同工作,使得操作人员意识到可能来自类别 5 事件引起的损伤和立即向负责维修人员报告的必要性。将结构设计成有足够的抗损伤能力也是结构设计工程师的职责,使得类别 5 事件对所涉及的操作人员是不言而喻的。基于从异常事件获取的信息,在工程上需要确定合适的检测方案(suitable conditional inspection)。这些工作有助于修理前损伤特征确定。类别 5 损伤实例有服务车辆与飞机的严重碰撞、异常过载飞行、异常硬着陆、维修顶起错误(maintenance jacking errors)、飞行中飞机零件脱落(包括后续可能对临近结构造成的高能、大面积冲击损伤)。一些类别 5 损伤可能没有清晰可见的损伤迹象,尤其是在复合材料结构中,但应有安全保证的相关事件中得到的其他证据,并从使用操作造成的可能损伤的完整报告开始入手(其他事件、事故中如何保证安全的)。

注意:类别 5 损伤在设计准则或结构验证程序中没有涵盖,但损伤非常严重,对不能清晰可见的类别 5 损伤也应具有清晰的认知。

1.4.4 需修理损伤

按照前面的损伤分类的定义,类别 2、类别 3、类别 4 和类别 5 均为当前指南需修理的损伤。

1.5 通用飞机典型复合材料结构修理方法的适用性研究

1. 通用飞机复合材料结构修理方法

通过调研整理,通用飞机复合材料结构的修理方法主要有:

1) 贴补法

贴补法指的是在损伤结构的外部通过胶接来固定一外部贴补补片以恢复结构的强度、刚度及使用性能的方法。这种方法一般适合于平面形且修理不要求恢复结构气动外形的零部件,包括层合板结构的缺陷、损伤或夹层结构的面板缺陷、损伤修复。其补片既可用金属倍板(如钛、铝、不锈钢板等),也可用复合材料倍板(如碳/环氧、硼/环氧等)或中间体;可采用胶接(补片为已固化层板)或胶接共固化(补片为预浸料)加以实现,如图 1-4、图 1-5 所示。

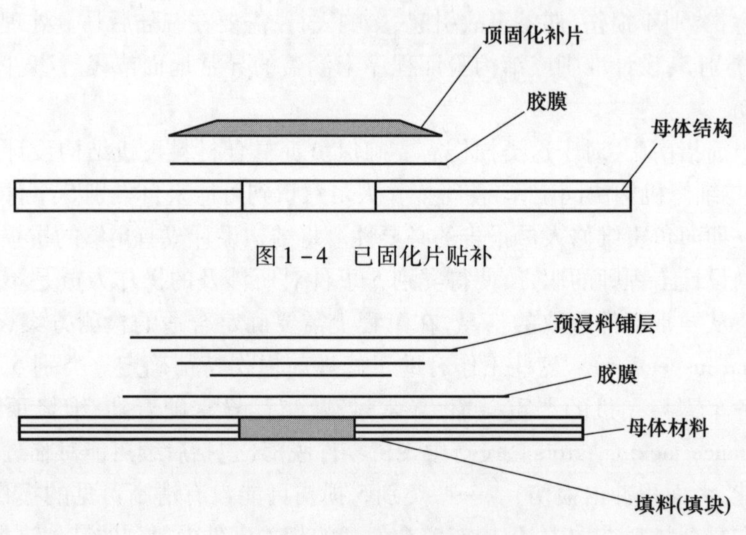

图 1-4　已固化片贴补

图 1-5　未固化预浸料贴补

外贴补片的材料可以选用与母体相同的预浸料补片（按需要剪成规定的形状，铺放在损伤结构上，在补片与母体之间加放胶膜，再加温、加压进行固化成形），也可选用预先固化好的复合材料层板补片，或钛、铝合金制作的金属补片。胶接修理方法的优点是补片制作容易、施工简单，但对气动外形有一定影响。这类修补形式类似于单面搭接接头。为了减小剥离应力和剪应力的集中，补片端部楔形角度的设计至关重要，因为在胶接连接中，剥离应力和剪应力集中是造成连接破坏的主要原因。

2）挖补法

用挖掉的办法清除缺陷、损伤部位，然后再补以新的材料，填补时可采用斜接法和阶梯法填补，二者在恢复强度和刚度上性能相当，但加工工艺不同。挖补是一种较为先进的复合材料结构修补方法，适用范围广、效果好，但操作比较复杂，对设备和操作人员的技术要求也较高。

（1）斜接法。

斜接法是指将复合材料结构面板损伤部位加工成斜面，然后再补以新的材料的一种挖补方法。斜接法中嵌入预浸料补片的典型结构形式如图 1-6 所示。

斜接连接胶接面上的剪应力分布比较均匀，并且不存在载荷偏心，补强板的剥离应力较小，因此，这种修补的效率较高，特别适用于厚层合板的修补。它不受材料厚度的影响，可以得到光滑的外表面。在外场条件下，这种修补方式比贴补法施工困难，修补周期长，主要表现在需要去掉大量未损伤的材料，以形成所

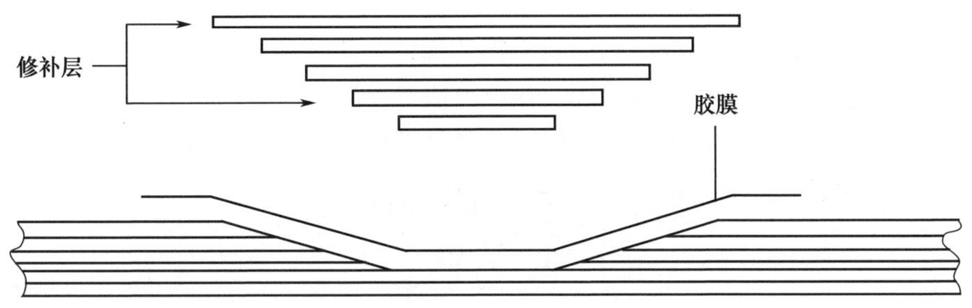

图 1－6　斜接嵌入预浸料补片修理

需的斜度,因此大多为修理厂或生产厂采用。补片粘接界面的斜度由受力分析确定,界面上的剪应力和剥离应力值取决于界面斜度的大小。实际施工中,一般斜面角度约取 1∶18。斜接补强方法中补强片可以是预固化片,也可采用预浸料固化。采用预固化片修理的优点是补片可采用和母体材料同样的工艺条件在热压罐中固化以获得最佳的力学性能,但其缺点更为明显:首先,对于薄板锥面加工难度大且易引起补片边缘分层;其次,补片与原结构外形协调难以保证,影响胶接质量。因此,在实际操作中,多采用共固化方法,即补片材料用预浸料,在修理时,将损伤材料切除后,按胶接修理的程序进行,修理层层数、材料种类和铺层方向应与原部件一致,铺贴时,可以先铺小尺寸铺层,从里往外逐渐扩大进行铺贴(波音公司采用),也可以先铺大尺寸铺层,从里往外逐渐缩小进行铺贴(空客采用)。两种斜接方法中典型的铺层铺放形式如图 1－7 所示,其中:(a)为大铺层在内,往外尺寸依次递减;(b)为大铺层在外,铺层从内往外依次放大。

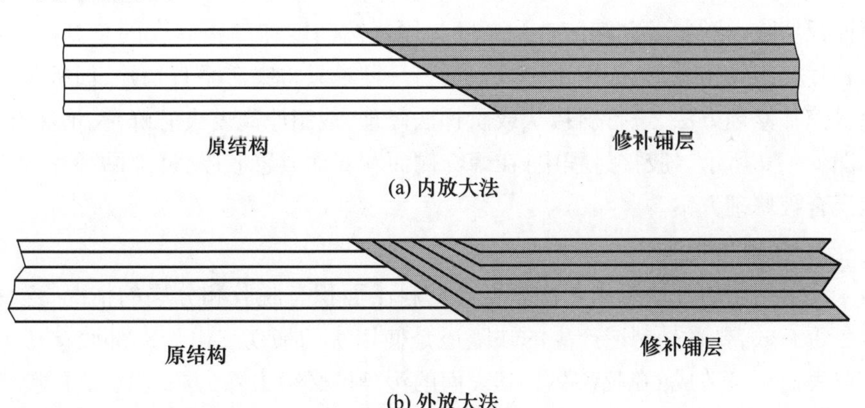

图 1－7　预浸料铺设修理

(2) 阶梯法。

阶梯法是将复合材料结构面板损伤的部位加工成阶梯状,如图 1 - 8 所示,然后再补以新的材料的一种方法。这种方法对现场施工人员提出了更高的技能要求,工艺难度较大,并且在一般情况下还要求借助有关的专用工具。

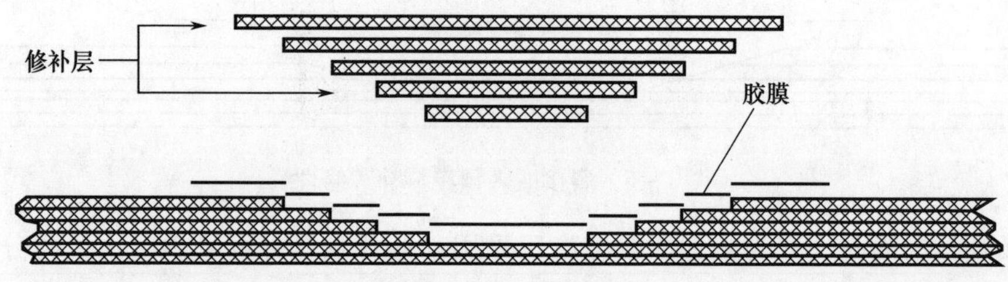

图 1 - 8 阶梯修理

阶梯修理中,难点在于台阶的精确加工控制。这种修理方法要去除比较多的未损伤材料,风险相对比较大。阶梯法去除损伤,一般的加工过程是先从最上面一层开始打磨,依次往下,形成一系列宽度相同的台阶(约 12.5mm),直至最内层的损伤铺层。最后在打磨区域边缘再打磨出一个 12.5mm 宽的周边,以辅加铺层补片。

(3) 夹层结构的挖补修理方法。

蜂窝或泡沫夹层树脂基复合材料结构的挖补修理需要同时考虑面板和夹芯的切除,其中夹层结构面板的切除和修理方案类似层合板结构的修理,损伤或含缺陷部位的蜂窝、泡沫夹芯的切除一般采用全高度切除法。根据夹层补片的高度,夹层结构挖补修理方法主要有两种形式:一种是将夹层面板和夹芯等孔距垂直面板切除,裁制蜂窝、泡沫补片高度为原蜂窝高度加面板高度的总高度,预浸料补片突出结构外形,如图 1 - 9 所示;另一种是只将夹芯垂直切除,面板类似层合板挖补修理方法,进行斜接法或阶梯法修理,裁制原高度夹芯蜂窝、泡沫补片,如图 1 - 10 所示。胶接过程中,在蜂窝侧面和底面放置胶膜,外部贴补片方法类似层合板修理方案。

3) 注射树脂法

注射树脂的方法可用于修理复合材料小面积有脱胶和分层的情况,这种方法是否有效,要看是制造产生的缺陷还是使用中的损伤。由于局部胶接压力不够或表面污染造成的制造缺陷,其表面的污染层必须去除,方能保证高的胶接强度。如果是内表面污染,则难修理,也难达到满意结果。与此相反,如果是使用中造成的损伤,且其表面还未受到燃油或液压油等的污染,也未吸收水分(水分很容易用干燥法去除),则其表面可以进行有效的胶接。这种方法要采用若干

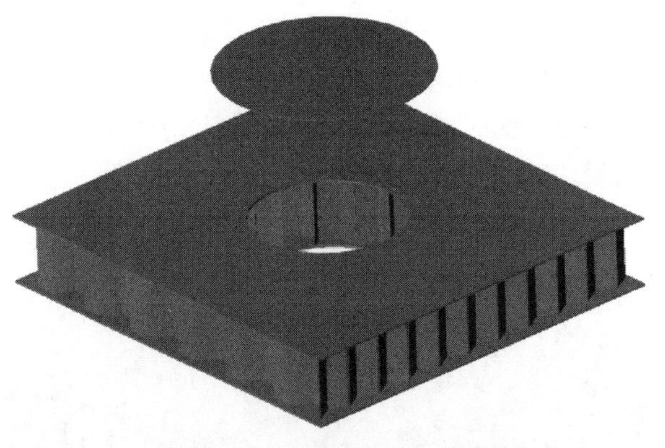

(a) 夹层结构缺陷、损伤的切除

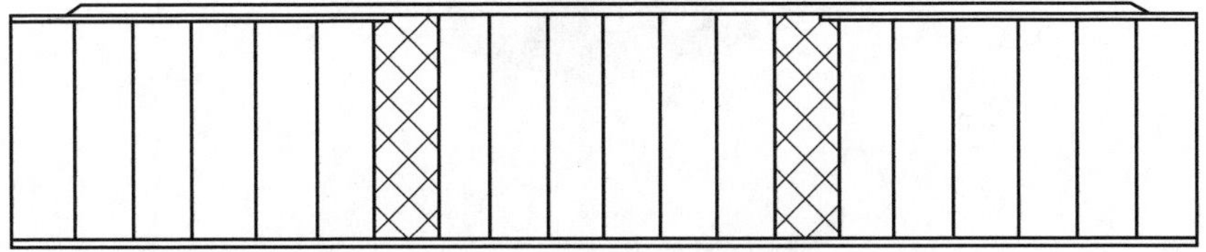

(b) 夹层结构的平层挖补法修理方案

图 1－9　夹层结构平层挖补修理法

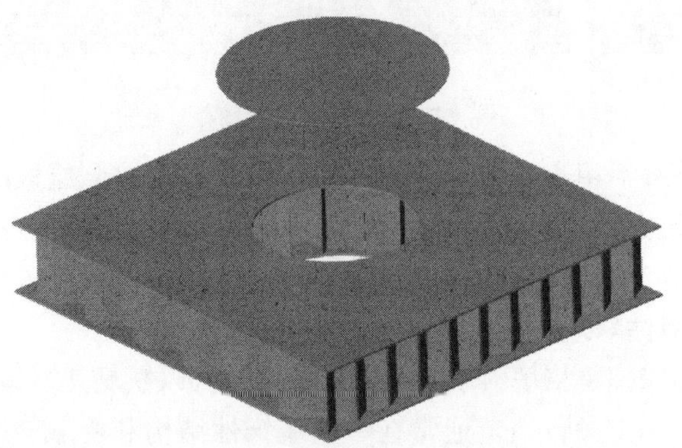

(a) 夹层结构缺陷、损伤的切除

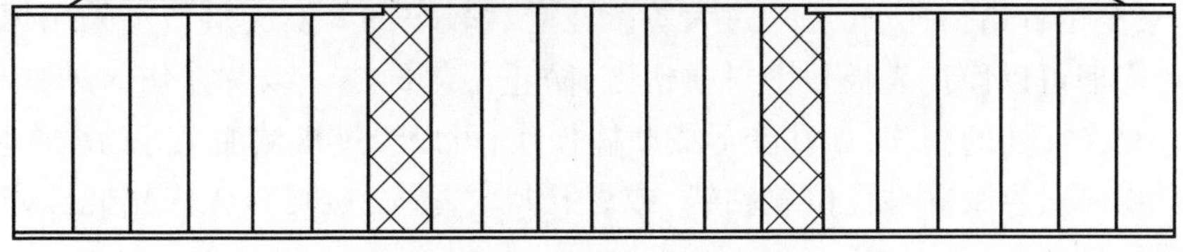

(b) 夹层结构的斜接挖补法修理方案

图 1－10　夹层结构斜接、阶梯挖补修补法

个注胶孔和出胶孔，而且这些孔深要达到缺陷部位，如果孔未深入到缺陷部位，树脂就不能注入到孔隙中。如果孔太深，缺陷下面就会遭到破坏，而且注射无效。这种方法无须去除损伤区域的材料，只需将流动性和渗透性好的低黏度树脂直接注入分层和脱粘区域，使之固化粘合，如图1-11所示。

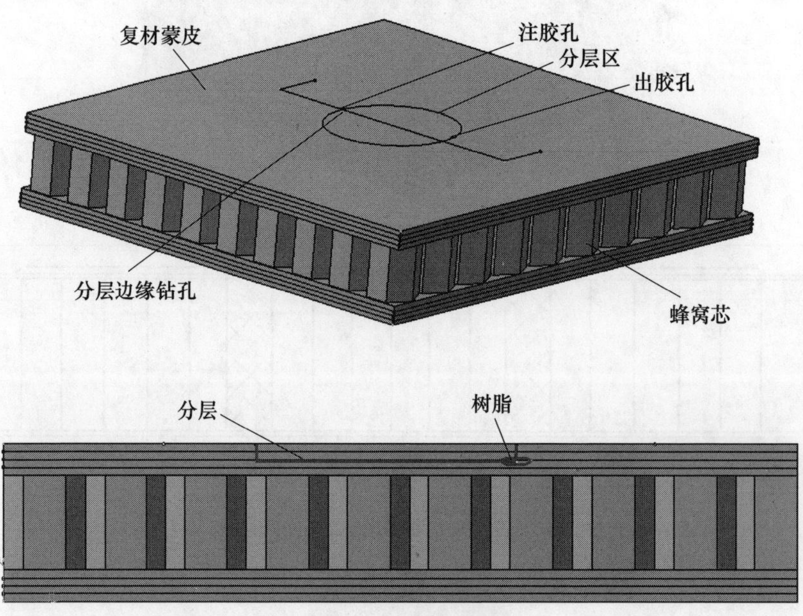

图1-11　树脂注射修补

树脂注射修补适用于孔边分层和结构边缘部位的分层、层板的起泡、脱粘等损伤，对内部多层分层或由于成型时压力不够、层间界面上有包容物夹入引起的分层效果不佳，因为胶液受其流动性限制不可能充满全部分层区域。

4）填充与灌注修理

填充与灌注修理是将填料填充或灌注到损伤区以恢复其结构完整性的一种修理方法（如图1-12所示）。通常在一些装饰性结构和受载较小的蜂窝夹层结构上使用。其修理的损伤形式主要表现为表面划痕、凹坑、部分蜂窝芯损伤、蒙皮位置错钻孔、孔尺寸过大等。在受载较小的蜂窝夹层板上采用填充、灌注修理可以稳定表板和密封损伤区，防止湿气的渗入以及损伤的进一步扩大。对连接孔的损伤，如孔变形成摩擦损伤，可以经过机械加工好的填充块修补。如果发生紧固件孔位置钻错，或者孔尺寸过大，则可以先采用此法修理，然后重新钻孔。

5）机械连接修理

机械连接修理通常是指螺（铆）接修理。它是在损伤结构的外部用螺栓或

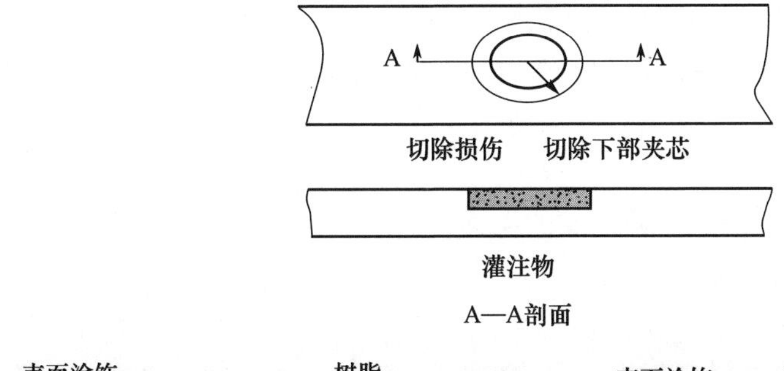

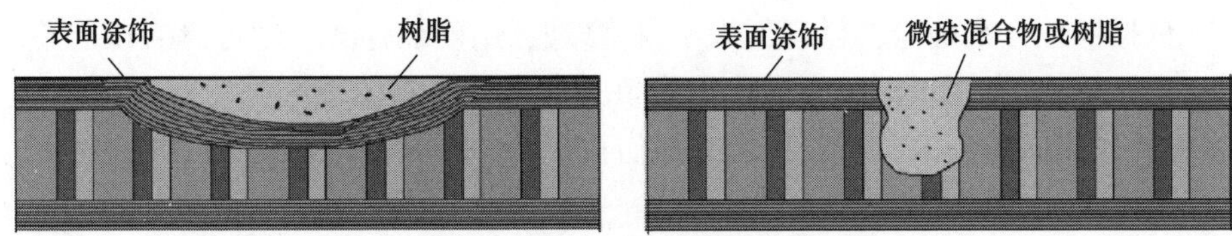

图 1－12　填充灌注修理

铆钉固定一外部补片，使损伤结构遭到破坏的载荷传递路线得以重新恢复的一种修理方法。这种方法的主要优点在于操作简便，不需要冷藏和加热设备，对连接件表面处理的要求不高，施工快速，性能可靠，适于外场飞机修理。图 1－13 是一种典型补片机械连接修补示意。

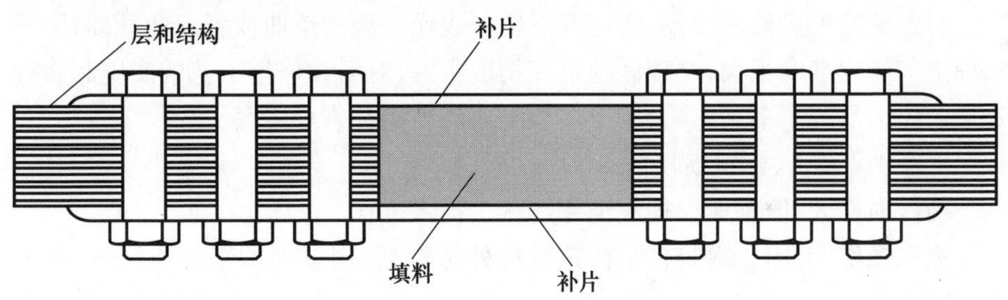

图 1－13　螺接修补示意

复合材料的机械连接修理虽然工艺简单，但存在许多问题，如金属连接件对结构主体的破坏、连接件引起的应力集中、连接件和复合材料的电位腐蚀、连接件和复合材料间的配合控制及损伤、金属连接引起的增重效应等。

2. 通用飞机复合材料不同损伤类型修理工艺研究

维修人员采用筛选出的修理材料体系，针对不同损伤类型和结构特点，采用不同的修理方法对试验件损伤进行修理工艺研究，完成了不同结构形式和损伤类型的修理试验。

1）贴补法修理

工序 1　确认、标识损伤区

确认损伤区:依据无损检测结果确认受损部位;

标识损伤区:用压敏胶带沿标记轮廓外缘粘贴,用以保护未损伤区域,突出修理区。

工序 2　补强片制备

复合材料补片制造:根据修补区域的型面,依据修补技术要求,选用指定材料和工艺制备复合材料补片。

工序 3　胶接准备

依据修理方案确定的修理区大小,将修理区用砂纸打磨后进行清洁和干燥,对于穿孔损伤,先用填充胶将通孔损伤填充完整并在常温下固化。对于夹芯结构,需要先用同类型的芯材胶接填充损伤孔。

工序 4　胶接补片

在补片胶接面粘贴相应的胶膜或者刮涂相应的胶黏剂(糊状),然后将补片贴合至相应的修理区,依据所选用胶膜、胶黏剂的工艺规范固化。

工序 5　检查并恢复涂层

胶接完成后,目视检查修理区表面质量,用超声无损检测胶接区的内部质量。然后打磨修理区表面并清理干净,最后恢复修补区的涂层。

2)挖补胶接修理

对于挖补胶接修理方案,考虑到飞机外表面一般为单曲或者双曲型面,阶梯修理工艺操作难度很大,修理区的加工精度很差,对后续修理工艺的实施和修理效果的评估易产生不利影响,所以一般采用斜坡挖补修理方案。

工序 1　确认、标识损伤区

确认损伤区:依据无损检测结果确认受损部位;

标识损伤区:用压敏胶带沿标记轮廓外缘粘贴,用以保护未损伤区域,突出修理区。

工序 2　修理区加工

依据修理方案确定的修理参数(修理区大小和斜坡比例)去除损伤,加工修理区并对修理区进行清洁。

工序 3　补片准备

依据给定的铺层大小、铺层方向、铺层数裁取胶膜和预浸料的大小及形状。对于夹芯结构芯材有损伤的情况,需要用填充胶或者相应的芯材将损伤芯材填充。

工序 4　补片胶接

依据修补层的铺层顺序和方向,依次将胶膜和预浸料按要求铺贴至修理区。

工序 5　封装

按要求放置加热毯、真空系统、热电偶和辅助材料,抽真空后,检查真空度。

工序6　胶接固化

依据所选用材料的材料工艺规范进行固化。

工序7　检查

胶接完成后，目视检查修理区表面质量，用超声无损检测胶接区的内部质量。最后打磨修理区表面并清理干净。

3）注射法修理

注射法修理一般用低黏度的双组分胶黏剂对复合材料层压结构的分层缺陷和蜂窝、泡沫夹芯结构的脱粘缺陷进行修理。对于复合材料层压结构的分层缺陷用注射法修理工艺实施难度相对较大，所以一般用注射法修理夹芯结构的脱粘比较常见。

工序1　确认、标识修理区

确认损伤区：无损检测确认损伤部位；

标识缺陷区：用可擦除记号笔将缺陷边缘画出，用标识带将需要修理的区域轮廓贴起来。

工序2　钻注射孔

在损伤区钻制注胶孔，孔直径1mm，以针头能轻松插入为宜，孔数量依据缺陷面积而定，一般要求2个以上。

工序3　配制胶液

依据胶黏剂产品说明和损伤面积，按比例配制适量的胶液。

工序4　注射胶液

将配制好的胶液灌入注射器中，再将胶液注射进注射孔中，注射过程中用真空袋或真空卡盘密封，连接真空系统，进行抽真空，利用真空辅助注射胶液，以保证蜂窝及注射孔都注满。

工序5　固化

依据胶黏剂固化工艺进行固化。

工序6　清理/检查

固化后用砂纸打磨表面多余的胶黏剂。目视检查修理区表面质量，用超声无损检测胶接区的内部质量。然后打磨修理区表面并清理干净，最后恢复修补区的涂层。

注意：对于修理试验件，试验件本体无漆层，所以无需恢复涂层。

4）切口修理

切口修理一般用于复合材料结构边缘微小损伤的快速、临时性修理。主要采用机械加工的方式，将损伤去除，并在一定的区域范围内进行圆滑处理，防止应力集中。

工序 1　确认、标识损伤区

确认损伤区：依据无损检测结果确认受损部位；

标识损伤区：用压敏胶带沿标记轮廓外缘粘贴，用以保护未损伤区域，突出修理区。

工序 2　切割区画线

依据损伤大小和结构特点，确定修理参数（切割区大小、弧度），通过样板或者量具在修理区刻画出切割线。

工序 3　切割

手持电动或者气动金刚砂轮沿切割线切割，切割时应采用较小的进给速率和较大的砂轮转速（≥3000r/min），注意不要伤到切割区以外的复合材料部件。

工序 5　检查并恢复涂层

通过目视检查紧固孔周围是否有劈丝，如果有，应该用胶黏剂涂覆，固化后打磨进行修复。

用超声无损检测沿切割边缘检查是否存在自由边分层。

5）填充修理孔边分层

填充修理主要是针对紧固孔的孔边微小损伤，用短切纤维混树脂将损伤的紧固孔填充好，待填充的树脂完全固化后，再在对应的位置加工出紧固孔。

修理工艺流程如下：

工序 1　确定损伤区

依据无损检测结果确认受损部位。

工序 2　去除损伤

将开孔损伤区域用铰刀扩孔，直至损伤完全去除。

工序 3　填充填料

用按照修理材料标准及修理参数配比好的填充物（短切碳纤维与树脂的混合物）将填充孔填充好，并依据材料标准进行固化。

工序 4　重新制孔

填充的树脂完全固化后，在对应的位置加工出紧固孔。

1.6 本章小结

本章介绍通用飞机复合材料结构检测与修理研究情况和最新进展；梳理了通用飞机复合材料结构缺陷与损伤类型；结合国内航空工业和航空公司在复合材料结构设计、制造、检测、维修方面的经验，研究了通用飞机复合材料结构修理方法。

参考文献

[1] ZHANG X CH, LI CH, TIE Y, et al. Influence of bonded repairing composite plates on the failure forms for each layer[J]. Journal of Mechanical Engineering, 2013, 49(10): 84 – 89.

[2] 许占显,孙占华. 飞机复合材料结构的修补与无损评估[J]. 航空制造技术,2003,12(2):59 – 61.

[3] 王伦. 复合材料层合板胶接挖补工艺与性能分析[D]. 南京:南京航空航天大学,2013.

[4] 童谷生,孙良新,等. 飞机结构损伤的复合材料胶接修补技术研究进展[J]. 航空材料工艺,2002,5: 20 – 29.

[5] PAPANIKOS P, TSERPES, LABEAS G, et al. Progressive damage modelling for bonded composite repairs [J]. Theoretical and Applied Fracture Mechanics, 2005, 43(2): 189 – 198.

[6] 贝克,罗斯. 飞机金属结构复合材料修理技术[M]. 董登科,丁惠梁,译. 北京:航空工业出版社,2017.

[7] 王云英,孟江燕,丁祖群,等. 航空先进聚合物基复合材料的修补[J]. 航空维修与工程,2008(2): 27 – 30.

第2章

复合材料力学性能分析

复合材料因其特殊的结构形式和力学特性，在航空航天等领域得到了广泛的应用。复合材料属于各向异性材料，与传统金属材料在力学性能分析方面有很大不同，同时复合材料的多组分结构特征造成了在结构分析方面的复杂性[1]。本章简单介绍了复合材料在工程中经常会用到的一些力学知识。

2.1 复合材料的应力－应变关系

2.1.1 一般各向异性材料的应力－应变关系

图2－1显示的是一个材料积分点在直角坐标系中的应力状态，定义垂直于作用面的应力分量为正应力，平行于作用面的应力分量为剪应力。应力符号的双下标中，第一个下标表示作用面的外法线方向，第二个下标表示应力分量的方向。其中6个剪应力满足剪应力互等定理，$\sigma_{yz}=\sigma_{zy}$，$\sigma_{xy}=\sigma_{yx}$，$\sigma_{xz}=\sigma_{zx}$，所以独立的应力分量有6个，分别为σ_x、σ_y、σ_z、σ_{yz}、σ_{zx}、σ_{xy}。

广义胡克定律反映了各向异性弹性体中的应力与应变的线性关系，构成各向异性弹性力学的本构方程。在小变形的情况下，对于均匀弹性体，应变－应力关系用广义胡克定律可以表示为[2]

$$\begin{Bmatrix}\varepsilon_x\\ \varepsilon_y\\ \varepsilon_z\\ \varepsilon_{yz}\\ \varepsilon_{zx}\\ \varepsilon_{xy}\end{Bmatrix}=\begin{bmatrix}S_{11}&S_{12}&S_{13}&S_{14}&S_{15}&S_{16}\\ S_{21}&S_{22}&S_{23}&S_{24}&S_{25}&S_{26}\\ S_{31}&S_{32}&S_{33}&S_{34}&S_{35}&S_{36}\\ S_{41}&S_{42}&S_{43}&S_{44}&S_{45}&S_{46}\\ S_{51}&S_{52}&S_{53}&S_{54}&S_{55}&S_{56}\\ S_{61}&S_{62}&S_{63}&S_{64}&S_{65}&S_{66}\end{bmatrix}\begin{Bmatrix}\sigma_x\\ \sigma_y\\ \sigma_z\\ \sigma_{yz}\\ \sigma_{zx}\\ \sigma_{xy}\end{Bmatrix}\qquad(2-1)$$

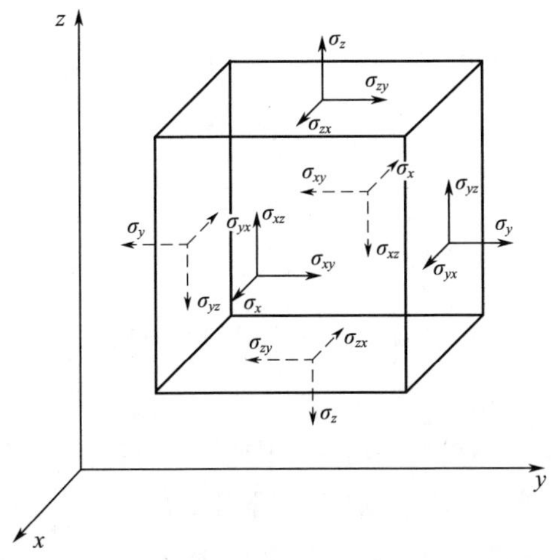

图 2 - 1 各向异性体上一点的应力状态

式中[S]为表征材料弹性特性的柔度矩阵。对式(2 - 1)中的[S]求逆得到各向异性材料的应力 - 应变关系式

$$\begin{Bmatrix} \sigma_x \\ \sigma_y \\ \sigma_z \\ \sigma_{yz} \\ \sigma_{zx} \\ \sigma_{xy} \end{Bmatrix} = \begin{bmatrix} C_{11} & C_{12} & C_{13} & C_{14} & C_{15} & C_{16} \\ C_{21} & C_{22} & C_{23} & C_{24} & C_{25} & C_{26} \\ C_{31} & C_{32} & C_{33} & C_{34} & C_{35} & C_{36} \\ C_{41} & C_{42} & C_{43} & C_{44} & C_{45} & C_{46} \\ C_{51} & C_{52} & C_{53} & C_{54} & C_{55} & C_{56} \\ C_{61} & C_{62} & C_{63} & C_{64} & C_{65} & C_{66} \end{bmatrix} \begin{Bmatrix} \varepsilon_x \\ \varepsilon_y \\ \varepsilon_z \\ \varepsilon_{yz} \\ \varepsilon_{zx} \\ \varepsilon_{xy} \end{Bmatrix} \tag{2-2}$$

式中[C]为表征材料弹性特性的刚度矩阵,满足如下关系式

$$[C] = [S]^{-1} \tag{2-3}$$

可知一般各向异性材料的弹性常数有 36 个。对于均匀的各向异性体,S_{ij}和C_{ij}均为常数;对于非均匀体它们是坐标的函数。

通过对材料的应变能密度分析得到

$$C_{ij} = C_{ji} \tag{2-4}$$

同样可以推得关系式

$$S_{ij} = S_{ji} \tag{2-5}$$

式(2－4)和式(2－5)表明刚度矩阵[C]和柔度矩阵[S]都是对称矩阵。由于对称性的存在,各向异性材料的独立弹性常数减少为21个。

2.1.2 正交各向异性材料的应力－应变关系

单轴弹性对称材料是指具有一个弹性对称面的各向异性材料。通过应变能密度分析可以得到单轴对称材料的刚度矩阵中

$$C_{14}=C_{15}=C_{24}=C_{25}=C_{34}=C_{35}=C_{64}=C_{65}=0 \tag{2-6}$$

这种材料的独立弹性常数减少到13个。

正交各向异性材料是指均匀材料中的任一点具有三个互相垂直的弹性对称面材料,则刚度矩阵弹性常数可以进一步简化为

$$C_{16}=C_{26}=C_{36}=C_{45}=0 \tag{2-7}$$

于是可以得到正交各向异性材料的应力－应变关系式为

$$\begin{Bmatrix}\sigma_1\\\sigma_2\\\sigma_3\\\tau_{23}\\\tau_{13}\\\tau_{12}\end{Bmatrix}=\begin{bmatrix}C_{11}&C_{12}&C_{13}&0&0&0\\C_{12}&C_{22}&C_{23}&0&0&0\\C_{13}&C_{23}&C_{33}&0&0&0\\0&0&0&C_{44}&0&0\\0&0&0&0&C_{55}&0\\0&0&0&0&0&C_{66}\end{bmatrix}\begin{Bmatrix}\varepsilon_1\\\varepsilon_2\\\varepsilon_3\\\gamma_{23}\\\gamma_{31}\\\gamma_{12}\end{Bmatrix} \tag{2-8}$$

求逆可得应变－应力关系式为

$$\begin{Bmatrix}\varepsilon_1\\\varepsilon_2\\\varepsilon_3\\\gamma_{23}\\\gamma_{31}\\\gamma_{12}\end{Bmatrix}=\begin{bmatrix}S_{11}&S_{12}&S_{13}&0&0&0\\S_{12}&S_{22}&S_{23}&0&0&0\\S_{13}&S_{23}&S_{33}&0&0&0\\0&0&0&S_{44}&0&0\\0&0&0&0&S_{55}&0\\0&0&0&0&0&S_{66}\end{bmatrix}\begin{Bmatrix}\sigma_1\\\sigma_2\\\sigma_3\\\tau_{23}\\\tau_{13}\\\tau_{12}\end{Bmatrix} \tag{2-9}$$

这种材料的独立弹性常数减少到9个,由式(2－8)和式(2－9)可知正交各向异性材料的正应力和剪应变或剪应力和正应变之间没有耦合作用。

2.2 复合材料的工程弹性常数

2.2.1 工程弹性常数表示的应力 - 应变关系

工程弹性常数包括拉压弹性模量、剪切弹性模量和泊松比。这些常数可以通过试验的方法测量得到。在工程实际应用中，通常采用工程弹性常数来表示各向异性材料的应力 - 应变关系。按雷比诺维奇的符号系统，一般的各向异性体可写成

$$
\begin{Bmatrix} \varepsilon_x \\ \varepsilon_y \\ \varepsilon_z \\ \varepsilon_{yz} \\ \varepsilon_{zx} \\ \varepsilon_{xy} \end{Bmatrix} =
\begin{bmatrix}
\dfrac{1}{E_x} & -\dfrac{\nu_{yx}}{E_y} & -\dfrac{\nu_{zx}}{E_z} & -\dfrac{\eta_{yz,x}}{G_{yz}} & -\dfrac{\eta_{xz,x}}{G_{xz}} & -\dfrac{\eta_{xy,x}}{G_{xy}} \\
-\dfrac{\nu_{xy}}{E_x} & \dfrac{1}{E_y} & -\dfrac{\nu_{zy}}{E_z} & -\dfrac{\eta_{yz,y}}{G_{yz}} & -\dfrac{\eta_{xz,y}}{G_{xz}} & -\dfrac{\eta_{xy,x}}{G_{xy}} \\
-\dfrac{\nu_{xz}}{E_x} & -\dfrac{\nu_{yz}}{E_y} & \dfrac{1}{E_z} & -\dfrac{\eta_{yz,z}}{G_{yz}} & -\dfrac{\eta_{xz,z}}{G_{xz}} & -\dfrac{\eta_{xy,z}}{G_{xy}} \\
-\dfrac{\eta_{x,yz}}{E_x} & -\dfrac{\eta_{y,yz}}{E_y} & -\dfrac{\eta_{z,yz}}{E_z} & \dfrac{1}{G_{yz}} & -\dfrac{\mu_{xz,yz}}{G_{xz}} & -\dfrac{\mu_{xy,yz}}{G_{xy}} \\
-\dfrac{\eta_{x,xz}}{E_x} & -\dfrac{\eta_{y,xz}}{E_y} & -\dfrac{\eta_{z,xz}}{E_z} & -\dfrac{\mu_{yz,xz}}{G_{yz}} & \dfrac{1}{G_{xz}} & -\dfrac{\mu_{xy,xz}}{G_{xy}} \\
-\dfrac{\eta_{x,xy}}{E_x} & -\dfrac{\eta_{y,xy}}{E_y} & -\dfrac{\eta_{z,xy}}{E_z} & -\dfrac{\mu_{yz,xy}}{G_{yz}} & -\dfrac{\mu_{xz,xy}}{G_{xz}} & \dfrac{1}{G_{xy}}
\end{bmatrix}
\begin{Bmatrix} \sigma_x \\ \sigma_y \\ \sigma_z \\ \sigma_{yz} \\ \sigma_{zx} \\ \sigma_{xy} \end{Bmatrix}
\tag{2-10}
$$

式中：E_x、E_y、E_z 分别为 x、y、z 轴方向的拉伸弹性模量；G_{yz}、G_{xz}、G_{xy} 分别为 yz、zx、xy 平面方向的剪切模量；ν_{yz}、ν_{xz}、ν_{xy} 为三个坐标方向的泊松比，第一个下标表示作用力的方向，而第二个下标表示作用力引起伸缩的方向；$\eta_{yz,x}$、$\eta_{xz,x}$、$\eta_{xy,x}$、…为第一类相互影响系数；$\eta_{x,yz}$、$\eta_{y,yz}$、$\eta_{x,xz}$、…为第二类相互影响系数，它们反映拉 - 剪耦合作用；系数 $\mu_{xz,yz}$、$\mu_{xy,yz}$、$\mu_{xy,xz}$、…为钦卓夫系数，反映两个坐标面方向剪切的耦合效应。

对于正交各向异性材料，用工程弹性常数表示的应力 - 应变关系式为

$$\begin{Bmatrix}\varepsilon_1\\ \varepsilon_2\\ \varepsilon_3\\ \gamma_{23}\\ \gamma_{31}\\ \gamma_{12}\end{Bmatrix}=\begin{bmatrix}\dfrac{1}{E_1} & -\dfrac{\nu_{21}}{E_2} & -\dfrac{\nu_{31}}{E_3} & 0 & 0 & 0\\ -\dfrac{\nu_{12}}{E_1} & \dfrac{1}{E_2} & -\dfrac{\nu_{32}}{E_3} & 0 & 0 & 0\\ -\dfrac{\nu_{13}}{E_1} & -\dfrac{\nu_{23}}{E_2} & \dfrac{1}{E_3} & 0 & 0 & 0\\ 0 & 0 & 0 & \dfrac{1}{G_{23}} & 0 & 0\\ 0 & 0 & 0 & 0 & \dfrac{1}{G_{13}} & 0\\ 0 & 0 & 0 & 0 & 0 & \dfrac{1}{G_{12}}\end{bmatrix}\begin{Bmatrix}\sigma_1\\ \sigma_2\\ \sigma_3\\ \tau_{23}\\ \tau_{13}\\ \tau_{12}\end{Bmatrix} \quad (2-11)$$

式中：ε_1、ε_2、ε_3、γ_{23}、γ_{31}和γ_{12}为材料主方向上的应变分量；σ_1、σ_2、σ_3、τ_{23}、τ_{13}和τ_{12}为材料主方向上的应力分量；E_1、E_2、E_3、G_{23}、G_{13}和G_{12}为材料的主弹性模量。

根据弹性系数矩阵的对称性可得如下等式

$$\begin{cases}\dfrac{E_1}{\nu_{12}}=\dfrac{E_2}{\nu_{21}}\\ \dfrac{E_1}{\nu_{13}}=\dfrac{E_3}{\nu_{31}}\\ \dfrac{E_2}{\nu_{23}}=\dfrac{E_3}{\nu_{32}}\end{cases} \quad (2-12)$$

2.2.2 正交各向异性材料工程弹性常数的限制条件

按照能量不灭原理可以确定正交各向异性材料的限制条件，为了使应力分量和对应的应变分量乘积为正，这就要求刚度矩阵和柔度矩阵为正定矩阵[3]，则有

$$\begin{cases}S_{11},S_{22},S_{33},S_{44},S_{55},S_{66}>0\\ C_{11},C_{22},C_{33},C_{44},C_{55},C_{66}>0\end{cases} \quad (2-13)$$

即有

$$E_1,E_2,E_3,G_{23},G_{31},G_{12}>0 \quad (2-14)$$

将式(2－11)中用工程弹性常数表示的刚度矩阵求逆，又有正定矩阵条件可以推得

$$\begin{cases}1-\nu_{12}\nu_{21}>0\\1-\nu_{13}\nu_{31}>0\\1-\nu_{23}\nu_{32}>0\end{cases} \tag{2-15}$$

由关系式(2－12)可得

$$\begin{cases}\nu_{12}^2<\dfrac{E_1}{E_2},\nu_{21}^2<\dfrac{E_2}{E_1}\\\nu_{13}^2<\dfrac{E_1}{E_3},\nu_{31}^2<\dfrac{E_3}{E_1}\\\nu_{23}^2<\dfrac{E_2}{E_3},\nu_{32}^2<\dfrac{E_3}{E_2}\end{cases} \tag{2-16}$$

介绍工程弹性常数的限制条件，目的是检验材料的试验数据或正交各向异性材料模型是否正确。

2.3 复合材料的应力/应变和刚度/柔度矩阵的坐标转换

2.3.1 一般各向异性材料的应力/应变和刚度/柔度矩阵的坐标转换

在复合材料层合结构中，假设各个铺层有共同的弹性主轴 z 轴，则各个铺层的应力应变本构关系（刚度矩阵或柔度矩阵）是铺层角的函数，且与坐标方向有关。在分析和设计复合材料时一般在整体坐标系下进行，而各个铺层的主轴方向往往与整体坐标系的主轴方向不一致，所以需要对各个铺层进行坐标转换。如图2－2所示，将材料或主轴坐标系下（旧坐标系 $O123$）的应力应变关系转换为整体或偏轴坐标系（新坐标系 $Oxyz$）下的关系时，刚度矩阵和柔度矩阵也会发生相应改变。

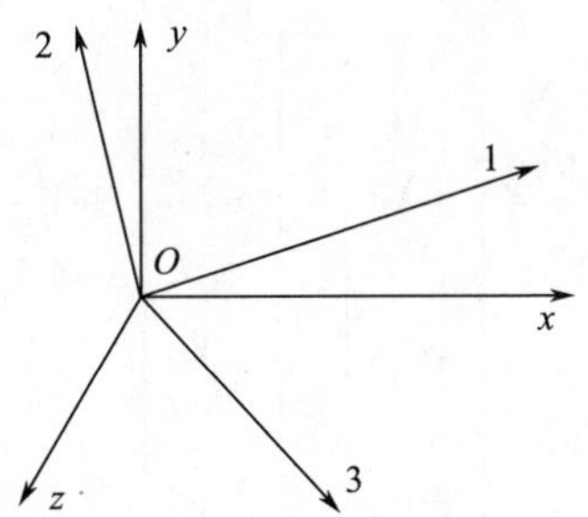

图2－2　新旧坐标系

新坐标系下的应力$\{\sigma'\}$与旧坐标系下应力$\{\sigma\}$的变换公式为[4]

$$\{\sigma'\} = [T]_\sigma \{\sigma\} \tag{2-17}$$

其中

$$[T]_\sigma = \begin{bmatrix} l_1^2 & m_1^2 & n_1^2 & 2m_1n_1 & 2n_1l_1 & 2l_1m_1 \\ l_2^2 & m_2^2 & n_2^2 & 2m_2n_2 & 2n_2l_2 & 2l_2m_2 \\ l_3^2 & m_3^2 & n_3^2 & 2m_3n_3 & 2n_3l_3 & 2l_3m_3 \\ l_2l_3 & m_2m_3 & n_2n_3 & m_2n_3+m_3n_2 & n_2l_3+n_3l_2 & l_2m_3+l_3m_2 \\ l_3l_1 & m_3m_1 & n_3n_1 & m_3n_1+m_1n_3 & n_3l_1+n_1l_3 & l_3m_1+l_1m_3 \\ l_1l_2 & m_1m_2 & n_1n_2 & m_1n_2+m_2n_1 & n_1l_2+n_2l_1 & l_1m_2+l_2m_1 \end{bmatrix} \tag{2-18}$$

将$[T]_\sigma$简记为$[T]$，称为应力转换矩阵。$l_i, m_i, n_i (i=1,2,3)$为 $Oxyz$ 坐标系和 $O123$ 坐标系坐标轴的方向余弦，如表 2-1 所示。

表 2-1 新旧坐标系下各个轴间相对应的余弦

	x	y	z
1	l_1	m_1	n_1
2	l_2	m_2	n_2
3	l_3	m_3	n_3

则应变转轴方程为

$$\begin{Bmatrix} \varepsilon_1 \\ \varepsilon_2 \\ \varepsilon_3 \\ \frac{1}{2}\gamma_{23} \\ \frac{1}{2}\gamma_{13} \\ \frac{1}{2}\gamma_{12} \end{Bmatrix} = [T] \begin{Bmatrix} \varepsilon_x \\ \varepsilon_y \\ \varepsilon_z \\ \frac{1}{2}\gamma_{yz} \\ \frac{1}{2}\gamma_{xz} \\ \frac{1}{2}\gamma_{xy} \end{Bmatrix}; \begin{Bmatrix} \varepsilon_x \\ \varepsilon_y \\ \varepsilon_z \\ \frac{1}{2}\gamma_{yz} \\ \frac{1}{2}\gamma_{xz} \\ \frac{1}{2}\gamma_{xy} \end{Bmatrix} = [T]^{-1} \begin{Bmatrix} \varepsilon_1 \\ \varepsilon_2 \\ \varepsilon_3 \\ \frac{1}{2}\gamma_{23} \\ \frac{1}{2}\gamma_{13} \\ \frac{1}{2}\gamma_{12} \end{Bmatrix} \tag{2-19}$$

引入 Router 矩阵

$$[R]=\begin{bmatrix}1&0&0&0&0&0\\0&1&0&0&0&0\\0&0&1&0&0&0\\0&0&0&2&0&0\\0&0&0&0&2&0\\0&0&0&0&0&2\end{bmatrix} \tag{2-20}$$

则在偏轴坐标系下材料的应力－应变关系为

$$\begin{Bmatrix}\sigma_x\\\sigma_y\\\sigma_z\\\tau_{yz}\\\tau_{xz}\\\tau_{xy}\end{Bmatrix}=[T]^{-1}\begin{Bmatrix}\sigma_1\\\sigma_2\\\sigma_3\\\tau_{23}\\\tau_{13}\\\tau_{12}\end{Bmatrix}=[T]^{-1}[Q]\begin{Bmatrix}\varepsilon_1\\\varepsilon_2\\\varepsilon_3\\\gamma_{23}\\\gamma_{13}\\\gamma_{12}\end{Bmatrix}=[T]^{-1}[Q][R]\begin{Bmatrix}\varepsilon_1\\\varepsilon_2\\\varepsilon_3\\\frac{1}{2}\gamma_{23}\\\frac{1}{2}\gamma_{13}\\\frac{1}{2}\gamma_{12}\end{Bmatrix}=$$

$$[T]^{-1}[Q][R][T]\begin{Bmatrix}\varepsilon_x\\\varepsilon_y\\\varepsilon_z\\\frac{1}{2}\gamma_{yz}\\\frac{1}{2}\gamma_{xz}\\\frac{1}{2}\gamma_{xy}\end{Bmatrix}=[T]^{-1}[Q][R][T][R]^{-1}\begin{Bmatrix}\varepsilon_x\\\varepsilon_y\\\varepsilon_z\\\gamma_{yz}\\\gamma_{xz}\\\gamma_{xy}\end{Bmatrix}=[\bar{Q}]\begin{Bmatrix}\varepsilon_x\\\varepsilon_y\\\varepsilon_z\\\gamma_{yz}\\\gamma_{xz}\\\gamma_{xy}\end{Bmatrix} \tag{2-21}$$

所以,在偏轴坐标系下的刚度矩阵为

$$[\bar{Q}]=[T]^{-1}[Q][R][T][R]^{-1} \tag{2-22}$$

偏轴柔度矩阵可以对式(2－22)求逆来确定,即

$$\begin{Bmatrix} \varepsilon_x \\ \varepsilon_y \\ \varepsilon_z \\ \gamma_{yz} \\ \gamma_{xz} \\ \gamma_{xy} \end{Bmatrix} = [\bar{Q}]^{-1} \begin{Bmatrix} \sigma_x \\ \sigma_y \\ \sigma_z \\ \tau_{yz} \\ \tau_{xz} \\ \tau_{xy} \end{Bmatrix} = [R][T]^{-1}[R]^{-1}[S][T] \begin{Bmatrix} \sigma_x \\ \sigma_y \\ \sigma_z \\ \tau_{yz} \\ \tau_{xz} \\ \tau_{xy} \end{Bmatrix} \tag{2-23}$$

所以,材料的偏轴柔度矩阵为

$$[\bar{S}] = [R][T]^{-1}[R]^{-1}[S][T] \tag{2-24}$$

2.3.2 正交各向异性材料的应力/应变和刚度/柔度矩阵的坐标转换

如图 2-3 所示,对于单向纤维增强复合材料的正交各向异性板,沿着纤维(图中虚线)方向是材料的一个主轴,另外两个材料主轴与纤维方向垂直。

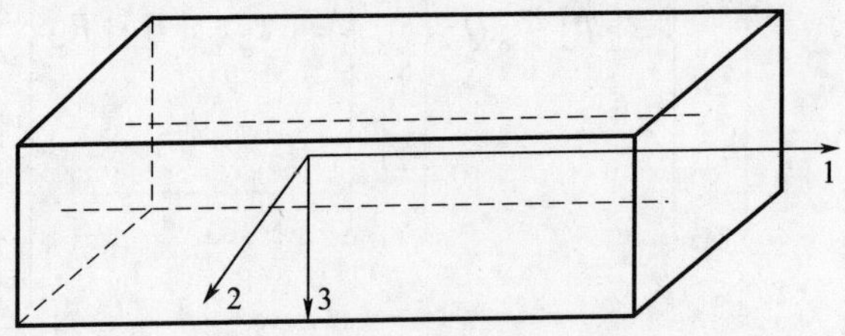

图 2-3　单向纤维增强复合材料层合板

定义纤维方向为坐标轴 1,其余两个主轴方向 2、3 根据右手定则来确定。由 2.2.1 节可知材料主轴方向的柔度矩阵为

$$[S] = \begin{bmatrix} \frac{1}{E_1} & -\frac{v_{21}}{E_2} & -\frac{v_{31}}{E_3} & 0 & 0 & 0 \\ -\frac{v_{12}}{E_1} & \frac{1}{E_2} & -\frac{v_{23}}{E_2} & 0 & 0 & 0 \\ -\frac{v_{13}}{E_1} & -\frac{v_{23}}{E_2} & \frac{1}{E_3} & 0 & 0 & 0 \\ 0 & 0 & 0 & \frac{1}{G_{23}} & 0 & 0 \\ 0 & 0 & 0 & 0 & \frac{1}{G_{31}} & 0 \\ 0 & 0 & 0 & 0 & 0 & \frac{1}{G_{12}} \end{bmatrix} \tag{2-25}$$

刚度矩阵可以对柔度矩阵求逆得到

$$[Q]=[S]^{-1} \tag{2-26}$$

根据公式(2－22)可得到正交各向异性板的偏轴刚阵矩阵为

$$[\bar{Q}]=\begin{bmatrix} \overline{Q_{11}} & \overline{Q_{12}} & \overline{Q_{13}} & \overline{Q_{14}} & \overline{Q_{15}} & \overline{Q_{16}} \\ \overline{Q_{21}} & \overline{Q_{22}} & \overline{Q_{23}} & \overline{Q_{24}} & \overline{Q_{25}} & \overline{Q_{26}} \\ \overline{Q_{31}} & \overline{Q_{32}} & \overline{Q_{33}} & \overline{Q_{34}} & \overline{Q_{35}} & \overline{Q_{36}} \\ \overline{Q_{41}} & \overline{Q_{42}} & \overline{Q_{43}} & \overline{Q_{44}} & \overline{Q_{45}} & \overline{Q_{46}} \\ \overline{Q_{51}} & \overline{Q_{52}} & \overline{Q_{53}} & \overline{Q_{54}} & \overline{Q_{55}} & \overline{Q_{56}} \\ \overline{Q_{61}} & \overline{Q_{62}} & \overline{Q_{63}} & \overline{Q_{64}} & \overline{Q_{65}} & \overline{Q_{66}} \end{bmatrix} \tag{2-27}$$

与正轴刚度矩阵$[Q]$的不同之处在于多出了 24 个刚度矩阵子元，称为耦合子元。

令 $m=\cos\theta, n=\sin\theta$，其中 θ 为铺层的方向角。则应力转换矩阵为

$$[T]=\begin{bmatrix} m^2 & n^2 & 0 & 0 & 0 & 2mn \\ n^2 & m^2 & 0 & 0 & 0 & -2mn \\ 0 & 0 & 1 & 0 & 0 & 0 \\ 0 & 0 & 0 & m & -n & 0 \\ 0 & 0 & 0 & n & m & 0 \\ -mn & mn & 0 & 0 & 0 & m^2-n^2 \end{bmatrix} \tag{2-28}$$

在正交各向异性板中，坐标系可绕 z 轴旋转。将 z 轴看作每个铺层的一个弹性主轴，则有$\overline{Q_{14}}=\overline{Q_{15}}=\overline{Q_{24}}=\overline{Q_{25}}=\overline{Q_{34}}=\overline{Q_{35}}=\overline{Q_{46}}=\overline{Q_{56}}=0$，根据公式(2－22)得到各个铺层的偏轴刚度矩阵为

$$[\bar{Q}]=\begin{bmatrix} \overline{Q_{11}} & \overline{Q_{12}} & \overline{Q_{13}} & 0 & 0 & \overline{Q_{16}} \\ \overline{Q_{21}} & \overline{Q_{22}} & \overline{Q_{23}} & 0 & 0 & \overline{Q_{26}} \\ \overline{Q_{31}} & \overline{Q_{32}} & \overline{Q_{33}} & 0 & 0 & \overline{Q_{36}} \\ 0 & 0 & 0 & \overline{Q_{44}} & \overline{Q_{45}} & 0 \\ 0 & 0 & 0 & \overline{Q_{54}} & \overline{Q_{55}} & 0 \\ \overline{Q_{61}} & \overline{Q_{62}} & \overline{Q_{63}} & 0 & 0 & \overline{Q_{66}} \end{bmatrix} \tag{2-29}$$

在偏轴刚度矩阵中，每个子元素是主轴刚度矩阵中元素和铺层角的函数。将偏轴刚度矩阵中的各个元素用应力矩阵转换式表示为

$$
\begin{Bmatrix} \overline{Q_{11}} \\ \overline{Q_{12}} \\ \overline{Q_{22}} \\ \overline{Q_{13}} \\ \overline{Q_{23}} \\ \overline{Q_{33}} \\ \overline{Q_{44}} \\ \overline{Q_{55}} \\ \overline{Q_{66}} \\ \overline{Q_{16}} \\ \overline{Q_{26}} \\ \overline{Q_{36}} \\ \overline{Q_{45}} \end{Bmatrix} = \begin{bmatrix}
m^4 & 2m^2n^2 & n^4 & 0 & 0 & 0 & 0 & 0 & 4m^2n^2 \\
m^2n^2 & m^4+n^4 & m^2n^2 & 0 & 0 & 0 & 0 & 0 & -4m^2n^2 \\
n^4 & 2m^2n^2 & m^4 & 0 & 0 & 0 & 0 & 0 & 4m^2n^2 \\
0 & 0 & 0 & m^2 & n^2 & 0 & 0 & 0 & 0 \\
0 & 0 & 0 & n^2 & m^2 & 0 & 0 & 0 & 0 \\
0 & 0 & 0 & 0 & 0 & 1 & 0 & 0 & 0 \\
0 & 0 & 0 & 0 & 0 & 0 & m^2 & n^2 & 0 \\
0 & 0 & 0 & 0 & 0 & 0 & n^2 & m^2 & 0 \\
m^2n^2 & -2m^2n^2 & m^2n^2 & 0 & 0 & 0 & 0 & 0 & (m^2-n^2)^2 \\
m^3n & mn^3-m^3n & -mn^3 & 0 & 0 & 0 & 0 & 0 & -2mn(m^2-n^2) \\
mn^3 & m^3n-mn^3 & -m^3n & 0 & 0 & 0 & 0 & 0 & 2mn(m^2-n^2) \\
0 & 0 & 0 & mn & -mn & 0 & 0 & 0 & 0 \\
0 & 0 & 0 & 0 & 0 & 0 & -mn & mn & 0
\end{bmatrix} \begin{Bmatrix} Q_{11} \\ Q_{12} \\ Q_{22} \\ Q_{13} \\ Q_{23} \\ Q_{33} \\ Q_{44} \\ Q_{55} \\ Q_{66} \end{Bmatrix}
\tag{2-30}
$$

简记为

$$
\{\bar{Q}\} = [P]\{Q\} \tag{2-31}
$$

式中：$\{\bar{Q}\}$ 为 13×1 的列阵；$[P]$ 为 13×9 的转换矩阵；$\{Q\}$ 为 9×1 的列阵。

2.3.3 平面应力状态下应力/应变和刚度/柔度矩阵的坐标转换

在工程应用中，复合材料层合板的单层厚度相对于板的长度和宽度来说很小，在结构分析中通常将单层看作二维弹性变形问题，即假定每个铺层为平面应力状态。

在平面应力状态下，将与层合板厚度方向有关的量看作0，则有

$$
\sigma_3 = \tau_{23} = \tau_{31} = 0 \tag{2-32}
$$

又有 $S_{16} = S_{26} = 0$，则其应变－应力关系式为

$$\begin{Bmatrix}\varepsilon_1\\ \varepsilon_2\\ \gamma_{12}\end{Bmatrix}=\begin{bmatrix}S_{11} & S_{12} & 0\\ S_{12} & S_{22} & 0\\ 0 & 0 & S_{66}\end{bmatrix}\begin{Bmatrix}\sigma_1\\ \sigma_2\\ \tau_{12}\end{Bmatrix}=\begin{bmatrix}\dfrac{1}{E_1} & -\dfrac{v_{12}}{E_1} & 0\\ -\dfrac{v_{21}}{E_2} & \dfrac{1}{E_2} & 0\\ 0 & 0 & \dfrac{1}{G_{12}}\end{bmatrix}\begin{Bmatrix}\sigma_1\\ \sigma_2\\ \tau_{12}\end{Bmatrix} \quad (2-33)$$

可知二维主轴柔度矩阵为

$$[S]=\begin{bmatrix}\dfrac{1}{E_1} & -\dfrac{v_{12}}{E_1} & 0\\ -\dfrac{v_{21}}{E_2} & \dfrac{1}{E_2} & 0\\ 0 & 0 & \dfrac{1}{G_{12}}\end{bmatrix} \quad (2-34)$$

将应变-应力关系式(2-33)求逆,得到应力-应变关系式为

$$\begin{Bmatrix}\sigma_1\\ \sigma_2\\ \tau_{12}\end{Bmatrix}=\begin{bmatrix}Q_{11} & Q_{12} & 0\\ Q_{12} & Q_{22} & 0\\ 0 & 0 & Q_{66}\end{bmatrix}\begin{Bmatrix}\varepsilon_1\\ \varepsilon_2\\ \gamma_{12}\end{Bmatrix}=\begin{bmatrix}\dfrac{E_1}{1-v_{12}v_{21}} & \dfrac{v_{12}E_2}{1-v_{12}v_{21}} & 0\\ \dfrac{v_{21}E_1}{1-v_{12}v_{21}} & \dfrac{E_2}{1-v_{12}v_{21}} & 0\\ 0 & 0 & G_{12}\end{bmatrix}\begin{Bmatrix}\varepsilon_1\\ \varepsilon_2\\ \gamma_{12}\end{Bmatrix} \quad (2-35)$$

可知二维主轴刚度矩阵为

$$[Q]=\begin{bmatrix}Q_{11} & Q_{12} & 0\\ Q_{12} & Q_{22} & 0\\ 0 & 0 & Q_{66}\end{bmatrix}=\begin{bmatrix}\dfrac{E_1}{1-v_{12}v_{21}} & \dfrac{v_{12}E_2}{1-v_{12}v_{21}} & 0\\ \dfrac{v_{21}E_1}{1-v_{12}v_{21}} & \dfrac{E_2}{1-v_{12}v_{21}} & 0\\ 0 & 0 & G_{12}\end{bmatrix} \quad (2-36)$$

由式(2-22)可得在平面应力状态下的每个铺层的偏轴刚度矩阵为

$$[\bar{Q}]=[T]^{-1}[Q][R][T][R]^{-1}=\begin{bmatrix}\overline{Q_{11}} & \overline{Q_{12}} & \overline{Q_{16}}\\ \overline{Q_{12}} & \overline{Q_{22}} & \overline{Q_{26}}\\ \overline{Q_{16}} & \overline{Q_{26}} & \overline{Q_{66}}\end{bmatrix} \quad (2-37)$$

令 $m=\cos\theta, n=\sin\theta$,其中 θ 为铺层的方向角,则由式(2-18)得到应力转换矩阵为

$$[T]=\begin{bmatrix} m^2 & n^2 & 2mn \\ n^2 & m^2 & -2mn \\ -mn & mn & m^2-n^2 \end{bmatrix} \tag{2-38}$$

将偏轴刚度矩阵中各元素用矩阵转换式表示为

$$\begin{Bmatrix} \overline{Q_{11}} \\ \overline{Q_{22}} \\ \overline{Q_{12}} \\ \overline{Q_{66}} \\ \overline{Q_{16}} \\ \overline{Q_{26}} \end{Bmatrix}=\begin{bmatrix} m^4 & n^4 & 2m^2n^2 & 4m^2n^2 \\ n^4 & m^4 & 2m^2n^2 & 4m^2n^2 \\ m^2n^2 & m^2n^2 & m^4+n^4 & -4m^2n^2 \\ m^2n^2 & m^2n^2 & -2m^2n^2 & (m^2-n^2)^2 \\ m^3n & -mn^3 & mn^3-m^3n & 2(mn^3-m^3n) \\ mn^3 & -m^3n & m^3n-mn^3 & 2(m^3n-mn^3) \end{bmatrix}\begin{Bmatrix} Q_{11} \\ Q_{22} \\ Q_{12} \\ Q_{66} \end{Bmatrix} \tag{2-39}$$

简记为

$$\{\bar{Q}\}=[P]\{Q\} \tag{2-40}$$

式中：$\{\bar{Q}\}$为 6×1 的列阵；$[P]$为 6×4 的转换矩阵；$\{Q\}$为 4×1 的列阵。

2.4 复合材料层合板的刚度

复合材料层合板可以由不同材料属性的单层板构成，也可以由不同纤维方向的相同材料属性单层构成，它们在厚度方向上都呈现出客观的非均匀性。这种非均匀性可以引起耦合响应，即面内应力会引起弯曲变形，而弯曲应力也会引起面内变形。这种耦合响应使得层合板的力学分析变得复杂。但对于在工程中常用的对称层合板或正交铺层，其拉弯耦合为零，只在一定程度上表现出面内耦合。

2.4.1 经典层合板的基本假设

经典层合板理论采用了弹性板壳理论中的直线法假设，在复合材料力学中比较成熟和实用。尽管层合板由多个单层板粘合而成，但由于单层的厚度一般是 0.1mm 的量级，所以层合板总厚度方向的尺寸与其他两个方向相比要小得多，挠度也远小于厚度，整体上可将层合板视为非匀质的各向异性薄板[5]。

经典层合理论在研究层合板的弹性特征时可做如下假设（等应变假设）：

(1) 各单层间粘接牢固,不产生滑移,因而变形在层间是连续的;

(2) 各层处于平面应力状态;

(3) 变形前垂直于层板中面的直线段,变形后仍然为垂直变形后中面的直线段,且长度不变;

(4) 平行于中面的诸截面上的正应力与其他应力相比很小,可以忽略。

在这种假设基础上建立的层合板理论称为经典层合板理论(CLPT),这个理论对于薄的层合平板、层合曲板以及层合壳体都是适用的。

2.4.2 层合板的应力-应变关系

考虑由 N 个任意铺层构成的薄层合板如图 2-4 所示。

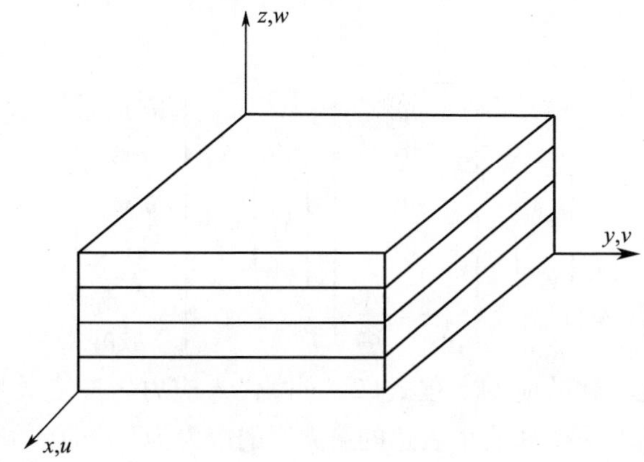

图 2-4 层合板示意图

取 z 垂直于板面,Oxy 坐标面和中面重合。板中任一点的位移分量为

$$\begin{cases} u = u(x,y,z) \\ v = v(x,y,z) \\ w = w(x,y,z) \end{cases} \tag{2-41}$$

由经典层合板的基本假设可知

$$\begin{cases} \varepsilon_z = \dfrac{\partial w}{\partial z} = 0 \\ \gamma_{zx} = \dfrac{\partial u}{\partial z} + \dfrac{\partial w}{\partial x} = 0 \\ \gamma_{zy} = \dfrac{\partial v}{\partial z} + \dfrac{\partial w}{\partial y} = 0 \end{cases} \tag{2-42}$$

将式(2-41)对 z 积分得

$$\begin{cases} u = u_0(x,y) - z\dfrac{\partial w(x,y)}{\partial x} \\ v = v_0(x,y) - z\dfrac{\partial w(x,y)}{\partial y} \\ w = w_0(x,y) \end{cases} \tag{2-43}$$

式中:u_0,v_0 和 w_0 为中面的位移分量,并且是坐标 xy 的函数,其中 w 称为挠度函数。代入到协调方程中得

$$\begin{Bmatrix} \varepsilon_x \\ \varepsilon_y \\ \gamma_{xy} \end{Bmatrix} = \begin{Bmatrix} \varepsilon_x^0 \\ \varepsilon_y^0 \\ \gamma_{xy}^0 \end{Bmatrix} + Z\begin{Bmatrix} k_x^0 \\ k_y^0 \\ k_{xy}^0 \end{Bmatrix} \tag{2-44}$$

其中

$$\begin{Bmatrix} \varepsilon_x^0 \\ \varepsilon_y^0 \\ \gamma_{xy}^0 \end{Bmatrix} = \begin{bmatrix} \dfrac{\partial u_0}{\partial x} \\ \dfrac{\partial v_0}{\partial y} \\ \dfrac{\partial u_0}{\partial y} + \dfrac{\partial v_0}{\partial x} \end{bmatrix}, \begin{Bmatrix} k_x^0 \\ k_y^0 \\ k_{xy}^0 \end{Bmatrix} = -\begin{bmatrix} \dfrac{\partial^2 w_0}{\partial x^2} \\ \dfrac{\partial^2 w_0}{\partial y^2} \\ 2\dfrac{\partial^2 w_0}{\partial x \partial y} \end{bmatrix} \tag{2-45}$$

则将沿厚度变化的应变方程式(2-44)代入应力-应变关系式中,可以得到用层合板中面的应变和曲率表达的第 k 层的应力为

$$\begin{Bmatrix} \sigma_x \\ \sigma_y \\ \tau_{xy} \end{Bmatrix}_k = \begin{bmatrix} \overline{Q_{11}} & \overline{Q_{12}} & \overline{Q_{16}} \\ \overline{Q_{12}} & \overline{Q_{22}} & \overline{Q_{26}} \\ \overline{Q_{16}} & \overline{Q_{26}} & \overline{Q_{66}} \end{bmatrix}_k \left[\begin{Bmatrix} \varepsilon_x^0 \\ \varepsilon_y^0 \\ \gamma_{xy}^0 \end{Bmatrix} + Z\begin{Bmatrix} k_x^0 \\ k_y^0 \\ k_{xy}^0 \end{Bmatrix} \right] \tag{2-46}$$

2.4.3 对称层合板的刚度

对称层合板是指在几何上和材料上都对称于中面的层合板。由于工程中所用的层合板大多都是对称的,所以这里主要对对称层合板的特性进行分析。

假定对称层合板的厚度为 h,单个铺层的厚度为 t,总共有 $2n$ 铺层。在受到面内应力时并不发生弯曲和扭曲的耦合,因此第 k 层的应力列阵为

$$\begin{Bmatrix} \sigma_x \\ \sigma_y \\ \tau_{xy} \end{Bmatrix}_k = \begin{bmatrix} \overline{Q_{11}} & \overline{Q_{12}} & \overline{Q_{16}} \\ \overline{Q_{12}} & \overline{Q_{22}} & \overline{Q_{26}} \\ \overline{Q_{16}} & \overline{Q_{26}} & \overline{Q_{66}} \end{bmatrix}_k \begin{Bmatrix} \varepsilon_x^0 \\ \varepsilon_y^0 \\ \gamma_{xy}^0 \end{Bmatrix} \tag{2-47}$$

面内的平均应力$\{\bar{\sigma}\}$为

$$\begin{Bmatrix}\bar{\sigma}_x\\ \bar{\sigma}_y\\ \bar{\tau}_{xy}\end{Bmatrix}=[\bar{C}]\begin{Bmatrix}\varepsilon_x^0\\ \varepsilon_y^0\\ \gamma_{xy}^0\end{Bmatrix} \tag{2-48}$$

其中$[\bar{C}]$为等效刚度矩阵,其表达式为

$$[\bar{C}]=\sum_{k=1}^{2n}[\bar{Q}]_k t_k/h \tag{2-49}$$

其中$\sum_{k=1}^{2n}t_k=h$,h为层合板总厚度,t_k为第k层的厚度。

当各铺层厚度相同时,式(2-49)可表示为

$$[\bar{C}]=\frac{1}{2n}\sum_{k=1}^{2n}[\bar{Q}]_k=\frac{1}{n}\sum_{k=1}^{n}[\bar{Q}]_k \tag{2-50}$$

等效柔度矩阵$[\overline{S^*}]$可以表示为

$$[\overline{S^*}]=[\bar{C}]^{-1}=\begin{bmatrix}\overline{S_{11}^*} & \overline{S_{12}^*} & \overline{S_{16}^*}\\ \overline{S_{21}^*} & \overline{S_{22}^*} & \overline{S_{26}^*}\\ \overline{S_{61}^*} & \overline{S_{62}^*} & \overline{S_{66}^*}\end{bmatrix} \tag{2-51}$$

当层合板为单向板时,$\overline{S_{ij}^*}=\overline{S_{ij}}$,即等效柔度系数就是单层板的柔度系数。

对于对称层合板,中面的正则化柔度系数存在对称关系,即$\overline{S_{12}^*}=\overline{S_{21}^*}$、$\overline{S_{16}^*}=\overline{S_{61}^*}$和$\overline{S_{26}^*}=\overline{S_{62}^*}$。这样就可以得到类似于铺层工程弹性常数的对称层合板工程等效弹性常数与等效柔度系数之间的关系式:

$$\begin{cases}E_x=\dfrac{1}{\overline{S_{11}^*}},E_y=\dfrac{1}{\overline{S_{22}^*}},G_{xy}=\dfrac{1}{\overline{S_{66}^*}}\\ \upsilon_{xy}=-\dfrac{\overline{S_{12}^*}}{\overline{S_{11}^*}},\upsilon_{yx}=-\dfrac{\overline{S_{21}^*}}{\overline{S_{22}^*}},\eta_{xy,x}=-\dfrac{\overline{S_{61}^*}}{\overline{S_{11}^*}}\\ \eta_{xy,y}=-\dfrac{\overline{S_{62}^*}}{\overline{S_{22}^*}},\eta_{x,xy}=-\dfrac{\overline{S_{16}^*}}{\overline{S_{66}^*}},\eta_{y,xy}=-\dfrac{\overline{S_{26}^*}}{\overline{S_{66}^*}}\end{cases} \tag{2-52}$$

2.4.4 二维均衡层合板的刚度

均衡层合板是指 $-\theta$ 和 $+\theta$ 铺层数相同的层合板。在这种情况下，由于耦合子元$[\overline{Q_{16}}]$和$[\overline{Q_{26}}]$是关于 θ 的奇函数，所以不存在拉剪耦合。工程中复合材料螺栓、铆钉连接件等大多都采用均衡层合板。

在均衡层合板中，等效刚度系数 $\bar{C}_{16}=\bar{C}_{61}=0$，$\bar{C}_{26}=\bar{C}_{62}=0$，也就是$\overline{S_{61}^{*}}=\overline{S_{16}^{*}}=0$，$\overline{S_{62}^{*}}=\overline{S_{26}^{*}}=0$。

均衡层合板的等效柔度矩阵可表示为

$$[\overline{S^{*}}]=\begin{bmatrix}\overline{S_{11}^{*}} & \overline{S_{12}^{*}} & 0\\ \overline{S_{21}^{*}} & \overline{S_{22}^{*}} & 0\\ 0 & 0 & \overline{S_{66}^{*}}\end{bmatrix}=\begin{bmatrix}\dfrac{1}{E_x} & -\dfrac{\upsilon_{yx}}{E_y} & 0\\ -\dfrac{\upsilon_{xy}}{E_x} & \dfrac{1}{E_y} & 0\\ 0 & 0 & \dfrac{1}{G_{xy}}\end{bmatrix} \tag{2-53}$$

简记为

$$[\overline{S^{*}}]=\begin{bmatrix}\dfrac{1}{E_x} & -\dfrac{\upsilon_{xy}}{E_x} & 0\\ -\dfrac{\upsilon_{xy}}{E_x} & \dfrac{1}{E_y} & 0\\ 0 & 0 & \dfrac{1}{G_{xy}}\end{bmatrix} \tag{2-54}$$

所以对称层合板的二维等效弹性常数可以表示为

$$E_x=\frac{1}{\overline{S_{11}^{*}}},\quad E_y=\frac{1}{\overline{S_{22}^{*}}},\quad \upsilon_{xy}=-\frac{\overline{S_{12}^{*}}}{\overline{S_{11}^{*}}},\quad G_{xy}=\frac{1}{\overline{S_{66}^{*}}} \tag{2-55}$$

2.4.5 三维均衡层合板的刚度

在工程中最常用的是均衡层合板，所以本节仅讨论均衡层合板三维等效模量的计算方法。对于非均衡层合板来说，计算方法相同，但计算量较大。

三维均衡层合板等效弹性模量的计算考虑了厚度方向的应力、应变以及弹性模量。假设层合板的各个铺层均是正交各向异性体，总共有 n 层，每层厚度为 t_k，且 $+\theta$ 与 $-\theta$ 在层合板中的体积比例相同。

正交各向异性每个铺层的正轴刚度矩阵为

$$[Q]=\begin{bmatrix} Q_{11} & Q_{12} & Q_{13} & 0 & 0 & 0 \\ Q_{12} & Q_{22} & Q_{23} & 0 & 0 & 0 \\ Q_{13} & Q_{23} & Q_{33} & 0 & 0 & 0 \\ 0 & 0 & 0 & Q_{44} & 0 & 0 \\ 0 & 0 & 0 & 0 & Q_{55} & 0 \\ 0 & 0 & 0 & 0 & 0 & Q_{66} \end{bmatrix} \tag{2-56}$$

转换到整体坐标系下的刚度矩阵为

$$[\bar{Q}]_k=\begin{bmatrix} \overline{Q_{11}} & \overline{Q_{12}} & \overline{Q_{13}} & 0 & 0 & \overline{Q_{16}} \\ \overline{Q_{21}} & \overline{Q_{22}} & \overline{Q_{23}} & 0 & 0 & \overline{Q_{26}} \\ \overline{Q_{31}} & \overline{Q_{32}} & \overline{Q_{33}} & 0 & 0 & \overline{Q_{36}} \\ 0 & 0 & 0 & \overline{Q_{44}} & \overline{Q_{45}} & 0 \\ 0 & 0 & 0 & \overline{Q_{54}} & \overline{Q_{55}} & 0 \\ \overline{Q_{61}} & \overline{Q_{62}} & \overline{Q_{63}} & 0 & 0 & \overline{Q_{66}} \end{bmatrix}_k \tag{2-57}$$

则层合板的等效弹性模量$[\bar{C}]$为

$$[\bar{C}] = \sum_{k=1}^{n} [\bar{Q}]_k t_k/h \tag{2-58}$$

等效弹性模量$[\bar{C}]$可写成如下形式

$$[\bar{C}]=\begin{bmatrix} \overline{C_{11}} & \overline{C_{12}} & \overline{C_{13}} & 0 & 0 & \overline{C_{16}} \\ \overline{C_{21}} & \overline{C_{22}} & \overline{C_{23}} & 0 & 0 & \overline{C_{26}} \\ \overline{C_{31}} & \overline{C_{32}} & \overline{C_{33}} & 0 & 0 & \overline{C_{36}} \\ 0 & 0 & 0 & \overline{C_{44}} & \overline{C_{45}} & 0 \\ 0 & 0 & 0 & \overline{C_{54}} & \overline{C_{55}} & 0 \\ \overline{C_{61}} & \overline{C_{62}} & \overline{C_{63}} & 0 & 0 & \overline{C_{66}} \end{bmatrix} \tag{2-59}$$

前面已经由应变能密度函数得到$[\bar{C}]$为对称矩阵，即$\overline{C_{ij}}=\overline{C_{ji}}$，在这里此理论仍然适用。由于$\overline{Q_{16}}$、$\overline{Q_{26}}$、$\overline{Q_{36}}$和$\overline{Q_{45}}$均是铺层角$\theta$的奇函数，所以在均衡层合板中它们的和为零，即$\overline{C_{16}}=\overline{C_{26}}=\overline{C_{36}}=\overline{C_{45}}=0$。则三维均衡层合板的等效刚度矩阵可简化为

$$[\bar{C}]=\begin{bmatrix}\overline{C_{11}} & \overline{C_{12}} & \overline{C_{13}} & 0 & 0 & 0\\ \overline{C_{12}} & \overline{C_{22}} & \overline{C_{23}} & 0 & 0 & 0\\ \overline{C_{13}} & \overline{C_{23}} & \overline{C_{33}} & 0 & 0 & 0\\ 0 & 0 & 0 & \overline{C_{44}} & 0 & 0\\ 0 & 0 & 0 & 0 & \overline{C_{55}} & 0\\ 0 & 0 & 0 & 0 & 0 & \overline{C_{66}}\end{bmatrix} \tag{2-60}$$

用等效弹性模量表示层合板的平均应力－平均应变本构方程为

$$\begin{Bmatrix}\overline{\sigma_x}\\ \overline{\sigma_y}\\ \overline{\sigma_z}\\ \overline{\sigma_{yz}}\\ \overline{\sigma_{xz}}\\ \overline{\sigma_{xy}}\end{Bmatrix}=[\bar{C}]\begin{Bmatrix}\overline{\varepsilon_x}\\ \overline{\varepsilon_y}\\ \overline{\varepsilon_z}\\ \overline{\gamma_{yz}}\\ \overline{\gamma_{xz}}\\ \overline{\gamma_{xy}}\end{Bmatrix} \tag{2-61}$$

将式(2－60)求逆,可以得到层合板的等效柔度矩阵$[\overline{S^*}]$:

$$[\overline{S^*}]=[\bar{C}]^{-1}=\begin{bmatrix}\overline{S_{11}^*} & \overline{S_{12}^*} & \overline{S_{13}^*} & 0 & 0 & 0\\ \overline{S_{12}^*} & \overline{S_{22}^*} & \overline{S_{23}^*} & 0 & 0 & 0\\ \overline{S_{13}^*} & \overline{S_{23}^*} & \overline{S_{33}^*} & 0 & 0 & 0\\ 0 & 0 & 0 & \overline{S_{44}^*} & 0 & 0\\ 0 & 0 & 0 & 0 & \overline{S_{55}^*} & 0\\ 0 & 0 & 0 & 0 & 0 & \overline{S_{66}^*}\end{bmatrix} \tag{2-62}$$

则层合板的平均应变－平均应力关系为

$$\begin{Bmatrix}\overline{\varepsilon_x}\\ \overline{\varepsilon_y}\\ \overline{\varepsilon_z}\\ \overline{\gamma_{yz}}\\ \overline{\gamma_{xz}}\\ \overline{\gamma_{xy}}\end{Bmatrix}=[\overline{S^*}]\begin{Bmatrix}\overline{\sigma_x}\\ \overline{\sigma_y}\\ \overline{\sigma_z}\\ \overline{\sigma_{yz}}\\ \overline{\sigma_{xz}}\\ \overline{\sigma_{xy}}\end{Bmatrix} \tag{2-63}$$

等效工程弹性常数与等效柔度系数的关系为

$$
[\overline{S^*}] = \begin{bmatrix} \frac{1}{E_x} & -\frac{\upsilon_{yx}}{E_y} & -\frac{\upsilon_{zx}}{E_z} & 0 & 0 & 0 \\ -\frac{\upsilon_{xy}}{E_x} & \frac{1}{E_y} & -\frac{\upsilon_{yz}}{E_y} & 0 & 0 & 0 \\ -\frac{\upsilon_{xz}}{E_x} & -\frac{\upsilon_{yz}}{E_y} & \frac{1}{E_z} & 0 & 0 & 0 \\ 0 & 0 & 0 & \frac{1}{G_{yz}} & 0 & 0 \\ 0 & 0 & 0 & 0 & \frac{1}{G_{xz}} & 0 \\ 0 & 0 & 0 & 0 & 0 & \frac{1}{G_{xy}} \end{bmatrix} \tag{2-64}
$$

即

$$
\begin{cases} E_x = \dfrac{1}{\overline{S_{11}^*}}, E_y = \dfrac{1}{\overline{S_{22}^*}}, E_z = \dfrac{1}{\overline{S_{33}^*}} \\ G_{yz} = \dfrac{1}{\overline{S_{44}^*}}, G_{xz} = \dfrac{1}{\overline{S_{55}^*}}, G_{xy} = \dfrac{1}{\overline{S_{66}^*}} \\ \upsilon_{xy} = -\dfrac{\overline{S_{12}^*}}{\overline{S_{11}^*}}, \upsilon_{yz} = -\dfrac{\overline{S_{23}^*}}{\overline{S_{22}^*}}, \upsilon_{xz} = -\dfrac{\overline{S_{13}^*}}{\overline{S_{11}^*}} \end{cases} \tag{2-65}
$$

当已知单层板的基本弹性性能参数以及层合板的铺层顺序和铺层厚度时，可以根据式(2－58)、式(2－62)和式(2－65)得到均衡层合板的等效工程常数。

2.5 复合材料层合板的强度估算

由于复合材料是多相的复合体，复合材料层合板的强度问题是很复杂的。层合板的破坏首先发生在最弱的单层，然后在周围扩展，最终达到整体破坏，是一个复杂的演变过程。复合材料层合板的强度主要涉及强度指标和失效判据，它们用来预测材料破坏的发生。

2.5.1 单层板的强度

单层板是层合板的基本单位，研究层合板的强度估算必须先研究单层板的强度。众所周知，各向同性材料的强度与方向无关，但复合材料在外力的作用下，主应力或主应变方向不一定恰好对应于该材料的主轴方向上的强度。这是因为各向异性单层板的基本强度性能具有方向性,即沿纤维方向的拉伸强度可能要比横向拉伸强度高出十几倍。因此,各向同性材料的主应力和主应变的概念已不再适用于复合材料,而应被复合材料主轴应力所取代。

对于正交各向异性的单层板,若只在主轴方向上承受单向应力,其强度可以通过试验解决;若在板平面内具有复杂应力状态,就不能全凭试验解决强度问题了。即使单层板承受单轴应力,也不一定恰好作用在主轴方向上,必须将偏轴上的应力转换到主轴方向上,然后才能研究它的强度。因此,单层板的宏观强度理论就是试图用主轴方向的基本强度来预测单层板受力状态下的强度。它的强度理论和失效判据也要比各向同性材料复杂得多。

正交各向异性材料在主轴方向上拉、压强度不一样,在主轴方向上的剪应力无论是正还是负均具有相同的剪切强度。在偏轴方向的应力状态中,正剪和负剪在纤维方向上产生相反的应力。对于正剪,纤维向有拉伸应力而垂直于纤维向有压缩应力;对于负剪,纤维向有压缩应力而垂直于纤维向有拉伸应力。正剪要比负剪强度高得多,因此确定剪切的方向是很关键的。

对于复合材料强度估算需要引进如下 5 个强度指标:

X_t——纵向拉伸强度;

X_c——纵向压缩强度;

Y_t——基体拉伸强度;

Y_c——基体压缩强度;

S——面内剪切强度。

单层板的 4 个工程弹性常数 E_1、E_2、G_{12}、v_{12} 和上述 5 个基本强度,统称为复合材料的工程常数[6]。

单层板的二维强度失效判据有很多,但应用广泛且与试验结合得较好的主要有以下 4 个[7]:

1）最大应力失效判据

该判据认为无论材料处于怎样的应力状态,当单层板正轴向的任意一个应力分量达到相应的极限应力时,材料就失效或发生破坏。强度失效判据式可表达为

$$
\begin{aligned}
&X_C < \sigma_L(\sigma_1) < X_t \\
&Y_C < \sigma_T(\sigma_2) < Y_t \\
&|\tau_{LT}(\tau_{12})| < S
\end{aligned}
\tag{2-66}
$$

2）最大应变失效判据

该判据认为无论材料处于怎样的应力状态,当单层板正轴向的任意一个应

变分量达到相应的极限应变时，材料就失效或发生破坏。强度失效判据式可表达为

$$
\begin{aligned}
&\varepsilon_{xc} < \varepsilon_L(\varepsilon_1) < \varepsilon_{xt} \\
&\varepsilon_C < \varepsilon_T(\varepsilon_2) < \varepsilon_{yt} \\
&|\gamma_{LT}(\gamma_{12})| < \gamma
\end{aligned}
\tag{2-67}
$$

3）蔡-希尔（Tsai-Hill）失效判据

该失效判据是由各向同性材料的应变能理论改变推广而来，强度失效判据可以表达为

$$\left(\frac{\sigma_1}{X}\right)^2 + \left(\frac{\sigma_2}{Y}\right)^2 - \frac{\sigma_1\sigma_2}{X^2} + \left(\frac{\tau_{12}}{S}\right)^2 = 1 \tag{2-68}$$

4）蔡-胡（Tsai-Wu）张量失效判据

为了改善蔡-希尔失效判据的不足，应尽量在失效判据中包含各种可能的强度指标，以增加失效理论曲线与试验曲线之间的拟合程度，蔡-胡提出了用张量多项式表达的各向异性材料的强度理论。

二维应力状态的失效判据可以表达为

$$F_i\sigma_i + F_{ij}\sigma_i\sigma_j = 1 \qquad (i,j=1,2,6) \tag{2-69}$$

正交各向异性单层板的失效判据可以表达为

$$F_{11}\sigma_1^2 + 2F_{12}\sigma_1\sigma_2 + F_{22}\sigma_2^2 + F_{66}\sigma_6^2 + F_1\sigma_1 + F_2\sigma_2 = 1 \tag{2-70}$$

其中，F_{11}、F_{22}、F_{66}、F_1 和 F_2 可以通过单轴试验直接确定，但 F_{12} 一般需要通过双轴试验确定。

2.5.2 层合板的强度

层合板的强度估算是以单层板的强度特性为基础的。层合板在外载荷的作用下，破坏将由某一单层失效开始，随后其他层相继发生失效直到总体破坏，如图2-5所示。层合板的整个破坏过程是一个从单层破坏到总体破坏的过程，存在最先破坏层失效载荷（FPF）和最终破坏的极限载荷（LPF）。

层合板强度预估步骤如下：确定单层板的强度判据；确定最先破坏层的失效载荷；层合板刚度修正；计算极限载荷。可以通过以下方法实现：

1）层合板强度估算

层合板强度估算所使用的单层板强度判据，可以根据经验公式确定。

2）最先一层的失效载荷确定

最先一层的失效载荷是指层合板在载荷作用下，最先出现强度比 $R=1$ 失

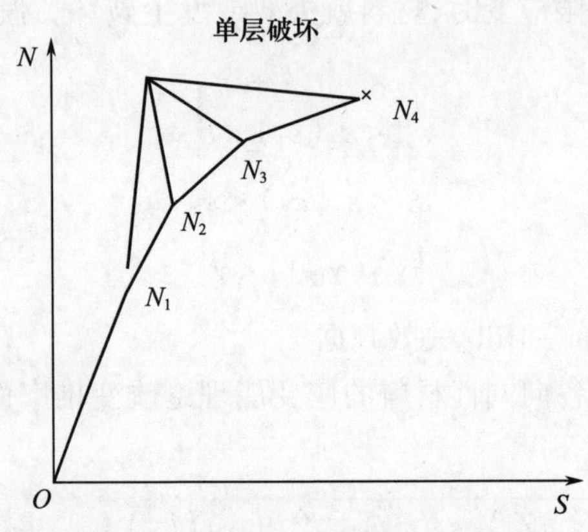

图 2-5 层合板载荷-位移曲线

效层所对应的载荷。

3) 层合板刚度修正

就层合板发生最先一层失效后如何对层合板刚度进行修正，现提出以下几种方案：

(1) 消层模型。

层合板中 $R=1$ 的失效单层，其刚度应为零，即

$$[\bar{Q}]_{k(R=1)}=0 \tag{2-71}$$

(2) 纤维继续承载模型。

层合板 $R=1$ 的失效单层，通常首先发生了纵向开裂变成一束束的纤维，仅能承受沿纤维方向的载荷，此时其刚度矩阵中仅 $\bar{Q}_{11}\neq 0$，即

$$\bar{Q}_{k(R=1)}=\begin{bmatrix}\overline{Q_{11}} & 0 & 0\\ 0 & 0 & 0\\ 0 & 0 & 0\end{bmatrix} \tag{2-72}$$

(3) 剪切失效模型。

层合板中 $R=1$ 的失效单层，仅发生剪切失效，即剪切刚度 $Q_{66}=0$ 和拉-剪耦合刚度 Q_{16} 和 Q_{26} 为零，即

$$\bar{Q}_{k(R=1)}=\begin{bmatrix}Q_{11} & Q_{12} & 0\\ Q_{12} & Q_{22} & 0\\ 0 & 0 & 0\end{bmatrix} \tag{2-73}$$

4）层合板极限载荷确定

层合板从单层失效到整体破坏的分析框图如图 2－6 所示，极限载荷或承载能力的确定是一个逐次迭代计算的结果。

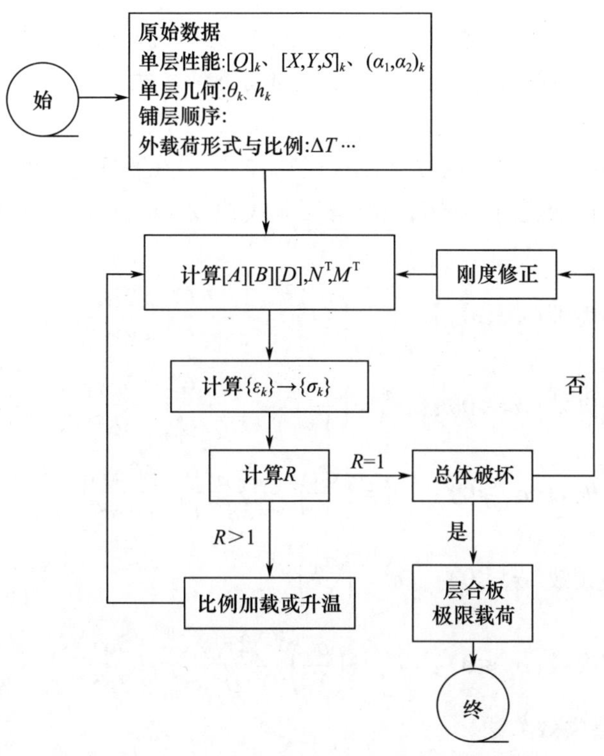

图 2－6　层合板极限载荷分析框图

2.5.3 有限元分析中常用的层合板失效判据

随着有限元软件的开发和应用，相继出现了一些在有限元中应用的复合材料层合板失效判定方法。

1. 二维分析

在 ABAQUS 有限元软件中加入 USDFLD 模块，结合相应的损伤子程序，可以对复合材料层合板的损伤过程进行数值模拟。

对于单向板，剪切本构关系是非线性的，符合下列表达式

$$\gamma_{12} = \left(\frac{1}{G_{12}^0}\right)\tau_{12} + \alpha\tau_{12}^3 \tag{2-74}$$

为了能够嵌入有限元程序，将上式转换成线性表达形式

$$\tau_{12}^{(i+1)} = G_{12}\gamma_{12}^{(i+1)} = (1-d)G_{12}^{0}\gamma_{12}^{(i+1)} \tag{2-75}$$

$$d = \frac{3\alpha G_{12}^{0}(\tau_{12}^{(i)})^{2} - 2\alpha(\tau_{12}^{(i)})^{2}/\gamma_{12}^{(i)}}{1 + 3\alpha G_{12}^{0}(\tau_{12}^{(i)})^{2}} \tag{2-76}$$

式中：γ_{12}为剪应变；τ_{12}为剪应力；G_{12}^{0}为初始时的剪切模量；α为剪切非线性系数；d为损伤变量。随着载荷的增大，剪切模量将逐渐线性减小。

1）失效判据

由于Hashin[8-9]失效判据为显式表达式，所以在程序中比较容易实现。当考虑剪切非线性效应时，$\alpha \neq 0$；忽略剪切非线性效应时，$\alpha = 0$。具体的失效判据表达如下：

基体拉伸失效（$\sigma_2 \geqslant 0$）：$e_m^2 = \left(\dfrac{\sigma_2}{Y_t}\right)^2 + \dfrac{2\tau_{12}^2/G_{12}^0 + 3\alpha\tau_{12}^4}{2S_C^2/G_{12}^0 + 3\alpha S_C^4}$

基体压缩失效（$\sigma_2 \leqslant 0$）：$e_m^2 = \left(\dfrac{\sigma_2}{Y_C}\right)^2 + \dfrac{2\tau_{12}^2/G_{12}^0 + 3\alpha\tau_{12}^4}{2S_C^2/G_{12}^0 + 3\alpha S_C^4}$

纤维拉伸失效（$\sigma_1 \geqslant 0$）：$e_f^2 = \left(\dfrac{\sigma_1}{X_t}\right)^2 + \dfrac{2\tau_{12}^2/G_{12}^0 + 3\alpha\tau_{12}^4}{2S_C^2/G_{12}^0 + 3\alpha S_C^4}$

纤维压缩失效（$\sigma_1 \leqslant 0$）：$e_f^2 = \left(\dfrac{\sigma_1}{X_C}\right)^2$

纤基剪切失效（$\sigma_1 \leqslant 0$）：$e_{fm}^2 = \left(\dfrac{\sigma_1}{X_C}\right)^2 + \dfrac{2\tau_{12}^2/G_{12}^0 + 3\alpha\tau_{12}^4}{2S_C^2/G_{12}^0 + 3\alpha S_C^4}$

2）刚度降失效方法

在计算过程中，当材料积分点的应力满足上述失效准则之一，根据刚度降低规则降低该积分点的相应刚度，如当$\sigma_2 \geqslant 0$和$e_m^2 \geqslant 1$时，$E_{22} \to 0$和$v_{12} \to 0$，而E_{11}、G_{12}、G_{13}和G_{23}不变，相应的刚度降方法如表2-2所示。计算时随着载荷的增加，部分单元不断扭曲变形，致使单元不能再承受任何载荷。当载荷足够大时，计算程序将自动终止，此时在载荷-位移曲线上可以看到载荷已经开始下降，由此可以预测结构的破坏载荷和失效方式。

表2-2　依赖于失效状态的材料刚度系数

初始无损状态	基体失效	纤基剪切失效	纤维失效
E_{11}	E_{11}	E_{11}	$E_{11} \to 0$
E_{22}	$E_{22} \to 0$	E_{22}	E_{22}
v_{12}	$v_{12} \to 0$	$v_{12} \to 0$	$v_{12} \to 0$
G_{12}	G_{12}	$G_{12} \to 0$	G_{13}
G_{13}	G_{13}	G_{13}	G_{13}

续表

初始无损状态	基体失效	纤基剪切失效	纤维失效
G_{23}	G_{23}	G_{23}	G_{23}
FV1 =0	FV1 =1	FV1 =0	FV1 =0
FV2 =0	FV2 =0	FV2 =1	FV2 =0
FV3 =0	FV3 =0	FV3 =0	FV3 =1

注:FV1、FV2、FV3 三种状态的任意组合总共有 8 种状态。

对于刚度退化模型,许多学者已经做了大量的研究工作,但大多都停留在刚度退化系数的选取上,没有考虑累积损伤对刚度的影响。试验和数值模拟研究表明,纤维压缩失效的刚度退化系数与纤维/基体的材质、基体的状态以及纤维的体积分数等有很大关系。一般来说,不同材料、不同铺层角度、不同铺层顺序和不同连接方式的层合板的刚度退化系数是不一样的。在实际应用中,一般要通过试验准确确定该种复合材料的刚度降系数,从而可以提高材料的利用效率和结构的安全性。通常复合材料的刚度降系数大致范围为

$$E_{11} \in (0.01 \sim 0.07)E_{11}, E_{22} \in (0.2 \sim 0.3)E_{22}, G_{12} \in (0.2 \sim 0.3)G_{12}$$

在要求不高的情况下,可以根据上面的取值范围选择适当的刚度降系数。最简单的做法是将其刚度降系数全部取为 0,如此得到的强度值偏于保守。在精度要求较高的情况下,材料的刚度降系数要根据试验准确测量。

3) 计算流程

为实现上述失效判断及相应的刚度退化,可以采用 ABAQUS 有限元软件 USDFLD 用户程序接口将材料失效及刚度退化程序加入到有限元程序中,模拟材料逐步失效过程。材料失效判断及刚度退化流程如图 2 -7 所示。

2. 三维分析

由于二维失效判据没有考虑层合板层间应力的影响,计算结果偏于保守。三维累积损伤理论考虑了层合板 6 个方向的应力、应变和层合板的分层失效,所以计算结果更为可靠。

1) 失效判据

复合材料层合板在拉伸载荷作用下存在不同失效模式,主要包括 Hashin 准则、最大应力准则和混合准则[10-11],如表 2 -3 ~ 表 2 -5 所示。

其中,1 表示纤维方向,2 表示横向方向,3 表示厚度方向,X_t和 X_C 表示纤维方向拉伸强度和压缩强度,Y_t 和 Y_C 表示横向拉伸强度和压缩强度,S_{12},S_{13}和 S_{23} 分别表示单个铺层面内剪切强度和横向剪切强度。

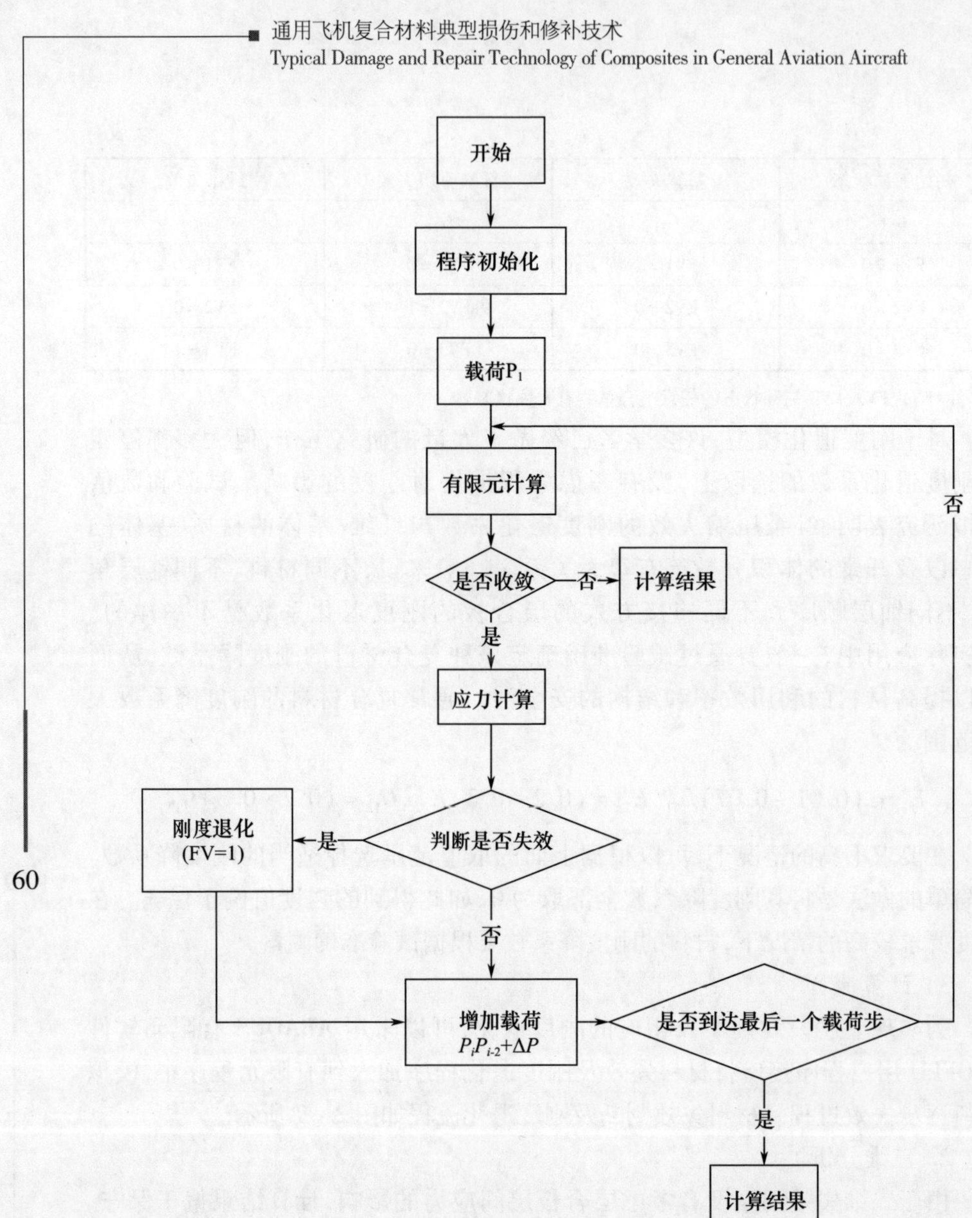

图 2-7 模拟材料逐步失效程序流程图

表 2-3 Hashin 准则

失效模式	失效准则
分层破坏($\sigma_{33} \geqslant 0$)	$\left(\frac{\sigma_{33}}{Z_t}\right)^2+\left(\frac{\tau_{13}}{S_{13}}\right)^2+\left(\frac{\tau_{23}}{S_{23}}\right)^2=1$
分层破坏($\sigma_{33}<0$)	$\left(\frac{\tau_{13}}{S_{13}}\right)^2+\left(\frac{\tau_{23}}{S_{23}}\right)^2=1$

续表

失效模式	失效准则
基体拉伸破坏($\sigma_{22}+\sigma_{33}\geqslant 0$)	$\left(\frac{\sigma_{22}+\sigma_{33}}{Y_t}\right)^2+\left(\frac{1}{S_{23}^2}\right)(\tau_{23}^2-\sigma_{22}\sigma_{33})+\left(\frac{\tau_{12}}{S_{12}}\right)^2+\left(\frac{\tau_{13}}{S_{13}}\right)^2\geqslant 1$
基体压缩破坏($\sigma_{22}+\sigma_{33}<0$)	$\frac{1}{Y_C}\left[\left(\frac{Y_C}{2S_{12}}\right)^2-1\right](\sigma_{22}+\sigma_{33})+\left(\frac{\sigma_{22}+\sigma_{33}}{2S_{12}}\right)^2+\frac{1}{S_{23}^2}(\tau_{23}^2-\sigma_{22}\sigma_{33})+$ $\left(\frac{\tau_{12}}{S_{12}}\right)^2+\left(\frac{\tau_{13}}{S_{13}}\right)^2\geqslant 1$
纤维拉伸破坏($\sigma_1\geqslant 0$)	$\left(\frac{\sigma_{11}}{X_t}\right)^2+\left(\frac{\tau_{12}}{S_{12}}\right)^2+\left(\frac{\tau_{13}}{S_{13}}\right)^2=1$
纤维屈曲破坏($\sigma_1\leqslant 0$)	$\frac{\sigma_1}{X_c}\geqslant 1$

表 2-4 最大应力准则

失效模式	失效准则
基体拉伸破坏($\sigma_{22}\geqslant 0$)	$\frac{\sigma_{22}}{Y_t}\geqslant 1$
基体压缩破坏($\sigma_{22}<0$)	$\frac{\sigma_{22}}{Y_C}\geqslant 1$
纤维拉伸破坏($\sigma_1\geqslant 0$)	$\frac{\sigma_1}{X_t}\geqslant 1$
纤维屈曲破坏($\sigma_1\leqslant 0$)	$\frac{\sigma_1}{X_c}\geqslant 1$

表 2-5 混合准则(最大应力准则和 Hashin 准则的混合准则)

失效模式	失效准则
分层破坏($\sigma_{33}\geqslant 0$)	$\left(\frac{\sigma_{33}}{Z_t}\right)^2+\left(\frac{\tau_{13}}{S_{13}}\right)^2+\left(\frac{\tau_{23}}{S_{23}}\right)^2\geqslant 1$
分层破坏($\sigma_{33}<0$)	$\left(\frac{\tau_{13}}{S_{13}}\right)^2+\left(\frac{\tau_{23}}{S_{23}}\right)^2\geqslant 1$
基体拉伸破坏($\sigma_{22}+\sigma_{33}\geqslant 0$)	$\left(\frac{\sigma_{22}+\sigma_{33}}{Y_t}\right)^2+\left(\frac{1}{S_{23}^2}\right)(\tau_{23}^2-\sigma_{22}\sigma_{33})+\left(\frac{\tau_{12}}{S_{12}}\right)^2+\left(\frac{\tau_{13}}{S_{13}}\right)^2\geqslant 1$
基体压缩破坏($\sigma_{22}+\sigma_{33}<0$)	$\frac{1}{Y_C}\left[\left(\frac{Y_C}{2S_{12}}\right)^2-1\right](\sigma_{22}+\sigma_{33})+\left(\frac{\sigma_{22}+\sigma_{33}}{2S_{12}}\right)^2+\frac{1}{S_{23}^2}(\tau_{23}^2-\sigma_{22}\sigma_{33})+$ $\left(\frac{\tau_{12}}{S_{12}}\right)^2+\left(\frac{\tau_{13}}{S_{13}}\right)^2\geqslant 1$

续表

失效模式	失效准则
纤维拉伸破坏($\sigma_1 \geqslant 0$)	$\frac{\sigma_1}{X_t} \geqslant 1$
纤维屈曲破坏($\sigma_1 \leqslant 0$)	$\frac{\sigma_1}{X_c} \geqslant 1$

2）刚度降失效方法

在计算过程中，当材料积分点的应力满足某一个失效准则时，该材料积分点失效，则需要降低该材料积分点的相应刚度系数，如表 2-6 所示。

表 2-6　材料性能衰减准则[12]

失效模式	刚度降准则
分层失效($\sigma_{33} > 0$)	$Q_d = 0.2Q(Q = E_{33}, G_{13}, G_{23}, v_{13}, v_{23})$
分层失效 ($\sigma_{33} < 0$)	$Q_d = 0.2Q(Q = E_{33}, G_{13}, G_{23}, v_{13}, v_{23})$
基体拉伸破坏	$Q_d = 0.2Q(Q = E_{22}, G_{12}, G_{23}, v_{12}, v_{23})$
基体压缩破坏	$Q_d = 0.4Q(Q = E_{22}, G_{12}, G_{23}, v_{12}, v_{23})$
纤维拉伸破坏	$Q_d = 0.07Q(Q = E_{11}, G_{12}, G_{13}, v_{12}, v_{13})$
纤维屈曲破坏	$Q_d = 0.14Q(Q = E_{11}, G_{12}, G_{13}, v_{12}, v_{13})$

3）计算流程

采用 Solid 单元可以对复合材料的损伤形式如纤维断裂、基体开裂和层间开裂等进行模拟，特别是在分层损伤对复合材料最终强度影响比较大的情况下，更有必要在损伤子程序中加入层间开裂判据。

三维损伤的计算方法是采用材料子程序定义实体单元上的材料力学行为，在每一载荷增量步更新雅可比矩阵(DDSDDE)，并判断材料积分点的损伤状态，从而实现复合材料三维实体单元损伤行为的数值模拟。在有限元计算过程中，随着载荷逐渐增大，扭曲变形单元逐渐增多；当载荷足够大时，计算程序自动终止，不能继续承受载荷，由此可以预测复合材料层合板的破坏载荷和失效模式。具体流程如图 2-8 所示，对于每一载荷步长采用标准 Newton - Raphson 方法进行逐步迭代。复合材料累积损伤的计算在大型商业软件 ABAQUS 中实现较为方便而且准确，采用 ABAQUS 的 UMAT 或者 USDFLD 材料子程序定义材料的力学行为和损伤扩展过程。

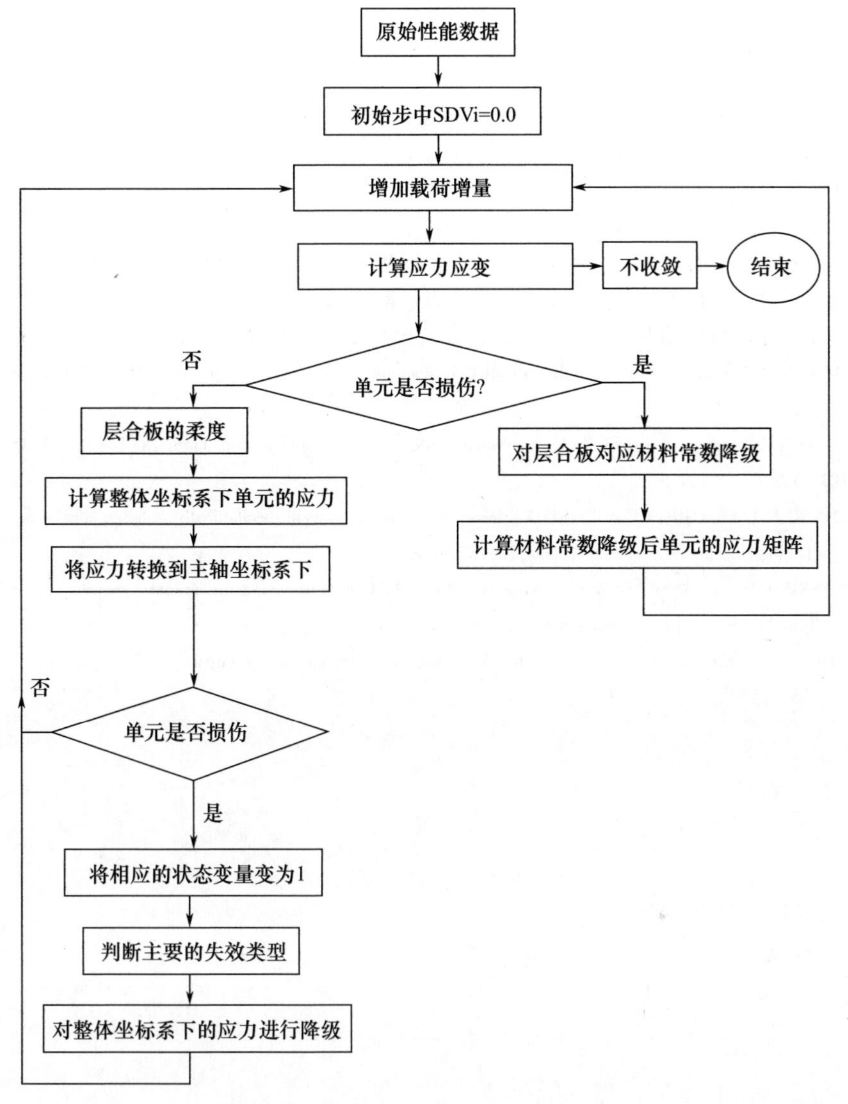

图 2－8　复合材料实体单元损伤模拟

2.6 本章小结

本章主要介绍了复合材料在工程分析中经常用到的一些基础知识，如复合材料层合板的经典理论，层合板的刚度、强度计算及相应的失效准则。该章是后续试验和数值分析的理论依据。

参考文献

[1]中国航空材料研究院. 复合材料结构设计手册[M]. 北京:航空工业出版社,2004.

[2] 罗祖道,等. 各向异性材料力学[M]. 上海:上海交通大学出版社,1994.

[3] 矫桂琼,等. 复合材料力学[M]. 西安:西北工业大学出版社,2008.

[4] 张振瀛. 复合材料力学基础[M]. 北京:航空工业出版社,1989.

[5] 王震鸣. 复合材料力学和复合材料结构力学[M]. 北京:机械工业出版社,1991.

[6] 蒋咏秋,等. 复合材料力学[M]. 西安:西安交通大学出版社,1990.

[7] 岳珠峰,等. 飞机复合材料结构分析与优化设计[M]. 北京:科学出版社,2011.

[8] HASHIN Z. Failure criteria for unidirectional fiber composites[J]. Journal of Applied Mechanics,1980,47:329 -335.

[9] HASHIN Z. Fatigue failure criteria for combined cyclic stress[J]. International Journal of Fracture,1981,17:101 -109.

[10] DANO M L,GENDRON G,PICARD A. Stress and failure analysis of mechanically fastened joint in composite laminates[J]. Compos Struct,2000,50:287 -296.

[11] MARIE L D,ELHASSANIA K,GUY G. Analysis of bolted joints in composite laminates:Strains and bearing stiffness predictions[J]. Compos Struct,2000,79:562 -570.

[12] TAN S C. A progressive failure model for composite laminates containing openings[J]. Composites,1991,25:556 -577.

第3章

损伤及修补后无损检测技术

复合材料结构在维护使用过程中,不可避免地会遇到如鸟撞、冰雹或工具跌落等造成的损伤。为了提高复合材料结构的使用经济性和可维修性,通常需要对复合材料结构进行修补。对损伤的位置、尺寸、深度等信息的准确获取是确定维修方案的依据,而对修补区以及修补区与母材区的修理界面的检测与评估是确保修补质量的手段,这二者都离不开无损检测技术的支撑。本章对复合材料修补中的无损检测方法与技术等相关的内容进行了介绍,并给出了多种修补方法的试验结果,可为损伤及修补后复合材料结构无损检测方法选择及过程控制提供参考。

3.1 无损检测技术

当发现损伤或缺陷时,首先初步确定损伤或缺陷的部位、类型等信息,然后相应选取合适的检测方法对损伤或缺陷的类型和尺寸进行确定。细致的检测将为后续修理工作的开展起到指导作用。

无损检测是指在不损害或不影响被检测对象使用性能,不伤害被检测对象内部组织结构的前提下,利用材料内部结构异常或缺陷存在引起的声、光、电、热等反应的变化,以物理或化学方法为手段,借助现代化的技术和设备器材,对试件内部及表面的结构、性质、状态及缺陷的类型、性质、数量、形状、位置、尺寸、分布及其变化进行检查和测试的方法。目前,英文通常称为 Non Destructive Inspection(NDI)、Non Destructive Testing(NDT)、Non Destructive Evaluation(NDE),这几种名称对应着无损检测的不同层次。通常 NDI 仅用于缺欠、缺陷检测,NDT 则不仅包含缺欠、缺陷检测,还包括某些性能的检测。而 NDE 不仅包含 NDI 和 NDT 的所有内容,还含有对材料及其结构的性能等的评估。本章中的 NDI、NDT 和 NDE 泛指缺陷无损,即对结构中存在的缺陷或损伤进行的无损检测。

如图 3-1 所示，无损检测贯穿于材料研制、设计、研制生产及在役使用中，只是在材料及结构的研制不同阶段所起的作用不同[1]。

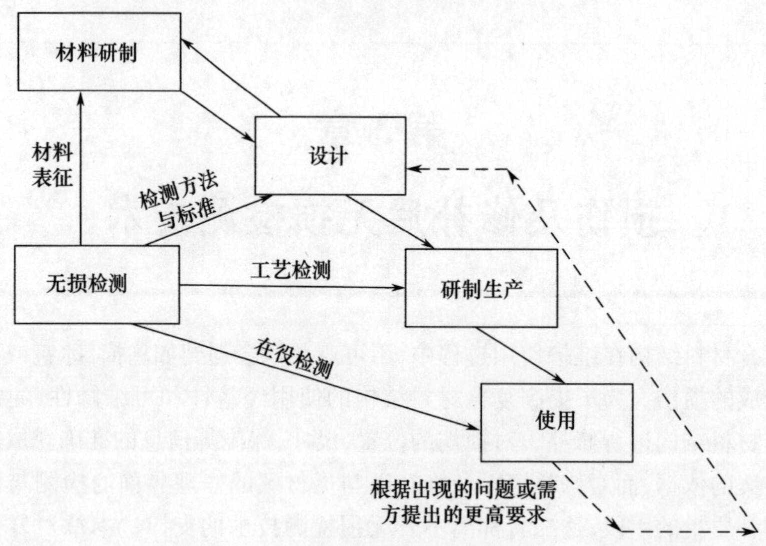

图 3-1　无损检测与材料及其结构研发关系

无损检测技术主要有：超声检测（ultrasonic testing，UT）、磁粉检测（magnetic particles testing，MT）、渗透检测（liquid penetrant testing，PT）、射线检测（radiographic testing，RT）、涡流检测（eddy current testing，ET）、目视检测（visual testing，VT），以上这几种无损检测技术应用较多。此外，还有一些其他无损检测方法，如美国无损检测协会（american society for nondestructive testing，ASNT）介绍的：声发射检测（acoustic emission testing，AE）、导波检测（guided wave testing，GW）、激光检测（laser testing method，LM）、红外检测（thermal/infrared，IR）、振动分析（vibration analysis，VA）、剪切散斑干涉检测（shearography）等。

尽管无损检测方法较多，但有些方法并不适合复合材料无损检测，如磁粉检测、渗透检测。目前，在复合材料生产阶段使用的无损检测方法主要是超声检测、X 射线检测，而在役阶段检测则主要使用的是目视检测、敲击检测/声阻法、超声检测、X 射线检测。另外，如红外检测、涡流检测、剪切散斑干涉检测等技术也取得了一定的应用。

3.1.1 检测方法及适用性

本节对复合材料无损检测中常用的无损检测方法及其特点和适用性方面

的内容进行介绍。现有的通用飞机复合材料结构无损检测的方法统计整理见表 3－1。

表 3－1　无损检测方法对比

检测方法	适用范围	基本原理	优点	缺点
目视检测	表面裂纹与损伤	目视可见	快速、简便、成本低	人为因素影响大
液体渗透检测	表面开口裂纹	利用渗透现象	简单、可靠、迅速	检测前应清洁工件，渗透液污染工件
超声检测	内部缺陷（疏松、分层、夹杂、空隙、裂纹）检测，厚度测量	检测回波时间及回波能量	操作简单、检测灵敏度高、可精确确定缺陷位置与分布	检测效率低、对检测人员专业知识要求高、检测时需使用耦合剂，缺陷与声束方向垂直
射线检测	孔隙、疏松、夹杂、贫胶、纤维断裂	记录透过的射线	灵敏度高、检测结果直观、可进行实时检测	检测设备复杂庞大、射线对人体有害、需安全防护
红外检测	脱粘、分层、裂纹、夹杂等	测缺陷或损伤引起的温度分布变化	设备简单、操作方便、检测灵敏度高、效率高	要求工件传热性能好、表面发射率高，目前只能定性分析
声－超声检测	界面脱粘检测，结构整体性评估	分析声音反射波能量	操作简单、显示直观	对单个、分散缺陷不敏感
微波检测	较大缺陷检测，如脱粘、分层、裂纹、孔隙等	测量对微波的吸收和反射	操作简单、直观，检测结果可自动显示	对较小缺陷检测灵敏度低。设备复杂，费用高
涡流检测	脱粘、分层	测涡流的特性变化	快速、简单	只适用于导电材料
声发射检测	加载过程中缺陷的萌生与扩展	检测声发射信息测量应力波因子变化	检测缺陷的动态状态，可预测材料的最大承载能力	检测过程需要对材料进行加载。属试验阶段，不能描述损伤的尺寸

1）目视检测

目视检测（visual testing，VT）是使用最广泛、最直接、最快速的无损检测方法。FAA 咨询公告（AC 43—204，Visual Inspection For Aircraft）中对目视检测的定义是：利用眼睛作为感知途径，对待检测构件状态做出判断的过程[2]。在目视检测过程中可借助辅助工具，但最终还是通过人眼进行感知判断。通常将目视检测方法分为直接目视检测和远场目视检测。

目视检测结果易受多种因素影响，主要包含以下几种：①目视检测人员的视力状况和敏锐程度；②检测位置的可达性；③照明条件；④表面状态；⑤工作环境。在制定目视检测工艺规程时,要求在编制完成工艺规程后需要使用实际试件对工艺规程进行验证。

受限于人眼的检测能力,目前在目视无损检测中采用了较多的辅助检测工具,传统工具有照明光源、放大镜、内窥镜等。采用直接目视检测时,检测者与被检测构件之间的目视距离一般不超过600mm,而观察的角度一般不小于30°。

目视检测可以检查外表面划伤、裂纹、富脂、贫胶等缺陷。如在检测复合材料结构时采用强光手电筒、放大镜可以有效发现在复合材料表面形成的微细裂纹。

2）敲击检测/声阻法

敲击检测是最古老且又是最普遍、易于实施、成本最为低廉的无损检测方法之一。传统敲击是对零部件进行粗略地检测,利用硬币、棒和小锤等物敲击物体表面,仔细辨听声音差异来查找缺陷,如图3－2所示。

图3－2　敲击法检测示意图

敲击的过程就是在被检件中激励产生机械振动的过程,通过声音以及敲击手感获得信息,检测人员凭借积累的经验对信息进行分析,从而得到判定结果[3]。其优点是方便、快捷、易于实现且成本低廉,缺点是严重依赖于操作人员的敲击方法和主观判断。声音辨析和冲击力控制存在不一致性,易造成误判和漏检,而且识别结果不利于保存。

在传统敲击基础上,在敲击系统中引入自动化设备,形成了自动敲击设备。自动数字敲击在检测过程中产生的敲击力均匀,敲击结果数字化,检测一致性好。

复合材料敲击检测过程中,对于蒙皮的脱粘或分层缺陷可检测出的缺陷尺寸与蒙皮厚度或分层深度相关,图3－3所示为典型的复合材料和铝合金蒙皮厚度与可检出缺陷尺寸之间的关系曲线[4]。由图可知,蒙皮厚度越大可检出的脱粘缺陷尺寸越大。在制定检测工艺时,应充分考虑可见缺陷与蒙皮厚度,并制备相应的检测对比试块。

声振检测与敲击方法类似,是通过检测激励区的声阻抗变化来检测缺陷,利

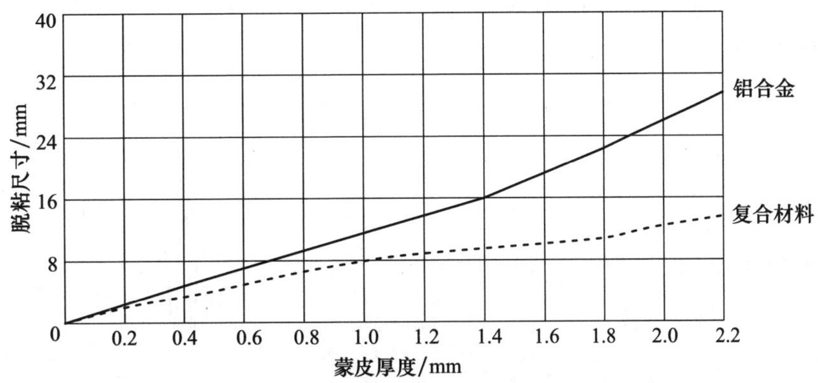

图 3－3　蒙皮材料、厚度与可检出脱粘缺陷关系曲线

用激励区复合材料引起谐振频率、相位、振幅等固有性能的变化来识别缺陷。

敲击和声阻方法主要用于脱粘缺陷的检测，但该方法主要适用于深度较浅的缺陷检测，随着缺陷深度的增加检测的可靠性将降低。

3）超声检测

超声的检测方法是复合材料目前最常用的检测方法，一般通过垂直于被检测复合材料结构的超声换能器向其内部发射超声纵波，垂直入射到复合材料构件内部的声波会因复合材料内部质量或者结合界面的变化而发生改变，从而使得透射、反射的声波特性发生改变，例如遇到分层缺陷时超声的反射能量较大而透射能量低。通过对透射、反射的声波信号的采集与处理，可以给出缺陷的类型、大小、深度等信息[5]。根据超声换能器是接收透射还是反射的超声信号，可将其分为超声穿透法（through－transmission method）和超声反射法（pulse－echo method）。超声穿透法需要使用两个探头，一个用于激励被测试样，另外一个用于接收超声信号。复合材料检测用的超声换能器频率范围通常为 0.5～15MHz。

穿透法一般采用两个超声换能器分别从两侧接近被测试件，通过透射超声信号的能量衰减来识别缺陷，信号识别比较简单。但检测过程中对两个超声换能器的对准有严格的要求，若两个换能器不能精确对准与同步，容易产生虚假缺陷。反射法只使用一个换能器实现发射和接收超声信号，即在被测构件单侧即可完成检测，检测灵敏度高。图 3－4 所示为典型的超声反射法和超声穿透法 A－显示信号。在超声反射信号中可以看到底面的一次和二次反射波，而在穿透信号中则只能观察到单个的穿透超声信号，这也是穿透法无法获得缺陷深度的原因。通过对检测到的超声 A－显示信号进行采集处理，可对构件进行成像检测。如图 3－5 所示为层合复合材料构件超声 C－扫描成像检测结果，从图中可以清晰看出对穿透损伤的挖补修理过程中铺层的变化及铺层之间的边界，以及修补区的内部质量。

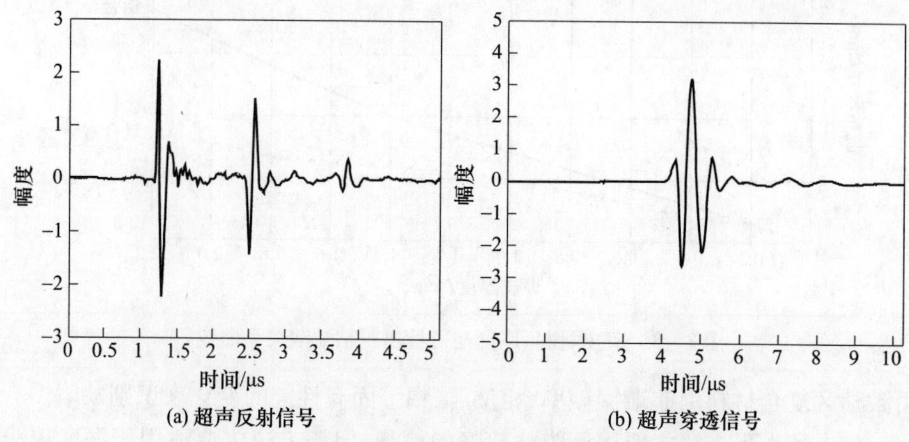

图 3-4　层合复合材料中典型超声反射信号和穿透信号

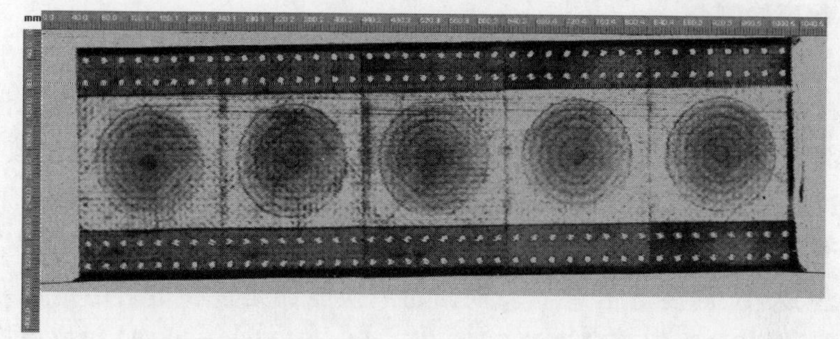

图 3-5　单侧修补复合材料 C-扫描成像结果

目前，自动化数字化超声检测是复合材料无损检测的发展方向，自动超声 C-扫描检测设备已在复合材料生产阶段广泛采用，现场在役检测用的便携扫描检测设备也有使用。而且随着技术的发展，阵列晶片电子聚焦方式的超声相控阵检测方法采用也越来越多，超声相控阵仪器可以同时实现对检测区域的超声 A-、B-、C-显示，检测结果的可视化程度高，便于缺陷识别。图 3-6 所示为典型的线阵超声相控阵检测 B-扫描结果，可以发现复合材料修理区深度变化。

超声检测方法在复合材料检测中为最常用方法，可以检测分层、脱粘、孔隙、夹杂等多种缺陷。

超声胶接检测也是一种超声检测方法，关键是其采用的具有一发和一收模式的探头，即换能器中一个探头用于发射声波，另外一个用于接收声波，如

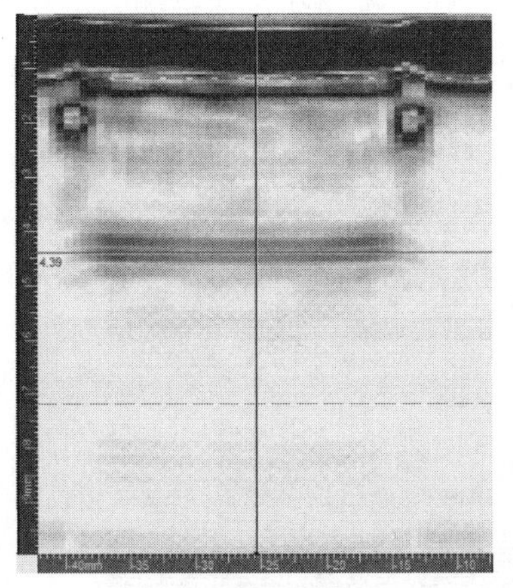

(a) 修补深度1

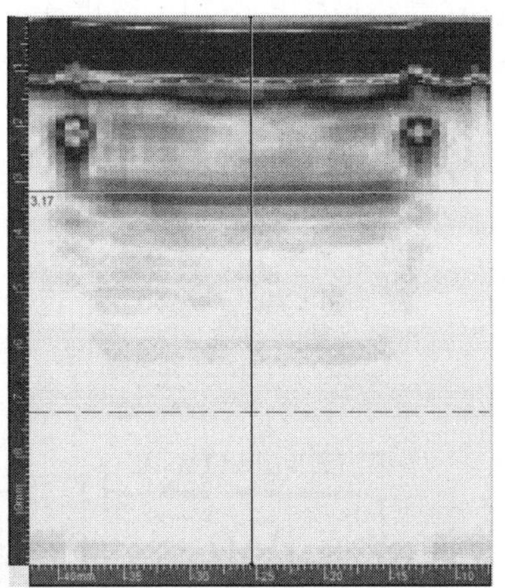

(b) 修补深度2

图 3－6　线阵超声相控阵 B－扫描结果

图 3－7所示，当换能器位于良好区时，发射探头的能量传递路径为蒙皮表面至接收探头、蒙皮至蜂窝夹层区，故接收探头能够接收的能量声波能量低，获得的超声信号幅度低。而对于脱粘区，声波则只有沿着蒙皮表面进行传播一条路径，故接收探头获得的信号幅度要高。通过获得声波信号幅度可以区分出蜂窝夹层结构的良好区和缺陷区[6]。由图 3－7 可以看出，该方法适合检测蒙皮与蜂窝芯之间的脱粘缺陷。

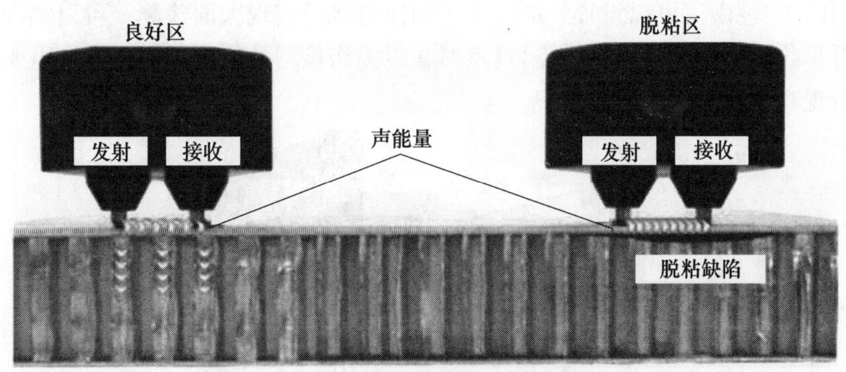

图 3－7　超声胶接检测原理示意图

停机坪损伤检测仪（ramp damage checker，RDC）是近年来被波音公司采用的损伤快速检测超声仪器。其原理是监测待检测复合材料结构超声信号底波位置的变化来判断检测区域的好坏，并直接将“GOOD”和“BAD”作为检测结果进行显示[7]，如图 3－8 所示。由于是通过监测层压结构底波位置变化来判断是否为损伤区域,该仪器适用于厚度相同的层合结构损伤快速检测。使用 RDC 进行检测时不需要了解超声检测原理,因而对人员要求低,适用于对已经目视可见的损伤边界的快速确认。

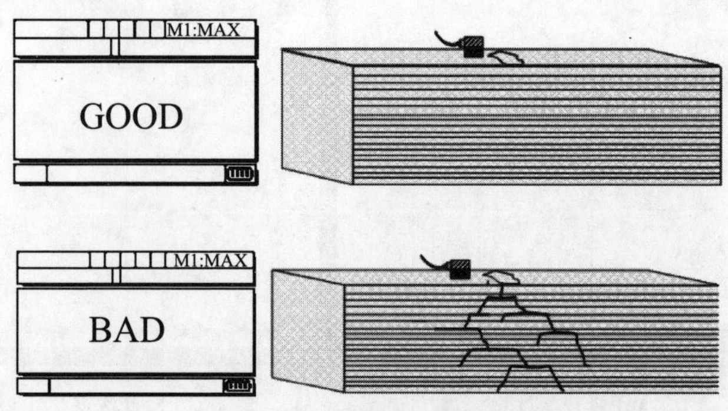

图 3-8　RDC 检测原理

应用于复合材料无损检测的超声相机也是近年来发展起来的复合材料损伤快速检测仪器。超声相机通常采用硅基传感器作为传感单元[6],如图 3-9 所示,目前可以做到 124×124 个传感单元,并且具有较高的分辨率。超声相机可以通过 USB 接口与计算机或掌上电脑相连,具有较好的便携性和柔性。通过安装在计算机上的软件可以实现面阵信号的采集、重建及显示,可实现 A-、B-、C-扫描成像检测。超声相机支持幅度—时间/厚度模式、渡越时间模式,脉冲和闸门、颜色阈值可以设置。通过手工图像拼接可实现大面检测。可以实现 3D 成像是此超声相机的一个优点,这点对在役损伤检测及修理后检测尤为重要,可实时观察损伤的深度分布情况。

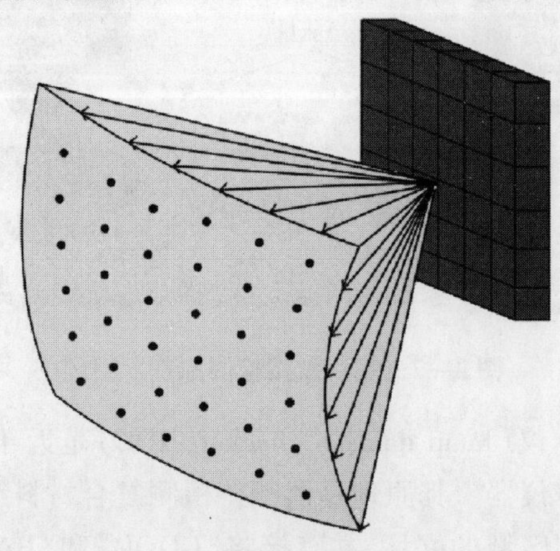

图 3-9　超声相机的面阵探测器

图 3－10 所示为超声相机损伤区典型的成像结果，由波形及图像可以清晰看出损伤区形状、深度等信息，因此，超声相机也适用于外场在役损伤区的快速检测与评估。

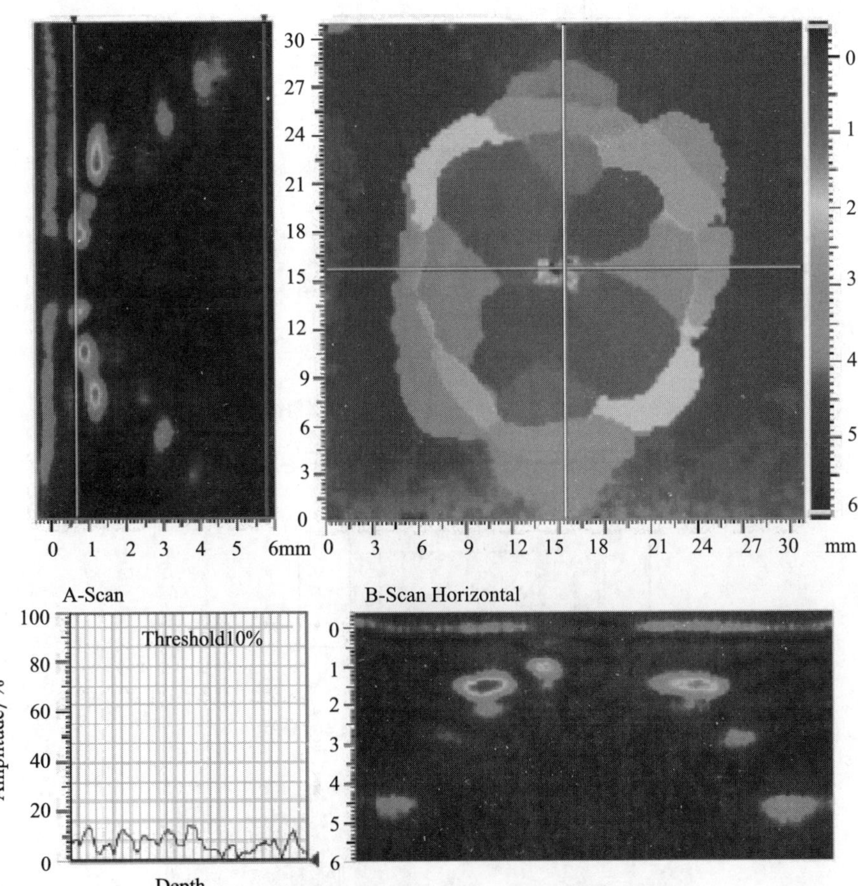

图 3－10　典型超声相机检测损伤区成像结果

4）X 射线检测

当强度均匀的 X 射线束透照待检测物体时，如果物体内部存在缺陷或结构存在差异时，物体对射线的衰减将发生改变，使得不同部位透射强度不同。使用探测器，如射线照相中采用的胶片、数字射线中的平板探测器、CR 检测中的 IP 成像板等，获取透射射线的分布特征，并进行成像即可判断物体内部的缺陷、物质分布，如图 3－11 所示为典型的 X 射线检测系统及透照模式。X 射线检测方法主要用于蜂窝芯格质量、蜂窝区进水以及夹杂缺陷的检出[8]。图 3－12 和图 3－13所示分别为蜂窝进水和芯格变形的检测结果。检测结果直观，便于快速对缺陷情况进行判断。X 射线检测不易检出面积型缺陷,因此,不适用于复合材料分层缺陷的检出。

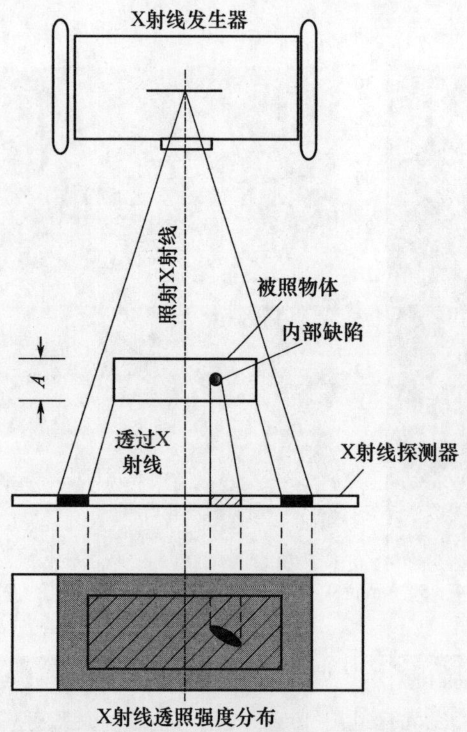

图 3-11　典型的 X 射线检测系统

图 3-12　蜂窝芯格进水分布图像

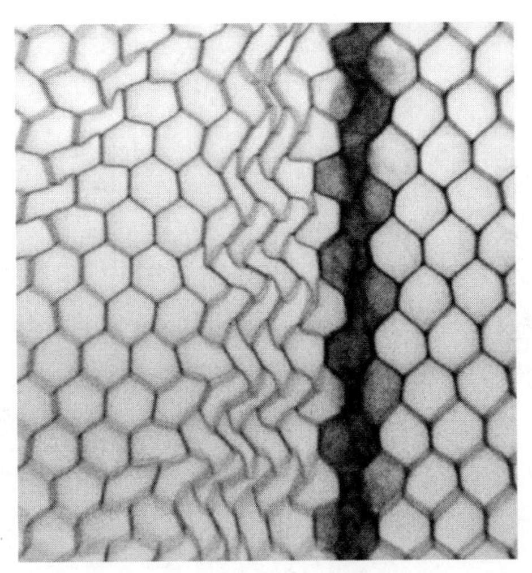

图 3-13 蜂窝芯格压缩图像

目前,数字射线设备主要用于生产阶段,而便携设备主要用于现场在役检测。数字射线设备对蜂窝芯格变形检出效果好,但存在成本高的问题。另外,随着 CT 及微 CT 设备的应用,还可对材料内部缺陷进行三维成像。

5)红外检测

红外检测是一种基于热波传播和反射的非接触无损检测技术,典型构成如图 3-14 所示[9]。检测过程中,试样表面由调制的外部热源(如同步的卤素灯)加热,试样吸收热量,表面形成热波。热波在材料内部传播,在材料内部界面和缺陷产生反射。如复合材料分层区将产生类似热障界面,这会使得热波响应信号产生额外衰减和相位变化。红外摄像机按间隔一定时间进行检测,然后对红外图像序列进行分析,同时检测温度随时间的变化过程,通过对温度场的处理即可获得材料内部信息。红外检测技术主要用于蜂窝夹芯结构脱粘、进水等缺陷的检测,图 3-15 为脱粘缺陷的成像结果。

6)涡流检测

涡流检测是以电磁感应原理为基础的。把通有交流电的线圈接近被检导体,由于电磁感应作用,线圈产生的交变磁场会在导体中产生涡流。同时该涡流也会产生磁场,涡流磁场会影响线圈磁场的强度,进而导致线圈电压和阻抗的变化。导体表面或近表面的缺陷,将会影响涡流的强度和分布,涡流的变化又会引起检测线圈电压和阻抗的变化,根据这一变化,可以推知导体中缺陷的存在。可根据信号的幅值及相位,对缺陷进行判断。涡流检测原理示意图如图 3-16 所示[10]。

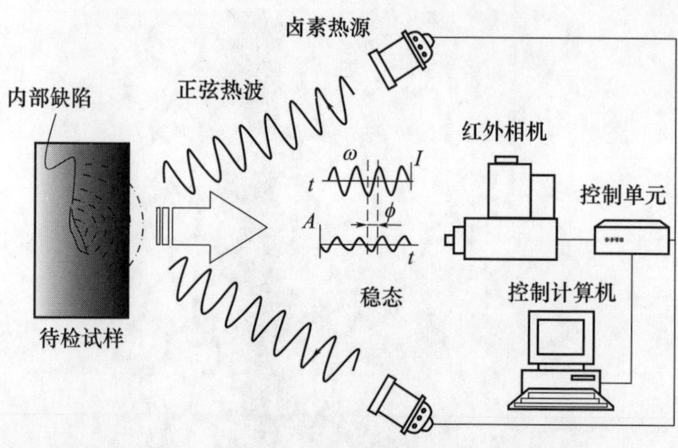

图 3 - 14　典型锁相红外热成像检测系统

图 3 - 15　典型复合材料脱粘缺陷红外检测结果

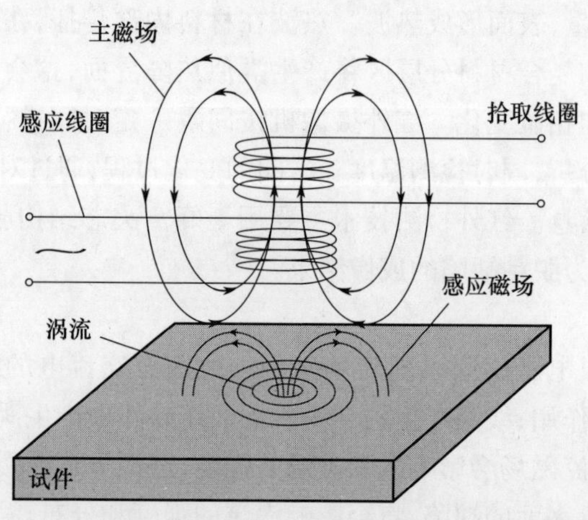

图 3 - 16　涡流检测原理示意图

图 3 - 17 所示为利用高频涡流探头检测到的层合结构内部原始涡流 C - 扫描图像及经过处理后获得的缺陷区图像。

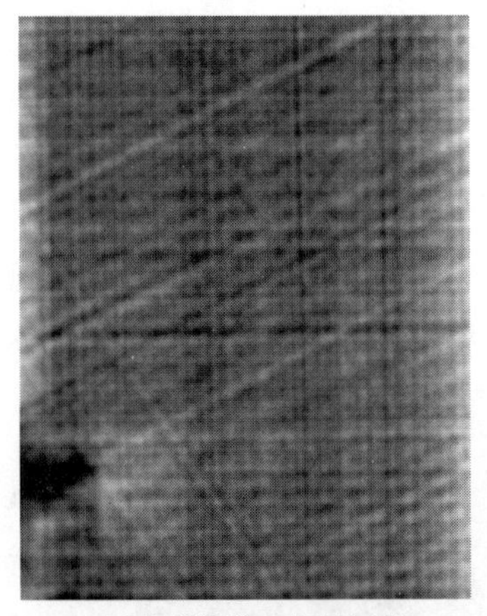

(a) 原始涡流C-扫描图像

(b) 处理后的缺陷区图像

图 3 – 17　高频涡流检测结果

7）剪切散斑干涉检测

将激光束照射在被测物体表面上，其反射光进入光学系统生成激光散斑图像。通过光学系统中的错位镜片的转角，使表面散斑图像产生错位移动，从而形成剪切激光散斑图像，如图 3 – 18 所示[11]。分别记录加载前、后试块表面的散斑图像，将二者相减的结果经过软件处理，即可得到表面各点离面位移的一阶导数。剪切散斑干涉技术原理是测量试块承受载荷时表面变形的梯度（一阶导数）。均匀无缺陷试块的表面变形梯度为零，显示的结果没有条纹出现；如果试块内部有缺陷，缺陷使表面的变形不均匀，产生变形梯度，显示结果出现条纹，表示缺陷存在。

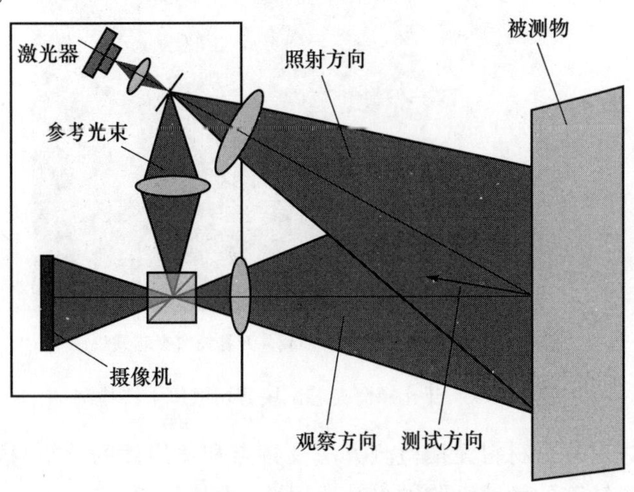

图 3 – 18　剪切散斑干涉系统原理示意图

图3-19中(a)图为对单侧开孔蜂窝夹层结构进行4s热加载后获得的条纹图像,(b)图为进行相位解包裹后获得的相位图。从相位图中可以清晰观察到开孔区(直径25mm,蒙皮厚1mm),(c)图为检测系统照片,中间为加载试块。

剪切散斑干涉检测需要对检测区进行热加载或真空加载,且检测的是表面变形量,因此,剪切散斑干涉检测适用于对近表面缺陷的检测。随着缺陷深度的增加,检测的效率和可靠性都随之下降。

(a) 条纹图

(b) 相位图

(c) 检测系统图(4s加载，开孔蜂窝夹芯试块)

图3-19　开孔蜂窝夹芯试块剪切散斑干涉检测

通过上述对复合材料无损检测方法及特点和适用性的分析,根据各种方法对复合材料中缺陷的敏感性归纳出其适用性,见表3-2。

表 3-2 无损检测方法适用性列表

检测方法		缺陷类型							
		脱粘	分层	凹坑	裂纹	开孔	进水	过热和燃烧	雷击
目视检测		X(1)	X(1)	X	X	X		X	X
敲击检测		X(2)	X(2)						X
超声检测	穿透法	X	X						
	反射法		X				X		
	胶接检测	X	X						
	停机坪损伤检测仪	X(3)	X(3)						
	超声相机		X						
X 射线检测					X		X		
红外检测		X	X				X		
剪切散斑干涉检测		X(4)	X(4)						

注：X 代表适应性；

(1) 表示适用于蒙皮外部缺陷(或蒙皮开放)；

(2) 表示适用于薄层结构(≤3 个铺层)(结构修理手册允许某些例外)；

(3) 表示适用于层合复合材料结构；

(4) 表示适用于近表面分层及脱粘的检出。

3.1.2 检测设备

与复合材料无损检测方法对应的是相关的无损检测设备，本节对各种无损检测方法中使用的工具及设备进行详细介绍。无损检测仪器设备的选择需要根据实际检测对象、缺陷类型、检测要求、检测场合等情况进行综合考虑，并需要对检测可靠性进行充分考虑。在无损检测设备进行实际检测之前，需设计能够代表实际生产和使用中产生缺陷的性质、深度、大小等的检测对比试块，并建立相应的检测标准、规范、工艺卡等检测文件，以保证检测的有效性和可靠性。

通过对复合材料无损检测方法及特点和适用性的分析，根据各种方法对复合材料中缺陷的敏感性归纳出无损检测方法对缺陷的适用性见表 3-3。

表 3-3 不同类型构件检测方法

构件类型	形状	适用检测方法
层合板构件	等厚度平板	超声波接触法、C 扫反射或穿透、X 射线照相、涡流、微波
	曲面成型件	超声波、X 射线照相、声振

续表

构件类型	形状	适用检测方法
蜂窝夹芯结构	平面、等厚弧面夹芯	C 扫反射或穿透法
	楔形件、夹芯胶接混合结构	C 扫反射或穿透法、超声波接触法
胶接连接件	异型或楔形件	超声波接触法
	等厚成型件	C 扫反射或穿透法、X 射线照相
所有结构类型	平整光滑表面或近表面	应优先选择声振法、敲击法、红外热成像法
	结构内部夹杂多余物及空腔等缺陷扩展	X 射线照相

1）目视检测设备

对于直接目视检测，主要采用手电筒、反射镜、放大镜等光学元件，并采用黑白照度计测量环境光线的照度，如图 3－20 所示。放大镜主要参数为放大倍率，通常选择 5～20 倍即可。

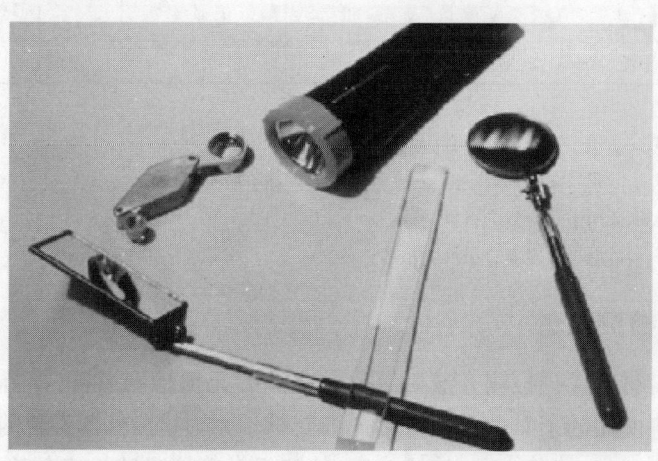

图 3－20　直接目视检测中采用的主要器材

而对于远场目视检测则更多地采用工业内窥镜，内窥镜前端可实现角度控制、准确观察复合材料结构内部表面的真实状态，如图 3－21 所示为通用电气的 XLG3 Video Probe。对于复合材料整体结构立墙、筋条、内部圆角区等可达性差的区域可实现可视化检测。

2）敲击检测/声阻法检测设备

在敲击检测/声阻法中采用的主要是手工敲击锤和自动敲击锤（啄木鸟检测仪）。手工敲击锤如图 3－22 的（a）和（b）所示，敲击杆、锤通常需要根据待检测对象的厚度对锤头的直径、锤头材料进行选择。自动敲击锤如图 3－22（c）所示，敲击锤头由两个软质尼龙材料支撑头支起，自动敲击检测过程敲击头与待检

图 3-21　GE XLG3 内窥镜检测系统

构件表面不接触，敲击锤头如图 3-22(d)所示，该敲击锤头也是由 FAA 推荐，并已经在波音公司和空客公司检测复合材料。在使用过程中首先需通过试块校正，然后仪器根据采集分析得到的阻抗变化，在锤头指示灯处给出脱粘、良好等数据指示。

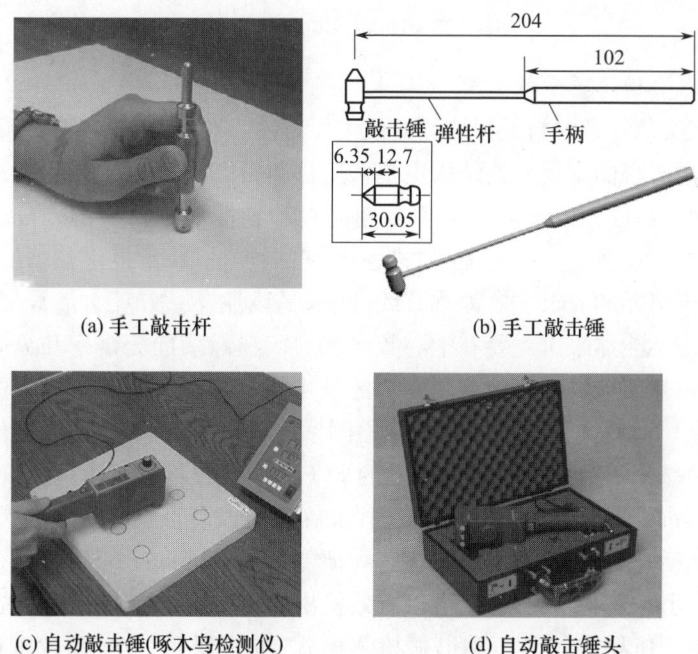

(a) 手工敲击杆　(b) 手工敲击锤

(c) 自动敲击锤(啄木鸟检测仪)　(d) 自动敲击锤头

图 3-22　敲击检测器材

声阻法又称机械阻抗法，通过测量结构被测点振动力阻抗的变化来确定是否存在缺陷。可以检测出板－板胶接脱粘、蜂窝夹层结构脱粘缺陷。图3－23所示为俄罗斯生产的DAMI声阻检测仪，该仪器集成了敲击、阻抗分析于一体，可有效进行声阻检测。

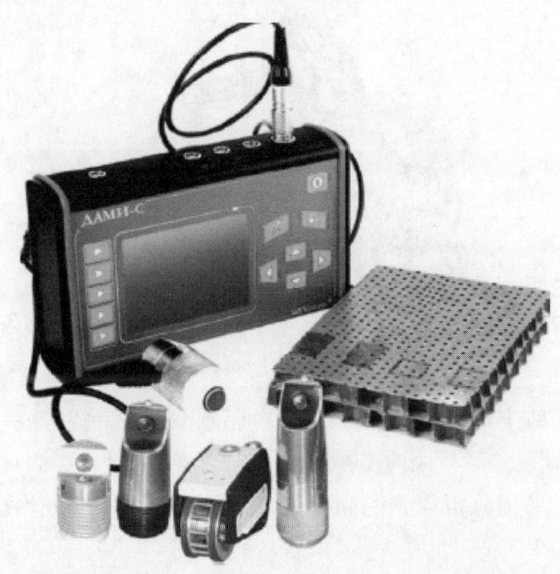

图3－23　DAMI多功能声阻仪

3）超声检测仪器设备

超声方法是复合材料无损检测的最主要方法，该方法用于制造阶段、在役阶段，生产阶段对小曲率翼面类结构主要采用自动扫描成像检测设备，对形状复杂区域和检测可达性差的区域则采用专用夹具和换能器进行检测。自动检测设备，主要参数有设备的扫描范围、扫描速度、扫描步进量、重复定位精度/定位精度等，对超声单元的要求主要为垂直线性、水平线性、动态范围、信号带宽、成像模式，对超声换能器来讲主要有中心频率、晶片直径、横向分辨率和纵向分辨率等，后两项也是便携式超声检测仪要求的技术指标。图3－24所示为中航复材开发的CUS－6000大型超声自动成像检测系统，可实现7.5m×6m构件的成像检测。图3－25所示为中航复材研发的FCC－D复合材料超声检测仪，可实现纵向约0.13mm分辨率，可用于生产阶段和在役阶段复合材料缺陷检测。

超声胶接检测设备，有Olympus公司研制的Bondmaster 600，如图3－26所示。探头采用一发一收的模式，可以有效检出蜂窝夹层结构中产生的脱粘缺陷。仪器还可用于机械阻抗分析和谐振检测模式，可实现0～100dB范围内0.1dB增量调整。

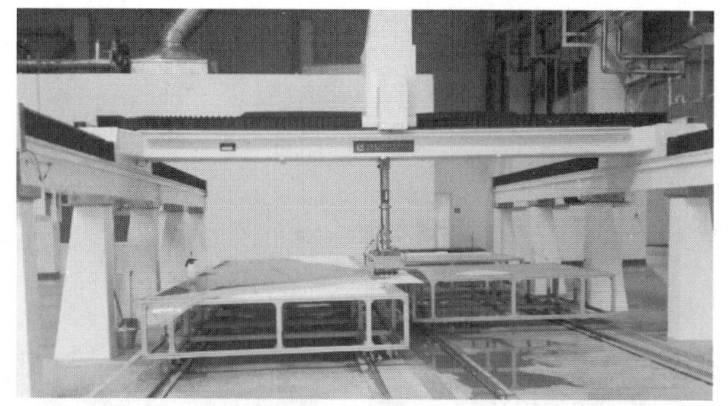

图 3-24　CUS-6000 大型超声自动成像检测系统

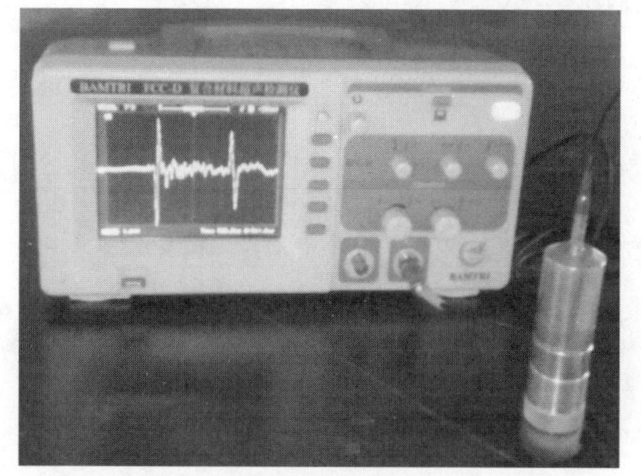

图 3-25　FCC-D 复合材料超声检测仪

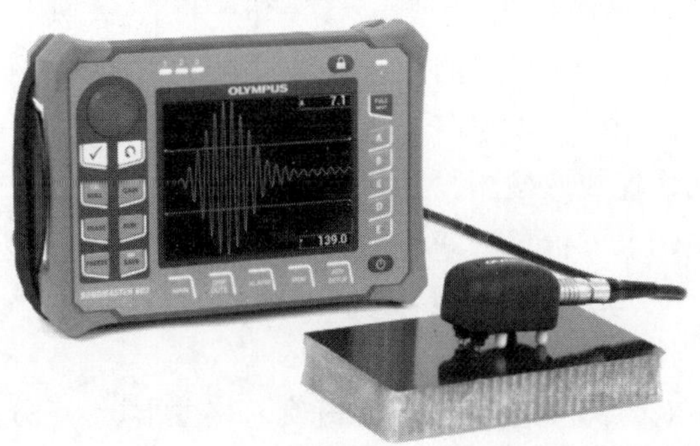

图 3-26　超声胶接检测仪(Bondmaster 600)

随着复合材料大量服役,在役过程中产生损伤概率增加,美国和挪威等国公司研制了超声相机用于在役损伤检测,如图 3-27 所示为英国声纳检测与挪威 Delphi Tech 公司合作研制的 SonaCam 超声相机。超声相机具有 124×124 硅基传感单元,可实现损伤区域 A -、B -、C - 扫描成像,而且能够对损伤区进行 3D 成像。图 3 - 28 所示为美国 Imperium 公司开发的超声相机及成像界面,目前该相机已经被美国波音公司列入波音 787 飞机无损检测手册,用于在役损伤成像检测。

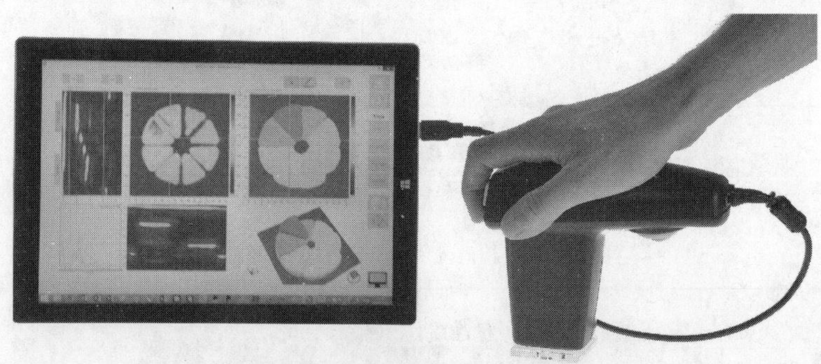

图 3 - 27　SonaCam 超声相机

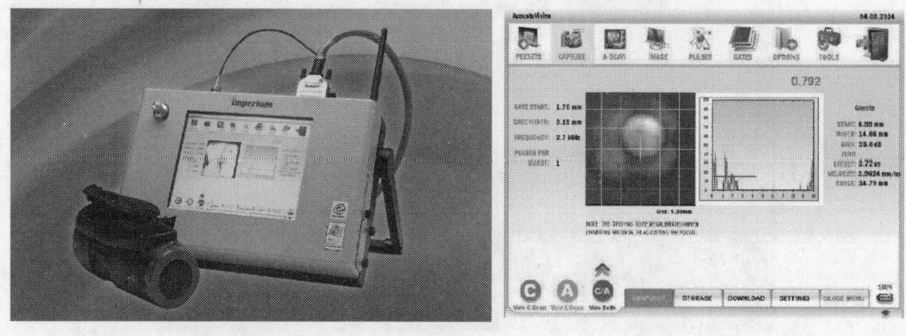

(a) 超声相机　　(b) 成像软件界面

图 3 - 28　美国 Imperium 公司开发的超声相机

另外为了实现对损伤区尺寸的快速确认,并降低对检测人员的要求,目前在停机坪损伤检测中使用了基于超声方法的停机坪超声检测仪,此仪器适用于等厚度层合结构损伤快速成像检测,利用好区域进行校正后能够使得非专业检测人员获得准确的损伤尺寸信息。如图 3 - 29 所示为 35RDC 停机坪损伤检测仪,仪器只给出良好(GOOD)和损伤(BAD)两种指示。

4) X 射线检测设备

X 射线检测是对蜂窝夹芯结构进水、蜂窝芯格变形、节点分离等缺陷检测的良好手段。其主要性能指标有管电压、管电流、焦点、空间分辨率、动态范围等。如图 3 - 30 所示,射线检测技术从获得图像角度分为常规胶片射线检测技术和数字射线检测技术两大类。胶片射线检测主要指使用感光胶片接收穿过物体的 X 射线的射线检测技术,对感光胶片进行显影和定影后获得底片,通过分析底片黑度变化情况来评定物体内部状态。

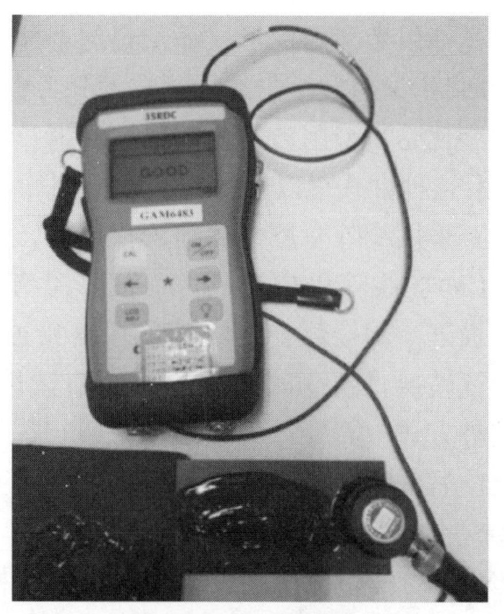

图 3 - 29　35RDC 停机坪损伤检测仪

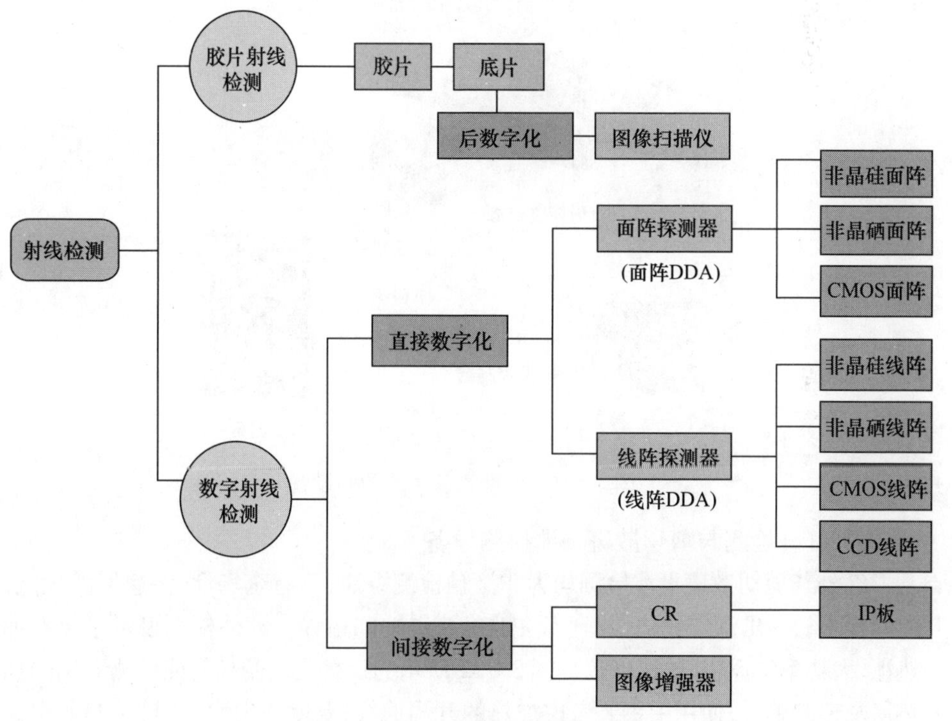

图 3 - 30　X 射线检测技术分类

DDA—分立辐射探器；CR—计算机射线照相；CMOS—互补金属氧化物半导体；CCD—电耦合器件；IP—成像板。

数字射线检测则是指以数字图像形式显示最终射线检测结果的检测技术。根据数字图像形成的时机，又将数字射线检测技术分为直接数字化、间接数字化和后数字化。直接数字化是指采用数字式辐射探测器接收射线信号，同时完成射线信号的A/D探测，这种方式可以直接得到被检测构件的X射线数字图像。在这种成像方式中主要采用线阵探测器和面阵探测器，线阵探测器主要有非晶硅线阵、非晶硒线阵、CMOS线阵和CCD线阵。面阵探测器主要有非晶硅面阵、非晶硒面阵和CMOS面阵。间接数字化是指采用IP板或图像增强器等对X射线检测结果进行记录或转换，然后由专用的图像信息读出或转换设备将检测结果转为数字图像。这种方式中需要对X射线信号进行记录或转换的中间设备，因此称为间接数字化。后数字化主要是指采用手持式、滚筒式、平板式的扫描仪将X射线底片进行数字化转换。

目前，在复合材料X射线检测中主要采用数字射线检测方法，即使在役检测也有便携式成像检测设备可以使用。如图3-31所示为便携式数字X射线在役检测设备。

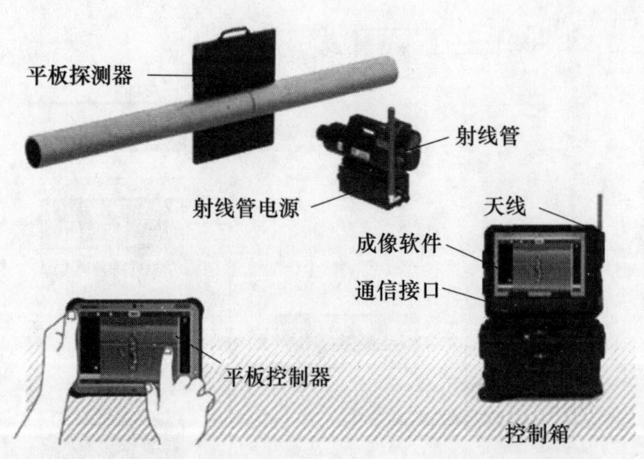

图3-31　便携式X射线检测设备

5）红外检测与剪切散斑干涉检测设备

红外与剪切散斑干涉检测均为非接触检测方法，具有全场性、快速性的优点，但同样不易检出深层缺陷，并且无法准确获得缺陷边界。红外检测设备主要有加热毯、大功率吹风机、热成像仪。图3-32所示为蜂窝夹层结构舵面检测专用的加热毯及控制单元，使用中主要考虑加热的升温曲线、温度均匀性。图3-33所示为大功率加热吹风机，具有加热速度快、加热均匀等特点。图3-34所示为Flir公司生产的红外热成像仪，主要指标有温度测量范围、温度灵敏度、动态范围等。图3-35为热加载方式对小型通用飞机整流罩进行检测照片。

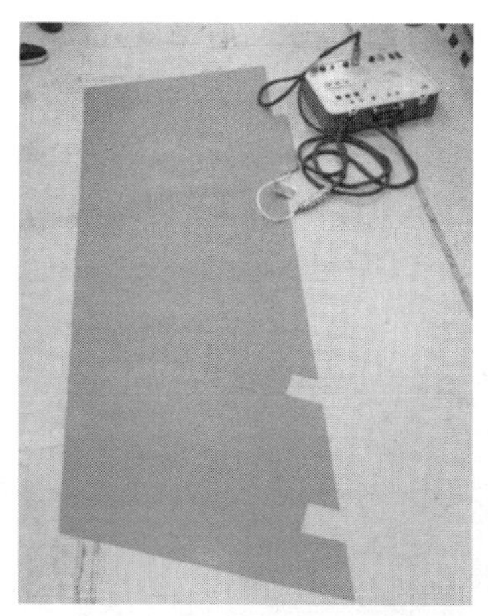

图 3-32　红外检测加热毯

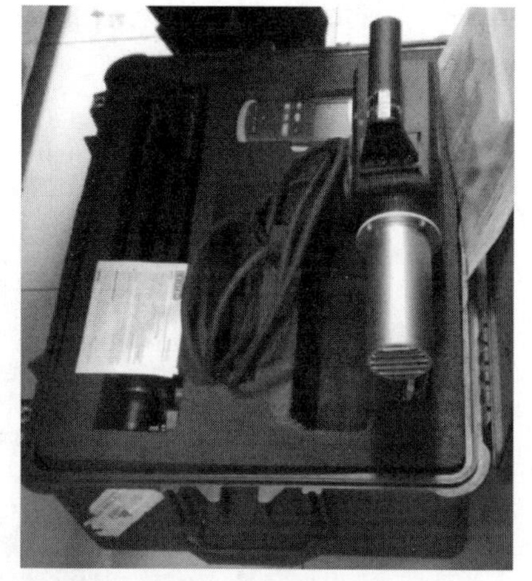

图 3-33　大功率加热吹风机

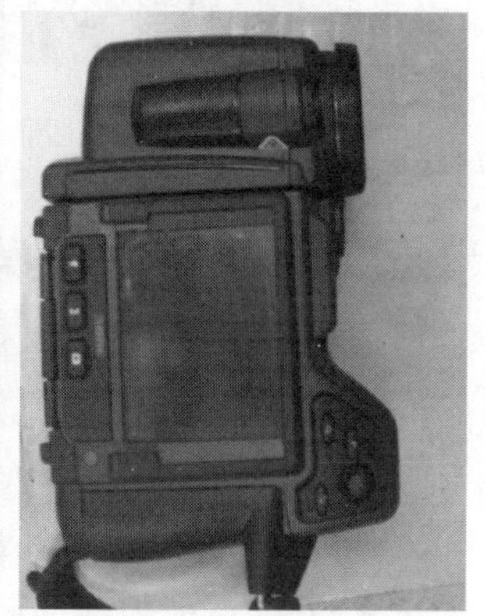

图 3-34　红外热成像仪

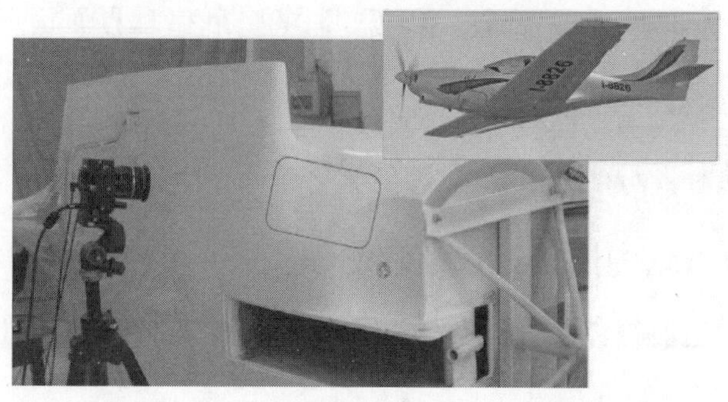

图 3-35　热加载检测小型飞机整流罩

图 3－36 所示为散斑采集系统。主要指标有测量面积、离面测量分辨率、测量时间、相机分辨率等。

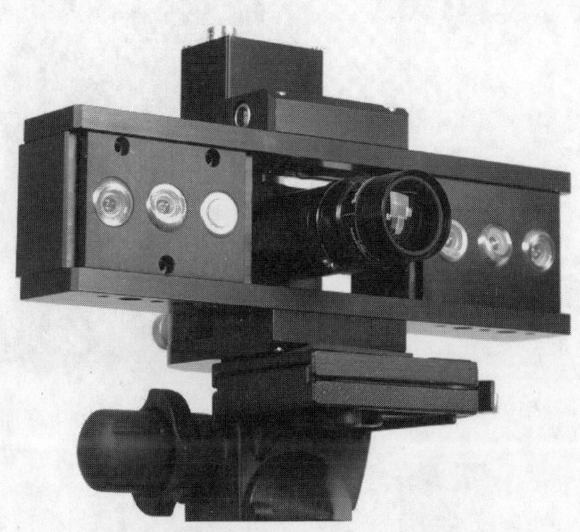

图 3－36　散斑剪切干涉图像采集系统

3.1.3 损伤检测和修理后检测的差异

复合材料损伤检测主要体现在快速准确检测，能够对 AC 20－107B 中的 5 类缺陷类型进行快速识别与分析，利于确定是否超过允许损伤极限和修理极限。

损伤修理前后检测的差异主要体现在修理工艺固化的复合材料加强补片与母体材料成型工艺存在差异，且出现新的胶接界面。修理时的固化温度和压力通常低于母体材料固化时的温度和压力，因此，在修理区产生的孔隙含量较高。高的孔隙含量直接影响无损检测对修理质量的判断、修理界面状态的判断。因此，需要补充对修理前后力学性能的测量，来确保检测通过的修理工艺能够满足要求。修理前后采用的无损检测方法差异较小，但进行修理区检测时，需要首先制备能够反映修补区特征的检测对比试块。

3.1.4 检测方法的适航符合性验证

检测方法的适航符合性验证主要依据 FAA 咨询公告 AC 20－107B，并从中提取对检测的要求。

AC 20－107B 中第 8 节“疲劳和损伤容限”中 a 关于损伤容限设计时说明其关键点是假定缺陷已经在制造的构件中存在，构件可以是可检测的也可以是不能检测的。不可检结构需要初始缺陷在整个设计寿命周期内不能扩展至临界尺寸(导致失效的尺寸)。对可检构件,缺陷必须扩展很慢或者在给定的周期内不能扩展至临界尺寸。因此,对构件可检性提出设计要求。

通常将初始缺陷尺寸扩展至临界尺寸(安全极限)的时间除以安全系数获得的时间作为初次检测时间,而将能可靠检出的缺陷尺寸扩展至临界尺寸的时间间隔除以安全系数作为检测时间间隔。通常,复合材料强度不会慢慢降低(损伤部位一般也不扩展),但是冲击会使得强度低于预期的水平(如低于极限载荷 UL)。因此,只要是损伤不能通过目视检出,它应该永远不会使结构的强度低于 UL(这也就是确保目视检不出的缺陷不能影响强度)。只有可检出的缺陷会导致结构强度低于 UL(但永远不会低于限制载荷 LL),而且需要通过目视或更先进的 NDI 方法进行及时检测。因此,为保证飞机安全,需确定与损伤发生的概率、结构类型相关的检测间隔。检测间隔的确定可参见图 3 - 37。

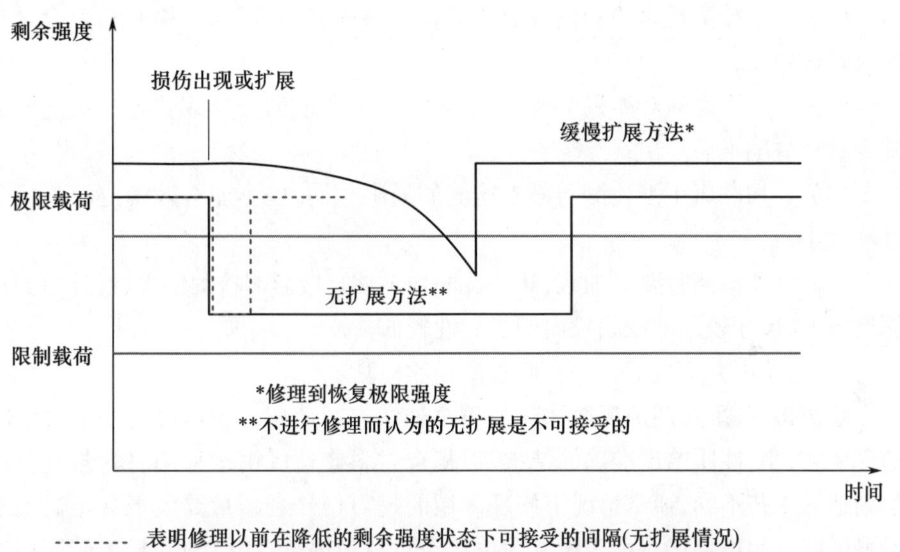

图 3 - 37　表明结构中不应存在长期不被修理的“无扩展”严重意外损伤的剩余强度示意图

AC 20 - 107B 中 11. b. 6 中指出:对曝露不明高温的零件,应可靠检测与试验,测量其中的损伤范围,记录结果,应特别注意确定所选检测方法可能漏检的最大损伤。

通过对 AC 20 - 107B 复合材料飞机结构的分析,得出进行无损检测方面验证需要进行的工作有：

（1）无损检测方法可检性的验证，确定检测方法对结构的可检性；

（2）检测方法可靠性的验证，确定检测方法的置信度和置信区间；

（3）检测间隔合理性的验证，确保不产生超过限制载荷的损伤；

（4）检查针对环境损伤的检测，确保持续适航，如高温引起的退化。

3.2 复合材料结构损伤无损检测方法试验研究

1）根据结构选型及损伤类型，开展复合材料结构损伤无损检测方法适用性分析，提出无损检测实施方案

对复合材料损伤及修理的检测，采用超声方法进行试样检测。主要原因是：

（1）目视检测适合检测表面目视可见缺陷，无法确定结构内部缺陷尺寸深度等信息；

（2）敲击检测适合检测浅表面大面积分层或脱粘，不适合检测孔隙含量高的修理区检测；

（3）X 射线检测对体积型缺陷敏感，而对面积型的分层或孔隙含量均匀的复合材料缺陷不易检出；

（4）剪切散斑干涉检测与敲击检测的局限相同，也不能有效确定缺陷的深度和大小；

（5）红外检测需要热加载，热加载的均匀性直接影响检测结果，红外检测对深度较大、尺寸较小的缺陷检出的可靠性较低。

因此，超声方法更适合进行修理试样的检测。

超声检测，采用超声反射法与超声穿透法交替使用。超声反射法可对缺陷的深度、大小、性质给出准确的结果，但复合材料修理区由于采用材料与复合材料制造的工艺不同，通常情况下修理区域的超声信号衰减量要大于甚至远大于母材区域。超声穿透法由于声波为单次经过材料内部，接收到的超声信号幅度在相同增益条件下高于超声反射法，因此在超声反射法无法有效接收到超声信号时宜采用超声穿透法进行检测。

对于单侧修补的层合板结构或是蜂窝夹芯结构，根据接收超声换能器位于修理侧还是未修侧将超声穿透法分为有两种检测模式，如图 3 – 38 所示。在检测模式 1 状态下，接收换能器位于材料修理侧，检测模式 2 状态下则位于未修理侧。

为了检验不同检测模式下穿透的超声信号是否存在差异，采用单侧挖补修

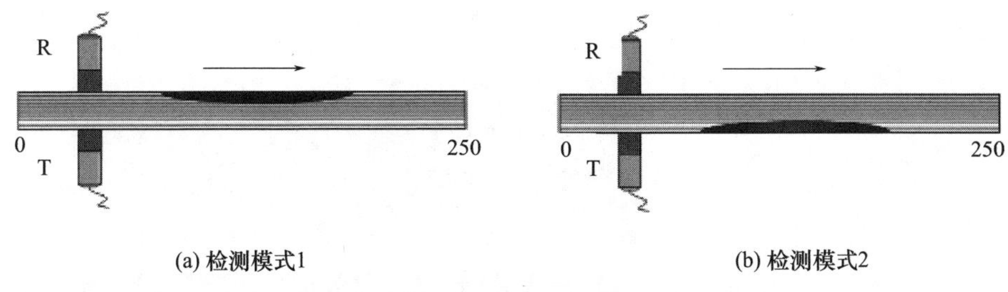

(a) 检测模式1　　(b) 检测模式2

图 3－38　超声穿透法检测模式

理的层合板复合材料试块,对比两种不同检测模式下接收到的超声信号。采用的单侧修理层合板结构试样如图 3－39(a)所示,对修理区沿长度方向按 10mm 间隔采集信号,获得的信号衰减特征曲线如图 3－39(b)所示,由图可知检测模式 2 穿透的超声信号衰减量要大于检测模式 1,即检测模式 1 的穿透信号幅度高于检测模式 2 的信号幅度。因此,在检测过程中建议采用检测模式 1 对单侧修理的复合材料结构进行检测[12]。

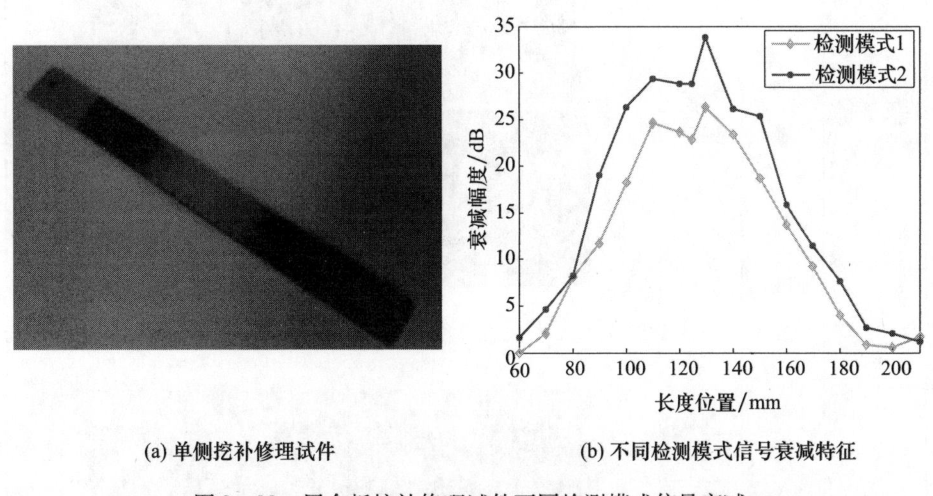

(a) 单侧挖补修理试件　　(b) 不同检测模式信号衰减特征

图 3－39　层合板挖补修理试件不同检测模式信号衰减

通过上述分析,确定采用超声穿透法作为损伤及修复后试块的无损检测及缺陷评估方法。表 3－4 为采用超声穿透法检测所获得的修理后试块的典型超声 C－扫描检测结果。从表中可以清晰看出穿孔区及修理区不同铺层的边界分布情况,以及母材区的内部质量状况,这也验证了超声穿透法检测修理试块的可行性。

表 3-4　穿孔损伤试块超声穿透法 C-扫描结果

类型	修法	细节	试块照片及超声 C-扫描检测结果
穿孔(国产修补材料)	常规铺层修理	双面铺层	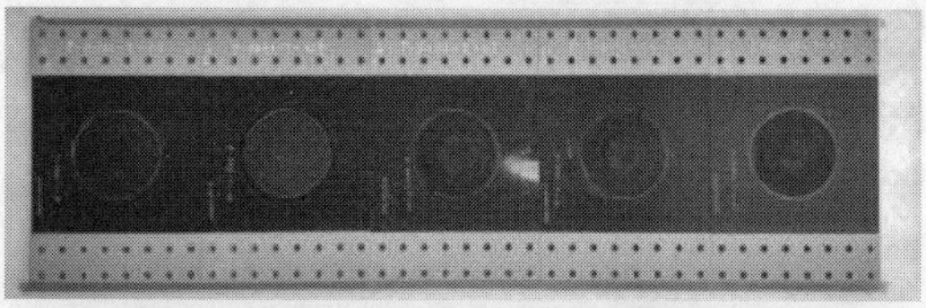 
		单面铺层	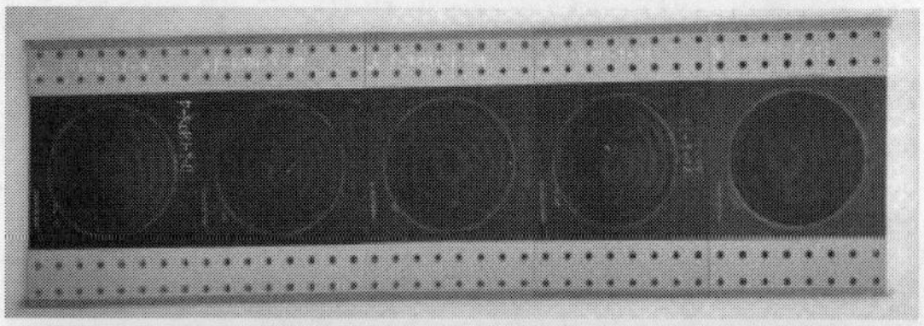 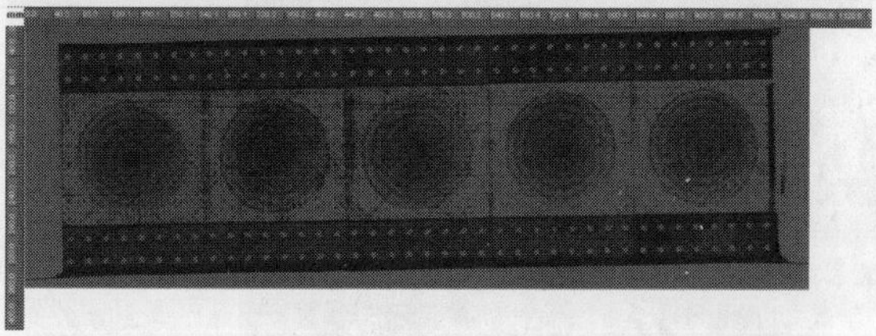
	斜面铺层修理	斜面角度 1:10，单面铺层	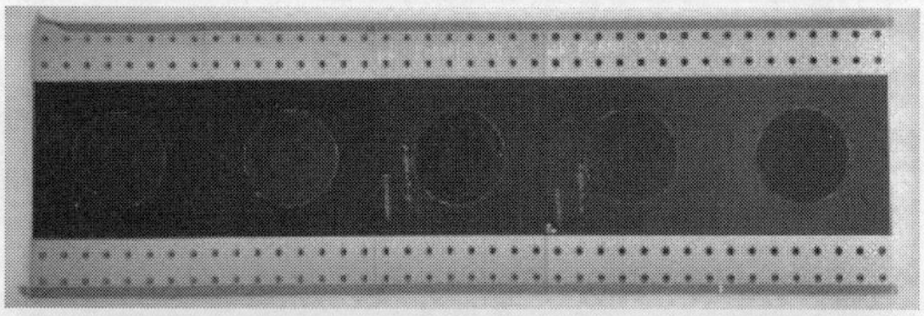 

续表

<table>
<tr><th>类型</th><th>修法</th><th>细节</th><th>试块照片及超声 C－扫描检测结果</th></tr>
<tr><td rowspan="3">穿孔(国产修补材料)</td><td>斜面铺层修理</td><td>斜面角度1:18,单面铺层</td><td>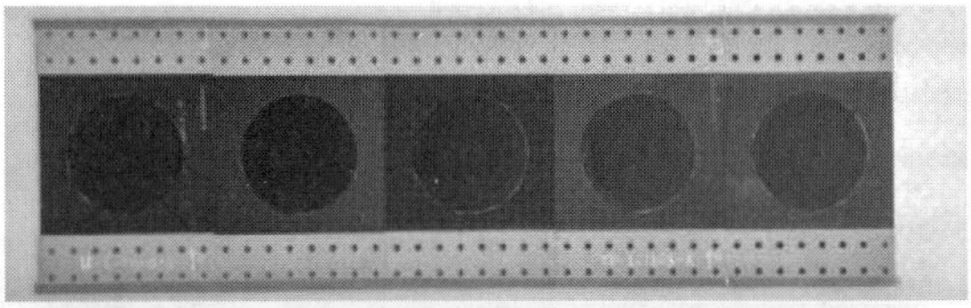
</td></tr>
<tr><td rowspan="2">补片修理</td><td>双面补片</td><td>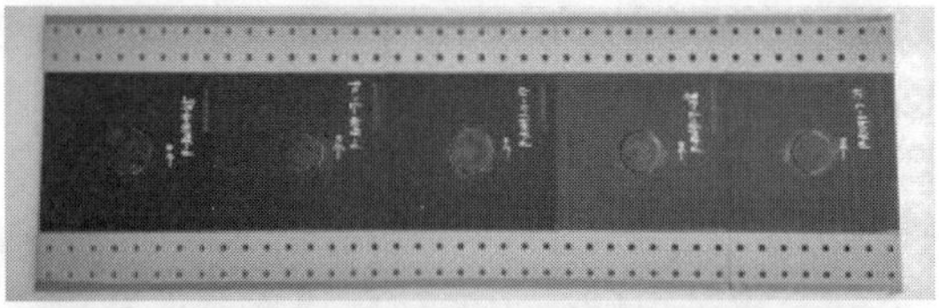
</td></tr>
<tr><td>单面补片</td><td>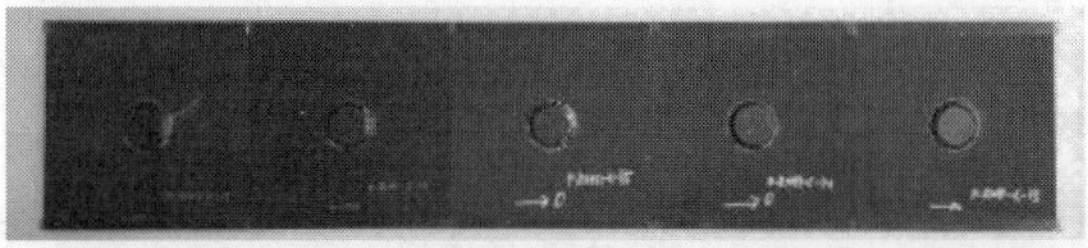
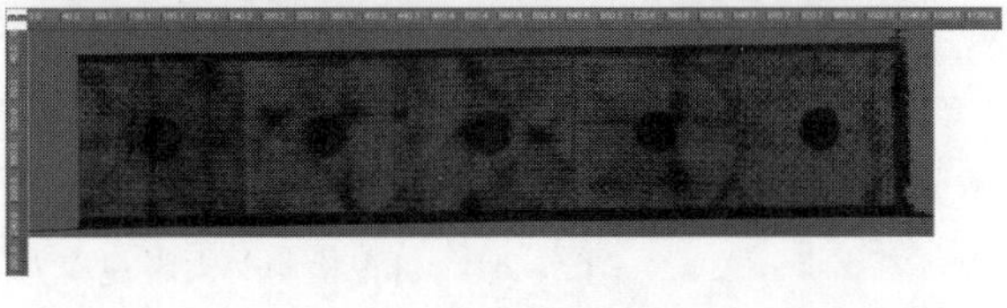</td></tr>
</table>

2）玻璃纤维复合材料损伤、修理试块无损检测方法适用性研究

笔者所在团队利用制备的含缺陷的玻璃纤维复合材料损伤、修理试块进行了目视、超声、X 射线等无损检测方法的研究，给出了检测方法适用性结论，并指导后续玻璃纤维试块的无损检测。

图 3－40 所示为目视检测可以发现的玻璃纤维层合结构中预埋的模拟分层缺陷(采用厚度小于 0.15mm 的聚四氟乙烯薄膜)。

图 3－40　玻璃纤维中目视可见缺陷

目视检测时通常按图 3－41 所示的入射角度观察，可以发现埋深较小的分层或夹杂缺陷，对于厚度稍大的分层缺陷或夹杂缺陷，采用图 3－42 所示的透射模式更易于发现。目视检测对于缺陷边界的确定存在一定的主观性，对于有漆层覆盖的缺陷、损伤，在面积较小时不易发现。因此，在目视检测发现缺陷后，宜采用其他检测方法进行核实。

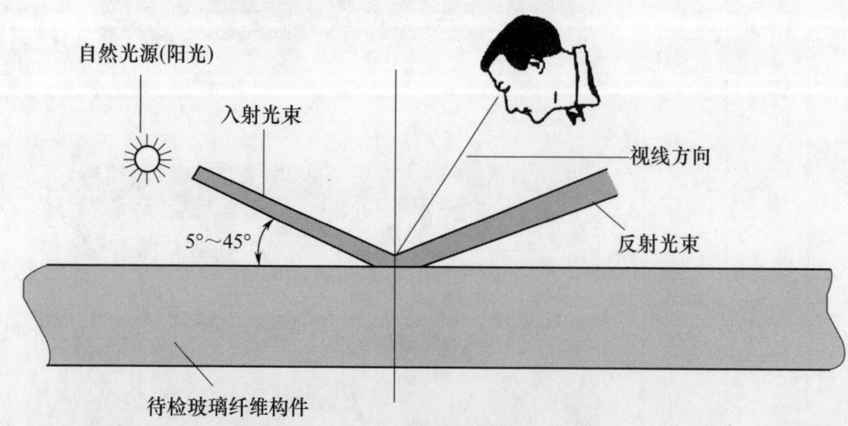

图 3－41　目视检测时人眼观察方向

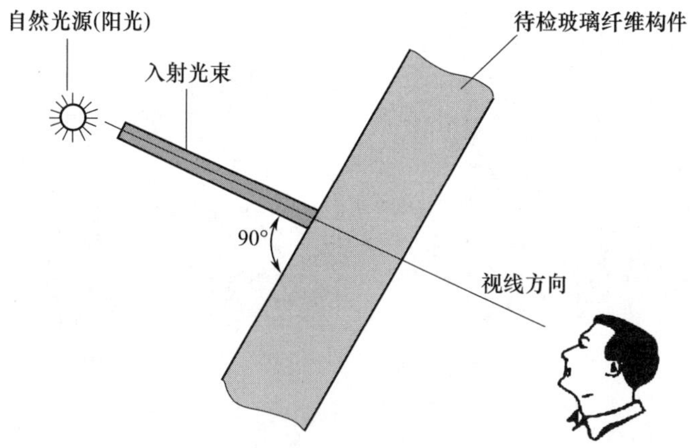

图 3－42　透射检测模式

图 3－43 所示为典型玻璃纤维试块 C－扫描成像检测结果。扫描参数为：步进量 1mm、扫描速度 90mm/s，换能器中心频率 1MHz。从图 3－43(a)中可以清晰分辨出碳纤维阶梯试块的台阶以及每个台阶区内部质量分布。从图 3－43(b)中可以识别出玻璃纤维修理前分层试块中的不同尺寸分层缺陷、开孔损伤及开孔修理打磨的斜坡区域。从图 3－43(c)和图 3－43(d)可以分别识别出碳纤维修理前和修理后的分层缺陷。由此可见，超声穿透法在进行玻璃纤维复合材料结构检测时具有一定的优势。

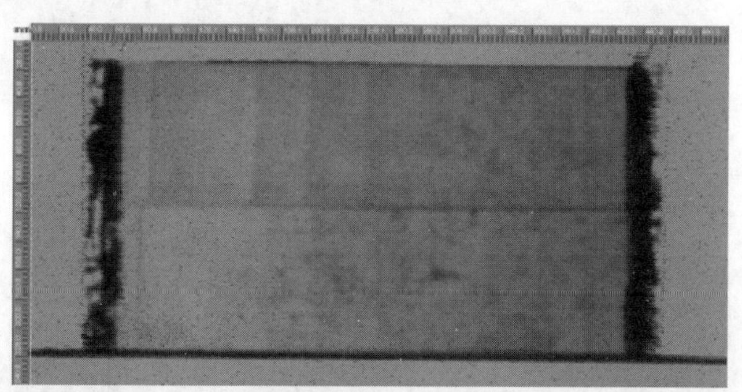

(a) TFCR-CL-BR-SS-01-01/ 02

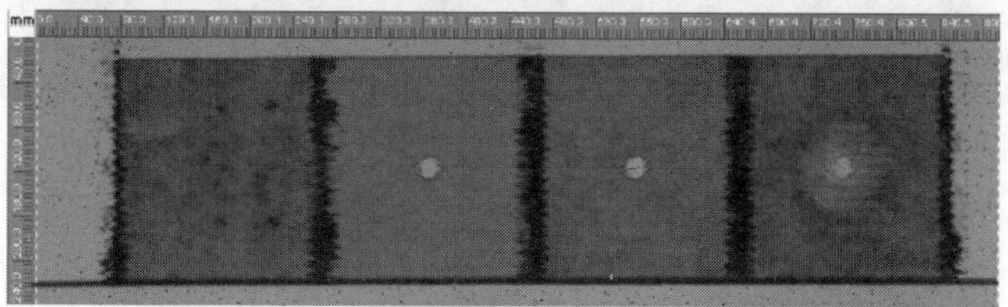

(b) TFCR-GL-BR-DL01-01 TFCR-GL-AR-DB-03-(01-03)

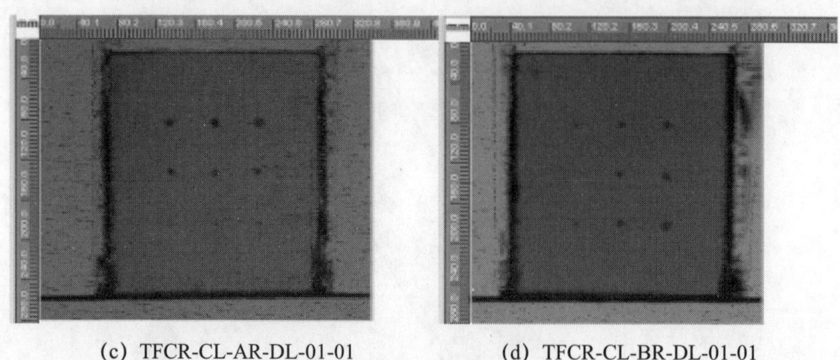

(c) TFCR-CL-AR-DL-01-01　　(d) TFCR-CL-BR-DL-01-01

图 3 - 43　设计制备的典型玻璃纤维试块

图 3 - 44 为采用超声反射法检测的预置分层缺陷良好区与缺陷区的照片及不同区域的波形。由超声信号可知,能够识别出预置缺陷。

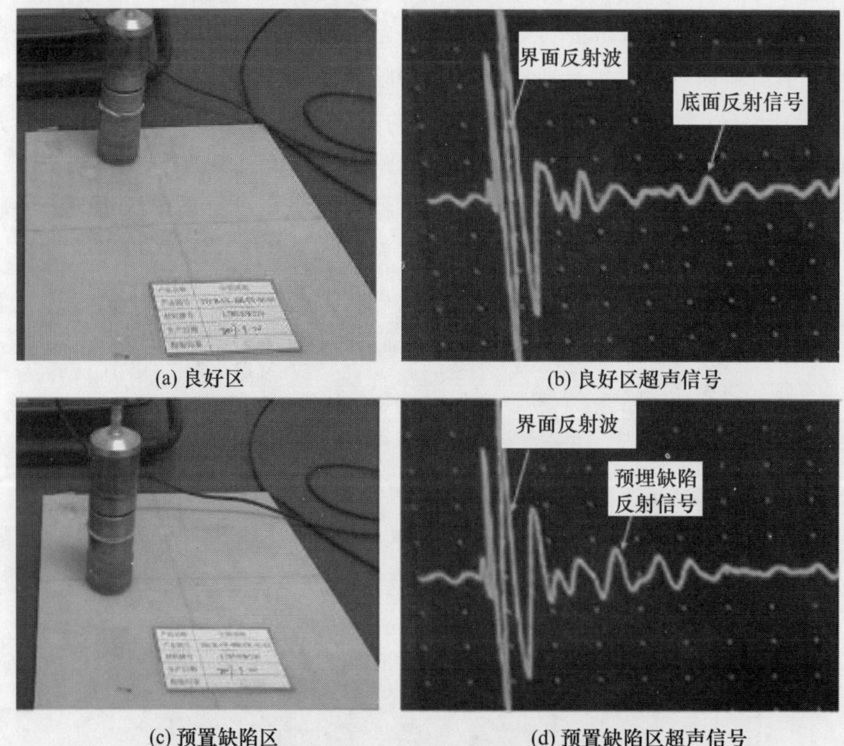

(a) 良好区　　(b) 良好区超声信号

(c) 预置缺陷区　　(d) 预置缺陷区超声信号

图 3 - 44　超声反射法玻璃纤维试块检测照片及波形

图 3 - 45 是玻璃纤维试块 X 射线检测的结果,由图 3 - 45(b)可以目视发现试块中的预埋缺陷,但在射线成像结果中无法分辨出缺陷。采用的透照参数为:

透射电压 55kV、6mA，SOD = 1400mm、SOD = 900mm。X 射线检测不易检出分层、脱粘缺陷，因此在实际检测过程中，较少用于层合板结构分层及脱粘的检测。

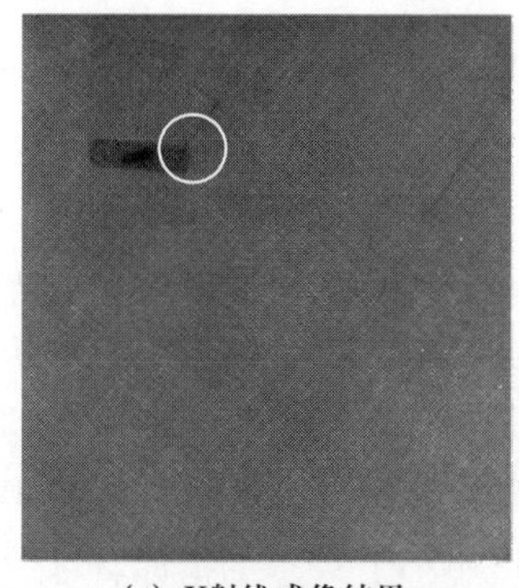

(a) X射线成像结果

(b) 试样照片 (TFCR-GL-BR-DL-01-01)

图 3 - 45　玻璃纤维试块 X 射线检测结果（白色为预置缺陷）

综上，玻璃纤维层合板结构检测适用的方法依次为超声穿透法、超声反射法、目视检测。

3）通用飞机复合材料检出概率试验

通常在确定一种无损检测方法前，需要验证这种检测方法是否能够对一定尺寸及该尺寸以上的缺陷实现给定置信度下的检出概率。为了验证通用飞机复合材料无损检测方法的检出概率（POD），参考 MIL - HDBK - 1823A—2009 [13] 设计了 POD 验证试块，试块设计图及试块实物分别如图 3 - 46 所示。同时，基于

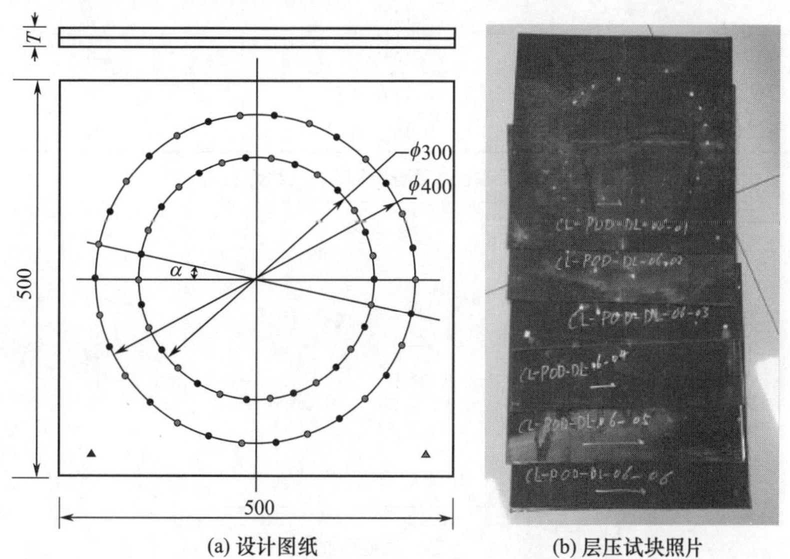

(a) 设计图纸　　(b) 层压试块照片

图 3 - 46　碳纤维 POD 试块设计图纸及实物

Hit/Miss 模型并利用式(3－1),计算出给定置信度和检出概率时,试块中需设置的缺陷个数。

$$C_{\mathrm{U}} = \left[1 - \sum_{i=0}^{d} \binom{n}{i} p^{i}(1-p)^{n-i}\right] \times 100\% \tag{3-1}$$

式中:C_{U} 为期望的置信度;$p=1-\mathrm{POD}$。例如,$C_{\mathrm{U}}=95\%$,POD＝90%,且 $d=0$(无,漏检),则有 $n=29$。按这种方法可实现检出概率 90%、置信度 95% 的检测方法验证。对于 $C_{\mathrm{U}}=95\%$,POD＝90%,当 d 为不同数值时,表 3－5 给出 n 应达到的数值。图 3－47 为对应关系图。在每个试样上设计同一个尺寸的 29 个不同位置预埋缺陷,减少了试件用量。通过对选定的超声 A－扫描方法进行试验,获得了对于 ϕ5mm 及以上的缺陷实现 90% 检出概率,置信度不小于 95% 的指标。

表 3－5　达到 95% 置信度 90% 检出概率时漏检次数与试验次数关系

试验次数 n	成功检出次数 y	漏检次数 $n-y=d$
29	29	0
46	45	1
61	59	2
76	73	3
89	85	4
103	98	5
116	110	6
129	122	7
142	134	8
154	145	9
167	157	10

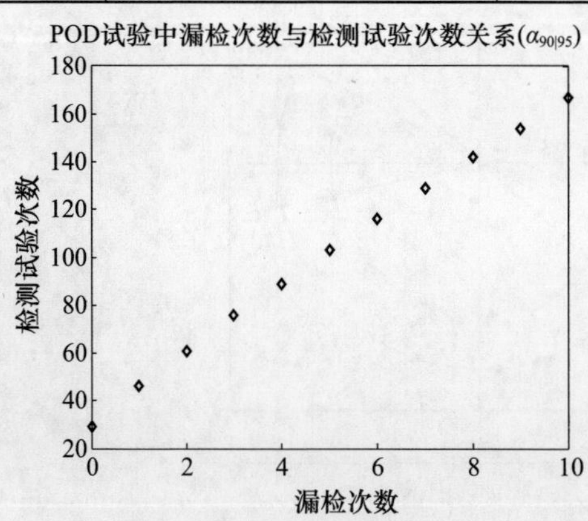

图 3－47　漏检次数与试验次数之间的关系

检测方法 POD 验证过程具体流程为:①首先制造或者获取缺陷试块,需包含足够大的缺陷尺寸和缺陷类型数量;②使用合适的 NDT 方法检测试块;③记录以缺陷尺寸为自变量的检测结果;④绘制以缺陷尺寸为自变量的 POD 曲线。

在验证开始前,设计了碳纤维 POD 试块:尺寸为 500mm × 500mm;缺陷大小按 3mm、4mm、5mm、6mm、9mm、15mm,缺陷按 2 个深度预埋(最上面第二层和第三层中间,中间层),铺层按实际构件采用的铺层设计,共 6 块,编号为 TFCR - CL - POD - DL - 06 - 01 ~ 06,如图 3 - 46(b)所示。实际检测中只预埋最上面第二层和中间层缺陷,验证近底面缺陷检出概率时只需将试块在反面进行检测即可。玻璃纤维试块结构及其缺陷类型与碳纤维一致,与图 3 - 48 所示相似,编号为 TFCR - GL - POD - DL - 06 - 01 ~ 06。

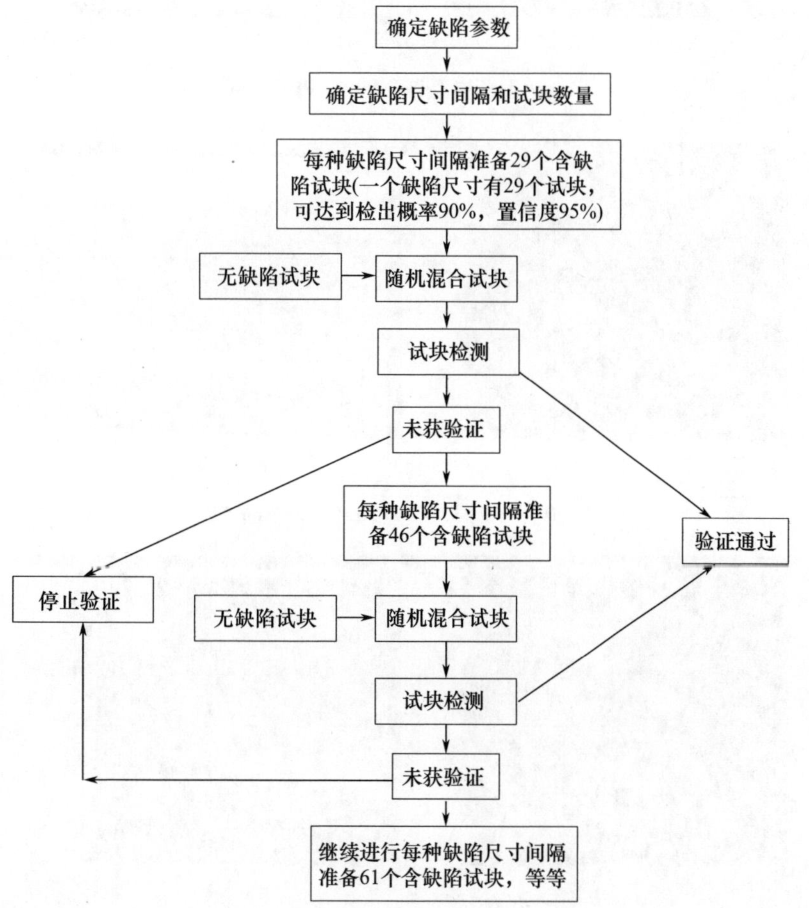

图 3 - 48　无损检测方法缺陷检出概率(POD)及其置信水平验证过程

为了检验试块制备是否合格，采用喷水穿透法对 POD 试块进行验证。检测过程采用的参数为：接收换能器 5MHz、激励换能器 5MHz、扫描步进量 1mm、扫描速度 80mm/s、数字增益 8dB。由图 3－49 可知，采用步进量 1mm 时，可检测出全部预置缺陷。

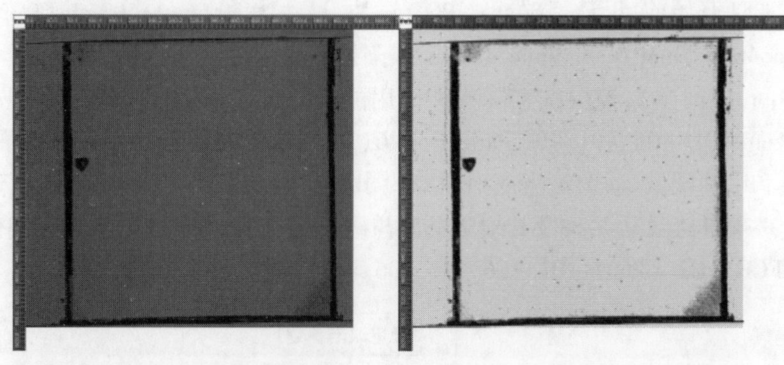

(a) TFCR-CL-POD-DL-06-01 (3mm)

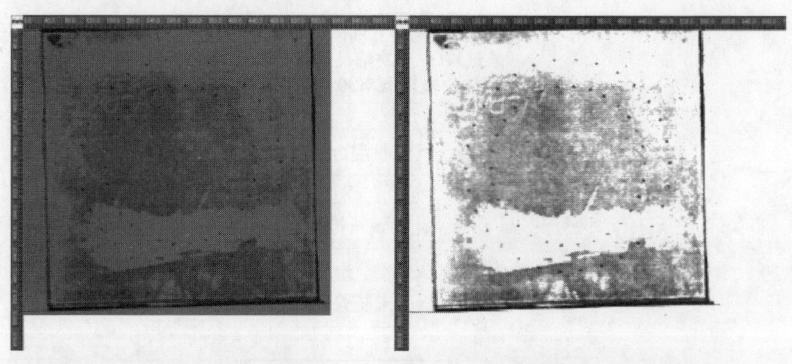

(b) TFCR-CL-POD-DL-06-02 (4mm)

(c) TFCR-CL-POD-DL-06-03 (5mm)

(d) TFCR-CL-POD-DL-06-04 (6mm)

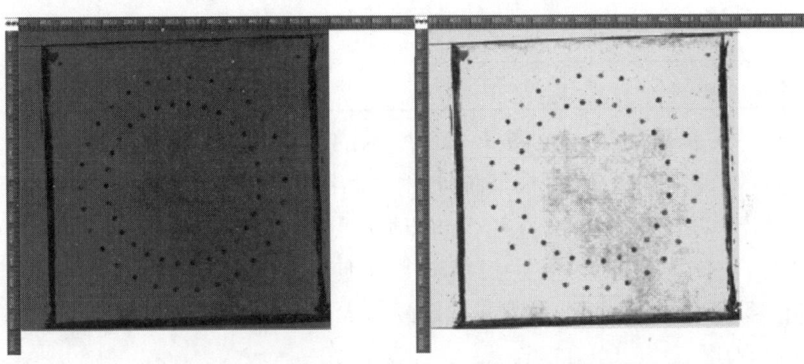

(e) TFCR-CL-POD-DL-06-05 (9mm)

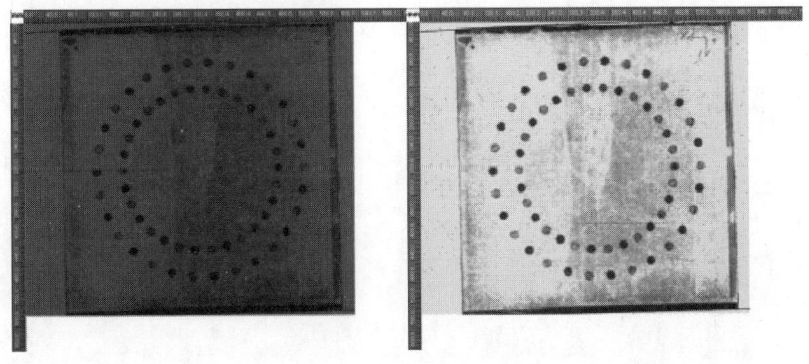

(f) TFCR-CL-POD-DL-06-06 (15mm)

图 3-49　碳纤维 POD 试块检测结果

检测过程中采用的人工超声 A-扫描检测方法，采用仪器为英国 Sonatest

公司的 Masterscan 700M 超声检测仪,编号为 Z07156,超声换能器采用中航复材生产的 FJ-1 型聚焦换能器,扫描步进量为 2mm,扫描速度不大于 50mm/s。对于直径 3mm、4mm、5mm、6mm、9mm、15mm 的缺陷(分层缺陷),采用超声人工扫查的方法检测,结果如表 3-6 所示。

表 3-6 检出漏检次数及检出概率

序号	缺陷尺寸/mm	检出次数	漏检次数	检出概率/%	漏检概率/%
1	$\phi 3$	14	16	46.7	53.3
2	$\phi 4$	15	15	50	50
3	$\phi 5$	30	0	100	0
4	$\phi 6$	30	0	100	0
5	$\phi 9$	30	0	100	0
6	$\phi 15$	30	0	100	0

由表 3-6 获得的数据及图 3-50 所示的人工超声 A-扫描检测方法的 POD 曲线可知,采用 Hit/Miss 模型统计出的检出概率随着缺陷尺寸的增加而逐渐提高,当分层缺陷尺寸达到直径 5mm 时即可实现 100% 检出,即采用人工超声 A-扫描检测方法时按上述扫描参数及使用的仪器设备,在检出概率为 90%,置信度 95% 的条件下,最大漏检尺寸不大于 $\phi 5$mm。

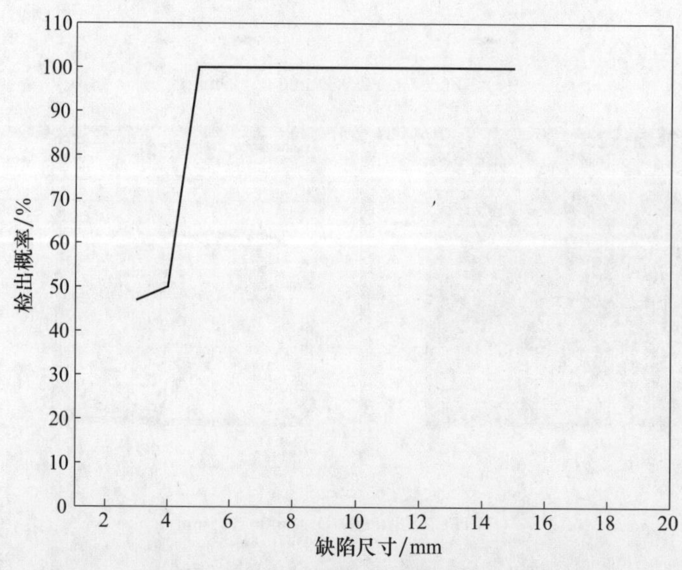

图 3-50 人工超声 A-扫描方法检出概率(POD)曲线

综上,人工超声 A-扫描检测方法在工艺参数设置合理、人员按照实际工艺参数及仪器设置时，可以实现对 ϕ5mm 及以上的缺陷实现 90% 检出概率，置信度不小于 95% 。

4）开展 AG300 的复合材料结构损伤、缺陷研究，通过对型号典型结构及修理后的检测，分析和评估不同无损检测方法及仪器设备的适应性与检测能力

针对 AG300 机翼部件试件结构特征及预置损伤情况，机翼部件试件修理前后不适合使用目视、敲击、机械阻抗分析等方法，根据具备的检测条件，在分析 AG300 机翼部件试件结构的基础上，使用超声反射法对机翼部件试件进行损伤预置、不同加载状态下的无损检测。

AG300 机翼部件试件为全复合材料结构，采用胶接工艺形成复合材料整体结构，如图 3 - 51 所示。为了增加结构强度减小结构重量，蒙皮区分为上翼面和下翼面两块整体蒙皮，通过胶接工艺与机翼前梁、后梁及肋等结构连接为一整体，蒙皮主要采用了泡沫夹芯结构。

图 3 - 51 机翼部件试件照片（此为下翼面）

机翼部件试件典型工艺结构为左右前缘、左右翼尖、左右翼根前缘第一肋为碳纤维层合板 - 板胶接结构，其中翼尖还存在三层层合结构胶接区，如图 3 - 52 所示。翼根部位与前梁和后梁采用胶接方法连接，此区域长度为 150 ~ 240mm，宽约 50mm，胶层厚约 10mm，该部分为厚胶层胶接区。其余梁、肋与蒙皮为胶接结构，采用的典型胶接形式如图 3 - 53 所示。

机翼部件试件前梁与后梁为厚层合结构，如图 3 - 54 所示。前梁和后梁为变截面 C 形结构，剖面如图 3 - 54（a）所示。梁的上下翼缘厚度分别为 22mm 和 26mm，中间腹板最薄处约为 12mm。

图 3-52　三层层合结构胶接区（翼尖）

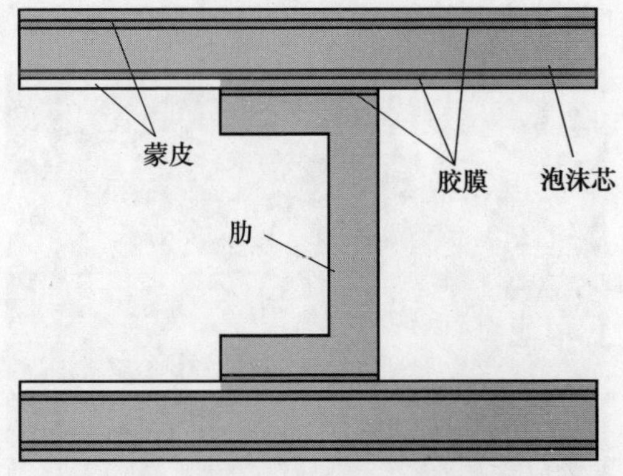

图 3-53　蒙皮与肋胶接结构

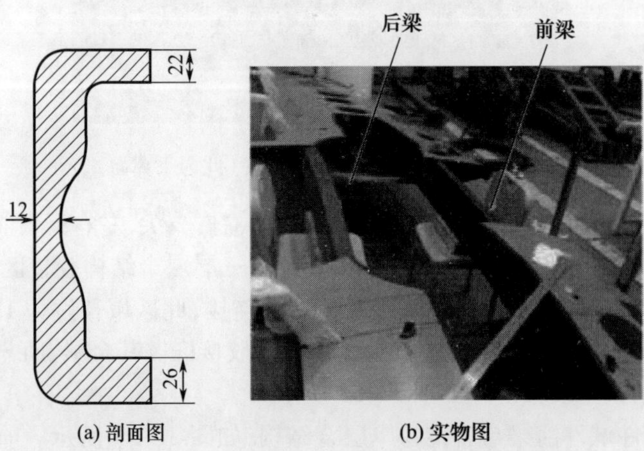

图 3-54　机翼部件试件前梁与后梁剖面及照片

机翼部件试件存在多种检测区域:变截面厚层合结构、泡沫夹芯结构、板－板胶接结构等。整体胶接机翼部件试件检测时,面临以下难点:①检测区域变化多,缺陷不易识别;②内腔胶接检测区检测可达性差;③厚层合区检测超声衰减大;④碳纤维复合材料采用烘箱固化,固化压力低,孔隙、气孔较多。

机翼部件试件超声无损检测存在的主要问题是:蒙皮为泡沫夹芯结构,与梁和肋胶接时是内蒙皮与梁和肋胶接。在检测过程中,超声波无法穿透泡沫芯,且有封闭区域形成,进而无法对夹芯蒙皮内侧与梁和肋的胶接质量进行有效检测。

针对上述检测难点,制订了如下的超声无损检测方案:

(1) 分区域检测,对不同的胶接区,分块进行扫描跟踪检测。

(2) 对检测可达性差的区域,采用小型超声换能器进行检测。

图3－55为进行翼根部内腔区检测的照片。检测过程中采用小型换能器对前梁、后梁翼缘区进行扫查检测,采用小型换能器还可增大扫查可达的部位。

图3－55　翼根部内腔区检测照片

(3) 对超声不易穿透的厚层合区域,采用超声反射法和超声穿透法结合进行检测。

图3－56为前梁厚区的检测信号,图3－56(a)为超声反射法获得的检测信号,使用的超声换能器为FJ－1,增益为65dB,其中F为界面反射波,B为底面反射波。由界面反射波和底面反射波之间的宽度可知,前梁最薄区的厚度接近12mm。图3－56(b)为前梁翼缘区的超声穿透信号,此时采用的发射换能器为

Alph－1，接收换能器为 FJ－1，增益为 70dB。由图可见，在采用增益 70dB 时，穿透信号的幅度仅为 1 格，可见超声信号在复合材料中衰减幅度较大。

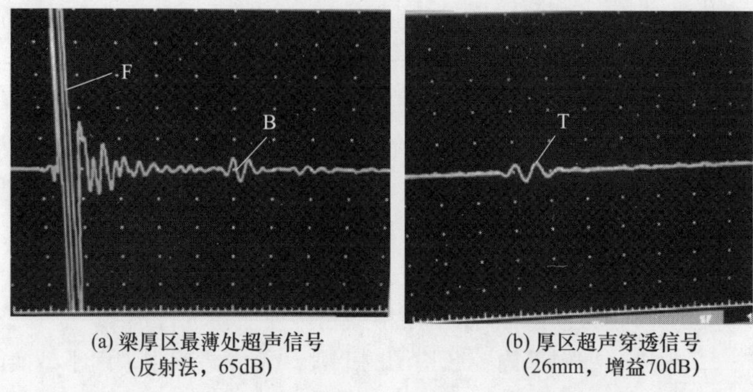

(a) 梁厚区最薄处超声信号（反射法，65dB）　(b) 厚区超声穿透信号（26mm，增益70dB）

图 3－56　前梁厚区获得的超声反射信号和穿透信号

采用超声反射法获得的 AG300 机翼部件试件缺陷信息见表 3－7。典型缺陷信号如图 3－57～图 3－59 所示。由良好区和缺陷区超声信号对比可知，缺陷区超声信号特征明显。

表 3－7　机翼部件试件检出缺陷列表

序号	大小/mm	深度	性质	备注
F1	25×11	板－板间	板－板脱粘	此处为 2 层板－板胶接区
F2	13×10	分层	1/14*H*	*H* 为梁翼缘厚度
F3	25×25	分层	1/2*H*	*H* 为蒙皮厚度
F4	30	分层	1/2*H*	*H* 为蒙皮厚度，缺陷沿口盖环形分布
F5	10×3	分层	1/3*H*	*H* 为加筋翼缘厚度
F6	45×30	脱粘	板－板脱粘	此处为 3 层板－板胶接区，脱粘位于第 2 层（从外蒙皮计算）板－板胶接区

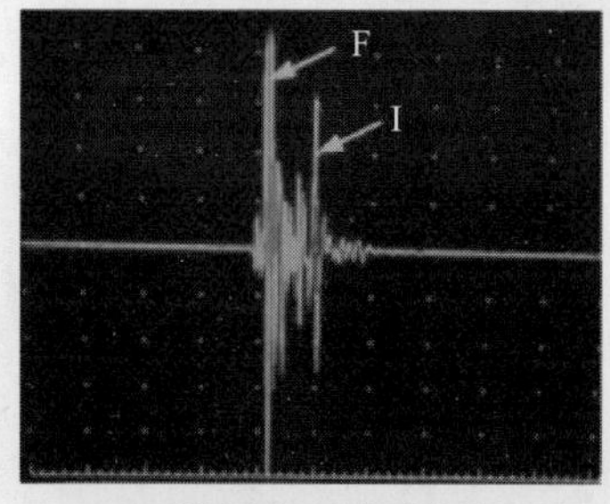

(a) F1附近良好区典型信号

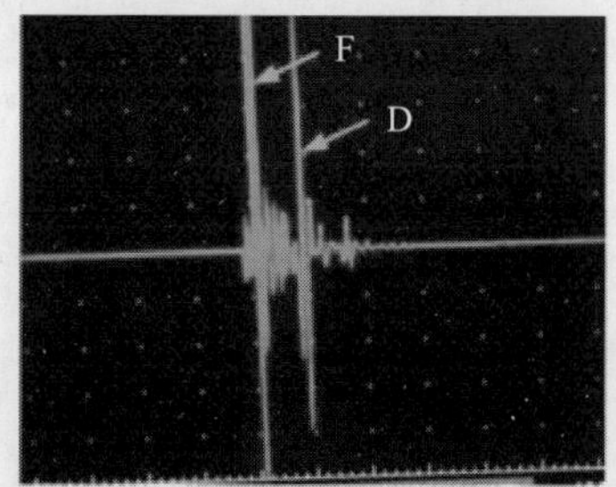

(b) F1脱粘区典型信号

图 3－57　缺陷 F1 附近良好区及缺陷区典型超声信号

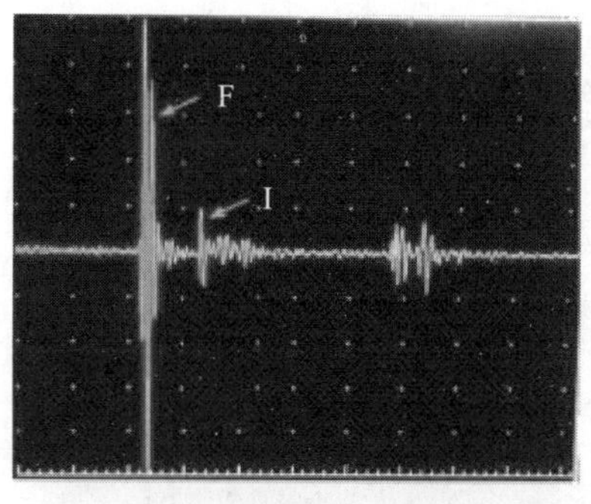

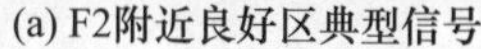
(a) F2附近良好区典型信号

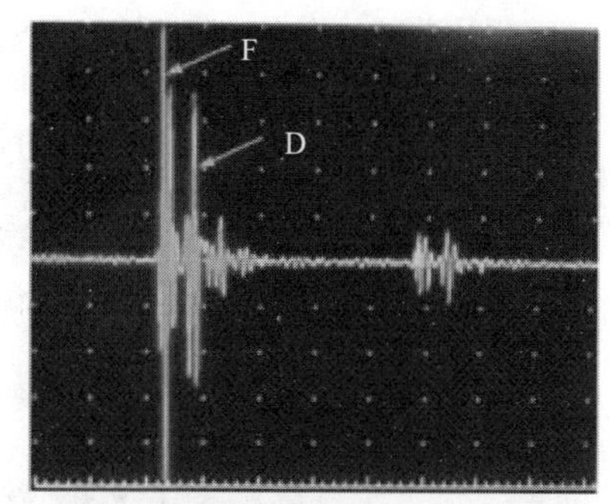

(b) F2典型分层信号

图 3 - 58　缺陷 F2 附近良好区及缺陷区典型超声信号

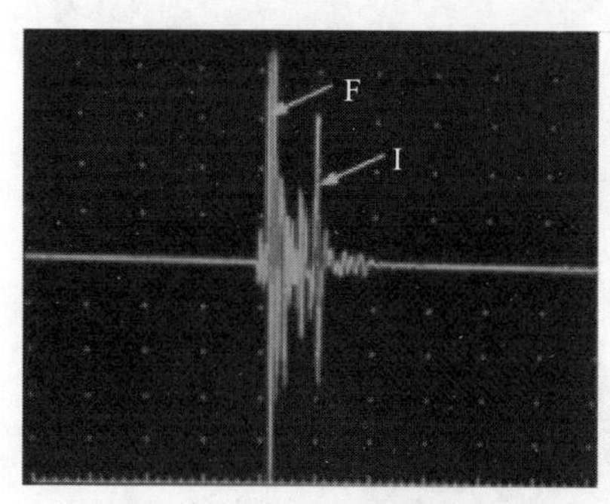

(a) F6附近良好区典型信号

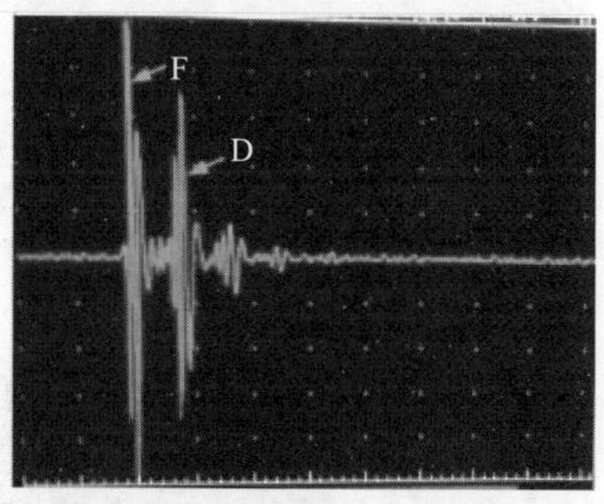

(b) F6缺陷区信号

图 3 - 59　缺陷 F6 附近良好区及缺陷区典型超声信号

图 3 - 60 所示为预置的 4 处损伤区,图中圆形区为预置损伤时产生的凹陷区域,外侧标识区为超声 A - 扫描方法获得的损伤区域。图 3 - 61 所示为损伤 L2 位置的典型超声信号,图 3 - 61(a)为损伤附近良好区的超声信号,图 3 - 61(b)和(c)为损伤区超声信号,由图可知预置损伤的深度位于 1/3 ~ 1/2 深度。图 3 - 62 为损伤 L2 修复后的超声信号,由超声信号波形可知,修理区由于修理采用的压力低于制造时的压力,存在一定程度的孔隙,但未发现分层及脱粘缺陷,其余位置超声信号类似。因此,在有胶接面超声信号的情况下,使用超声 A - 显示方法可以进行修理区的缺陷评估。

通过对 AG300 机翼部件试件预制损伤修理前后的检测试验,形成了基于超声反射法的损伤修理区缺陷评估方法。

3.2.1 复合材料结构修理前后无损检测评估技术研究

无损检测评估技术主要结合玻璃纤维和碳纤维复合材料修理试件进行无损

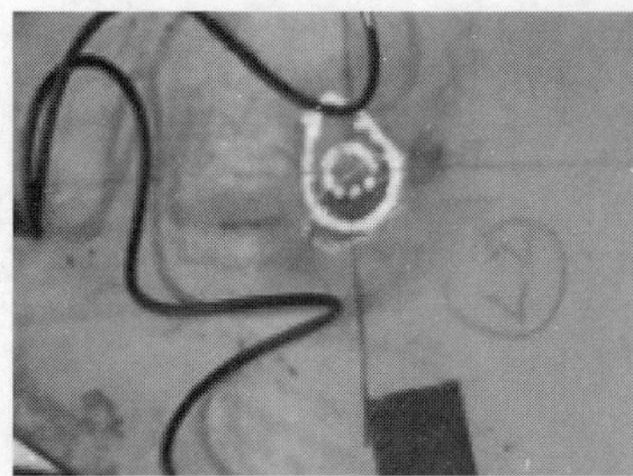

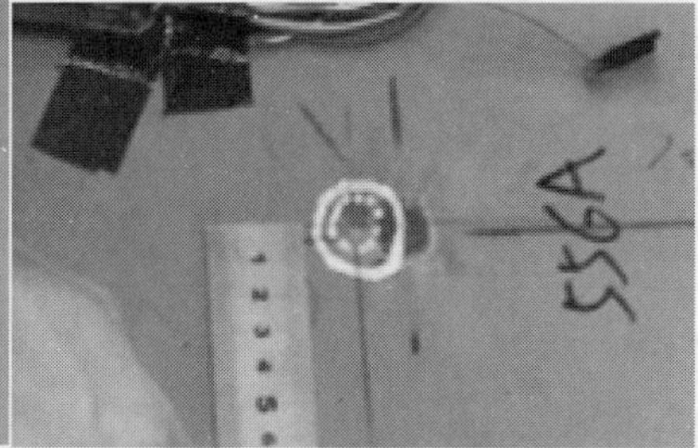

图 3-60　机翼部件试件制作的预置损伤区(共 4 处)

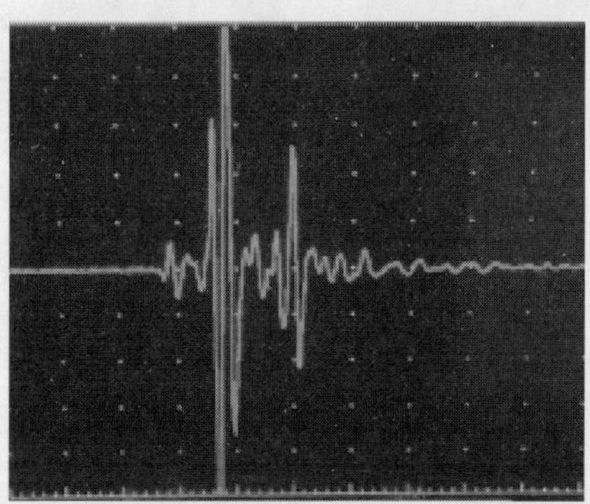

(a) 损伤附近区超声信号（良好区参考）

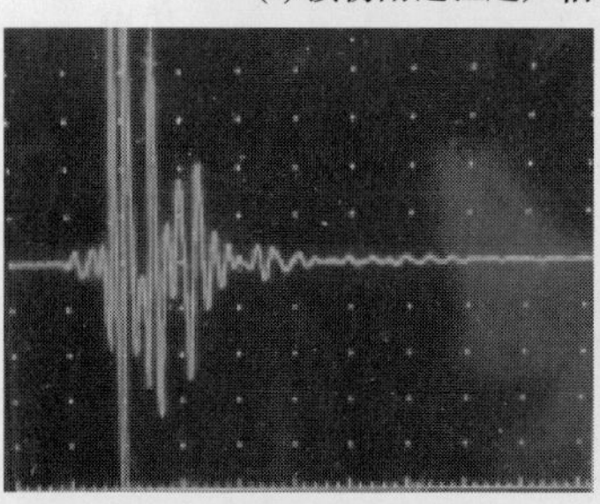

(b) 1/2深度损伤

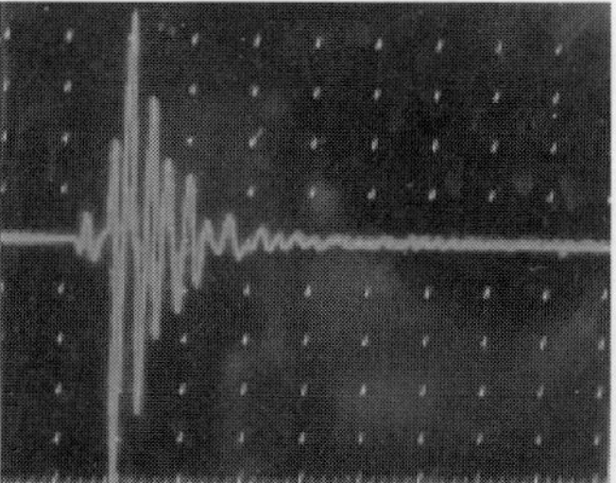

(c) 1/3深度损伤

图 3-61　损伤区超声信号图(损伤 L2 处)

(a) 损伤修复区

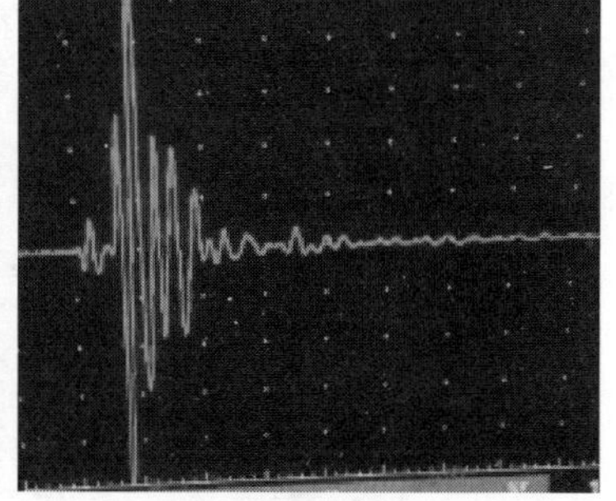

(b)典型超声信号

图 3 - 62　损伤区修理后超声信号图(损伤 L2 处)

检测的方法进行研究。开展了基于超声穿透法、超声相控阵法、数字 X 射线检测、剪切散斑干涉检测及红外检测的复合材料修理后检测方法研究。对于目视检测、敲击检测以及机械阻抗分析方法,由于不能准确确定边界,随着缺陷深度的增加,检测的可靠性将降低,且对复合材料修理过程中产生的孔隙缺陷不敏感,在此未做试验研究。

1) 复合材料修理后超声穿透检测法检测研究

对于玻璃纤维复合材料层合结构损伤试块(编号 gs - 11 - 8),如图 3 - 63(a)所示,图 3 - 63(b)为修理后截面形状,图 3 - 63(c)给出了试块长度方向上的厚度分布情况。表 3 - 8 给出了沿长度方向的厚度值,由表中数值也可看到图 3 - 63(b)所示的截面厚度分布。

(a) 玻璃纤维挖补修理试块

(b) 玻璃纤维挖补试块截面

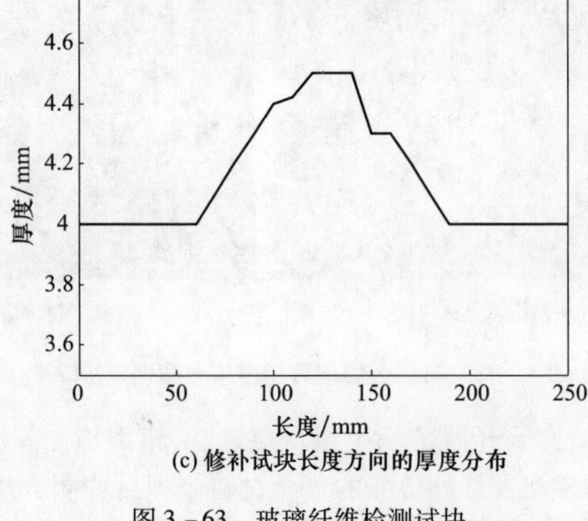

(c) 修补试块长度方向的厚度分布

图 3-63　玻璃纤维检测试块

表 3-8　试块长度方向厚度值

长度位置/mm	0	10	20	30	40	50	60	70	80	90	100
厚度/mm	4	4	4	4	4	4	4	4.1	4.2	4.3	4.4
长度位置/mm	110	120	125	130	140	150	160	170	180	190	200
厚度/mm	4.4	4.5	4.5	4.5	4.5	4.3	4.3	4.2	4.1	4	4
长度位置/mm	210	220	230	240	250						
厚度/mm	4	4	4	4	4						

利用超声穿透法进行玻璃纤维层合板复合材料修理后检测方法研究。对于单侧修补的层合板结构或是蜂窝夹芯结构，根据接收超声换能器位于修理侧还是未修侧将超声穿透法分为两种检测模式。在检测模式 1 状态下，接收换能器位于材料修理侧，检测模式 2 则位于未修理侧。

在超声穿透法检测过程中，设 P_0 为良好区（无缺陷区）入射声压、P_g 为良好区（无缺陷区）透射声压、P_d 为缺陷区透射声压、$D_g = 20\log\dfrac{P_0}{P_g}$为良好区（无缺陷区）超声衰减、$D_d = 20\log\dfrac{P_0}{P_d}$为缺陷区超声衰减。可通过式（3-2）来计算缺陷区相对良好区穿透超声波衰减量，从而获得缺陷区的尺寸。

$$D_d - D_g = 20\log\frac{P_g}{P_d} \tag{3-2}$$

由表 3-9 可以看出超声穿透信号由高变低再由低变高的过程，该过程体现了修补区厚度的变化，即修补区厚度越大，超声信号衰减量越大，建立合适的参考试块可以用于评估玻璃纤维修理区的修理质量。图 3－64 所示为剖切后玻璃纤维修补区的断面，由断面的修理区边界可以看出修理区比未修区存在的孔隙含量要大很多。图 3－65 所示为 X 射线的检测结果，从 X 射线检测结果亦可观察出修理区域的孔隙含量要高于母材区。

表 3－9　玻璃纤维单侧挖补修理试块不同位置超声信号

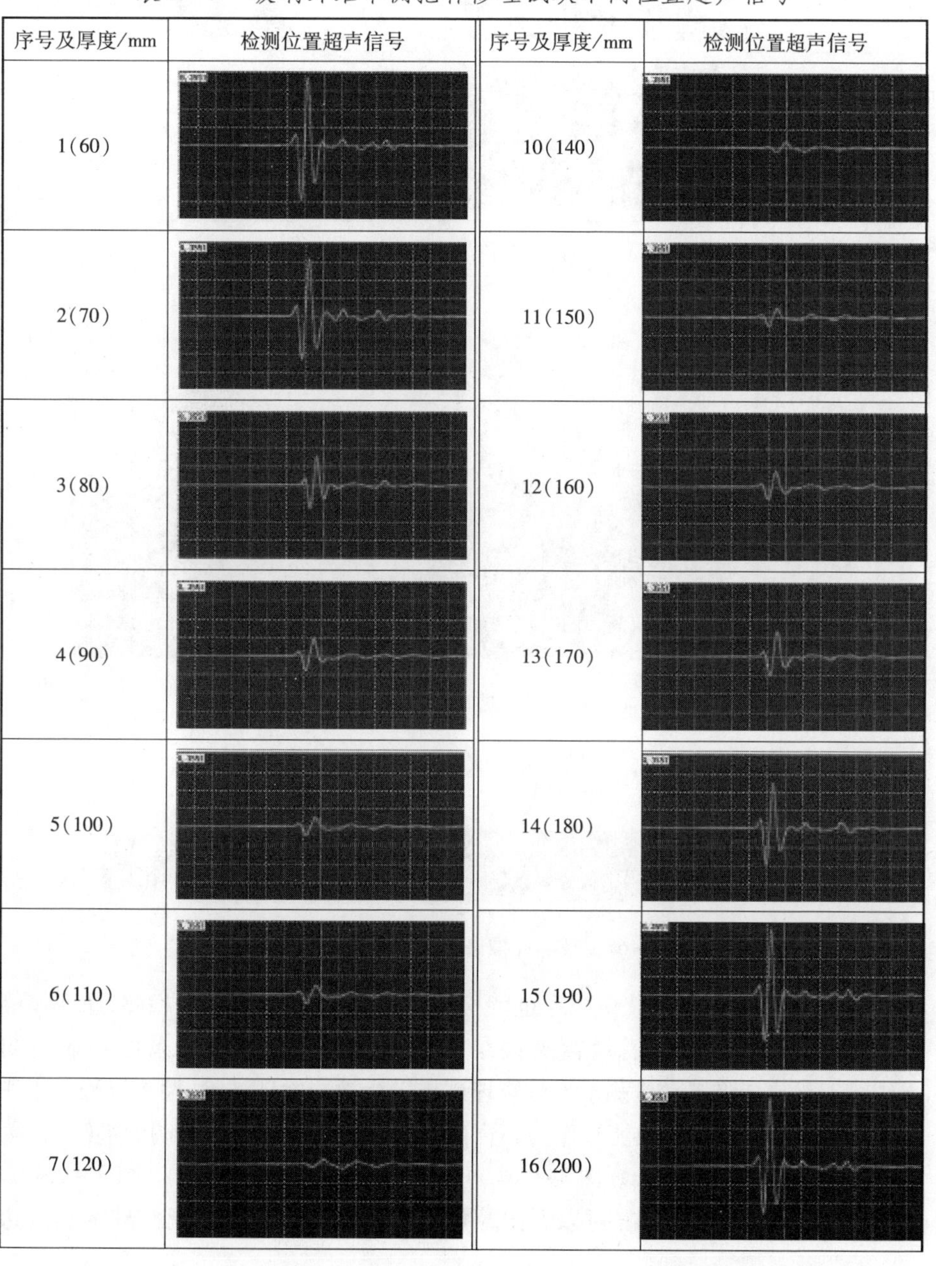

序号及厚度/mm	检测位置超声信号	序号及厚度/mm	检测位置超声信号
1(60)		10(140)	
2(70)		11(150)	
3(80)		12(160)	
4(90)		13(170)	
5(100)		14(180)	
6(110)		15(190)	
7(120)		16(200)	

续表

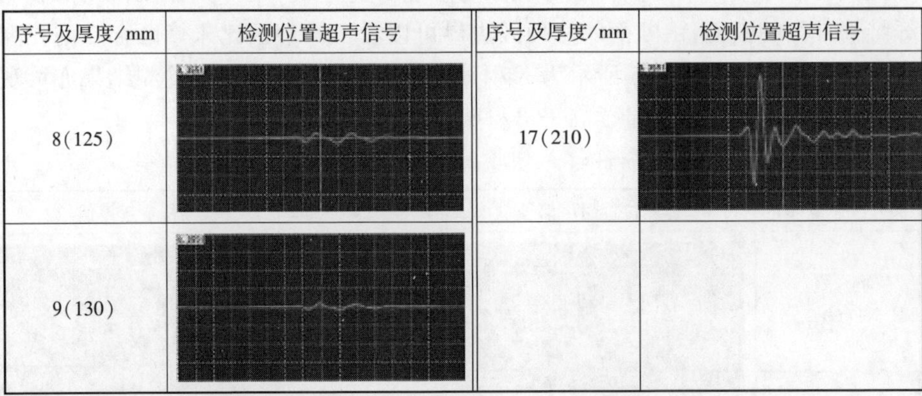

序号及厚度/mm	检测位置超声信号	序号及厚度/mm	检测位置超声信号
8(125)		17(210)	
9(130)			

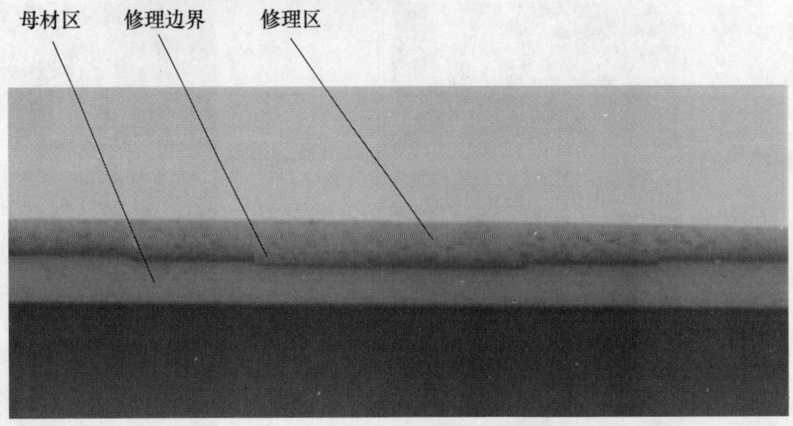

图 3-64　玻璃纤维修理截面

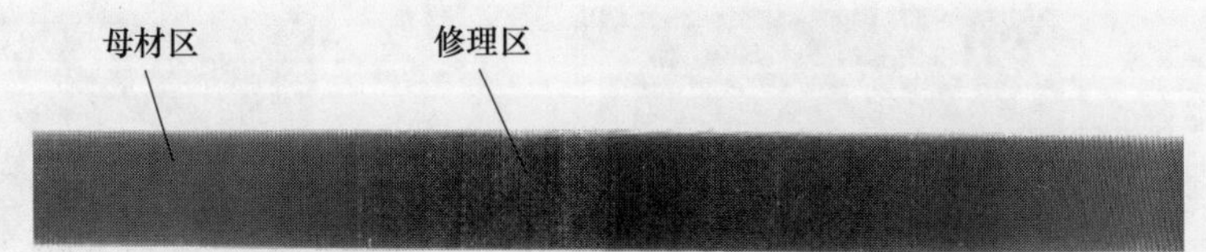

图 3-65　玻璃纤维修理试样 X 射线检测结果

超声穿透法由于声波单次穿过待检测构件，相对超声反射法检测，超声波能量衰减较小，适合修理后蜂窝夹层结构的无损检测。试验中采用中航复材 MUT-21超声成像自动检测系统对修理试样进行检测验证试验，检测过程中采用中心频率为 1MHz 超声换能器作为超声信号的激励和接收换能器，扫描步进量为 1mm，扫描速度为 90mm/s。图 3-66(a)为蜂窝夹层结构修理试样。图 3-66(b)为超声穿透 C-扫描结果，可以看出超声穿透检测方法可以发现修理区及其边界,C－扫描图像能够获得修理区缺陷分布情况。图3－66(c)为采用信号处理方法获得的衰减超过6dB的区域分布图。图3－66(d)为对衰减超过6dB的区域采样剖切结果,可以明显看出脱粘缺陷的存在,进而验证了6dB超声穿透法在复合材料修理后检测的适用性及有效性。

(a) 蜂窝夹层挖补修理试块

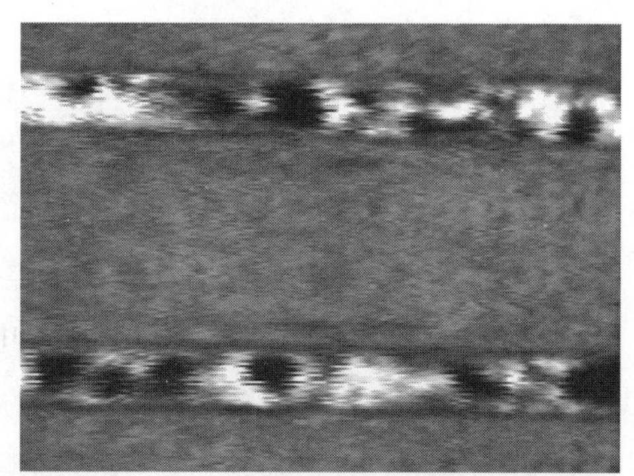

(b) 超声穿透法C–扫描结果

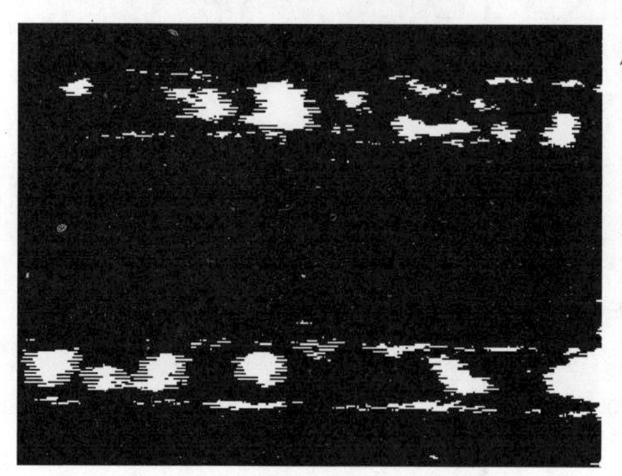

(c) 衰减量超过6dB区域（白色区）

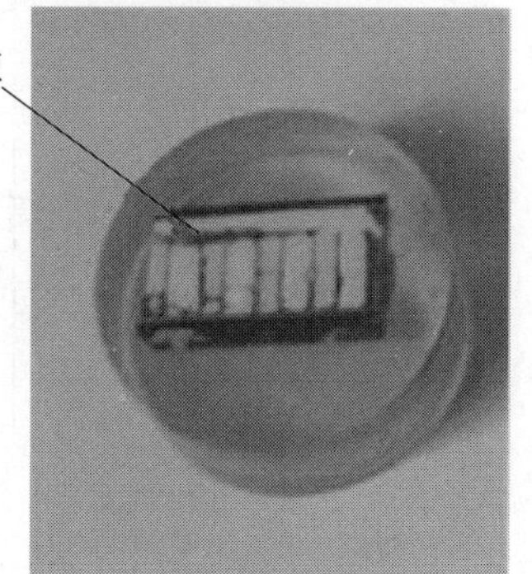

(d) 试样局部剖切样本

图3－66　超声穿透法检测验证试验

2）超声相控阵检测方法研究

为了验证超声相控阵检测方法(超声反射法)在通用飞机复合材料修理检测中是否适用,对蜂窝夹层结构修理后试块采用超声相控阵检测方法进行检测试验验证。相控阵检测中采用电子延时激励不同阵元的方式可以实现线性扫描和不同深度聚焦扫描[14],如图3－67所示。检测速度高于传统超声A－扫描方法。

在相控阵检测试验中,采用图3－68所示的碳纤维复合材料蒙皮蜂窝夹层修理试样,由图可以看出修理后的蒙皮区存在明显的分层区。

为了验证超声相控阵方法在复合材料蜂窝夹芯结构修理后检测中的可行性

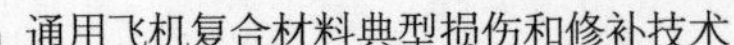

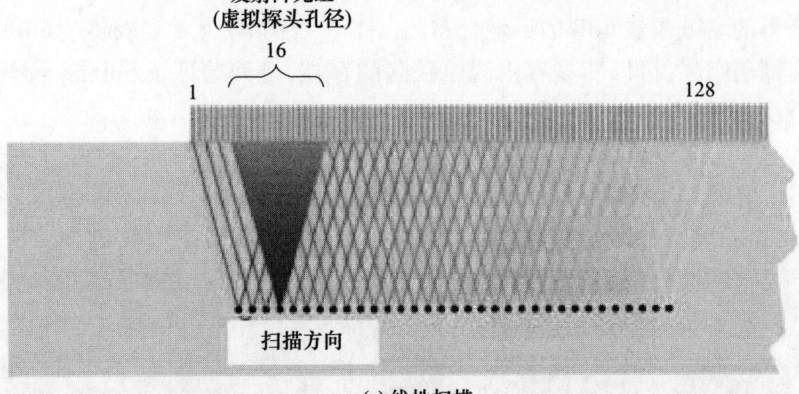

(a) 线性扫描

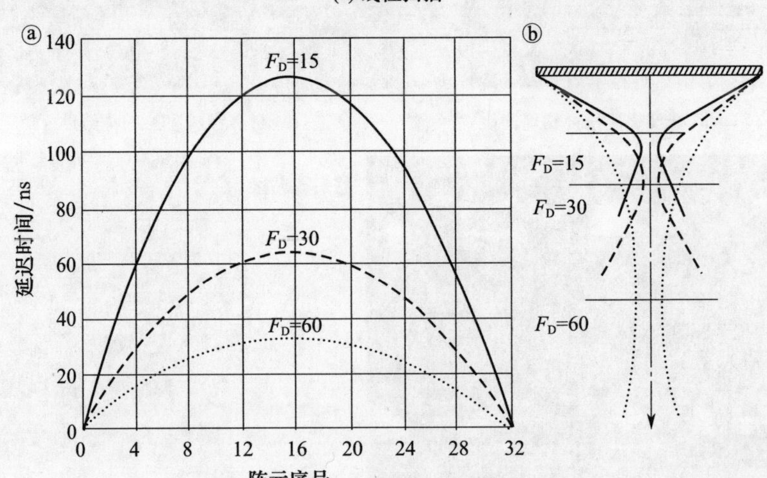

(b) 深度聚焦扫描

图 3－67　相控阵检测原理

图 3－68　复合材料蜂窝夹芯结构挖补修理试块

与适用性，检测过程中仍采用64阵元线阵超声相控阵换能器，为了消除近场超声信号影响，在换能器前端加装了专用延迟块。由于蜂窝夹芯试件蒙皮的厚度为1mm，损伤区修理后的厚度有一定程度的增加，扫描过程中采用4阵元为一组进行分组激励线性扫描检测。由图3－69(c)所示的B－扫描成像结果可以明显观察到缺陷区产生的一次、二次回波信号，图3－69(d)为修理区检测时相控阵换能器放置位置和方向示意图。图3－69(a)为修理良好区的B－扫描成像结果，对比图3－69(c)可发现，一次反射波的位置相对图3－69(c)一次反射波位置要靠后，且成间断的点状分布。由其位置和特征可知，反射信号为蒙皮和蜂窝芯间胶膜及蜂窝芯格壁与胶膜固化时形成的胶膜圆角区形成的反射信号。图3－69(b)所示为良好区扫描检测时相控阵换能器放置的位置和方向。在图3－68所示的修理试块剖切后的照片中，可以清楚看出存在分层缺陷区。由此可知，超声相控阵检测方法可用于复合材料修理后修理区的检测。但相控阵探头通常为线阵硬接触，在修理区表面存在凹凸不平时需要注意其对图像的影响，避免发生误判。

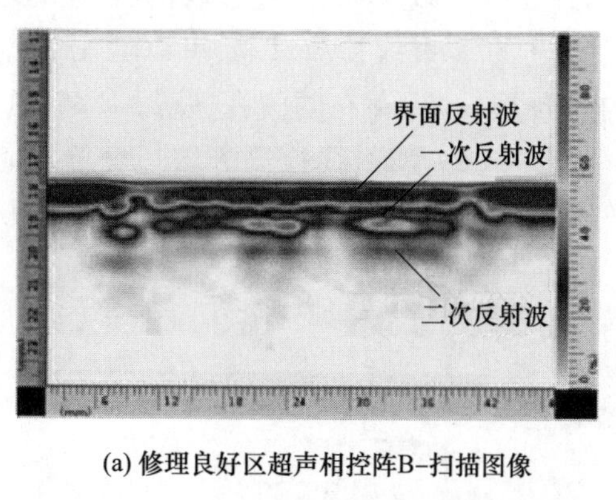

(a) 修理良好区超声相控阵B-扫描图像

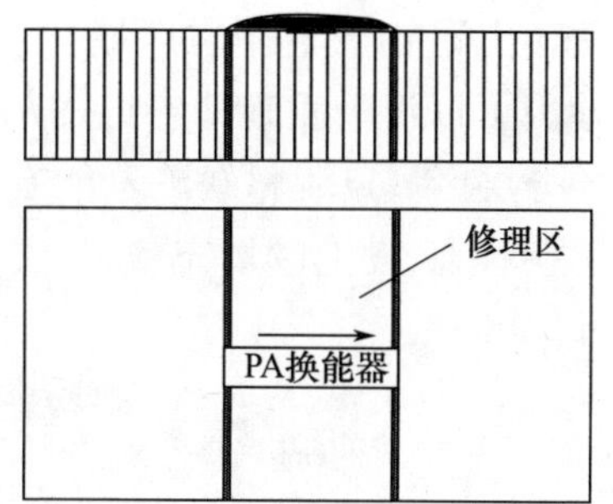

(b) 良好区检测位置

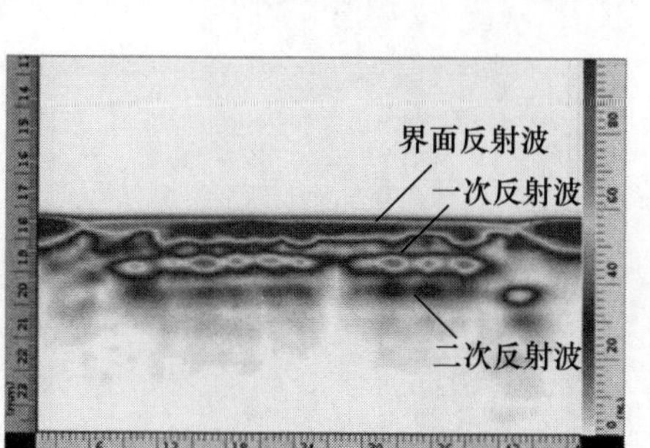

(c) 修理分层区超声相控阵B-扫描图像

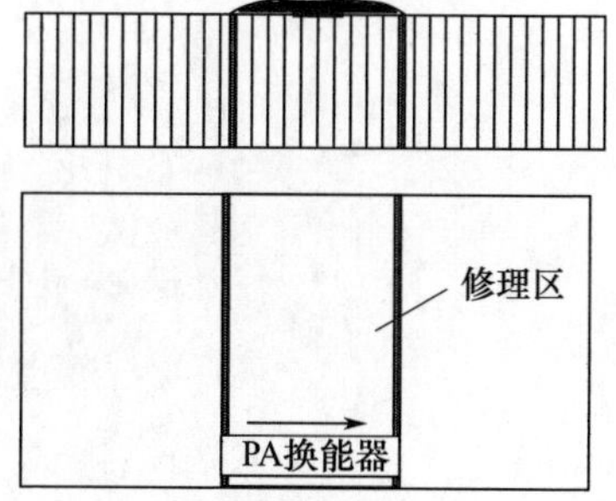

(d) 分层区检测位置

图3－69　复合材料蜂窝夹芯结构修理区超声相控阵检测结果

3）数字 X 射线检测方法研究

X 射线检测是通过检测 X 射线透过待检测物体时，射线能量变化及分布确定内部是否存在缺陷的。为了验证 X 射线检测方法在通用飞机复合材料及其修理后检测中的适用性，利用制备的复合材料试件，进行了 X 射线检测验证试验，验证采用的系统为中航复材 FDR－160 数字 X 射线成像检测系统，如图 3－70 所示。透照采用的参数为 55kV，6mA，SDD＝1400mm，SOD＝900mm。图 3－71～图 3－73 所示为采用上述系统和参数检测获得的结果。图 3－71(a)为采用的蜂窝夹层修补试块(试块编号 TFCR －CS － AR －DB － 02－01)，图 3－71(b)为数字 X 射线检测结果，通过检测结果可以看出修理区更换的蜂窝芯格及周边填充的发泡胶填充状态、修理区外蒙皮贴补区分布。图 3－72(a)所示为层合板试件(试件编号 TFCR －CL － BR －DL－ 01－01)，图 3－72(b)所示为数字 X 射线检测结果，从图中可以清晰识别出预埋的 9 处缺陷。图 3－73(a)所示为双侧修理层合板试件(试件编号 P－ROH1－C－02)，图 3－73(b)所示为数字 X 射线检测结果，从检测结果中可以看出预置的开孔区、修理铺层变化、母材区存在的较多的气孔分布(白色点状区域)。通过上述的 X 射线检测试验，可以看出 X 射线检测可以清晰发现修补区内部结构、预埋缺陷、存在的气孔区等，但对于其中的分层区域或脱粘缺陷不能有效检出。因此，X 射线检测方法适合检测芯格更换状态、发泡胶填充状态、宏观气孔缺陷(体积型)等缺陷，不易检出面积型缺陷。

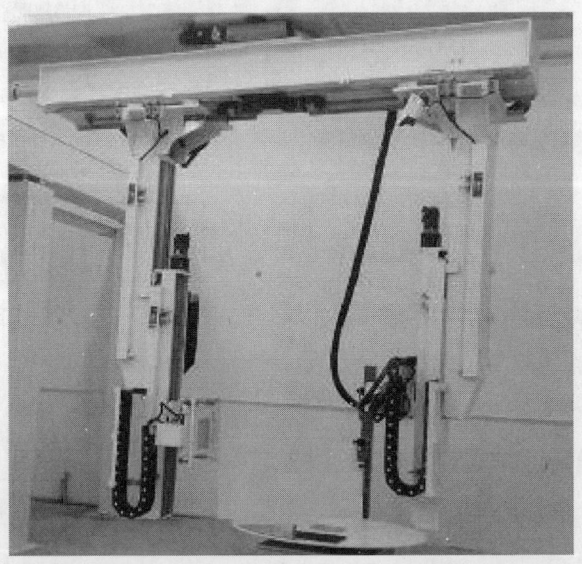

图 3－70　FDR－160 数字 X 射线成像检测设备

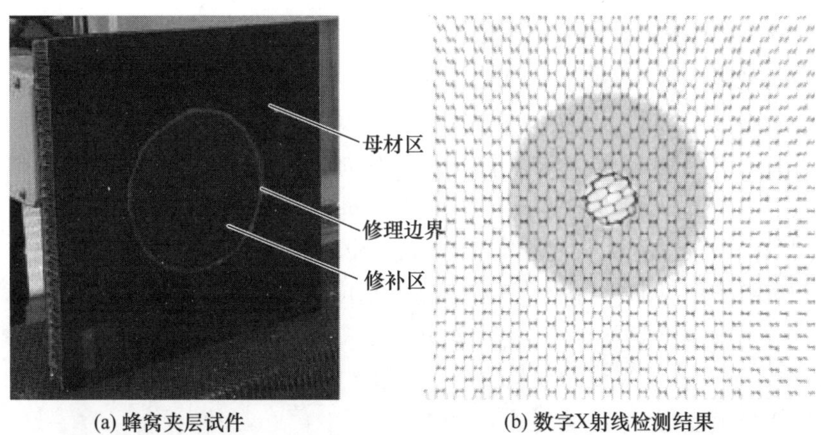

(a) 蜂窝夹层试件　　(b) 数字X射线检测结果

图 3－71　蜂窝夹层修补试件 X 射线检测结果(试样编号 TFCR －CS － AR －DB－ 02－01)

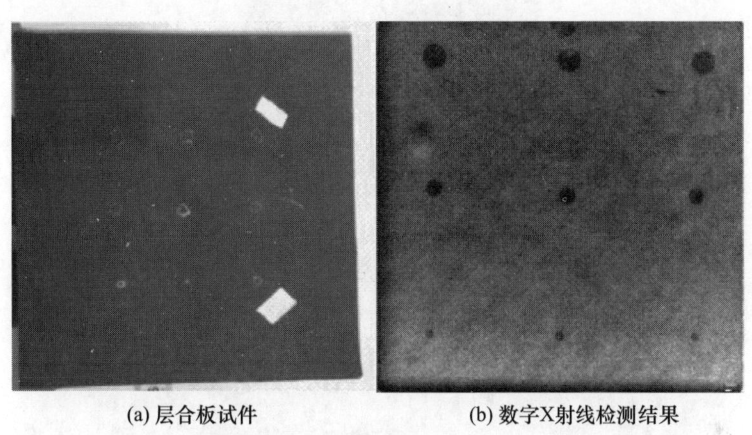

(a) 层合板试件　　(b) 数字X射线检测结果

图 3－72　层合板试件 X 射线检测结果(试样编号 TFCR －CL － BR －DL－ 01－01)

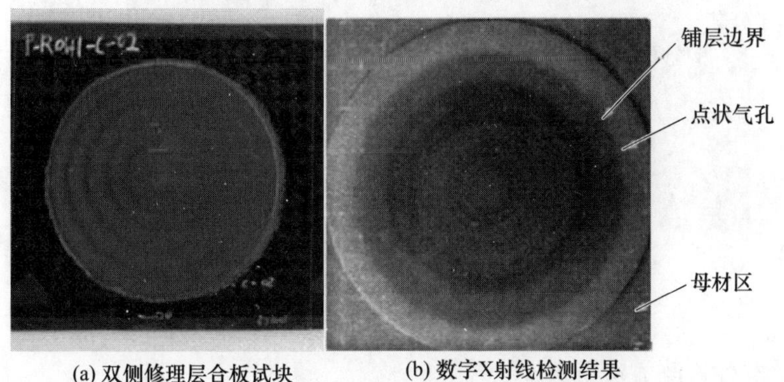

(a) 双侧修理层合板试块　　(b) 数字X射线检测结果

图 3－73　双侧修理层合板试件 X 射线检测结果(试块编号 P－ROH1－C－02)

4）剪切散斑干涉检测方法研究

剪切散斑干涉检测是一种非接触式的全场无损检测方法，需要对检测区进行热加载或真空加载，且检测的是表面的变形量，因此，剪切散斑干涉检测适用于对近表面缺陷的检测，随着缺陷深度的增加，检测的效率和可靠性都随之下降。图 3－74(a)所示为单侧开孔(直径 20mm，蜂窝芯格去除)的蜂窝夹层试块，对其背面进行检测，蒙皮厚度为 1mm。图 3－74(b)所示为进行 4s 热加载后获得的条纹图像，图 3－74(c)所示为进行相位解包裹后获得的相位图。从相位图中可以清晰观察到开孔区(直径 20mm，蒙皮厚 1mm)，但边界区较为模糊，因此，该方法适用于埋深浅的缺陷检测，当试块中存在较多孔隙时该方法热加载后不能形成较大变形，应用受到较大的限制。

(a) 开孔蜂窝夹层结构试件（编号S-ROH-C-12）

(b) 条纹图　　(c) 相位图

图 3－74　开孔蜂窝夹芯试块剪切散斑干涉检测

5）红外检测方法研究

红外检测是通过检测物体表面的温度场来实现内部缺陷检测的无损检测方法，当存在缺陷时将影响待检结构中的热流分布，可分为主动红外检测和被动红外检测。验证试验中采用主动红外检测方法，采用卤素灯热源给被检试块加载一个热激励，加热时长为6s。用红外相机记录下一段时间的温度变化，并用数学分析工具分析得到的数据。试验中采用便携式红外热成像系统，取像时间24s，红外热像仪为非制冷型，分辨率320×240，帧频9Hz。

图3－75所示为层合板挖补修理试件红外检测结果，图3－75(a)为采用的试件，图3－75(b)为红外热成像序列图中的一张，通过此图可以获得内部质量分布情况。图3－76所示为蜂窝夹层修补试件(试件编号TFCR －CS － AR －DB－ 02－01)的检测结果，可以观察到表面编制预浸料的分布情况及其与内部质量差异。

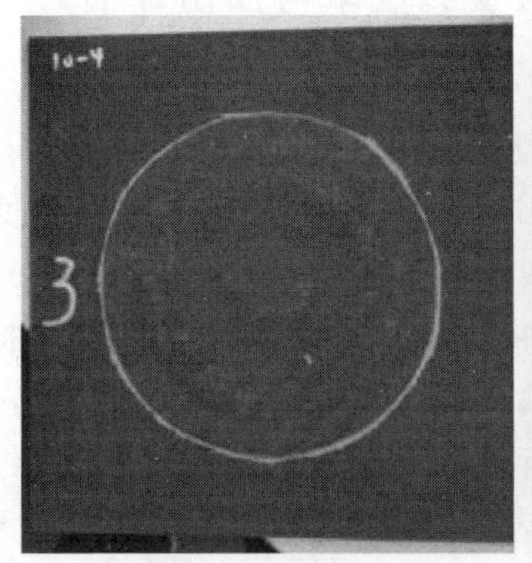

(a) 层合板挖补试件(3号试块)

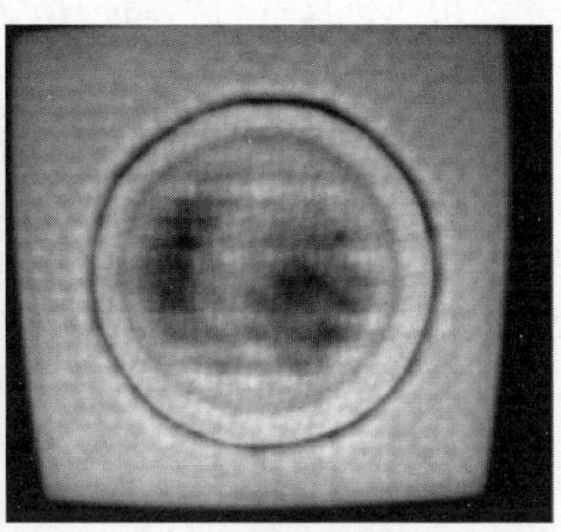

(b) 红外检测结果

图3－75　层合板挖补修理试件红外检测结果

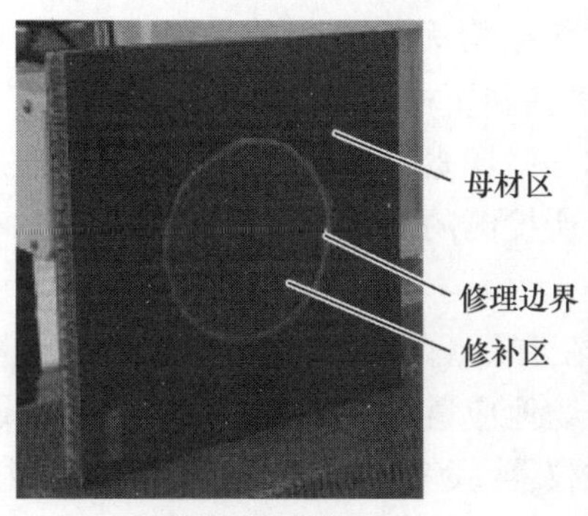

(a) 蜂窝夹层试件

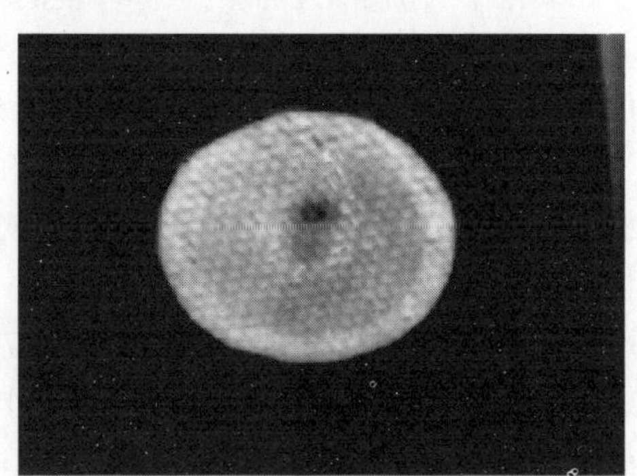

(b) 红外检测结果

图3－76　蜂窝夹层修补试件红外检测结果(试块编号TFCR－CS－AR－DB－02－01)

红外检测方法能够发现内部质量的差异，但在进行定量检测前需要进行大量的标定工作，因此，红外方法适用于快速确定是否存在缺陷，需配合其他无损检测方法进一步确定缺陷边界、深度等信息。

通过对超声穿透法、超声相控阵检测(超声反射法)、数字X射线检测、剪切散斑干涉检测、红外检测等无损检测方法在通用飞机复合材料修理后检测验证试验研究,得出了上述检测方法均可用于通用飞机复合材料修理后无损检测研究。但考虑到修理时采用的修理材料、工艺与制造阶段不同,修理区复合材料的孔隙含量要高于母材区,推荐采用的检测方法的顺序依次为:超声穿透法、超声相控阵检测(超声反射法)、红外检测、X射线检测、剪切散斑干涉检测。

3.2.2 通用飞机复合材料结构损伤检测技术与损伤评估方法的技术规范制定

通用飞机复合材料结构检测技术与方法的指导性规范是指导通用飞机复合材料修理前后无损检测的规范性文件。在试件级无损检测试验和部件级无损检测试验的基础上,编制了该规范。在规范中提供了通用飞机复合材料修理背景内容,规定了在役使用的通用飞机复合材料结构损伤修理前后使用的无损检测技术与方法的一般要求、检测方法评估方法、方法可靠性评定的程序、检测结果的评定方法。指明了规范的适用范围:通用飞机复合材料结构(含碳纤维层合板结构、碳纤维蜂窝夹芯结构、玻璃纤维层合板结构)的修理前和修理后无损检测技术与方法的选择、评估。不适用于采用机械或混合修补方式修理后复合材料结构的无损检测。

在规范中明确了对检测人员和环境的要求:

(1) 人员资格:从事通用飞机复合材料结构无损检测的人员,应按GJB 9712、NAS410或与之等效的标准进行技术培训和资格鉴定,取得相应的专业Ⅱ级资格证书,各级人员只能从事相应专业和等级职责范围内的工作。从事通用飞机复合材料结构无损检测的人员,还需对所检测的复合材料结构制造工艺和结构特征有一定程度的了解。

(2) 环境条件:①场地:无损检测不应在有影响正常工作的强磁、震动、噪声、灰尘、腐蚀性气体等的场地进行。工作场地应避开(或遮住)明亮的光线。②温度及湿度:工作场地的温度及湿度应在仪器、设备及器材所允许的范围内。③进行现场X射线检测时需按GB/Z 117—2015中规定,对检测区域人员进行疏散并划定X射线检测工作区,在相应的边界设置警示标识。

规范给出了无损检测方法的评估流程,如图3-77所示。首先,设计复合材料检测试件(试件需含通用飞机中使用的玻璃纤维和碳纤维复合材料结构,并有典型的人工缺陷)。将该试件作为含人工缺陷复合材料基准试件,用以评价无损检测方法。在完成复合材料基准试件的设计和制造后，使用超声 C－扫描设备对含人工缺陷复合材料基准试件进行扫描检测，将此结果作为检测基准，并以此作为评价检测方法检测有效性和准确性的依据。然后，设定通用飞机复合材料无损检测方法的选取原则，通常选用的原则主要有检测方法的可用性、实用性和经济性。

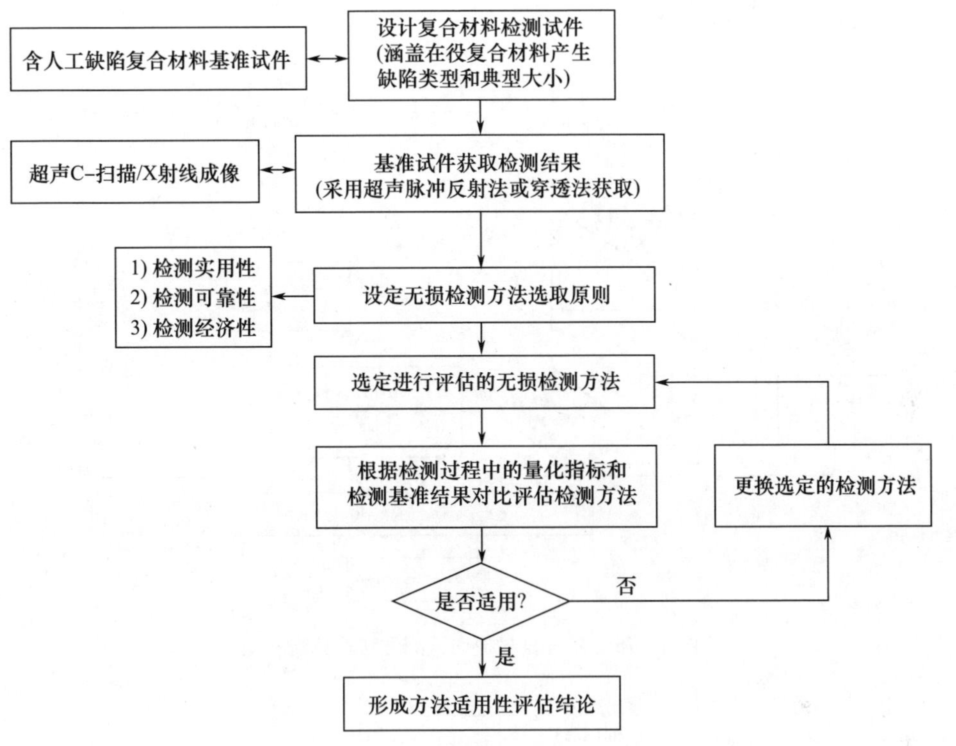

图 3－77　无损检测方法评估流程

规范还给出了无损检测方法选择的流程，如图 3－78 所示。

规范规定了进行通用飞机复合材料无损检测时的检测前准备，并对损伤修补前后检测的标记方法进行了详细的规定，如图 3－79 和图 3－80 所示。修理前需首先确定缺陷、损伤的中心（可按缺陷、损伤最长轴中点），经过中心绘制损伤区中心标识线 1 和标识线 2，二者交点为缺陷、损伤中心，其中一条标识线与缺陷、损伤长轴重合。标识线需与缺陷、损伤修理边界距离 150mm 以上，在此边界外的标识线长度不小于 100mm。这种标识方法考虑了修理前后热影响区对复合材料的影响，并且该标识方法实际用于部件级试验件的修理前后无损检测。标识方法已经应用于机翼部件损伤评估，如图 3－81 所示。

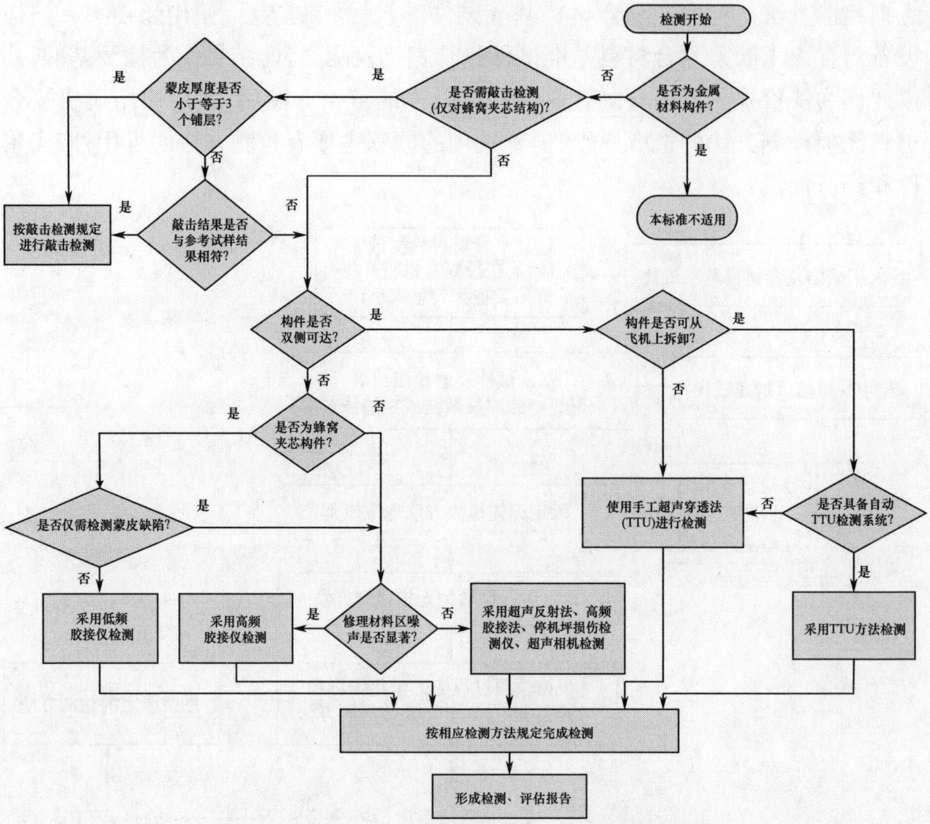

检测开始
是否为金属材料构件？
是
本标准不适用
否
是否需敲击检测（仅对蜂窝夹芯结构）？
是
蒙皮厚度是否小于等于3个铺层？
是
按敲击检测规定进行敲击检测
否
敲击结果是否与参考试样结果相符？
是
否
否
构件是否双侧可达？
是
构件是否可从飞机上拆卸？
是
是否具备自动TTU检测系统？
是
采用TTU方法检测
否
使用手工超声穿透法（TTU）进行检测
否
否
是否为蜂窝夹芯构件？
是
是否仅需检测蒙皮缺陷？
是
否
采用低频胶接仪检测
否
修理材料区噪声是否显著？
是
采用高频胶接仪检测
否
采用超声反射法、高频胶接法、停机坪损伤检测仪、超声相机检测
按相应检测方法规定完成检测
形成检测、评估报告

图3-78　复合材料损伤检测方法选择流程图

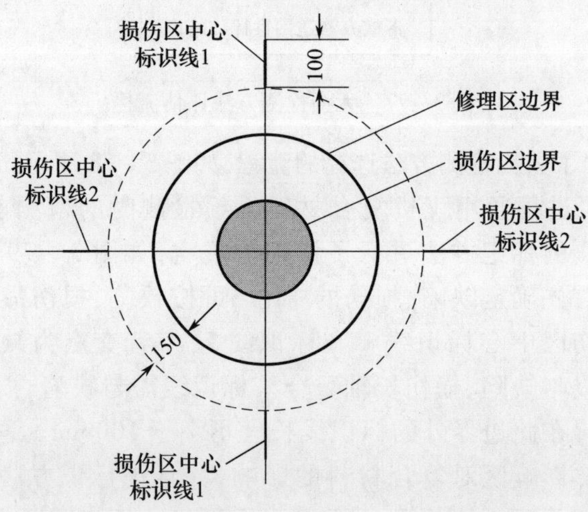

图3-79　缺陷、损伤区检测前标识方法示意图

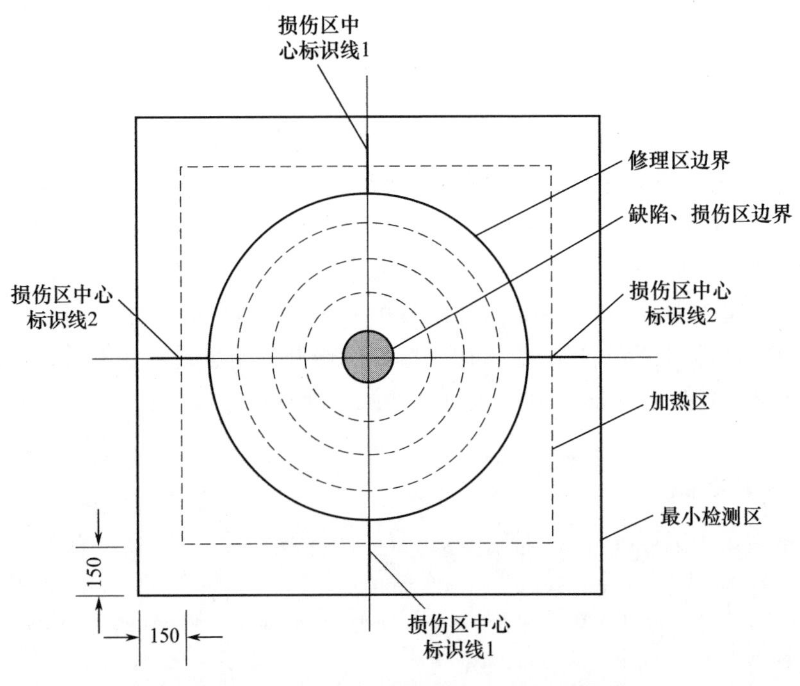

图 3 - 80　缺陷、损伤修理后的无损检测区域

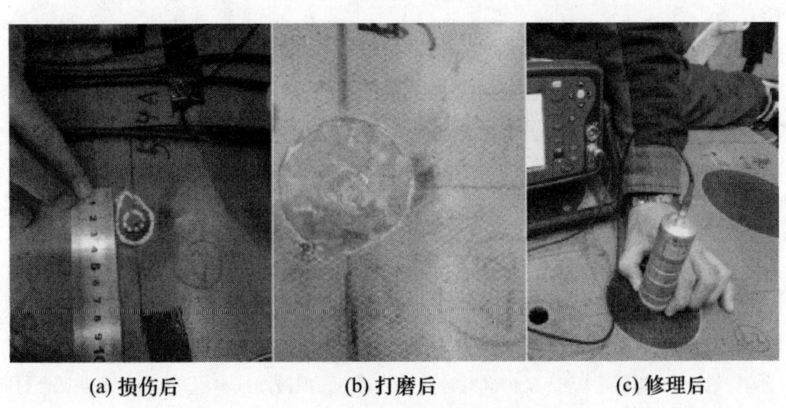

(a) 损伤后　　(b) 打磨后　　(c) 修理后

图 3 - 81　损伤标识实例(损伤位置 L2)

在上述检测研究工作基础上,团队编制了《通用飞机复合材料结构检测技术与方法指南》。指南中提供了无损检测技术与方法的技术特点及适用性,可用于通用飞机复合材料在役使用过程中及损伤修理前后无损检测技术及方法选择、无损检测工具包选择。规定了通用飞机复合材料无损检测的一般过程,可用于通用飞机复合材料无损检测工艺文件编写。

3.3 本章小结

本章对复合材料损伤及修补后采用的主要无损检测方法进行了详细的分析与比较,给出了各种方法针对不同类型缺陷进行检测的适用性分析结果、不同类型结构适用的检测方法、不同修补试块和不同无损检测方法的检测结果。对无损检测方法适航符合性验证和缺陷检出概率(POD)评估流程进行了详细介绍,可用于检测方法的选择与评估。详细分析了基于超声穿透法的修补区质量检测方法,并给出了试验验证结果,可用于修补后修补区质量评定。最后,对损伤及修补区检测规范进行编制,可为实际损伤及修补检测提供参考。

参考文献

[1] 李家伟,等. 无损检测手册[M]. 北京:机械工业出版社,2002.

[2] FAA AC No. 43 - 2004——Visual Inspection For Aircraft.

[3] CAWLEY P, ADAMS R D. The mechanics of the coin-tap method of non-destructive testing[J]. Journal of Sound and Vibration, 1988, 122(2): 299 - 316.

[4] Mitsui Woodpecker WP - 632AM Instruction Manual.

[5] 刘松平,等. 复合材料无损检测技术的现状与展望[J]. 航空制造技术,2001(3):18 - 20.

[6] HEDIA J H, et al. Evaluation of non-destructive inspection methods for composite aerospace structures [C]. 6th NDT in Progress 2011. International Workshop of NDT Experts, Prague, 2011: 10 - 12.

[7] Panametrics 35RDC user's manual, Part No. 910 - 268 - EN. rev. C. Feb 2009.

[8] KASTNNER J, et al. Defect and porosity determination of fibre reinforced polymers by X-ray computed tomography[C]. International Symposium on NDT in Aerospace, 2010: 241 - 252.

[9] SHEPARD S M. Thermography of Composites[J]. Material Evaluation. 2007, 65(7): 690 - 696.

[10] HEUER H, et al. Eddy current testing of carbon fiber materials by high resolution directional sensors[M]. Smart Materials, Structures &NDT in Aerospace Conference, Quebec, Canada, 2011.

[11] ROMAN R. Ultrasonic C-Scan and shearography NDI techniques evaluation of impact defects identification [J]. NDT & E International, 2006, 39(2): 132 - 142.

[12] 白金鹏,刘松平,刘菲菲,等. 复合材料修理中的超声无损检测技术研究[C]. 先进复合材料智能制造与高效加工技术交流会,大连,2017.

[13] MIL - HDBK - 1823A: Nondestructive evaluation system reliability assessment, Department of Defense Handbook, Wright - Patterson AFB, USA(2009).

[14] Introduction to Phased Array Ultrasonic Technology Applications: R/D Tech Guideline[M]. USA: Olympus NDT, 2007.

第4章
修理材料选材试验

飞机结构上的复合材料在使用中经常会产生难以避免的损伤[1]，因而需要复合材料飞机结构设计人员在设计中全面考虑其可修复性，并能提供性能优异、修理高效、成本经济的修理技术。

针对容易产生损伤的结构，在设计中需要考虑到复合材料的可修理性及相关技术的高效性、可行性和经济性[2]。修补中首先要考虑的是补片材料的选取，只有选择合适的补片材料，才能保证修复后构件强度的提高。本章主要介绍了修理材料选材试验方法、选材依据及该修复操作中的最佳补片材料性能。

4.1 试验方案

修补过程中采用的主要材料有预浸碳布、预浸玻璃布、干玻璃布、干碳布[3]。不同的补片材料由于其性能不同，尤其与试验件的匹配性、热膨胀性不同，在选材时需经过筛选，选取合适的补片材料。

本书拟选用的修补材料有4种：碳纤维 DowAksa 12k A－49/XC110、碳纤维 CF3031/LTC80、玻璃纤维 AXC110－7781－40%、玻璃纤维 TC8020/7781。拟选用胶材为胶黏剂 EA9309。修补材料按表4－1～表4－5开展试验，胶黏剂 EA9309 按表4－5开展试验。

表4－1　材料基本性能力学试验矩阵

力学性能	参照标准	试验条件和数量		合计
		RTD	ETW	
0°拉伸	ASTM D 3039	3×6	3×6	36
90°拉伸	ASTM D 3039	3×6	3×6	36
0°压缩	ASTM D 6641	3×6	3×6	36

续表

力学性能	参照标准	试验条件和数量		合计
		RTD	ETW	
90°压缩	ASTM D 6641	3×6	3×6	36
面内剪切	ASTM D 5379	3×6	3×6	36
总计	180			

注:RTD代表室温干态,ETW代表高温湿态。

表4-2 开孔拉伸试验矩阵

铺层方案	试验标准	拉伸		合计
		RTD	ETW	
$[0/90/0/90/45/-45/90/0/90/0]_s$	ASTM D5766	3×6	3×6	36
$[45/0/-45/90]_{2s}$		3×6	3×6	36
$[45/-45/90/45/-45/0/45/-45]_s$		3×6	3×6	36
总计	108			

表4-3 含冲击损伤层合板压缩强度试验矩阵

铺层方案	试验标准	试样条件和数量	
		RTD	ETW
$[0/90/0/90/45/-45/90/0/90/0]_s$	ASTM D 7137	3×6	3×6
$[45/0/-45/90]_{3s}$		3×6	3×6
$[45/-45/90/45/-45/0/45/-45]_s$		3×6	3×6
总计	108		

表4-4 固化单层物理性能试验

测试性能	试验方法	每批试件数
纤维体积	ASTM D3171,D2584	①
树脂含量	ASTM D3171,D2584	①
空隙率	ASTM D2734	①
固化的纯树脂密度	ASTM D792	②
玻璃化温度 T_g(干态)	ASTM D7028	①
玻璃化温度 T_g(湿态)	ASTM D7028	①

①对于制造用于鉴定的每个试板,至少应做一个试验;

②应由材料供应商提供。

表 4－5　胶接剪切试验矩阵

材料类型	测试参数	ASTM 方法	胶厚度/mm	批次×件数		试件数
				RTD	ETW	
胶黏剂 EA9309	拉伸强度 F_{T-L}	ASTM D3165	0.25	1×6	1×6	12
			0.5	3×6	1×6	24
			1.0	1×6	1×6	12
合计	48					

4.2　玻璃化转变温度试验

4.2.1　试验设备

本项试验所使用的试验设备如下：

（1）动态力学分析仪 TA Q800，如图 4－1 所示。

（2）其他辅助工具与设备：

① 试件尺寸测量器具为精度 0.02mm 游标卡尺；

② 使用常州锐品精密仪器有限公司生产型号为 RP5003K，精度为 0.001g 的电子天平对试件进行称重。

图 4－1　动态力学分析仪 TA Q800

4.2.2 试验步骤

(1) 对试件进行编号。采用精度为0.02mm的游标卡尺测量试件任意三处的宽度和厚度,取其平均值进行计算。用测量精度为0.001g的电子天平对每件试件进行称重记录。

(2) 把试件安装到动态力学分析(DMA)仪器设备烘箱中,试件放置在夹具的中心位置,并与仪器的底座平行,按三点弯曲模式安装试件。

(3) 将试件在名义频率1Hz下进行振荡,以(4±1)℃/min的速率对试件加热。

(4) 用规定的仪器装置测定玻璃化转变温度(DMA T_g),并记录载荷和位移数据与温度的函数关系。

(5) 冷却烘箱。待烘箱冷却后,从烘箱中取出试件称重并记录。

(6) 试验后检查试件,目视检查是否有任何异常(及分层、水泡、裂纹等),并予以记录。

4.2.3 试验数据

本试验对入场验收材料和后补材料分别进行了室温干态及湿热环境下的玻璃化转变温度测试试验。表4-6、表4-7为入场验收材料及后补材料玻璃化转变温度的测定结果。

表4-6 环氧树脂玻璃化转变温度试验数据

	试件编号	T_{g1}/℃	T_{g2}/℃	T_{g3}/℃
未浸泡72h	A-C-320-RTD-8-01	96.17	116.82	124.89
	A-C-320-RTD-8-02	98.17	116.59	123.32
	A-C-320-RTD-8-03	96.57	117.27	123.99
	A-C-320-RTD-8-04	95.78	117.27	124.44
	A-A-320-RTD-8-01	102.16	116.82	119.06
	A-A-320-RTD-8-02	100.56	116.15	118.84
	A-A-320-RTD-8-03	102.14	115.47	117.27
	A-A-320-RTD-8-04	102.76	116.15	118.61
浸泡72h	B-A-320-RTD-8-01	100.32	109.42	111.89
	B-A-320-RTD-8-02	100.52	109.20	111.44
	B-A-320-RTD-8-03	100.48	109.42	112.11

续表

	试件编号	T_{g1}/℃	T_{g2}/℃	T_{g3}/℃
浸泡 72h	B-A-320-RTD-8-04	105.59	117.71	120.85
	B-C-320-RTD-8-01	92.43	110.32	116.82
	B-C-320-RTD-8-02	92.09	111.44	118.16
	B-C-320-RTD-8-03	92.88	110.99	117.27
	B-C-320-RTD-8-04	92.75	110.99	116.82

注:1. T_{g1}:通过储能模量确定的玻璃化转变温度;

2. T_{g2}:通过损耗模量确定的玻璃化转变温度;

3. T_{g3}:通过损耗因子确定的玻璃化转变温度;

4. 划线数据误差较大。

表 4-7 环氧树脂玻璃化转变温度试验平均值

	试件编号	T_{g1}平均值/℃	T_{g2}平均值/℃	T_{g3}平均值/℃
未浸泡 72h	A-A-320-RTD-8-x	101.91	116.15	118.45
	A-C-320-RTD-8-x	96.67	117.00	124.06
浸泡 72h	B-A-320-RTD-8-x	100.44	109.35	111.81
	B-C-320-RTD-8-x	92.54	110.94	117.27

4.3 修补选材许用值试验

目前飞机结构设计人员在谈论结构的设计限制值时经常使用“设计许用值”或“许用值”,均指材料性能的表征值[4]。其定义为:在统计基础上,由试验计划确定的材料性能许用强度,通常指应力或应变,包括 A 基准值、B 基准值、S 基准值和典型值[5]。许用值的定义值[6]为:具有 95% 置信度,用于设计的性能值;A 基准值是对于 99% 母体的最小值;B 基准值是对于 90% 母体的最小值。本节将对 4 种不同材料进行许用值试验,考察其材料性能。

4.3.1 试验材料与参数

试验材料为碳纤维 DowAksa 12k A-49/XC110、碳纤维 CF3031/LTC80、玻璃纤维 AXC110-7781-40%、玻璃纤维 TC8020/7781。

对 4 种复合材料开展了室温干态环境下的拉伸试验、压缩试验、面内 V 型剪切试验、短梁剪切试验、冲击后压缩试验。试件分组及数量见表 4-8,材料单层名义厚度见表 4-9,试件铺层见表 4-10,试件尺寸如图 4-2 所示。

表4-8 复合材料试件分组及数量

材料项目	拉伸试验		压缩试验		面内V型剪切试验	短梁剪切试验	冲击后压缩试验
	0°	90°	0°	90°			
A	18	18	18	18	18	18	18
B	6	6	6	6	6	6	12
C	6	6	6	6	6	6	12
D	6	6	6	6	6	6	12

注：A 为 DowAksa 12k A-49/XC110；B 为 CF3031/LTC80；C 为 AXC110-7781-40%；D 为 TC8020/7781。

表4-9 复合材料单层名义厚度

材料	A	B	C	D
单层名义厚度/mm	0.2184	0.23	0.25	0.25

表4-10 复合材料试件铺层

材料项目	拉伸试验		压缩试验		面内V型剪切试验	短梁剪切试验	冲击后压缩试验
	0°	90°	0°	90°			
A	$[0]_6$	$[90]_6$	$[0]_6$	$[90]_6$	$[0/90]_{2s}$	$[0]_6$	$[45/-45]_{3s}$
B	$[0]_{12}$	$[0]_{12}$	$[0]_{12}$	$[0]_{12}$	$[0/90]_{4s}$	$[0]_{12}$	$[45/0/-45/90]_{3s}$
C	$[0]_4$	$[90]_8$	$[0]_{10}$	$[90]_{10}$	$[0/90]_{12}$	$[0/+45/-45/]_7$	$[(45/-45)/(0/90)]_{4s}$
D	$[0]_4$	$[90]_8$	$[0]_{10}$	$[90]_{10}$	$[0/90]_{12}$	$[0/+45/-45/]_7$	$[(45/-45)/(0/90)]_{4s}$

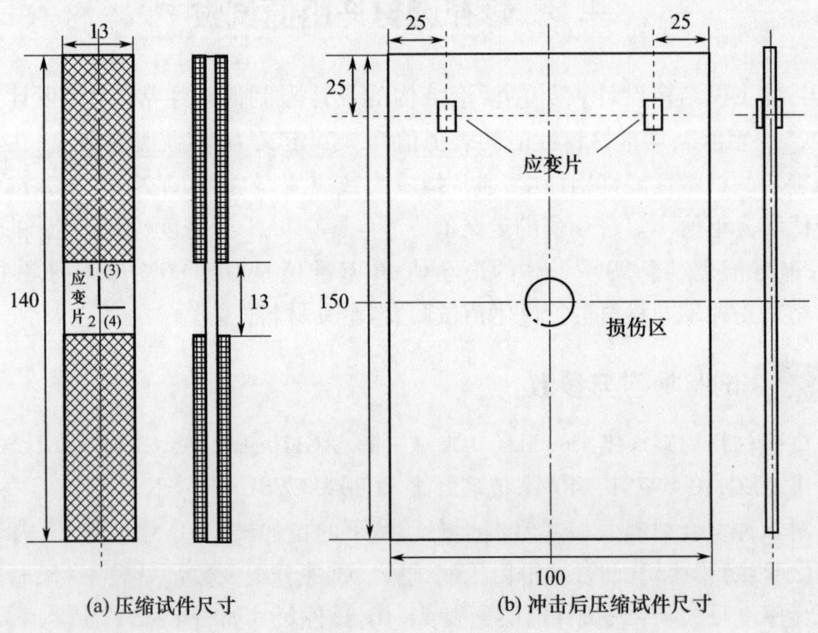

(a) 压缩试件尺寸 (b) 冲击后压缩试件尺寸

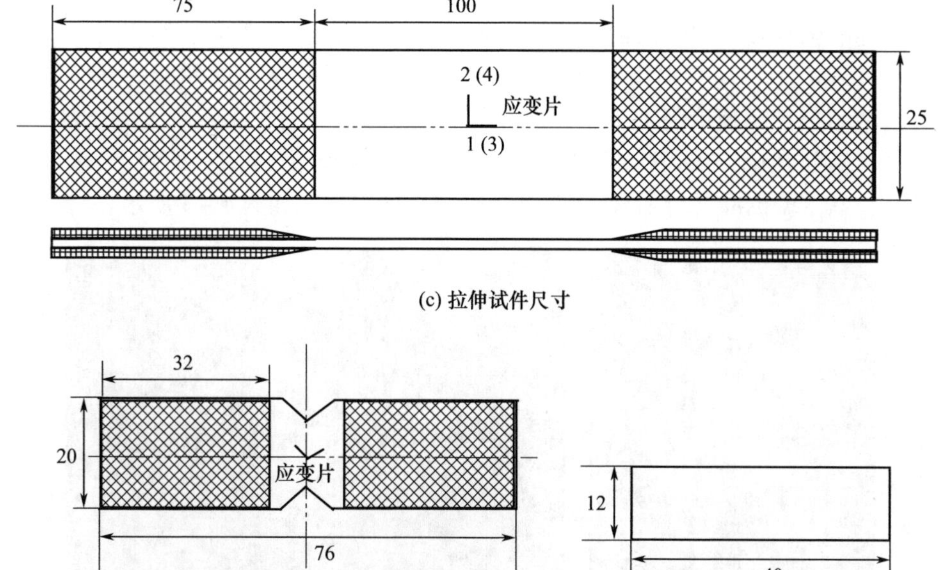

(c) 拉伸试件尺寸

(d) 面内剪切试件尺寸

(e) 短梁剪切试件尺寸

图 4-2　复合材料试件尺寸

4.3.2 试验过程

试验使用 CSS 88100 电子万能试验机完成，最大负荷为 100kN。冲击试验使用 ZCJ1000 落锤冲击试验机完成。试验中使用 DH-3815 电阻应变仪采集应变。

对于拉伸、压缩、面内 V 型剪切等试验，在试件中心位置双面粘贴 BE120-2BC 应变片；冲击后压缩试验采用 BE120-4AA 单向应变片，每个试件粘贴 4 片应变片采集纵向应变。

拉伸试验依据标准 ASTM D 3039《聚合物基复合材料拉伸性能标准试验方法》执行，试验中加载速度为 2mm/min；压缩试验依据标准 ASTM D6641《采用复合加载压缩试验夹具测量聚合物基复合材料层合板压缩性能标准试验方法》执行，试验中加载速度为 1.3mm/min；面内 V 型剪切试验依据 ASTM D5379《由 V 形缺口梁方的复合材料剪切性能的标准试验方法》执行，加载速度为 2mm/min；短梁剪切试验依据 ASTM D2344《聚合物基复合材料及其层压板短梁强度标准试验方法》执行，跨距 $L=4d$（d 为试件厚度），加载速度为 1 mm/min；冲击试验依据 ASTM D7136《测量纤维增强聚合物基复合材料对落锤冲击试验的损伤阻抗的标准试验方法》执行，冲击能量为 6.7h（h 为试件名义厚度）；冲击后压缩试验按 ASTM D7137《含损伤聚合物基复合材料板压缩剩余强度性能的标准试验方法》执行，加载速度为 1.25mm/min。

试验前，使用游标卡尺测量试验件工作段的宽和厚，各测三处数据，求平均值。依据试验标准进行加载，直至试件断裂。加载过程如图 4-3 所示。

(a) 拉伸试验

(b) 面内剪切试验

(c) 压缩试验

(d) 短梁剪切试验

(e) 冲击后压缩试验

图 4-3　试验加载图

4.3.3 试验结果及讨论

1）材料的许用值分析

由于复合材料数据具有较大的分散性，为了保证数据的可靠性，每组选取 6 件以上试件进行试验。通过拉伸、压缩、面内剪切、短梁剪切试验获得的材料的基本力学性能，见表4－11。

表4－11　材料的基本力学性能

试验温度：(23 ±3℃)，制造干态　　模量计算：(1000～3000)με 线性拟合						
分组	性能	平均值	最大值	最小值	C. V. /%	有效试件数
材料 A	F_1^{tu}/MPa	844. 81	943. 00	766. 72	7. 05	15
	E_1^t/GPa	70. 58	59	86. 49	12. 08	14①
	ν_{12}	0. 07	0. 01	0. 16	2. 45	15
	F_2^{tu}/MPa	917. 37	791. 34	1133. 10	9. 05	18
	E_2^t/GPa	71. 92	57. 90	85. 12	99. 76	17①
	F_1^{cu}/MPa	553. 07	472. 97	667. 72	9. 98	18
	E_1^c/GPa	63. 05	52. 93	76. 04	9. 27	18
	F_2^{cu}/MPa	545. 29	429. 23	661. 05	9. 91	18
	E_2^c/GPa	61. 97	53. 14	67. 19	4. 79	18
	F_{12}^{su}/MPa	98. 39	92. 96	105. 79	3. 41	18
	G_{12}^s/GPa	4. 55	3. 23	5. 29	9. 45	17①
	F_{13}^{su}/MPa	91. 48	82. 67	100. 33	5. 03	18
	F^{CAI}/MPa	263. 38	314. 34	235. 14	7. 30	18
材料 B	F_1^{tu}/MPa	623. 05	710. 35	537. 11	6. 92	18
	E_1^t/GPa	61. 83	71. 80	57. 03	9. 63	18①
	υ_{12}	0. 07	0. 04	0. 11	4. 45	16
	F_2^{tu}/MPa	559. 73	649. 34	477. 46	8. 72	16
	E_2^t/GPa	61. 38	72. 59	53. 69	9. 96	14①
	F_1^{cu}/MPa	555. 78	633. 91	461. 88	9. 79	18
	E_1^c/GPa	58. 23	67. 21	48. 55	9. 03	15①
	F_2^{cu}/MPa	487. 62	580. 92	405. 92	9. 81	18
	E_2^c/GPa	54. 99	64. 98	45. 74	9. 61	18
	F_{12}^{su}/MPa	111. 58	130. 77	95. 63	9. 76	17
	G_{12}^s/GPa	4. 66	5. 67	4. 28	9. 33	17①
	F_{13}^{su}/MPa	55. 26	58. 42	53. 12	2. 41	18
	F^{CAI}/MPa	200. 23	218. 98	175. 04	4. 76	18

续表

试验温度:(23 ± 3)℃,制造干态		模量计算:(1000 ~ 3000)με 线性拟合				
分组	性能	平均值	最大值	最小值	C. V. /%	有效试件数
材料 C	F_1^{tu}/MPa	359. 95	383. 73	327. 82	5. 56	6
	E_1^t/GPa	24. 39	25. 41	22. 10	4. 56	6
	υ_{12}	0. 15	0. 18	0. 14	2. 37	6
	F_2^{tu}/MPa	344. 21	376. 19	307. 10	6. 86	6
	E_2^t/GPa	22. 01	23. 25	21. 47	2. 69	6
	F_1^{cu}/MPa	337. 93	381. 38	311. 82	6. 79	6
	E_1^c/GPa	23. 70	25. 23	22. 59	4. 27	6①
	F_2^{cu}/MPa	238. 97	262. 13	202. 26	9. 19	6
	E_2^c/GPa	21. 87	23. 71	20. 14	6. 61	6①
	F_{12}^{su}/MPa	104. 93	116. 44	100. 85	4. 97	6
	G_{12}^s/GPa	3. 26	3. 43	3. 00	4. 82	6
	F_{13}^{su}/MPa	44. 36	51. 54	38. 51	9. 25	6
	F^{CAI}/MPa	192. 64	209. 09	168. 44	6. 73	6
材料 D	F_1^{tu}/MPa	350. 89	378. 84	315. 37	6. 37	6
	E_1^t/GPa	24. 61	25. 90	23. 17	4. 49	6①
	υ_{12}	0. 145	0. 15	0. 14	3. 44	6
	F_2^{tu}/MPa	336. 14	354. 22	318. 19	3. 52	6
	E_2^t/GPa	23. 82	25. 86	21. 58	5. 79	6
	F_1^{cu}/MPa	363. 62	393. 42	320. 98	5. 90	6
	E_1^c/GPa	23. 12	24. 51	18. 13	9. 72	6
	F_2^{cu}/MPa	302. 82	305. 12	288. 54	4. 19	6
	E_2^c/GPa	21. 59	23. 84	19. 05	7. 09	6
	F_{12}^{su}/MPa	104. 84	107. 38	103. 38	1. 38	6
	G_{12}^s/GPa	3. 33	3. 69	2. 75	9. 73	6
	F_{13}^{su}/MPa	50. 76	52. 31	48. 76	2. 13	6
	F^{CAI}/MPa	173. 68	200. 36	154. 31	7. 22	6

① 数据中奇异值,对数据统计处理时舍去。

由表4－11可以看出，在剔除异常数据后，实验数据的变异系数（C.V.）均在10%以内，数据分散性小。以上试验数据可以表现每个材料在室温干态下的基本力学性能，为后续复合材料修补的选材提供依据。飞机中不同部位强度需求不同，以上数据也可为飞机中不同部位修补的选材提供依据。

不同材料的力学性能不同，针对损伤及修补，主要考察其强度性能，由于拉伸和压缩均是沿材料轴向进行，所以选取0°方向单向带复合材料为主要考察对象。图4－4所示为4种材料的拉伸、压缩、面内剪切、短梁剪切、冲击后压缩试验所得的强度数据比较。载荷－位移曲线如图4－5所示。应力－应变曲线如图4－6所示。

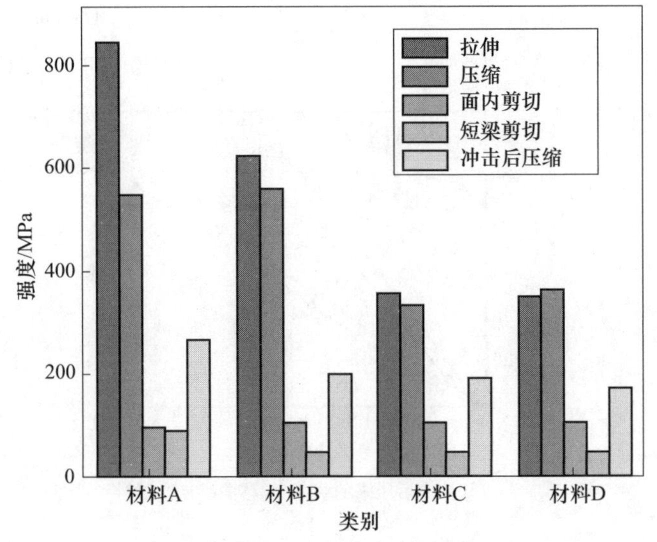

图4－4　4种材料的力学强度均值比较

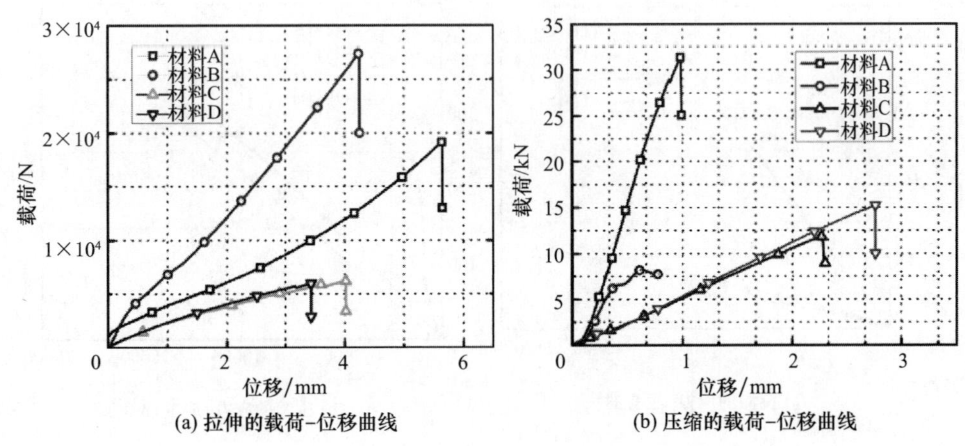

135

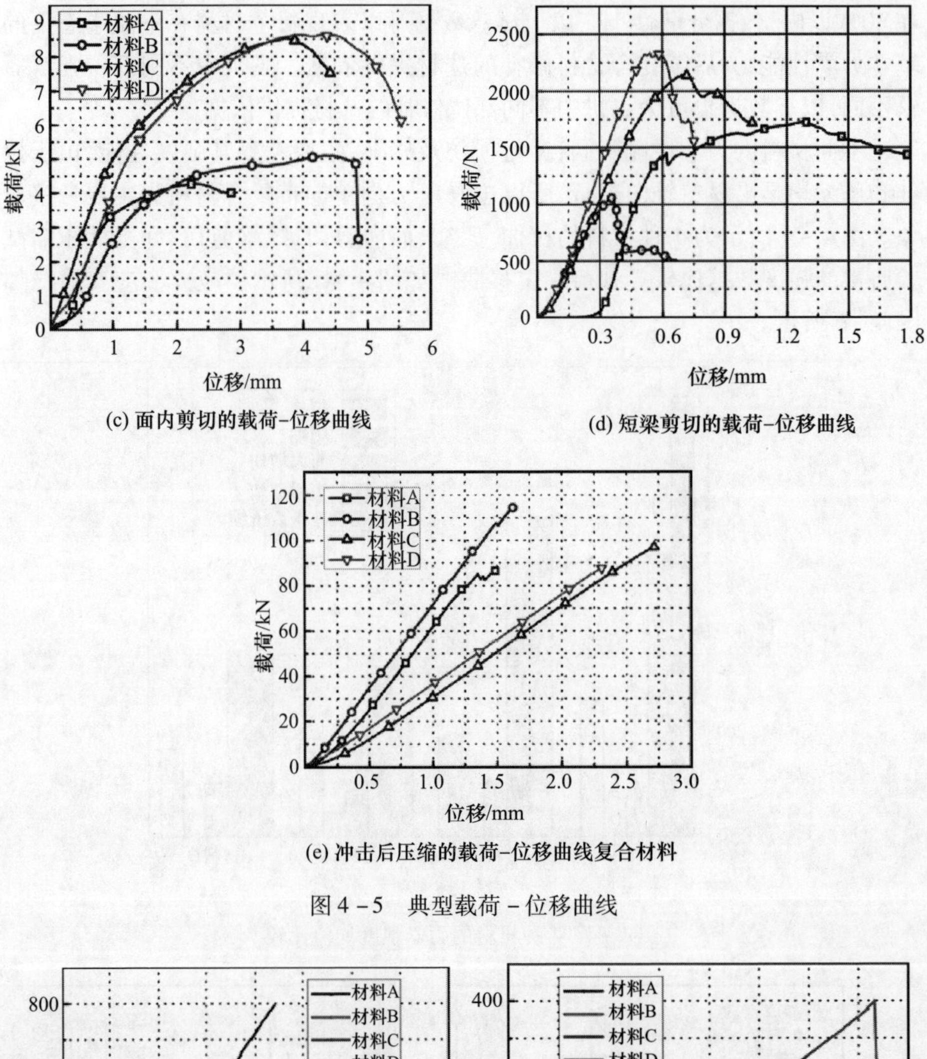

(c) 面内剪切的载荷-位移曲线

(d) 短梁剪切的载荷-位移曲线

(e) 冲击后压缩的载荷-位移曲线复合材料

图 4-5 典型载荷-位移曲线

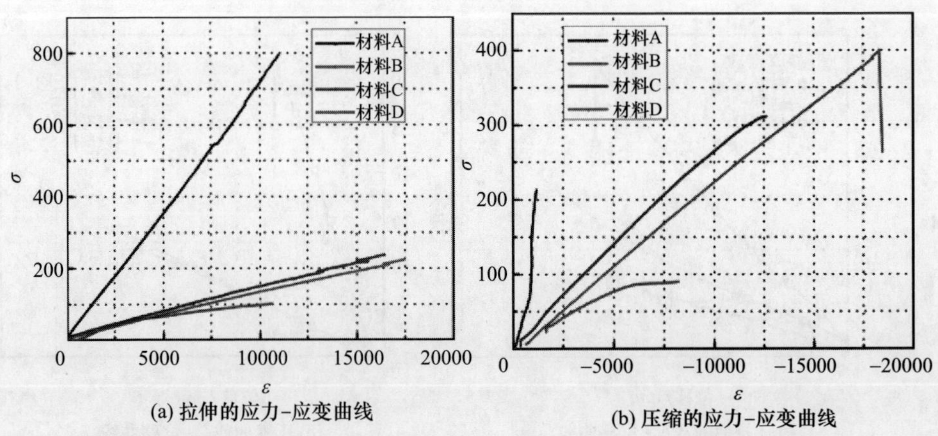

(a) 拉伸的应力-应变曲线

(b) 压缩的应力-应变曲线

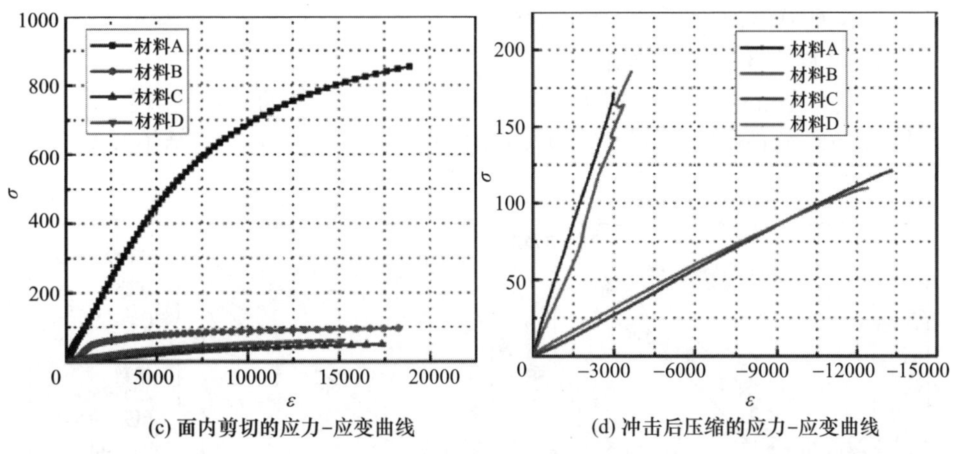

(c) 面内剪切的应力-应变曲线 (d) 冲击后压缩的应力-应变曲线

图4-6 典型应力-应变曲线

由图4-4可以看出，碳纤维增强树脂基复合材料的拉伸、压缩、剪切、冲击后压缩性能均高于玻璃纤维增强树脂基复合材料。4种材料中，材料A（DowAksa 12k A-49/XC110）的拉伸、短梁剪切及冲击后压缩性能最好，材料B（CF3031/LTC80）的压缩及面内剪切性能最好。

由图4-5可以看出，4种复合材料的载荷-位移曲线变化趋势是一样的，说明不管是碳纤维增强树脂基复合材料，还是玻璃纤维增强树脂基复合材料，其破坏形式和损伤机理是一样的。从图4-5(a)、(b)、(e)可以看出，拉伸、压缩、冲击后压缩的载荷-位移曲线一致，试验开始直至试件破坏，曲线呈线性增长，达到材料的最大负荷时，瞬间破坏，载荷直线降低或消失，材料无承载能力。树脂基复合材料，基体具有塑性变形能力，而纤维因断裂应变低，复合材料在平行于纤维方向承受拉伸、压缩载荷时，纤维将首先沿着其长度上分布的弱点处被拉断，继续加载，复合材料会在纤维断头最多的横截面发生断裂。因而树脂基复合材料在承受轴向载荷时，其破坏方式为脆性断裂。由图4-5(c)、(d)可以看出，面内剪切和短梁剪切的载荷-位移曲线一致，试验开始直至试件破坏，曲线增长过程由线性转至非线性，达到最大值后，载荷逐渐降低。这是由于复合材料在承受剪切载荷时，其破坏模式是多种损伤方式的综合。对于面内剪切和短梁剪切，开始时材料的主要承力结构是纤维，主要发生纤维断裂失效，随着载荷的增加，其破坏模式转换为层间分层。当复合材料中纤维断裂及层间分层达到损伤阈值时，即为复合材料的最大承载能力，由于部分纤维的连接，材料仍具有较低的承载能力。

由图4-6可以看出，材料的应力-应变曲线变化趋势基本一致，在材料受轴向载荷作用时，曲线呈线性增长；受剪切载荷时，曲线增长过程由线性转至非线性。由图也可以看出，应变在1000～3000με时，应力-应变曲线的线性最好。该曲线的斜率代表了材料的弹性模量，拉伸及压缩模量从大到小的材料编号依次为A、C、D、B,剪切及冲击后压缩模量从大到小的材料编号依次为A、B、D、C。

2）材料的B基准值分析

根据B基准值的要求,对单向带拉伸、压缩强度数据的分布状态进行检验。使用Minitab软件中的数据统计模块对该数据样本进行分布检验,结果如图4-7所示。

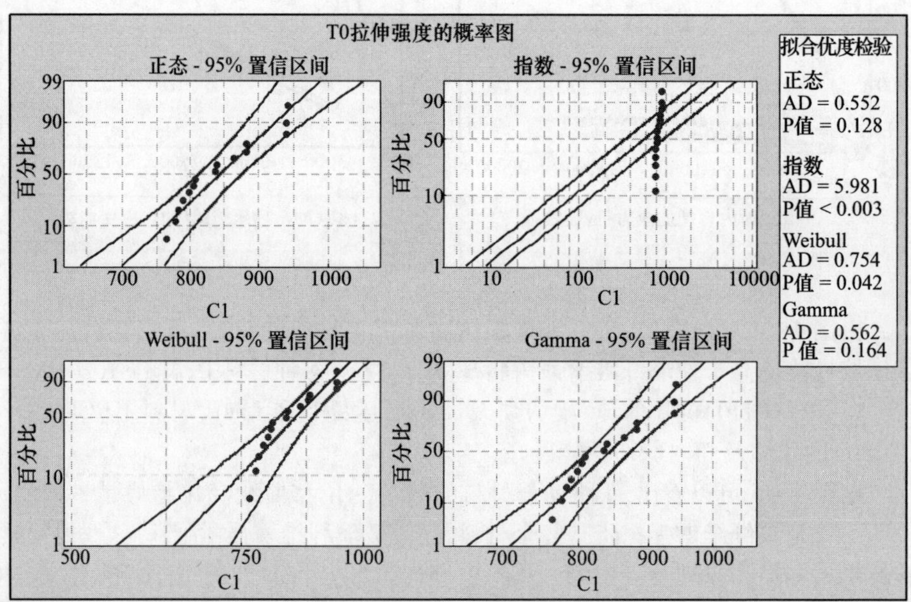

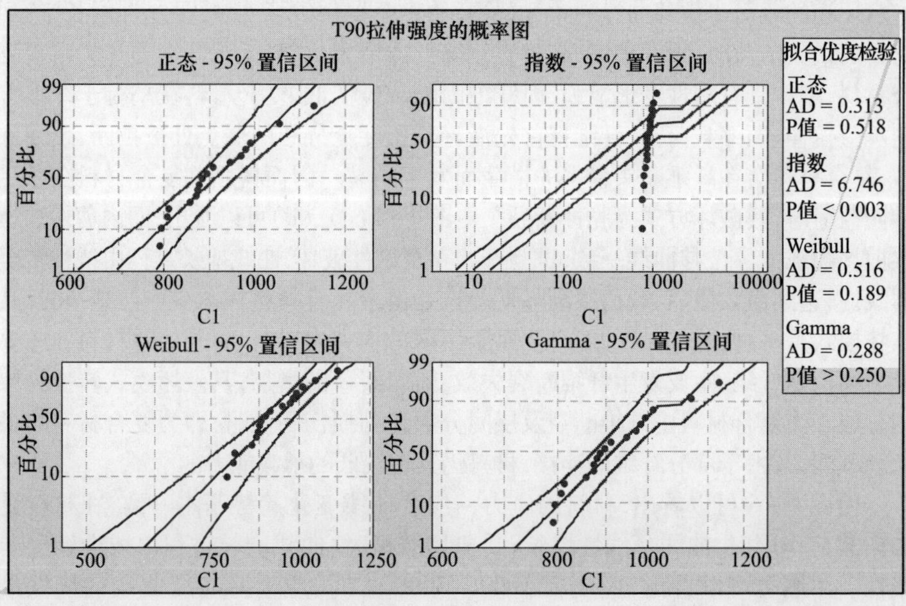

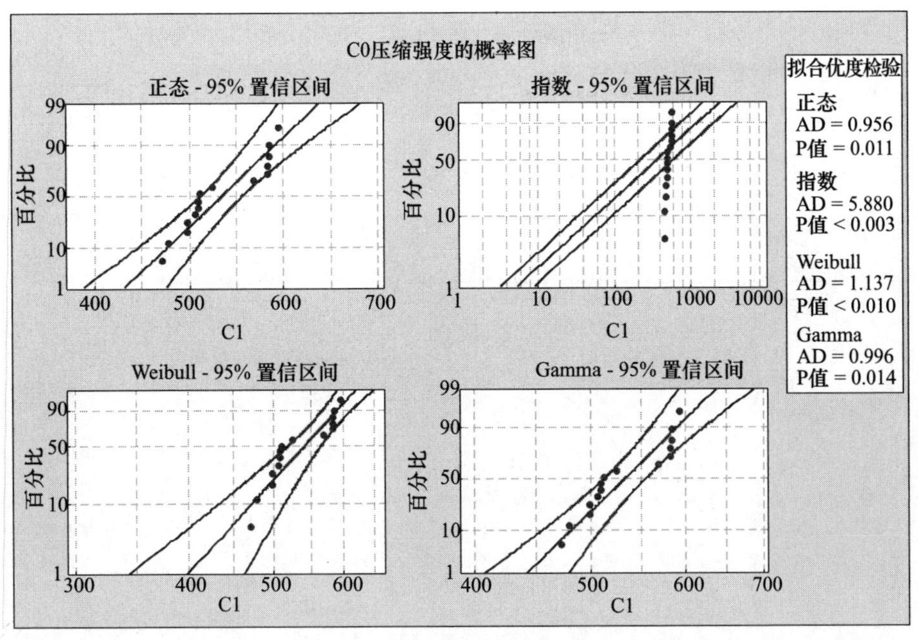

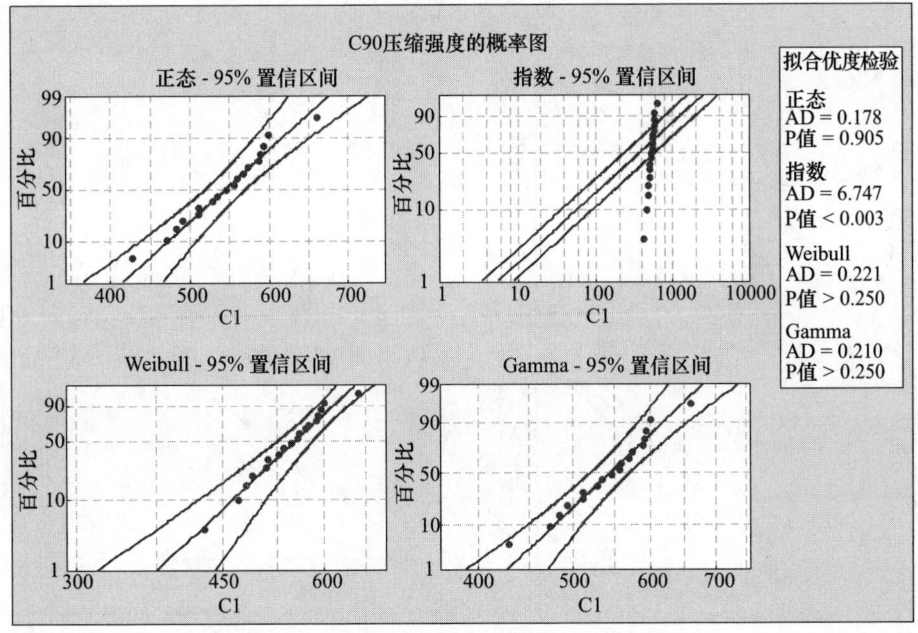

图 4-7(a) 材料 A 单向带的强度概率图

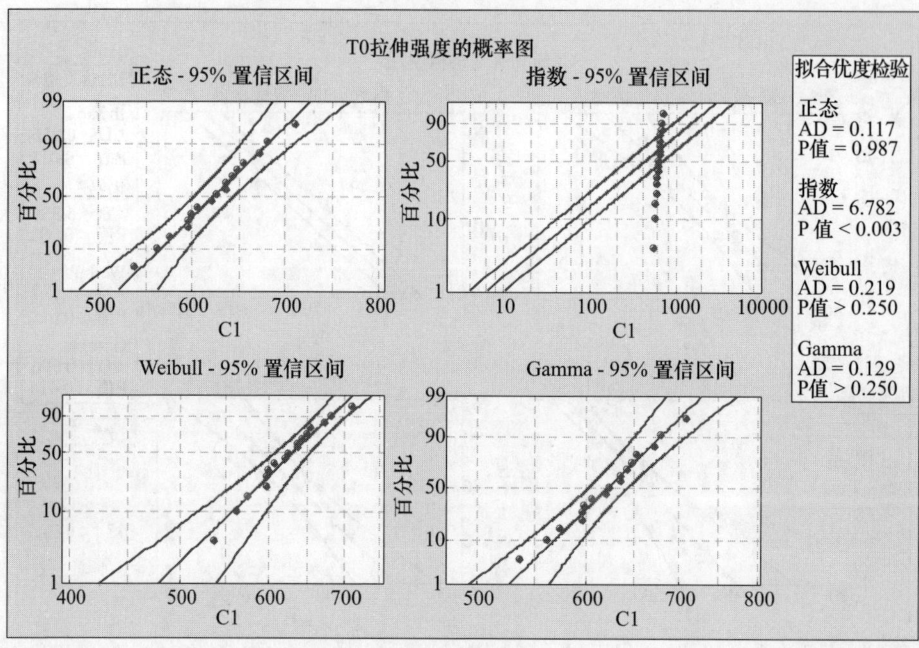
T0拉伸强度的概率图
正态 - 95% 置信区间
指数 - 95% 置信区间
Weibull - 95% 置信区间
Gamma - 95% 置信区间
百分比
C1
拟合优度检验
正态
AD = 0.117
P值 = 0.987
指数
AD = 6.782
P 值 < 0.003
Weibull
AD = 0.219
P值 > 0.250
Gamma
AD = 0.129
P值 > 0.250

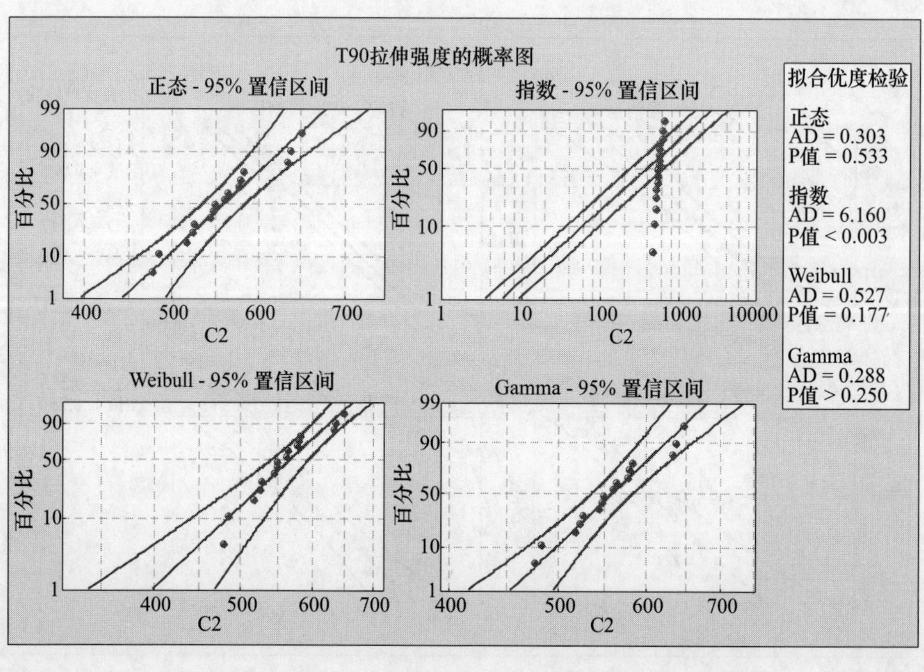
T90拉伸强度的概率图
正态 - 95% 置信区间
指数 - 95% 置信区间
Weibull - 95% 置信区间
Gamma - 95% 置信区间
百分比
C2
拟合优度检验
正态
AD = 0.303
P值 = 0.533
指数
AD = 6.160
P值 < 0.003
Weibull
AD = 0.527
P值 = 0.177
Gamma
AD = 0.288
P值 > 0.250

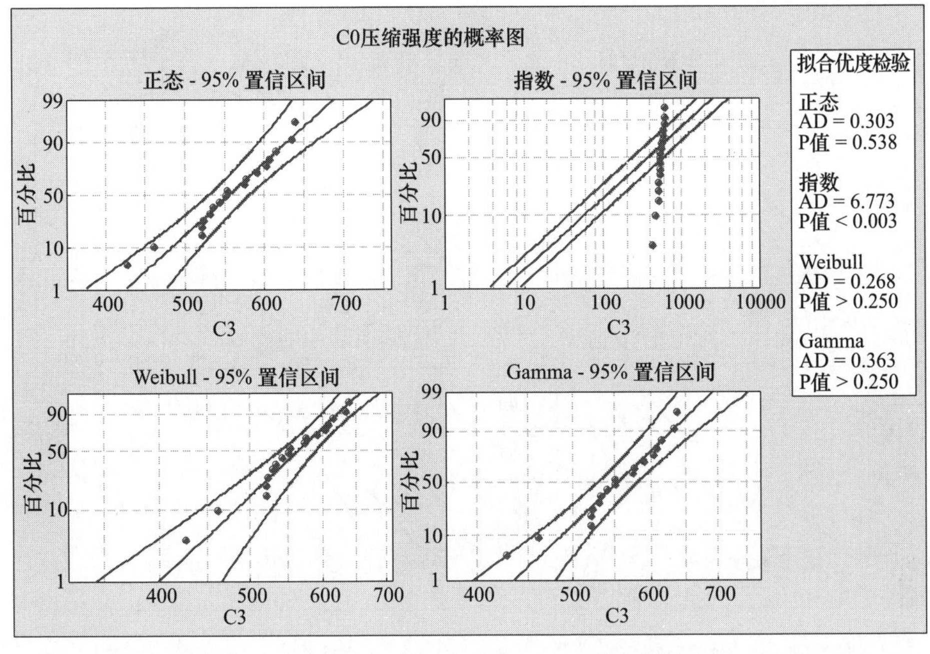

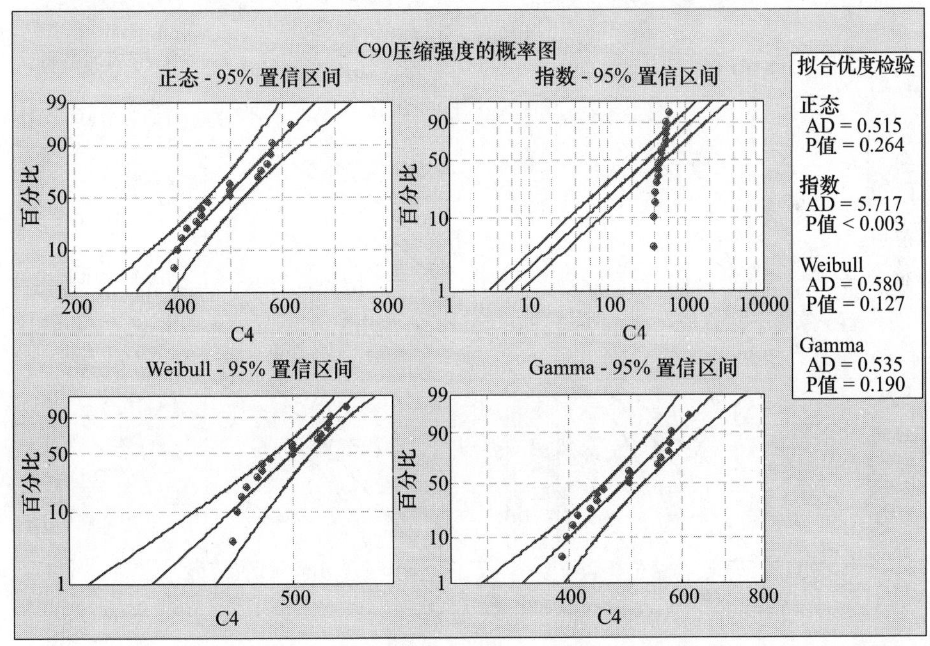

图 4-7(b) 材料 B 单向带的强度概率图

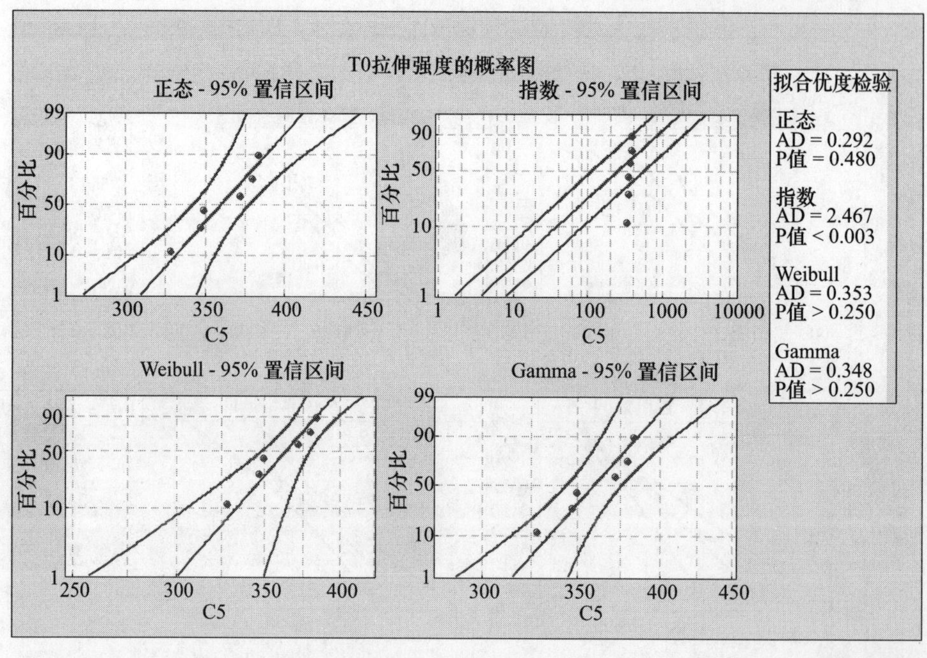
T0拉伸强度的概率图
正态 - 95% 置信区间
指数 - 95% 置信区间
Weibull - 95% 置信区间
Gamma - 95% 置信区间
百分比
C5
拟合优度检验
正态
AD = 0.292
P值 = 0.480
指数
AD = 2.467
P值 < 0.003
Weibull
AD = 0.353
P值 > 0.250
Gamma
AD = 0.348
P值 > 0.250

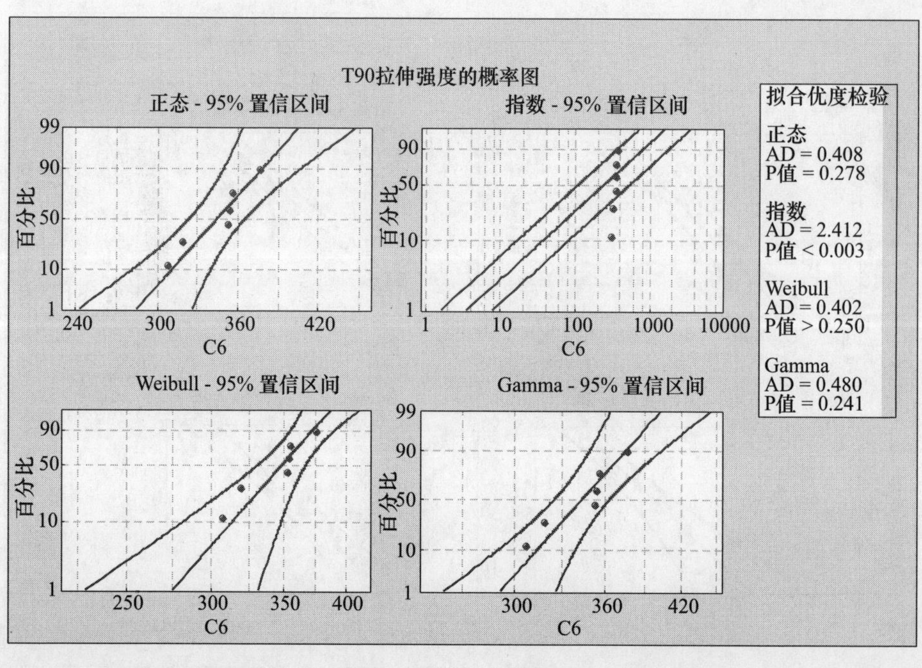
T90拉伸强度的概率图
正态 - 95% 置信区间
指数 - 95% 置信区间
Weibull - 95% 置信区间
Gamma - 95% 置信区间
百分比
C6
拟合优度检验
正态
AD = 0.408
P值 = 0.278
指数
AD = 2.412
P值 < 0.003
Weibull
AD = 0.402
P值 > 0.250
Gamma
AD = 0.480
P值 = 0.241

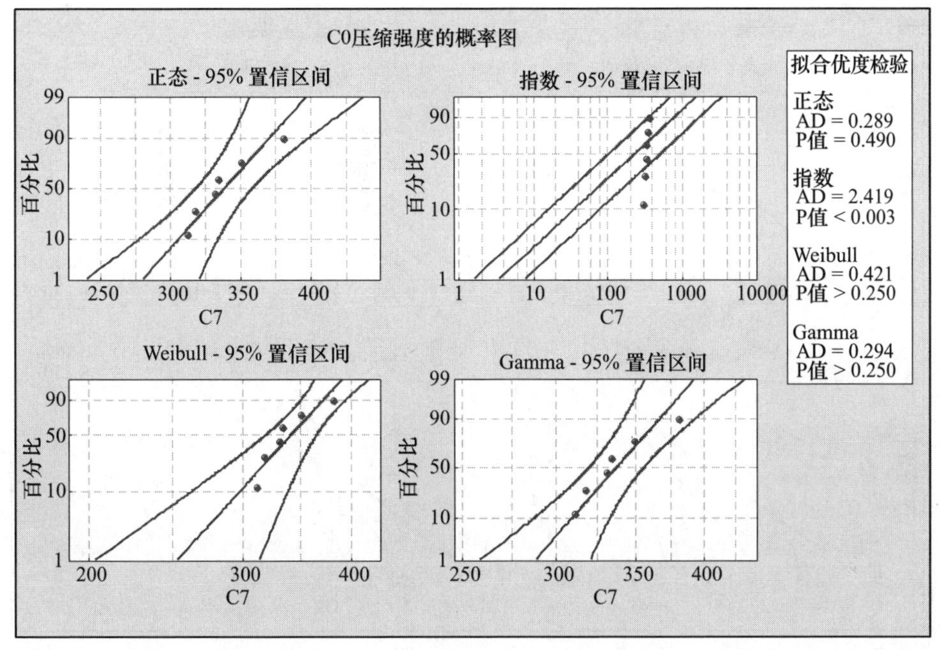

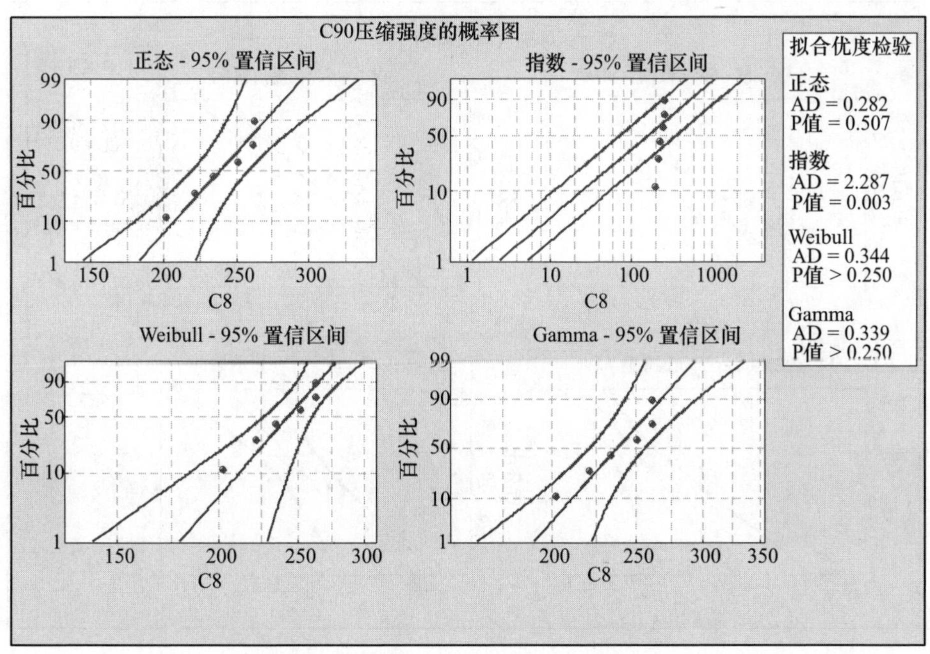

图 4－7(c)　材料 C 单向带的强度概率图

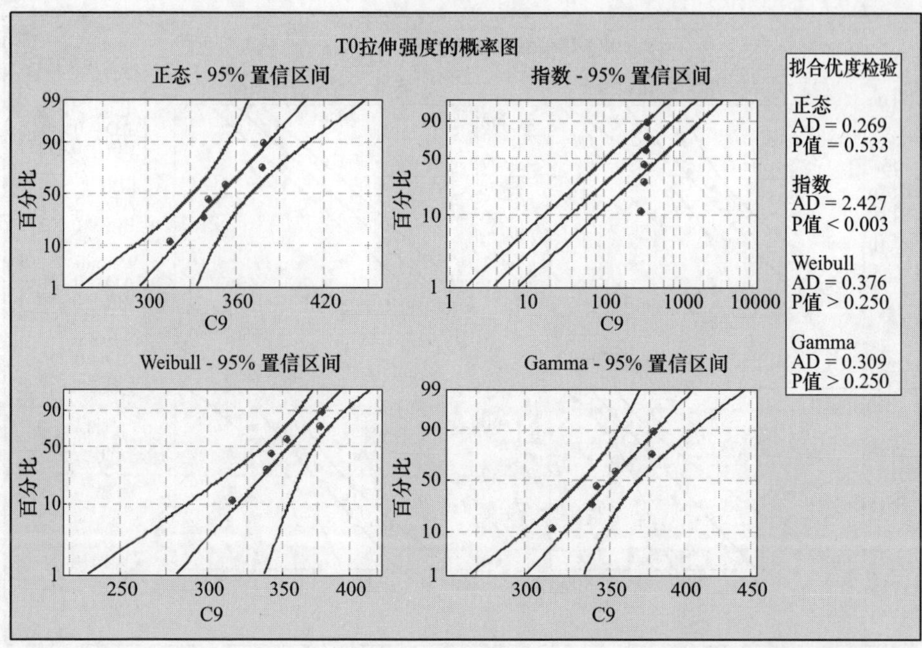
T0拉伸强度的概率图
正态 - 95% 置信区间
指数 - 95% 置信区间
Weibull - 95% 置信区间
Gamma - 95% 置信区间
百分比
C9
拟合优度检验
正态
AD = 0.269
P值 = 0.533
指数
AD = 2.427
P值 < 0.003
Weibull
AD = 0.376
P值 > 0.250
Gamma
AD = 0.309
P值 > 0.250

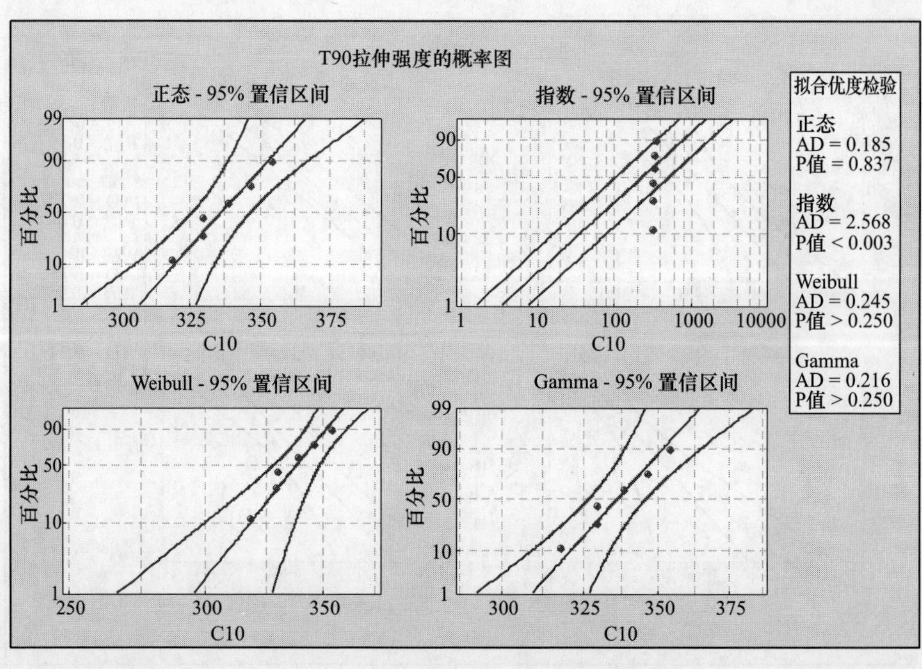
T90拉伸强度的概率图
正态 - 95% 置信区间
指数 - 95% 置信区间
Weibull - 95% 置信区间
Gamma - 95% 置信区间
百分比
C10
拟合优度检验
正态
AD = 0.185
P值 = 0.837
指数
AD = 2.568
P值 < 0.003
Weibull
AD = 0.245
P值 > 0.250
Gamma
AD = 0.216
P值 > 0.250

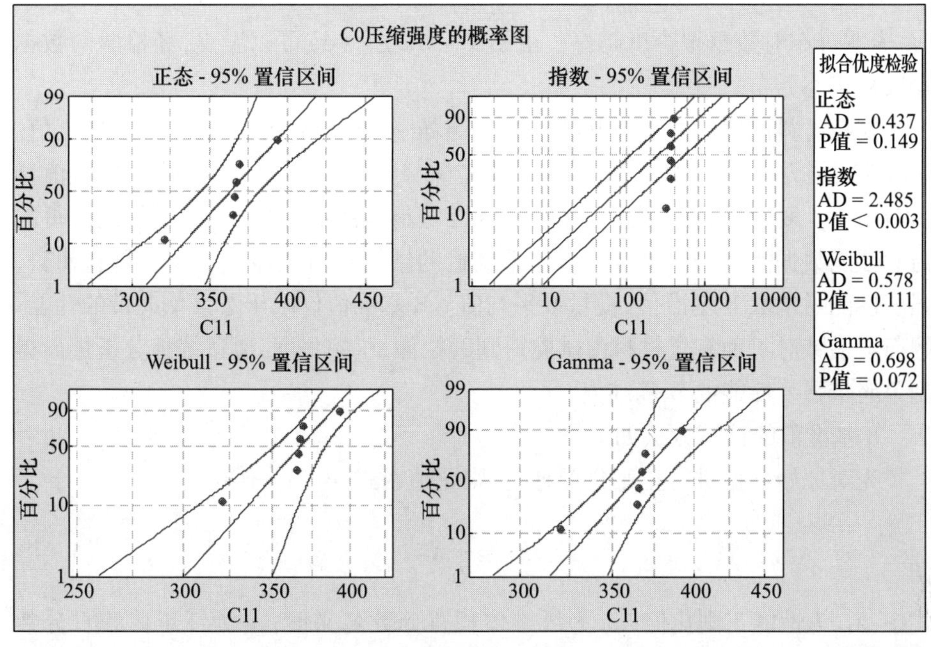

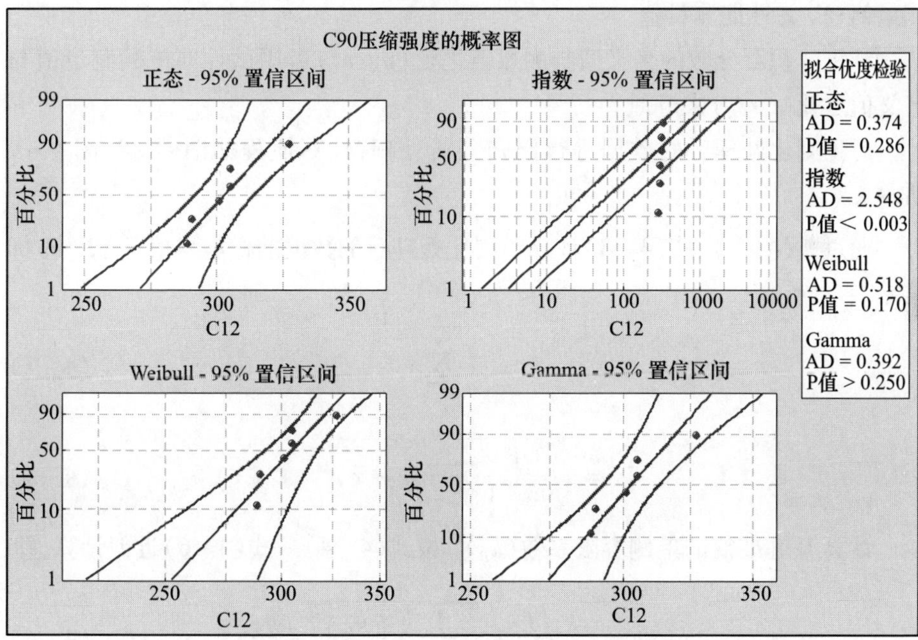

图 4-7(d)　材料 D 单向带的强度概率图

采用 Anderson – Darling(A – D)检验法对数据进行检验,AD 值越小,P 值越大,表明分布对数据拟合度越好。由图 4 – 7(a) ~ (d)可以看出,经检验的数据均服从正态分布。

复合材料许用值的数值基准分为 A 基准值、B 基准值、S 基准值和典型值。B 基准值指力学性能的一个限定值,即在 95% 的置信度下,90% 的性能数值群的最小值。复合材料许用值用于表征复合材料体系和结构设计分析,使获得的力学性能数据能代表该复合材料体系制造的结构材料性能。对复合材料而言,强度性能通常取 B 基准值,模量取平均值。B 基准值仅限于考察单向带的性能。因而本书针对 4 种复合材料由试验得到的拉伸、压缩强度,通过统计分析进而得到单向带强度性能的 B 基准值。

B 基准值的计算方法如下:

先对原始数据进行正则化处理,正则化值由式(4 – 1)给出:

$$X_{\mathrm{N}}=\frac{\nu_{\mathrm{N}}}{\nu_{\mathrm{T}}}X_{\mathrm{T}} \tag{4-1}$$

式中:X_{N} 为性能正则化值;ν_{N} 为纤维体积百分数名义值;ν_{T} 为纤维体积百分数测量值;X_{T} 为性能测量值。

纤维体积百分数的名义值与测量值之比($\nu_{\mathrm{N}}/\nu_{\mathrm{T}}$)可用试件厚度的测量值与名义值之比($t_{\mathrm{T}}/t_{\mathrm{N}}$)来近似。

对正则化处理后的数据进行回归分析处理,计算流程如图 4 – 8、图 4 – 9 所示。

通过式(4 – 2)、式(4 – 3)计算正则化处理后的数据的样本均值 $\bar{x}$ 和样本标准差 s:

$$\bar{x}=\frac{1}{n}\sum_{i=1}^{n}x_i \tag{4-2}$$

$$s=\sqrt{\frac{1}{n-1}\sum_{i=1}^{n}(x_i-\bar{x})^2} \tag{4-3}$$

计算 B 基准值的单侧容限系数$(k_B)_j$,按式(4 – 4) ~ 式(4 – 6)近似计算,即

$$(k_B)_j=z_B\sqrt{\frac{f}{Q}}+\sqrt{\frac{1}{c_B n_j}+\left(\frac{b_B}{2c_B}\right)^2}-\frac{b_B}{2c_B} \tag{4-4}$$

$$b_B(f)=1.1372\frac{1}{\sqrt{f}}-0.49162\frac{1}{f}+0.18612\frac{1}{f\sqrt{f}} \tag{4-5}$$

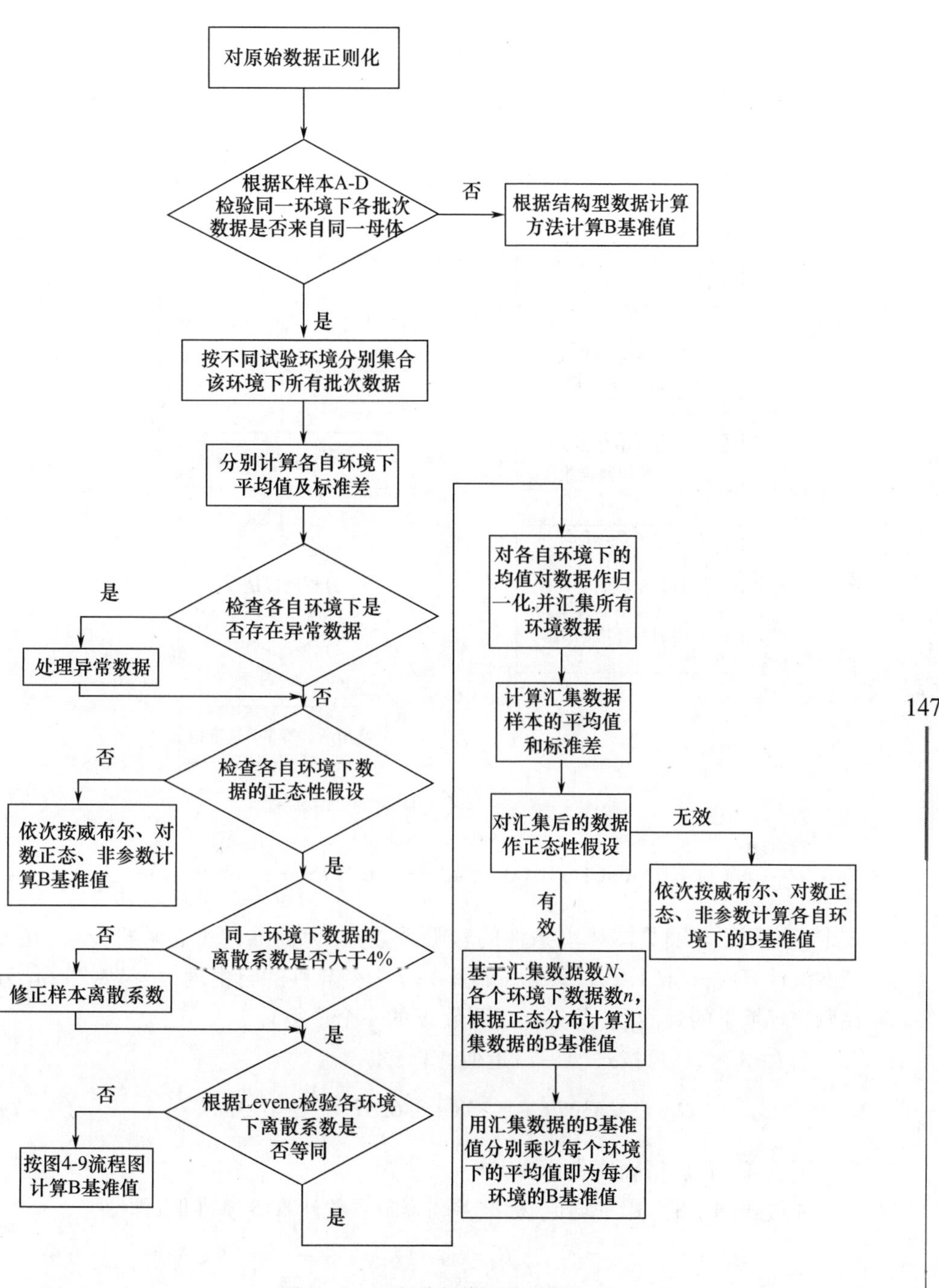

图 4 – 8　回归分析模型流程图

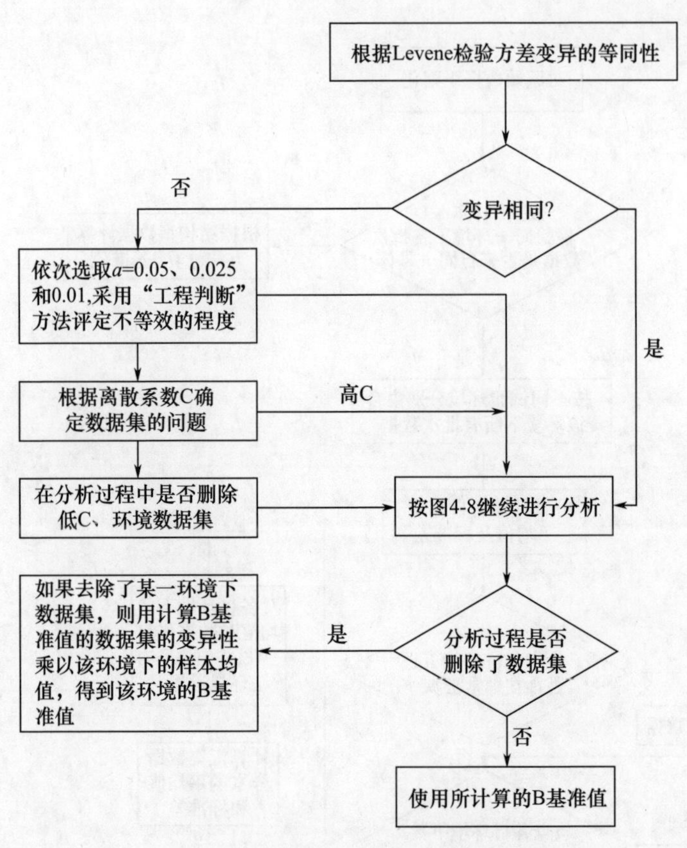

图 4-9　变异不等同时的计算流程

$$c_B(f) = 0.36961 + 0.0040342\frac{1}{\sqrt{f}} - 0.71750\frac{1}{f} + 0.19693\frac{1}{f\sqrt{f}} \tag{4-6}$$

式中:j 为用于表明具体环境条件的容限系数;z_B 为标准的正态随机变量,在 B 基准值计算中,z_B 取 1.28115(90% 概率);f 为变异性的自由度($f = N-2$);n_j 为在所选环境下的观测数(总集合观测数 N 的一个子集)。

当 $f \geqslant 3$ 时,Q 可按式(4-7)近似计算,即

$$Q = f - 2.327\sqrt{f} + 1.138 + 0.6257 + \frac{1}{\sqrt{f}} - 0.3287\frac{1}{f} \tag{4-7}$$

当 $f = 2$ 时,Q 精确值为 0.05129。

通过式(4-8),用平均值、标准差和容限系数计算 B 基准值,即

$$B_j = \bar{x} - (k_B)_j s \tag{4-8}$$

根据以上计算方法,本书采用 Java 对 B 基准值的计算进行编程,程序界面如图 4-10 所示。

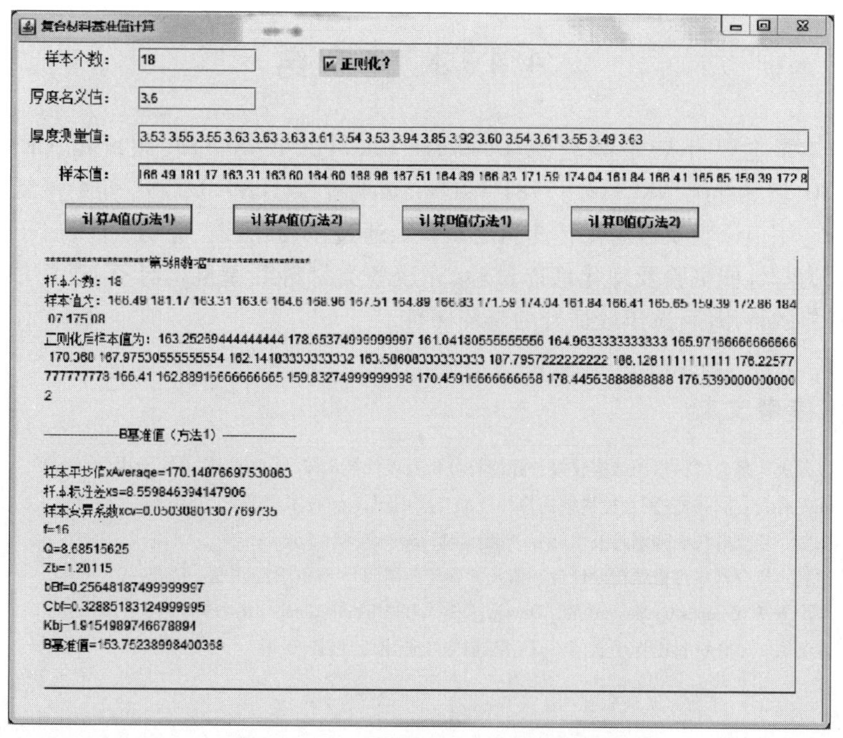

图 4－10　复合材料基准值计算程序界面

本书前面章节已对数据的分布状态进行检验，服从正态分布，因而按照图 4－9所示的流程对复合材料单向带拉伸、压缩强度的 B 基准值进行计算。将试验数据导入程序中进行处理，结果见表 4－12。

表 4－12　复合材料的 B 基准值

材料	拉伸强度/MPa		压缩强度/MPa	
	0°	90°	0°	90°
材料 A	712.92	734.90	420.66	438.01
材料 B	527.87	457.17	445.18	430.22
材料 C	293.54	265.82	261.80	166.10
材料 D	276.67	296.81	292.46	260.72

从表 4－12 中可以看出 B 基准值稍低于表 4－11 中的材料原始的强度，但四种材料性能规律与原始强度一致。对于拉伸、压缩强度，碳纤维增强树脂基复合材料性能远远高于玻璃纤维增强树脂基复合材料。四种材料中，材料 A (DowAksa 12k A－49/XC110)的综合性能最高。这是本书在后续修补试验中选取材料 A 为补片材料的依据。

4.4 本章小结

本章主要开展了碳纤维 DowAksa 12k A - 49/XC110、碳纤维 CF3031/LTC80、玻璃纤维 AXC110 - 7781 - 40%、玻璃纤维 TC8020/7781 等 4 种复合材料的许用值试验及玻璃化转变温度试验。通过拉伸、压缩、剪切、冲击后压缩等不同力学性能试验及理化性能试验,完成各类材料 B 基准值计算,进而根据 4 种材料的许用值,选出较适合的修补材料。

参考文献

[1] 崔元庆. 复合材料损伤结构胶接补强修补分析及设计技术[D]. 西安:西北工业大学,1999.
[2] 陈先有,崔晶. 航空复合材料结构修补技术与应用[J]. 新技术新工艺,2007(6):74 - 76.
[3] 王莹. 复合材料缺陷修补技术[J]. 粘接,2015,36(6):83 - 86.
[4] 沈真. 复合材料飞机结构设计许用值及其确定原则[J]. 航空学报,1998(4):2 - 9.
[5] TSAI S W. Composites design[M]. Dayton,OHIO:USA Think Composites,1998.
[6] 陈绍杰. 复合材料设计手册[M]. 北京:航空工业出版社,1990.

第5章

蜂窝夹层结构损伤及修补试验

蜂窝夹层结构具有良好的比强度和比刚度,且重量轻,因而广泛地应用于航空结构中。随着蜂窝夹层结构件应用的不断增加,所遇到各种突发事件和环境等因素不断增多,这些都会不可避免地给它带来各种损伤[1]。本章介绍了蜂窝夹层结构的损伤及修补试件的侧压和四点弯曲试验,分析了损伤对蜂窝夹层结构的影响及不同修补方式的修补效果。

5.1 修补工艺及方法

目前对夹层结构的损伤国内外研究不多,主要集中在冲击损伤、缺陷和开胶等方面。李跃宇[2]研究了脱胶损伤对夹层结构四点弯曲性能的影响。沃西源[3]等研究了蜂窝夹层结构面板开裂的损伤及灌胶修补后强度的恢复。蜂窝夹芯结构的主要损伤包括层合板损伤、蜂窝芯子的损伤和板芯脱胶损伤。根据损伤的不同,修理的方式也不同。邹国发[4]等采用补片修理的方式对蜂窝夹层结构开胶损伤进行修复,强度恢复到70%。龙荣国[5]等采用单面挖补的修理方式对蜂窝夹层结构损伤进行修补,修复后强度为无损的80%。毛健[6]研究了挖补、灌胶修补芯子塌陷的修复效果,比单纯挖补提高了14%。本章将对蜂窝夹层结构的开胶、穿孔、划伤等损伤形式进行试验研究,并研究其铺层修补、补片修补、挖补修理、树脂修理等不同修补方式的修复效果。

本节为了对上文提到修理方法的适用性进行深入研究和验证,规划了试验对修理方法适用性及数值模拟的可靠性进行验证,同时考虑前面对适航符合性验证的要求。夹层结构修理试验见表5-1。

表5-1 夹层结构不同损伤修理方案安排

损伤类型	修理方法	方法细节	试件编号
穿孔	铺层修理	单面铺层	S-ROH-C-(01-05)

续表

损伤类型	修理方法	方法细节	试件编号
	补片修理	单面补片	S－ROH－C－(07－11)
开胶	注射修理		P－RDB－C－(01－05)
	挖补修理		P－RDB－C－(07－11)
划伤	铺层修理	单面铺层	S－RCC－S－(01－05)
	树脂修理		S－RCC－S－(07－11)

1. 夹层结构穿孔损伤修理

该类损伤的修理方法有:常规铺层修理和补片修理。

1) 常规铺层修理

(1) 材料。

该方法用到的修补材料见表 5－2。

表 5－2　材料列表

序号	材料名称	材料牌号
1	预浸料	DowAksa 12k A－49/XC110
2	蜂窝	AHN4120－3/16－3.00X－0.75
3	蜂窝拼接胶	AF3024 或 MA562
4	胶膜	EA9696.06

(2) 修理步骤。

修理的大概步骤:

① 准备铺层用材料:按照需要的铺层方向将预浸料或织物裁剪至需要的形状和尺寸,分 3 个台阶,分别为 1 层、2 层、2 层。第一台阶边界需超出损伤区域边界 15mm,并且后续铺层每一层台阶的边界都需超出前一层边界 15mm。

② 铺层区域表面准备:使用砂纸(大于 80 目)将损伤区域的受损纤维打磨掉,准备区域需比铺层区域大 13mm,如图 5－1 所示。

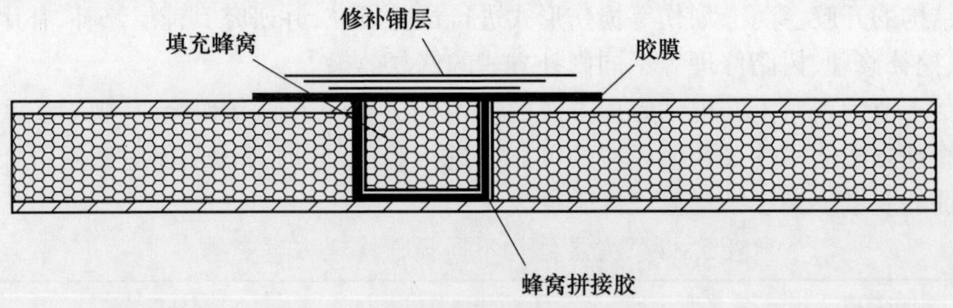

图 5－1　损伤区域准备示意图

③ 填充蜂窝:填充蜂窝填充胶并放入蜂窝。

④ 铺贴铺层:待填充胶固化后,按照工艺规范进行铺贴和固化,铺层数量按原铺层一半多2层(多的2层采用45°铺层),方向可按原结构,如图5-2所示。

图5-2 夹层结构的贴补法修理

2)补片修理

(1)材料。

该方法用到的修补材料见表5-3。

表5-3 材料列表

序号	材料名称	材料牌号
1	预浸料	DowAksa 12k A-49/XC110
2	蜂窝	AHN4120-3/16-3.0OX-0.75
3	胶黏剂	EA9360
4	蜂窝拼接胶	AF3024 或 MA562

(2)修理步骤。

修理的大概步骤:

① 补片生产:按照原结构的铺层数量与铺层方向生产补片,并切割至需要的形状和尺寸,补片边缘斜角不大于30°,补片边界需超出损伤区域25mm。

② 胶接区域表面准备:使用砂纸(大于80目)将损伤区域的受损纤维打磨掉,准备区域需比胶接区域大13mm。

③ 填充蜂窝:填充蜂窝填充胶并放入蜂窝。

④ 胶接补片:待填充胶固化后,将补片胶接到损伤区域。

2. 夹层结构开胶修理

该类损伤的修理方法有:注射修理和挖补修理。

1)注射修理

(1)材料。

该方法用到的修补材料见表5-4。

表 5-4　材料列表

序号	材料名称	材料牌号
1	树脂	LTC80

(2) 修理步骤。

修理的大概步骤：

① 钻孔：在开胶区域钻 2 个孔，孔边缘距离开胶区域边缘 2mm，孔直径 2mm，具体位置如图 5-3 所示。注射法修理照片如图 5-4 所示。

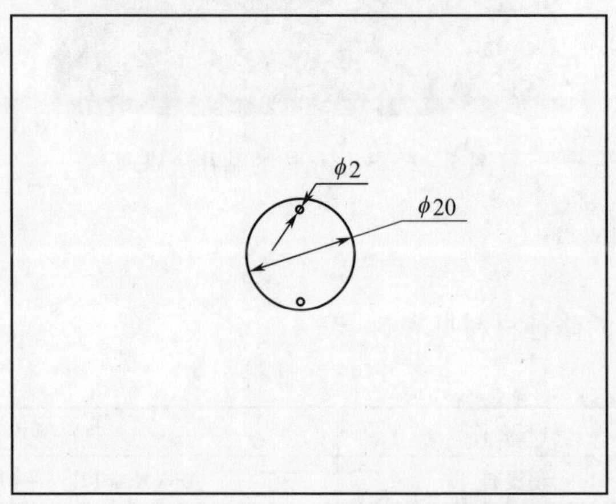

图 5-3　开胶注射修理

图 5-4　注射修理

② 注射树脂:从孔中注入树脂并固化。

2）挖补修理

（1）材料。

该方法用到的修补材料见表 5 -5。

表 5 -5 材料列表

序号	材料名称	材料牌号
1	预浸料	DowAksa 12k A -49/XC110
2	胶膜	EA9696.06
3	填充胶	EPOCAST® 1629 - A/B

（2）修理步骤。

修理的大概步骤:

① 挖除开胶区域一侧层合板:挖除开胶区域一侧层合板直至周圈均发现未分层区域,并将周圈打磨。

② 填充填充胶:使用填充胶填平挖除区域并固化。

③ 铺贴修补铺层:铺贴胶膜并将 5 层修补铺层分 3 个台阶——1 层、2 层、2 层的方式进行铺贴,准备区域需比铺层区域大 13mm。

开胶挖补修理如图 5 -5 和图 5 -6 所示。

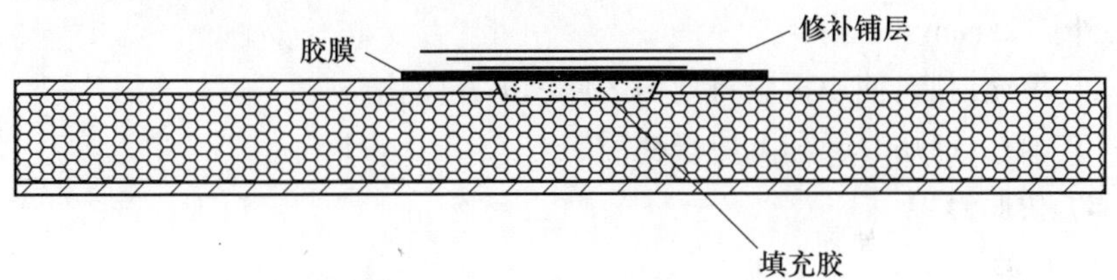

图 5 -5 开胶缺陷挖补修理

图 5 -6 夹层结构挖补胶接修理

开胶挖补修理方法的工艺流程如下：

3. 夹层结构划伤修理

该类损伤的修理方法有：常规铺层修理和树脂修理。

1）常规铺层修理

（1）材料。

该方法用到的修补材料见表5-6。

表5-6　材料列表

序号	材料名称	材料牌号
1	预浸料	DowAksa 12k A-49/XC110
2	胶膜	EA9696.06
3	树脂	LTC80

（2）修理步骤。

修理的大概步骤：

① 打磨损伤区域：对划伤区域周围区域进行打磨，打磨范围以划伤区域为中心外扩25mm。

② 填充树脂：使用树脂将划伤区域填平并固化。

③ 铺贴：铺贴胶膜和1层修补铺层。

2）树脂修理

（1）材料。

该方法用到的修补材料见表5-7。

表5-7　材料列表

材料名称	材料牌号
树脂	LTC80

（2）修理步骤。

修理的大概步骤：

① 打磨损伤区域：对划伤区域进行打磨，将损伤纤维打磨掉。

② 充树脂：使用树脂将划伤区域填平并固化。

5.2 夹层结构侧压试验

5.2.1 试验设备

所使用的试验设备如下：

1. 电子万能试验机

电子万能试验机的主要技术参数：

（1）型号：CSS 44200（如图 5 – 7 所示）。

（2）最大负荷：600kN。

图 5 – 7　CSS 44200 试验机

2. DH – 3815 静态电阻应变仪

电阻应变仪：东华测试技术有限公司 DH – 3815 静态电阻应变仪，如图 5 – 8 所示。

图 5 – 8　DH – 3815 静态电阻应变仪

3. 其他辅助工具与设备

侧压试验夹具,如图 5 - 9 所示。

试样尺寸测量器具为精度 0.02mm 的游标卡尺。

使用精度为 0.01g 的电子天平对每件试件进行称重。

使用中航电测仪器股份有限公司生产的型号为 BE120 - 4AA 的应变片。

图 5 - 9 侧压试验夹具

5.2.2 试验步骤

(1) 对试件进行无损检测。

(2) 测量试件尺寸,测量精度不低于 0.02mm。

(3) 装夹时必须保证施加于试件上的载荷是沿轴向加载。

(4) 施加载荷应平稳,不得超载。试验过程中应经常检测载荷。

(5) 试件在规定的应力下连续试验,直至达到试件失效。

(6) 试件失效发生在非工作部分,试验结果作废。

(7) 记录试验数据。

按式(5 - 1)计算弯曲百分比:

$$B_y = \frac{\varepsilon_1 - \varepsilon_2}{\varepsilon_1 + \varepsilon_2} \times 100\% \tag{5-1}$$

式中:B_y 为弯曲百分比;ε_1 为正面的指示应变;ε_2 为背面的指示应变。

按式(5 -2)计算侧压强度:

$$\sigma = \frac{P_{max}}{[w(2t_{fs})]} \tag{5-2}$$

式中:σ 为极限侧压强度(MPa);P_{max}为试件破坏前的最大载荷(N);w 为试件宽度(mm);t_{fs}为单个面板的厚度(mm)。

5.2.3 试验数据

本次选取开胶、穿孔及修补后的试件进行了室温侧压试验,获得了最大载荷 P_{max}、极限侧压强度 σ 等基本性能。试验数据如表 5 -8、表 5 -9 所示。

表 5 -8 侧压试验数据

试验类型	试件编号	P_{max}/N	σ/MPa
无损开胶	S - NDB - C - 01	40399	221.09
	S - NDB - C - 02	23024	126.57
	S - NDB - C - 03	47672	262.10
	S - NDB - C - 04	47494	265.40
	S - NDB - C - 05	48669	211.61
无损穿孔	S - NOH - C - 01	42339	225.49
	S - NOH - C - 02	39039	207.90
	S - NOH - C - 03	47904	282.13
	S - NOH - C - 04	48184	274.11
	S - NOH - C - 05	49324	301.25
	S - NOH - C - 06	52901	303.54
开胶	S - DB - C - 01	42111	194.92
	S - DB - C - 02	34389	146.80
	S - DB - C - 03	35817	168.01
	S - DB - C - 04	37037	168.70
	S - DB - C - 05	33458	155.78
	S - DB - C - 06	37161	173.13
穿孔	S - OH - C - 01	24138	110.99
	S - OH - C - 02	21340	107.59
	S - OH - C - 03	23961	113.17
	S - OH - C - 04	27421	139.31
	S - OH - C - 05	30872	136.22
	S - OH - C - 06	28334	145.21

续表

试验类型		试件编号	P_{max}/N	σ/MPa
开胶修补	注射修理	S-RDB-C-01	38584.00	236.82
		S-RDB-C-02	38008.00	190.63
		S-RDB-C-03	33193.00	225.22
		S-RDB-C-04	39548.00	223.63
		S-RDB-C-05	36907.00	212.16
	挖补修理	S-RDB-C-07	37227.00	193.40
		S-RDB-C-08	38030.00	198.13
		S-RDB-C-09	38082.00	221.61
		S-RDB-C-10	40802.00	208.80
		S-RDB-C-11	35401.00	191.42
穿孔修补	铺层修理	S-ROH-C-01	41236.00	282.41
		S-ROH-C-02	38740.00	238.48
		S-ROH-C-03	38678.00	252.03
		S-ROH-C-04	42745.00	291.89
		S-ROH-C-05	34657.00	236.46
	补片修理	S-ROH-C-07	40799.00	192.65
		S-ROH-C-08	40420.00	258.41
		S-ROH-C-09	39777.00	200.90
		S-ROH-C-10	37560.00	192.74
		S-ROH-C-11	35200.00	161.14

表5-9 侧压试验结果平均值和变异系数

试验类型	P_{max}/N		σ/MPa	
	平均值/N	变异系数/%	平均值/MPa	变异系数/%
无损开胶	46058.50	7.16	240.05	9.98
无损穿孔	46615.17	9.86	265.74	13.74
开胶	36662.17	7.57	167.89	8.93
穿孔	26011.00	12.21	125.41	12.08
开胶修补(注射)	37248.00	5.91	217.69	7.18
开胶修补(挖补)	37908.40	4.59	202.67	5.54
穿孔修理(铺层)	39211.20	7.02	260.25	8.76
穿孔修补(补片)	38751.20	5.42	186.86	8.14

由表 5 - 8、表 5 - 9 可知，在本次夹层结构侧压试验中，对于开胶损伤，注射修补与挖补修补的修补效果相差不大，都无法恢复到无损试件强度的 100%；对于穿孔损伤，铺层修补的修补效果明显优于补片修补，铺层修补的强度恢复接近 100%。

5.3 夹层结构弯曲试验

5.3.1 试验设备及夹具

试验设备如下：

(1) CSS 44200 电子万能试验机，最大负荷：600kN。

(2) DH - 3815 静态电阻应变仪。

(3) 其他辅助工具与夹具：

① 试样尺寸测量器具为精度 0.02mm 的游标卡尺。

② 使用精度为 0.01g 的电子天平对每件试件进行称重。

③ 使用中航电测仪器股份有限公司生产的型号为 BE120 - 4AA 的应变片。

④ 配套的四点弯曲试验夹具，见图 5 - 10。

图 5 - 10　四点弯曲试验夹具

5.3.2 试验步骤

(1) 对试件进行无损检测。

(2) 对试件进行编号,用精度为0.02mm的游标卡尺测量试件任意三处的宽度和厚度,取其平均值进行计算。

(3) 测量记录支持跨距和加载跨距。

(4) 在试件上下面板的中央位置粘贴两个纵向应变片,采用挠度计(LVDT)在支持跨距中央测量试件的挠度。

(5) 调整试验机的相对位置,安装过程中注意试件的对中性。

(6) 设定试验机的参数,对试验件进行预加载,其后对试验机及应变测量系统进行清零。以速度6mm/min开始进行试验,直至试件破坏,记录载荷、应变数据。

(7) 按照ASTM D7249/D7249M－06《用长梁弯曲确定夹层结构面板性能的试验方法》对所得数据进行计算。

按式(5－3)计算面板极限应力:

$$F^u = \frac{P_{\max}(S-L)}{2(d+c)bt} = \frac{P_{\max}S(1-L/S)}{2(d-t)bt} \quad (5-3)$$

式中:F^u为面板极限应力(MPa);$P_{\max}$为最大破坏载荷(N);t为名义面板厚度(mm);d为测得的夹层结构厚度(mm);c为计算的芯子厚度(mm);b为试件宽度(mm);S为支持跨长(mm);L为加载跨长(mm)。

按式(5－4)计算有效面板弦线模量:

对每个面板计算各自的模量值(对上面板计算压缩模量,对下面板计算拉伸模量):

$$E_f = \frac{\sigma_{3000} - \sigma_{1000}}{\varepsilon_{3000} - \varepsilon_{1000}} \quad (5-4)$$

式中:E_f为有效面板弦线模量(Pa);σ_{3000}为对应ε_{3000}时的面板应力(N);σ_{1000}为对应ε_{1000}时的面板应力(N);ε_{3000}为最靠近3000微应变时记录的应变值;ε_{1000}为最靠近1000微应变时记录的应变值。

按式(5－5)计算夹层结构弯曲刚度:

$$D^{F,nom} = \frac{(S-L)d}{4}\left(\frac{P^{3000} - P^{1000}}{(\varepsilon_{t\_3000} - \varepsilon_{t\_1000}) + (\varepsilon_{b\_3000} - \varepsilon_{b\_1000})}\right) \quad (5-5)$$

式中:ε_{t_3000}为最靠近3000微应变时记录的上表面应变值;ε_{t_1000}为最靠近1000微应变时记录的上表面应变值;P^{3000}为相应于ε_{3000}的作用力(N);P^{1000}为相应于ε_{1000}的作用力(N);ε_{b_3000}为相应于P^{3000}时记录的下表面应变值;ε_{t_1000}为相应于P^{1000}时记录的下表面应变值。

5.3.3 试验数据

针对无损、损伤及修补后试件室温弯曲测试，获得了最大载荷 $P_{\max}$、面板极限应力 F^u、下面板拉伸模量 E_d、上面板压缩模量 E_f^u、夹层结构弯曲刚度 $D^{F,nom}$ 等基本性能，试验数据如表 5－10 和表 5－11 所示。

表 5－10　弯曲试验数据

试验类型		试件编号	$P_{\max}$/N	F^u/MPa	E_f^u/GPa	E_f^d/GPa	$D^{F,nom}$/ 10^6N · mm^{-1}
无损		S－NCC－S－01	1614.80	24.11	19.2	24.2	1671.34
		S－NCC－S－02	1520.60	22.70	16.4	22.0	1457.65
		S－NCC－S－03	1559.20	23.11	17.6	20.7	1518.90
		S－NCC－S－04	1588.00	23.65	19.4	23.5	1668.66
		S－NCC－S－05	1514.40	22.63	16.4	22.3	1470.95
		S－NCC－S－06	1642.40	24.25	16.8	20.1	1467.44
划伤		S－CC－S－01	1557.20	23.42	20.1	20.5	1558.06
		S－CC－S－02	1477.20	22.00	14.3	24.6	1418.94
		S－CC－S－03	1581.60	23.79	20.5	23.5	1671.61
		S－CC－S－04	1458.20	21.83	13.8	21.8	1298.96
		S－CC－S－05	1568.80	23.26	15.3	23.8	1454.15
		S－CC－S－06	1548.00	23.19	15.1	21.0	1348.83
修补	铺层修理	S－RCC－S－01	1612.00	24.23	7.66	6.04	476.92
		S－RCC－S－02	1679.20	25.24	11.87	4.88	701.47
		S－RCC－S－03	1567.20	23.42	4.83	5.09	306.45
		S－RCC－S－04	1591.00	23.96	6.00	4.67	375.08
		S－RCC－S－05	1728.80	26.08	5.37	5.15	332.14
	树脂修理	S－RCC－S－07	1586.20	23.61	6.70	5.25	433.28
		S－RCC－S－08	1629.40	24.46	5.00	5.12	312.52
		S－RCC－S－09	1599.60	23.86	5.71	4.93	368.03
		S－RCC－S－10	1637.40	24.59	5.51	5.41	345.46
		S－RCC－S－11	1602.20	24.01	5.06	5.44	319.67

表5－11　平均值和变异系数

试验类型	P_{max}		F^u		E_f^u		E_f^d		$D^{F,nom}$	
	平均值/N	变异系数/%	平均值/MPa	变异系数/%	平均值/GPa	变异系数/%	平均值/GPa	变异系数/%	平均值/(10^6N/mm)	变异系数/%
无损	1573.23	2.98	23.41	2.73	17.6	7.05	22.1	6.54	1542.49	5.98
划伤	1531.83	3.06	22.91	3.21	14.63	4.14	22.5	6.86	1458.43	8.60
修补铺层	1635.64	3.65	24.35	24.11	5.35	7.26	5.20	6.88	337.05	7.39
修补树脂	1610.96	1.20	24.11	1.52	5.60	5.39	5.23	3.62	336.42	6.53

由表5－10、表5－11可知，在本次的夹层结构弯曲试验中，试验采用的划伤对试验件的破坏载荷影响不大，但对上下面板的模量和结构弯曲刚度产生了较大影响；铺层修补和树脂修补两种方法均可使破坏载荷恢复到无损试件之上，铺层修补效果略优，但对于上、下面板模量和结构弯曲刚度均不能有效修复。

5.4 本章小结

基于对蜂窝夹层结构开展开胶、穿孔、划伤等损伤及修补后的侧压、四点弯曲试验，通过对压缩强度及弯曲强度的结果对比，得出如下结论：

1）夹层结构侧压试验

对于夹层结构侧压试件，开胶损伤使材料极限侧压强度降为无损状态的69.94%，注射修补使材料极限测压强度恢复为无损状态的90.70%，挖补修补使材料极限侧压强度恢复为无损状态的84.43%。针对开胶损伤，注射修补效果略优于挖补修补。

对于夹层结构侧压试件，穿孔损伤使材料极限侧压强度降为无损状态的47.20%，铺层修补使材料极限测压强度恢复为无损状态的97.93%，补片修补使材料极限侧压强度恢复为无损状态的70.32%。针对穿孔损伤，铺层修补效果远优于补片修补。

2）夹层结构弯曲试验

对于夹层结构弯曲试件，划伤损伤对材料力学性能影响不明显，最大载荷降为无损状态的97.37%，弯曲刚度降为无损状态的94.56%。铺层修补方法使材料最大载荷提升为无损状态的103.97%，弯曲刚度降为无损状态的21.85%；树脂修补方法使材料最大载荷提升为无损状态的102.40%，弯曲刚度降为无损状态的21.81%。两种修补方法的修补效果没有明显差异。

参考文献

[1] 赵美英,孙晓波,万小朋. 蜂窝夹层结构板芯脱胶修补研究[J]. 航空学报,2003,5(24):474-476.

[2] 李跃宇,邹振民,樊蔚勋. 含脱层的蜂窝夹芯板结构的弯曲试验研究[J]. 玻璃钢/复合材料,1998(2):16-17.

[3] 沃西源,黄云. 碳/环氧面板-铝蜂窝夹层结构件损伤修补工艺[J]. 航天返回与遥感,2002(4):52-56.

[4] 邹国发,龙国荣,万建平,等. 树脂基复合材料蜂窝夹层结构修补技术研究[J]. 玻璃钢/复合材料,2005(6):35,43-45.

[5] 邹国发,龙国荣,万建平,等. 树脂基复合材料蜂窝夹层结构的修补技术[J]. 洪都科技,2005(3):41-46.

[6] 毛健,沈惠玲. 蜂窝夹层结构芯子塌陷修补工艺研究[J]. 塑料科技,2016,44(1):69-72.

第6章

蜂窝夹层结构损伤及修补模拟技术

目前，对蜂窝夹层结构的损伤及修补研究，大部分停留在试验分析阶段，对蜂窝夹层结构的数值模拟分析研究工作尚少。何梦临[1]结合连续介质损伤力学的复合材料层合板理论、夹层结构等效理论及粘聚区模型，建立了蜂窝夹层板三维渐进损伤分析模型，分析了蜂窝芯子高度对夹层板临界屈曲载荷及破坏形式的影响。Rose[2]使用非线性有限元法建立二维壳模型模拟出夹层结构的屈曲载荷及模态。J. S Moita[3]采用 Ansys 对夹层结构的屈曲及后屈曲进行模拟分析。张娅婷[4]等对局部脱粘采用注射修补的方式，用 ANSYS 对其进行模拟，预测了蜂窝夹层修复后试件的压缩强度和破坏模式。孔祥宏[5]采用 Hill - Tsai 强度理论对复合材料泡沫夹层板的剩余强度进行分析。本章将介绍对于蜂窝夹层结构不同损伤及修补后的三维有限元模拟，分析失效载荷对比及损伤失效模式。

6.1 失效准则概述

三维 Hashin 损伤失效准则能够用来模拟复合材料内部的损伤发生和演化过程，层合板损伤过程中的基体拉伸、纤维拉伸、基体压缩、纤维压缩等损伤变量与演化函数的具体表达式见式(6 - 1) ~ 式(6 - 8)。

三维 Hashin 失效准则：

纤维拉伸失效($\sigma_{11}>0$)：

$$\left(\frac{\sigma_{11}}{X_T}\right)^2+\left(\frac{\sigma_{12}}{S_{12}}\right)^2+\left(\frac{\sigma_{13}}{S_{13}}\right)^2\geqslant 1 \tag{6-1}$$

纤维压缩失效（$\sigma_{11}<0$）：

$$\left(\frac{\sigma_{11}}{X_C}\right)^2 \geqslant 1 \tag{6-2}$$

基体拉伸失效（$\sigma_{22}+\sigma_{33}>0$）：

$$\left(\frac{\sigma_{22}+\sigma_{33}}{Y_T}\right)^2+\frac{1}{S_{23}^2}(\tau_{23}^2-\sigma_{22}\sigma_{33})+\left(\frac{\sigma_{12}}{S_{12}}\right)^2+\left(\frac{\sigma_{13}}{S_{13}}\right)^2 \geqslant 1 \tag{6-3}$$

基体压缩失效（$\sigma_{22}+\sigma_{33}<0$）：

$$\frac{\sigma_{22}+\sigma_{33}}{Y_C}\left[\left(\frac{\sigma_{22}}{2S_{23}}\right)^2-1\right]+\frac{(\sigma_{22}+\sigma_{33})}{4S_{23}^2}+\frac{\sigma_{23}-\sigma_{22}\sigma_{33}}{S_{23}^2}+\left(\frac{\sigma_{12}}{S_{12}}\right)^2+\left(\frac{\sigma_{13}}{S_{13}}\right)^2 \geqslant 1 \tag{6-4}$$

纤维基体剪切失效（$\sigma_{11}<0$）：

$$\left(\frac{\sigma_{11}}{X_C}\right)^2+\left(\frac{\sigma_{12}}{S_{12}}\right)^2+\left(\frac{\sigma_{23}}{S_{23}}\right)^2 \geqslant 1 \tag{6-5}$$

拉伸分层（$\sigma_{33}>0$）：

$$\left(\frac{\sigma_{33}}{Z_T}\right)^2+\left(\frac{\sigma_{13}}{S_{13}}\right)^2+\left(\frac{\sigma_{23}}{S_{23}}\right)^2 \geqslant 1 \tag{6-6}$$

压缩分层（$\sigma_{33}<0$）：

$$\left(\frac{\sigma_{33}}{Z_C}\right)^2+\left(\frac{\sigma_{13}}{S_{13}}\right)^2+\left(\frac{\sigma_{23}}{S_{23}}\right)^2 \geqslant 1 \tag{6-7}$$

剪切分层（$\sigma_{33}<0$）：

$$\left(\frac{\sigma_{13}}{S_{13}}\right)^2+\left(\frac{\sigma_{23}}{S_{23}}\right)^2 \geqslant 1 \tag{6-8}$$

失效准则表达式中 X_T、X_C、Y_T、Y_C、Z_T、Z_C 分别为轴向拉伸、轴向压缩、横向拉伸、横向压缩、面外法向拉伸和面外法向压缩强度；下标中 1、2、3 表示坐标方向：1 表示纤维方向，2 表示单层面内垂直于纤维的方向，3 表示单层的面外法向即层合板厚度方向；σ_{ii}表示层内相应方向上的正应力；τ_{ii}表示相应方向上的剪切应力；S_{ii}表示相应面内的剪切强度。

应用最广泛的是渐进损伤的退化方法，当复合材料层合板结构的某一单层发生损伤后，对该层的刚度进行退化，且不同形式的损伤造成的刚度退化程度也不同。目前，有多种刚度退化模型可用于复合材料层合板的渐进损伤分析，但大多停留在对材料性能退化系数的选取上，没有考虑相同形式的损伤累积对刚度的影响。此外，不同材料、不同铺层角度和不同铺层顺序的层合板退化系数也不一样。在实际应用中,一般根据试验或经验选择适当的退化系数,如 Camanho 模型,见表 6-1。

表 6-1 Camanho 模型材料性能退化方式

失效模式	刚度折减
纤维拉伸	$E_1^d=0.07E_1^0$
纤维压缩	$E_1^d=0.14E_1^0$
基体拉伸	$E_2^d=0.2E_2^0, G_{12}^d=0.2G_{12}^0, G_{23}^d=0.2G_{23}^0$
基体压缩	$E_2^d=0.4E_2^0, G_{12}^d=0.4G_{12}^0, G_{23}^d=0.4G_{23}^0$
分层	$E_3^d=G_{13}^d=G_{23}^d=\upsilon_{13}=\upsilon_{23}=0$

考虑到将弹性系数直接折减到 0 易致使迭代不收敛,因而建议在退化时避免将系数直接折减为 0。当纤维发生失效时,对 E_{11}、G_{12}、G_{13}、υ_{12}、υ_{13} 折减;当基体发生失效时,对 E_{22}、G_{12}、G_{23}、υ_{12}、υ_{23} 折减;当层间发生失效时,对 E_{33}、G_{13}、G_{23}、υ_{13}、υ_{23} 折减。具体的折减方式见表 6-2。

表 6-2 材料刚度折减方式

失效模式	刚度折减
纤维拉伸	$E_d^*=0.07E^*$
纤维压缩	$E_d^*=0.14E^*$
基体拉伸	$E_d^*=0.2E^*$
基体压缩	$E_d^*=0.4E^*$
分层	$E_d^*=0.4E^*$

注:E^* 表示未发生损伤时材料的弹性系数,E_d^* 表示损伤后材料弹性系数。

复合材料胶接修理中胶层失效采用内聚力单元进行模拟,其主要内容是:胶层单元初始损伤依据二次名义应力强度准则,见式(6-9)。

$$\left(\frac{\sigma_1}{T}\right)^2+\left(\frac{\sigma_2}{S}\right)^2+\left(\frac{\sigma_3}{S}\right)^2\geqslant 1 \tag{6-9}$$

式中:σ_1 为层间正应力;σ_2 和 σ_3 为层间剪应力;T 为拉伸强度;S 为剪切强度。

胶层的扩展依据 Benzeggagh-Kenane 准则,见式(6-10)。

$$G^c=G_n^c+(G_s^c-G_n^c)\left(\frac{G_s}{G_T}\right)^\eta \tag{6-10}$$

式中:$G_s=G_{s1}+G_{s2}$,$G_T=G_s+G_n$,$G_s^c=G_{s1}^c+G_{s2}^c$,G_n^c、G_{s1}^c、G_{s2}^c 为法向和两个切向的

临界能量释放率；G^c 为混合模式下的能量释放率，大于临界能量释放率时分层扩展；η 为该准则的材料常数，碳纤维环氧树脂复合材料取 1～2。

6.2 蜂窝夹层结构损伤数值分析

6.2.1 蜂窝夹层结构分层侧压

1. 模型描述

模型共由 3 个部分组成，分别为上蒙皮、蜂窝、下蒙皮，如图 6－1 所示。尺寸长 150mm、宽 150mm，蜂窝高度为 19.05mm。开胶位置在上蒙皮的中心位置，开胶尺寸为 $\phi=20$mm，下蒙皮未损伤。上蒙皮铺层为[45/90/90]，下蒙皮铺层为[90/90/45]。模型中采用三维 Hashin 准则来模拟蒙皮的失效，从而预测夹层结构的承载能力。模型中为了不使加载端被压溃，在加载端加一刚性板，载荷施加在刚性板上。

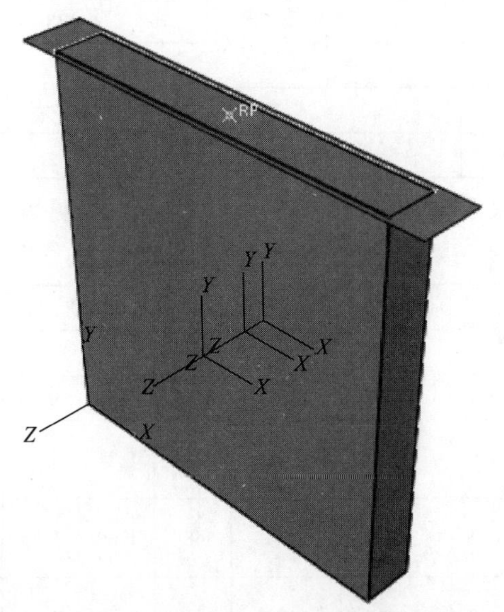

图 6－1　蜂窝夹层蒙皮开胶结构模型

为了对比蜂窝夹层蒙皮开胶损伤对结构的影响，建立蜂窝夹层未损伤模型，其模型尺寸及材料参数、加载方式均与蒙皮开胶损伤结构相同。

1）材料参数

蒙皮采用织物预浸料 TORAY T700SC－12K－50C/#2510，性能数据见表 6－3。

表6-3 平纹织物预浸料 TORAY T700SC-12K-50C/#2510 性能数据

材料名称		TORAY T700SC-12K-50C/#2510					
材料性能	环境	RTD(24℃)	ETW(70℃/85%)		CTD(-54℃)		备注
	基准	平均	A	B	A	B	
E_{11}^{t}	MPa	55779					正则化
E_{11}^{c}	MPa	54959					正则化
E_{22}^{t}	MPa	54572					测量值
E_{22}^{c}	MPa	53386					测量值
υ_{12}	—	0.04					测量值
G_{12}	MPa	4214					
σ_{11}^{t}	MPa	912	916	965	701	737	正则化
σ_{11}^{c}	MPa	708	365	412	549	621	正则化
σ_{22}^{t}	MPa	771	694	768	557	616	测量值
σ_{22}^{c}	MPa	698	406	439	604	653	测量值
τ_{12}^{s}	MPa	132	72	75	138	144	测量值
密度	t/mm^3	1.50×10^{-9}					
单层厚度	mm	0.2184					
数据来源		生产厂家					

蜂窝夹层结构采用 ANH 4120 蜂窝芯材,性能数据见表6-4。

表6-4 蜂窝芯材 ANH 4120 性能数据

蜂窝规格	密度	T方向压缩强度		L方向剪切			W方向剪切		
		稳定型		模量	强度		模量	强度	
	名义	平均	最小	平均	平均	最小	平均	平均	最小
AHN 4120-3/16-3.0	4.8	2.24	1.86	31	1.21	0.97	17	0.69	0.46
AHN 4120-3/16-4.0	6.4	3.72	3.24	48	1.69	1.55	26	0.97	0.77
AHN 4120-3/16-3.0 OX	4.8	2.41	1.93	15	0.79	0.62	31	0.93	0.62

注:密度单位为($\times10^{-11}$ t/mm^3),模量和强度单位为 MPa。数据来源自生产厂家。

2) 网格类型

上下蒙皮以及蜂窝均采用 Solid 建模,3Dstress 单元模拟,单元类型为 C3D8R(8节点6面体线性减缩积分实体单元)。开胶区域网格细化,如图6-2所示。

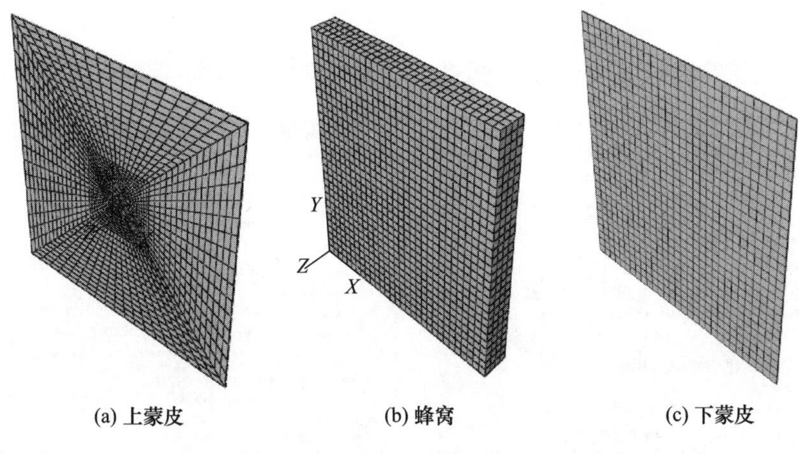

(a) 上蒙皮　　(b) 蜂窝　　(c) 下蒙皮

图 6－2　网格划分

3）载荷和边界条件

对模型分别施加面内压缩载荷。面内压缩载荷的边界条件为下端完全固定（U1 = U2 = U3 = UR1 = UR2 = UR3 = 0），且固定模型的左右侧面（U1 = U3 = 0），上端施加 Y 方向的位移（U2 = －4mm），固定其余方向（U1 = U3 = UR1 = UR2 = UR3 = 0），如图 6－3 所示。

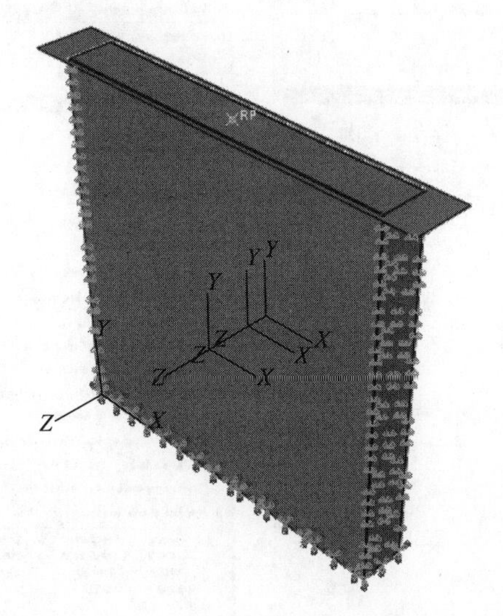

图 6－3　蜂窝夹层蒙皮开胶结构压缩边界条件

4）接触类型

蒙皮与蜂窝之间设置胶层接触，具体方法如图 6－4 所示。上蒙皮脱粘区域与蜂窝之间没有定义接触。

Edit Interaction
Name: Int-1
Type: Surface-to-surface contact (Standard)
Step: Initial
Master surface: face-up
Slave surface: core-up
Sliding formulation: Finite sliding Small sliding
Discretization method: Surface to surface
Exclude shell/membrane element thickness
Degree of smoothing for master surface: 0.2
Use supplementary contact points: Selectively Never Always
Contact tracking: Two configurations (path) Single configuration (state)
Slave Adjustment
Surface Smoothing
Clearance
Bonding
No adjustment
Adjust only to remove overclosure
Specify tolerance for adjustment zone: 0
Adjust slave nodes in set:
Tie adjusted surfaces
Note: Slave surface will be adjusted to be precisely in contact with the master surface at the beginning of the analysis.
Contact interaction property: IntProp-1
Options: Interference Fit...
Contact controls: (Default)
Active in this step
OK
Cancel

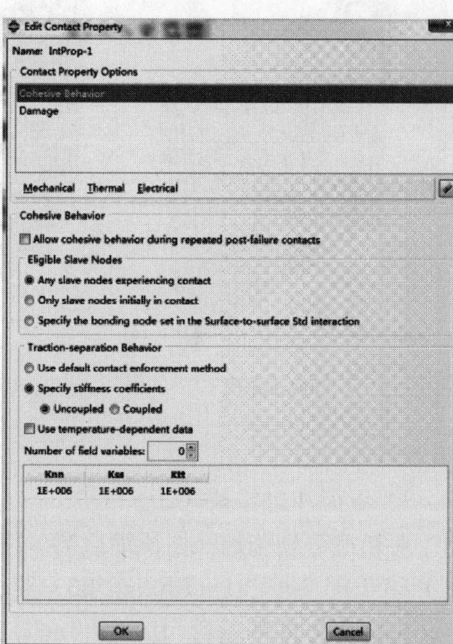
Edit Contact Property
Name: IntProp-1
Contact Property Options
Cohesive Behavior
Damage
Mechanical Thermal Electrical
Cohesive Behavior
Allow cohesive behavior during repeated post-failure contacts
Eligible Slave Nodes
Any slave nodes experiencing contact
Only slave nodes initially in contact
Specify the bonding node set in the Surface-to-surface Std interaction
Traction-separation Behavior
Use default contact enforcement method
Specify stiffness coefficients
Uncoupled Coupled
Use temperature-dependent data
Number of field variables: 0
Knn Kss Ktt
1E+006 1E+006 1E+006
OK
Cancel

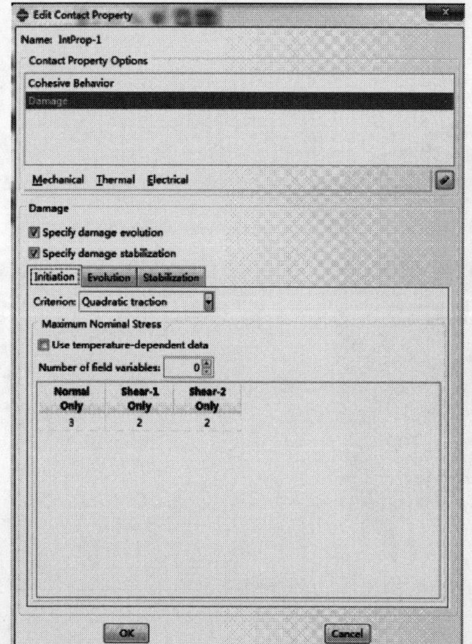
Edit Contact Property
Name: IntProp-1
Contact Property Options
Cohesive Behavior
Damage
Mechanical Thermal Electrical
Damage
Specify damage evolution
Specify damage stabilization
Initiation Evolution Stabilization
Criterion: Quadratic traction
Maximum Nominal Stress
Use temperature-dependent data
Number of field variables: 0
Normal Only Shear-1 Only Shear-2 Only
3 2 2
OK
Cancel

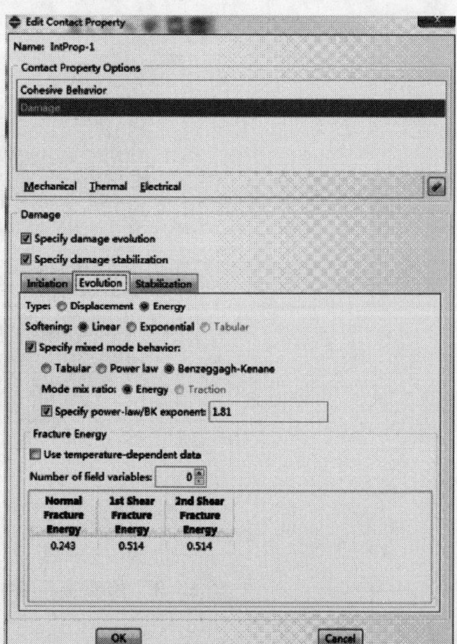
Edit Contact Property
Name: IntProp-1
Contact Property Options
Cohesive Behavior
Damage
Mechanical Thermal Electrical
Damage
Specify damage evolution
Specify damage stabilization
Initiation Evolution Stabilization
Type: Displacement Energy
Softening: Linear Exponential Tabular
Specify mixed mode behavior:
Tabular Power law Benzeggagh-Kenane
Mode mix ratio: Energy Traction
Specify power-law/BK exponent: 1.81
Fracture Energy
Use temperature-dependent data
Number of field variables: 0
Normal Fracture Energy 1st Shear Fracture Energy 2nd Shear Fracture Energy
0.243 0.514 0.514
OK
Cancel

图 6－4　胶层参数定义

2. 蜂窝夹层结构蒙皮开胶侧压载荷模拟结果

当拉伸载荷为 50kN 时蒙皮上的压缩方向（Y 方向）的应力云图如图 6－5 所示。由图可知：蒙皮开胶处存在着应力集中现象。45°铺层的应力均大于 90°铺层上的应力。

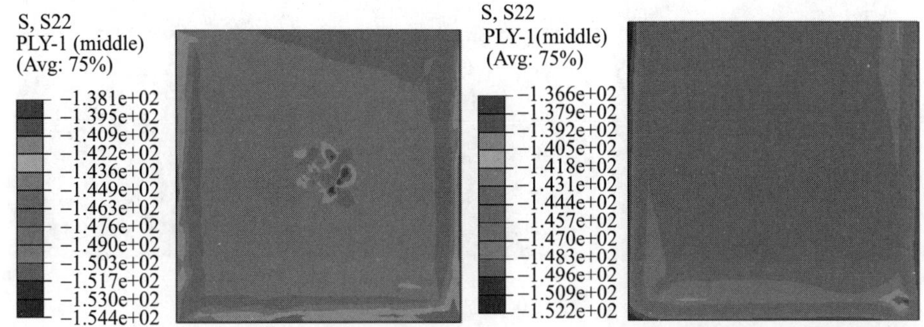

(a) 上蒙皮45°(PLY-1)铺层的应力云图　　(b) 下蒙皮45°(PLY-1)铺层的应力云图

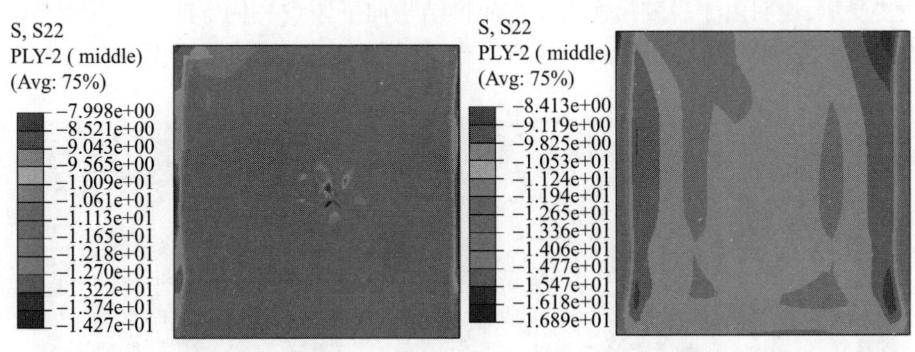

(c) 上蒙皮90°(PLY-2)铺层的应力云图　　(d) 下蒙皮90°(PLY-2)铺层的应力云图

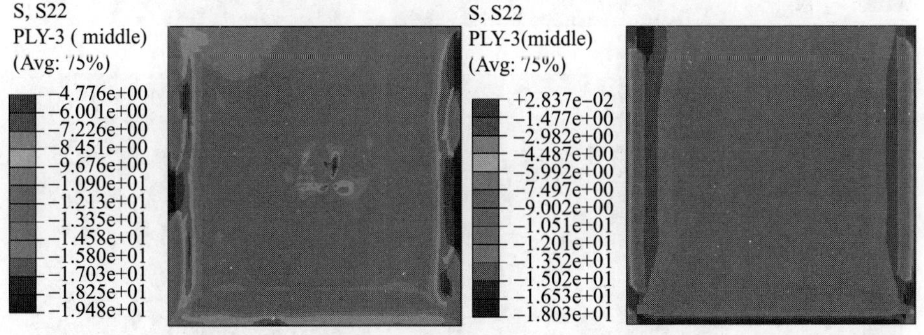

(e) 上蒙皮90°(PLY-3)铺层的应力云图　　(f) 下蒙皮90°(PLY-3)铺层的应力云图

图 6－5　压缩载荷蒙皮上的应力云图

由图6-6所示的模拟结果可知:损伤从开胶处开始,沿45°方向扩展,下蒙皮未损伤。固定端有轻微的压溃现象,破坏模式为纤维压缩破坏和基体压缩破坏。

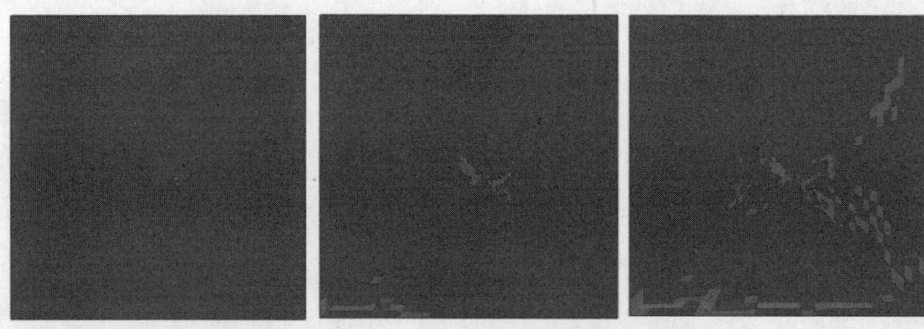

图6-6　上蒙皮损伤过程

图6-7所示为上下蒙皮在不同载荷下 Z 方向的位移,可见:下蒙皮受拉,上蒙皮受压,说明由于脱胶损伤的存在使得结构向下蒙皮一侧弯曲。当载荷足够大时下蒙皮先发生失稳现象,继续增加载荷,上蒙皮进而发生失稳现象。

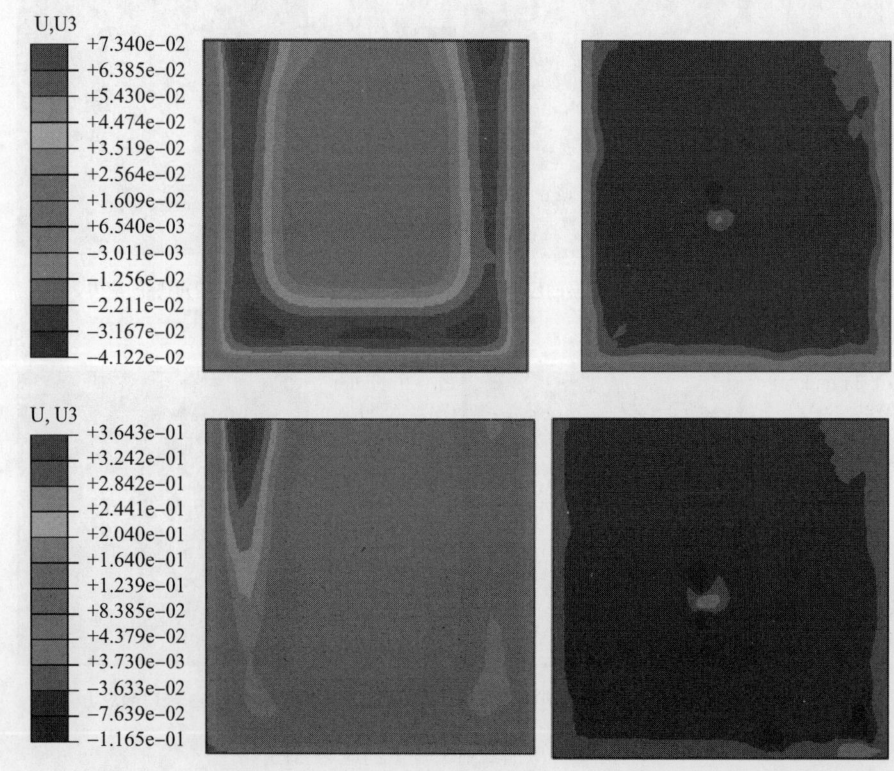

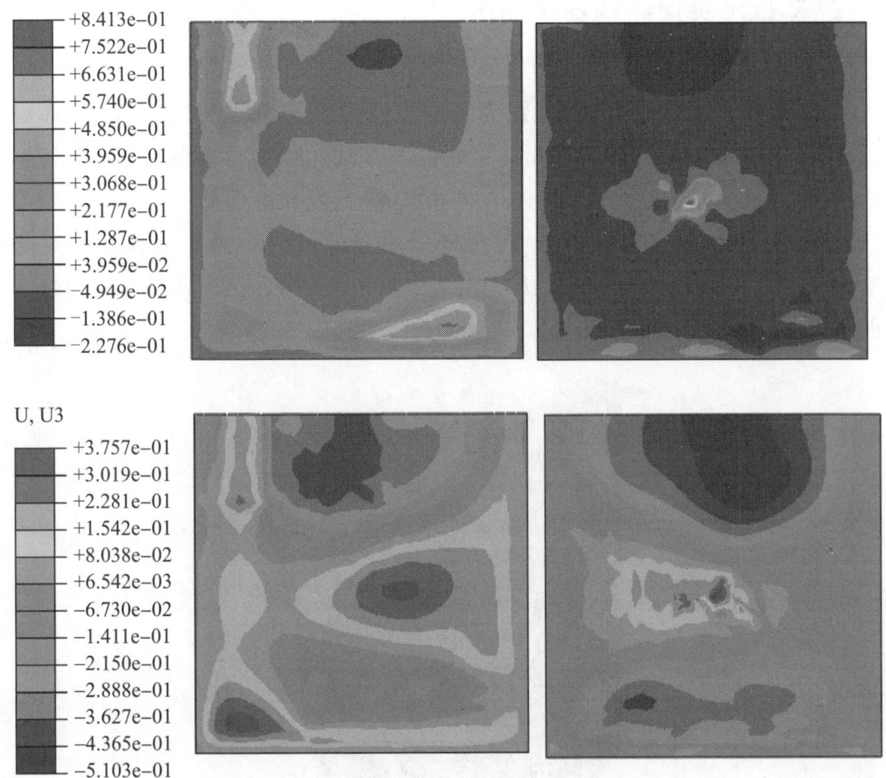

图 6－7　上(左)、下(右)蒙皮 Z 方向的位移

图 6－8 为压缩载荷为 50kN 时蜂窝上的 Y 方向应力云图。蜂窝上的压缩应力较小。对于蜂窝夹层结构,主要是蒙皮承受载荷。

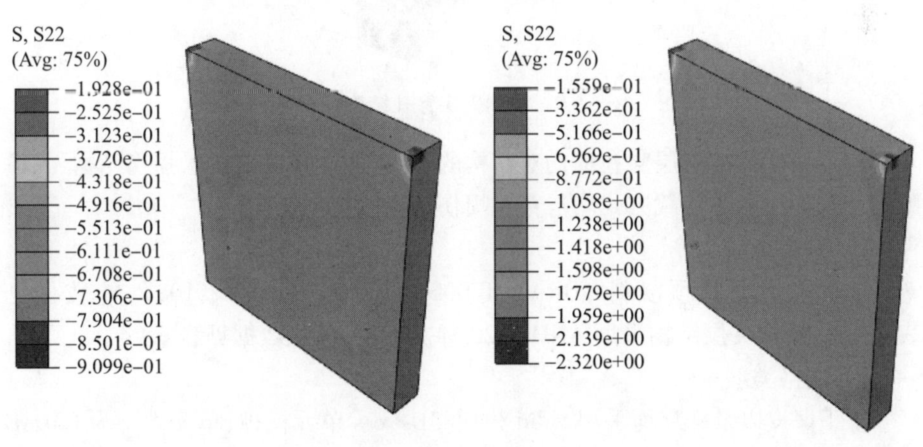

图 6－8　蜂窝 Y 方向应力云图

6.2.2 蜂窝夹层结构穿孔侧压

1. 模型描述

模型共由 3 个部分组成,分别为上蒙皮、蜂窝、下蒙皮。尺寸为长 150mm、宽 150mm,蜂窝高度为 19.05mm。穿孔位置在蜂窝以及上面板的中心位置,形状为直径为 20mm 的圆形孔,具体形状如图 6-9 所示。上蒙皮铺层为[45/90/90],下蒙皮铺层为[90/90/45]。模型中采用三维 Hashin 准则来模拟蒙皮的失效,从而预测夹层结构的承载能力。模型中为了不使加载端被压溃,在加载端加一刚性板,载荷施加在刚性板上。

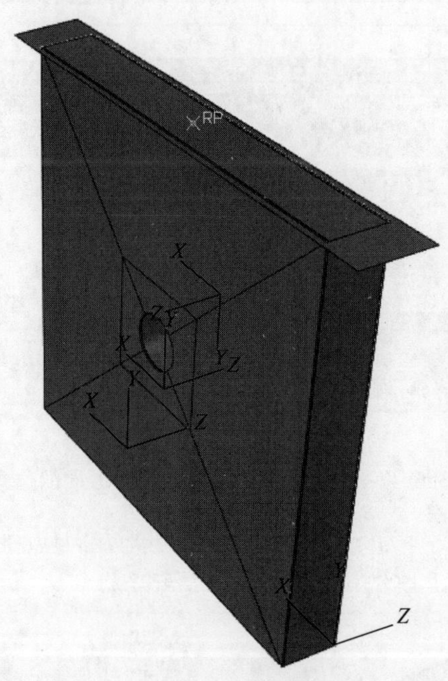

图 6-9 蜂窝夹层穿孔结构模型

为了对比蜂窝夹层穿孔损伤对结构的影响,建立蜂窝夹层未损伤结构,其模型尺寸及材料参数加载方式均与穿孔损伤结构相同。

1）材料参数

蒙皮采用织物预浸料 TORAY T700SC-12K-50C/#2510,性能数据见表 6-3。蜂窝夹层结构采用 ANH 4120 蜂窝芯材,性能数据见表 6-4。

2）网格类型

上下蒙皮以及蜂窝均采用 Solid 建模,3Dstress 单元模拟,单元类型为 C3D8R(8 节点 6 面体线性减缩积分实体单元),蒙皮孔边网格细化,如图 6-10 所示。

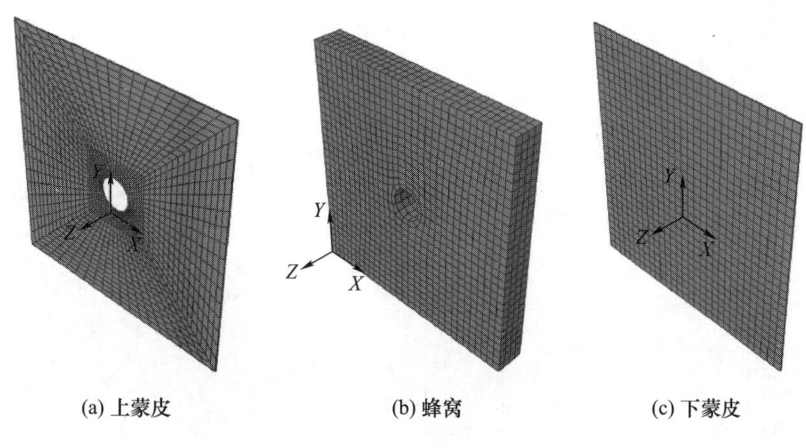

(a) 上蒙皮　　(b) 蜂窝　　(c) 下蒙皮

图 6－10　网格划分

3）载荷和边界条件

对模型分别施加面内压缩载荷。面内压缩载荷的边界条件为下端完全固定（U1 = U2 = U3 = UR1 = UR2 = UR3 = 0），且固定模型的左右侧面（U1 = U3 = 0），上端施加 Y 方向的位移（U2 = －4mm），固定其余方向（U1 = U3 = UR1 = UR2 = UR3 = 0），如图 6－11 所示。

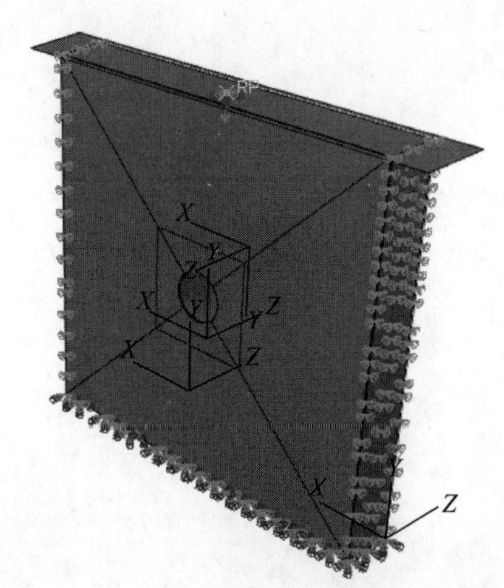

图 6－11　蜂窝夹层穿孔结构压缩边界条件

4）接触类型

蒙皮与蜂窝之间采用胶层属性接触，具体操作与蜂窝夹层蒙皮开胶结构一样，如图 6－4 所示。

2. 蜂窝夹层穿孔结构拉伸载荷模拟结果

当压缩载荷为 50kN 时蒙皮上的 Y 方向的应力云图如图 6－12 所示，由图可知:孔边的应力集中明显。穿孔模型下蒙皮的应力分布与未损伤模型蒙皮的应力分布及大小大体一致。

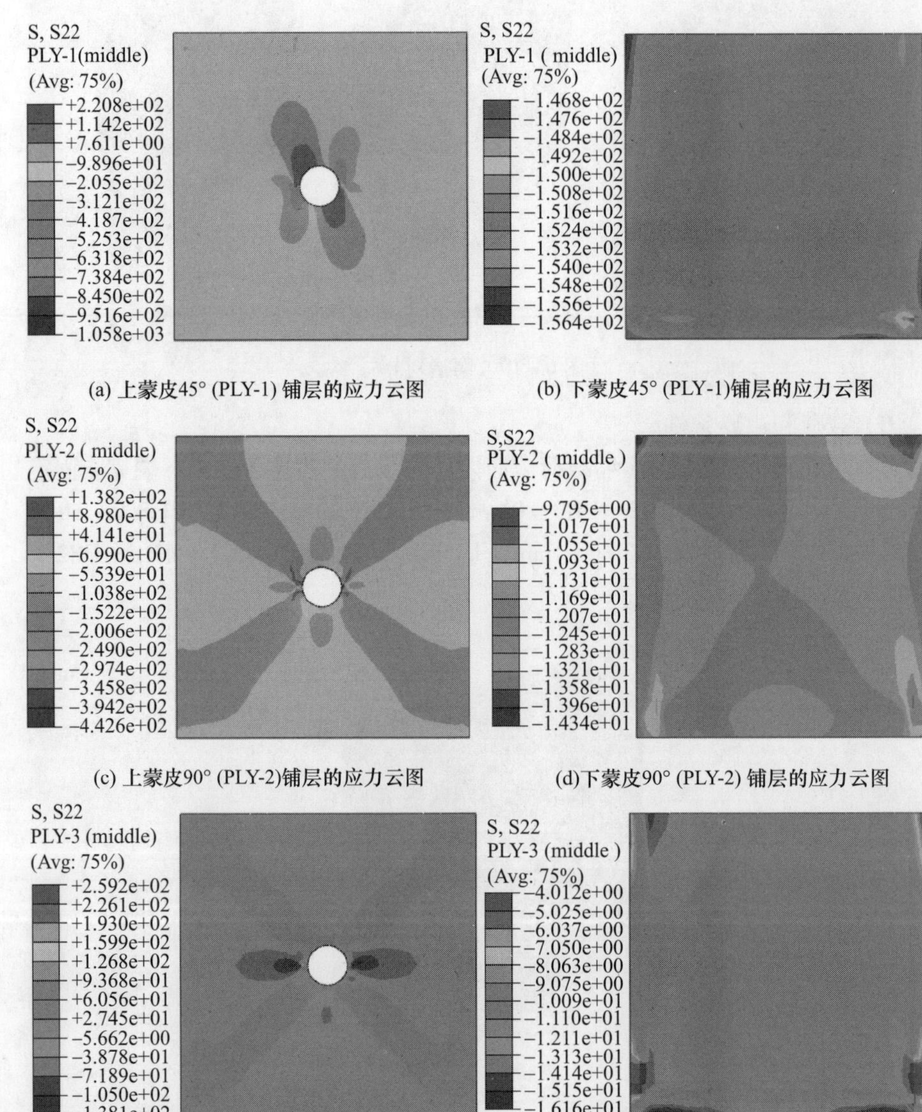

(a) 上蒙皮45° (PLY-1) 铺层的应力云图　(b) 下蒙皮45° (PLY-1)铺层的应力云图

(c) 上蒙皮90° (PLY-2)铺层的应力云图　(d)下蒙皮90° (PLY-2) 铺层的应力云图

(e) 上蒙皮90° (PLY-3) 铺层的应力云图　(f)下蒙皮90° (PLY-3) 铺层的应力云图

图 6 – 12　蜂窝夹层穿孔结构压缩蒙皮上的应力云图

采用三维 Hashin 准则来预测结构的承载能力,由图 6 – 13 所示的模拟结果可知:蜂窝夹层穿孔结构压缩破坏裂纹从蒙皮孔边开始萌生,随着载荷的增加,沿着垂直于加载方向破坏,破坏模式为纤维压缩破坏和基体压缩破坏。

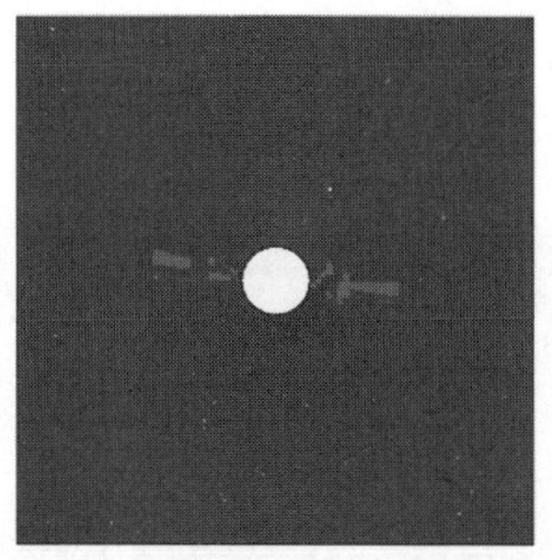

图 6-13　蜂窝夹层穿孔结构拉伸破坏模式

图 6-14 所示为蜂窝夹层穿孔结构在不同压缩载荷作用下，蒙皮上 Z 方向（法向）的位移云图。由图可知：在压缩载荷下，由于孔的存在，使得结构向下蒙皮一侧（Z 轴的正方向）弯曲，以至于下蒙皮中心区域法向位移均为正值，上蒙皮孔边一定范围内法向位移为负值。当载荷足够大时，上下蒙皮均发生失稳现象。

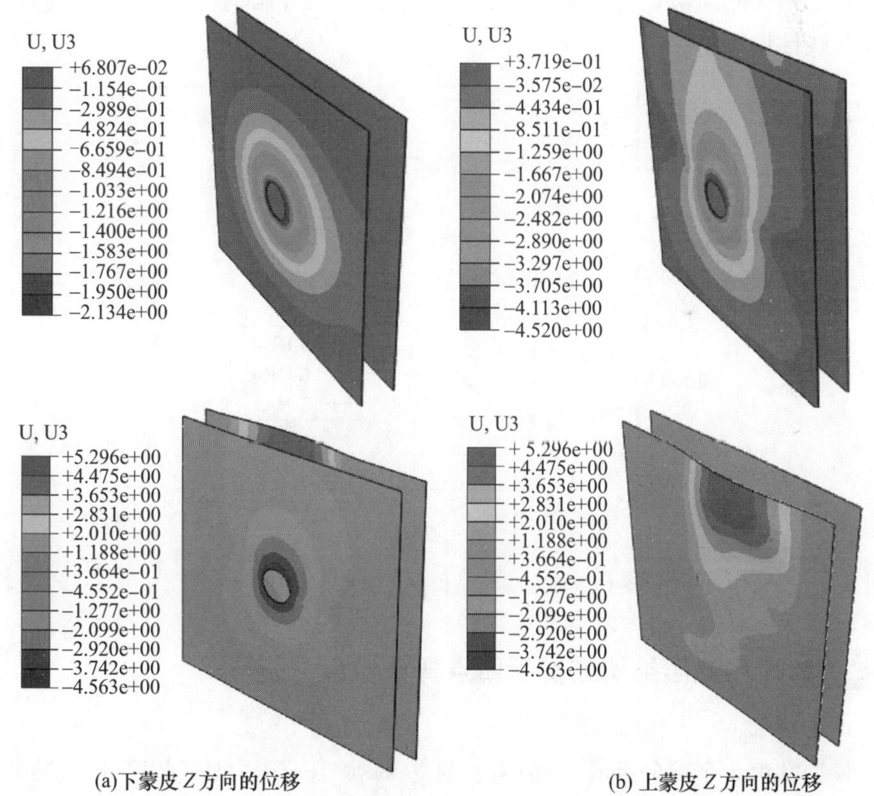

(a)下蒙皮 Z 方向的位移　　(b) 上蒙皮 Z 方向的位移

图 6-14　蜂窝夹层穿孔结构压缩载荷蒙皮上 Z 方向的位移云图

图 6－15 所示为载荷分别为 50kN、蜂窝 Y 方向的应力云图。

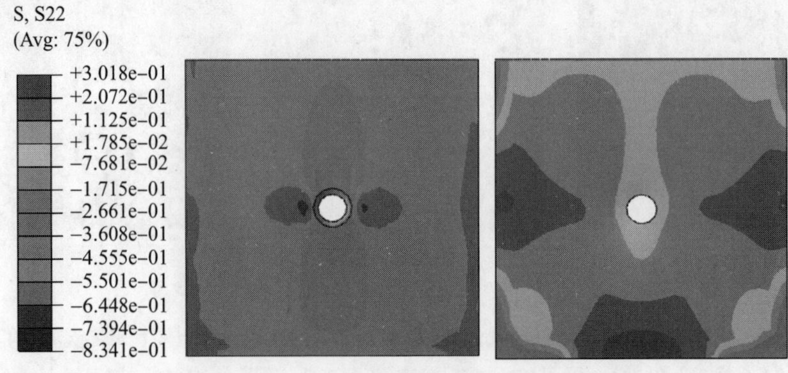

图 6－15　蜂窝 Y 方向的应力云图

图 6－16 所示为蜂窝夹层结构的侧压载荷－位移曲线。其中，无损结构的最大侧压破坏载荷为 122.95kN，开胶损伤的最大侧压破坏载荷为 122.23kN，穿孔损伤的最大侧压破坏载荷为 65.68kN。由图可知：在结构发生破坏前，载荷随着位移线性增加。

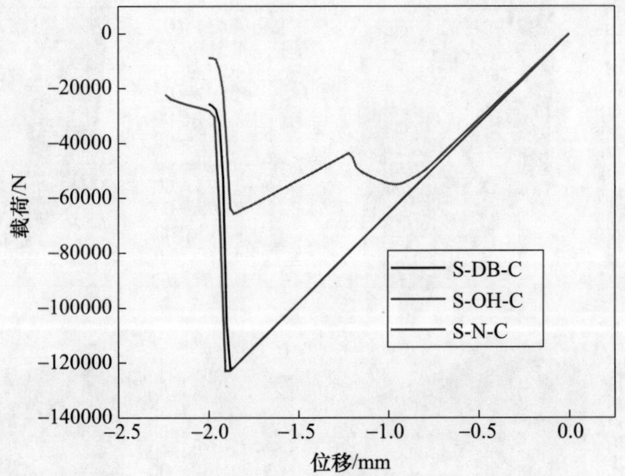

图 6－16　蜂窝夹层结构侧压载荷－位移曲线

6.2.3 蜂窝夹层结构划伤后四点弯曲数值分析

1. 模型描述

模型共由 5 个部分组成，分别为上蒙皮、蜂窝、下蒙皮、加载装置、固定装置。尺寸为长 600mm、宽 75mm，蜂窝高度为 19.05mm。在加载位置的蒙皮上分别有一个长 30mm、深 0.13mm、宽 0.5mm 的划伤损伤。模型中建立解析刚体来模拟加载装置与固定装置，如图 6－17 所示。上蒙皮铺层为[45/90/90]，下蒙皮铺层为[90/90/45]。模型中采用三维 Hashin 准则来模拟蒙皮的失效，从而预测夹层结构的承载能力。

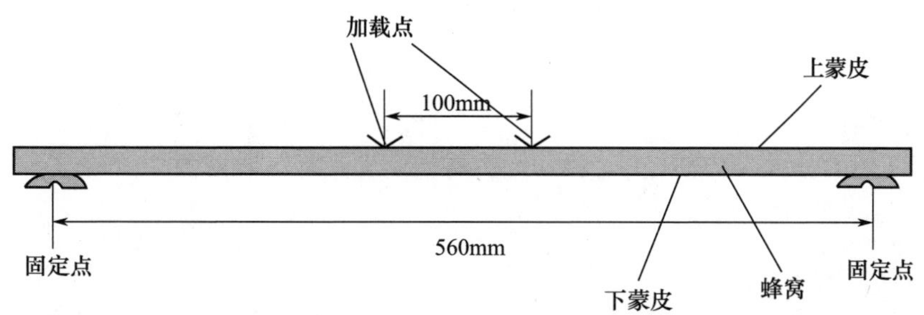

图 6－17　蜂窝夹层弯曲模型

1）材料参数

蒙皮采用织物预浸料 TORAY T700SC－12K－50C/#2510，性能数据见表 6－3。蜂窝夹层结构采用 ANH 4120 蜂窝芯材，性能数据见表 6－4。

2）网格类型

上下蒙皮均采用 Solid 单元模拟，单元类型为 C3D8R（8 节点 6 面体线性减缩积分实体单元），划伤处网格细化。蜂窝等效为正交各向异性材料，采用 Solid 建模，单元类型为 C3D8R（8 节点 6 面体线性减缩积分实体单元），网格划分情况如图 6－18 所示。

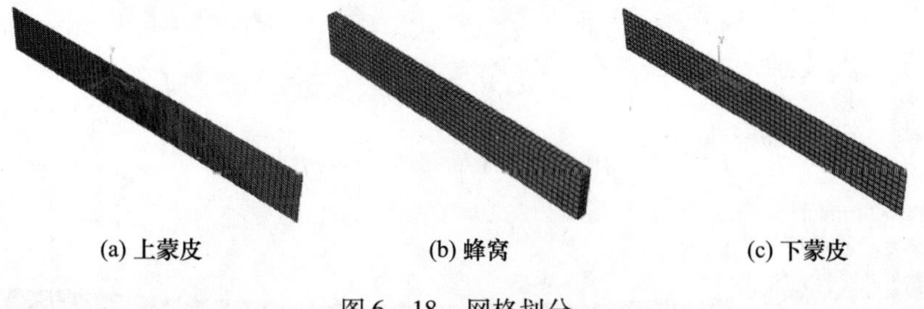

图 6－18　网格划分

3）载荷和边界条件

对模型施加弯曲载荷。边界条件为固定模型下表面的 X 及 Y 方向的位移，（U1＝U2＝0），以及固定点（U1＝U2＝U3＝UR1＝UR2＝UR3＝0），向加载装置的参考点施加 Z 方向的位移（U3＝20mm），固定其余方向（U1＝U2＝UR1＝UR2＝UR3＝0），如图 6－19 所示。

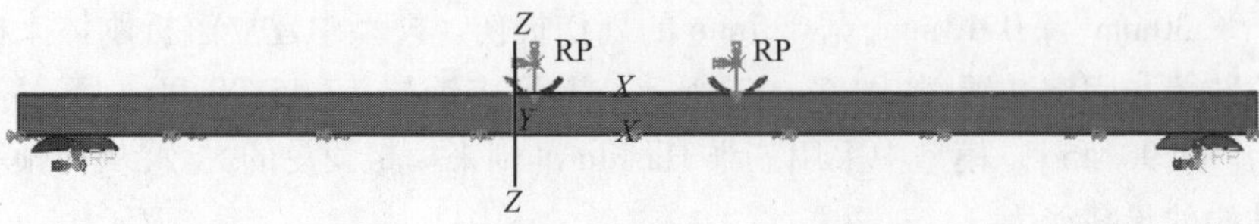

图 6 - 19　蜂窝夹层弯曲模型加载方式

2. 含划伤损伤的蜂窝夹层结构弯曲载荷模拟结果

当横向载荷为 1.6 kN 时蒙皮上 X 方向的应力云图如图 6 - 20 所示，图下端为划伤处的放大应力云图。由图可见：划伤处尖端存在着应力集中现象。

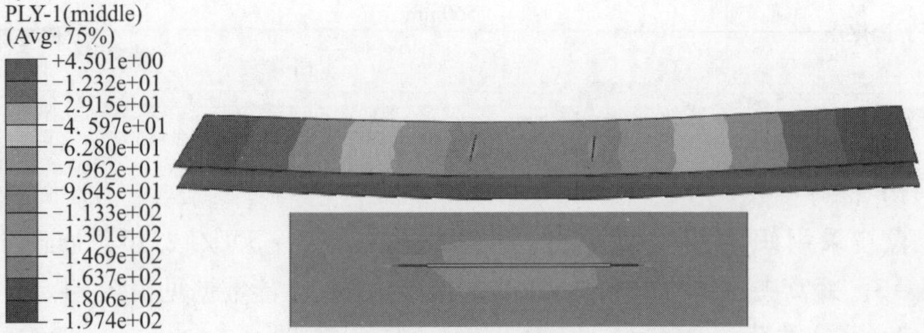

(a) 45° (PLY-1) 方向蒙皮上的应力云图

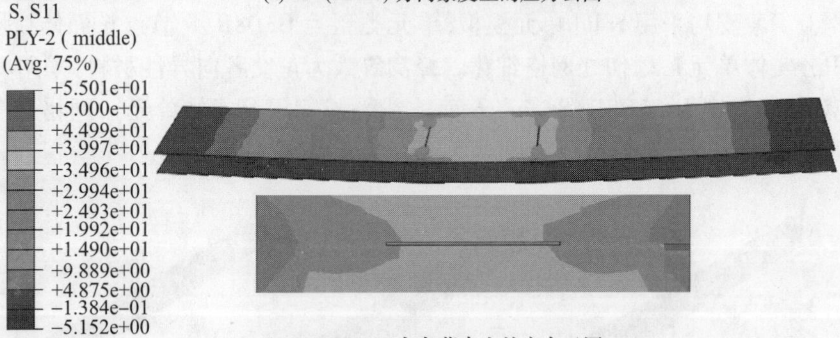

(b) 90° (PLY-2) 方向蒙皮上的应力云图

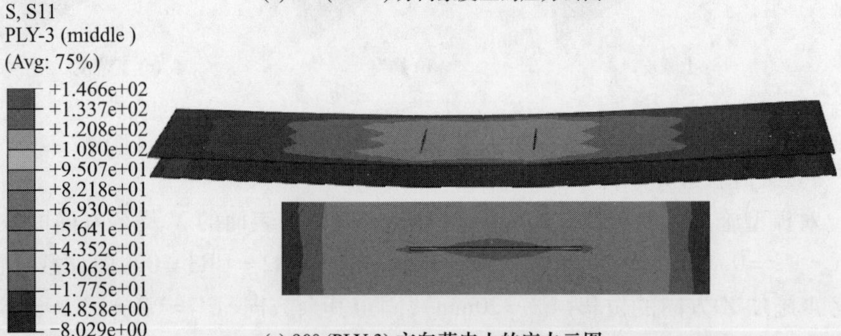

(c) 90° (PLY-3) 方向蒙皮上的应力云图

图 6 - 20　上下蒙皮 X 方向的应力云图

模拟结果表明:损伤始于划伤处,最后沿着划伤方向断裂,如图 6－21 所示。

图 6－21　模型损伤过程

图 6－22、图 6－23 给出上蒙皮发生损伤后,载荷下降到 0. 35kN 时,上蒙皮的应力值以及蜂窝上的应力值。

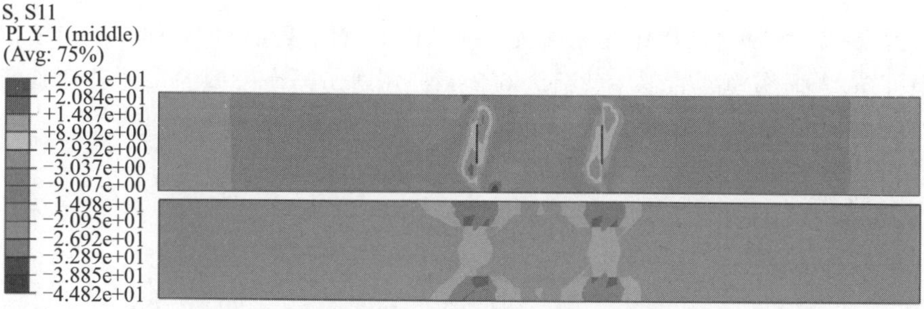

(a) 45° (PLY-1) 方向蒙皮上的应力云图

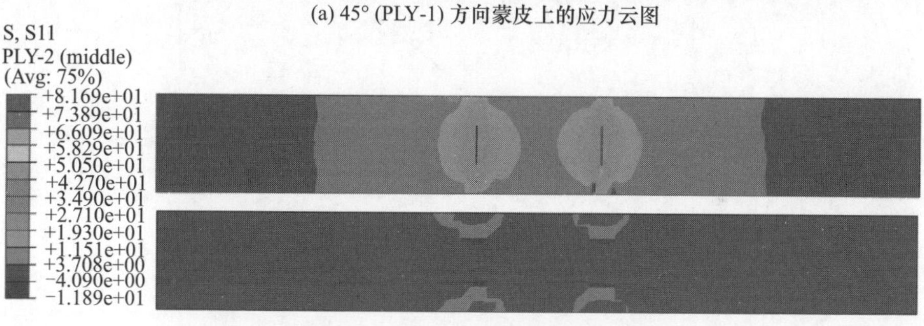

(b) 90° (PLY-2) 方向蒙皮上的应力云图

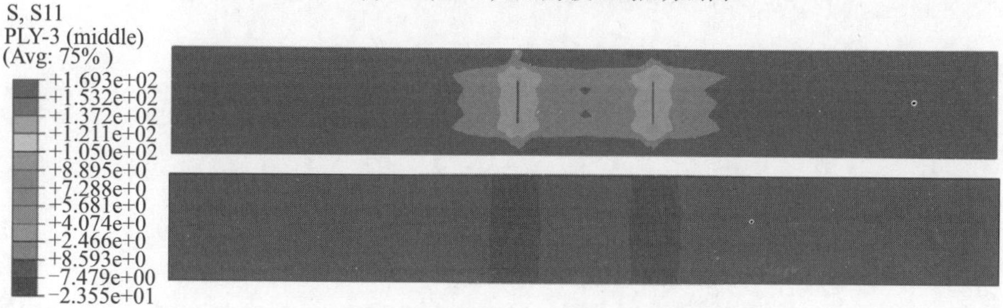

(c) 90° (PLY-3) 方向蒙皮上的应力云图

图 6－22　上蒙皮损伤时蒙皮上的应力云图

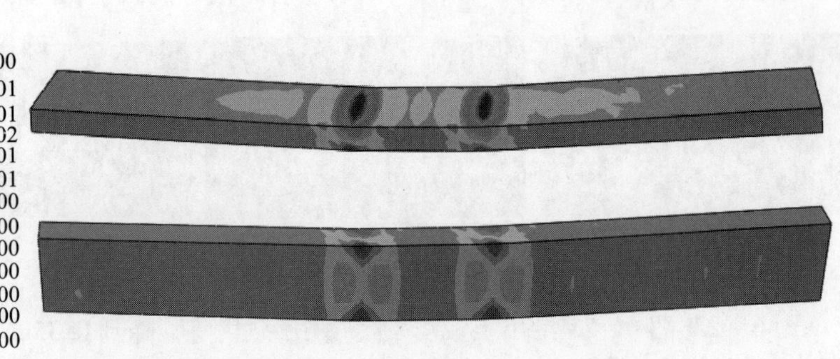

图 6-23　上蒙皮损伤时蜂窝芯上的应力云图

图 6-24 为蜂窝夹层结构无损及含损结构的弯曲载荷-位移曲线。由模拟结果可知，未损伤模型的破坏载荷为 6.28kN，含划伤损伤模型的弯曲破坏载荷为 2.13kN。弯曲强度下降 66%，可见划伤损伤对弯曲强度的影响很大。

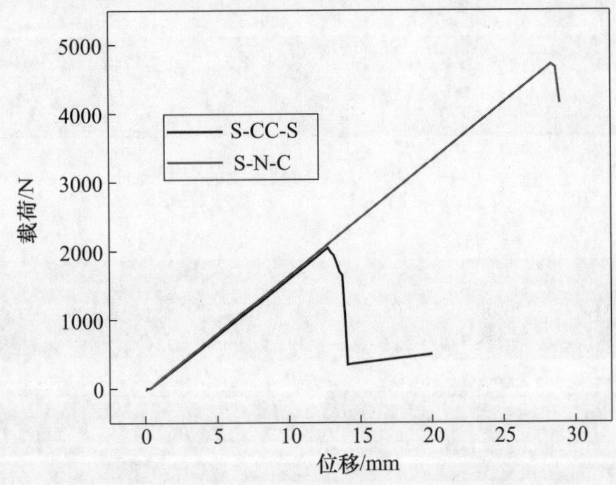

图 6-24　蜂窝夹层结构无损及含损结构的弯曲载荷-位移曲线

6.3　蜂窝夹层结构修补后数值分析

6.3.1　蜂窝夹层结构划伤修补弯曲分析

1. 模型描述

模型共由 5 个部分组成，分别为上蒙皮、蜂窝、下蒙皮、加载装置、固定装置。尺寸为长 600mm、宽 75mm，蜂窝高度 19.05mm。在加载位置的蒙皮上分别有一个长 30mm、深 0.13mm、宽 0.5mm 的划伤损伤。模型中加载装置与固定装置设置为刚体，上蒙皮铺层为[45/90/90]，下蒙皮铺层为[90/90/45]。针对划伤损伤建立补片修理模型(S－RCC－1)、树脂修理模型(S－RCC－2)，如图 6－25 所示。修补模型的尺寸与修补位置均与试验中试件一致。模型中采用三维 Hashin 准则来模拟蒙皮的失效，从而预测夹层修补结构的承载能力。

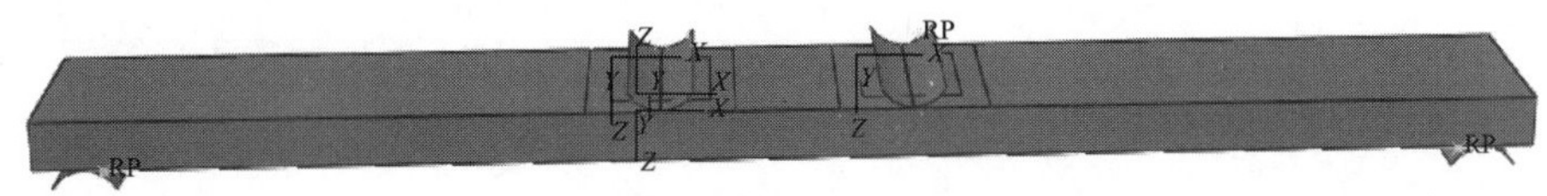

(a) 蜂窝夹层划伤补片修补弯曲模型

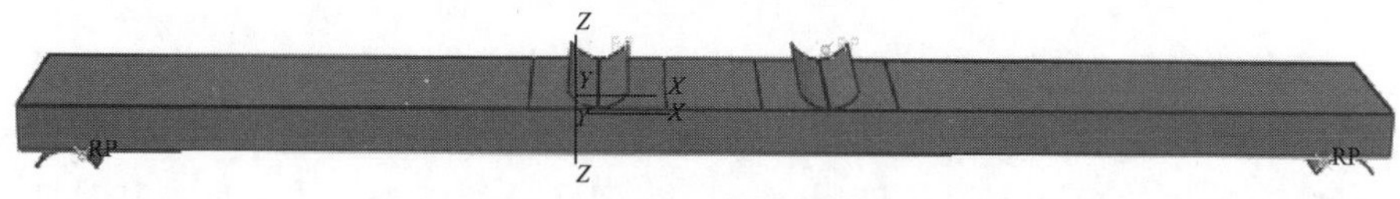

(b) 蜂窝夹层划伤树脂修补弯曲模型

图 6－25　蜂窝夹层结构划伤修补模型

1）材料参数

蒙皮采用织物预浸料 TORAY T700SC－12K－50C/#2510，性能数据见表 6－3。蜂窝夹层结构采用 ANH 4120 蜂窝芯材，性能数据见表 6－4。

2）网格类型

上下蒙皮均采用 Solid 单元模拟，单元类型为 C3D8R(8 节点 6 面体线性减缩积分实体单元)，划伤处网格细化。蜂窝等效为正交各向异性材料，采用 Solid 建模，单元类型为 C3D8R(8 节点 6 面体线性减缩积分实体单元)，网格划分情况如图 6－26 所示。

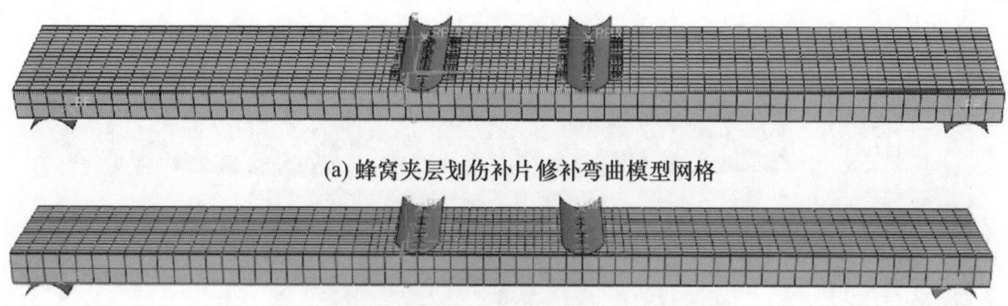

(a) 蜂窝夹层划伤补片修补弯曲模型网格

(b) 蜂窝夹层划伤树脂修补弯曲模型网格

图 6－26　蜂窝夹层结构划伤修补网格划分

3）载荷和边界条件

对模型施加弯曲载荷。边界条件为固定模型下表面的 X 方向及 Y 方向的位移,(U1 = U2 = 0),以及固定固定装置(U1 = U2 = U3 = UR1 = UR2 = UR3 = 0),向加载装置的参考点施加 Z 方向的位移(U3 = 20mm),固定其余方向(U1 = U2 = UR1 = UR2 = UR3 = 0),如图 6 - 27 所示。

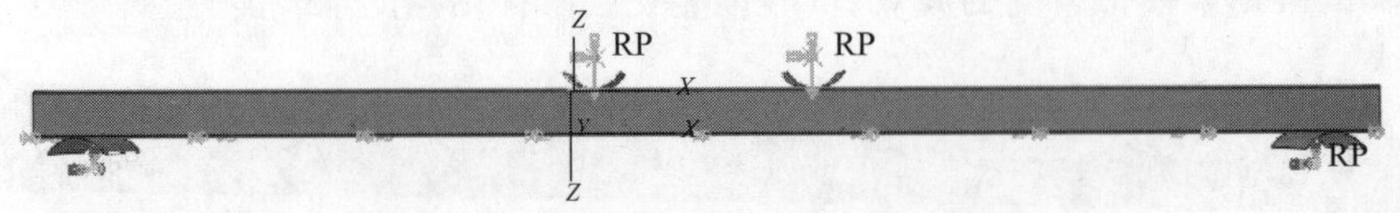

图 6 - 27　蜂窝夹层弯曲模型加载方式

2. 含划伤损伤的蜂窝夹层结构补片修补弯曲载荷模拟结果

当横向载荷为 1kN 时,蒙皮上 X 方向的应力云图划伤处的放大应力云图如图 6 - 28 所示,由应力云图可知:在模型中间区域,上蒙皮受压,下蒙皮受压。由于补片的存在,承担了一部分载荷,划伤处的压应力比未加补片处明显降低。

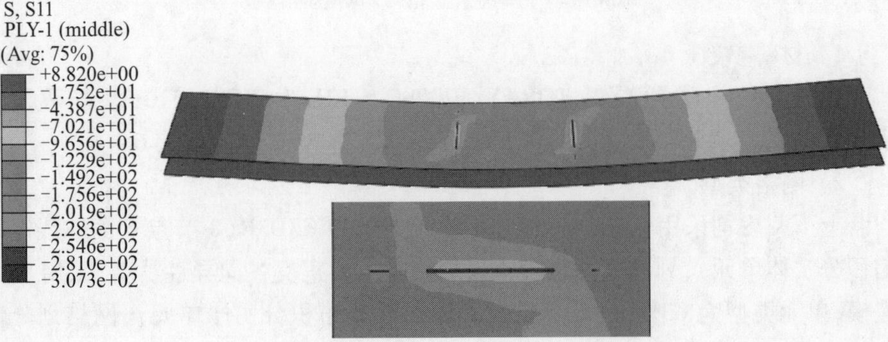

(a) 45° (PLY-1) 方向蒙皮上的应力云图

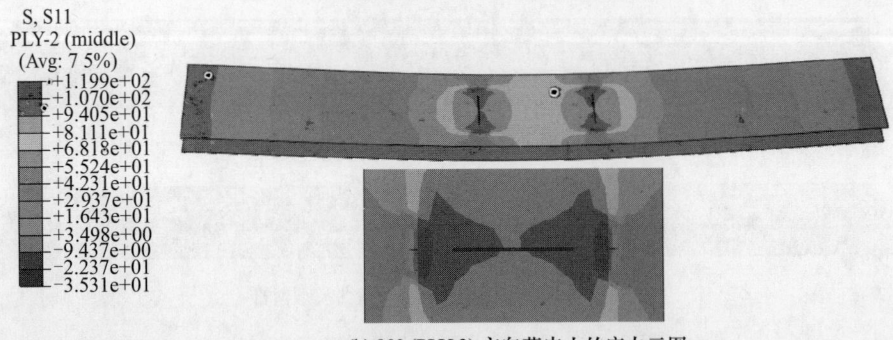

(b) 90° (PLY-2) 方向蒙皮上的应力云图

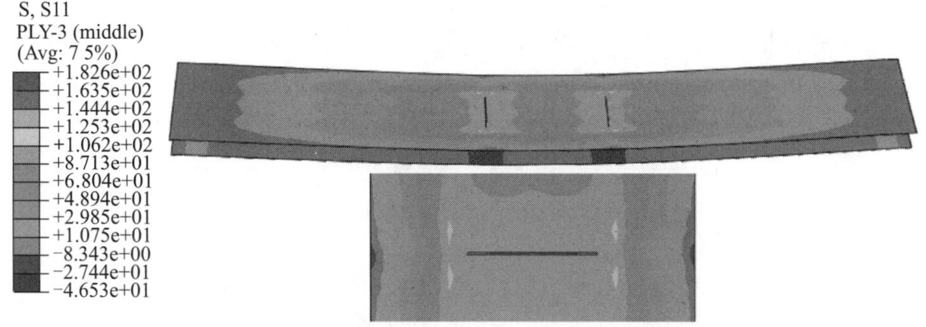

(c) 90° (PLY-3) 方向蒙皮上的应力云图

图 6 – 28　上下蒙皮 X 方向的应力云图

因模型为对称结构,两个补片上的应力分布完全一致,故选取任一补片,当横向载荷为 1kN 时,其 X 方向的应力云图如图 6 – 29 所示,由图 6 – 29 可知:补片整体受压,对应于划伤处位置的压应力最大。

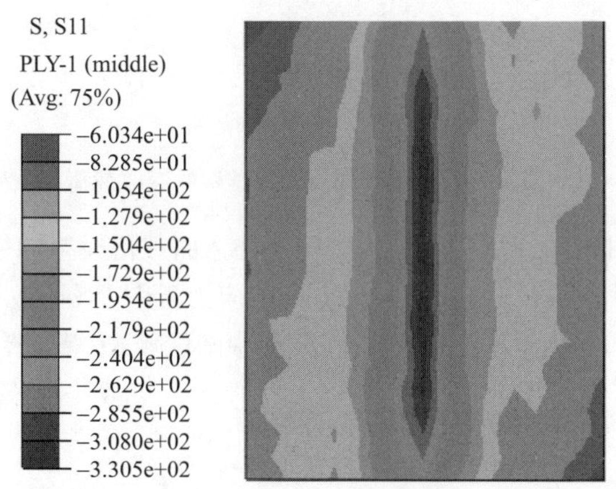

图 6 – 29　补片上的应力云图

由损伤模拟分析可知:损伤始于划伤处,由于补片的存在,使得损伤最终沿着划伤附近补片边缘断裂,如图 6 – 30 所示。

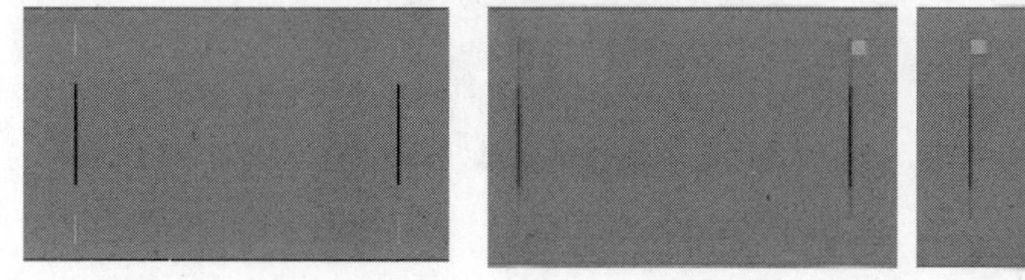

图 6 – 30　模型损伤过程

图6－31为蜂窝夹层结构划伤损伤补片修理的载荷－位移曲线，可以看出和层合板损伤一样，在发生失效之前，载荷随位移的增大呈线性增大。其模拟载荷为1532.99N，而试验值为1671N，误差仅为8.26%，说明该模型准确。

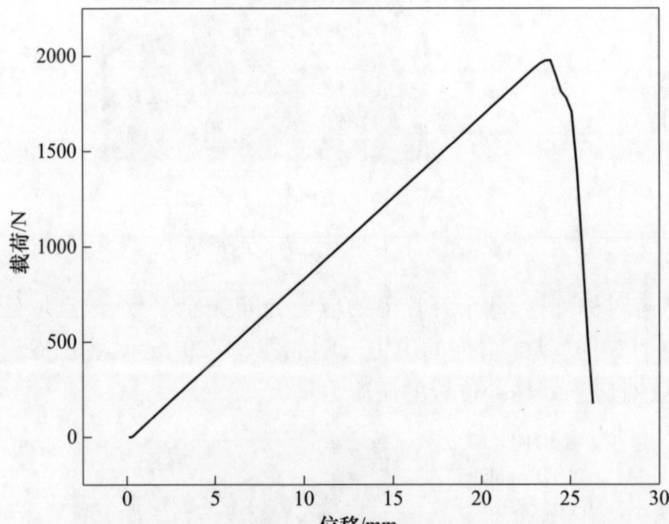

图6－31　蜂窝夹层结构无损及含损结构的弯曲载荷－位移曲线

3. 含划伤损伤的蜂窝夹层结构树脂修补弯曲载荷模拟结果

当横向载荷为1kN时，蒙皮上 X 方向的应力云图及划伤处的放大应力云图如图6－32所示。由应力云图可知：在模型中间区域，上蒙皮受压，下蒙皮受压。由于划伤处已填充了胶，划伤处的压应力有所减小，在划伤一侧尖端处压应力具有最大值。

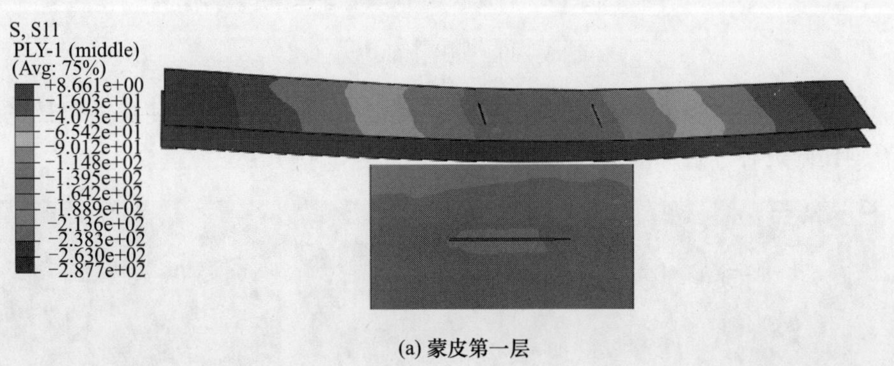

(a) 蒙皮第一层

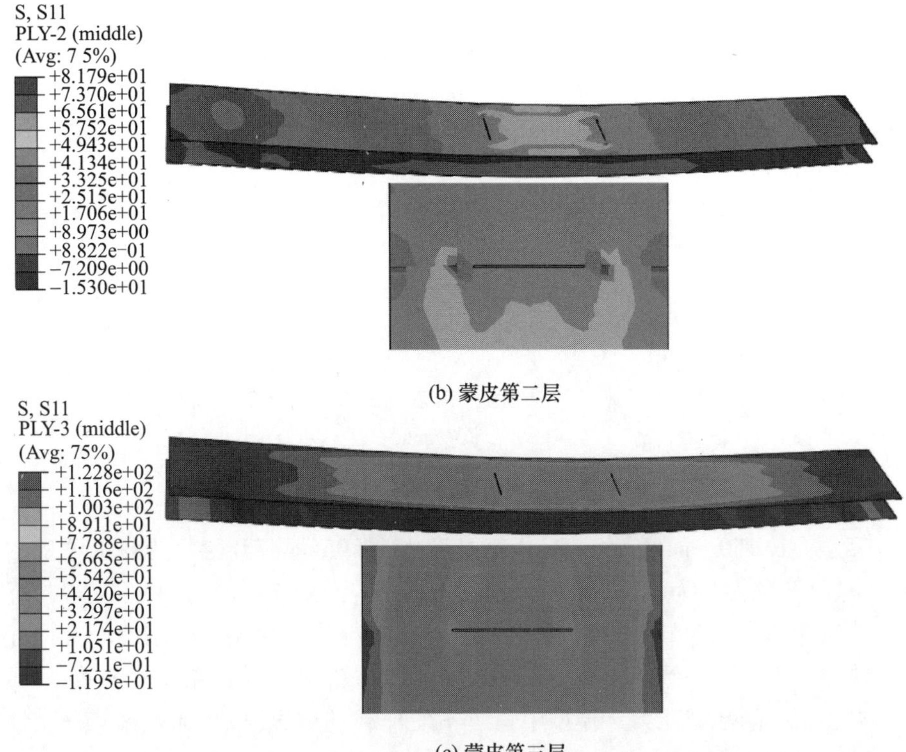

(b) 蒙皮第二层

(c) 蒙皮第三层

图 6 – 32　划伤蒙皮应力云图

由损伤模拟可知:损伤始于划伤处,沿着划伤长度方向贯穿整个蒙皮,最终在划伤处断裂,如图 6 – 33 所示。

图 6 – 33　模型损伤过程

图 6 – 34 所示为含划伤损伤蜂窝夹层结构补片修补弯曲载荷 – 位移曲线。由模拟结果可知,含划伤损伤补片修补模型的弯曲破坏载荷为 1. 9kN。

6. 3. 2 蜂窝夹层结构蒙皮开胶修补模型侧压分析

1. 模型描述

模型共由 4 个部分组成,分别为上蒙皮、蜂窝、下蒙皮、补片,如图 6 – 35 所

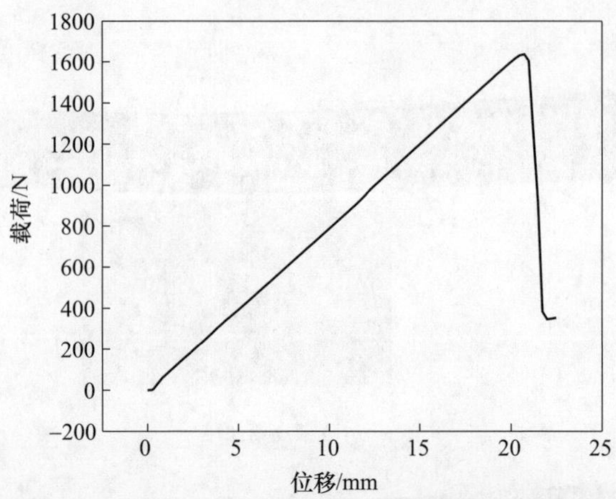

图 6-34 蜂窝夹层划伤树脂修补模型的载荷-位移曲线

示。尺寸为长 150mm、宽 150mm，蜂窝高度为 19.05mm。开胶位置在上蒙皮的中心位置，开胶大小为 $\phi=20$mm，下蒙皮未损伤。上蒙皮铺层为[45/90/90]，下蒙皮铺层为[90/90/45]。针对损伤模型，建立挖补修补模型。模型中修补尺寸与试验中试件完全一致。模型中采用三维 Hashin 准则来模拟蒙皮的失效，从而预测夹层结构的承载能力。模型中为了不使加载端被压溃，在加载端加一刚性板，载荷施加在刚性板上。

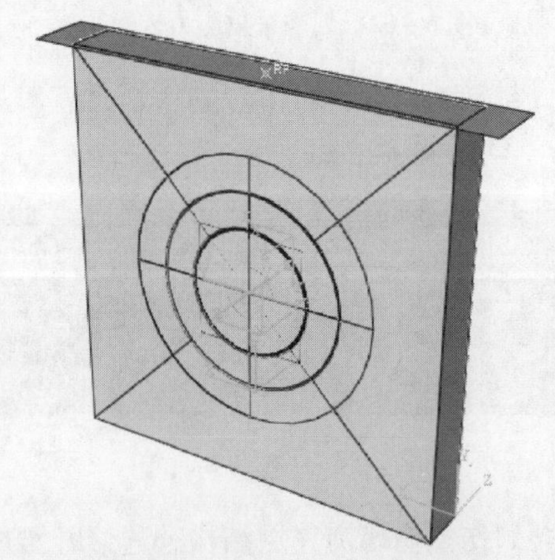

图 6-35 蜂窝夹层蒙皮开胶结构挖补修补模型

1）材料参数

蒙皮采用织物预浸料 TORAY T700SC-12K-50C/#2510，性能数据见表 6-3。蜂窝夹层结构采用 ANH 4120 蜂窝芯材，性能数据见表 6-4。

2）网格类型

上下蒙皮、补片以及蜂窝均采用 Solid 建模，3Dstress 单元模拟，单元类型为 C3D8R（8 节点 6 面体线性减缩积分实体单元）。蜂窝等效为正交各向异性材料。开胶区域网格细化，如图 6－36 所示。

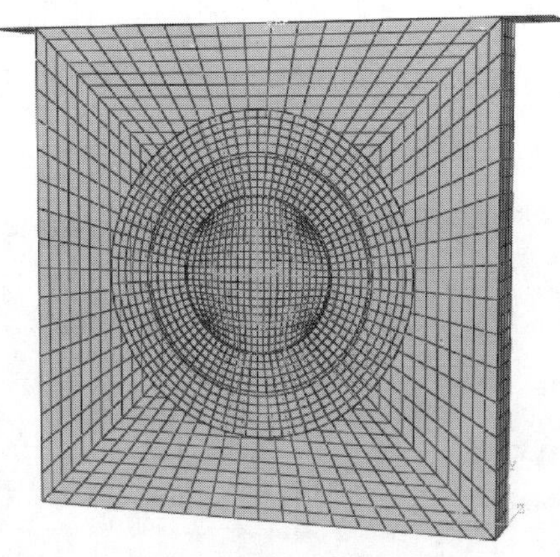

图 6－36　模型网格划分

3）载荷和边界条件

对模型分别施加面内压缩载荷。面内压缩载荷的边界条件为下端完全固定（U1 ＝ U2 ＝ U3 ＝ UR1 ＝ UR2 ＝ UR3 ＝0），且固定模型的左右侧面（U1 ＝ U3 ＝0），上端施加 Y 方向的位移（U2 ＝ －3mm），固定其余方向（U1 ＝ U3 ＝ UR1 ＝ UR2 ＝ UR3 ＝0），如图 6－37 所示。

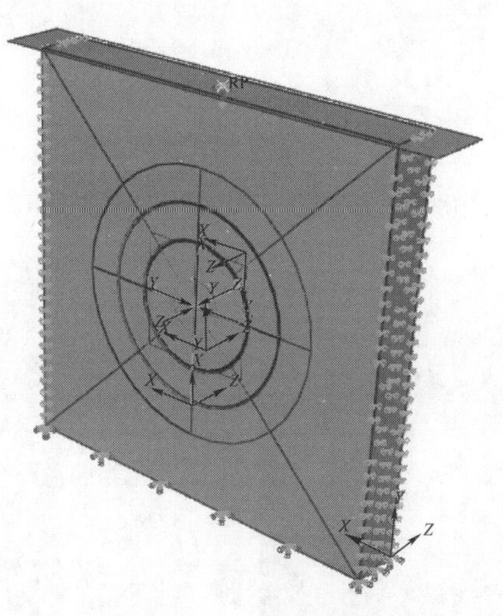

图 6－37　蜂窝夹层蒙皮开胶挖补修补结构压缩边界条件

4）接触类型

蒙皮与蜂窝之间、补片与蒙皮之间均采用胶层属性接触，具体方法如图 6 - 4 所示。

2. 蜂窝夹层结构蒙皮开胶挖补修补侧压载荷模拟结果

压缩载荷为 25kN 时，蒙皮上的 Y 方向的应力云图如图 6 - 38 所示。由图可知：上蒙皮补片修补处，应力有所减小。45°铺层的应力均大于 90°铺层上的应力。

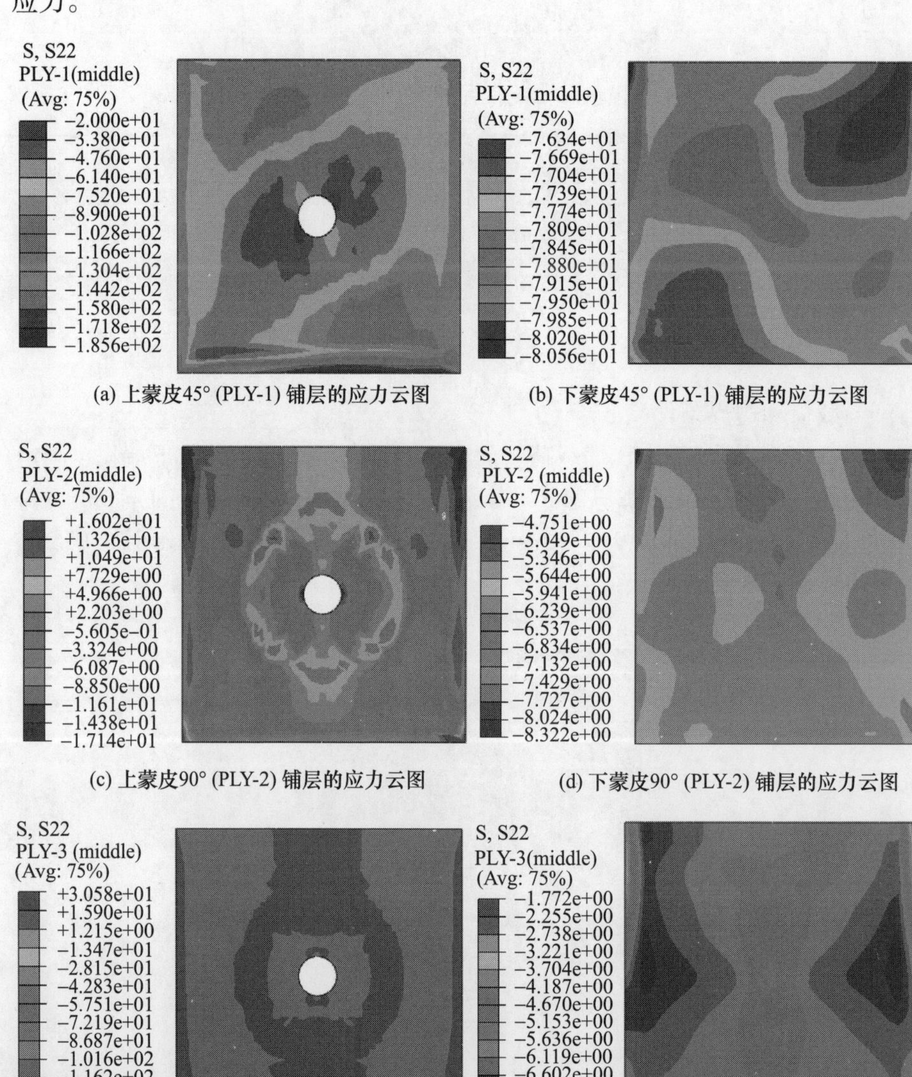

(a) 上蒙皮45° (PLY-1) 铺层的应力云图　(b) 下蒙皮45° (PLY-1) 铺层的应力云图

(c) 上蒙皮90° (PLY-2) 铺层的应力云图　(d) 下蒙皮90° (PLY-2) 铺层的应力云图

(e) 上蒙皮90° (PLY-3) 铺层的应力云图　(f) 下蒙皮90° (PLY-3) 铺层的应力云图

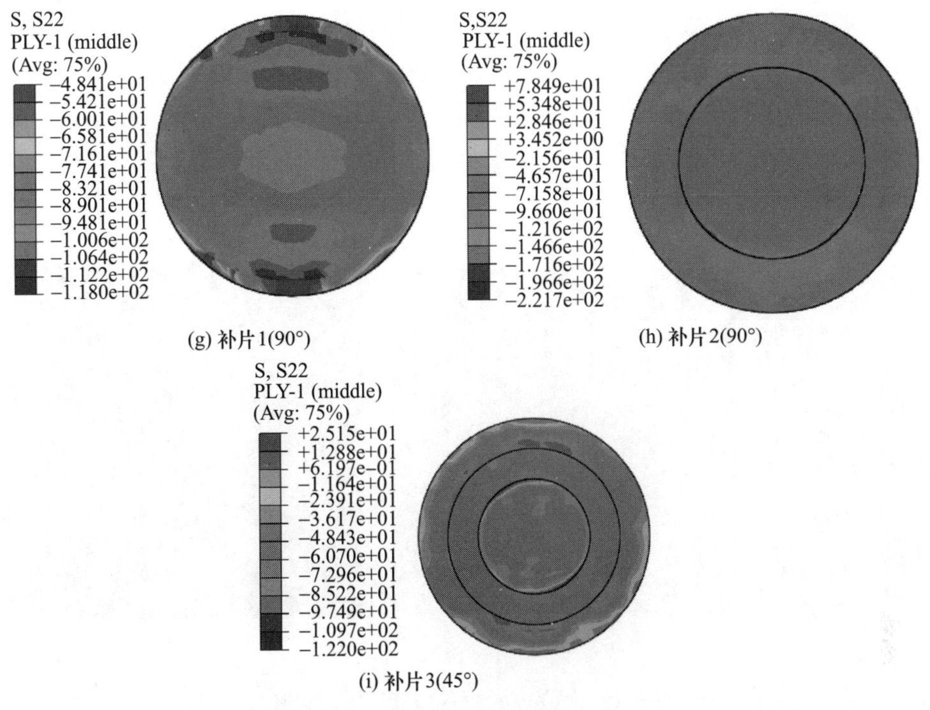

(g) 补片1(90°)　　(h) 补片2(90°)

(i) 补片3(45°)

图 6－38　补片修补压缩应力云图

由补片上的应力云图可知:补片 1 和补片 2 即 90°铺层补片中心区域(蒙皮脱胶处)的应力大致相同,大约为 76MPa。而补片 3 即 45°铺层补片中心区域的应力大约为 40MPa。

由图 6－39 所示的模拟结果可知:由于补片的存在,损伤并非从开胶处开始,而是由于载荷的增加,固定端被压溃,破坏模式为纤维压缩破坏和基体压缩破坏。

图 6－39　上蒙皮损伤过程

图6-40和图6-41所示分别为压缩载荷为25kN时上、下蒙皮和补片在Z方向的位移，可见：由于补片的存在，使得模型左右不对称，刚度不匹配，在压缩载荷的作用下，模型中心一定范围内Z方向的位移均为负值，说明模型整体向有补片的一侧倾斜，且上蒙皮由于补片的存在，整体刚度增加，倾斜程度比下蒙皮小。

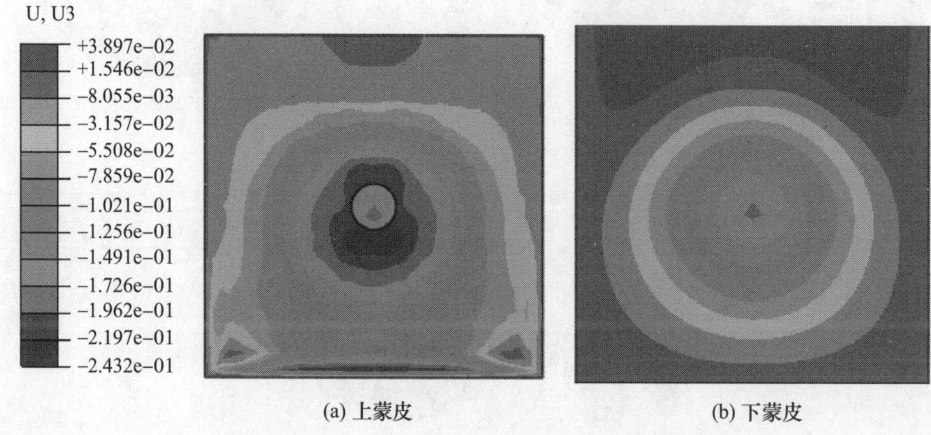

(a) 上蒙皮　　(b) 下蒙皮

图6-40　上(左)、下(右)蒙皮Z方向的位移

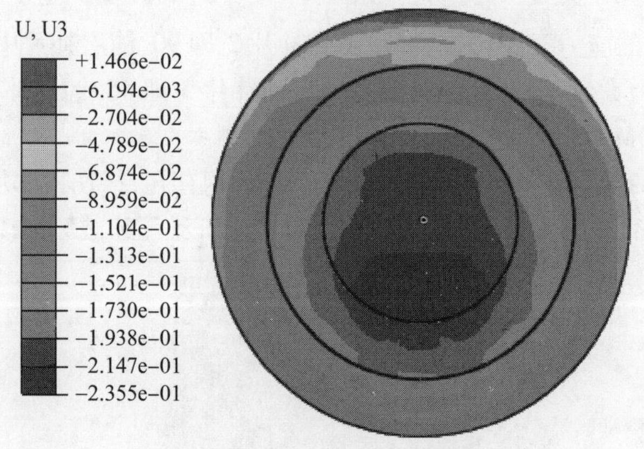

图6-41　补片Z方向的位移

图6-42为蜂窝夹层结构开胶损伤挖补修理的载荷-位移曲线，可以看出和层合板损伤一样，在发生失效之前，载荷随位移的增大呈线性增大。其模拟载荷为40655N，而试验值为37908.4N，误差仅为6.75%，说明该模型准确。

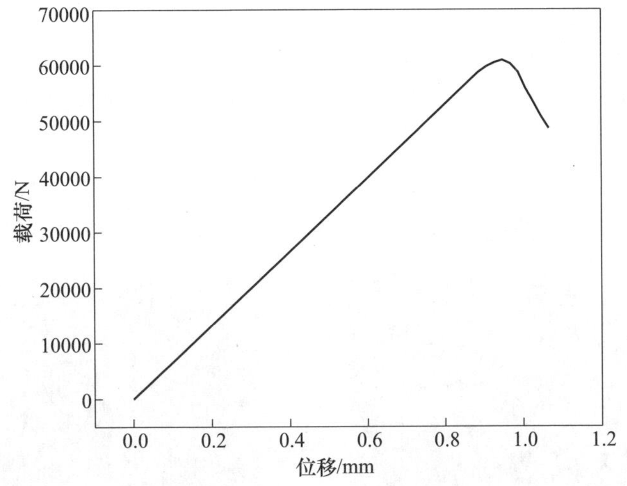

图 6－42　蜂窝夹层开胶修补模型的载荷－位移曲线

6.3.3 蜂窝夹层结构穿孔损伤修补分析

1. 模型描述

模型尺寸为长 150mm、宽 150mm，蜂窝高度为 19.05mm。穿孔位置在蜂窝以及上面板的中心位置，形状为直径为 20mm 的圆形孔，具体形状如图 6－43 所示。上蒙皮铺层为[45/90/90]，下蒙皮铺层为[90/90/45]。针对损伤模型，建立修补模型，分别为铺层修补和补片修补，修补模型尺寸与试验中试件完全一致。模型中采用三维 Hashin 准则来模拟蒙皮的失效，从而预测夹层结构的承载能力。模型中为了不使加载端被压溃，在加载端加一刚性板，载荷施加在刚性板上。

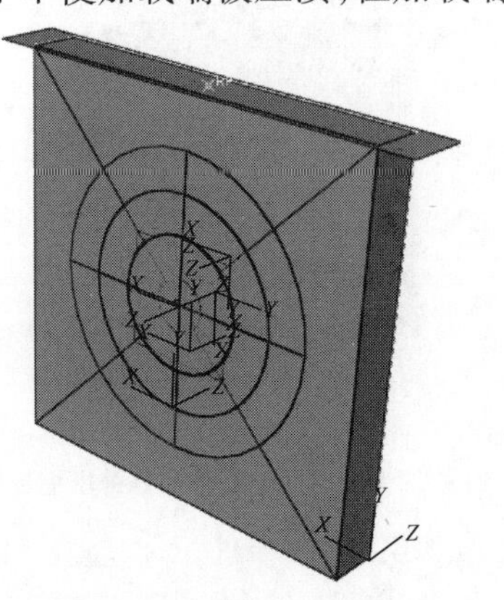

(a) 蜂窝夹层穿孔结构铺层修补模型

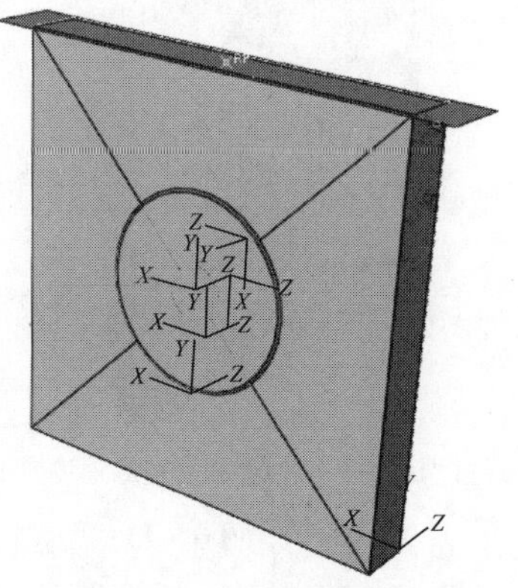

(b) 蜂窝夹层穿孔结构补片修补模型

图 6－43　蜂窝夹层结构穿孔损伤修补模型

1）材料参数

蒙皮采用织物预浸料 TORAY T700SC - 12K - 50C/#2510，性能数据见表6-3。蜂窝夹层结构采用 ANH 4120 蜂窝芯材，性能数据见表6-4。

2）网格类型

上下蒙皮、补片以及蜂窝均采用 Solid 建模，3Dstress 单元模拟，单元类型为 C3D8R(8 节点6 面体线性减缩积分实体单元)，蒙皮孔边网格细化，如图6-44 所示。

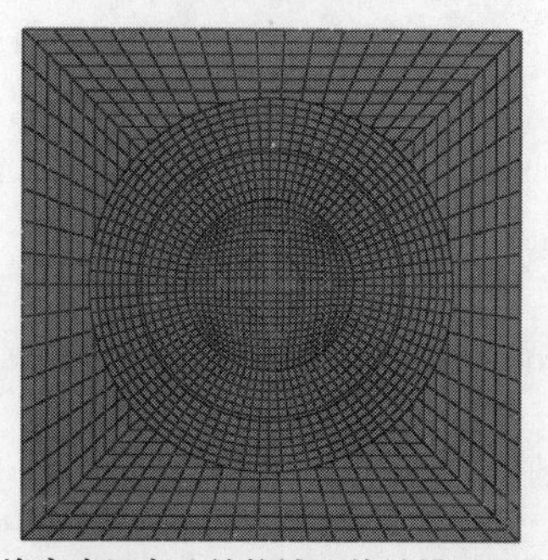

(a) 蜂窝夹层穿孔结构铺层修补模型网格

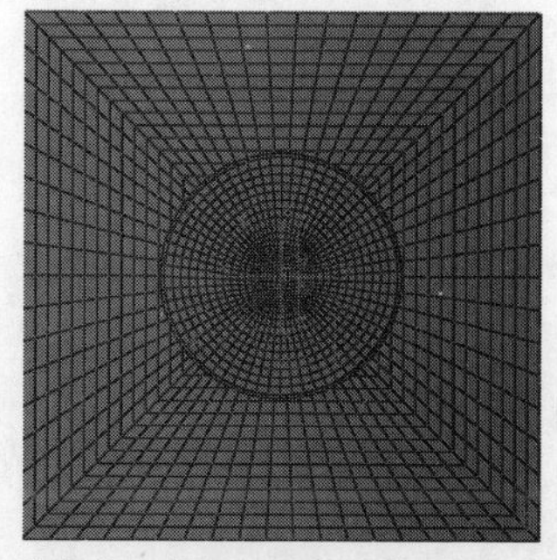

(b) 蜂窝夹层穿孔结构补片修补模型网格

图6-44　穿孔损伤修补模型网格划分

3）载荷和边界条件

对模型分别施加面内压缩载荷。面内压缩载荷的边界条件为下端完全固定(U1 = U2 = U3 = UR1 = UR2 = UR3 = 0)，且固定模型的左右侧面(U1 = U3 = 0)，上端施加 Y 方向的位移(U2 = -4mm)，固定其余方向(U1 = U3 = UR1 = UR2 = UR3 = 0)，如图6-45 所示。

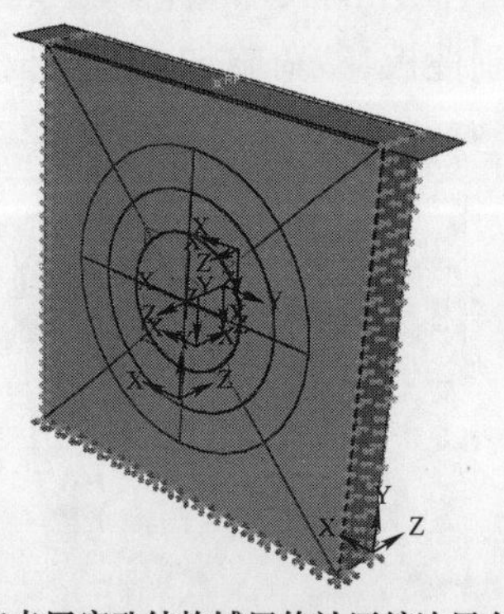

(a) 蜂窝夹层穿孔结构铺层修补压缩边界条件

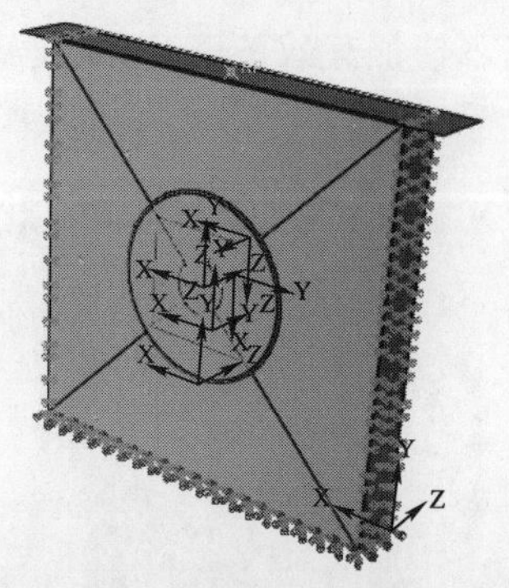

(b) 蜂窝夹层穿孔结构补片修补压缩边界条件

图6-45　蜂窝夹层穿孔损伤模型边界条件

4）接触类型

蒙皮与蜂窝之间、补片与蒙皮之间、补片与蒙皮之间均采用胶层属性接触，具体操作与蜂窝夹层蒙皮开胶结构一样。

2. 蜂窝夹层穿孔结构铺层修补压缩载荷模拟结果

当压缩载荷为25kN时,蒙皮上的Y方向(加载方向)的应力云图如图6-46所示。由图可知:由于修补铺层及填料的存在,使得孔边小范围出现了一定程度的挤压,由于铺层承担了一部分压应力,修补铺层区域压应力比未修补区域小,下蒙皮应力分布较均匀。由修补铺层的应力云图(如图6-47所示)可知:修补铺层第1层与孔接触的区域,压应力最大。修补铺层第2层和修补铺层第3层相对于修补铺层第1层上的应力较小。

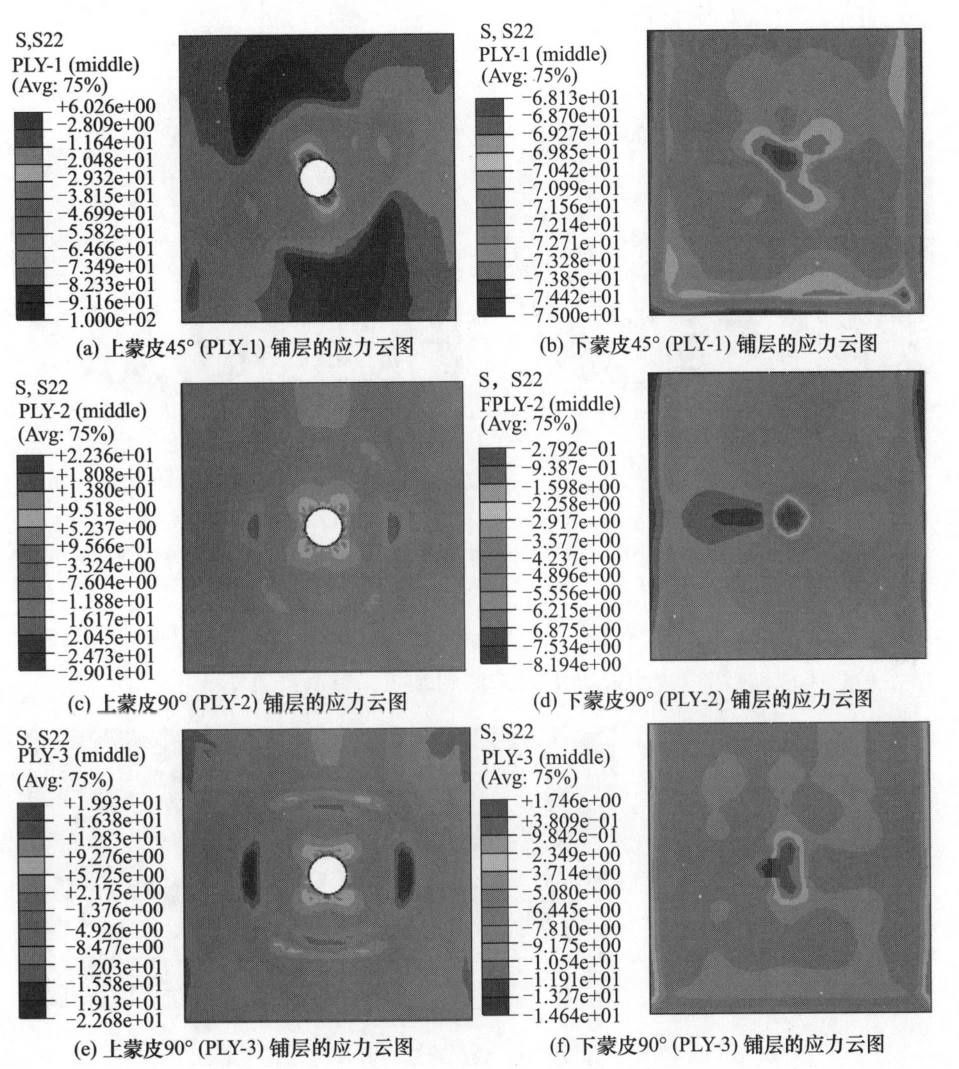

图6-46 蜂窝夹层穿孔结构压缩蒙皮上的应力云图

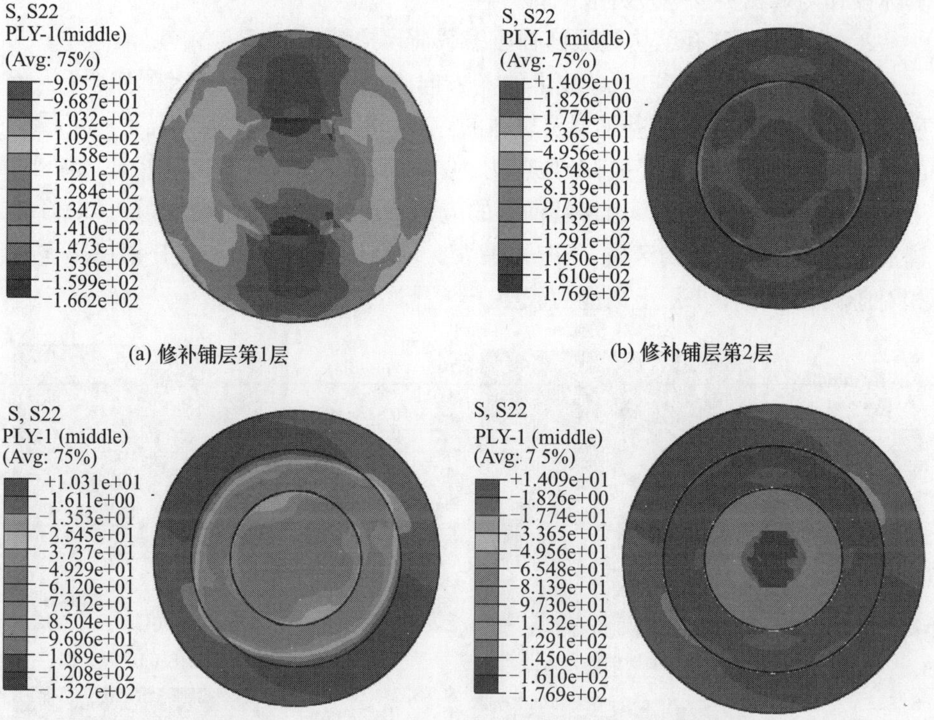

(a) 修补铺层第1层

(b) 修补铺层第2层

(c) 修补铺层第3层

(d) 修补铺层

图 6 – 47　修补铺层应力云图

模型中采用三维 Hashin 准则来预测结构的承载能力，由图 6 – 48 所示的模拟结果可知：蜂窝夹层穿孔结构铺层修补模型的压缩破坏裂纹从蒙皮与修补铺层接触的地方开始萌生，随着载荷的增加，损伤范围扩展到蒙皮与修补铺层第 3 层接触的区域，破坏模式为纤维压缩破坏和基体压缩破坏。

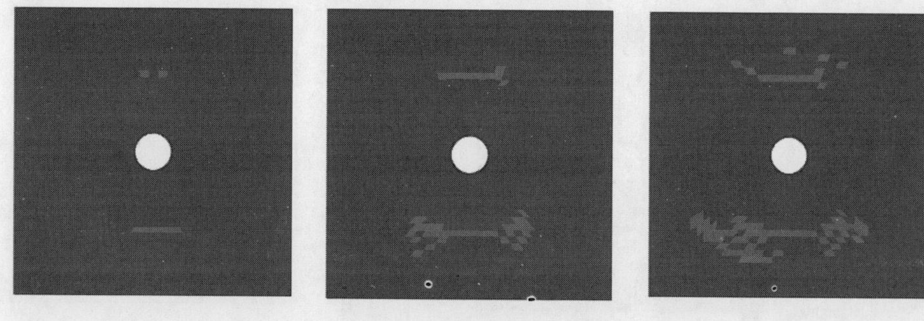

图 6 – 48　模型损伤过程

图 6 - 49 所示为蜂窝夹层穿孔结构补片修补模型在压缩载荷 25kN 时，蒙皮以及补片上 Z 方向(法向)的位移云图。由图可知:在压缩载荷下,上蒙皮铺层修补区域由于修补铺层填入,使其刚度增加,因此 Z 方向位移较小。由修补铺层上的位移可知,修补铺层的外边缘与蒙皮接触的地方位移最大。

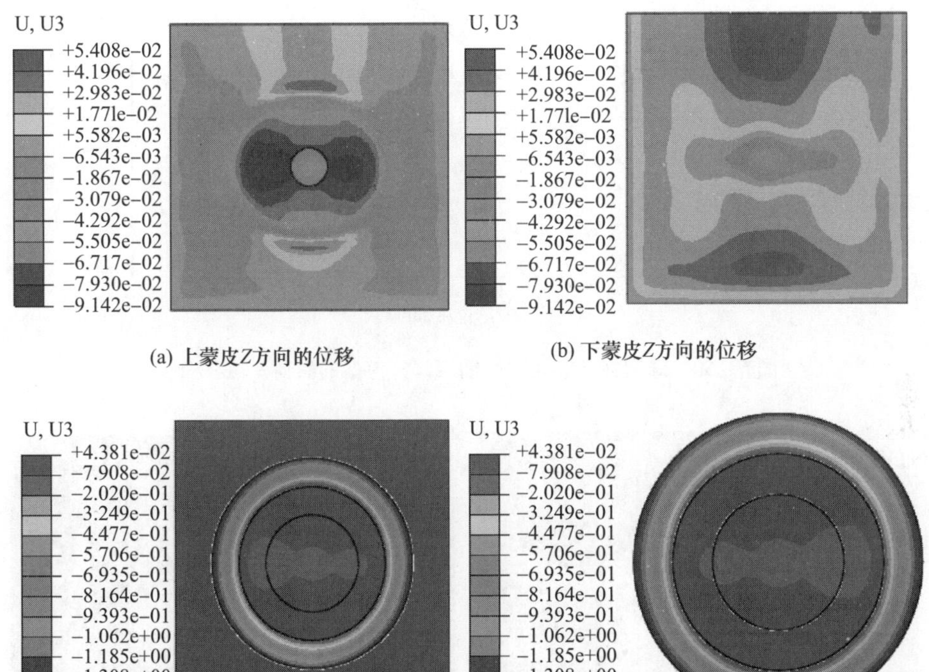

图 6 - 49　压缩载荷下蜂窝夹层穿孔铺层修补结构 Z 方向的位移

图 6 - 50 所示为蜂窝夹层结构穿孔损伤单面铺层修补的载荷 - 位移曲线，可以看出和层合板损伤一样,在发生失效之前,载荷随位移的增大呈线性增大。其模拟载荷为 40905N,而试验值为 39211. 2N,误差仅为 4. 14% ,说明该模型准确。

3. 蜂窝夹层穿孔结构补片修补压缩载荷模拟结果

当压缩载荷为 25kN 时,上、下蒙皮和补片上的 Y 方向(加载方向)的应力云图如图 6 - 51 和图 6 - 52 所示。由图可知:由于补片及填料的存在,使得孔边出现了一定程度的挤压,补片修补区域压应力比未修补区域小,下蒙皮上的应力分布比较均匀。

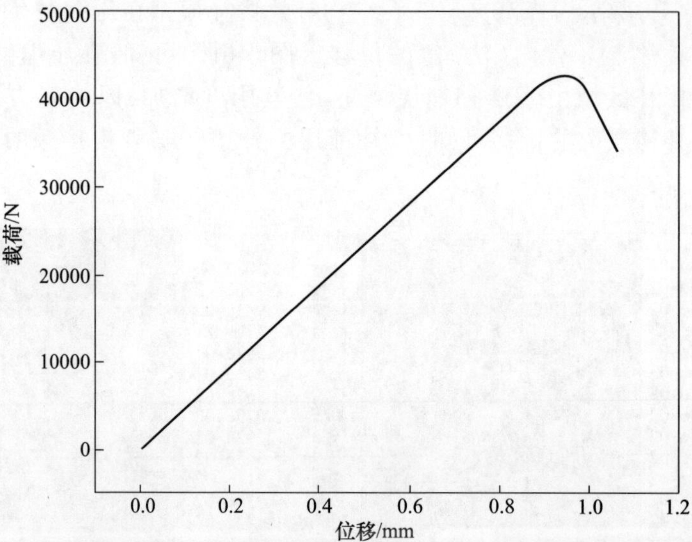

图 6-50　蜂窝夹层穿孔单面铺层修补模型的载荷-位移曲线

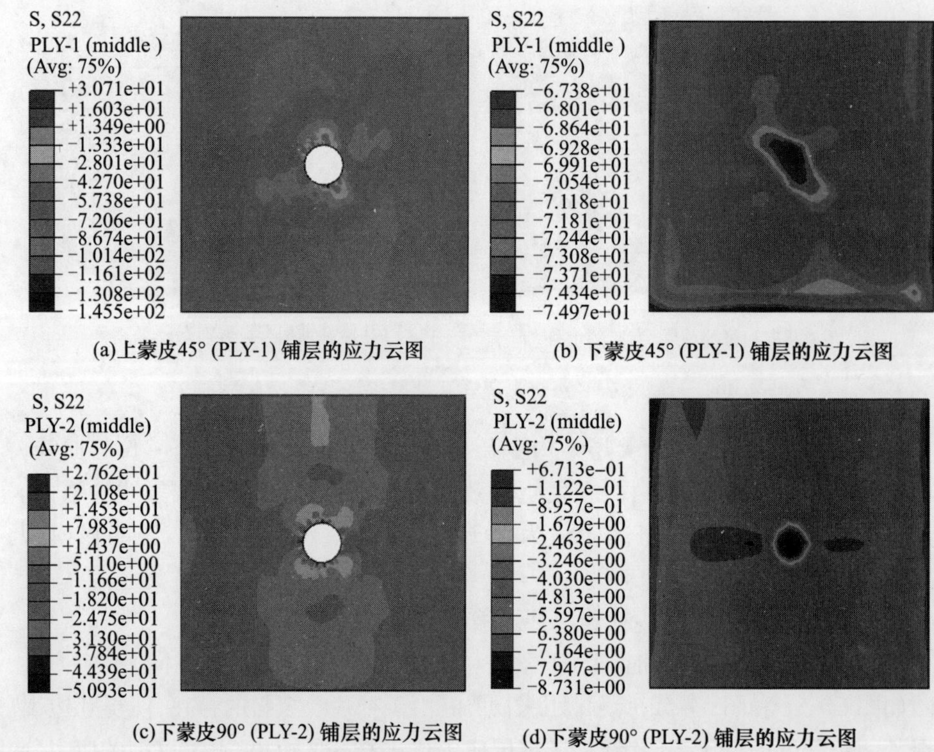

(a)上蒙皮45° (PLY-1) 铺层的应力云图　(b) 下蒙皮45° (PLY-1) 铺层的应力云图

(c)下蒙皮90° (PLY-2) 铺层的应力云图　(d)下蒙皮90° (PLY-2) 铺层的应力云图

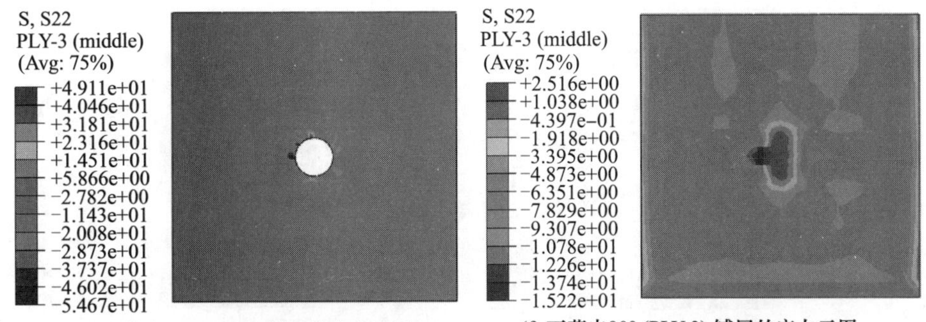

(e) 上蒙皮90° (PLY-3) 铺层的应力云图　　(f) 下蒙皮90° (PLY-3) 铺层的应力云图

图 6－51　上、下蒙皮应力云图

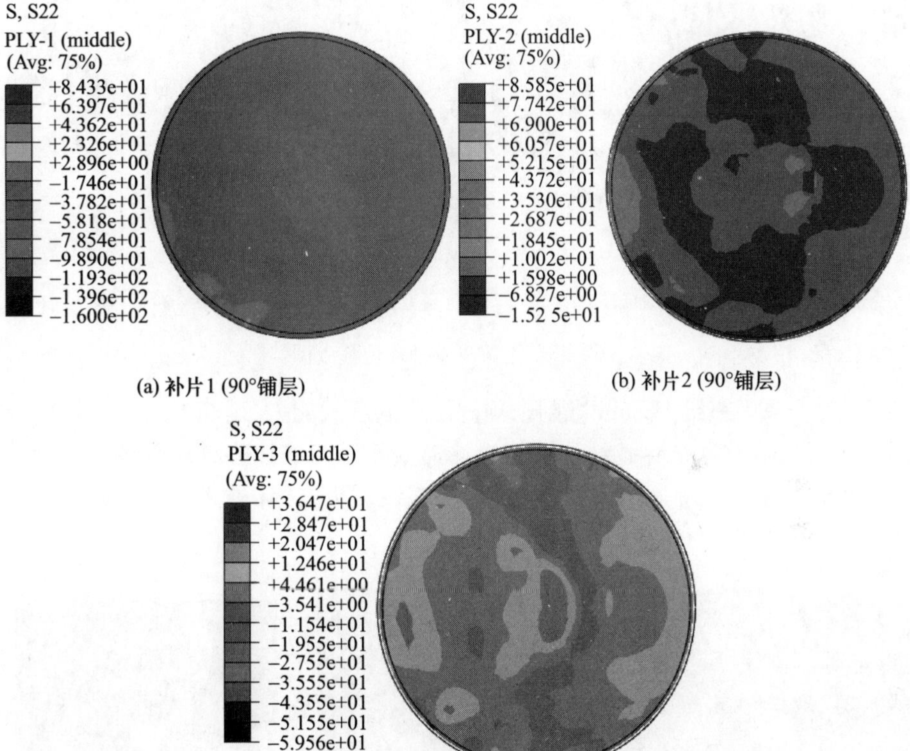

(a) 补片1 (90°铺层)　　(b) 补片2 (90°铺层)

(c) 补片3 (45°铺层)

图 6－52　补片应力云图

图 6－53 所示为蜂窝夹层穿孔结构补片修补模型在压缩载荷 25kN 时，蒙皮以及补片上 Z 方向(法向)的位移云图。由图可知：在压缩载荷下，由于补片的存在，使得模型上下蒙皮位移不对称，整个模型中心区域位移较大且均为负值。

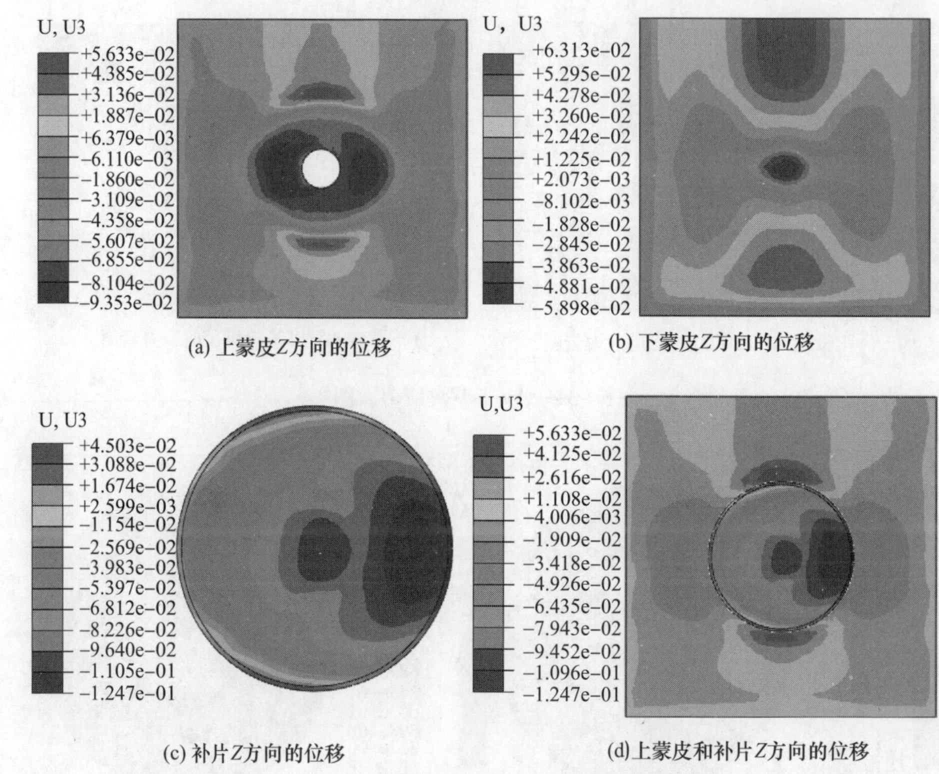

图 6－53　上蒙皮及补片位移云图

模型中采用三维 Hashin 准则来预测结构的承载能力，由图 6－54 所示的模拟结果可知：蜂窝夹层穿孔结构补片修补模型的压缩破坏裂纹从蒙皮与补片接触的地方开始萌生，随着载荷的增加，损伤区域增大，破坏模式为纤维压缩破坏和基体压缩破坏。

图 6－54　模型损伤过程

图 6－55 所示为蜂窝夹层结构穿孔损伤补片修补的载荷－位移曲线，可以

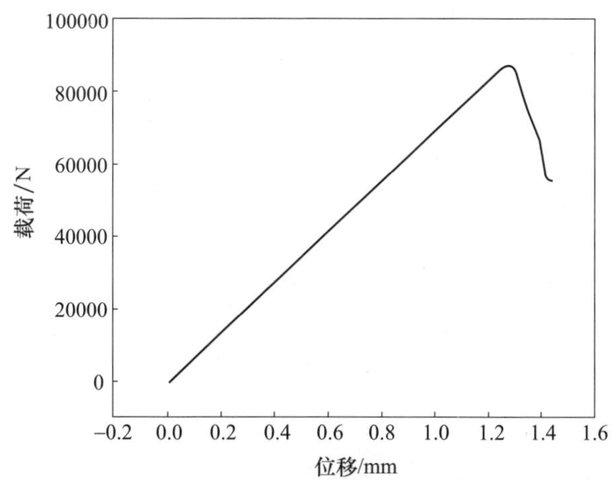

图 6-55 蜂窝夹层穿孔补片修补模型的载荷-位移曲线

看出和层合板损伤一样,在发生失效之前,载荷随位移的增大呈线性增大。其模拟载荷为 40505N,而试验值为 38751.2N,误差仅为 4.32%,说明该模型准确。

6.4 本章小结

本章根据试验中蜂窝夹层结构试验件的实际尺寸,建立蒙皮开胶损伤、穿孔损伤和划伤的结构有限元模型,以及不同修补方法后的结构有限元模型。采用自编的三维 Hashin 损伤子程序进行模拟,与试验进行对比,并分析了结构的应力分布以及损伤演化过程。结论如下:

(1) 本章所建立的模型中采用的基于三维 Hashin 自编损伤子程序,可以有效、准确地模拟蜂窝夹层结构的失效。蜂窝夹层侧压的模拟误差为 4.14%,四点弯曲的模拟误差为 8.26%。

(2) 模拟所得修补方式的优劣与试验所得结论一致:穿孔损伤采用挖补修理的效果最好;裂口损伤采用切口修理和铺层修理的效果最好;分层采用注射和挖补的效果相当;蜂窝夹层开胶采用单面铺层的效果最好;开胶采用挖补的效果最好;划伤采用补片的效果最好。

(3) 模拟中显示了损伤时应力云图及损伤演化过程中的失效位置,当修补强度高时,损伤位置发生在补片以外的母板上。

参考文献

[1] 何梦临. 复合材料蜂窝夹层结构修理后压缩性能分析[D]. 南京:南京航空航天大学,2016.

[2] ROSE C A, MOORE D F, Knight NF, et al. Finite Element Modeling of the Buckling Response of Sandwich Panels[C]. Collection of Technical Papers AIAA/ASME/ASCE/AHS/ASC Structures, Structural Dynamics and Materials Conference, 2002, 4.

[3] MOITA J S, MOTA C A, et al. SOARES. Buckling and geometrically nonlinear analysis of sandwich structures [J]. International Journal of Mechanical Sciences, 2015, 92: 154 - 156.

[4] 张娅婷,陈亮,李健芳,等. 复合材料蜂窝夹层结构的局部脱粘缺陷修补评价[J]. 玻璃钢/复合材料, 2014, 8: 67 - 71.

[5] 孔祥宏. 复合材料泡沫夹层结构的损伤评估和修理研究[D]. 南京:南京航空航天大学, 2011.

第7章
层合板损伤及修补试验

尽管复合材料有诸多优点，然而也存在特有缺点。纤维增强树脂基复合材料属于脆性材料，承受较大载荷时，结构内部应力难以重新分配[1]，甚至承受很小的冲击载荷时，也会产生内部分层损伤，大大降低了结构的强度及刚度。

针对容易产生损伤的结构，在设计中需要考虑到复合材料的可修理性。并且，保证修理后的结构的力学性能尽可能恢复，结构重量尽可能小，原结构的光滑完整尽可能不改变[2]。李倘智[3]使用确定性分析方法中的有限元仿真技术分析了穿孔、裂缝和分层三种形式的损伤对复合材料层合板的影响。发现在压缩载荷下，三种损伤对结果都有影响。若对复合材料结构采取不合适的修理方法，将导致修复效果差，甚至修理后比原损伤结构的强度更低。因而，应针对不同形式的损伤制订不同的修补方案，对于不同修补方案产生的修补效果的研究具有十分重要的工程价值。本章主要开展了层合板不同损伤形式的力学性能试验及相应的修补试验，研究不同修理方式的修补效果。

7.1 试验方案及工艺

复合材料修补方式主要有机械连接修理（铆接、焊接、螺接）和补片胶接修补两种。机械连接修理存在的主要问题是：①修补后结构增重较多；②形成了新的损伤源，结构的疲劳性能、腐蚀性能大大降低；③密封性能较差；④很难形成光滑的外表，对气动外形影响较大；⑤对于较薄结构的修补难以实现[4]。而复合材料补片胶接修补技术作为一种新的结构修补技术，与传统的机械修补方法相比，能够克服上述所有缺点。此外，复合材料补片胶接修补具有可设计性强，可根据使用要求和受力状况进行材料的铺层设计，且修补时间短、成本低，外场修补所需设备简单等明显优点[5]，因而获得了广泛的关注。

对于含损伤的复合材料进行补片胶接修补，其技术有贴补法和挖补法两类。胶接贴补修补方法的优点是补片制作容易、施工简单，但对气动外形有一定影响。这类修补形式类似于单面搭接接头，在胶接连接中，剥离应力和剪应力集中易于造成连接破坏[6]。而挖补法可有效保持复合材料构件原有的形状，保证修补后不影响其气动外形。挖补是一种较为先进的方法，适用范围宽、效果好，值得深入研究。

作为复合材料的应用的一个环节，复合材料挖补修理对于复合材料结构在航空结构中的使用性、可维护性乃至使用时间都有着重要的影响[7]。对于复合材料飞机的损伤，复合材料胶接挖补技术需进行更加全面和深入的研究，包括修理容限、修补设计、修补工艺和可靠性等各个方面问题。从目前大量的金属飞机结构繁重的维修任务可以预见将来复合材料飞机结构维修任务的艰巨。然而在国内，复合材料胶接挖补结构理论研究仍然比较薄弱，还不能有效地为设计和工程应用提供指导，导致了该项技术在我国现役飞机结构损伤修理中的应用延缓[8]。因此，复合材料结构胶接挖补修理设计分析的研究工作具有重要的学术价值和工程意义。

7.1.1 损伤及修理试验规划

复合材料结构损伤修理试验规划矩阵如表 7－1 和表 7－2 所示。

表 7－1　玻璃纤维层合板修理试验规划

结构类型	损伤及试验类型			铺层	尺寸及损伤大小/mm
层板结构	无损	拉伸		$[45/0/-45/90]_s$	300×200
		压缩		$[45/0/-45/90]_{2s}$	200×200
	穿孔 1	拉伸	含损	$[45/0/-45/905]_s$	300×200
			修补后		中心孔：ϕ20
		压缩	含损	$[45/0/-45/90]_{2s}$	200×200
			修补后		中心孔：ϕ20
	穿孔 2	拉伸	含损	$[45/0/-45/905]_s$	300×200
			修补后		中心孔：ϕ40
		压缩	含损	$[45/0/-45/90]_{2s}$	200×200
			修补后		中心孔：ϕ40
	分层 1	压缩	含损	$[45/0/-45/90]_{2s}$	200×200
			修补后		分层面积：ϕ20

续表

结构类型	损伤及试验类型			铺层	尺寸及损伤大小/mm
层板结构	分层2	压缩	含损	$[45/0/-45/90]_{2s}$	200×200 分层面积:ϕ40
			修补后		
	裂口1	拉伸	含损	$[45/0/-45/90]_{s}$	300×200 双边开裂长:15
			修补后		
		压缩	含损	$[45/0/-45/90]_{2s}$	200×200 双边开裂长:15
			修补后		
	裂口2	拉伸	含损	$[45/0/-45/90]_{s}$	300×200 双边开裂长:5
			修补后		
		压缩	含损	$[45/0/-45/90]_{2s}$	200×200 双边开裂长:5
			修补后		
胶接结构	开胶 缺胶	剪切	无损	$[45/0/-45/90]_{2s}$	150×60(2块) 搭接长度:12.7 缺胶宽度:20
			含损		
			修补后		
螺接结构	孔边 损伤	挤压	无损	$[45/0/-45/90]_{2s}$	150×150 上边距15孔:ϕ4.83
			修补后		
		拉脱	无损	$[45/0/-45/90]_{2s}$	200×200 中心孔:ϕ4.83
			修补后		
拉伸试件加强片				$[45/-45]_{3}$	厚约1.5mm
合计	276件				

表7-2 碳纤维层合板结构修补试验件矩阵

损伤类型	修理方法	方法细节	试验类型及数量	修理材料体系
穿孔	常规铺层修理	双面铺层	拉伸10、压缩10	国产预浸料体系: CF3031/LTC80 胶黏剂:J-78、EA9360
		单面铺层	拉伸5、压缩5	
	斜面铺层修理	斜面角度1:10, 单面铺层	拉伸5	
		斜面角度1:18, 单面铺层	拉伸10、压缩5	
	补片修理	双面补片	拉伸5、压缩5	
		单面补片	拉伸5、压缩5	
开胶	注射修理		剪切5	LTC80树脂

续表

损伤类型	修理方法	方法细节	试验类型及数量	修理材料体系
分层	挖补修理		压缩 10	进口预浸料体系：DowAksa 12k A－49/XC110 胶黏剂：J－78、EA9360
裂口	铺层修理		拉伸 5、压缩 5	
	补片修理		拉伸 5、压缩 5	
	切口修理		拉伸 5、压缩 5	
孔边损伤	常规铺层修理	双面铺层	拉脱 5	进口预浸料体系：DowAksa 12k A－49/XC110 胶黏剂：J－78、EA9360
	斜面铺层修理	斜面角度 1:17，单面铺层	拉脱 5、挤压 5	
	填充修理		挤压 5	EA9360、T700 短切纤维

7.1.2 通用飞机典型复合材料损伤的修理结构设计研究

通用飞机复合材料结构修理设计，同样也是一个复合材料结构设计的过程。同时，复合材料结构损伤修理要考虑修理带来的工艺和结构的限制。通过复合材料结构设计研究、复合材料结构修理特点分析和前面做的复合材料结构修理验证试验的验证，得到以下通用飞机复合材料损伤修理结构设计要求：

（1）修理材料与原结构材料之间要增加胶膜来提高材料之间的面内承载能力。

（2）修理铺层之间递进量要不少于 12.5mm，空间不够的位置应增加数值模拟或试验验证。

（3）斜面挖补时，斜面坡度应不低于 1:18。

（4）补片修理时，补片边缘要做至少 30°的斜角。

（5）树脂注入修理时，要充分考虑选取的树脂的流动性问题。

（6）开裂损伤修理，需要在开裂的终点位置先打止裂孔再进行修理。

结合真空袋成型预浸料的成型特点和复合材料结构设计的基本原则，对典型复合材料结构修理方法进行设计。主要包括预浸料铺贴修理方法、补片修理方法、注射修理方法、挖补修理方法、切口修理方法、树脂填充修理方法等，修理方法分别按照结构形式不同进行分类研究。

1. 层合板穿孔损伤修理

该类损伤的修理方法有：常规铺层修理、斜面铺层修理和补片修理。

1）预浸料铺层修理

（1）材料。该方法用到的修补材料见表 7－3。

表 7-3　材料列表

序号	材料名称	材料牌号
1	预浸料	DowAksa 12k A-49/XC110
2	填充胶	EPOCAST® 1629-A/B

（2）修理步骤。

① 准备铺层用材料：按照需要的铺层方向将预浸料或织物裁剪至需要的形状和尺寸，如图 7-1 所示。第一层边界需超出损伤区域边界至少 13mm（如图 7-2 所示），并且后续铺层每一层的边界都需超出前一层边界至少 13mm。

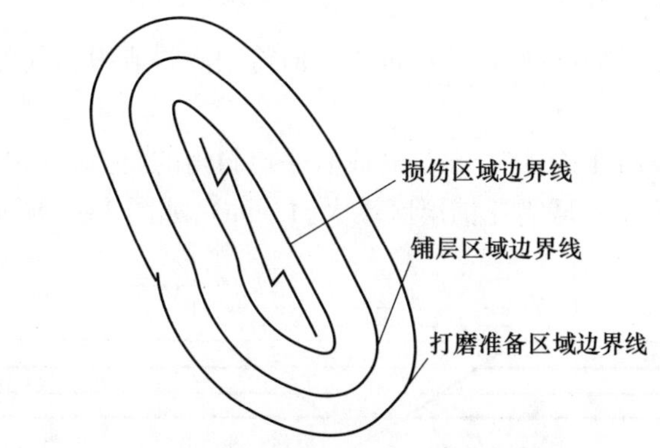

图 7-1　损伤区域准备示意图

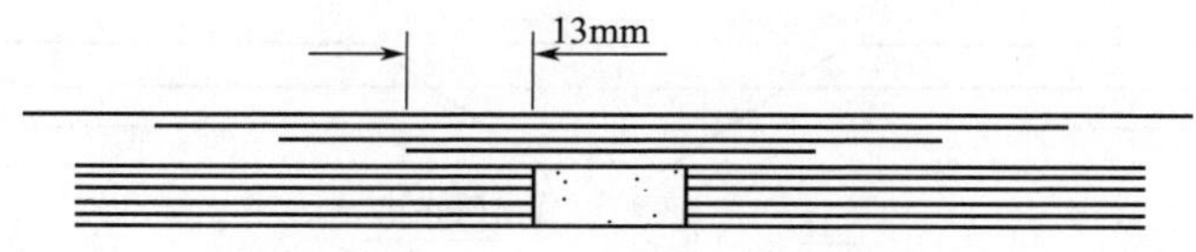

图 7-2　一侧铺贴示意图

② 铺层区域表面准备：使用砂纸（大于 80 目）将损伤区域的受损纤维打磨掉，准备区域需比铺层区域大（13mm）。

③ 填充填充胶：填充填充胶并固化。

④ 铺贴一侧铺层：待填充胶固化后，按照工艺规范进行铺贴和固化，铺层数量按原铺层一半多 2 层（多的 2 层采用 45°铺层），方向可按原结构。

⑤ 铺贴另一侧铺层：铺贴另一侧铺层并固化，铺层数量按原铺层一半多 2 层（多的 2 层采用 45°铺层），方向可按原结构，如图 7-3 所示。

若采用单侧铺层修理，则铺层数量按总铺层数多 2 层，铺层方向按原铺层。

2）斜面铺层修理

（1）材料。该方法用到的修补材料见表 7-4。

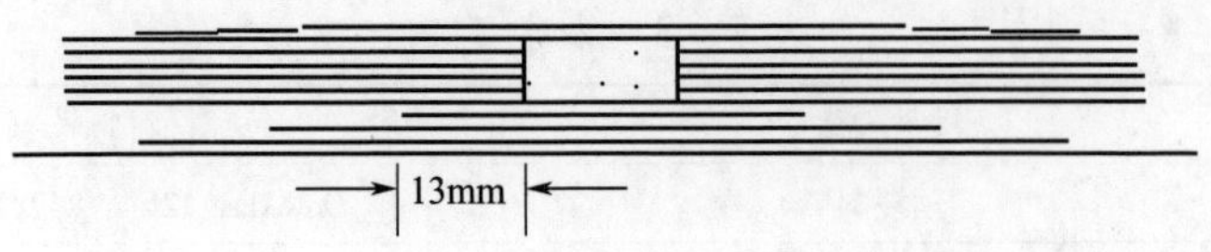

图7-3　另一侧铺贴示意图

表7-4　材料列表

材料名称	材料牌号
预浸料	DowAksa 12k A-49/XC110

(2) 修理步骤。

① 准备铺层用材料:按照需要的铺层方向将预浸料或织物裁剪至需要的形状和尺寸。

② 铺层区域表面准备:将开孔打磨成有一定斜角的斜面(1∶10或1∶18),并打磨铺层准备区,准备区域需比铺层区域大(13mm),如图7-4所示。

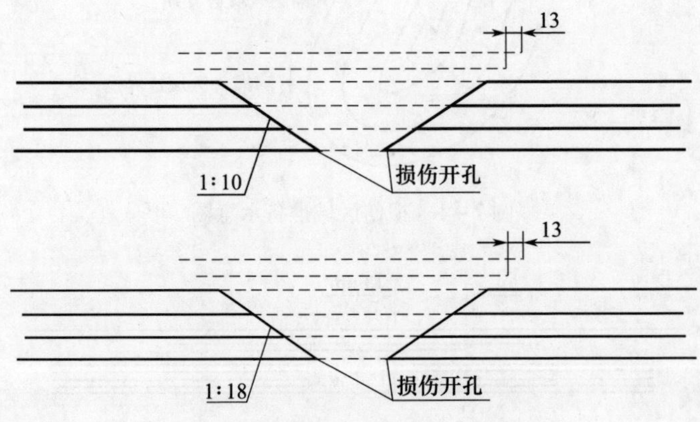

图7-4　铺层区域准备示意图

③ 铺贴:按照工艺规范进行铺贴和固化,铺层数量和方向按原结构,在斜角以上多铺2层(多的2层采用45°铺层)。

3) 补片修理

(1) 材料。该方法用到的修补材料见表7-5。

表7-5　材料列表

序号	材料名称	材料牌号	材料作用
1	预浸料	DowAksa 12k A-49/XC110	补片
2	填充胶	EPOCAST® 1629-A/B	填料
3	结构胶黏剂	EA9360	补片与结构胶接

（2）修理步骤。

① 挖除受损层合板：注意保持切割面的光滑和圆角过渡，切割后使用砂纸打磨掉受损纤维。

② 补片生产：按照原结构一半的铺层数量，与原铺层一样的铺层方向生产补片，并切割至需要的形状和尺寸，补片边缘斜角不大于 30°，补片边界需超出损伤区域至少 13mm。

③ 填充填料：填充填料并固化。

④ 补片胶接区域表面准备：按照胶接表面处理要求准备胶接区域（两侧），准备区域需比铺层区域大 13mm。

⑤ 胶接一侧补片并固化：待填料固化后，按照胶黏剂的胶接要求将一侧补片胶接到结构件上，注意使补片 0°方向与结构件 0°方向一致，并控制胶层厚度在0.2～2mm，如图 7－5 所示。

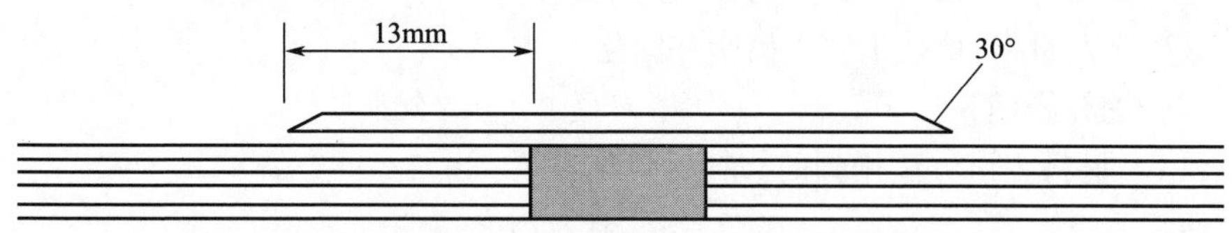

图 7－5　外侧补片和填块

⑥ 胶接另一侧补片并固化：要求同内侧，如图 7－6 所示。

若采用单侧补片修理，则补片铺层数量与原结构相同，铺层方向与原结构一致进行补片生产。

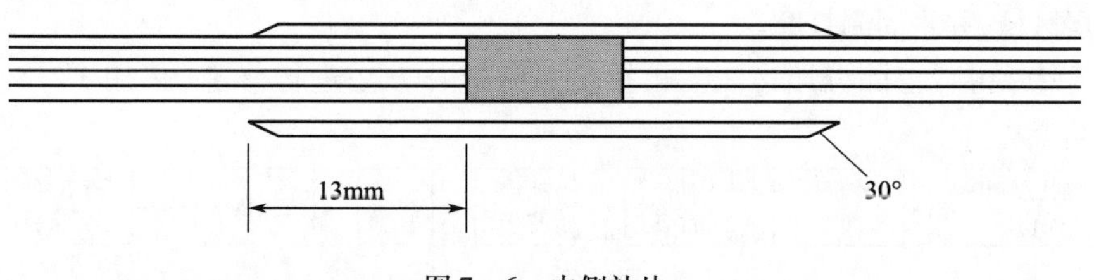

图 7－6　内侧补片

2. 层合板开胶损伤修理

该类损伤的修理方法为注射修理。

（1）材料。该方法用到的修补材料见表 7－6。

表 7－6　材料列表

材料名称	材料牌号
树脂	LTC80

（2）修理步骤。

① 注射树脂：从试验件一侧注入树脂，使树脂从另一侧流出。

② 清理多余树脂，并固化。

3. 层合板分层损伤修理

该类损伤的修理方法与脱胶损伤相同，主要有两种：注射修理和挖补修理。

1）注射修理

（1）材料。该方法用到的修补材料见表 7－7。

表 7－7 材料列表

材料名称	材料牌号
树脂	LTC80

（2）修理步骤。

① 钻孔：在开胶区域钻孔，孔直径 2mm。

② 注射树脂：从孔中注入树脂并固化。

2）挖补修理

（1）材料。该方法用到的修补材料见表 7－8。

表 7－8 材料列表

材料名称	材料牌号
预浸料	DowAksa 12k A－49/XC110

（2）修理步骤。

① 挖除分层区域一侧层合板：挖除缺胶区域一侧层合板直至周圈均发现未分层区域，并将周圈打磨。

② 修补：挖除分层区域后可按前文的挖补方法进行修理（采用 1:18 的斜角）。

挖补修理方案和试件照片如图 7－7 所示。

4. 层合板裂口损伤修理

该类损伤的修理方法有：常规铺层修理、补片修理、切口修理。

1）常规铺层修理

（1）材料。该方法用到的修补材料见表 7－9。

表 7－9 材料列表

材料名称	材料牌号
预浸料	DowAksa 12k A－49/XC110

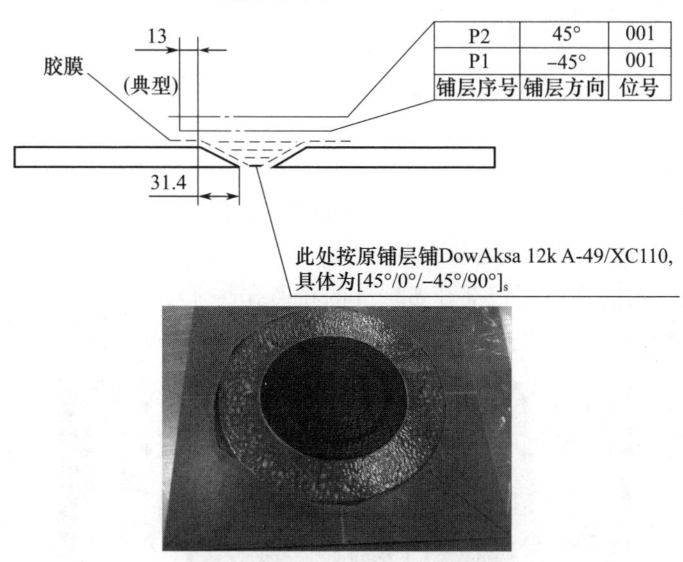

图 7－7　层合板结构的挖补修理

（2）修理步骤。

① 铺贴区域表面准备：对损伤区域进行打磨。

② 涂抹树脂：在开裂根部开 ϕ2mm 的止裂孔，并在开裂区域（包括止裂孔）进行铺贴（两面），如图 7－8 所示。

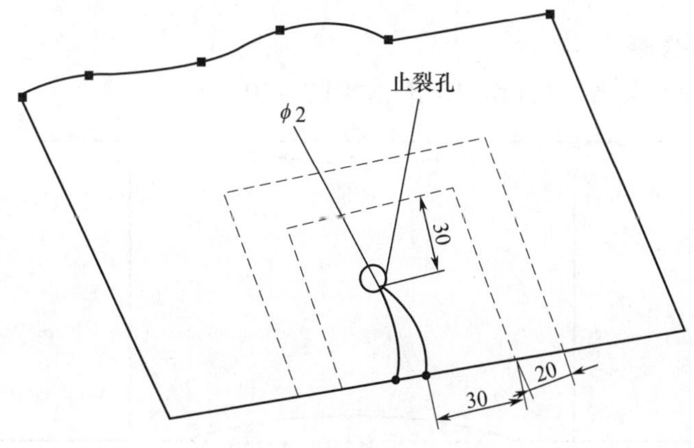

图 7－8　开裂铺层修理

2）补片修理

（1）材料。该方法用到的修补材料见表 7－10。

表 7-10　材料列表

序号	材料名称	材料牌号
1	预浸料	DowAksa 12k A-49/XC110
2	胶黏剂	EA9360

(2) 修理步骤。

① 补片生产:按裂口区域往外扩 60mm 的尺寸生产补片,补片边缘切成 30°斜角,补片铺层数量和方向与原结构相同。

② 开止裂孔:在开裂根部开 ϕ2mm 的止裂孔。

③ 胶接补片:将补片安装在结构上并胶接,如图 7-9 所示。

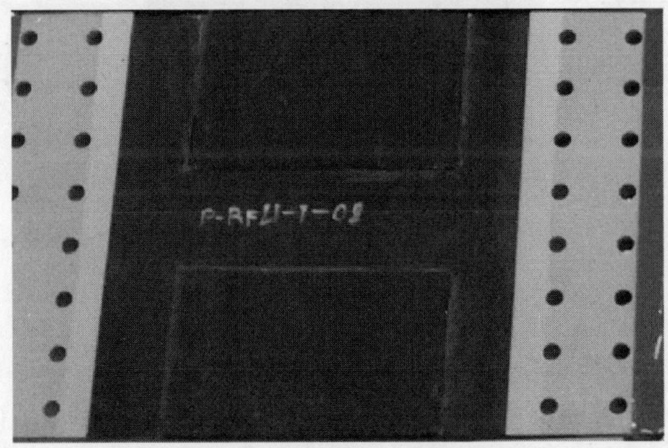

图 7-9　贴补胶接修理

3) 切口修理

将开裂部位切除,保证切口圆滑,如图 7-10 所示。

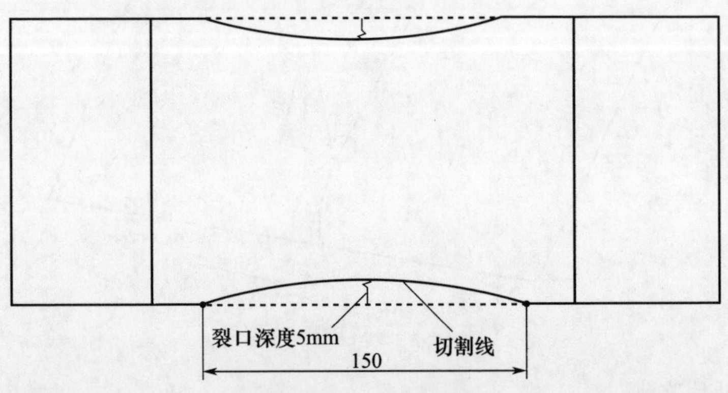

图 7-10　切口修理

切口修理工艺流程及修理图如下：

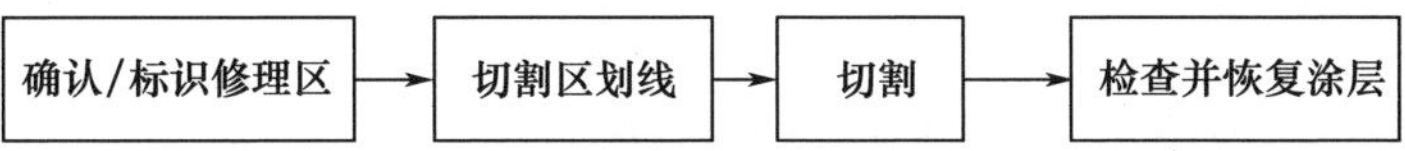

切口修理试件照片如图 7－11 所示。

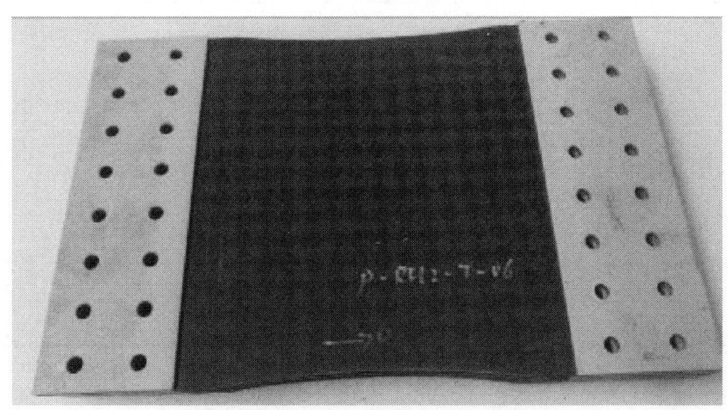

图 7－11　切口修理试件

5. 层合板孔边损伤修理

孔边损伤的修理方法主要有以下 3 种：常规铺层修理、斜面铺层修理和填充修理。

1）常规铺层修理

（1）材料。该方法用到的修补材料见表 7－11。

表 7－11　材料列表

序号	材料名称	材料牌号
1	预浸料	DowAksa 12k A－49/XC110
2	填充胶	EPOCAST® 1629－A/B

（2）修理步骤。

① 准备铺层用材料：按照原结构铺层数多 2 层准备修补用铺层，铺层方向与原结构相同（多的 2 层采用 45°铺层），第一层边界需超出损伤区域边界至少 13mm，并且后续铺层每一层的边界都需超出前一层边界至少 13mm。

② 损伤孔打磨：打磨去除孔损伤部分。

③ 填充填充胶：填充填充胶并固化。

④ 铺层区域表面准备：使用砂纸（大于 80 目）将损伤区域的受损纤维打磨掉，准备区域需比铺层区域大。

⑤ 铺贴：按照工艺规范进行铺贴和固化。

⑥ 重新钻孔：进行重新钻孔。

修理示意图如图 7－12 所示。

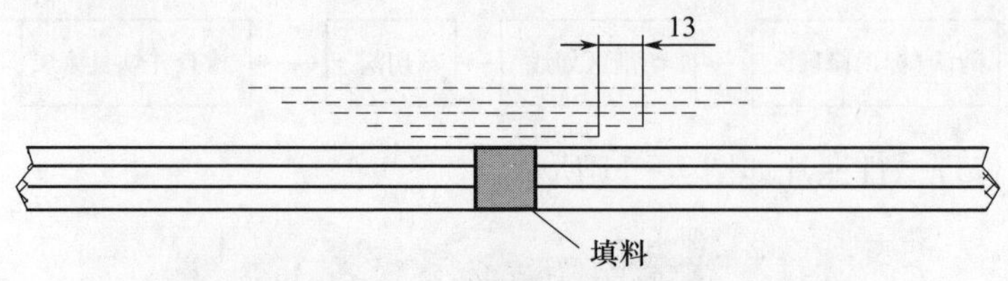

图 7－12　孔常规铺层修理

2）斜面铺层修理

（1）材料。

该方法用到的修补材料见表 7－12。

表 7－12　材料列表

材料名称	材料牌号
预浸料	DowAksa 12k A－49/XC110

（2）修理步骤。

① 准备铺层用材料：按照需要的铺层方向将预浸料或织物裁剪至需要的形状和尺寸。

② 铺层区域表面准备：将开孔打磨成周圈一定斜角的斜面（1∶18），并打磨铺层准备区，准备区域需比铺层区域大（13mm），如图 7－13 所示。

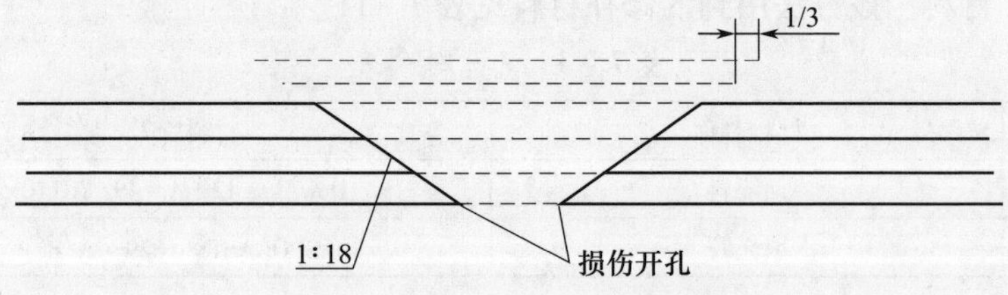

图 7－13　损伤区域准备示意图

③ 铺贴：按照工艺规范进行铺贴和固化，铺层数量和方向按原结构，在斜角以上多铺 2 层（多的 2 层采用 45°铺层）。

④ 重新钻孔：进行重新钻孔。

3）填充修理

（1）材料。该方法用到的修补材料见表 7－13。

表 7－13　材料列表

材料名称	材料牌号
填充料	短切纤维混树脂

(2) 修理步骤。

① 填充区域准备:将开孔损伤区域挖除,如图 7－14 所示。

② 填充填料:填入填充料并固化(填料短切纤维可用原结构相同纤维),如图 7－15 所示。

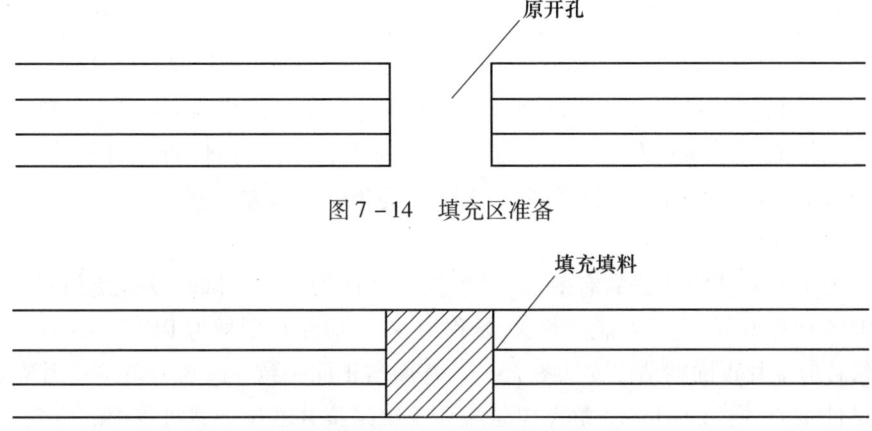

图 7－14　填充区准备

图 7－15　填充填料

待填充物完全固化后,在原有的孔位上进行制孔。修理过程如图 7－16 所示。

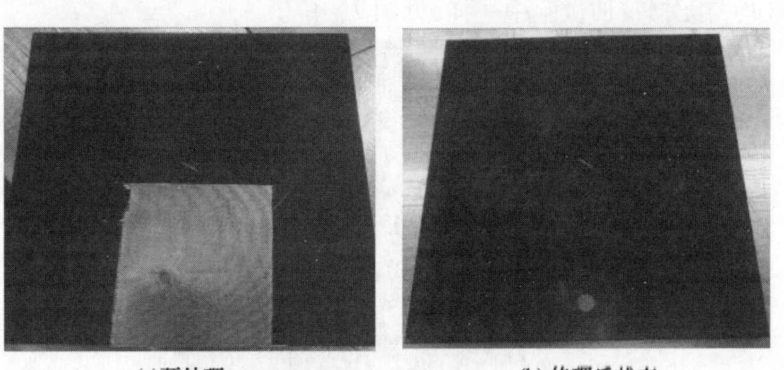

(a)预处理　　(b) 修理后状态

图 7－16　填充修理孔边损伤

7.2　试验过程及结果

7.2.1　室温拉伸试验

1) 试验材料

碳纤维树脂基层合板用平纹织物预浸料 TORAYT700SC－12K－50C/#2510,

具体参数见表6－3。修补材料采用碳纤维 DowAksa 12k A－49/XC110，单层名义厚度为0.2184mm，具体参数见表7－14。

表7－14　碳纤维 DowAksa 12k A－49/XC110 性能数据

材料参数	σ_{11}^{t}/MPa	σ_{11}^{c}/MPa	σ_{22}^{t}/MPa	σ_{22}^{c}/MPa	τ_{12}^{s}/MPa	E_{11}^{t}/MPa	E_{22}^{t}/MPa	G_{12}/MPa	v_{12}
性能	845	553	917	545	98	70580	71920	4550	0.07

层合板母板尺寸长300mm、宽200mm、厚1.7472mm。单层厚度为0.2184mm，共8层，铺层为[45/0/－45/90/90/－45/0/45]。裂口损伤为双边开裂，裂口长度分别为 L_1 = 15mm，L_2 = 5mm。穿孔损伤为中心穿孔，损伤直径分别为 ϕ_1 = 20mm，ϕ_2 = 40mm。补片尺寸依照7.1.2中的相应修理方案设计。

2）试验过程

为了保证试验数据的有效性，每个类型试件为5件。试验设备使用型号为CRIMS DDL600的电子万能试验机，量程为60t。应变片型号为BE120－4AA。穿孔修补应变片正面粘贴位置见图7－17，背面与正面一致。裂口修补应变片粘贴在试件中心，通过DH3815静态电子应变系统采集并输出加载过程中的应变值。

拉伸试验按照ASTM D5766《聚合物基复合材料层压板开孔拉伸强度标准试验方法》执行，加载速度为2mm/min。试验中所使用夹具、拧紧方法及力矩、装载方式均与无损拉伸试验中一样，见图7－17。

图7－17　修补后拉伸试验装载

3）试验步骤

① 对试件进行无损检测。

② 对试件进行编号，利用精度为0.02mm的游标卡尺测量试件任意三处的宽度和厚度，并取平均值进行计算。

③ 在试件正面中部位置粘贴三片等距电阻应变片，距离两侧25mm，背面中间部位粘贴一片电阻应变片。应变片粘贴位置如图7-18所示。

④ 调整试验机的相对位置，安装试件。安装过程中注意试件的对中性。

⑤ 室温试验在试验中对试件进行预加载，其后对试验机及应变测量系统进行清零。以速度为2mm/min开始进行试验，直至试件破坏。记录试验数据。

⑥ 按照ASTM D3039《聚合物基复合材料拉伸性能标准试验方法》对所得数据进行计算。

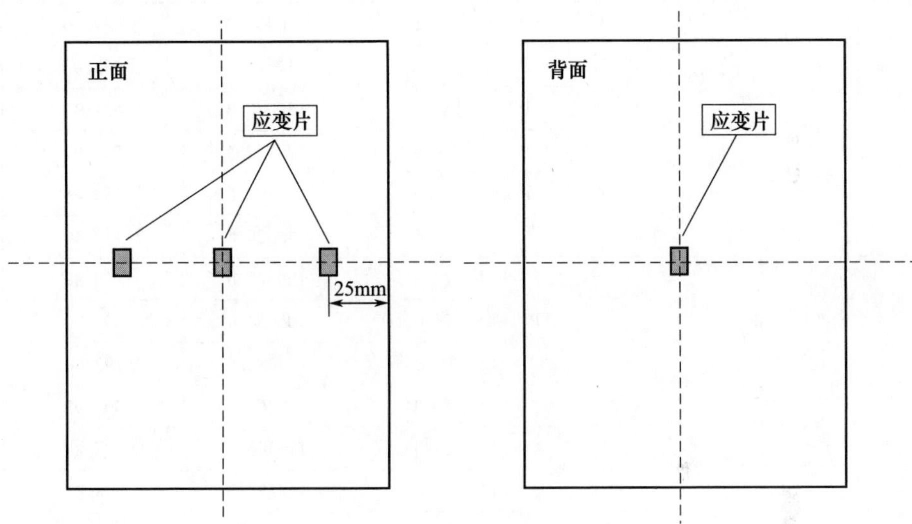

图7-18　应变片粘贴位置示意图

按下列公式计算拉伸强度：

$$F^{tu}=\frac{P_t}{b\times h} \tag{7-1}$$

式中：F^{tu}为拉伸强度（MPa）；P_t为试样拉伸破坏时的最大载荷（N）；b为试件宽度（mm）；h为试件厚度（mm）。

按下列公式计算拉伸弹性模量：

$$E=\frac{\Delta\sigma}{\Delta\varepsilon} \tag{7-2}$$

式中：E为拉伸弹性模量（GPa）；$\Delta\sigma$为两个应变点之间拉伸应力的差值（MPa）；

$\Delta\varepsilon$ 为两个应变点应变的差值。

按下列公式计算极限开孔拉伸强度：

$$\sigma_t = \frac{P_{Lt}}{A} \tag{7-3}$$

式中：P_{Lt} 为破坏前的最大载荷度(N)；A 为按照试验方法 D3039 得到的毛横截面积(忽略孔)(mm^2)；σ_t 为开孔(缺口)极限拉伸强度(MPa)。

4）试验结果讨论

本次试验针对入场验收 0°铺层和 90°铺层的试件进行了室温拉伸测试，获得了拉伸强度和破坏载荷等材料基本性能。试验数据见表 7－15 和表 7－16。

表 7－15　拉伸试验数据

试验项目		试件编号	P_{max}/N	F^{tu}/MPa
拉伸试验无损		P－N－T－01	180487.2	537.16
		P－N－T－02	175161	543.98
		P－N－T－03	139040.4	421.33
		P－N－T－04	177737.4	504.94
		P－N－T－05	160491.6	483.41
		P－N－T－06	148624.8	417.49
拉伸试验 $L=15$mm 裂口 1	含损	P－FL1－T－01	109329.6	378.30
		P－FL1－T－02	105050.4	345.22
		P－FL1－T－03	118385.4	393.36
		P－FL1－T－04	117860.4	393.92
		P－FL1－T－05	111306.6	378.47
		P－FL1－T－06	118174.2	398.34
	铺层修补	P－RFL1－T－01	137657	451.63
		P－RFL1－T－02	129969	430.54
		P－RFL1－T－03	131998	415.02
		P－RFL1－T－04	121585	405.9
		P－RFL1－T－05	131644	420.24
	补片修补	P－RFL1－T－07	108117	465.31
		P－RFL1－T－08	140384	471.80
		P－RFL1－T－09	108121	354.73
		P－RFL1－T－10	142855	472.12
		P－RFL1－T－11	140607	454.21

续表

试验项目		试件编号	P_{max}/N	F^{tu}/MPa
拉伸试验 $L=5$mm 裂口 2	含损	P－FL2－T－01	141925.8	419.81
		P－FL2－T－02	129280.8	375.05
		P－FL2－T－03	140758.8	420.93
		P－FL2－T－04	133273.2	338.86
		P－FL2－T－05	141194.4	406.17
		P－FL2－T－06	138536.4	415.56
	切口修补	P－RFL2－T－01	215082	625.78
		P－RFL2－T－02	220072	642.77
		P－RFL2－T－03	210723	622.47
		P－RFL2－T－04	212536	629.26
		P－RFL2－T－05	211633	624.33
拉伸试验 $\phi=20$mm 穿孔 1	含损	P－OH1－T－01	105487.8	327.40
		P－OH1－T－02	105256.2	320.43
		P－OH1－T－03	106967.4	328.52
		P－OH1－T－04	103897.8	324.28
		P－OH1－T－05	111909	351.25
		P－OH1－T－06	104931	336.97
	双面铺层修补	P－ROH1－T－01	175214.4	478.75
		P－ROH1－T－02	167961.6	456.42
		P－ROH1－T－03	170548.2	487.16
		P－ROH1－T－04	159787.2	448.80
		P－ROH1－T－05	183888	516.51
	单面铺层修补	P－ROH1－T－07	126193.2	354.42
		P－ROH1－T－08	163383.6	451.34
		P－ROH1－T－09	155482.2	434.00
		P－ROH1－T－10	157634.4	442.59
		P－ROH1－T－11	212588.4	583.48
	斜面角度 1:10 单面铺层修补	P－ROH1－T－13	134279.4	379.11
		P－ROH1－T－14	136732.2	377.64
		P－ROH1－T－15	146838	414.53
		P－ROH1－T－16	150156.6	424.11
		P－ROH1－T－17	157879.8	426.17

续表

试验项目		试件编号	P_{max}/N	F^{tu}/MPa
拉伸试验 $\phi=20$mm 穿孔 1	斜面角度 1:18 单面铺层修补	P-ROH1-T-19	191191.2	513.47
		P-ROH1-T-20	183196.2	520.21
		P-ROH1-T-21	198283.2	547.22
		P-ROH1-T-22	188243.4	531.20
		P-ROH1-T-23	177097.2	499.80
	双面补片修补	P-ROH1-T-25	115284.6	323.83
		P-ROH1-T-26	125831.4	355.42
		P-ROH1-T-27	124999.2	353.05
		P-ROH1-T-28	115312.2	316.68
		P-ROH1-T-29	122617.2	344.24
拉伸试验 $\phi=40$mm 穿孔 2	含损	P-OH2-T-01	86211.6	285.09
		P-OH2-T-02	86103	289.08
		P-OH2-T-03	79239	262.03
		P-OH2-T-04	91204.2	332.45
		P-OH2-T-05	96576	312.75
		P-OH2-T-06	89113.8	301.06
	双面铺层修补	P-ROH2-T-01	176752.2	499.28
		P-ROH2-T-02	172185	470.40
		P-ROH2-T-03	168397.8	460.15
		P-ROH2-T-04	142169.4	394.90
		P-ROH2-T-05	210586.2	395.90
	斜面角度 1:18 单面铺层修补	P-ROH2-T-07	200280	540.76
		P-ROH2-T-08	183986.4	492.09
		P-ROH2-T-09	205948.8	550.75
		P-ROH2-T-10	189085.2	562.56
		P-ROH2-T-11	179132.4	494.92
	单面补片修补	P-ROH2-T-13	101210.4	285.59
		P-ROH2-T-14	87085.2	241.78
		P-ROH2-T-15	99658.2	294.48
		P-ROH2-T-16	92448.6	259.73
		P-ROH2-T-17	89319	249.36

表 7-16　拉伸强度平均值和变异系数

试验项目		试件编号	F^{tu}平均值/MPa	变异系数/%
无损拉伸		P-N-T-(01-06)	517.37	4.74
裂口1含损		P-FL1-T-(01-06)	381.27	4.68
裂口2含损		P-FL2-T-(01-06)	396.06	7.56
穿孔1含损		P-OH1-T-(01-06)	331.47	3.07
穿孔2含损		P-OH2-T-(01-06)	297.08	7.46
穿孔1修补	双面铺层	P-ROH1-T-(01-05)	477.53	5.03
	单面铺层	P-ROH1-T-(07-11)	420.59	9.20
	斜面角度1:10单面铺层	P-ROH1-T-(13-17)	404.31	5.33
	斜面角度1:18单面铺层	P-ROH1-T-(19-23)	522.38	3.07
	双面补片	P-ROH1-T-(25-29)	338.65	4.62
穿孔2修补	双面铺层	P-ROH2-T-(01-05)	444.12	9.41
	斜面角度1:18单面铺层	P-ROH2-T-(07-11)	528.21	5.52
	单面补片	P-ROH2-T-(13-17)	266.19	7.69
裂口1修补	铺层修补	P-RFL1-T-(01-05)	424.67	3.69
	补片修补	P-RFL1-T-(07-11)	423.65	1.56
裂口2修补	切口修补	P-RFL2-T-(01-05)	628.92	1.16

由表7-15和表7-16可知，在本次室温拉伸试验中，针对穿孔损伤，斜面角度1:18的单面铺层修补方法最有效；针对裂口损伤，在切口较小时切口修补方法效果显著，切口长度较大时铺层修补和补片修补效果相差不大。

7.2.2 室温压缩试验

1）试验材料

碳纤维树脂基层合板用平纹织物预浸料 TORAY T700SC-12K-50C/#2510，具体参数见表6-3。修补材料采用碳纤维 DowAksa 12k A-49/XC110，单层名义厚度为0.2184mm，具体参数见表7-14。

层合板母板尺寸长200mm、宽200mm、厚3.4944mm。单层厚度为0.2184mm，共8层，铺层为[45/0/-45/90/90/-45/0/45]。裂口损伤为双边开裂，裂口长度分别为$L_1=15\text{mm}$，$L_2=5\text{mm}$。穿孔损伤为中心穿孔，损伤直径分别为$\phi_1=20\text{mm}$，$\phi_2=40\text{mm}$。分层损伤为中心制造圆形分层区域，分层直径分别为$D_{L_1}=20\text{mm}$，$D_{L_2}=40\text{mm}$。补片尺寸依照7.1.2节中的相应修理方案设计。

2）试验过程

为了保证试验数据的有效性，每个类型试验件为5件。试验设备使用型号为CRIMS DDL600的电子万能试验机，量程为60t。应变片型号为BE120－4AA。裂口修补应变片粘贴在试件中心，通过DH3815静态电子应变系统采集并输出加载过程中的应变值。

压缩试验按照ASTM D6484《聚合物基复合材料层合板开孔压缩强度标准试验方法》执行，加载速度为1mm/min。试验加载如图7－19所示。

图7－19　压缩试验加载图

3）试验步骤

（1）对试件进行无损检测。

（2）对试件进行编号，用精度为0.02mm的游标卡尺测量试件任意三处的宽度和厚度，取其平均值进行计算。

（3）在试件正面中部位置粘贴三片等距电阻应变片，距离两侧25mm，背面中间部位粘贴一片电阻应变片。应变片粘贴位置如图7－20所示。

（4）调整试验机的相对位置，安装过程中注意试件的对中性。

（5）对室温压缩试验：设定试验机的参数，对试验件进行预加载，其后对试验机及应变测量系统进行清零。以速度为1.25mm/min开始进行试验，直至试件破坏。记录载荷、应变数据。

（6）按照ASTM D6641《采用联合加载压缩（CLC）试验夹具测量聚合物基复合材料层合板压缩性能的试验方法》对所得数据进行计算。

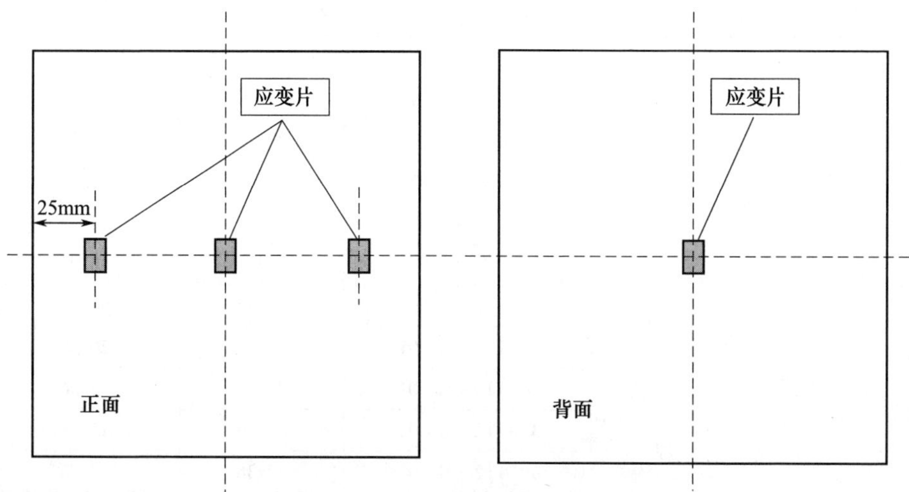

图 7-20 应变片粘贴位置示意图

按下列公式计算压缩强度：

$$F^{cu} = \frac{P_c}{w \cdot h} \tag{7-4}$$

式中：F^{cu} 为板的压缩强度（MPa）；P_c 为最大破坏载荷（N）；w 为试件工作段宽度（mm）；h 为试件工作段厚度（mm）。

按下列公式计算压缩弹性模量：

$$E^c = \frac{\Delta p}{w \cdot h \cdot \Delta\varepsilon} \tag{7-5}$$

式中：E^c 为压缩模量（MPa）；Δp 为载荷-变形曲线或载荷-应变曲线上初始直线段的载荷增量（N）；$\Delta\varepsilon$ 为与 Δp 对应的应变增量；w 为试件工作段宽度（mm）；h 为试件工作段厚度（mm）。

按下列公式计算极限开孔压缩强度：

$$\sigma_c = \frac{P_{Lc}}{A} \tag{7-6}$$

式中：P_{Lc} 为破坏前的最大载荷度（N）；A 为按照试验方法 D3039 得到的毛横截面积（忽略孔）（mm^2）；σ_c 为开孔（缺口）极限压缩强度（MPa）。

4）试验结果讨论

本次试验针对不同损伤及修补后压缩试件进行了室温压缩测试，获得了破坏载荷和压缩强度等材料基本性能，数据见表 7-17 和表 7-18。

表 7－17　压缩试验数据

试验项目		试件编号	破坏载荷/N	强度/MPa
压缩试验无损		P－N－C－01	102637.8	155.81
		P－N－C－02	106063.6	153.22
		P－N－C－03	97344	139.39
		P－N－C－04	99101.2	142.75
		P－N－C－05	98123.6	140.93
		P－N－C－06	103896	150.54
压缩试验 $L=5\text{mm}$ 裂口 2	含损	P－FL2－C－01	78160	120.67
		P－FL2－C－02	79202	115.86
		P－FL2－C－03	77049	115.96
		P－FL2－C－04	82436	125.75
		P－FL2－C－05	80964	122.62
		P－FL2－C－06	80496	117.08
	切口修理	P－RFL2－C－01	86929	135.24
		P－RFL2－C－02	98700	160.28
		P－RFL2－C－03	58794	88.54
		P－RFL2－C－04	91512	136.70
		P－RFL2－C－05	85478	130.92
压缩试验 $L=15\text{mm}$ 裂口 1	含损	P－FL1－C－01	56461	93.96
		P－FL1－C－02	62203	103.75
		P－FL1－C－03	59014	97.36
		P－FL1－C－04	58739	97.79
		P－FL1－C－05	61388	100.94
		P－FL1－C－06	59212	97.82
	铺层修补	P－RFL1－C－01	214926	325.52
		P－RFL1－C－02	186930	268.46
		P－RFL1－C－03	193072	280.52
		P－RFL1－C－04	185966	270.99
		P－RFL1－C－05	187588	272.55
	补片修补	P－RFL1－C－07	153176	225.17
		P－RFL1－C－08	143335	210.13
		P－RFL1－C－09	146522	212.89
		P－RFL1－C－10	145721	210.51
		P－RFL1－C－11	158727	227.96

续表

试验项目		试件编号	破坏载荷/N	强度/MPa
压缩试验 ϕ=20mm 穿孔1	含损	P-OH1-C-01	91814	131.16
		P-OH1-C-02	100998	144.28
		P-OH1-C-03	97145	138.78
		P-OH1-C-04	96946	138.49
		P-OH1-C-05	99251	141.79
		P-OH1-C-06	99262	141.80
	双面铺层	P-ROH1-C-01	146250	206.89
		P-ROH1-C-02	141299	201.03
		P-ROH1-C-03	144409	205.47
		P-ROH1-C-04	146253	208.67
		P-ROH1-C-05	155331	220.99
	斜面角度1:18 单面铺层	P-ROH1-C-07	113137	166.24
		P-ROH1-C-08	115720	176.45
		P-ROH1-C-09	118804	171.00
		P-ROH1-C-10	103525	146.09
		P-ROH1-C-11	117670	158.85
	单面补片	P-ROH1-C-13	101144	139.61
		P-ROH1-C-14	98290	136.04
		P-ROH1-C-15	102355	146.50
		P-ROH1-C-16	100350	136.28
		P-ROH1-C-17	98559	137.96
压缩试验 ϕ=40mm 穿孔2	含损	P-OH2-C-01	96192.4	137.42
		P-OH2-C-02	74915	107.02
		P-OH2-C-03	102589	146.56
		P-OH2-C-04	108460.2	154.94
		P-OH2-C-05	93850.6	134.07
		P-OH2-C-06	95654.4	136.65
	单面铺层	P-ROH2-C-01	141943	229.10
		P-ROH2-C-02	116812	236.49
		P-ROH2-C-03	104898	247.49
		P-ROH2-C-04	125398	209.37
		P-ROH2-C-05	158776	238.74

续表

试验项目		试件编号	破坏载荷/N	强度/MPa
压缩试验 $\phi=40$mm 穿孔 2	斜面角度 1: 18 单面铺层	P－ROH2－C－07	161785	229. 10
		P－ROH2－C－08	166583	236. 49
		P－ROH2－C－09	173831	247. 49
		P－ROH2－C－10	159277	209. 37
		P－ROH2－C－11	177797	238. 74
	双面补片	P－ROH2－C－13	105876	152. 43
		P－ROH2－C－14	110267	156. 50
		P－ROH2－C－15	111054	150. 38
		P－ROH2－C－16	111325	152. 43
		P－ROH2－C－17	104776	144. 64
压缩试验 $\phi=20$mm 分层 1	含损	P－DL1－C－01	88380	126. 26
		P－DL1－C－02	99602	142. 29
		P－DL1－C－03	94952	135. 65
		P－DL1－C－04	99229	141. 76
		P－DL1－C－05	97659	139. 51
		P－DL1－C－06	97048	138. 64
	挖补	P－RDL1－C－01	118129	176. 80
		P－RDL1－C－02	119160	114. 76
		P－RDL1－C－03	120239	171. 25
		P－RDL1－C－04	117527	163. 67
		P－RDL1－C－05	120233	166. 51
		P－RDL1－C－06	117218	174. 41
压缩试验 $\phi=40$mm 分层 2	含损	P－DL2－C－01	100969	144. 24
		P－DL2－C－02	102148. 6	145. 93
		P－DL2－C－03	104247. 2	148. 92
		P－DL2－C－04	102186. 8	145. 98
		P－DL2－C－05	94754. 4	135. 36
		P－DL2－C－06	103339	147. 63
	挖补	P－RDL2－C－01	121273	169. 85
		P－RDL2－C－02	121949	174. 69
		P－RDL2－C－03	126015	177. 49
		P－RDL2－C－04	124538	173. 81
		P－RDL2－C－05	124642	177. 53
		P－RDL2－C－06	127687	179. 80

表 7-18　压缩强度平均值和变异系数

试验项目		试件编号	强度平均值/MPa	变异系数/%
无损		P-N-C-(01-06)	147.11	4.31
裂口 1 含损		P-FL1-C-(01-06)	98.60	3.11
裂口 2 含损		P-FL2-C-(01-06)	119.66	3.08
穿孔 1 含损		P-OH1-C-(01-06)	139.38	1.81
穿孔 2 含损		P-OH2-C-(01-06)	136.11	9.92
分层 1 含损		P-DL1-C-(01-06)	137.35	3.64
分层 2 含损		P-DL2-C-(01-06)	144.68	1.92
穿孔 1 修补	双面铺层	P-ROH1-C-(01-05)	208.61	3.21
	斜面角度 1:18 单面铺层	P-ROH1-C-(07-11)	163.72	6.44
	双面补片	P-ROH1-C-(13-17)	139.28	2.75
穿孔 2 修补	单面铺层	P-ROH2-C-(01-05)	177.12	7.68
	斜面角度 1:18 单面铺层	P-ROH2-C-(07-11)	232.24	5.53
	双面补片	P-ROH2-C-(13-17)	151.28	2.56
裂口 1 修补	铺层修补	P-RFL1-C-(01-05)	283.61	7.52
	补片修补	P-RFL1-C-(07-11)	217.33	3.52
裂口 2 修补	切口修补	P-RFL2-C-(01-05)	140.78	8.13
分层 1 修补	挖补	P-DL1-C-(01-06)	170.53	2.85
分层 2 修补	挖补	P-DL2-C-(01-06)	175.53	1.83

由表 7-17 和表 7-18 可知,在本次室温压缩试验中,针对穿孔损伤,双面铺层修补方法效果最好,斜面角度 1:18 的单面铺层也具有非常好的修补效果;针对裂口损伤,采用补片修补的效果优于切口修补。

7.2.3 开胶缺胶剪切试验

1. 试验过程

为了保证试验数据的有效性,每个类型试验件为 5 件。试验设备使用型号为 CRIMS DDL600 的电子万能试验机,量程 60t。材料为平纹织物预浸料 TORAY T700SC-12K-50C/#2510。损伤形式为搭接胶层中心缺胶,缺胶长度为搭接宽度的 1/3。试验步骤如下:

(1) 对试件进行无损检测。

(2) 对试件进行编号,用精度为 0.02mm 的游标卡尺测量试件任意三处的宽度和重叠的长度，取其平均值进行计算，确定剪切面积。

(3) 把试件对称地夹在上下夹持器中，夹持处到搭接端的距离为(50 ±1)mm。

(4) 调整试验机的相对位置，安装过程中注意试件的对中性。

(5) 对剪切试验：设定试验机的参数，对试件进行预加载，其后对试验机及应变测量系统进行清零。在(5 ±1)mm/min 内，以稳定速度加载。记录试件剪切破坏的最大负荷，记录胶接破坏的类型。

按下列公式计算胶黏剂拉伸剪切强度：

$$\tau = \frac{F}{b \cdot l} \tag{7-7}$$

式中：τ 为剪切强度(MPa)；F 为试样剪切破坏时的最大载荷(N)；b 为试件搭接面宽度(mm)；l 为试件搭接面长度(mm)。

剪切加载图如图 7-21 所示。

图 7-21 剪切加载图

2. 试验结果讨论

本次试验针对无损、含损和修补材料进行了测试，得到了破坏载荷和剪切强度等材料基本性能，试验结果见表 7-19 和表 7-20。

表 7－19　开胶缺胶试验数据

试件类型	试件编号	破坏载荷 F/N	剪切强度 τ/MPa
无损	P－NDB－S－01	15760.00	20.33
	P－NDB－S－02	17240.00	22.60
	P－NDB－S－03	15020.00	19.90
	P－NDB－S－04	15944.00	20.19
	P－NDB－S－05	16520.00	22.18
	P－NDB－S－06	16358.00	21.25
缺胶	P－DB－S－01	14343.00	18.61
	P－DB－S－02	14193.00	17.67
	P－DB－S－03	9197.00	11.99
	P－DB－S－04	14444.00	18.69
	P－DB－S－05	10174.00	12.90
	P－DB－S－06	4989.00	6.18
注射修补	P－RDB－S－01	11882.00	15.62
	P－RDB－S－02	13144.00	16.51
	P－RDB－S－03	10245.00	12.88
	P－RDB－S－04	11610.00	14.90
	P－RDB－S－05	13246.00	17.12

表 7－20　平均值和变异系数

试件类型	破坏载荷		剪切强度	
	平均值 F/N	变异系数/%	平均值 τ/MPa	变异系数/%
无损	16140.33	4.26	21.07	4.87
含损	11223.33	31.08	14.34	31.50
修补	11720.25	8.79	14.97	8.94

由表 7－19 和表 7－20 可知，在室温环境下，本次试验的开胶缺胶损伤使含损试件的剪切强度降低为无损试件的 68.06%，注射修补使试件的剪切强度恢复为无损试件的 71.05%，修复效果一般。

7.2.4 孔边挤压试验

1. 试验过程

为了保证试验数据的有效性，每个类型试件为 5 件。试验设备使用型号为 CRIMS DDL600 的电子万能试验机，量程 60t。材料为平纹织物预浸料 TORAY

T700SC－12K－50C/#2510，损伤形式为距试件边缘15mm处有孔径为4.83mm的小孔，研究孔边挤压对层合板的影响，试验步骤如下：

（1）对试件进行无损检测。

（2）对试件进行编号，利用精度为0.02mm的游标卡尺测量试件任意三处的宽度和厚度，并取平均值进行计算。并测量孔径 D，从孔边缘到试件最近一侧的距离 f，从孔的边缘到试件端部的距离 g。

（3）调整试验机的相对位置，安装试件。安装过程中注意试件的对中性。

（4）在试件外与孔位置一致处布置引伸计。

（5）室温试验在试验前对试验机及应变测量系统进行清零。以速度为2mm/min开始进行试验，直至试件破坏。记录试验数据。

按下列公式计算挤压强度：

$$\sigma_i^{\mathrm{br}} = \frac{P_i}{h \times D} \tag{7-8}$$

式中：σ_i^{br} 为第 i 个数据点的挤压应力（MPa）；P_i 为第 i 个数据点的载荷（N）；h 为试件厚度（mm）；D 为孔径（mm）。

按下列公式计算挤压应变：

$$\varepsilon_i^{\mathrm{br}} = \frac{(\delta_{1i} + \delta_{2i})}{2D} \tag{7-9}$$

式中：$\varepsilon_i^{\mathrm{br}}$ 为挤压应变（με）；δ_{1i} 为1号引伸计在第 i 个数据点的位移（mm）；δ_{2i} 为2号引伸计在第 i 个数据点的位移（mm）。

孔边挤压试验加载如图7－22所示。

图7－22　孔边挤压试验

2. 试验结果讨论

本次试验针对无损和修补后结构进行了测试，得到了破坏载荷和挤压强度等材料基本性能,试验结果见表7－21和表7－22。

表7－21　孔边挤压试验数据

试件类型		试件编号	破坏载荷 P/N	挤压强度 σ^{br}/MPa
无损		P－NHD－BE－01	11495.00	670.40
		P－NHD－BE－02	10932.00	650.39
		P－NHD－BE－03	10334.00	610.14
		P－NHD－BE－04	9818.00	567.27
		P－NHD－BE－05	9553.00	559.24
		P－NHD－BE－06	10415.00	612.01
修补	斜面角度1:18单面铺层	P－RHD－BE－01	13291.00	788.47
		P－RHD－BE－02	13040.00	772.10
		P－RHD－BE－03	11091.00	657.96
		P－RHD－BE－04	11098.00	650.30
		P－RHD－BE－05	11118.00	657.68
		P－RHD－BE－06	9421.00	564.82
	填充修补	P－RHD－BE－07	10951.00	661.02
		P－RHD－BE－08	7760.00	465.69
		P－RHD－BE－09	8595.00	520.32
		P－RHD－BE－10	7651.00	453.45
		P－RHD－BE－11	8059.00	485.51

表7－22　平均值和变异系数

试件类型		破坏载荷		挤压强度	
		平均值 P/N	变异系数/%	平均值 σ^{br}/MPa	变异系数/%
无损		10424.50	6.24	611.57	6.56
修补	单面铺层	11927.60	8.50	705.30	8.72
	填充	8016.25	4.57	481.24	5.26

由表7－21和表7－22可知,在室温环境下,通过斜面角度1∶18的单面铺层修补后的试件挤压强度恢复为无损试件的115.33%,通过填充修补后的试件挤压强度恢复为无损的78.69%。斜面角度1∶18的单面铺层修补方法明显优于填充修补。

7.2.5 孔边拉脱试验

1. 试验过程

为了保证试验数据的有效性,每个类型试件为5件。试验设备使用型号为

CSS 88200 的电子万能试验机,量程 20t。材料为平纹织物预浸料 TORAY T700SC－12K－50C/#2510,损伤形式为试件中心有 $\phi=4.83\text{mm}$ 的通孔,研究孔边拉脱对层合板的影响,试验步骤如下:

(1) 在所有试验前,测量试件宽度 w 和长度 b,在紧固孔周围的 4 个位置测量试件厚度,求其平均值。

(2) 试验前对试验机及应变测量系统进行清零。以速度为 0.50mm/min 开始进行试验,直至试件破坏。记录试验数据。

(3) 清洁试验孔、夹持区周围和紧固件或销钉钉杆。

(4) 将试验件放置于槽型件之下,紧固件销钉穿过板,并从间隙孔和耳叉上的孔伸出来。在装配件内安装紧固件。

(5) 按规定的速率将拉伸载荷施加到加载耳叉上,同时记录数据。对试样加载,直到达到最大载荷,并且载荷从最大载荷下降 30% 为止。将在作用载荷第一次明显下降(大于 10%)之前,载荷－位移曲线上观察到的第一个峰值载荷定义为结构的破坏载荷。此时停止试验。

(6) 记录试验数据及失效模式。

按下列公式计算拉脱强度:

$$F^{\mathrm{lt}}=\frac{P_{\mathrm{lt}}}{C\cdot h} \tag{7-10}$$

式中:F^{lt} 为拉脱强度(MPa);P_{lt} 为试样拉脱破坏时的最大载荷(N);C 为试件周长(mm);h 为试件厚度(mm)。

孔边拉脱试验加载如图 7－23 所示。

图 7－23　孔边拉脱试验

2. 试验结果讨论

本次试验针对无损和修补后试件进行了测试，得到了破坏载荷和拉脱强度等材料基本性能，试验结果见表7－23和表7－24。

表7－23　孔边拉脱试验数据

试件类型		试件编号	破坏载荷 P_{lt}/N	拉脱强度 F^{lt}/MPa
无损		P－NHD－PT－01	6247.00	2.22
		P－NHD－PT－02	4893.00	1.72
		P－NHD－PT－03	5295.00	1.85
		P－NHD－PT－04	5331.00	1.89
		P－NHD－PT－05	5093.00	1.81
		P－NHD－PT－06	4907.00	1.74
修补	斜面角度1:18 单面铺层	P－RHD－PT－01	6680.00	2.41
		P－RHD－PT－02	8204.00	2.85
		P－RHD－PT－03	5966.00	2.12
		P－RHD－PT－04	7806.00	2.77
		P－RHD－PT－05	8181.00	2.85
		P－RHD－PT－06	7180.00	2.54
	双面铺层	P－RHD－PT－07	8786.54	试验结果为螺钉破坏，记录螺钉破坏时的载荷
		P－RHD－PT－08	7872.21	
		P－RHD－PT－09	14243.66	

表7－24　平均值和变异系数

试件类型	破坏载荷		拉脱强度	
	平均值 P_{lt}/N	变异系数/%	平均值 F_{lt}/MPa	变异系数/%
无损	5294.33	8.66	1.87	8.85
修补单面铺层	7336.17	11.16	2.59	10.22

由表7－23和表7－24可知，在室温环境下，通过斜面角度1:18的单面铺层修补后的试件拉伸强度恢复为无损试件的138.50%，修补效果显著。

7.3 修补后机翼验证试验

修补后机翼验证试验共分为3个阶段：①按照给定载荷进行机翼突风限制载荷静力试验；②完成机翼突风限制载荷静力试验后，对试验件预制损伤并进行修理；③对修理后的试验件进行机翼突风限制载荷静力试验。

7.3.1 机翼突风限制载荷静力试验

1. 30% 预试试验

按照表 7 – 25 给定载荷进行 30% 预试试验，1 号作动筒以 3646.5N 为最大载荷进行试验，2 号作动筒以 7312.2N 为最大载荷进行试验，本试验共进行 3 次。试验过程中 2 个作动筒进行协调同步加载。按照 5% 一级进行加载，试验过程中每级加载时间 15s，保载时间 10s，每级进行应变和位移采集。

表 7 – 25　30% 预试试验载荷

序号	加载级	1 号作动筒/N	2 号作动筒/N
1	0%	0.00	0.00
2	5%	607.75	1218.70
3	10%	1215.50	2437.40
4	15%	1823.25	3656.10
5	20%	2431.00	4874.80
6	25%	3038.75	6093.50
7	30%	3646.50	7312.20
8	25%	3038.75	6093.50
9	20%	2431.00	4874.80
10	15%	1823.25	3656.10
11	10%	1215.50	2437.40
12	5%	607.75	1218.70
13	0%	0.00	0.00

试验完成后，分析试验数据重复性及线性，绘制部分测点数据曲线。图 7 – 24 所示为后 2 次试验应变数据对比，图 7 – 25 所示为部分测点的载荷 – 应变曲线，图 7 – 26所示为测点载荷 – 位移曲线。

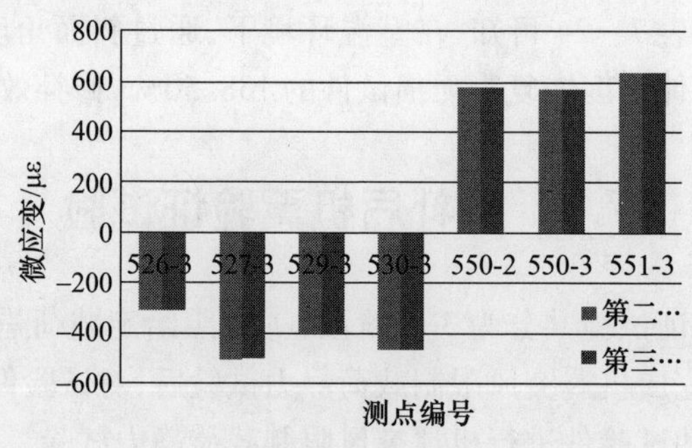

图 7 – 24　后 2 次试验的应变数据对比

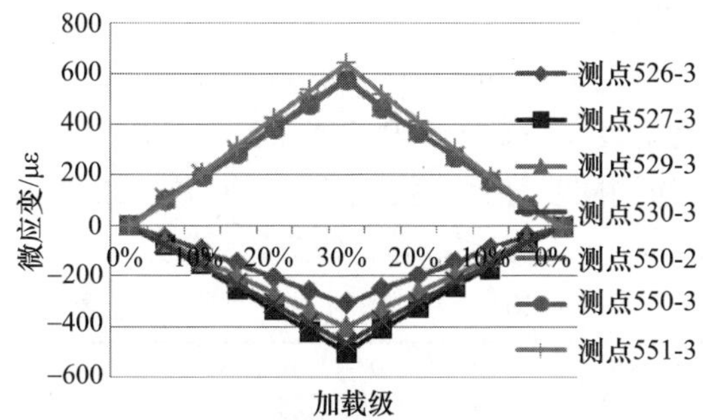

图 7-25　部分测点的载荷-应变曲线

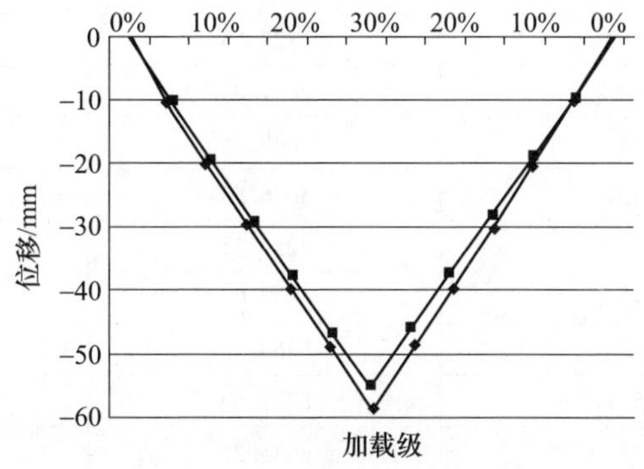

图 7-26　测点的载荷-位移曲线

试验完成后，检查试件及支持夹具安装状态完好；分析试验数据可知，两次预试试验微应变数据重复性良好、线性良好。表明试验加载设备准确、稳定，数据采集设备稳定、无异常，可以进行 67% 限制载荷试验。加载现场如图 7-27 所示。

图 7-27　30% 预试试验现场

2. 67% 限制载荷试验

按照表 7 - 26 给定载荷进行 67% 限制载荷试验,1 号作动筒最大载荷 8143. 85N,2 号作动筒最大载荷 16330. 58N。该项试验共进行 1 次。试验过程中 2 个作动筒进行协调同步加载。按照 5% 一级进行加载,试验过程中每级加载时间 15s,保载时间 10s,应变和位移每级进行采集。

表 7 - 26　67% 限制载荷试验载荷表

序号	加载级	1 号作动筒/N	2 号作动筒/N
1	0%	0. 00	0. 00
2	5%	607. 75	1218. 70
3	10%	1215. 50	2437. 40
4	15%	1823. 25	3656. 10
5	20%	2431. 00	4874. 80
6	25%	3038. 75	6093. 50
7	30%	3646. 50	7312. 20
8	35%	4254. 25	8530. 90
9	40%	4862. 00	9749. 60
10	45%	5469. 75	10968. 30
11	50%	6077. 50	12187. 00
12	55%	6685. 25	13405. 70
13	60%	7293. 00	14624. 40
14	65%	7900. 75	15843. 10
15	67%	8143. 85	16330. 58
16	65%	7900. 75	15843. 10
17	60%	7293. 00	14624. 40
18	55%	6685. 25	13405. 70
19	50%	6077. 50	12187. 00
20	45%	5469. 75	10968. 30
21	40%	4862. 00	9749. 60
22	35%	4254. 25	8530. 90
23	30%	3646. 50	7312. 20
24	25%	3038. 75	6093. 50
25	20%	2431. 00	4874. 80
26	15%	1823. 25	3656. 10
27	10%	1215. 50	2437. 40
28	5%	607. 75	1218. 70
29	0%	0. 00	0. 00

绘制测点数据曲线，分析试验数据线性。图 7－28 和图 7－29 所示为部分测点的载荷－应变曲线，图 7－30 所示为全部测点载荷－位移曲线。

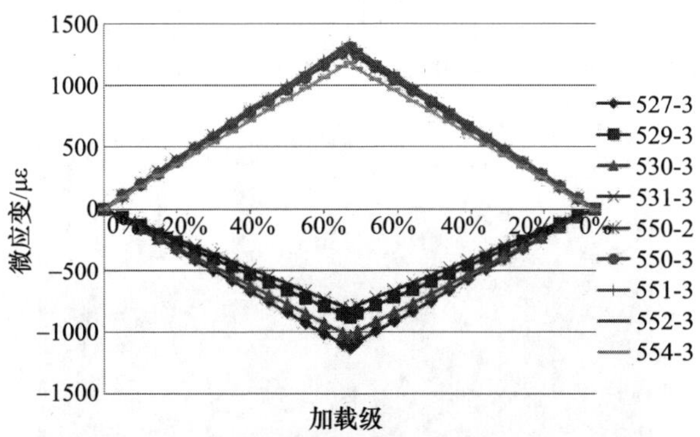

图 7－28　部分测点的载荷－应变曲线(1)

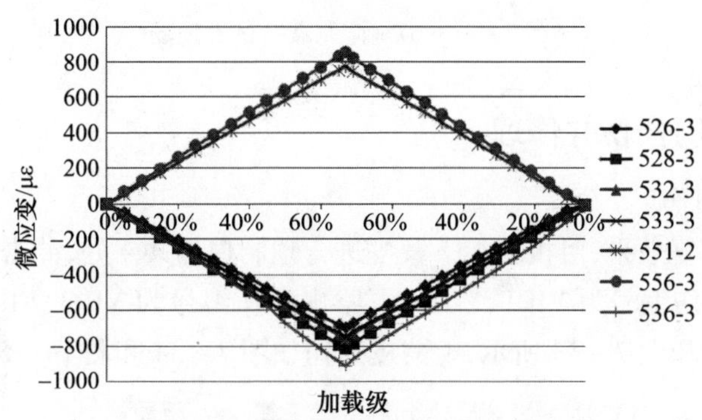

图 7－29　部分测点的载荷－应变曲线(2)

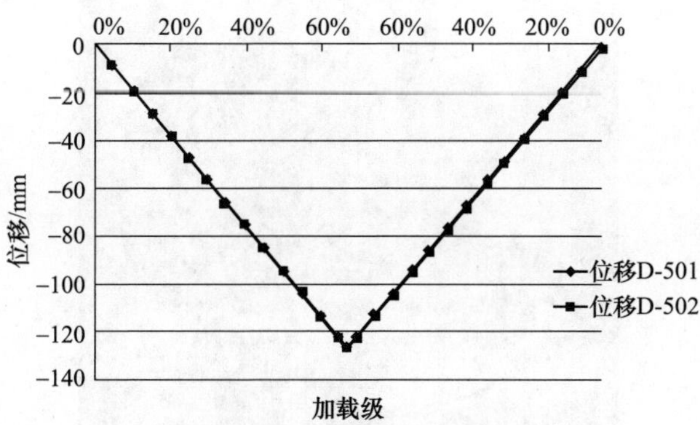

图 7－30　测点的载荷－位移曲线

试验完成后，检查试验件及支持夹具，各结构没有出现非正常情况；经中航复材技术人员进行无损检测，试验件未发生损伤。分析试验数据可知，最大应变在机翼下蒙皮编号为551－3处，微应变数值为1338$\mu\varepsilon$；位移D－501为试件变形的最大位移，为128mm。加载现场如图7－31所示。

图7－31　67%限制载荷试验现场

7.3.2 预制损伤并修理

1. 预制损伤

为考核修复效果，对机翼上下蒙皮进行预制损伤共4处，冲击能量为15J和20J，上蒙皮损伤编号为VID1、VID2，下蒙皮损伤编号为VID3、VID4。下蒙皮损伤如图7－32和图7－33所示，上蒙皮损伤如图7－34和图7－35所示。

图7－32　下蒙皮冲击现场

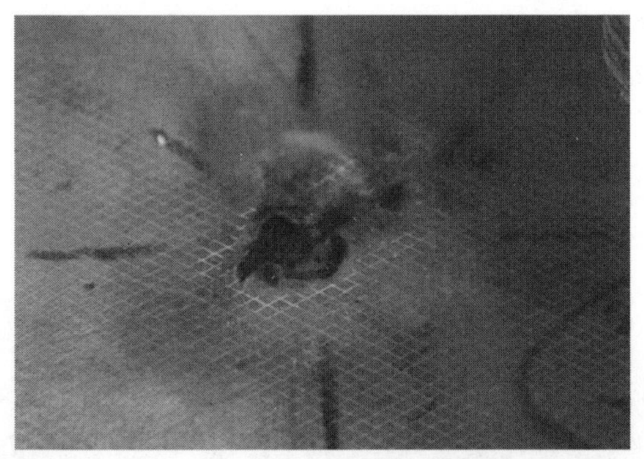

图 7－33　下蒙皮损伤图

图 7－34　上蒙皮冲击现场

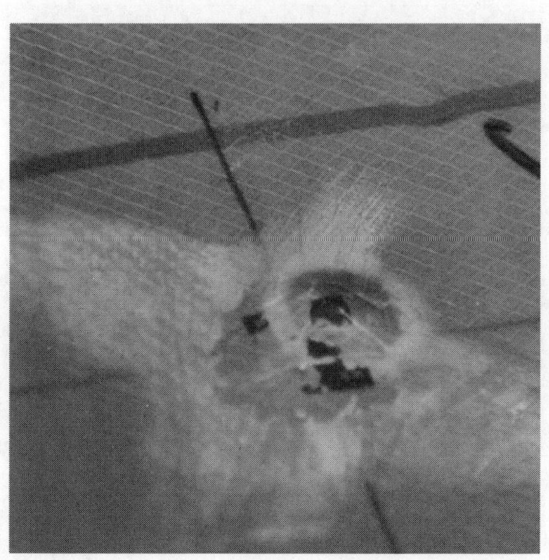

图 7－35　上蒙皮损伤图

上蒙皮冲击能量20J,下蒙皮冲击能量15J。采用落锤设备进行冲击,冲击完成后确认合格,可以对损伤的部位进行修补。

2. 损伤修理

对损伤部位进行修理,修理后经无损检测符合要求,可以进行后续试验。修复如图7－36和图7－37所示,修复后无损检测如图7－38所示。

图7－36　损伤后无损检测及修复

图7－37　修复后照片

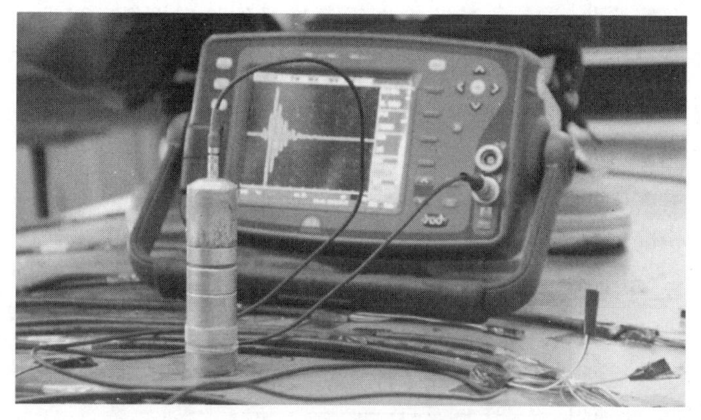

图 7－38　修复后无损检测

7.3.3 修理后机翼正突风限制载荷静力试验

1. 30% 预试试验

按照表 7－27 给定载荷进行 30% 预试试验，1 号作动筒以 3646.5N 为最大载荷进行试验，2 号作动筒以 7312.2N 为最大载荷进行试验，该项试验共进行 2 次。试验过程中 2 个作动筒进行协调同步加载。按照 5% 一级进行加载，试验过程中每级加载时间 15s，保载时间 10s，每级进行应变和位移采集。

表 7－27　30% 预试试验加载表

序号	加载级	1 号作动筒/N	2 号作动筒/N
1	0%	0.00	0.00
2	5%	607.75	1218.70
3	10%	1215.50	2437.40
4	15%	1823.25	3656.10
5	20%	2431.00	4874.80
6	25%	3038.75	6093.50
7	30%	3646.50	7312.20
8	25%	3038.75	6093.50
9	20%	2431.00	4874.80
10	15%	1823.25	3656.10
11	10%	1215.50	2437.40
12	5%	607.75	1218.70
13	0%	0.00	0.00

绘制测点数据曲线，分析试验数据重复性及线性。图 7－39 所示为 2 次试验的应变数据对比，图 7－40 所示为部分测点的载荷－应变曲线，图 7－41 所示为全部测点的载荷－位移曲线。

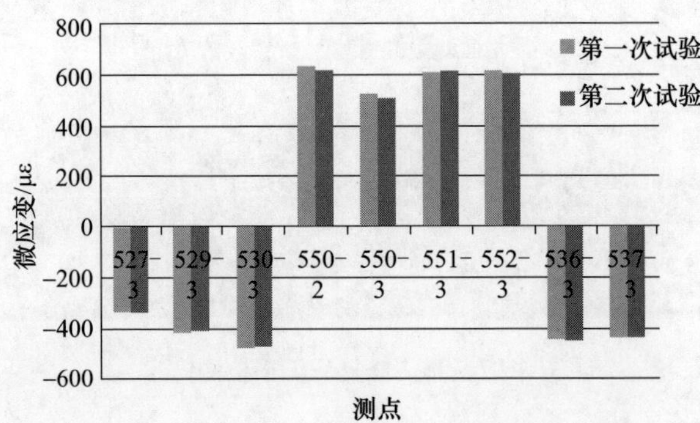

图 7－39　2 次试验的应变数据对比

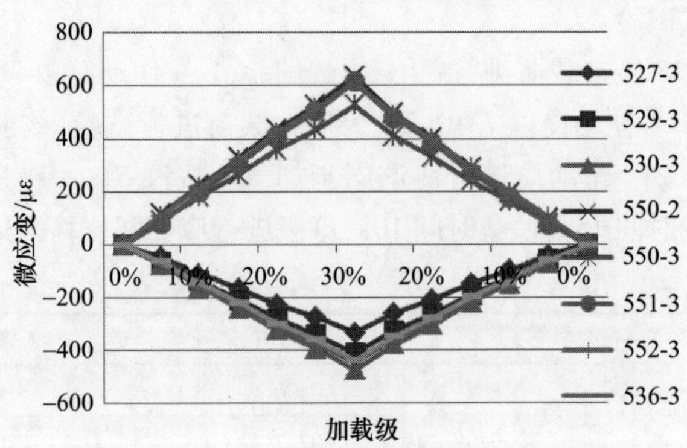

图 7－40　部分测点的载荷－应变曲线

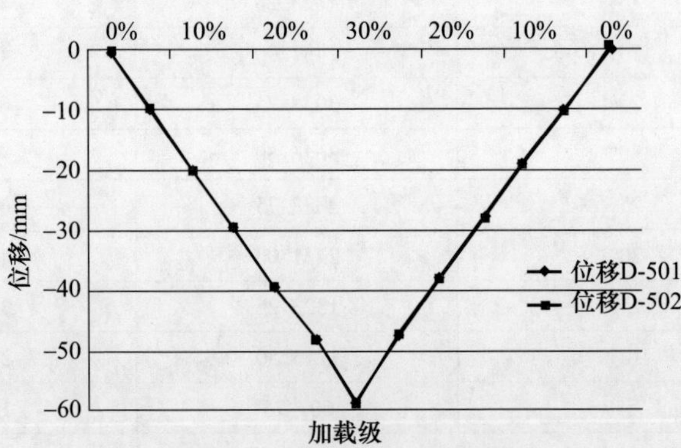

图 7－41　测点的载荷－位移曲线

试验完成后，检查试件及支持夹具安装状态完好；分析试验数据可知，两次预试试验微应变数据重复性好、线性好；载荷－位移曲线线性良好，位移分散性小。

2. 67% 限制载荷试验

按照表 7－28 给定载荷进行 67% 限制载荷试验，1 号作动筒最大载荷 8143.85N，2 号作动筒最大载荷 16330.58N。该项试验共进行 1 次。试验过程中 2 个作动筒进行协调同步加载。按照 5% 一级进行加载，试验过程中每级加载时间 15s，保载时间 10s，每级进行应变和位移采集。

表 7－28　67% 限制载荷试验加载表

序号	加载级	1 号作动筒/N	2 号作动筒/N
1	0%	0.00	0.00
2	5%	607.75	1218.70
3	10%	1215.50	2437.40
4	15%	1823.25	3656.10
5	20%	2431.00	4874.80
6	25%	3038.75	6093.50
7	30%	3646.50	7312.20
8	35%	4254.25	8530.90
9	40%	4862.00	9749.60
10	45%	5469.75	10968.30
11	50%	6077.50	12187.00
12	55%	6685.25	13405.70
13	60%	7293.00	14624.40
14	65%	7900.75	15843.10
15	67%	8143.85	16330.58
16	65%	7900.75	15843.10
17	60%	7293.00	14624.40
18	55%	6685.25	13405.70
19	50%	6077.50	12187.00
20	45%	5469.75	10968.30
21	40%	4862.00	9749.60
22	35%	4254.25	8530.90
23	30%	3646.50	7312.20
24	25%	3038.75	6093.50

续表

序号	加载级	1 号作动筒/N	2 号作动筒/N
25	20%	2431.00	4874.80
26	15%	1823.25	3656.10
27	10%	1215.50	2437.40
28	5%	607.75	1218.70
29	0%	0.00	0.00

绘制部分测点数据曲线,分析试验数据。图 7 - 42 和图 7 - 43 所示为部分测点的载荷 - 应变曲线,图 7 - 44 所示为全部测点的载荷 - 位移曲线。

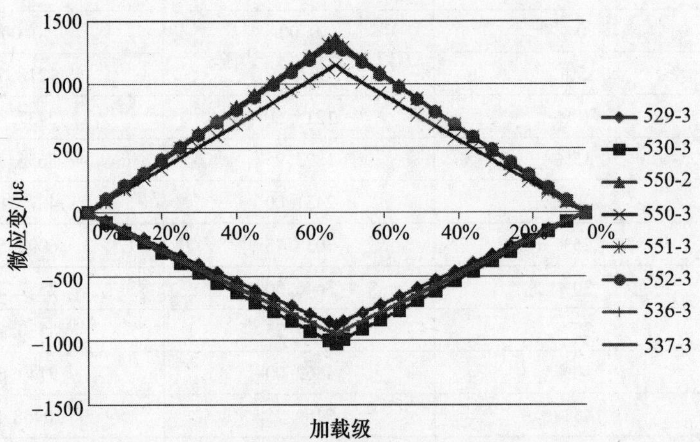

图 7 - 42　部分测点的载荷 - 应变曲线(1)

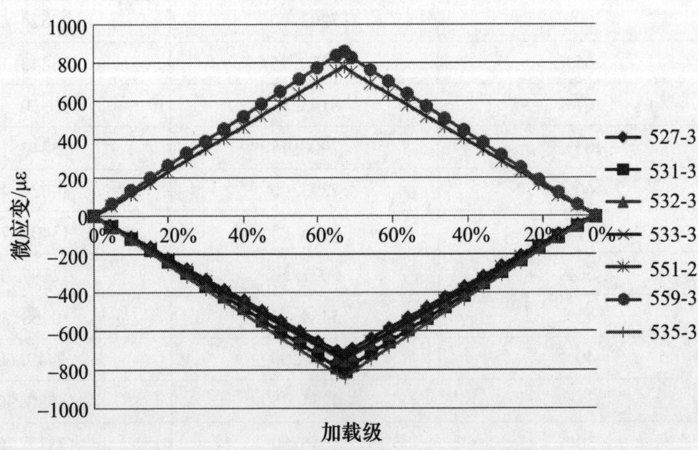

图 7 - 43　部分测点的载荷 - 应变曲线(2)

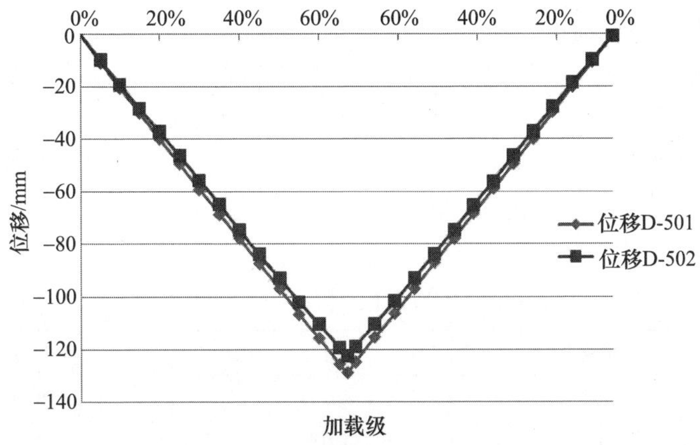

图 7－44　测点载荷－位移曲线

分析试验数据可知，试验加载至 67% 时，最大应变数值是 1358με；最大位移是 128mm，符合试验要求。试验件加载如图 7－45 和图 7－46 所示。

图 7－45　67% 限制载荷试验现场(1)

图 7－46　67% 限制载荷试验现场(2)

3. 100% 限制载荷试验

按照表 7-29 给定载荷进行 100% 限制载荷试验。1 号作动筒以 12155. 0N 为最大载荷进行试验,2 号作动筒以 24374N 为最大载荷进行试验,2 个作动筒进行协调同步加载,该试验进行一次。试验过程中 2 个作动筒进行协调同步加载。按照 5% 一级进行加载,试验过程中每级加载时间 15s,保载时间 10s,应变和位移每级进行采集。

表 7-29 100% 限制载荷试验加载表

序号	加载级	1 号作动筒/N	2 号作动筒/N
1	0%	0. 00	0. 00
2	10%	1215. 50	2437. 40
3	20%	2431. 00	4874. 80
4	30%	3646. 50	7312. 20
5	40%	4862. 00	9749. 60
6	50%	6077. 50	12187. 00
7	60%	7293. 00	14624. 40
8	67%	8143. 85	16330. 58
9	70%	8508. 50	17061. 80
10	75%	9116. 25	18280. 50
11	80%	9724. 00	19499. 20
12	85%	10331. 75	20717. 90
13	90%	10939. 50	21936. 60
14	95%	11547. 25	23155. 30
15	100%	12155. 00	24374. 00
16	95%	11547. 25	23155. 30
17	90%	10939. 50	21936. 60
18	85%	10331. 75	20717. 90
19	80%	9724. 00	19499. 20
20	75%	9116. 25	18280. 50
21	70%	8508. 50	17061. 80
22	67%	8143. 85	16330. 58
23	60%	7293. 00	14624. 40
24	50%	6077. 50	12187. 00
25	40%	4862. 00	9749. 60

续表

序号	加载级	1 号作动筒/N	2 号作动筒/N
26	30%	3646. 50	7312. 20
27	20%	2431. 00	4874. 80
28	10%	1215. 50	2437. 40
29	0%	0. 00	0. 00

绘制部分测点数据曲线,分析试验数据。图 7 – 47 和图 7 – 48 所示为部分测点的载荷 – 应变曲线,图 7 – 49 所示为测点载荷 – 位移曲线。

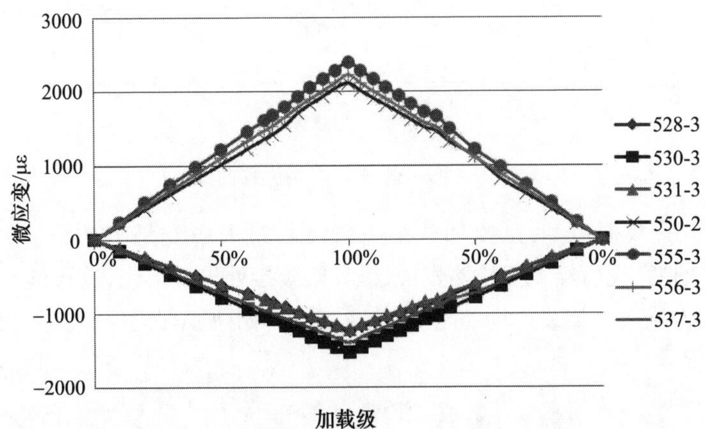

图 7 – 47　部分测点的载荷 – 应变曲线(1)

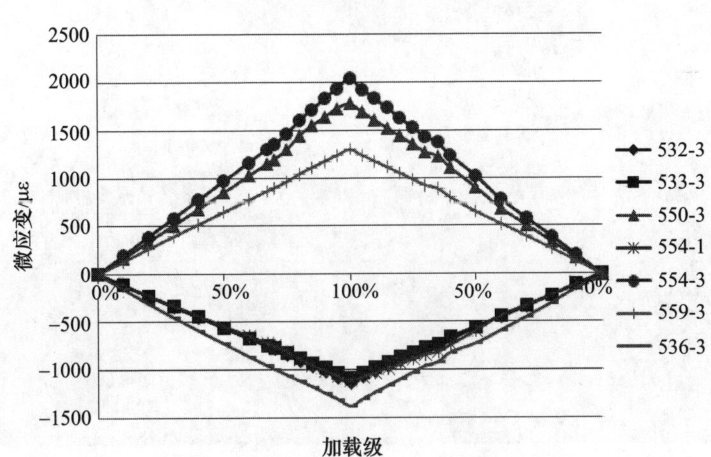

图 7 – 48　部分测点的载荷 – 应变曲线(2)

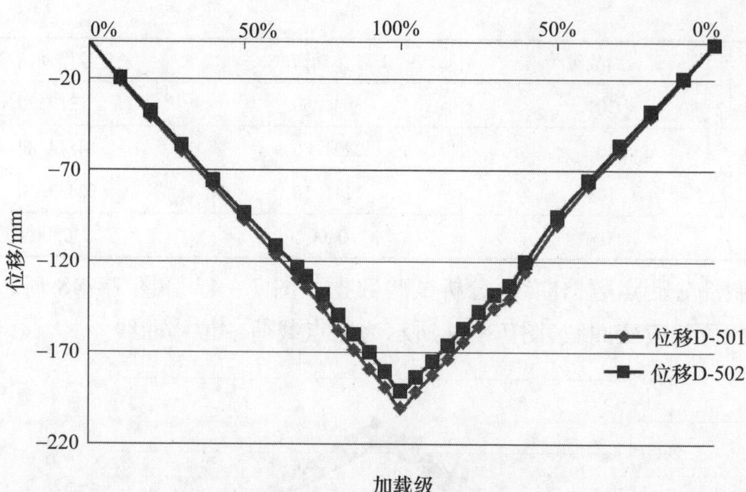

图 7－49　测点载荷－位移曲线

分析试验数据可知，试验加载至 100% 时，最大应变是 4210με；最大位移为 200mm。试验完成后经无损检测发现，机翼梁胶接处出现损伤，进行试验时加载至 100% 有较大响声。加载现场如图 7－50 和图 7－51 所示，无损检测如图 7－52 和图 7－53 所示。

图 7－50　100% 限制载荷试验现场(1)

图 7-51　100% 限制载荷试验现场(2)

图 7-52　无损检测现场(1)

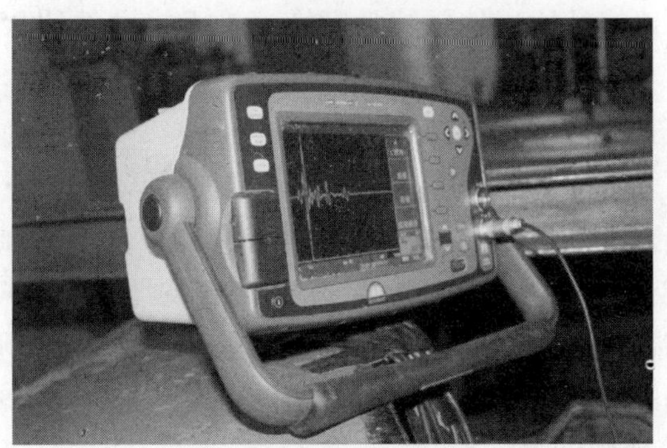

图 7-53　无损检测现场(2)

7.4 本章小结

1. 室温拉伸试验

1）穿孔损伤

对于室温压缩情况下的穿孔损伤，当穿孔直径为 20mm 时，斜面角度为 1∶18 的单面铺层修补的修补效果最好。当穿孔直径为 40mm 时，斜面角度为 1∶18 的单面铺层修补的修补效果最好。

2）裂口损伤

对于室温拉伸情况下的裂口损伤，当裂口长度为 15mm 时，含损试件的拉伸强度降低为无损试件的 76.55%，采用切口修补的试件拉伸强度恢复为无损试件的 121.56%，修补效果显著；当裂口长度为 15mm 时，含损试件的拉伸强度降低为无损试件的 73.70%，采用铺层修补的试件拉伸强度恢复为无损试件的 82.08%，采用补片修补的试件拉伸强度恢复为无损试件的 81.89%。

2. 室温压缩试验

1）穿孔损伤

对于室温压缩情况下的穿孔损伤，当穿孔直径为 20mm 时，双面铺层的修补效果最为显著；当穿孔直径为 40mm 时，斜面角度为 1∶18 的单面铺层的修补效果最为显著。

2）裂口损伤

对于室温压缩情况下的裂口损伤，当裂口长度为 15mm 时，含损试件的压缩强度降低为无损试件的 67.02%，采用铺层修补的试件压缩强度恢复为无损试件的 192.79%，采用补片修补的试件压缩强度恢复为无损试件的 147.73%，修复效果显著；当裂口长度为 5mm 时，含损试件的压缩强度降低为无损试件的 81.34%，采用切口修补的试件压缩强度恢复为无损试件的 95.70%，修复效果一般。

3）分层损伤

对于室温压缩情况下的分层损伤，当分层直径为 20mm 时，含损试件的压缩强度降低为无损试件的 93.37%，采用挖补修补的试件压缩强度恢复为无损试件的 115.92%；当分层直径为 40mm 时，含损试件的压缩强度降低为无损试件的 98.35%，采用挖补修补的试件压缩强度恢复为无损试件的 119.32%。挖补修补对于分层损伤的修补效果明显。

3. 开胶缺胶剪切试验

在室温环境下，本次试验的开胶缺胶损伤使含损试件的剪切强度降低为无损试件的 68.06%，注射修补使试件的剪切强度恢复为无损试件的 71.05%，修复效果一般。

4. 孔边挤压试验

在室温环境下，通过斜面角度 1∶18 的单面铺层修补后的试件挤压强度恢复为无损试件的 115.33%，通过填充修补后的试件挤压强度恢复为无损试件的 78.69%。斜面角度 1∶18 的单面铺层修补方法明显优于填充修补。

5. 孔边拉脱试验

在室温环境下，通过斜面角度 1∶18 的单面铺层修补后的试件拉伸强度恢复为无损试件的 138.50%，修补效果显著。

6. 机翼验证试验

（1）修复后的机翼正突风限制载荷静力试验完成 67%，和未损伤之前最大变形相同（均为 128mm）；未损伤之前最大应变为 1338$\mu\varepsilon$，修复后最大应变为 1358$\mu\varepsilon$，修复满足 67% 限制载荷要求。

（2）修复后的机翼 100% 限制载荷静力试验最大变形 200mm，最大应变是 4210$\mu\varepsilon$，试验完成后经无损检测发现，机翼梁胶接处出现损伤。

参考文献

[1] 童谷生，孙良新，等．飞机结构损伤的复合材料胶接修补技术研究进展[J]．航空材料工艺，2002，5：20－24.

[2] PINKIES P，TSORPES，LABEAS G，et al. The Progressive damage modelling for bonded composite repairs [J]. Theoretical and Applied Fracture Mechanics，2006，43(3)：187－199.

[3] 李倘智．拉压载荷作用下含损伤复合材料层合板的失效概率分析[D]．哈尔滨：哈尔滨工业大学，2017.

[4] 崔元庆．复合材料损伤结构胶结补强修补分析及设计技术[D]．西安：西北工业大学，1999.

[5] 苗学周，李成，铁瑛，等．补片形状和尺寸对复合材料胶接修补的影响[J]．机械工程学报，2014，20(50)：63－69.

[6] 陈先有，崔晶．航空复合材料结构修补技术与应用[J]．材料与表面处理工艺，2007，5：74－77.

[7] 谭朝元，孙宝岗，邓火英，等．结构复合材料修补技术研究进展[J]．宇航材料工艺，2011，41(2)：26－30.

[8] 鲁国富，张金奎，任三元．补片修补承力结构的复合材料优选研究[A]．中国航空学会．第 17 届全国复合材料学术会议(复合材料制造技术与设备分论坛)论文集[C]．中国航空学会：北京中航时代文化传播有限公司，2012：6：748－753.

第 8 章

层合板损伤及修补模拟技术

国内外学者利用有限元软件建立模型，对复合材料修补进行数值模拟。梁重云[1]等借助 ANSYS 软件，得到了层合板、胶层和补片层的单元失效情况。白金泽[2]借助 Patran 软件对层合板胶接修补进行数值模拟，认为应用“双板—弹簧”有限元修正模型进行复合材料补片胶接修补分析是合适的。范江海[3]利用有限元软件 ANSYS 对含菱形开孔钢板的计算分析，发现复合材料修补技术能有效恢复损伤钢板的力学性能。叶正浩[4]采用 ABAQUS 软件模拟了结构的渐进失效过程，结构中的失效采用 UMAT 子程序模拟。Soutis[5]等较早通过三维有限元模型研究复合材料双面贴补结构在压缩载荷下的破坏情况。由国内外学者的研究情况可以看出，目前国内外针对复合材料修补模拟的软件使用较为纷杂，使用的失效准则尚未得到统一。修补形式的模拟也较匮乏，对模型的建立还需进一步研究。

8.1 层合板损伤数值模拟分析

8.1.1 层合板穿孔拉伸

1. 模型描述

层合板穿孔模型为三维有限元模型，尺寸为长 300mm、宽 200mm、厚 1.7472mm，单层厚度为 0.2184mm，共 8 层，铺层为[45/0/ −45/90/90/ −45/0/45]。开孔位置在层合板的中心，穿孔孔径大小为 $\phi = 20$mm 和 $\phi = 40$mm 两类，如图 8 − 1 所示。三维层合板穿孔结构采用三维 Hashin 准则来模拟其失效，预测穿孔层合板的拉伸失效载荷。

为了模拟穿孔损伤对层合板的影响，同时建立未损伤层合板模型，模型参数、约束条件、加载方式均与穿孔损伤结构相同。

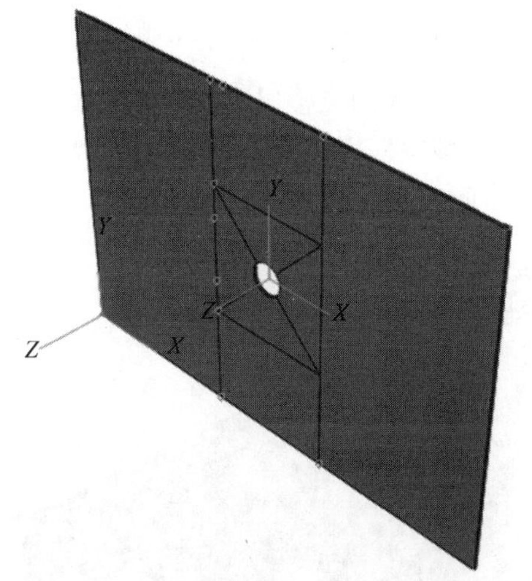

图 8－1　层合板穿孔模型

1）材料参数

层合板采用织物预浸料 TORAY T700SC－12K－50C/#2510，性能数据见表 6－3。

2）网格类型

层合板穿孔结构采用 Solid 建模，3D stress 单元模拟，单元类型为 C3D8R（8 节点 6 面体线性减缩积分实体单元），孔边网格细化，共有 2259 个单元，如图 8－2所示。

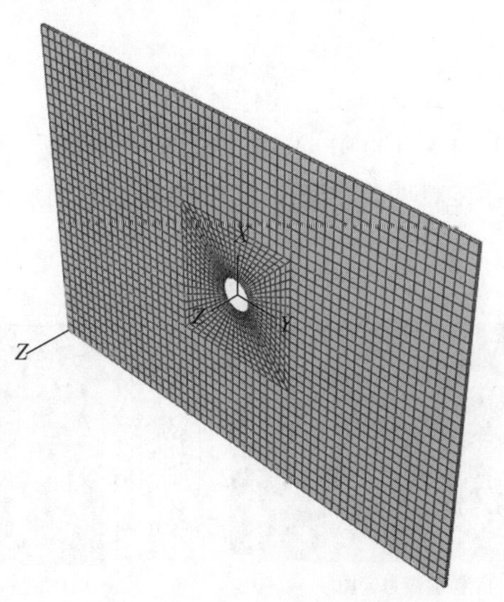

图 8－2　层合板穿孔结构网格划分

3）载荷和边界条件

对模型施加面内拉伸载荷。边界条件为一端完成固定（U1 = U2 = U3 = UR1 = UR2 = UR3 = 0），一端施加 X 方向的位移（U1 = 4mm），固定其余方向（U2 = U3 = UR1 = UR2 = UR3 = 0）。模型中采用耦合方法（equation），用一点的位移代替整个面上的位移，如图 8 - 3 所示。

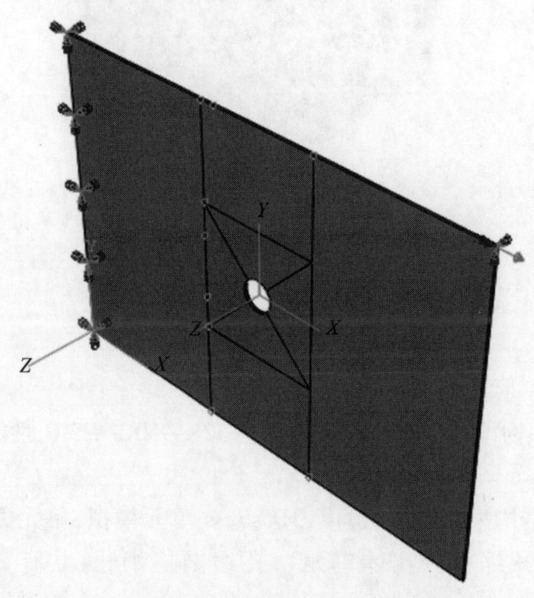

图 8 - 3　层合板穿孔损伤结构拉伸边界条件

2. 模拟结果

1）层合板穿孔（ϕ = 20mm）损伤拉伸载荷模拟结果

当拉伸载荷为 31.5kN（100MPa）时，层合板上的各层应力云图如图 8 - 4 所示。由图可知：孔边存在着明显的应力集中现象。0°铺层的孔边应力大于 45°铺层的孔边应力。

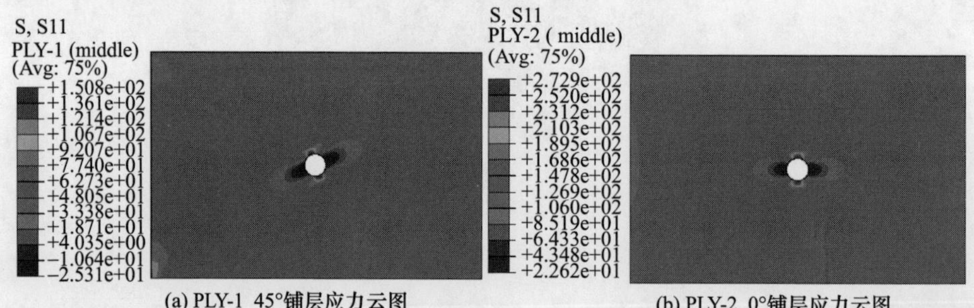

(a) PLY-1　45°铺层应力云图　　(b) PLY-2　0°铺层应力云图

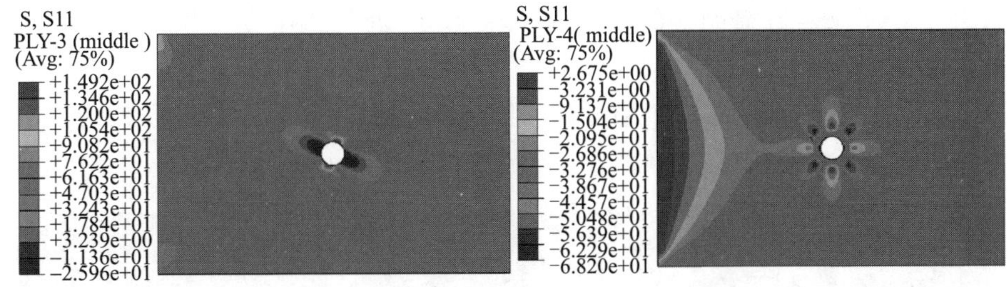

(c) PLY-3 −45°铺层应力云图　(d) PLY-4 90°铺层应力云图

图 8－4　层合板穿孔结构的拉伸应力云图($\phi = 20$mm)

由图 8－5 所示的模拟结果可知:层合板穿孔结构从孔边开始失效,沿着拉伸载荷的垂直方向扩展,失效模式为纤维拉伸失效。

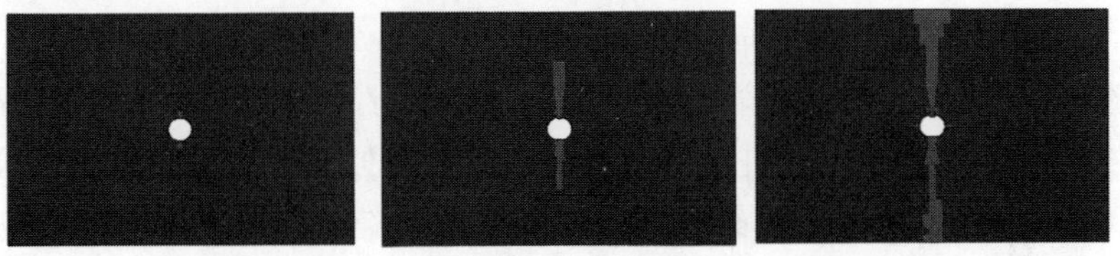

图 8－5　层合板穿孔结构拉伸破坏($\phi = 20$mm)

2）层合板穿孔($\phi = 40$mm)损伤拉伸载荷模拟结果

当拉伸载荷为 27.9kN(100MPa)时,层合板上的应力云图如图 8－6 所示。

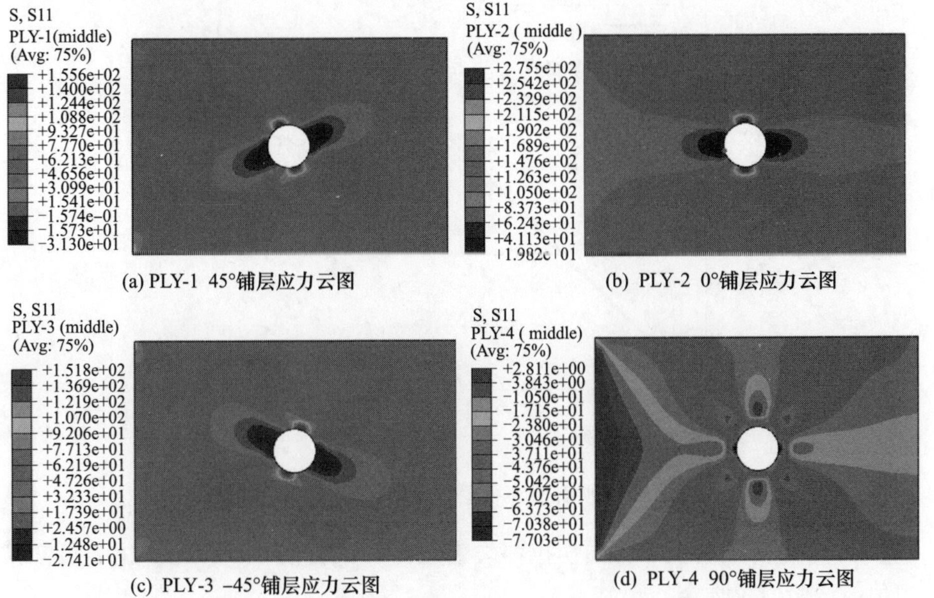

(a) PLY-1 45°铺层应力云图　(b) PLY-2 0°铺层应力云图

(c) PLY-3 −45°铺层应力云图　(d) PLY-4 90°铺层应力云图

图 8－6　层合板穿孔结构的拉伸应力云图($\phi = 40$mm)

由图可知:孔边存在着明显的应力集中现象。0°铺层的孔边应力大于 45°铺层的孔边应力。

由图 8-7 所示的模拟结果可知:层合板穿孔结构从孔边开始失效,沿着拉伸载荷的垂直方向扩展,失效模式为纤维拉伸失效。

图 8-7　层合板穿孔结构拉伸破坏(ϕ=40mm)

3) 层合板穿孔损伤拉伸失效载荷对比

图 8-8 所示为层合板穿孔损伤的拉伸载荷-位移曲线,无损结构的最大拉伸破坏载荷为 153582N,穿孔 1(ϕ20mm)的最大拉伸破坏载荷为 106972N,穿孔 2(ϕ40mm)的最大拉伸破坏载荷为 87551.7N。由图可知:在结构发生破坏前,载荷随着位移线性增加。

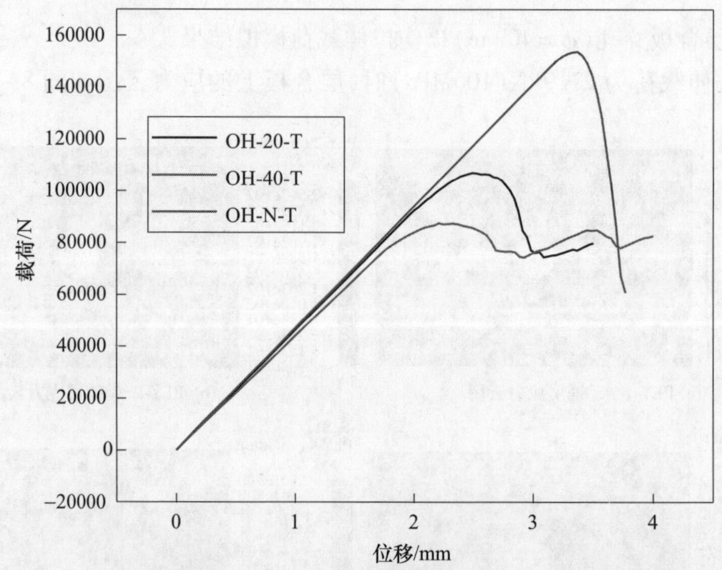

图 8-8　层合板穿孔损伤拉伸载荷-位移曲线

表 8-1 为层合板穿孔损伤拉伸失效载荷的试验值与模拟值。由表可知模拟值与试验值较吻合。

表 8-1　层合板穿孔损伤拉伸失效载荷的试验值与模拟值对比

名称	实验值/kN	模拟值/kN
穿孔 1(ϕ20mm)	105	107
穿孔 2(ϕ40mm)	86	88

8.1.2 层合板裂口拉伸

1. 模型描述

层合板裂口模型为三维模型,尺寸长 300mm、宽 200mm、厚 1.7472mm。单层厚度为 0.2184mm,共 8 层,铺层为[45/0/-45/90/90/-45/0/45]。模型在板的中间设置两处裂口,分别位于板中间的两侧。裂口宽度为 0.5mm,裂口长度沿着板宽的方向共两种:一种裂口长度为 $L = 15$mm,另一种裂口长度为 $L = 5$mm,如图 8-9 所示。模型中采用三维 Hashin 准则来模拟层合板的失效,从而预测裂口层合板的拉伸承载能力。

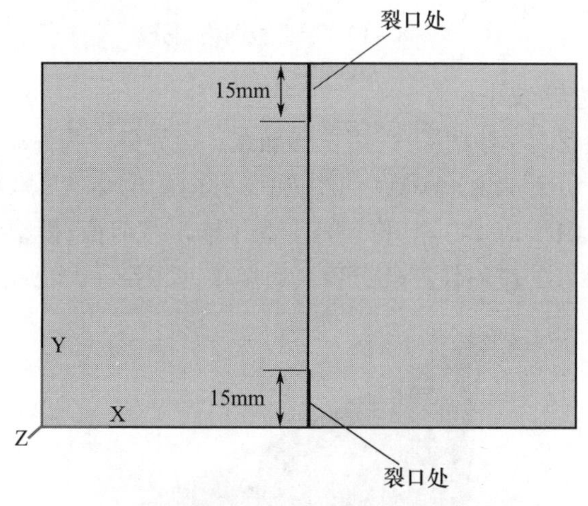

图 8-9　裂口位置及长度($L = 15$mm)

为了分析裂口损伤对层合板的影响,建立未损伤层合板拉伸模型,模型参数、约束条件、加载方式均与裂口损伤结构相同。

1)材料参数

蒙皮采用织物预浸料 TORAY T700SC-12K-50C/#2510,性能数据见表 6-3。

2)网格类型

层合板采用 Solid 单元模拟,单元类型为 C3D8R(8 节点 6 面体线性减缩积分实体单元),共 2129 个单元,如图 8-10 所示。

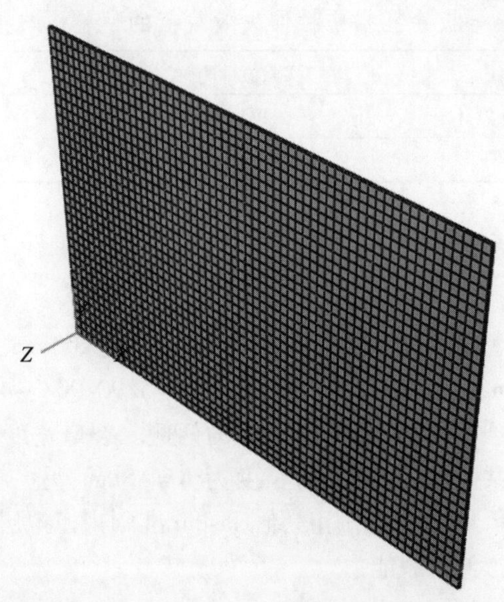

图 8-10　层合板网格划分

3）载荷和边界条件

对模型施加面内拉伸载荷，采用位移加载。边界条件为一端完全固定（U1 = U2 = U3 = UR1 = UR2 = UR3 = 0），一端施加 X 方向的位移（U1 = 4mm），固定其余方向（U2 = U3 = UR1 = UR2 = UR3 = 0）。为了输出载荷值，模型中采用耦合方法（equation），用一点的位移代替整个面上的位移，如图 8-11 所示。

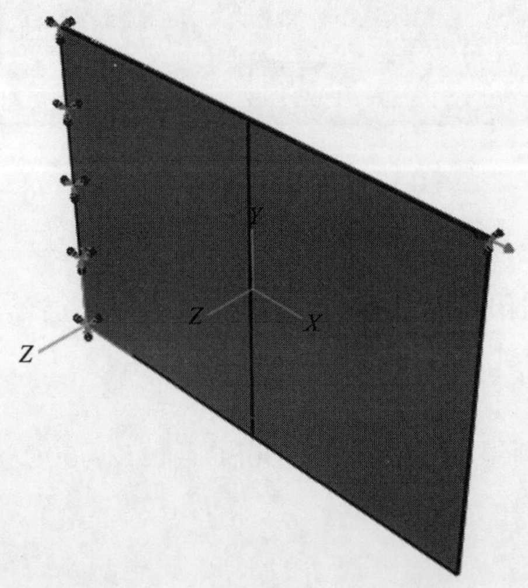

图 8-11　层合板裂口损伤拉伸模型

2. 模拟结果

1）层合板裂口($L=15$mm)损伤拉伸模拟结果

当拉伸载荷为34.9kN(100MPa)时，层合板上的应力云图如图8-12所示。由图可知：裂口尖端处存在着明显的应力集中现象。

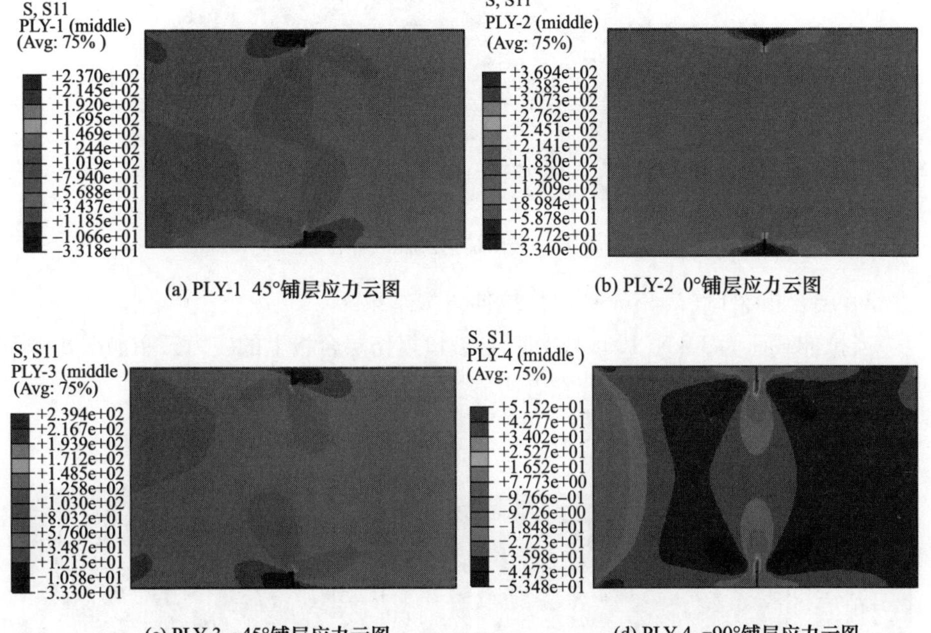

(a) PLY-1 45°铺层应力云图　(b) PLY-2 0°铺层应力云图

(c) PLY-3 −45°铺层应力云图　(d) PLY-4 −90°铺层应力云图

图8-12　层合板裂口损伤结构拉伸应力云图($L=15$mm)

选取试件中心点的应力与划伤尖端处的应力进行比较，见表8-2。由表可知：含损(裂口)模型45°、0°、-45°铺层中间点的应力值均大于无损模型中间点的应力值，而90°铺层刚好相反。

表8-2　不同铺层中心点及裂口尖端应力值

铺层	PLY-1(45°)	PLY-2(0°)	PLY-3(-45°)	PLY-4(90°)
中间点应力/MPa	56.8	141.9	55.7	-28.0
划伤尖端点应力/MPa	237.0	369.4	235.8	105.1
无损试件中间点应力/MPa	50.5	136.8	48.8	-37.1

采用Hashin准则模拟复合材料层合板的失效，图8-13所示为层合板裂口结构在拉伸载荷作用下的破坏位置，由图可知：拉伸失效始于裂口处，失效类型为纤维拉伸失效。

图 8-13　层合板裂口损伤结构拉伸破坏位置($L=15$mm)

2）层合板裂口($L=5$mm)损伤拉伸模拟结果

当拉伸载荷为34kN(100MPa)时,含裂口损伤层合板上的应力云图如图8-14所示。由图可知:裂口尖端处存在着明显的应力集中现象。

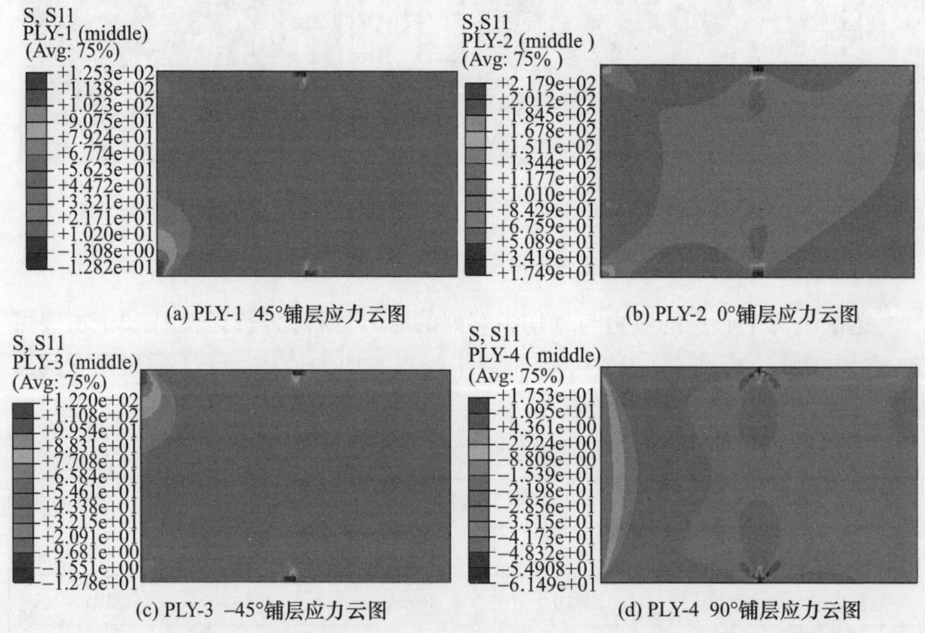

(a) PLY-1 45°铺层应力云图　　(b) PLY-2 0°铺层应力云图

(c) PLY-3 −45°铺层应力云图　　(d) PLY-4 90°铺层应力云图

图 8-14　层合板裂口损伤结构拉伸应力云图($L=5$mm)

选取试件中心点的应力与划伤尖端处的应力进行比较,见表8-3。由表可知:裂口处存在着应力集中现象,含损(裂口)模型45°、0°、-45°铺层中间点的拉应力值均大于无损模型中间点的拉应力值,而90°铺层刚好相反。

表 8-3　不同铺层中心点及裂口尖端应力值

铺层	PLY-1(45°)	PLY-2(0°)	PLY-3(-45°)	PLY-4(90°)
中间点应力/MPa	51.1	137.3	49.6	-35.5
裂口尖端点应力/MPa	120.1	217.9	120.7	23.7
无损试件中间点应力/MPa	50.5	136.8	48.8	-37.1

3）层合板裂口损伤拉伸失效载荷对比

图 8-15 所示为层合板裂口损伤的拉伸载荷-位移曲线，无损结构的最大拉伸破坏载荷为 153582N，裂口 1（$L=15$mm）的最大拉伸破坏载荷为 134488N，裂口 2（$L=5$mm）的最大拉伸破坏载荷为 146392N。由图可知：在结构发生破坏前，载荷随着位移线性增加。

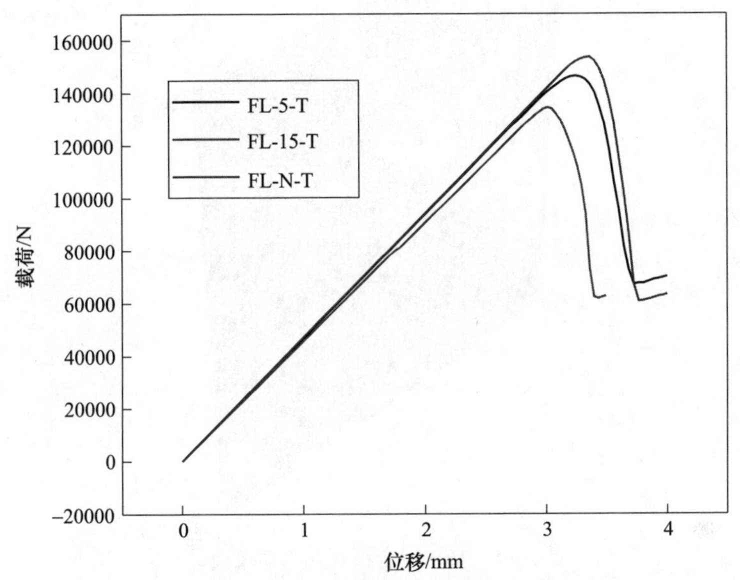

图 8-15　层合板裂口损伤拉伸载荷-位移曲线

表 8-4 为层合板裂口损伤失效载荷的试验值与模拟值对比。由表可知模拟值与试验值较吻合。

表 8-4　层合板裂口损伤失效载荷的试验值与模拟值对比

名称	实验值/kN	模拟值/kN
裂口 1（$L=15$mm）	109	134
裂口 2（$L=5$mm）	141	146

8.1.3 层合板穿孔压缩

1. 模型描述

层合板穿孔模型为三维有限元模型，尺寸为长 200mm、宽 200mm、厚 3.4944mm。单层厚度为 0.2184mm，共 16 层，铺层为 $[45/0/-45/90/90/-45/0/45]_{2s}$。开孔位置在层合板的中心，穿孔孔径大小为 $\phi=20$mm 和 $\phi=40$mm 两类，如图 8-16所示。三维层合板穿孔结构采用用户定义子程序 Hashin 准则来模拟其失效，预测穿孔层合板的压缩失效载荷。

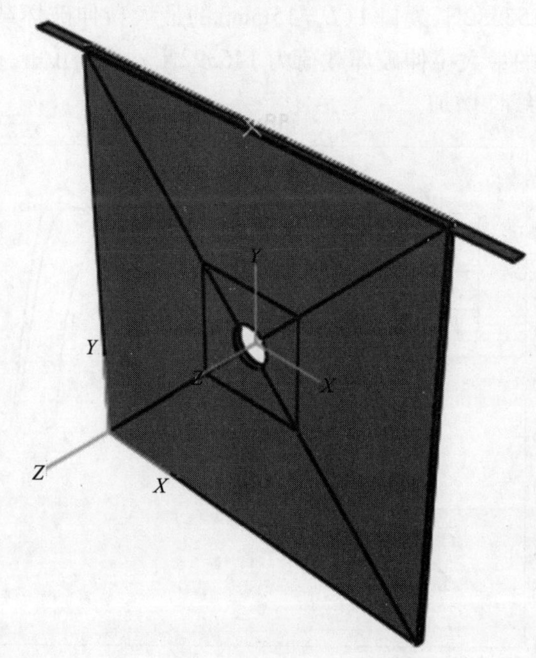

图 8-16　层合板穿孔压缩模型

为了模拟穿孔损伤对层合板的影响，建立未损伤层合板模型，模型参数、约束条件、加载方式均与穿孔损伤结构相同。

1）材料参数

层合板采用织物预浸料 TORAY T700SC-12K-50C/#2510，性能数据见表 6-3。

2）网格类型

层合板穿孔结构采用 Solid 建模，3D stress 单元模拟，单元类型为 C3D8R（8 节点 6 面体线性减缩积分实体单元），孔边网格细化，共有 2790 个单元，如图 8-17所示。

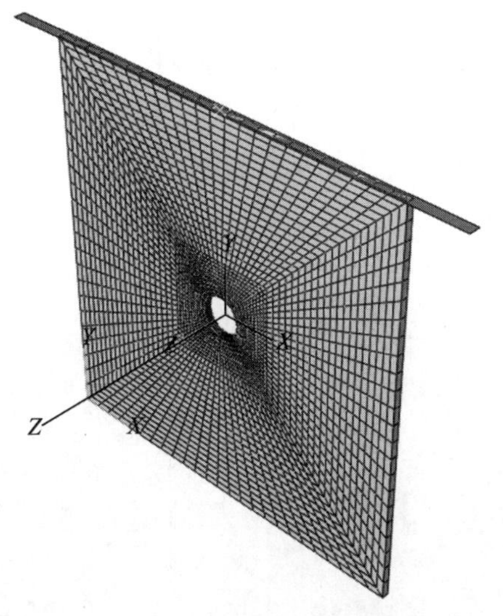

图 8-17　层合板穿孔结构网格划分

3）载荷和边界条件

对模型施加面内压缩载荷，采用位移加载。边界条件为模型下端完全固定（U1 = U2 = U3 = UR1 = UR2 = UR3 = 0），且固定模型的左右面（U1 = U3 = 0），给刚性板施加 Y 方向位移载荷（U2 = -1mm），固定其余方向（U1 = U3 = UR1 = UR2 = UR3 = 0），如图 8-18 所示。

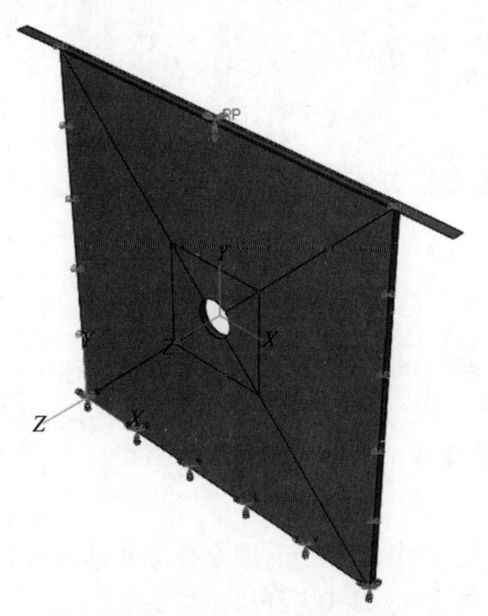

图 8-18　层合板穿孔损伤结构压缩边界条件

2. 模拟结果

1）层合板穿孔（$\phi=20$mm）损伤压缩载荷模拟结果

当压缩载荷为62.9kN（100MPa）时，穿孔层合板上的应力云图如图8-19所示。由图可知：孔边存在着明显的应力集中现象。0°铺层的孔边应力大于45°铺层的孔边应力。

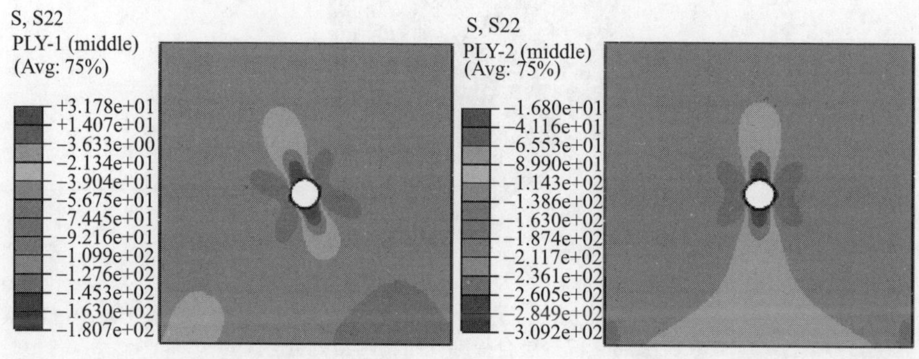

(a) PLY-1 45°铺层应力云图　(b) PLY-2 0°铺层应力云图

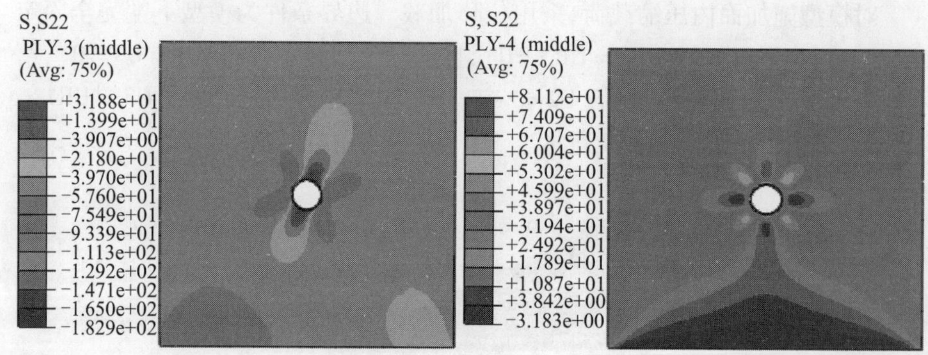

(c) PLY-3 −45°铺层应力云图　(d) PLY-4 90°铺层应力云图

图8-19　层合板穿孔结构的压缩应力云图（$\phi=20$mm）

2）层合板穿孔（$\phi=40$mm）损伤压缩载荷模拟结果

当压缩载荷为55.9kN（100MPa）时，层合板上的应力云图如图8-20所示。由图可知：孔边存在着明显的应力集中现象。0°铺层的孔边应力大于45°铺层的孔边应力。

由图8-21所示的模拟结果可知：层合板穿孔结构从孔边开始失效，沿着压缩载荷的垂直方向扩展，失效模式为纤维压缩失效。

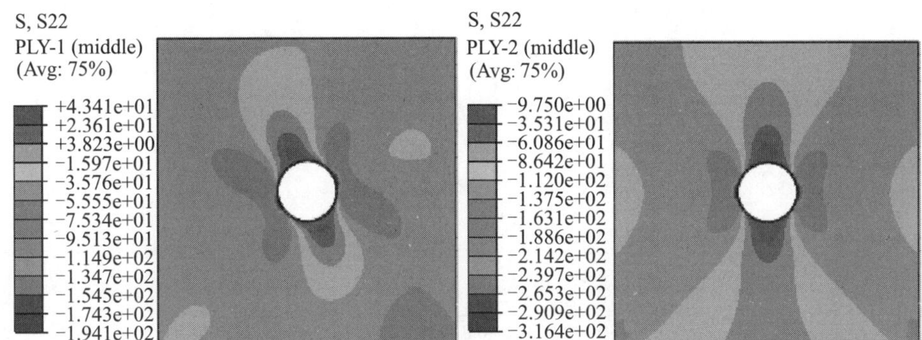

(a) PLY-1 45°铺层应力云图　　(b) PLY-2 0°铺层应力云图

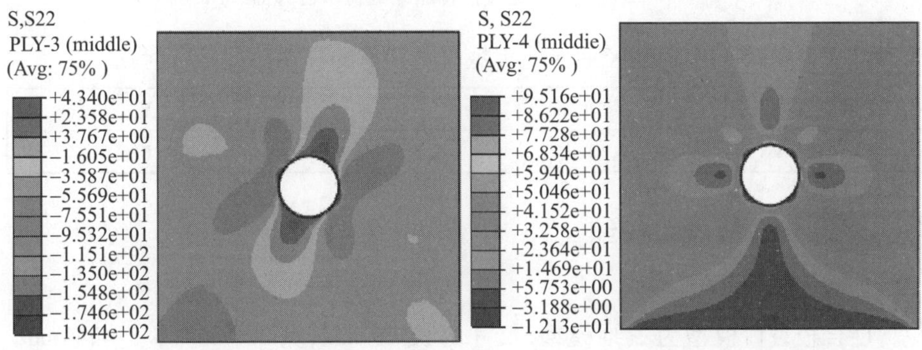

(c) PLY-3 −45°铺层应力云图　　(d) PLY-4 90°铺层应力云图

图 8－20　层合板穿孔结构的压缩应力云图（ϕ＝40mm）

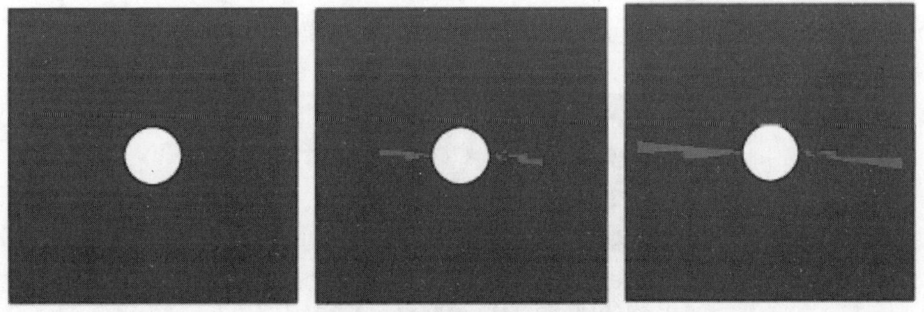

图 8－21　层合板穿孔压缩破坏过程

图 8－22 为层合板穿孔损伤的压缩载荷－位移曲线，不同穿孔损伤类型的最大压缩破坏载荷见表 8－5。

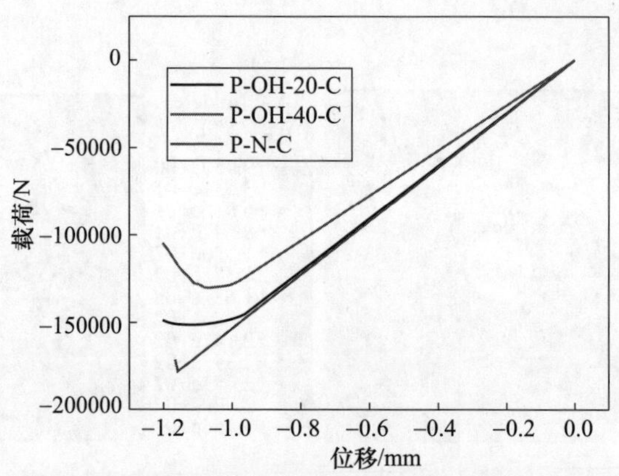

图 8 - 22　层合板穿孔损伤压缩载荷 - 位移曲线

表 8 - 5　不同孔径的穿孔模型与未损伤的模型压缩载荷对比

穿孔直径	$\phi = 20$mm	$\phi = 40$mm	无损伤
破坏载荷/kN	151.4	130.4	178.1

8.1.4 层合板裂口压缩

1. 模型描述

层合板裂口模型为三维模型，尺寸为长 200mm、宽 200mm、厚 3.4944mm。单层厚度为 0.2184mm，共 16 层，铺层为 $[45/0/-45/90/90/-45/0/45]_{2s}$。模型在板的中间设置两处裂口，分别位于板中间的两侧。裂口宽度为 0.5mm，裂口长度沿着板宽的方向共两类：一类裂口长度为 $L = 15$mm，一类裂口长度为 $L = 5$mm，如图 8 - 23 所示。模型中采用 Hashin 准则来模拟层合板的压缩失效，从

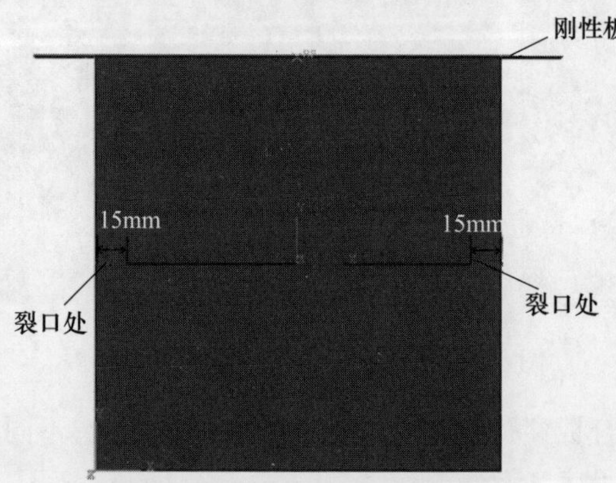

图 8 - 23　层合板裂口损伤压缩模型

而预测层合板的压缩承载能力。为了使模型加载端不被压溃，给模型的上表面增加一个刚性板，载荷施加在刚性板上。

为了分析裂口损伤对层合板的影响，建立未损伤层合板压缩模型，模型参数、约束条件、加载方式均与裂口损伤结构相同。

1）材料参数

层合板采用织物预浸料 TORAY T700SC－12K－50C/#2510，性能数据见表6－3。

2）网格类型

层合板采用Solid单元模拟，单元类型为C3D8R（8节点6面体线性减缩积分实体单元），共1226个单元，如图8－24所示。

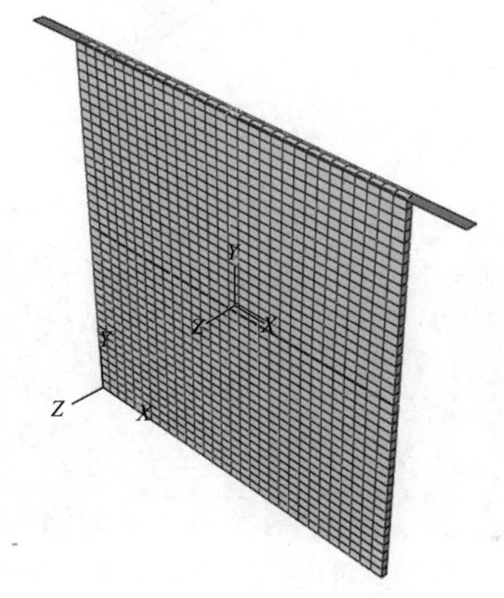

图8－24 层合板裂口损伤压缩模型网格划分

3）载荷和边界条件

对模型施加面内压缩载荷，采用位移加载。边界条件为模型下端完全固定（U1＝U2＝U3＝UR1＝UR2＝UR3＝0），且固定模型的左右面（U1＝U3＝0），给刚性板施加 Y 方向位移载荷（U2＝－2mm），固定其余方向（U1＝U3＝UR1＝UR2＝UR3＝0），如图8－25所示。

2. 模拟结果

1）层合板裂口（L＝15mm）损伤压缩模拟结果

当压缩载荷为59.4kN（100MPa）时，层合板上的应力云图如图8－26所示。由图可知：裂口处尖端存在着明显的应力集中现象。

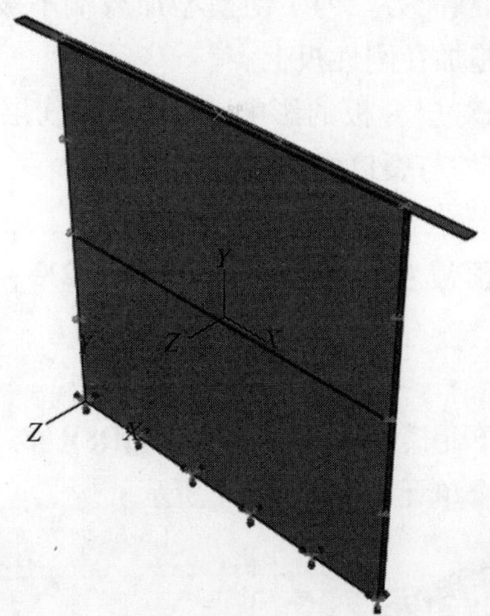

图 8-25　层合板裂口损伤压缩模型

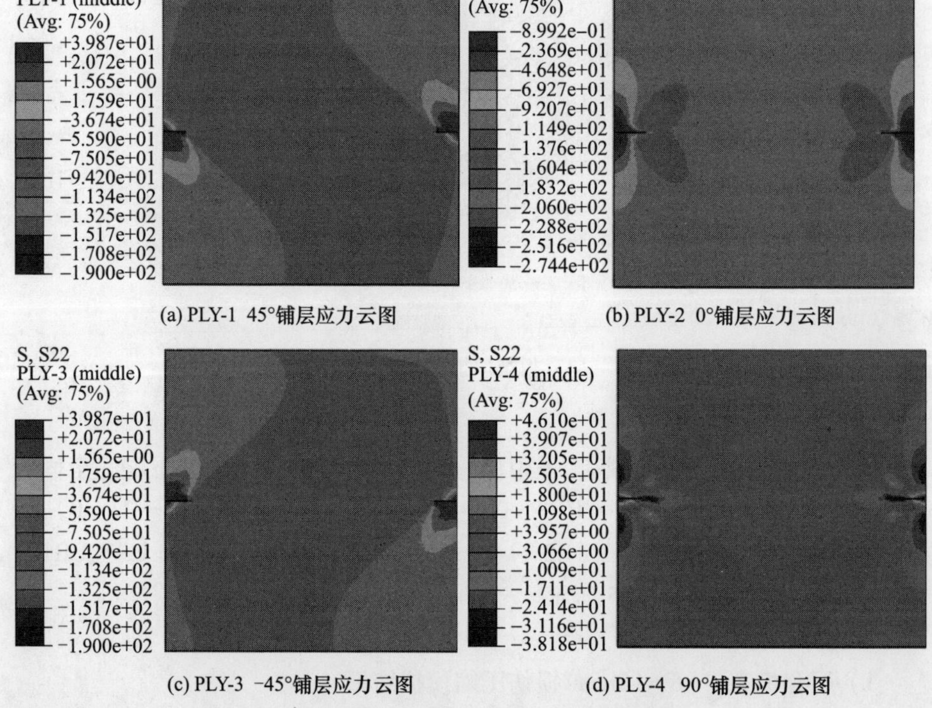

(a) PLY-1 45°铺层应力云图　(b) PLY-2 0°铺层应力云图

(c) PLY-3 −45°铺层应力云图　(d) PLY-4 90°铺层应力云图

图 8-26　层合板划伤结构压缩应力云图($L=15$mm)

选取试件中心点的应力与划伤尖端处的应力作比较，见表 8－6。由表可知：含损（裂口）模型 45°、0°、－45°铺层中间点的压应力值小于无损模型中间点的应力值，而 90°铺层刚好相反。

表 8－6　不同铺层中心点及裂口尖端应力值

铺层	PLY－1(45°)	PLY－2(0°)	PLY－3(－45°)	PLY－4(90°)
中间点应力/MPa	－59.2	－109.6	－56.8	－6.3
划伤尖端点应力/MPa	－189.8	－274.4	－189.9	－105.3
无损试件中间点应力/MPa	－63.8	－123.6	－63.7	－4.9

2）层合板裂口（$L=5$mm）损伤压缩模拟结果

当压缩载荷为 66.4kN（100MPa）时，层合板的应力云图如图 8－27 所示。由图可知：裂口尖端处存在着明显的应力集中现象。

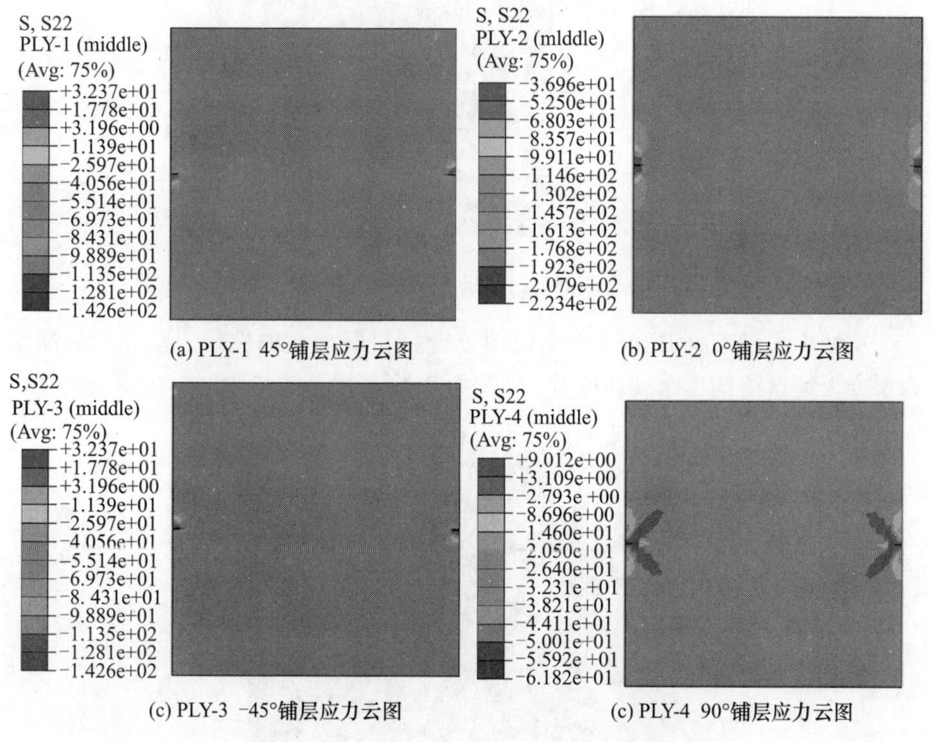

(a) PLY-1 45°铺层应力云图　(b) PLY-2 0°铺层应力云图

(c) PLY-3 −45°铺层应力云图　(c) PLY-4 90°铺层应力云图

图 8－27　层合板裂口结构压缩应力云图（$L=5$mm）

选取试件中心点的应力与划伤尖端处的应力作比较，见表 8－7。由表可知：裂口处存在着应力集中现象，含损（裂口）模型 45°、0°、－45°铺层中间点的压应力值小于无损模型中间点的应力值，而 90°铺层刚好相反。

表 8-7 不同铺层中心点及裂口尖端应力值

铺层	PLY-1(45°)	PLY-2(0°)	PLY-3(-45°)	PLY-4(90°)
中间点应力/MPa	-62.9	-120.5	-62.6	-5.08
划伤尖端点应力/MPa	-142.6	-223.4	-142.6	-61.8
无损试件中间点应力/MPa	-63.8	-123.6	-63.7	-4.9

图 8-28 所示为层合板裂口($L=5$mm)结构在压缩载荷作用下 Z 方向的位移云图,由图可知:当载荷足够大时,含裂口损伤的层合板在压缩载荷的作用下发生了失稳现象。

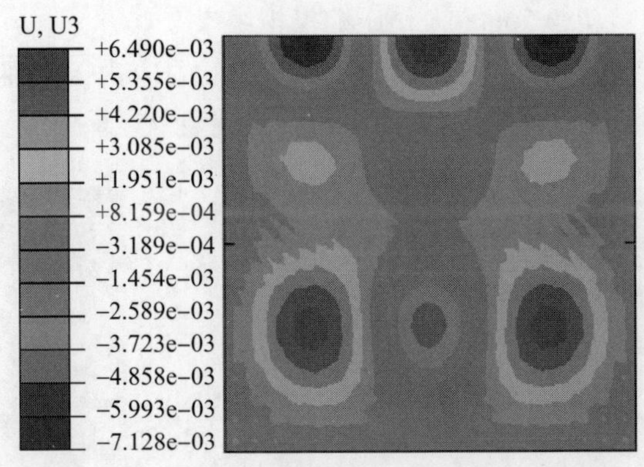

图 8-28 层合板裂口结构压缩载荷作用下 Z 方向的位移

模型中采用三维 Hashin 准则模拟复合材料层合板的失效。图 8-29 所示为层合板裂口结构压缩破坏位置,由图可知:损伤始于裂口尖端。

图 8-29 层合板裂口结构压缩破坏

图 8-30 所示为层合板裂口损伤的压缩载荷-位移曲线，不同裂口长度的最大压缩破坏载荷见表 8-8。

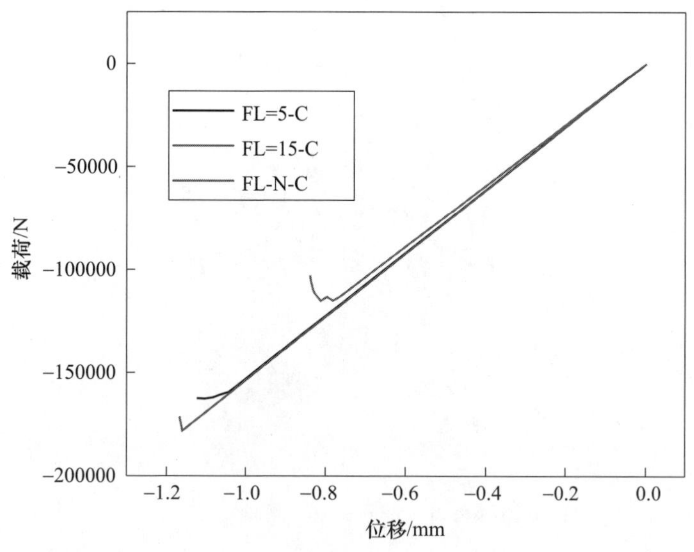

图 8-30　层合板裂口损伤压缩载荷-位移曲线

表 8-8　不同长度的裂口模型与未损伤的模型压缩载荷对比

裂口长度 L/mm	5	15	无损伤
破坏载荷/kN	162.6	115.1	179.3

8.1.5 层合板分层压缩

1. 模型描述

层合板分层压缩模型为三维有限元模型，尺寸为长 200mm、宽 200mm、厚 3.4944mm。单层厚度为 0.2184mm，共 16 层，铺层为$[45/0/-45/90/90/-45/0/45]_{2s}$。开孔位置在层合板的中心，中心制造圆孔分层区域，分层损伤区大小为 $\phi=20$mm 和 $\phi=40$mm 两类，如图 8-31 所示。三维层合板分层结构采用用户定义子程序 Hashin 准则来模拟其失效，预测层合板的分层损伤失效载荷。

为了模拟分层损伤对层合板的影响，建立层合板未损伤模型，模型参数、约束条件、加载方式均与分层结构相同。

1）材料参数

层合板采用织物预浸料 TORAY T700SC-12K-50C/#2510，性能数据见表 6-3。

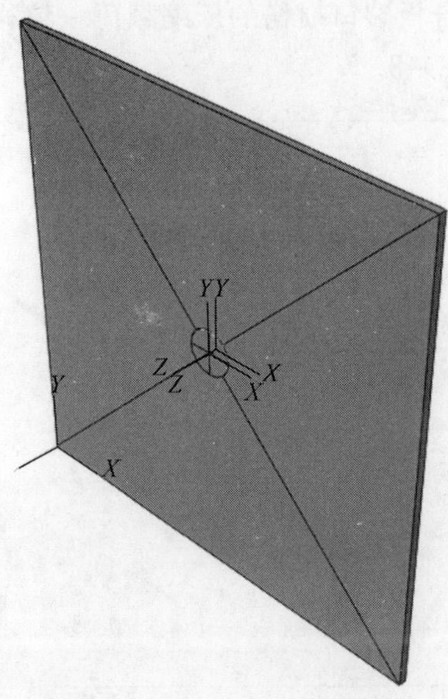

图 8-31 层合板分层压缩模型

2）网格类型

层合板穿孔结构采用 Solid 建模，3Dstress 单元模拟，单元类型为 C3D8R（8 节点 6 面体线性减缩积分实体单元），孔边网格细化，共有 2795 个单元，如图 8-32所示。

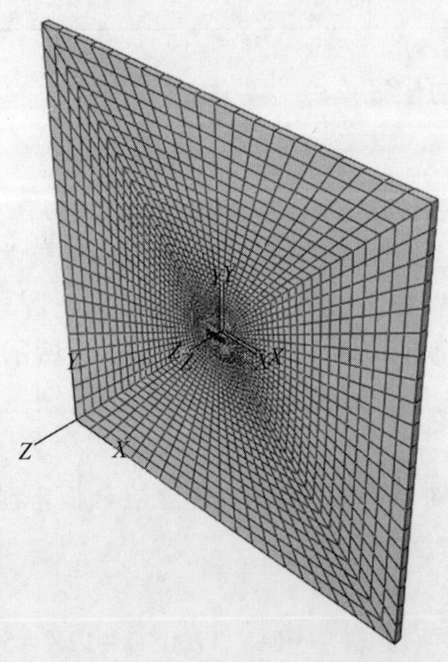

图 8-32 层合板分层损伤结构网格划分

3）载荷和边界条件

对模型施加面内压缩载荷，采用位移加载。边界条件为模型下端完全固定（U1 = U2 = U3 = UR1 = UR2 = UR3 = 0），且固定模型的左右面（U1 = U3 = 0），给刚性板施加 Y 方向位移载荷（U2 = − 1mm），固定其余方向（U1 = U3 = UR1 = UR2 = UR3 = 0），如图 8 − 33 所示。

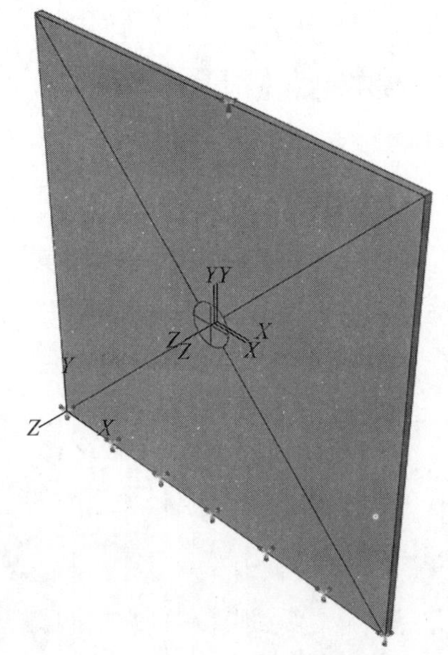

图 8 − 33　层合板分层损伤结构压缩边界条件

2. 模拟结果

1）层合板分层（ϕ = 20mm）损伤压缩载荷模拟结果

当压缩载荷为 25.2kN 时，层合板上的应力云图如图 8 − 34 所示。由图可知：底边存在着明显的应力集中现象。0°铺层的应力大于 45°铺层的应力。

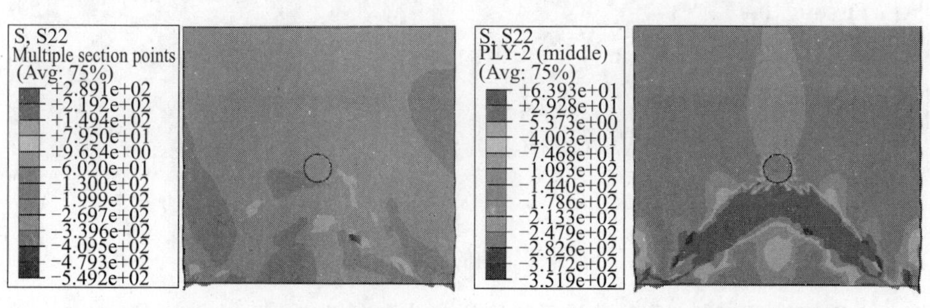

(a) PLY-1 45°铺层应力云图　　(b) PLY-2 0°铺层应力云图

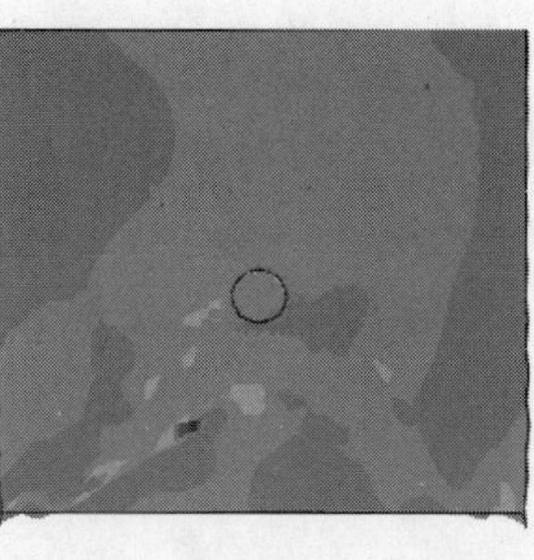

(c) PLY-3 −45°铺层应力云图

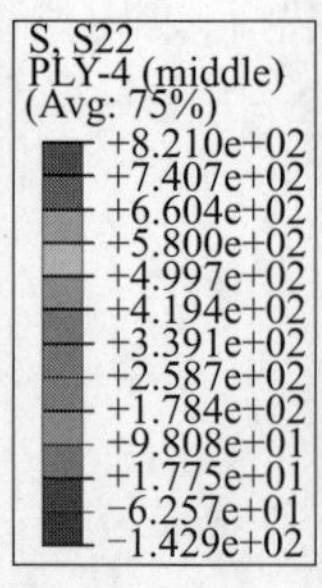

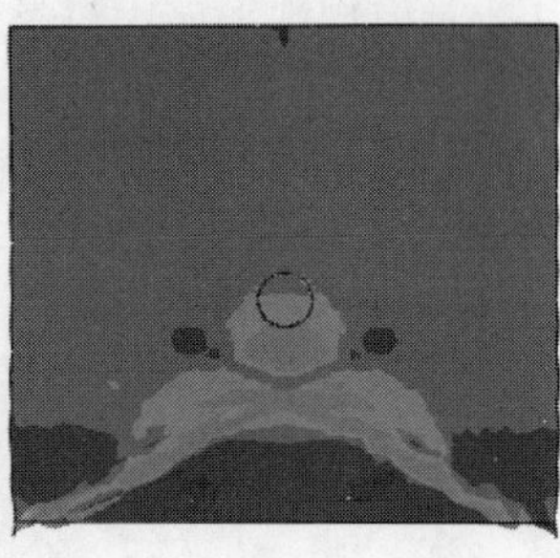

(d) PLY-4 90°铺层应力云图

图 8－34　层合板分层结构的压缩应力云图（ϕ＝20mm）

2）层合板穿孔（ϕ＝40mm）损伤压缩载荷模拟结果

当压缩载荷为 16.65kN 时，层合板上的应力云图如图 8－35 所示。由图可知：底边存在着明显的应力集中现象。0°铺层的应力大于 45°铺层的应力。

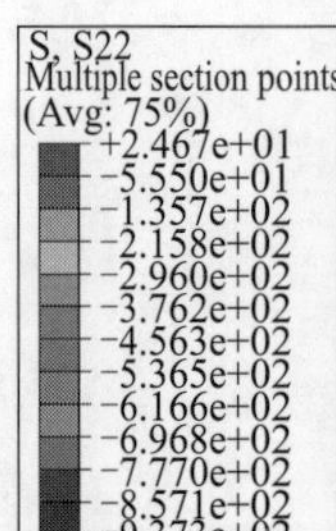

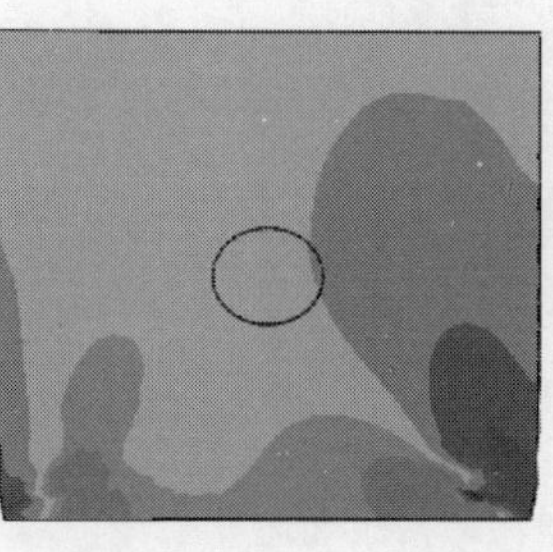

(a) PLY-1 45°铺层应力云图

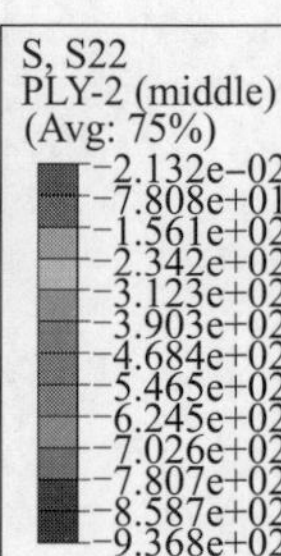

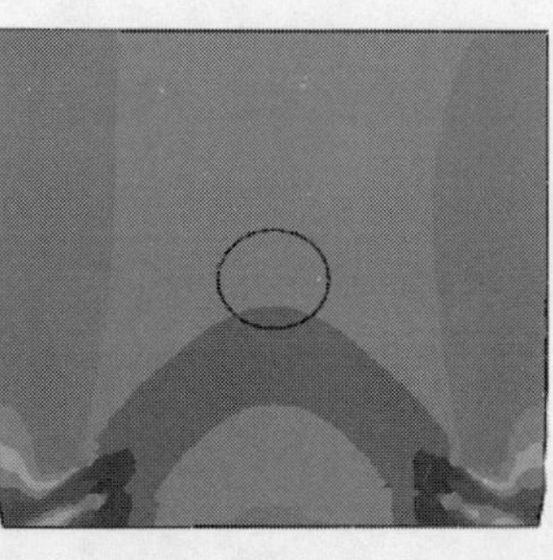

(b) PLY-2 0°铺层应力云图

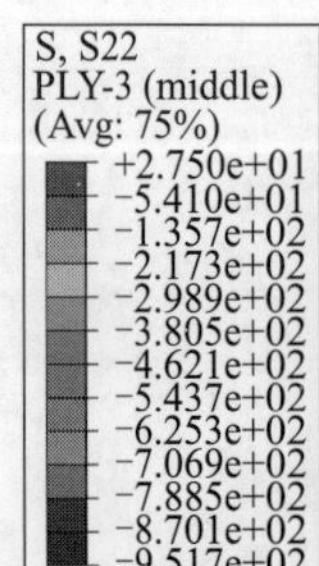

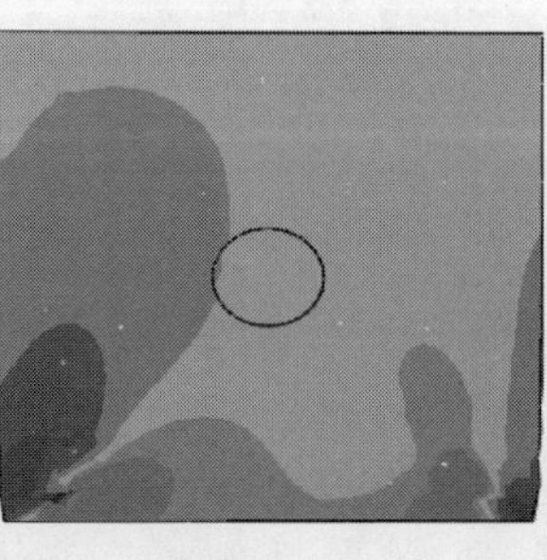

(c) PLY-3 −45°铺层应力云图

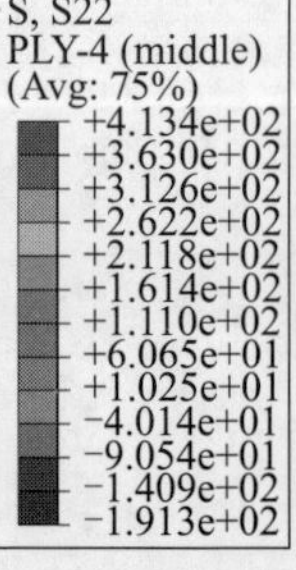

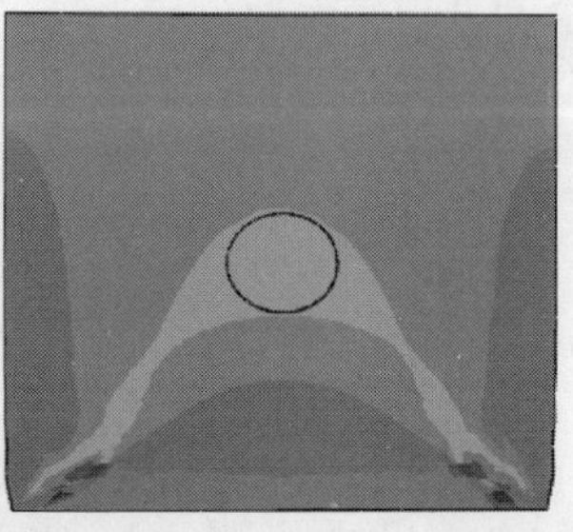

(d) PLY-4 90°铺层应力云图

图 8－35　层合板分层结构的压缩应力云图（ϕ＝40mm）

由模拟结果可知：层合板分层结构从底边开始失效，近似沿着 45°方向向分层区扩展，如图 8－36 所示，失效模式为分层压缩失效。

图 8-36　层合板分层结构压缩失效过程

图 8-37 为层合板分层损伤的压缩载荷-位移曲线，不同分层尺寸的最大压缩失效载荷见表 8-9。

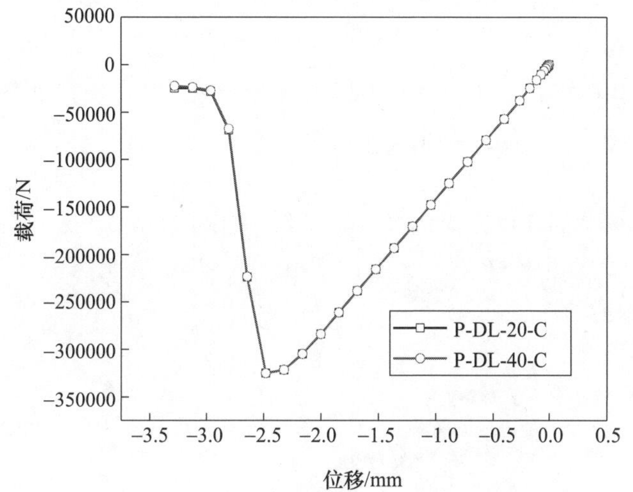

图 8-37　层合板裂口损伤压缩载荷-位移曲线

表 8-9　层合板分层损伤模型压缩失效载荷对比

分层尺寸 ϕ/mm	20	40
破坏载荷/kN	32.48	32.49

8.1.6 层合板胶接剪切

1. 模型描述

模型共由 4 块层合板通过胶层连接起来。模型总长 287.3mm，宽 60mm，长度方向两个层合板的间隙为 1.6mm。胶层厚度为 0.3mm。单个层合板单层厚度为 0.2184，共 16 层，铺层为$[45/0/-45/90]_{2s}$，如图 8-38 所示。

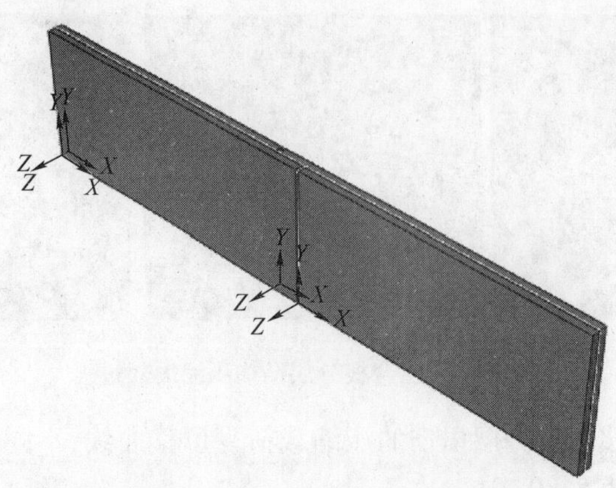

图 8 - 38　层合板胶接开胶剪切模型

1）材料参数

蒙皮采用织物预浸料 TORAY T700SC - 12K - 50C/#2510，性能数据见表 6 - 3。胶层参数如图 6 - 4 所示。

2）网格类型

层合板采用 Solid 单元模拟，单元类型为 C3D8R（8 节点 6 面体线性减缩积分实体单元），孔边网格细化。胶层采用 cohesive，单元类型为 COH3D8，如图 8 - 39所示。

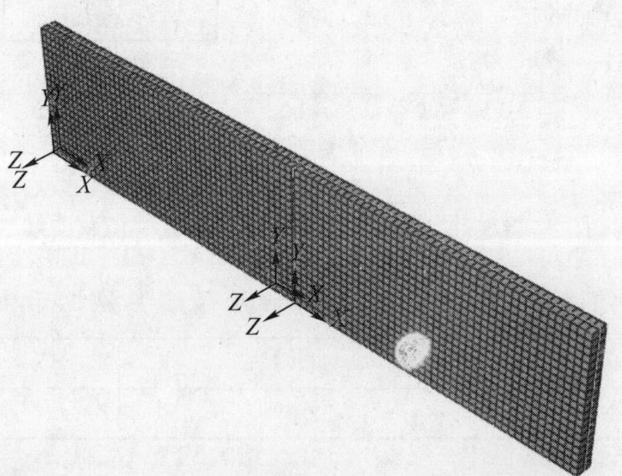

图 8 - 39　层合板胶接结构开胶剪切模型网格划分

3）载荷和边界条件

对模型施加拉伸载荷来模拟胶层的剪切性能，采用位移加载。边界条件为一端完全固定（U1 = U2 = U3 = UR1 = UR2 = UR3 = 0），一端施加 X 方向的位移（U1 = 1mm），固定其余方向（U2 = U3 = UR1 = UR2 = UR3 = 0）。为了输出载荷值,模型中采用耦合方法(equation),用一点的位移代替整个面上的位移,如图 8 - 40 所示。

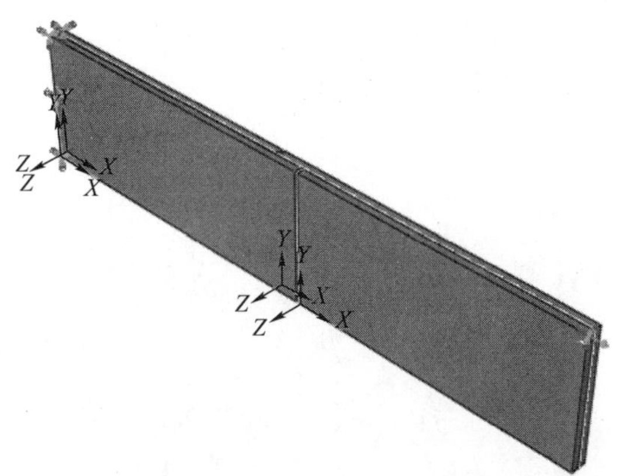

图 8 - 40　层合板胶接结构开胶剪切模型边界条件

2. 层合板胶接结构胶层剪切模拟结果

当拉伸载荷为 14kN 时,胶层上的应力云图如图 8 - 41 所示,层合板上的应力云图如图 8 - 42 所示。由图可知:在缺胶处应力较大,其余大部分的应力几乎为零。

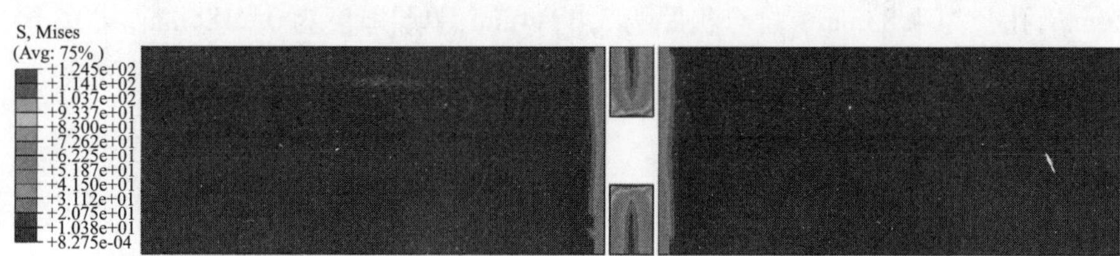

图 8 - 41　胶层上的应力云图

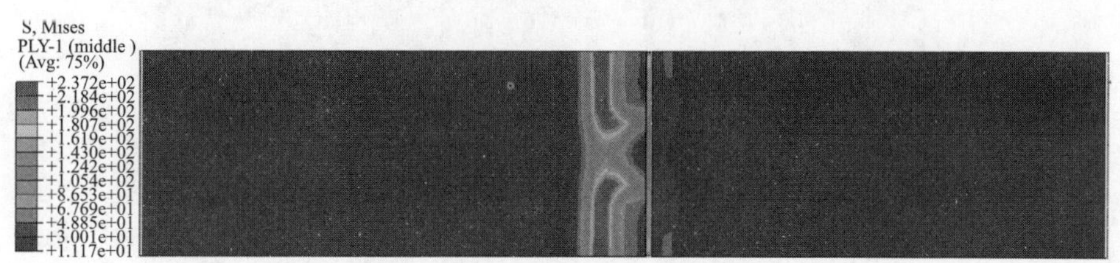

图 8 - 42　层合板上的应力云图

图 8 - 43 所示为层合板胶接剪切载荷 - 位移图。由模拟结果可知,层合板胶接剪切无损结构的最大破坏载荷为 21838. 9N,缺胶损伤结构的最大破坏载荷为 18166. 7N,缺胶后,剪切强度下降。

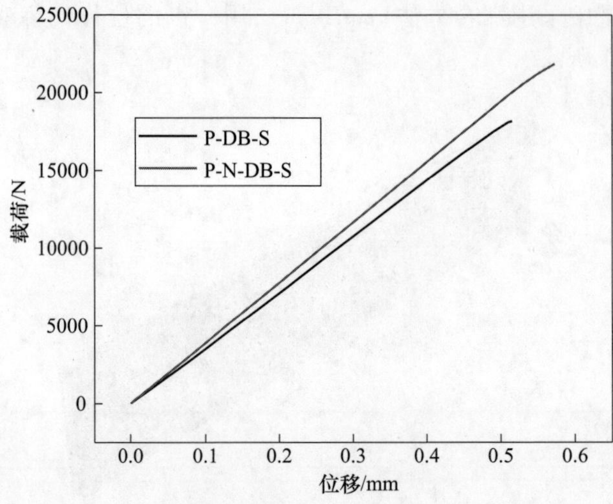

图 8-43　层合板胶接剪切载荷-位移图

8.1.7 层合板孔边挤压损伤模拟

1. 模型描述

模型共由两部分组成，分别为层合板、螺钉。层合板尺寸为长 150mm、宽 150mm，孔径为 4.83mm。层合板厚为 3.4944mm，单层厚度为 0.2184mm，共 16 层，铺层为$[45/0/-45/90]_{2s}$，如图 8-44 所示。螺钉与层合板孔之间属于紧配合。

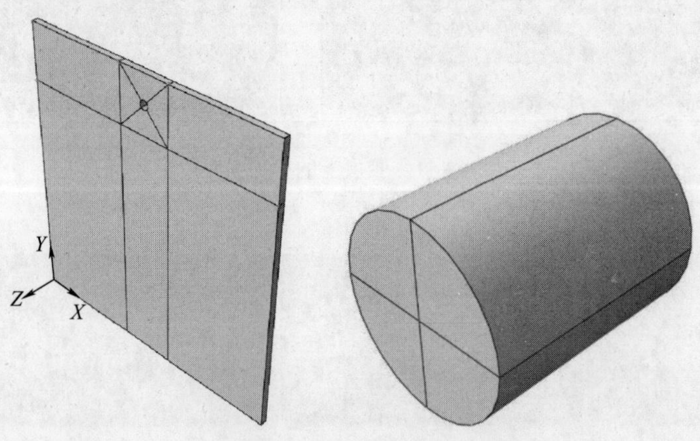

图 8-44　螺栓孔边挤压模型

1）材料参数

层合板采用织物预浸料 TORAY T700SC-12K-50C/#2510，性能数据见表 6-3。螺钉的弹性模量设为 $E=210$GPa，泊松比 $\mu=0.3$。

2）网格类型

层合板采用 Solid 单元模拟，单元类型为 C3D8R（8 节点 6 面体线性减缩积分实体单元），孔边网格细化，如图 8－45 所示。

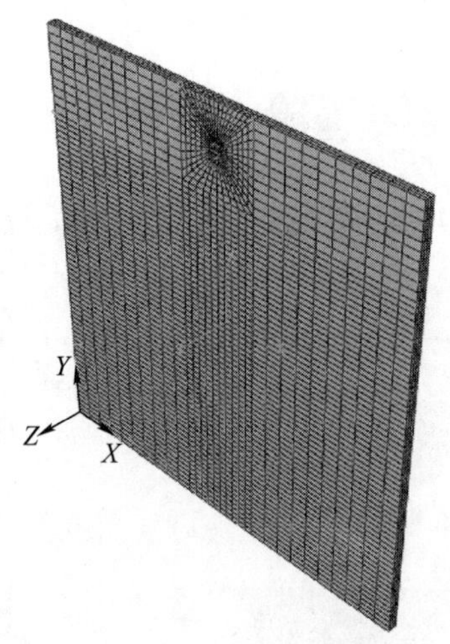

图 8－45　螺钉孔边挤压模型网格

3）载荷和边界条件

对模型施加弯曲载荷。边界条件为固定模型侧面的 X 方向及 Z 方向的位移，（U1 = U3 = 0），固定层合板的底面（U1 = U2 = U3 = UR1 = UR2 = UR3 = 0），给螺钉施加 Y 方向的位移（U2 = 2mm），固定螺钉其余方向（U1 = U3 = UR1 = UR2 = UR3 = 0），如图 8－46所示。

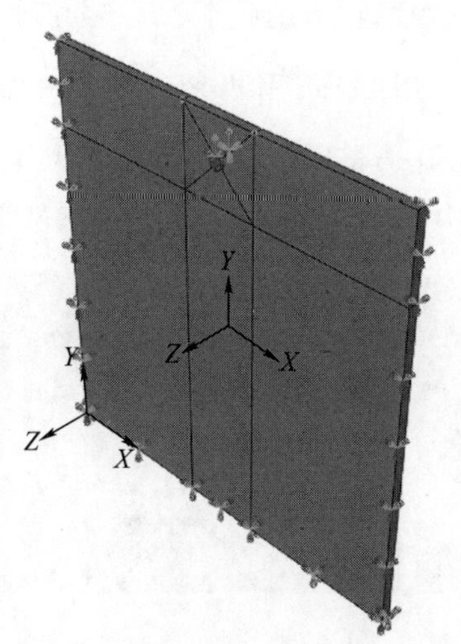

图 8－46　螺钉孔边挤压模型边界条件

2. 层合板孔边挤压模拟结果

图 8－47 所示为挤压载荷为 5.2kN 时，层合板上孔边的应力分布。由图可见：在挤压方向应力较大，且由于层合板是织物复合材料，因此 ±45°以及 0°和 90°的应力值几乎相同。

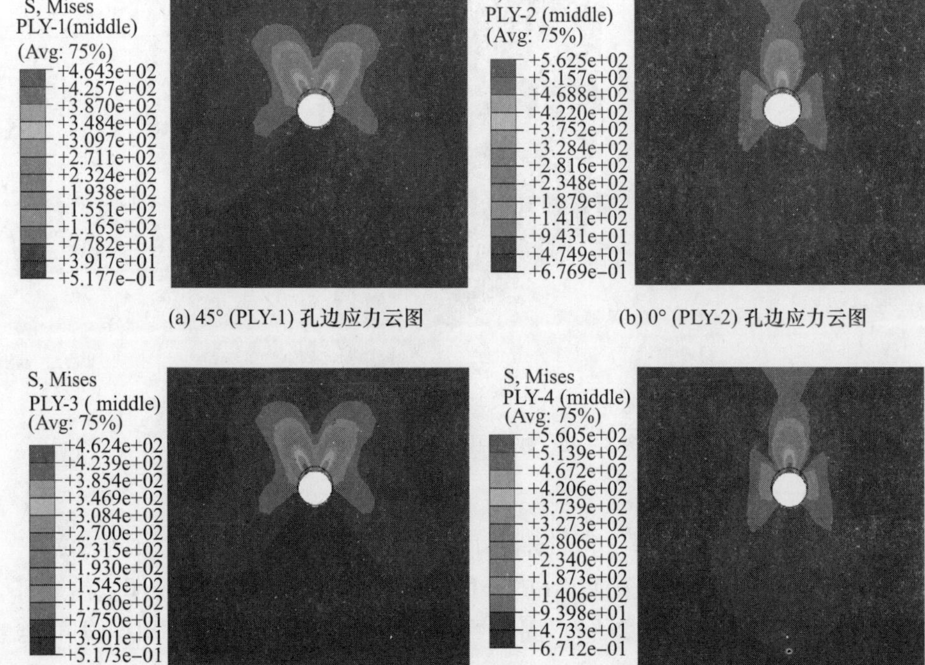

(a) 45° (PLY-1) 孔边应力云图　(b) 0° (PLY-2) 孔边应力云图

(c) -45° (PLY-3)孔边应力云图　(d) 90° (PLY-4)孔边应力云图

图 8－47　孔边挤压应力云图

图 8－48 给出层合板孔边挤压模型的损伤过程，由图可知：损伤始于孔边的拉脱方向，随着损伤的演化，最终孔边发生了显著的变形。

图 8－48　螺钉挤压模型损伤过程

图 8 -49 所示为层合板孔边挤压载荷 - 位移曲线。由模拟结果可知,层合板孔边挤压的最大破坏载荷为 18386. 36N。

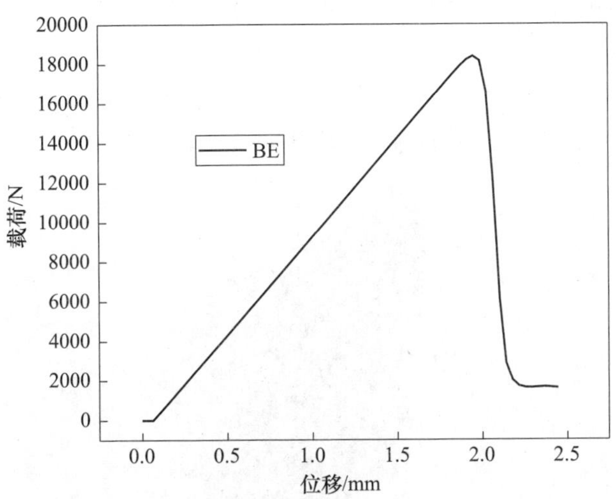

图 8 -49　层合板孔边挤压载荷 - 位移曲线

8. 1. 8 层合板螺接拉脱损伤模拟

1. 模型描述

模型共由两部分组成,分别为层合板、沉头螺钉。层合板尺寸为长 150mm、宽 150mm,孔径为 4. 83mm。层合板厚为 3. 4944mm。单层厚度为 0. 2184mm,共 16 层,铺层为$[45/0/-45/90]_{2s}$,如图 8 -50 所示。螺钉与层合板之间属于紧配合。

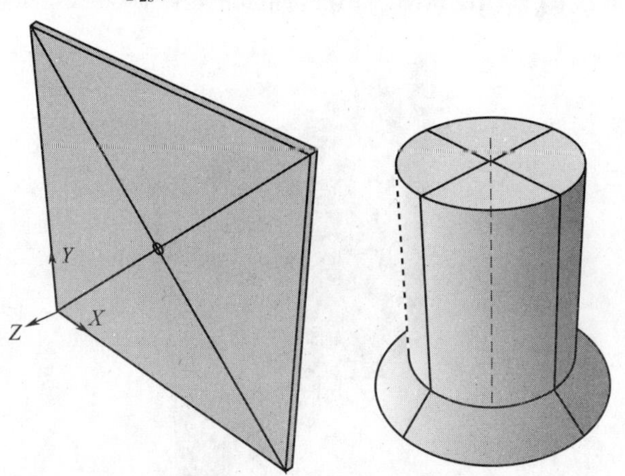

图 8 -50　层合板螺接拉脱模型

1）材料参数

层合板采用织物预浸料 TORAY T700SC－12K－50C/#2510，性能数据见表6－3。螺钉的弹性模量设为 $E=210$GPa，泊松比 $\mu=0.3$。

2）网格类型

层合板和螺钉采用 Solid 单元模拟，单元类型为 C3D8R（8 节点 6 面体线性减缩积分实体单元），孔边网格细化，如图 8－51 所示。

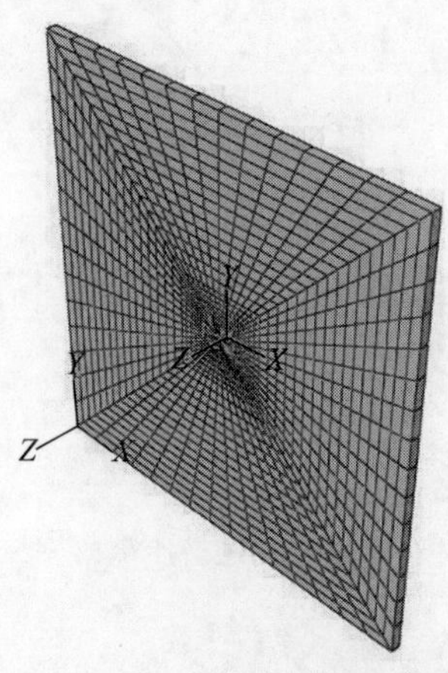

图 8－51　层合板螺接拉脱模型网格划分

3）载荷和边界条件

模型的边界条件为固定层合板的下表面各个方向的位移，（U1＝U2＝U3＝UR1＝UR2＝UR3＝0），给螺栓施加 Z 方向的位移（U3＝2mm），固定螺钉其余方向（U1＝U2＝UR1＝UR2＝UR3＝0），如图 8－52 所示。

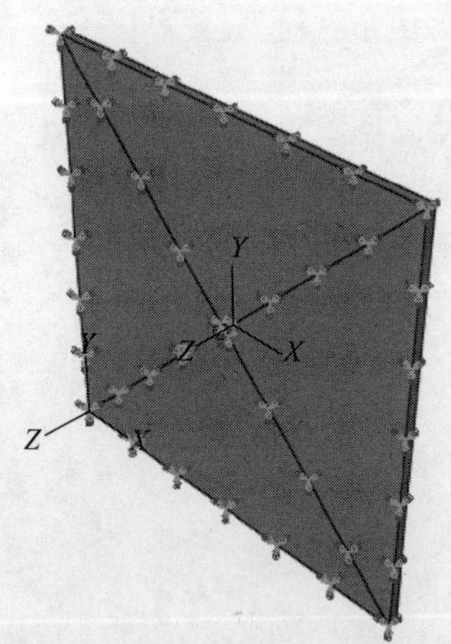

图 8－52　载荷和边界条件

2. 层合板螺栓拉脱模拟结果

图 8 - 53 所示为载荷为 8. 7kN 时，层合板上孔边的应力分布。由图可见：由于层合板是织物复合材料，因此 ± 45° 以及 0° 和 90° 的应力值几乎相同，且不同铺层角度均是沿纤维方向的应力最大。

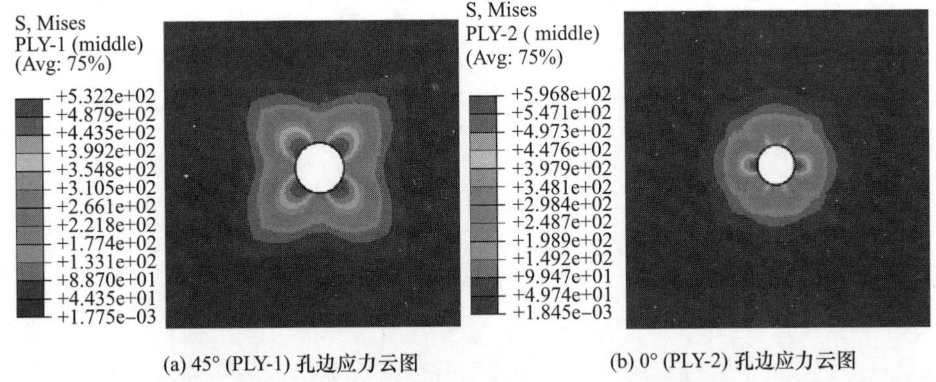

(a) 45° (PLY-1) 孔边应力云图　　(b) 0° (PLY-2) 孔边应力云图

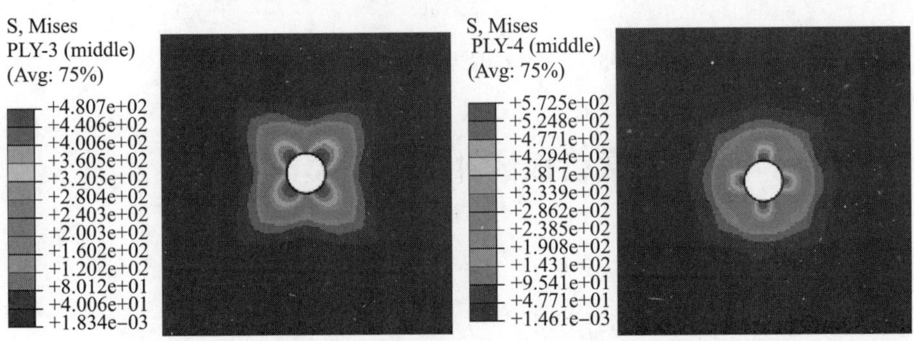

(c) −45° (PLY-3) 孔边应力云图　　(d) 90° (PLY-4) 孔边应力云图

图 8 - 53　层合板孔边应力云图

图 8 - 54 给出了层合板螺钉拉脱模型损伤过程，由图可知：损伤始于孔边，随着损伤的演化，最终孔边损伤区域增大并最终失效。

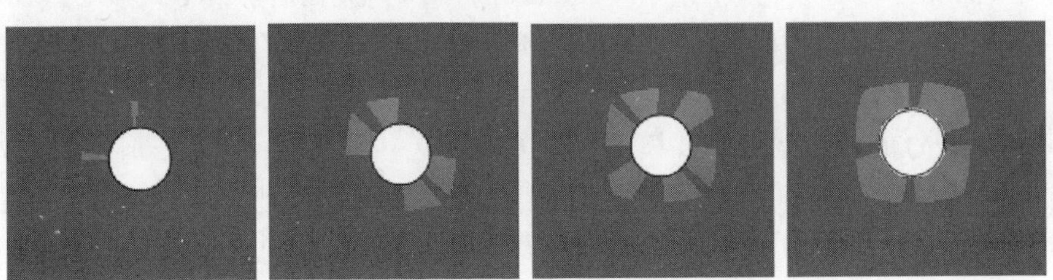

图 8 - 54　螺钉拉脱模型损伤过程

图 8 – 55 所示为层合板螺接拉脱载荷 – 位移曲线。由模拟结果可知，层合板螺接拉脱的最大破坏载荷为 13914. 2N。

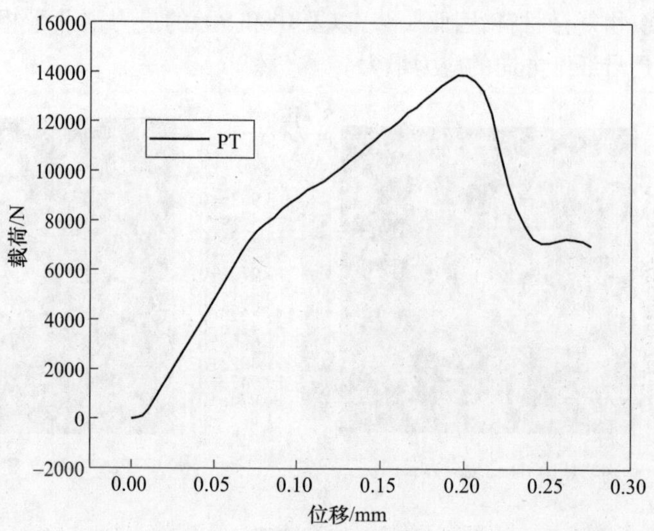

图 8 – 55　层合板螺接拉脱载荷 – 位移曲线

8. 2　层合板修补后数值模拟分析

8. 2. 1　穿孔修补

1. 穿孔修补后层合板的拉伸模拟

1）穿孔修补拉伸模型描述

层合板穿孔修补模型为三维模型，母板尺寸为长 300mm、宽 200mm、厚 1. 7472mm。单层厚度为 0. 2184mm，共 8 层，铺层为［45/0/ – 45/90/90/ – 45/0/45］。开孔位置在层合板的中心，穿孔孔径大小为 ϕ = 20mm 和 ϕ = 40mm 两类。针对穿孔 OH1（ϕ = 20mm）的损伤建立修补模型，A – OH1、B – OH1、C – OH1、D – OH1、E – OH1，分别代表铺层修理（双面）、铺层修理（单面）、斜面修理（1∶10）、斜面修理（1∶18）、补片修理（双面）。针对穿孔 OH2（ϕ = 40mm）的损伤建立修补模型，A – OH2、D – OH2、F – OH2 分别为铺层修理（双面）、斜面修理（1∶18）、补片修理（单面）。修补模型的尺寸与修补位置均与试验中试件一致。建立模型中采用三维 Hashin 准则来模拟层合板的失效，从而预测夹层结构的承载能力。胶层采用内聚力单元来模拟胶层的损伤失效过程。

（1）材料参数。

材料采用织物预浸料 TORAY T700SC－12K－50C/#2510，性能数据见表6－3，胶黏剂使用 EA9360，参数见表8－10。

表8－10　EA9360 胶黏剂性能参数

性能	强度/MPa	剪切强度/MPa	弹性模量/GPa	泊松比
参数	42.4	34.5	3.36	0.4

（2）网格类型。

层合板采用 Solid 单元模拟，单元类型为 C3D8R（8 节点 6 面体线性减缩积分实体单元），共 2129 个单元，铺层、斜面及补片采用 Solid 单元模拟，单元类型为 C3D8R（8 节点 6 面体线性减缩积分实体单元），胶层采用 cohesive element 模拟，单元类型为 COH3D8（8 节点立体胶层单元），具体如图 8－56 所示。

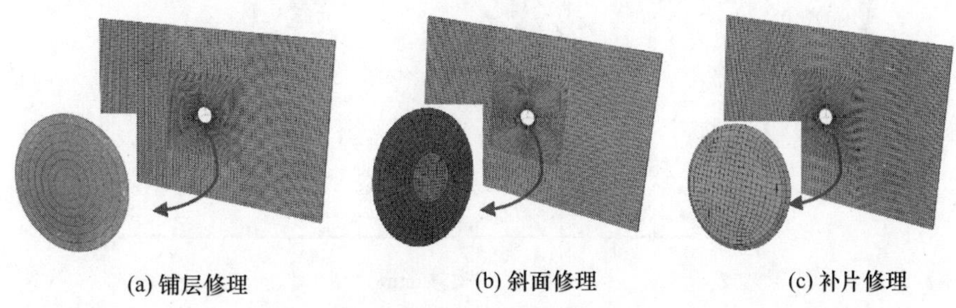

图8－56　穿孔修补结构网格划分

（3）载荷和边界条件。

对模型施加面内拉伸载荷，采用位移加载。边界条件为一端完全固定（U1＝U2＝U3＝UR1＝UR2＝UR3＝0），一端施加 X 方向的位移（U1＝7mm），固定其余方向（U2＝U3＝UR1＝UR2＝UR3＝0）。补片与胶层，胶层与母板之间用 tie 连接。为了输出载荷值，模型中采用耦合方法（equation），用一点的位移代替整个面上的位移，如图 8－57 所示。

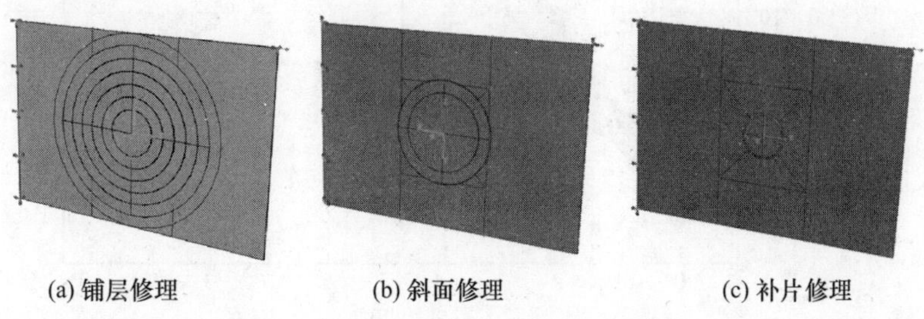

图8－57　穿孔修补拉伸边界条件

（4）接触类型。

修补材料与层合板之间采用胶层属性接触，具体方法如图 6－4 所示。

2）穿孔修补拉伸性能模拟结果

图 8－58 和图 8－59 为两类穿孔损伤在不同修理方式后，结构在拉伸载荷下的载荷－位移曲线。失效载荷试验值与模拟值的对比见表 8－11。

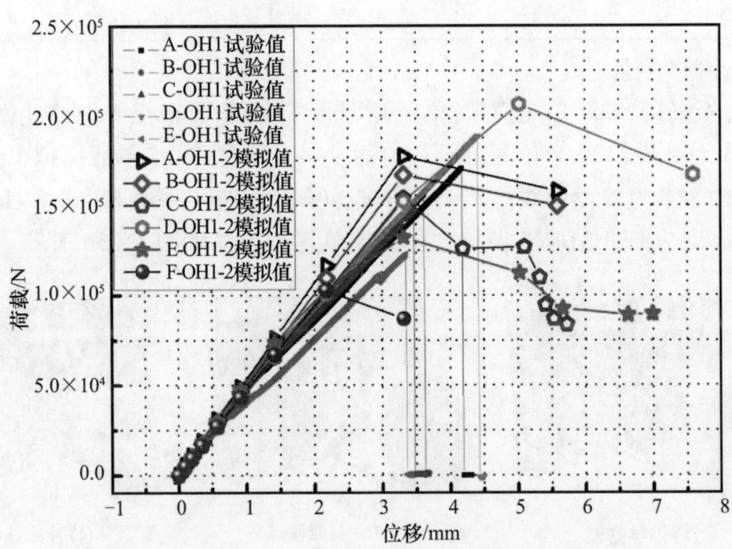

图 8－58　穿孔 1（OH1）载荷－位移曲线试验值与模拟值对比

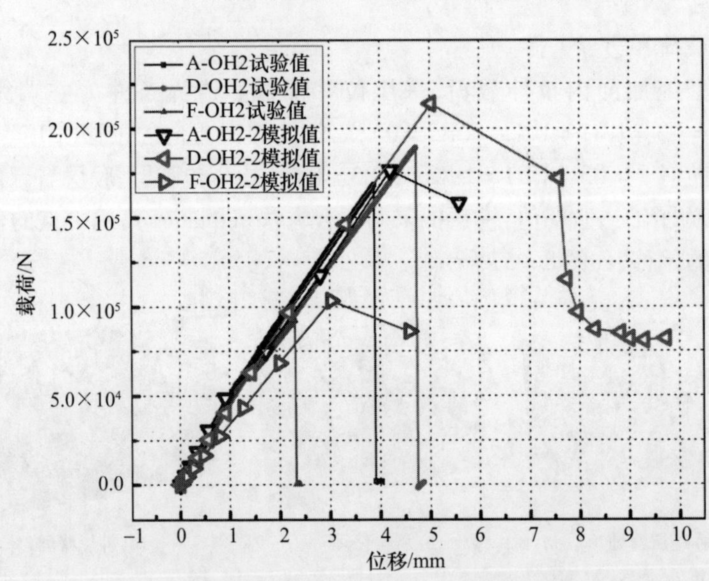

图 8－59　穿孔 2（OH2）载荷－位移曲线试验值与模拟值对比

表 8-11 修补后失效载荷试验值与模拟值

损伤类型	修补方式	试验值/N	模拟值/N	误差/%
穿孔 1	A-OH1	170548	177161	3.73
	B-OH1	155482	166826	6.79
	C-OH1	146838	153946	4.62
	D-OH1	188243	206049	8.64
	E-OH1	122617	132159	7.22
穿孔 2	A-OH2	160335	176569	9.19
	D-OH2	189085	213893	11.60
	F-OH2	92449	103343	10.54

由图 8-58 和图 8-59 可以看出:模拟载荷-位移曲线和试验载荷-位移的曲线几乎重合,仅仅在试件破坏附近有一些偏差;位移随着载荷的增加呈线性增加,直至破坏;不同修补方式的拉伸极限载荷不同,对于穿孔 OH1($\phi=$20mm)的不同修补结果,其修补后载荷从大到小依次为:D-OH1、A-OH1、B-OH1、C-OH1、E-OH1,对于穿孔 OH2($\phi=$40mm)的不同修补结果,其修补后载荷从大到小依次为:A-OH2、D-OH2、F-OH2,这与试验所得结论一致。

由表 8-11 可以看出,对于不同的修补方式,模拟所得拉伸失效载荷与试验所测的拉伸失效载荷的相对误差均在 12% 以内。可见,我们所建立的有限元模型是正确的,可以有效地预测修补复合材料结构的拉伸性能。

3)穿孔修补拉伸失效分析

(1)双面铺层修补的层合板应力及失效分析。

当拉伸载荷为 120kN 时,修补后层合板的 X 方向的应力云图如图 8-60 所示。由图可知:修补后模型的孔边无应力集中现象,最大应力出现在修补铺层以外的母板上。相比修补铺层、胶层,填充结构应力最大。对于母板及修补铺层,0°、45°、-45°铺层的应力均大于 90°铺层上的应力。修补铺层上不同层的应力不同,最外层应力最大。

由图 8-61 所示的拉伸失效模拟结果可知:铺层双面修理填充结构与层合板粘合边缘开胶,修补铺层与层合板粘合胶层的中心位置发生失效。修补后结构损伤发生在母板,最终破坏至铺层修补位置,修补铺层上也发生损伤,破坏模式为纤维破坏和基体破坏。

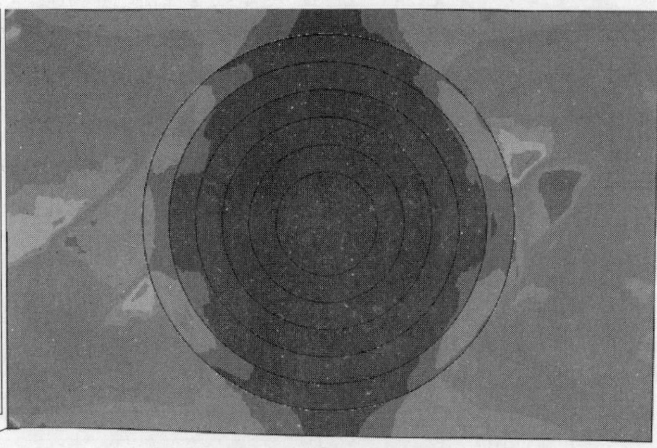

(a) 穿孔修补(常规铺层修理双面铺层)拉伸应力云图

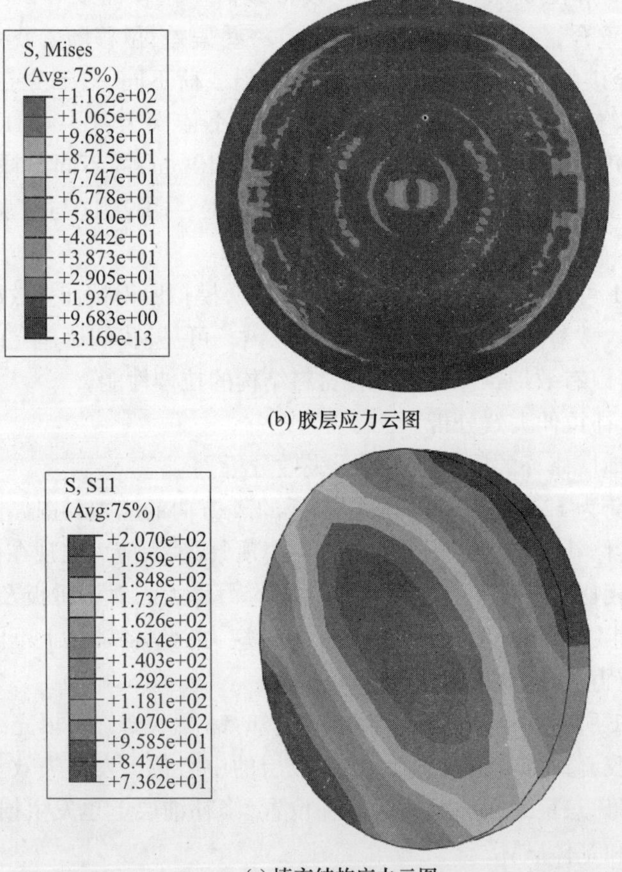

(b) 胶层应力云图

(c) 填充结构应力云图

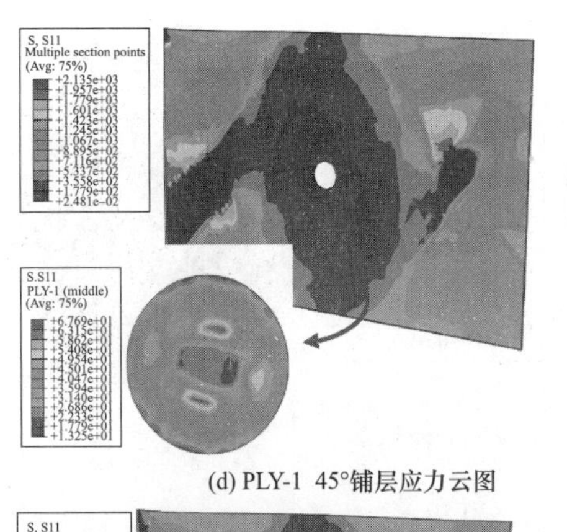

(d) PLY-1 45°铺层应力云图

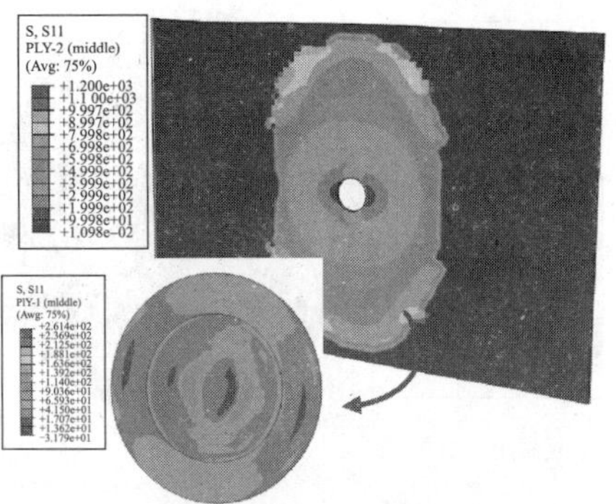

(e) PLY-2 0°铺层应力云图

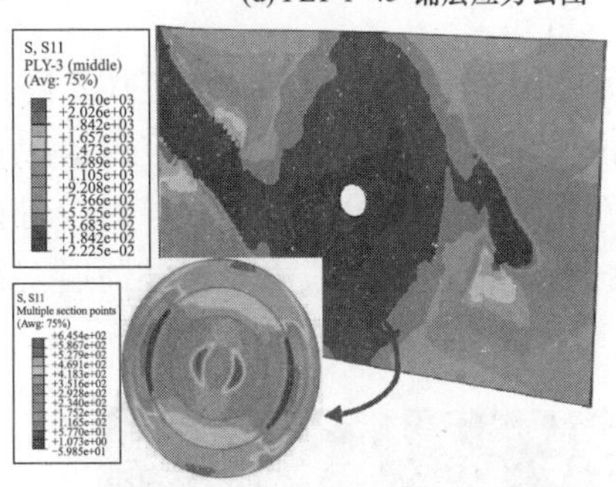

(f) PLY-3 –45°铺层应力云图

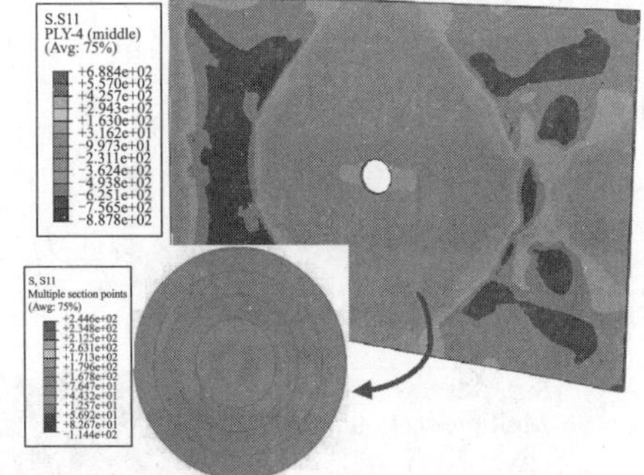

(g) PLY-4 90°铺层应力云图

图 8 – 60 A – OH1 拉伸应力云图

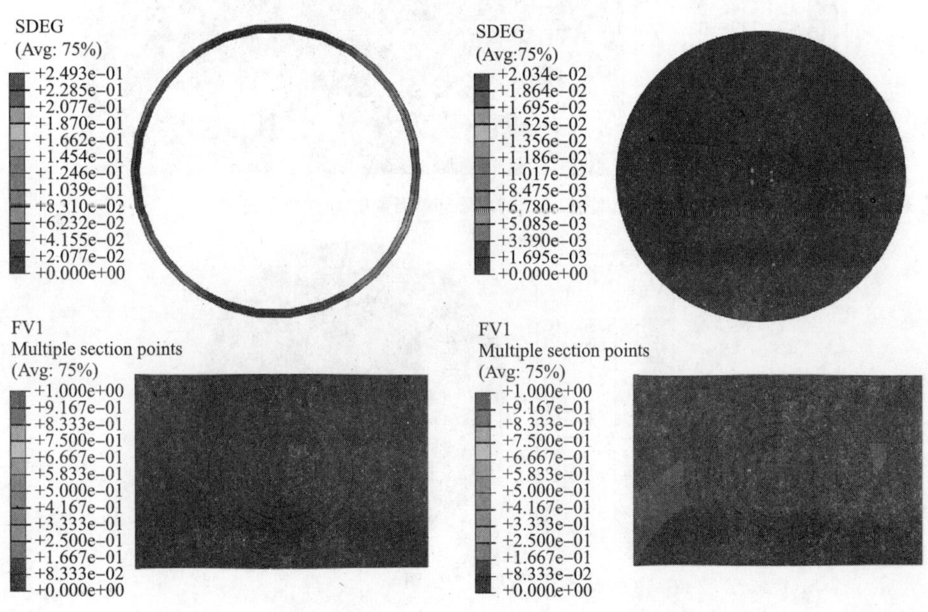

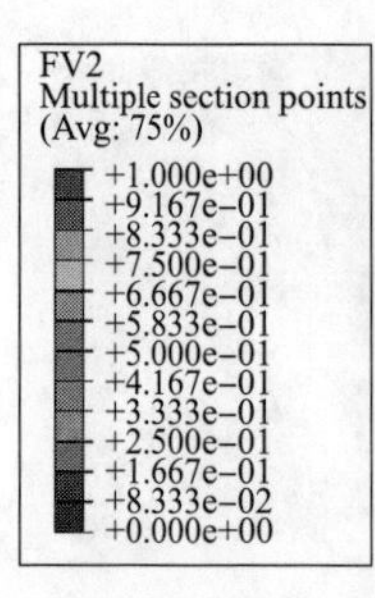

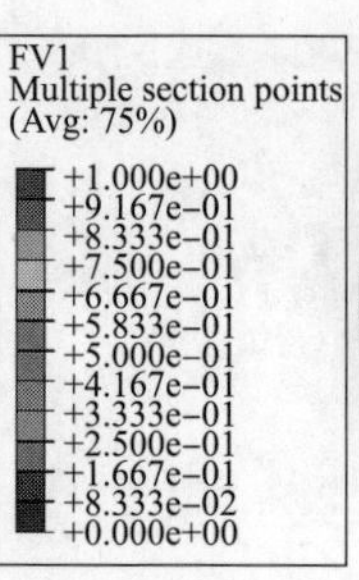

图 8-61　A-OH1 拉伸失效模拟

（2）单面铺层修理的层合板应力及失效分析。

当拉伸载荷为 120kN 时，单面铺层修补层合板的 X 方向的应力云图如图 8-62所示。由图可知：修补后模型的孔边无应力集中现象，最大应力出现在单面铺层以外的母板上。相比修补铺层、胶层，填充结构的应力最大。对于母板及修补铺层，0°、45°、-45°铺层的应力均大于 90°铺层上的应力。修补铺层上每层的应力不同，最外层应力最大。

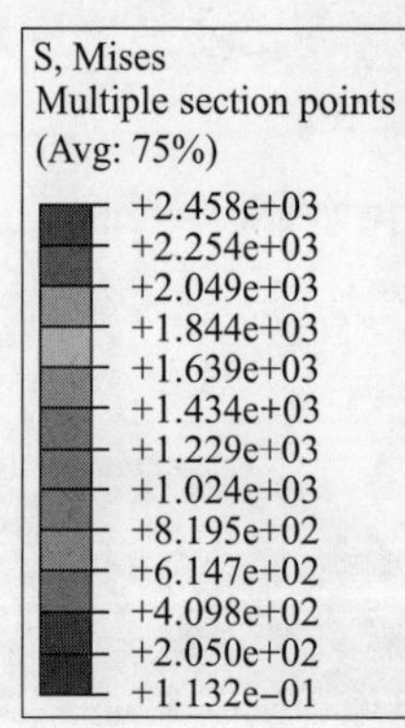

(a) 穿孔修补(常规铺层修理单面铺层)拉伸应力云图

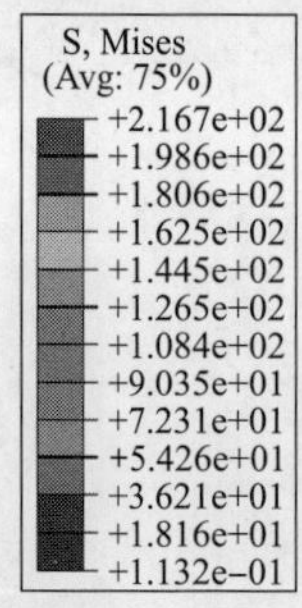

(b) 胶层应力云图

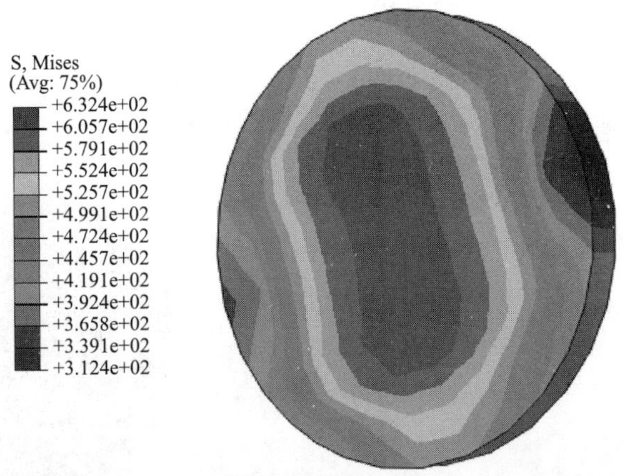

(c) 填充结构应力云图

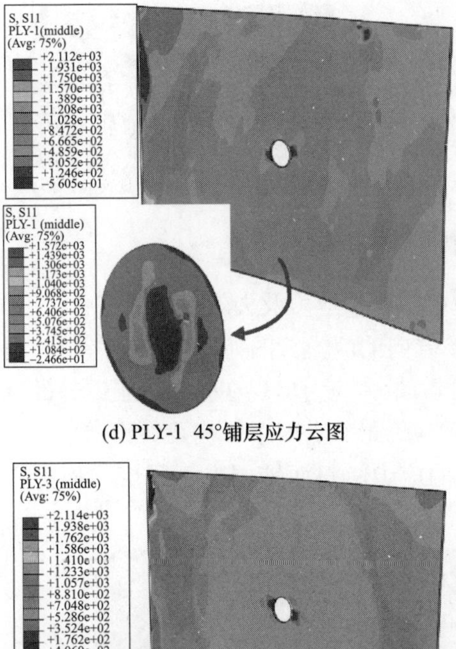

(d) PLY-1 45°铺层应力云图

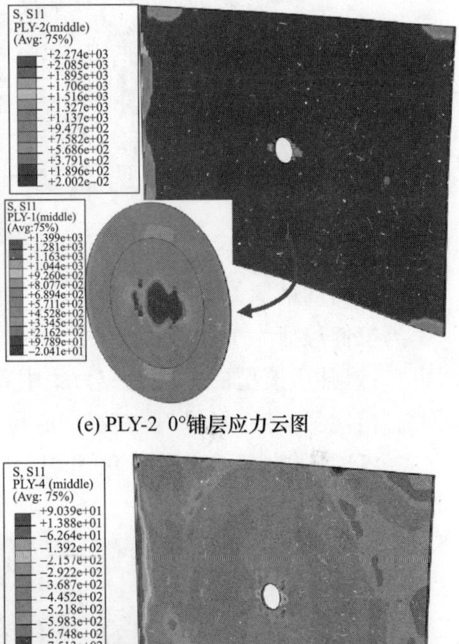

(e) PLY-2 0°铺层应力云图

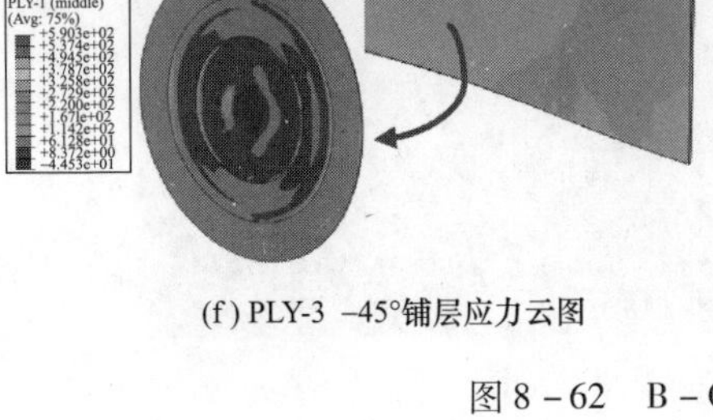

(f) PLY-3 −45°铺层应力云图

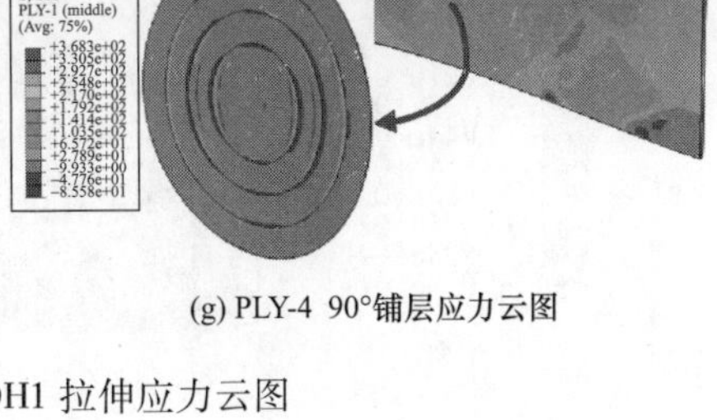

(g) PLY-4 90°铺层应力云图

图 8 − 62 B − OH1 拉伸应力云图

模型中采用三维 Hashin 失效准则来预测结构的承载能力，由图 8－63 所示模拟结果可知：铺层单面修理填充结构与层合板粘合边缘开胶，修补铺层与层合板粘合胶层中心位置、边缘位置发生失效。修补后模型损伤发生在母板，最终破坏至修补铺层位置，修补铺层上也发生损伤，破坏模式为纤维破坏和基体破坏。

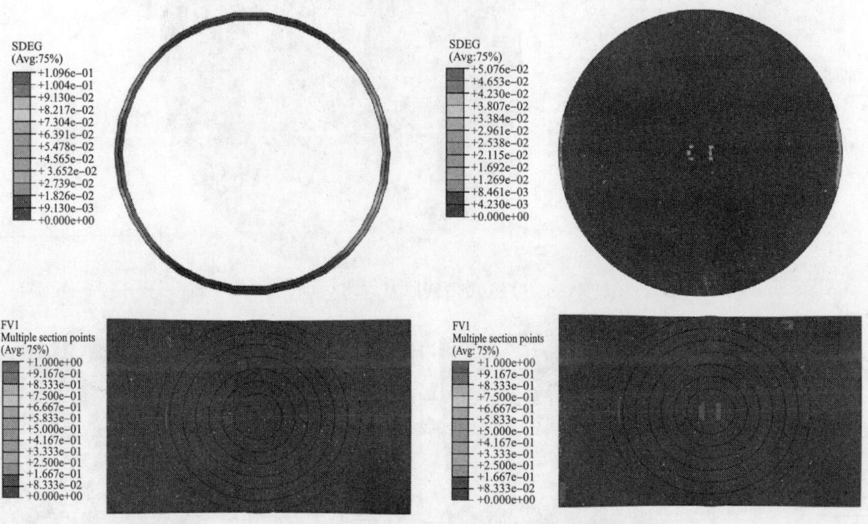

图 8－63　B－OH1 拉伸损伤模拟

（3）斜面铺层修理（斜面角度 1∶10）的层合板应力及失效分析。

当拉伸载荷为 120kN 时，层合板的 X 方向的应力云图如图 8－64 所示。由图可知：修补后模型的孔边无应力集中现象，最大应力出现在斜面铺层以外的母板上。相比斜面铺层、母板，胶层中心位置应力最大。对于母板及斜面铺层，0°、45°、－45°铺层的应力均大于 90°铺层上的应力。斜面铺层上不同层的应力不同，最外层应力最大。

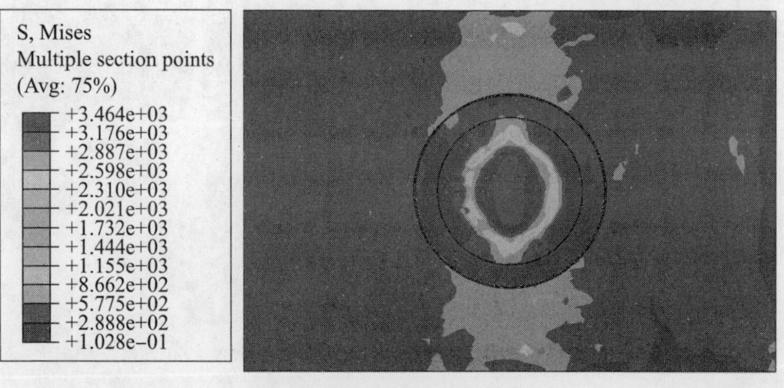

(a) 斜面铺层修理拉伸应力云图

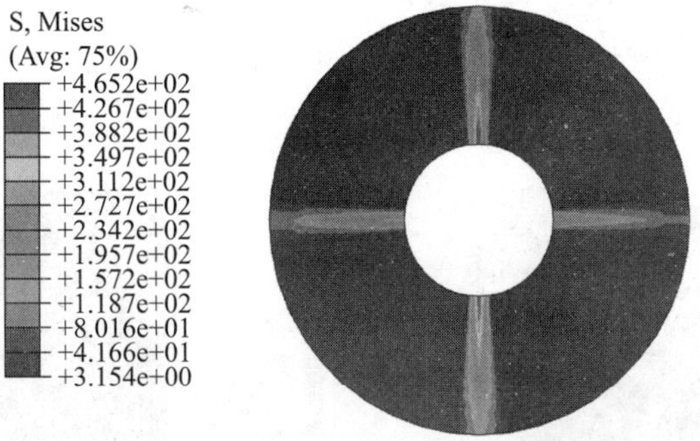

(b) 胶层应力云图

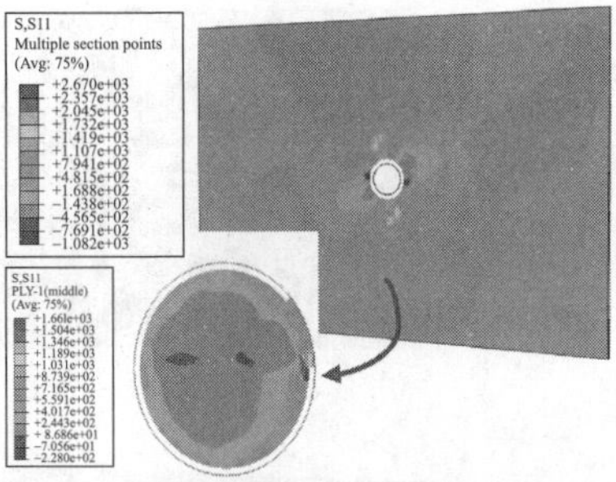

(c) PLY-1 45°铺层应力云图

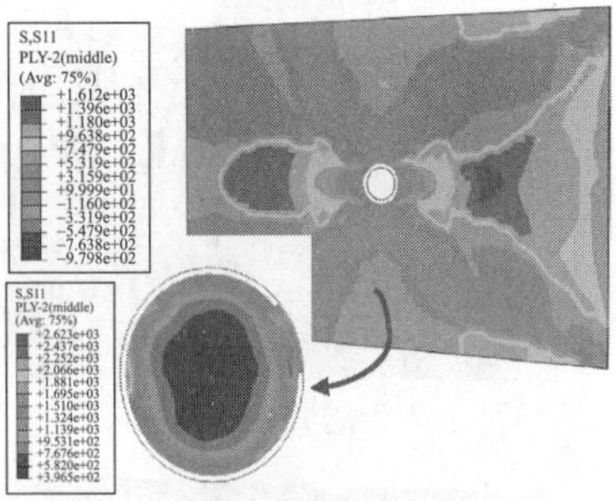

(d) PLY-2 0°铺层应力云图

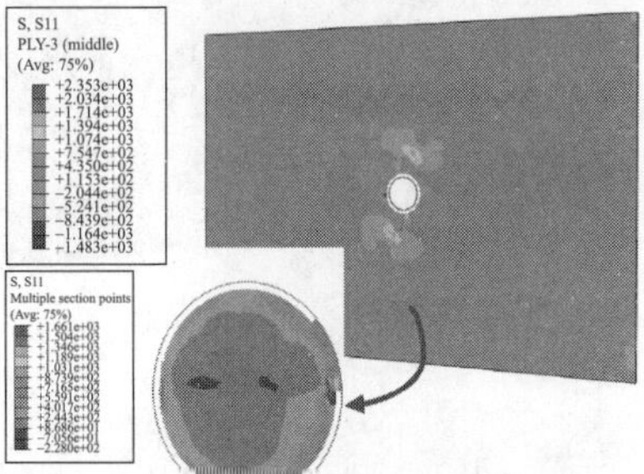

(e) PLY-3 −45°铺层应力云图

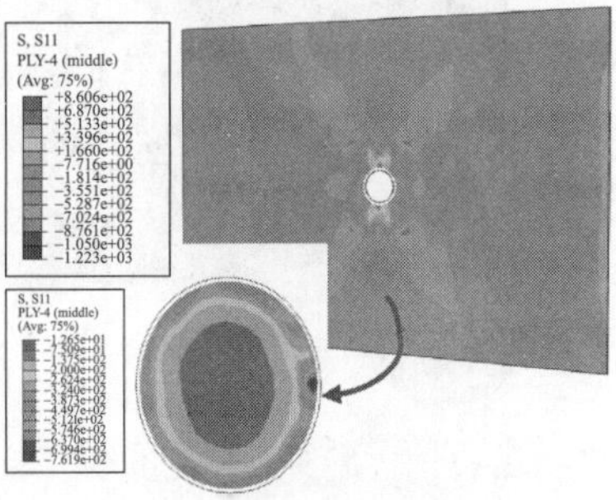

(f) PLY-4 90°铺层应力云图

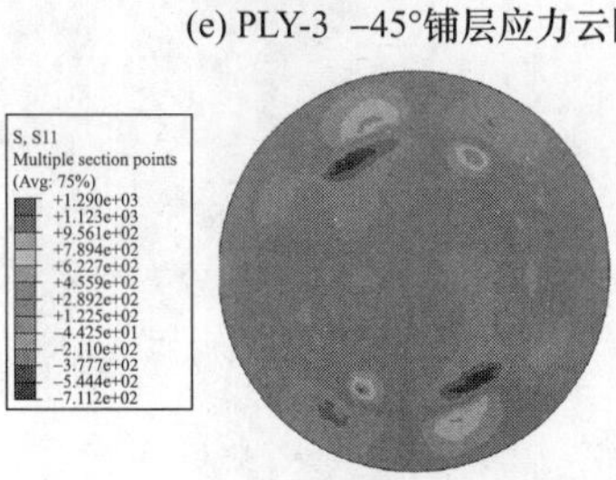

(g) 外接补片1应力云图

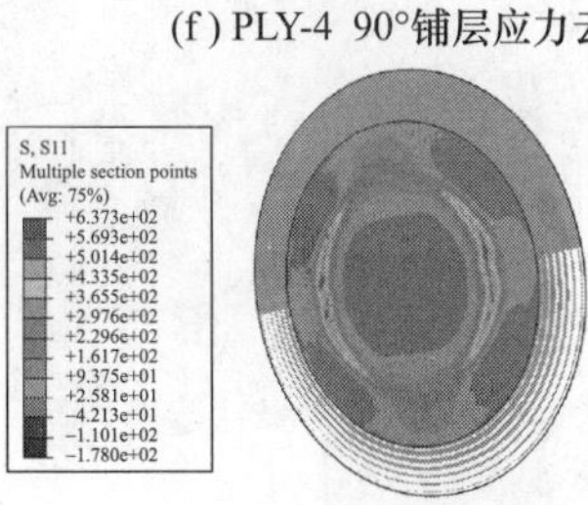

(h) 外接补片2应力云图

图 8－64 C－OH1 拉伸应力云图

由图 8－65 所示的模拟结果可知：斜面铺层与层合板粘合的胶层中心位置发生损伤，沿横向及径向位置向外扩展。修补后模型损伤始于母板，最终破坏至修补铺层位置，铺层上也发生损伤，破坏模式为纤维破坏和基体破坏。

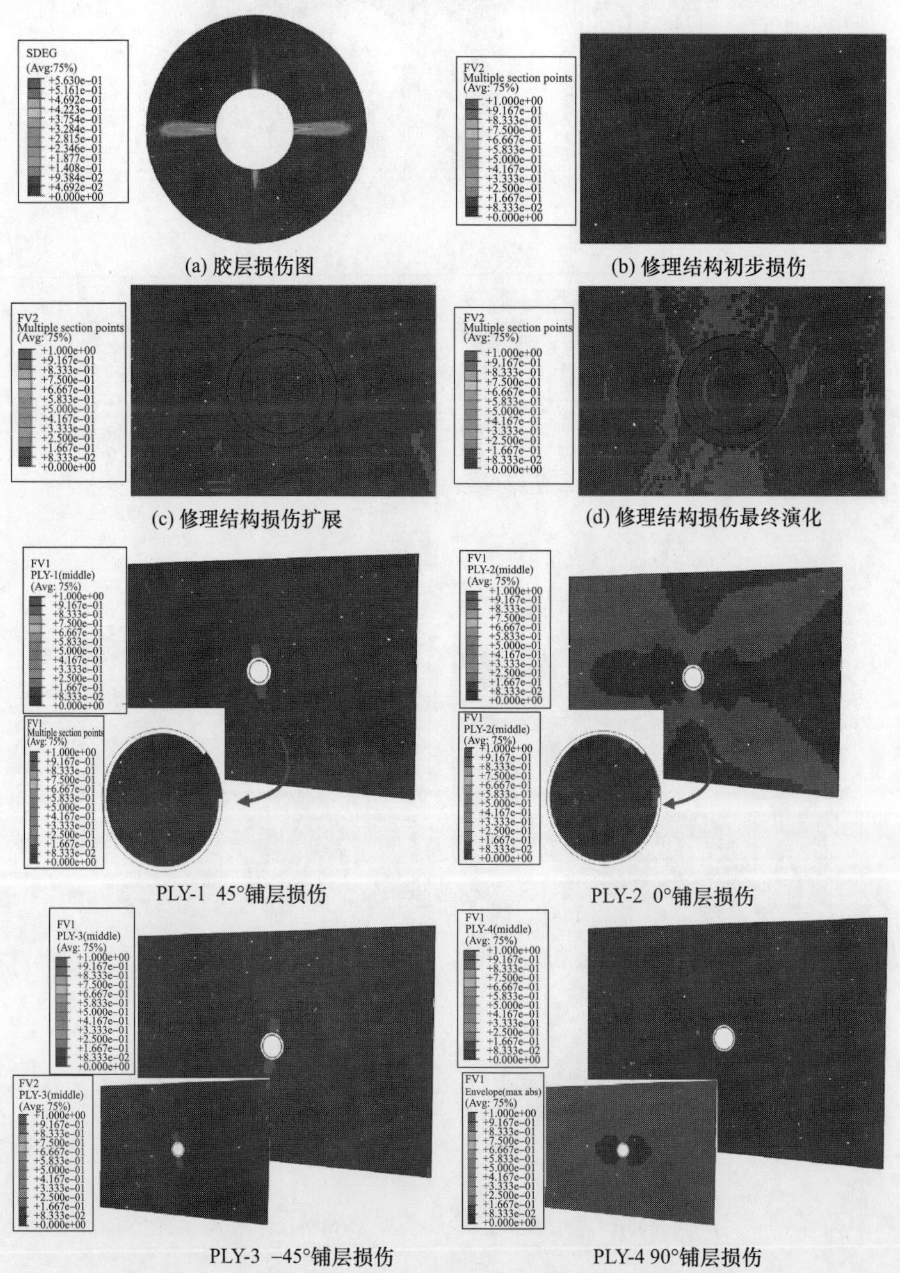

(a) 胶层损伤图　(b) 修理结构初步损伤

(c) 修理结构损伤扩展　(d) 修理结构损伤最终演化

PLY-1 45°铺层损伤　PLY-2 0°铺层损伤

PLY-3 −45°铺层损伤　PLY-4 90°铺层损伤

图 8－65　OH1 斜面修补拉伸损伤模拟

(4) 斜面铺层修理(斜面角度1∶18)的应力及损伤分析。

当拉伸载荷为120kN时,层合板的 X 方向的应力云图如图8－66所示。由图可知:修补后模型的孔边无应力集中现象,最大应力出现在斜面铺层以外的母板上。相比斜面铺层和母板,胶层中心位置应力最大。对于母板及斜面铺层,0°、45°、－45°铺层的应力均大于90°铺层上的应力。斜面铺层上不同层的应力不同,最外层应力最大。

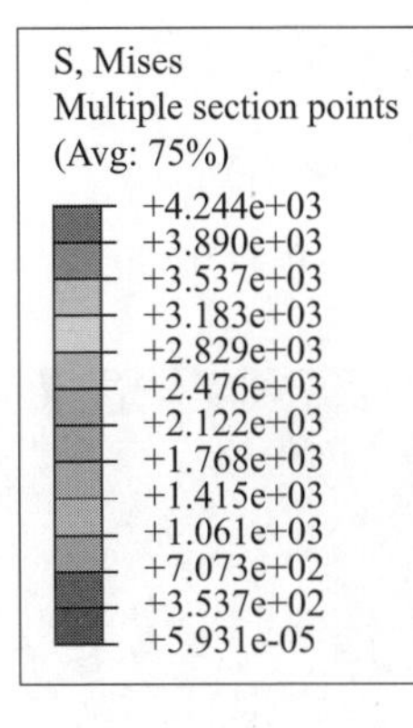

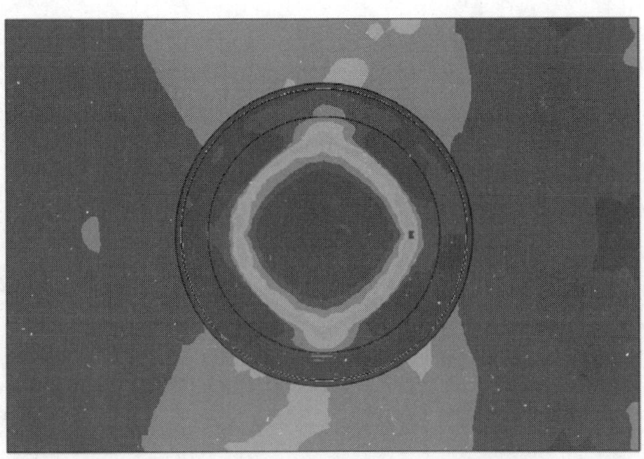

(a) 斜面修理拉伸应力云图

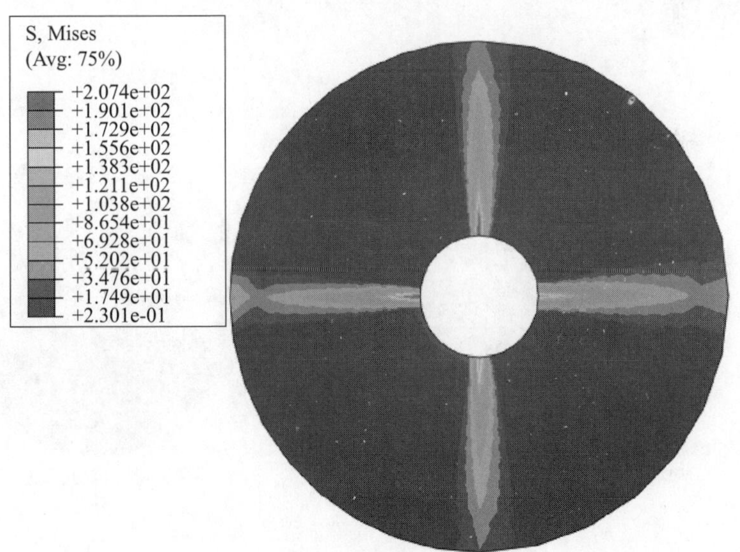

(b) 胶层应力云图

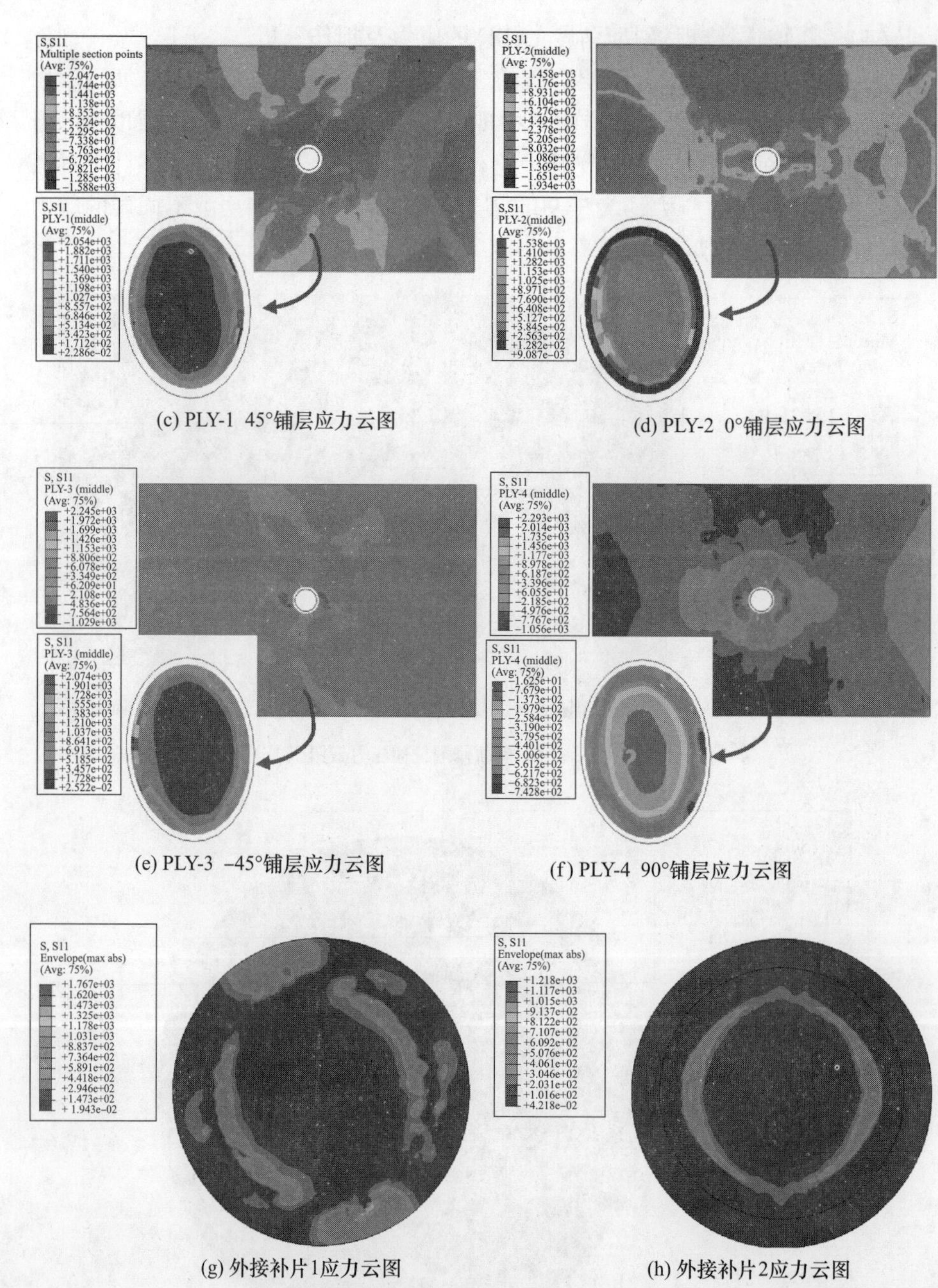

(c) PLY-1 45°铺层应力云图

(d) PLY-2 0°铺层应力云图

(e) PLY-3 −45°铺层应力云图

(f) PLY-4 90°铺层应力云图

(g) 外接补片1应力云图

(h) 外接补片2应力云图

图 8－66　D－OH1 拉伸应力云图

由图 8－67 和图 8－68 的模拟结果可知:修补后模型损伤始于母板,最终扩展至斜面铺层修补位置,斜面铺层上也发生损伤,破坏模式为纤维破坏和基体破坏。斜面修理铺层与层合板粘合胶层未发生损伤。母材每一层的纤维和基体均发生损伤,0°铺层的损伤面积最大,90°铺层的基体损伤面积最大。45°、-45°铺层居中。斜面铺层上仅有0°、45°、-45°发生纤维损伤,45°、-45°、90°发生基体损伤。

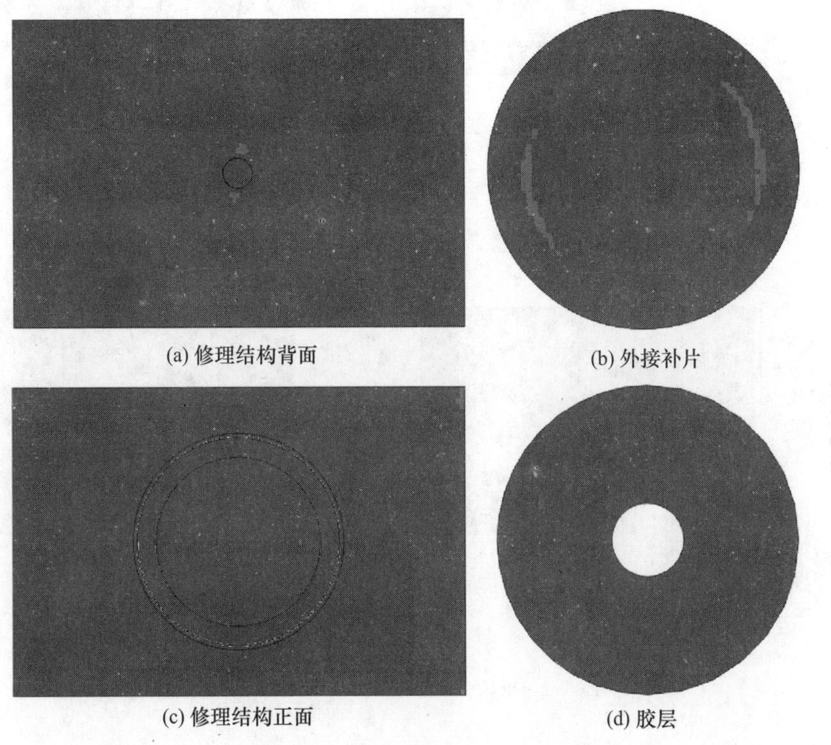

(a) 修理结构背面　　(b) 外接补片

(c) 修理结构正面　　(d) 胶层

图 8-67　D-OH1 拉伸损伤云图

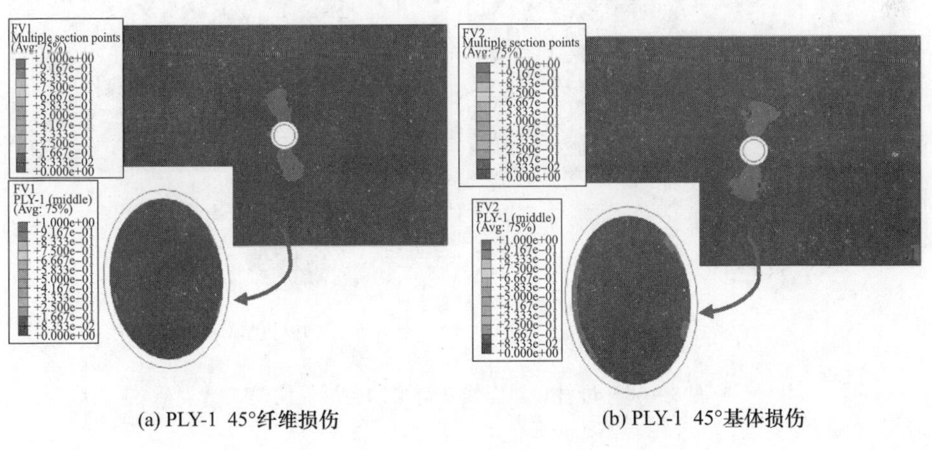

(a) PLY-1　45°纤维损伤　　(b) PLY-1　45°基体损伤

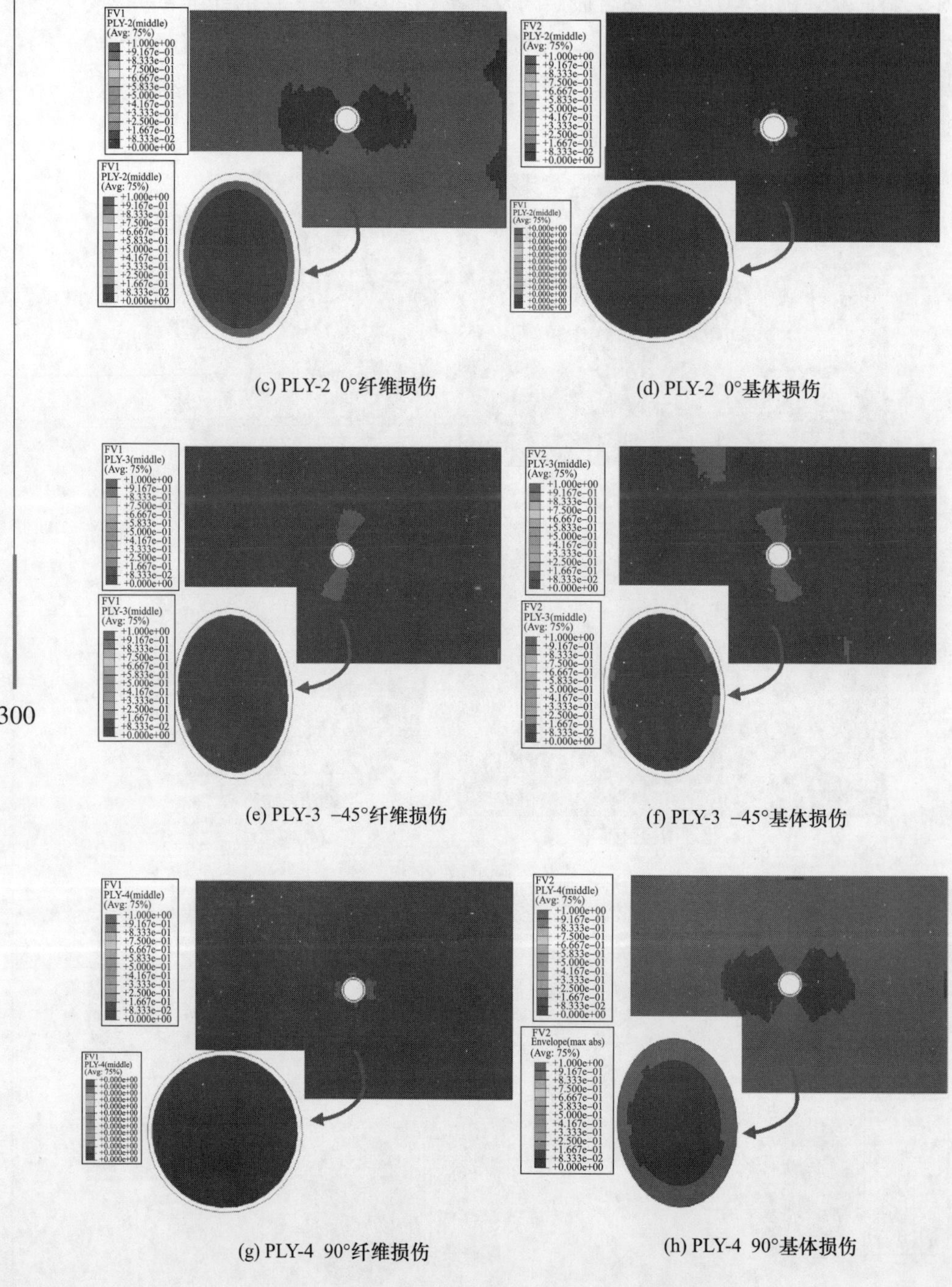

(c) PLY-2 0°纤维损伤

(d) PLY-2 0°基体损伤

(e) PLY-3 -45°纤维损伤

(f) PLY-3 -45°基体损伤

(g) PLY-4 90°纤维损伤

(h) PLY-4 90°基体损伤

图 8-68 母材和斜面修补铺层的各层损伤模式

（5）补片修理（双面补片）的层合板应力及失效分析。

当拉伸载荷为120kN时，层合板X方向的应力云图如图8－69所示。由图可知：修补后模型的孔边无应力集中现象，最大应力出现在补片以外的母板上。相比补片，填充中心位置应力最大。对于母板及补片材料，0°、45°、－45°铺层的应力均大于90°铺层上的应力。

由图8－70所示的损伤失效模拟结果可知：修补后损伤发生在母板，最终破坏至补片修补位置，破坏模式为纤维破坏和基体破坏。补片上未发生损伤。补片与母板粘合胶层的边缘位置发生损伤。层合板的每一层纤维和基体均发生损伤，0°铺层的损伤面积最大，90°铺层的基体损伤面积最大。45°、－45°铺层居中。

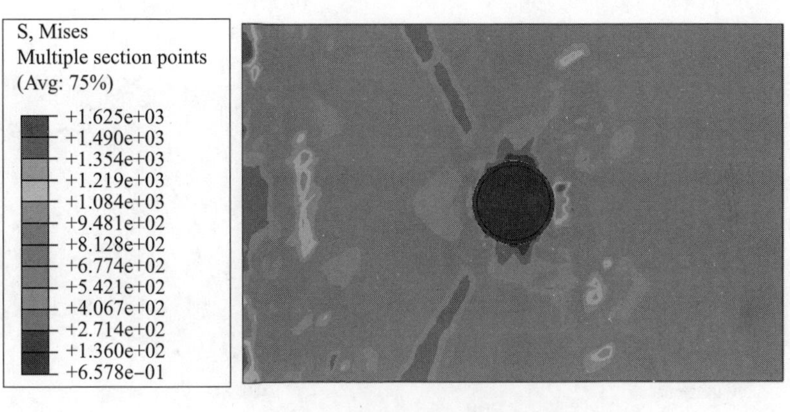

(a) 双面补片修补的层合板拉伸应力云图

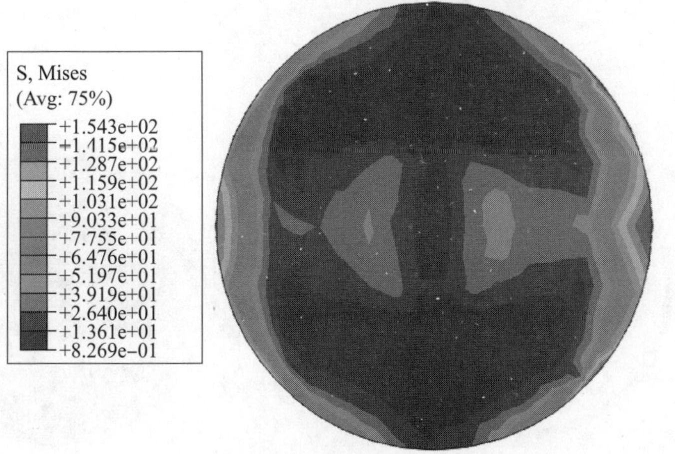

(b) 填充结构应力云图

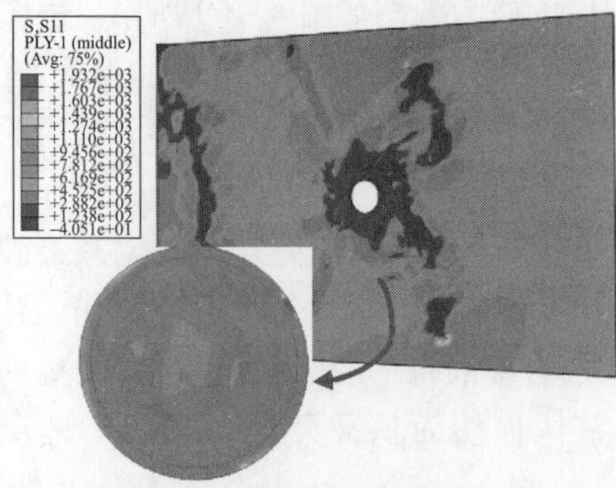

(c) PLY-1 45°铺层应力云图

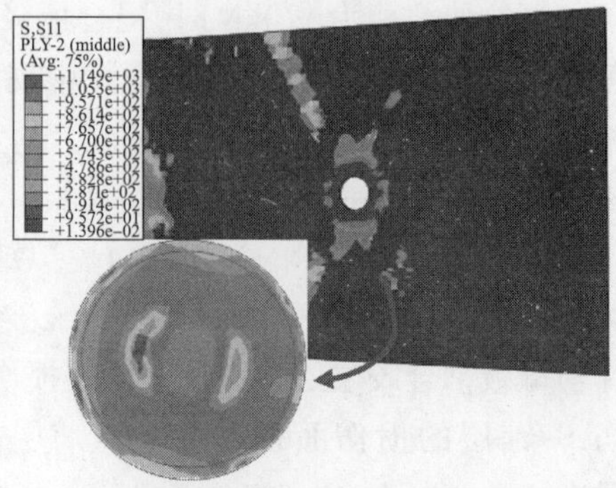

(d) PLY-2 0°铺层应力云图

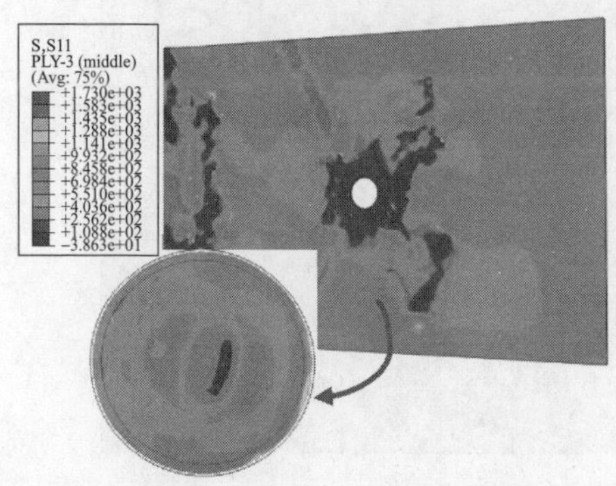

(e) PLY-3 −45°铺层应力云图

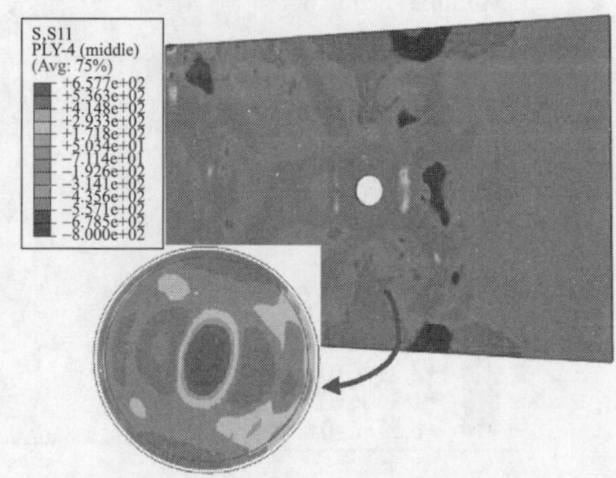

(f) PLY-4 90°铺层应力云图

图 8 - 69　E - OH1 拉伸应力云图

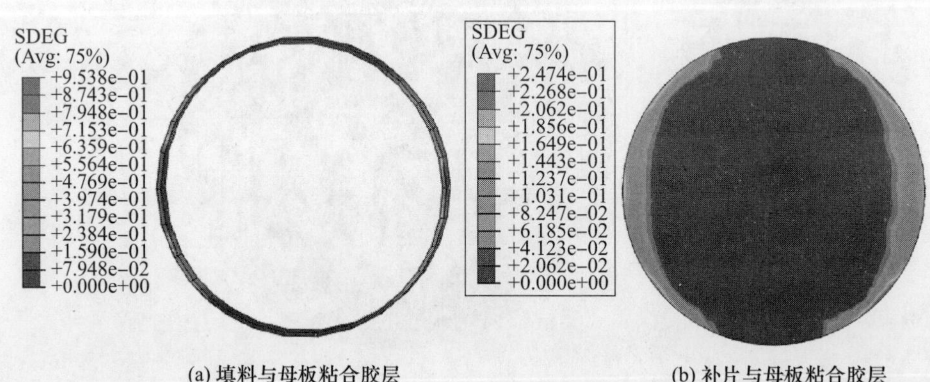

(a) 填料与母板粘合胶层　　(b) 补片与母板粘合胶层

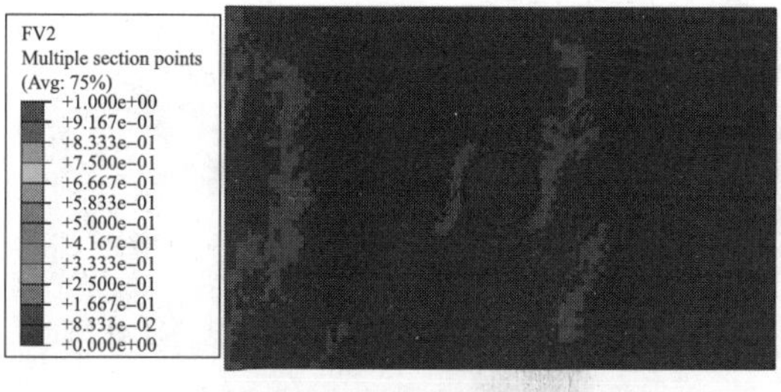

(c) 修理结构

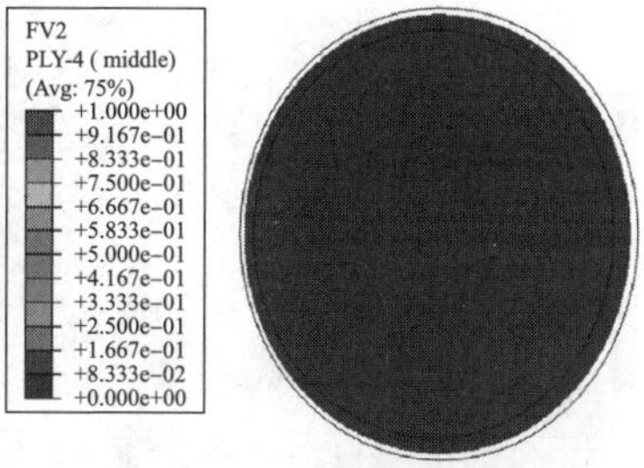

(d) 补片

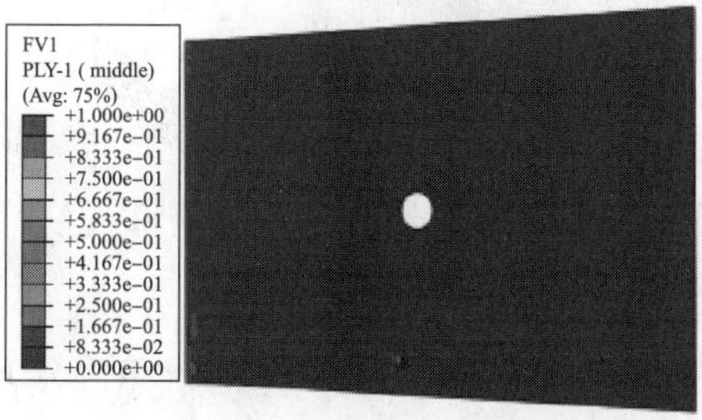

(e) PLY-1 (45°) 纤维损伤

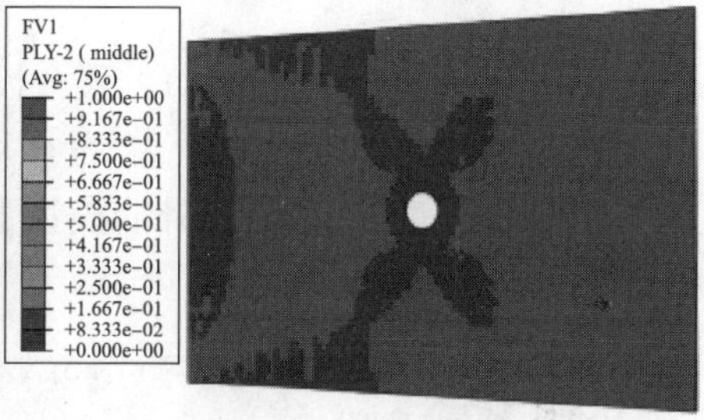

(f) PLY-2 (0°) 纤维损伤

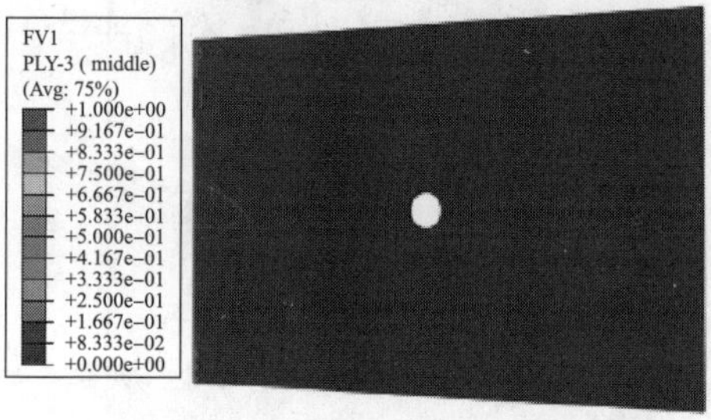

(g) PLY-3 (−45°) 纤维损伤

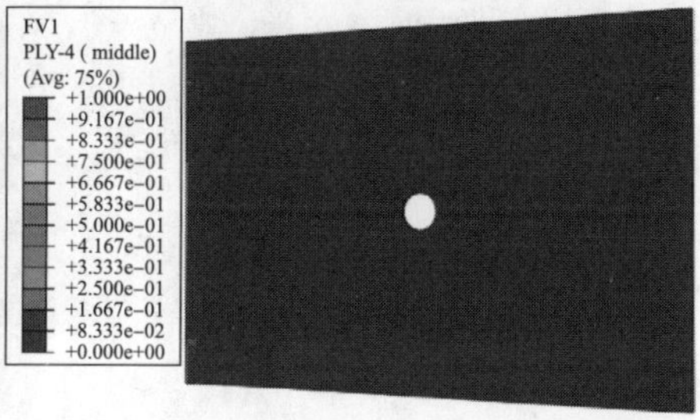

(h) PLY-4 (90°) 纤维损伤

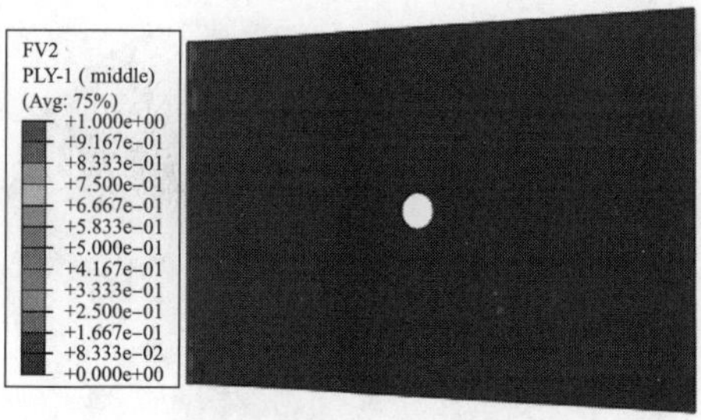

(i) PLY-1 (45°) 基本损伤

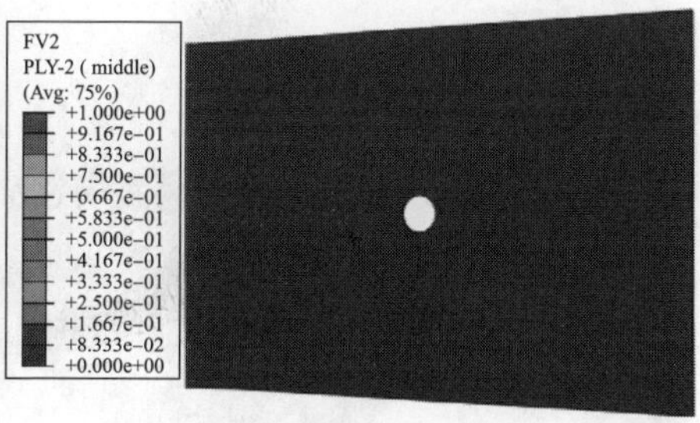

(j) PLY-2 (0°) 基本损伤

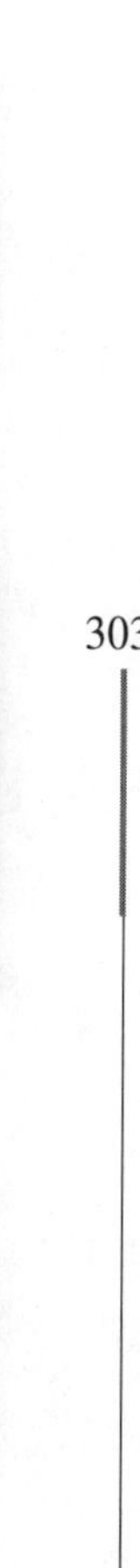

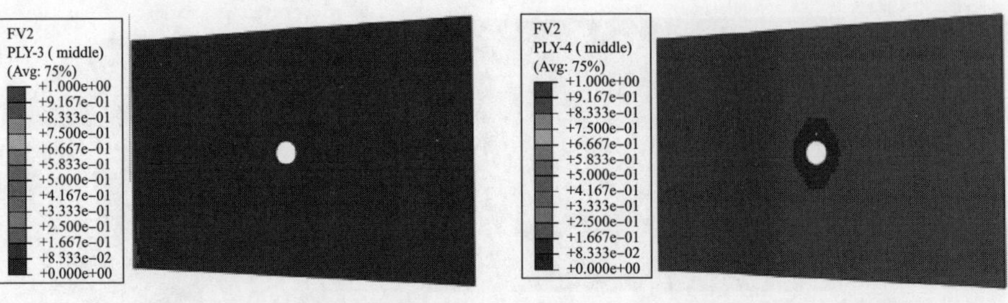

(k) PLY-3 (−45°) 基本损伤 (l) PLY-4 (90°) 基本损伤

图 8－70 E－OH1 损伤失效云图

（6）补片修理（单面补片）的层合板应力及失效分析。

当拉伸载荷为 120kN 时，单面补片修理层合板的 X 方向的应力云图如图 8－71所示。由图可知：修补后模型最大应力出现在补片上。对于母板及补片材料，0°、45°、－45°铺层的应力均大于 90°铺层上的应力。

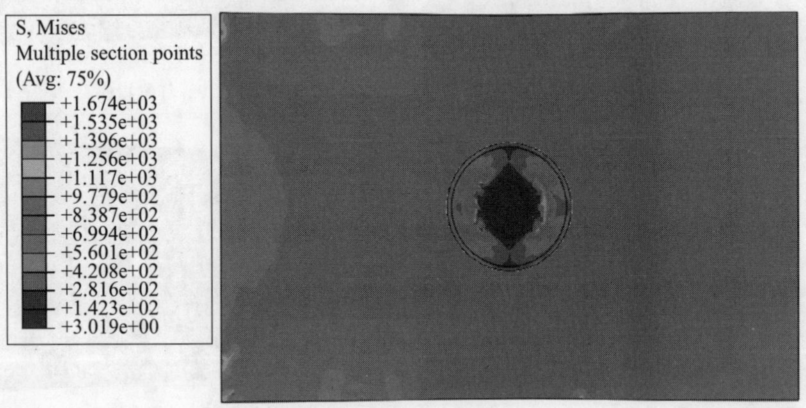

(a) 单面修补应力云图

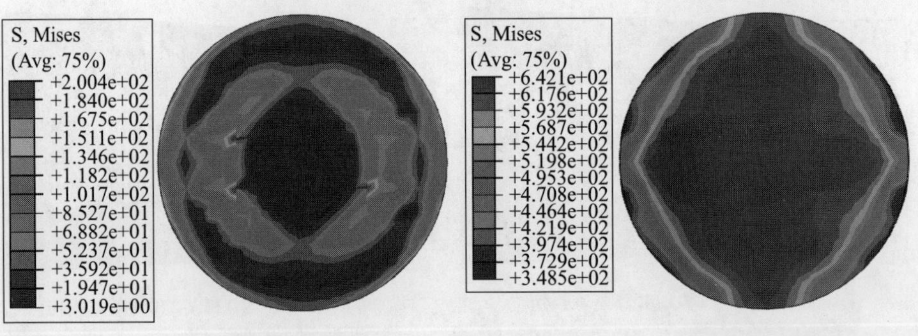

(b) 胶层应力云图 (c) 填充结构应力云图

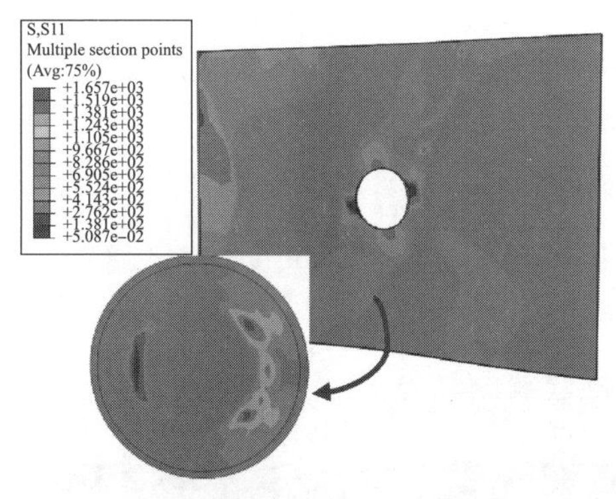

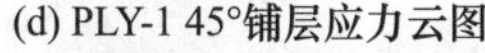
(d) PLY-1 45°铺层应力云图

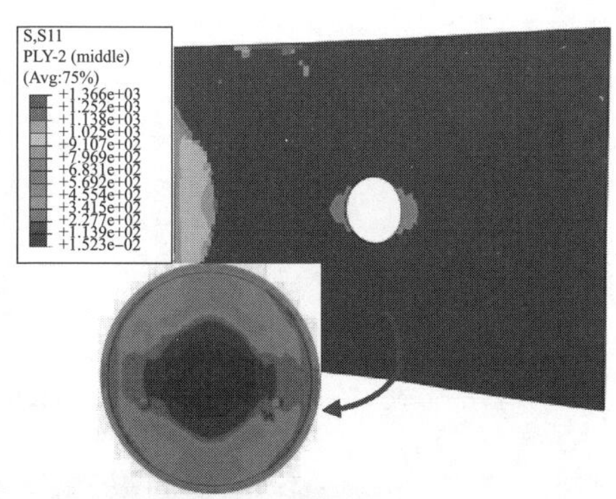

(e) PLY-2 0°铺层应力云图

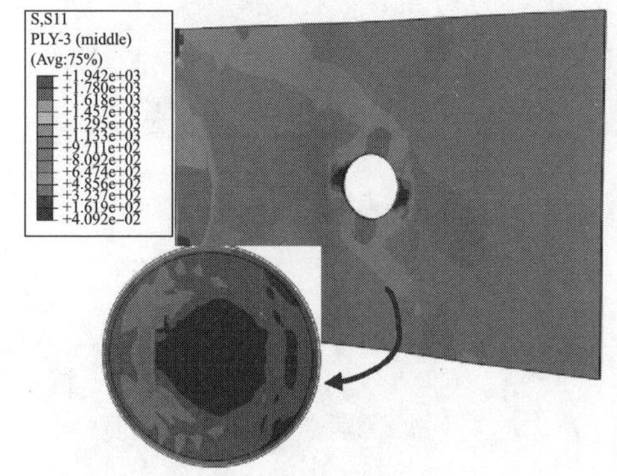

(f) PLY-3 −45°铺层应力云图

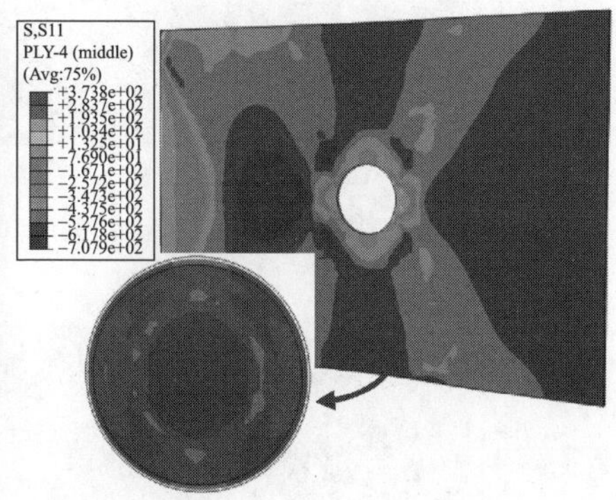

(g) PLY-4 90°铺层应力云图

图 8－71　F－OH2 拉伸应力云图

由图 8－72 所示的损伤模拟结果可知：修补后模型损伤始于母板，最终破坏至补片修补位置，破坏模式为纤维破坏和基体破坏。补片也发生损伤，补片与母板粘合胶层的中心及边缘位置发生损伤。母板上仅 45°、－45°、0°铺层纤维失效，45°、－45°、90°铺层基体失效，0°铺层的损伤面积最大，90°铺层的基体损伤面积最大。45°、－45°铺层居中。补片上仅 45°铺层纤维和基体失效。

2. 穿孔修补后层合板压缩模拟

1）穿孔修补压缩模型描述

层合板穿孔修补模型为三维模型，母板尺寸为长 200mm、宽 200mm、厚 3.4944mm。单层厚度为 0.2184mm，共 16 层，铺层为 $[45/0/-45/90/90/-45/0/45]_s$。开孔位置在层合板的中心，穿孔孔径大小为 $\phi=20$mm 和 $\phi=40$mm 两类。针对穿孔 OH1（$\phi=20$mm）的损伤建立修补模型，A－OH1、D－OH1、F－OH1 分别为铺层修理（双面）、斜面修理（1∶18）、补片修理（单面）。针对穿孔

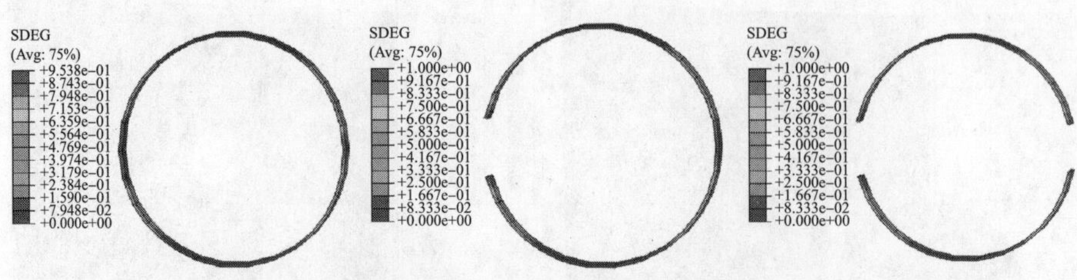

(a) 填料与母板粘合胶层损伤演化图

(b) 母材与补片粘合胶层 (c) 修补结构损伤图

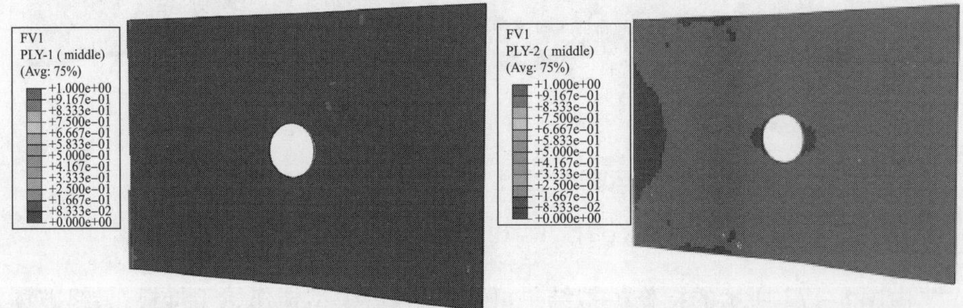

(d) PLY-1 (45°) 纤维损伤 (e) PLY-2 (0°) 纤维损伤

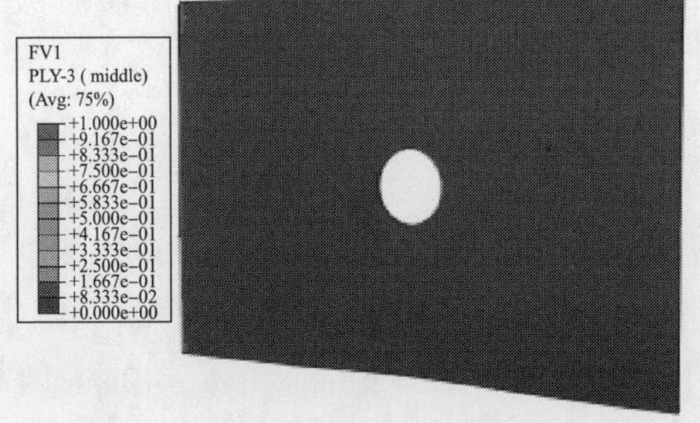

(f) PLY-3 (−45°) 纤维损伤

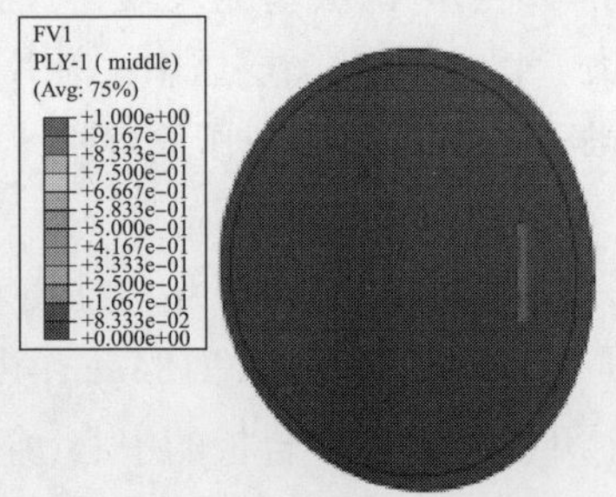

(g) PLY-1 (45°) 纤维损伤

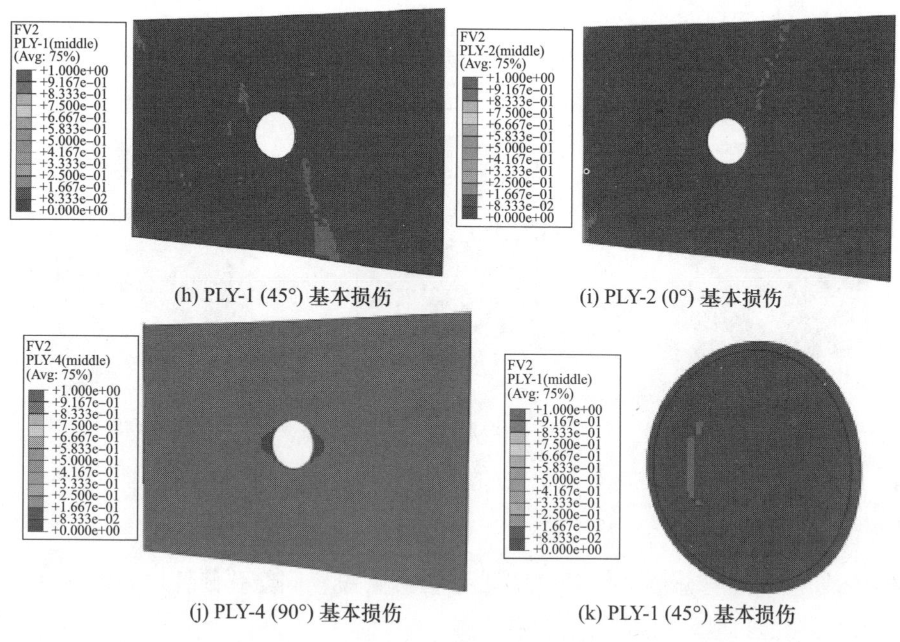

(h) PLY-1 (45°) 基本损伤　　(i) PLY-2 (0°) 基本损伤

(j) PLY-4 (90°) 基本损伤　　(k) PLY-1 (45°) 基本损伤

图 8－72　F－OH2 损伤失效云图

OH2($\phi=40$mm)的损伤建立修补模型，B－OH2、D－OH2、E－OH2 分别为铺层修理(单面)、斜面修理(1∶18)、补片修理(双面)。修补模型的尺寸与修补位置均与试验中试件一致。建立模型中采用三维 Hashin 准则来模拟层合板的失效，从而预测夹层结构的压缩承载能力。胶层采用内聚力单元来模拟胶层的损伤失效过程。

(1) 材料参数。

层合板材料、修补材料、胶黏剂与穿孔拉伸修理结构一致。

(2) 网格类型。

单元类型与穿孔修补拉伸模型一致，具体如图 8－73 所示。

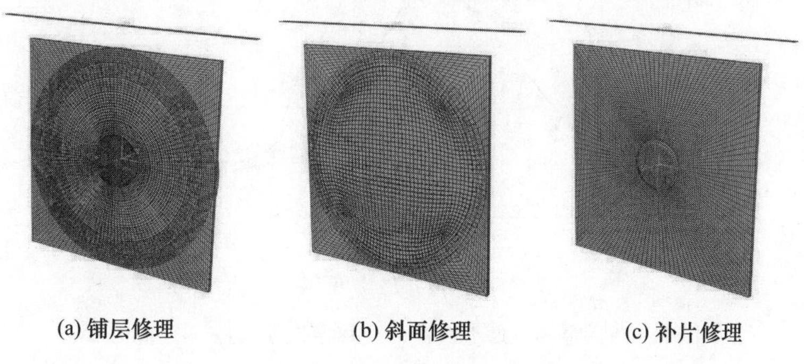

(a) 铺层修理　　(b) 斜面修理　　(c) 补片修理

图 8－73　穿孔修补结构网格划分

(3) 载荷和边界条件。

边界条件、约束方式与穿孔修补拉伸模型一致,如图 8-74 所示。

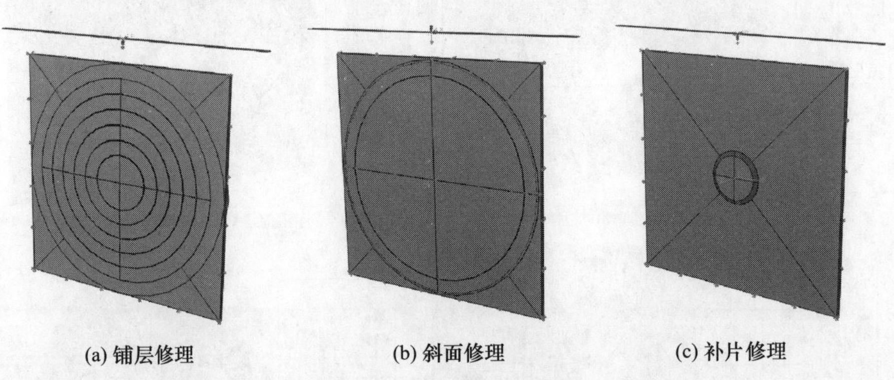

图 8-74　穿孔修补拉伸边界条件

(4) 接触类型。

修复材料与层合板之间采用胶层属性接触,设置同穿孔修补拉伸模型一致。

2) 穿孔修补压缩性能模拟结果

图 8-75 和图 8-76 所示为两类穿孔损伤在不同修理方式后,结构在压缩载荷下的载荷-位移曲线。修补后结构的失效载荷试验值与模拟值的对比见表 8-12。

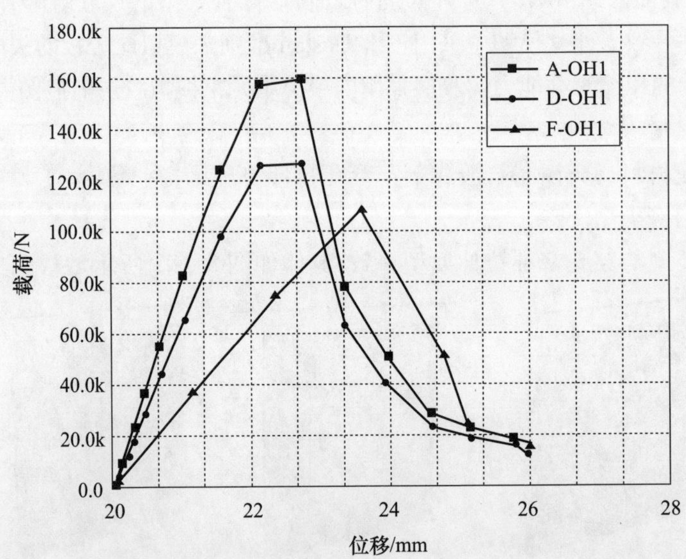

图 8-75　穿孔 1 压缩载荷-位移模拟曲线($\phi=20$mm)

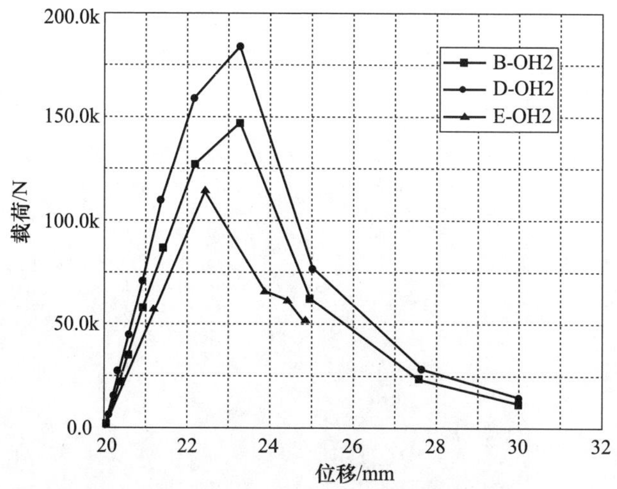

图 8－76　穿孔 2 压缩载荷－位移模拟曲线($\phi=40$mm)

表 8－12　修补后失效载荷试验值与模拟值

损伤类型	修补方式	试验值/N	模拟值/N	误差/%
穿孔 1	A－OH1	146708	158550	7.47
	D－OH1	113771	126331	9.94
	F－OH1	100139	105284	4.89
穿孔 2	B－OH2	129565	147511	12.16
	D－OH2	167854	184921	9.23
	E－OH2	108689	114523	5.09

由图 8－75 和图 8－76 可以看出，位移随着载荷的增加呈线性增加，直至破坏。模拟结果可以看出，不同修补方式的压缩极限载荷不同，对于穿孔 1($\phi=20$mm)的不同修补，其修补后载荷从大到小依次为 A－OH1、D－OH1、F－OH1，对于穿孔 2($\phi=40$mm)的不同修补，其修补后载荷从大到小依次为 D－OH2、B－OH2、E－OH2，这也与试验所得结论一致。

由表 8－12 可以看出，对于不同的修补方式，模拟所得压缩失效载荷与试验所得压缩失效载荷的相对误差均在 13% 以内。可见建立的有限元模型是正确的，可以有效地预测修补后层合板的压缩性能。

3）穿孔修补后的压缩失效分析

(1) 单面铺层修补层合板应力及失效分析。

当压缩载荷为 90kN 时，层合板的 Y 方向的应力云图如图 8－77 所示。由图可知：修补后模型的孔边存在应力集中现象，最大应力出现在修补铺层上的最外层。对于母板,0°、90°铺层的应力均大于45°、-45°铺层上的应力。由图8-78所示层合板的位移云图可见:单面铺层修理后的结构沿 Z 方向位移不均匀,压缩后期有失稳现象。

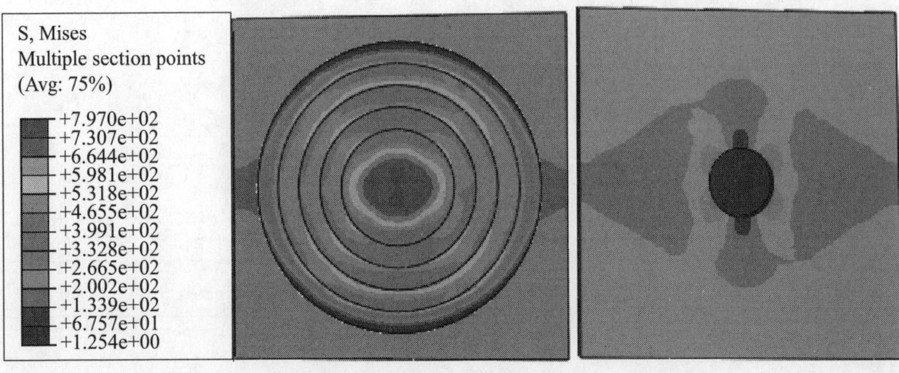

(a) OH2单面铺层修理整体应力云图

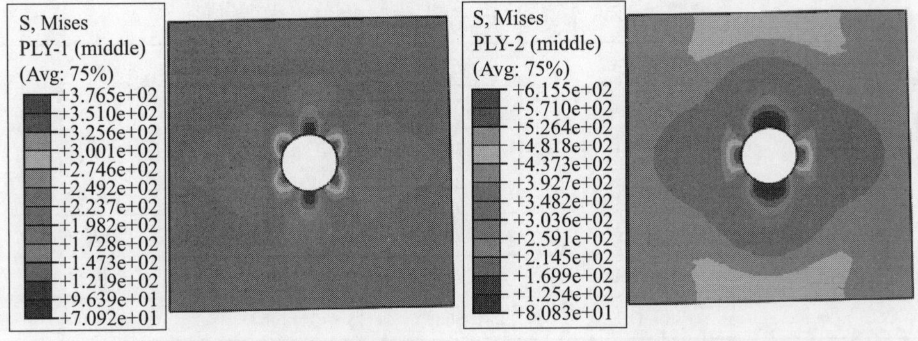

(b) PLY-1 45°铺层应力云图　　(c) PLY-2 0°铺层应力云图

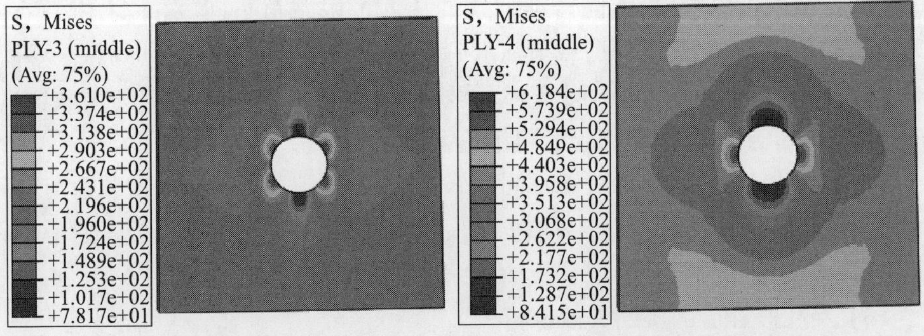

(d) PLY-3 -45°铺层应力云图　　(e) PLY-4 90°铺层应力云图

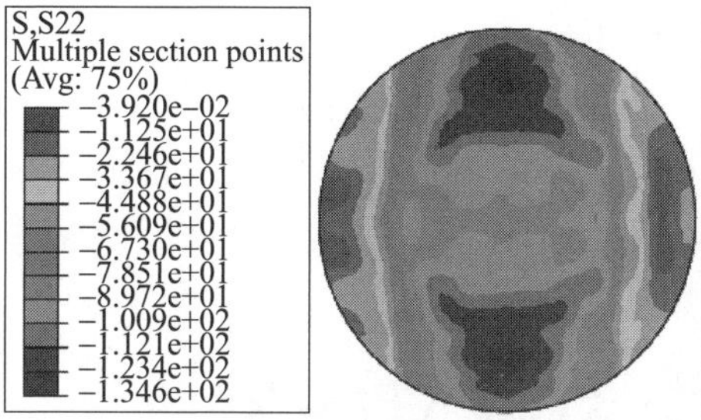

(f) PLY-1 45°铺层应力云图

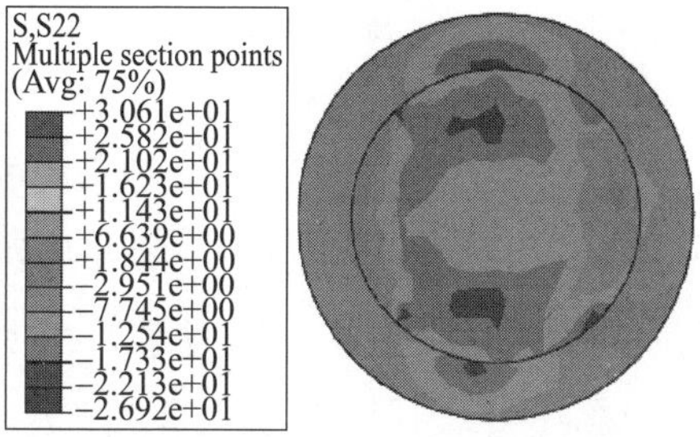

(g) PLY-2 0°铺层应力云图

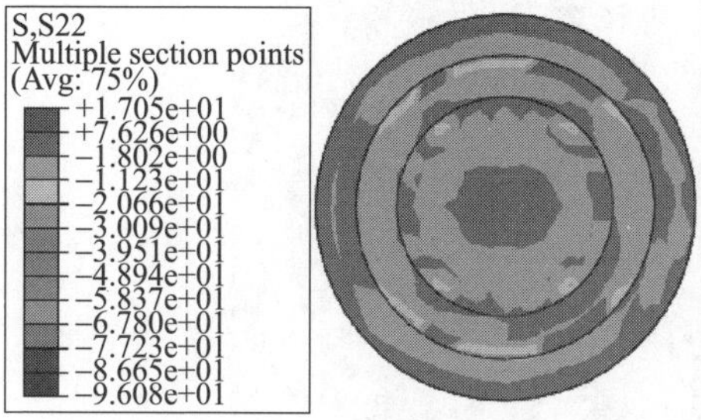

(h) PLY-3 –45°铺层应力云图

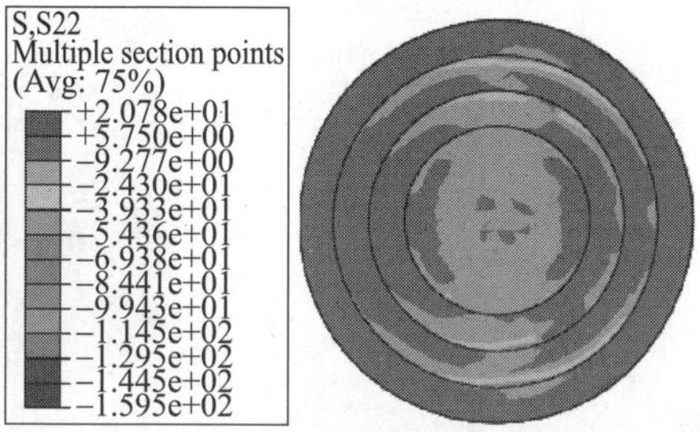

(i) PLY-4 90°铺层应力云图

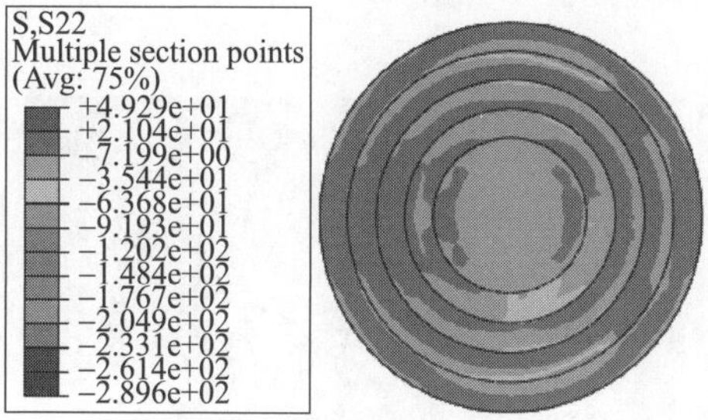

(j) PLY-5 45°铺层应力云图

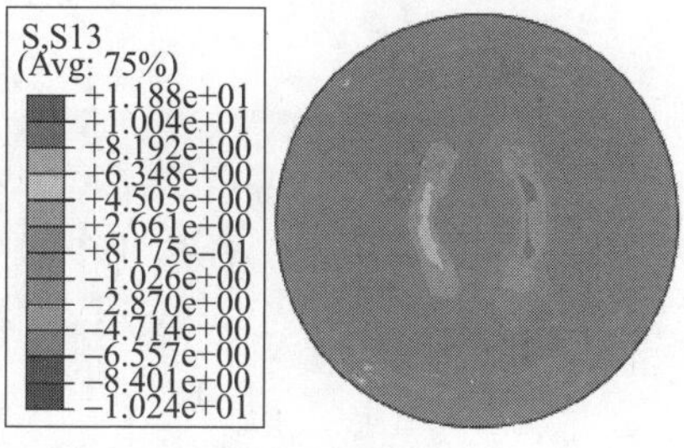

(k) 胶层剪切应力云图

图 8 – 77　单面铺层修理 *Y* 方向应力云图

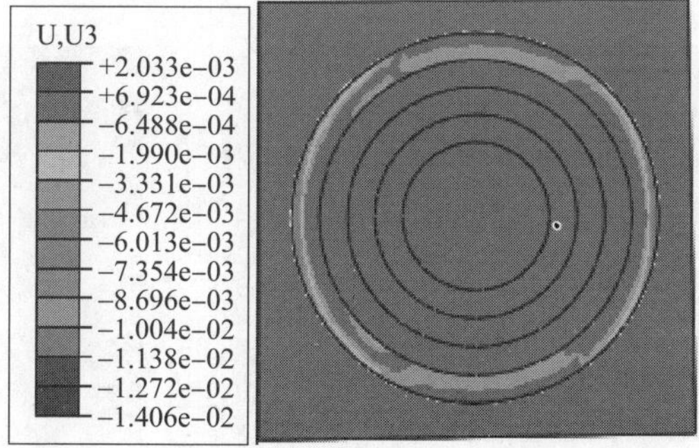

图 8 – 78　单面铺层修理 *Z* 方向的位移云图

（2）双面铺层修补层合板应力和失效分析。

当压缩载荷为90kN时，层合板的Y方向的应力云图如图8-79所示。由图可知：修补后模型的孔边存在应力集中现象，最大应力出现在修补铺层上的最外层。对于母板材料，0°、90°铺层的应力均大于45°、-45°铺层上的应力。由图8-80可知胶层中心为剪应力最大处，损伤在该处发生。

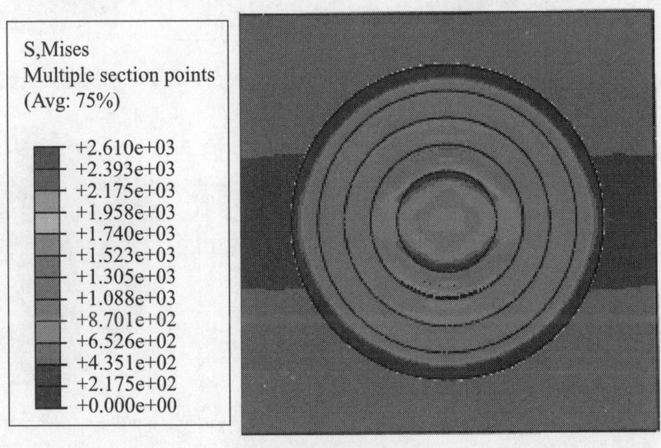

(a) OH1双面铺层修理应力云图

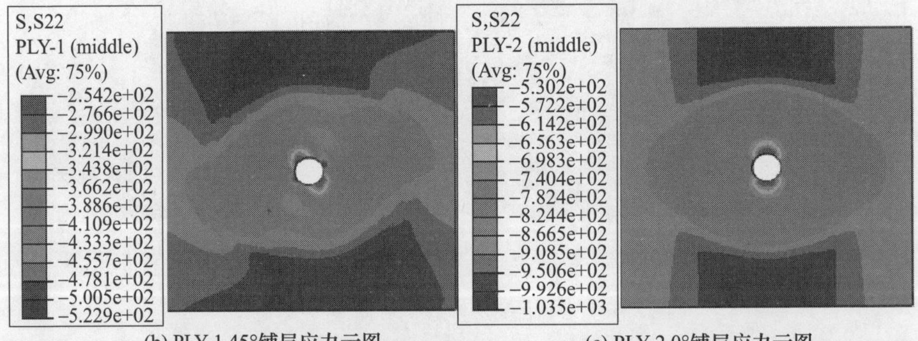

(b) PLY-1 45°铺层应力云图　　(c) PLY-2 0°铺层应力云图

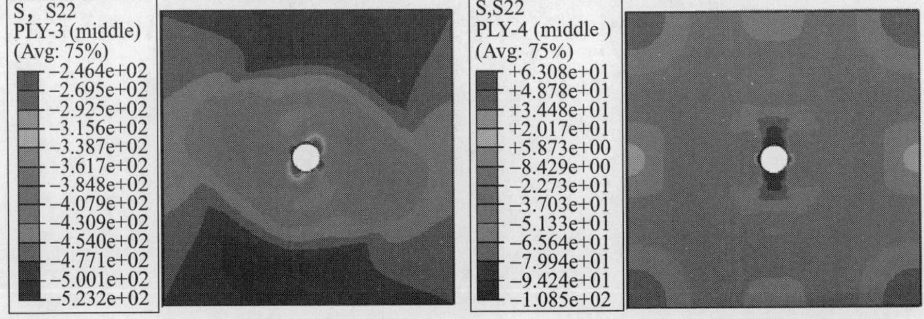

(d) PLY-3 -45°铺层应力云图　　(e) PLY-4 90°铺层应力云图

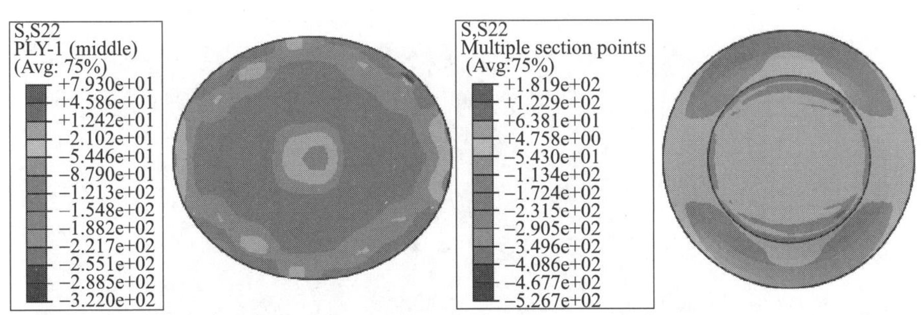

(f) PLY-1 45°铺层应力云图 (g) PLY-2 0°铺层应力云图

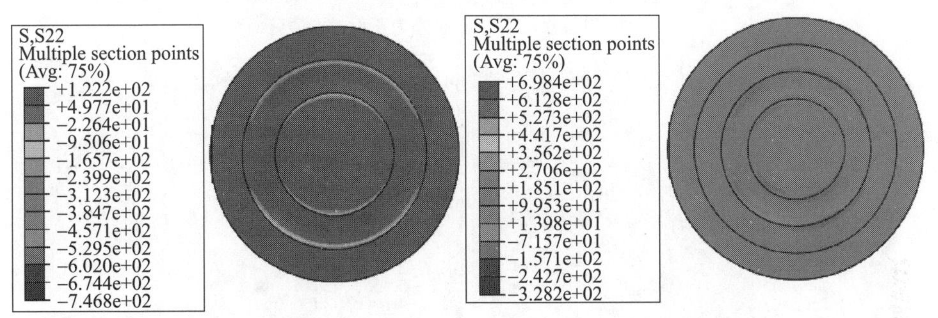

(h) PLY-3 −45°铺层应力云图 (i) PLY-4 90°铺层应力云图

图 8－79 双面铺层修理 *Y* 方向的应力云图

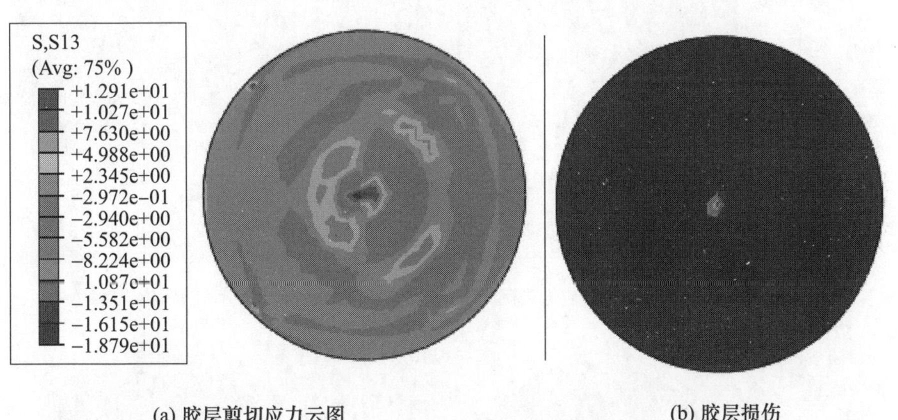

(a) 胶层剪切应力云图 (b) 胶层损伤

图 8－80 胶层的剪切应力云图及损伤

(3) 斜面修理(斜面角度 1∶10)的压缩应力及失效分析。

当压缩载荷为 90kN 时,层合板的 *Y* 方向的应力云图如图 8－81 所示。由图可知:修补后模型的孔边存在应力集中现象,最大应力出现在补片以外的母板上。对于母板及补片材料,90°、45°、−45°铺层的应力均大于 0°铺层上的应力。

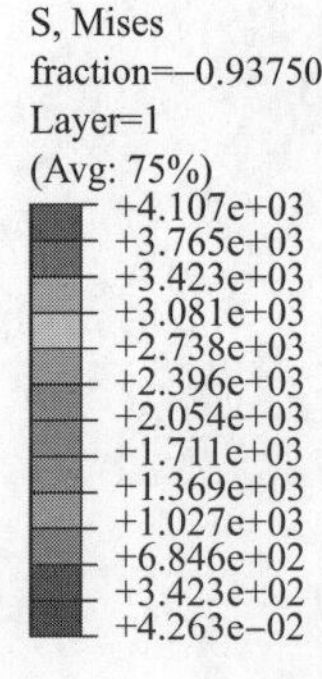

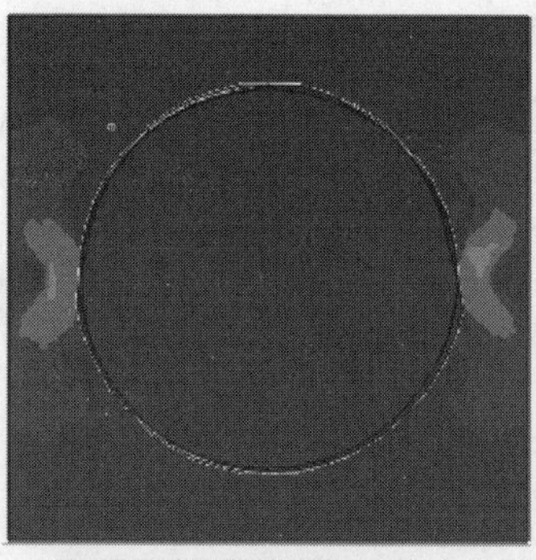
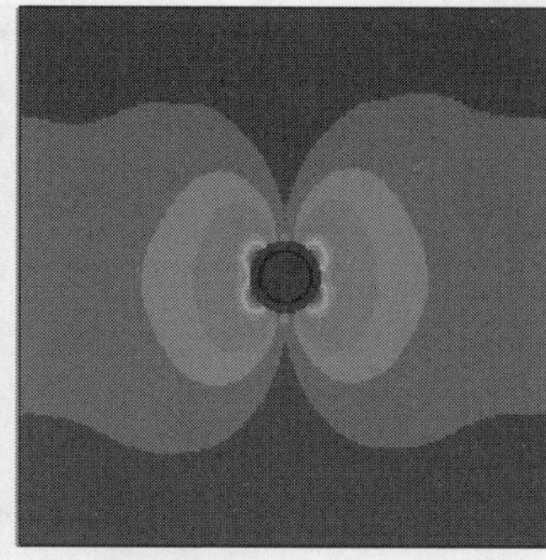

(a) OH1斜面修理应力云图(左为正面，右为背面)

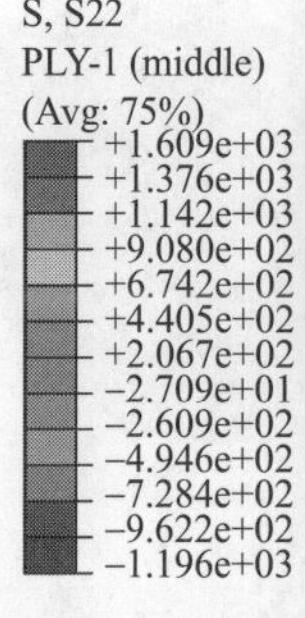

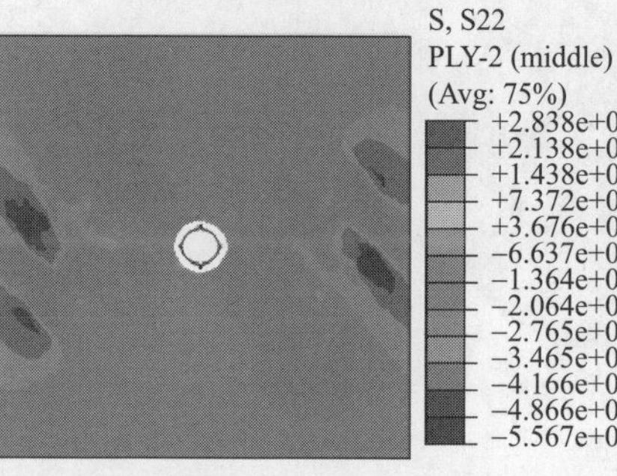

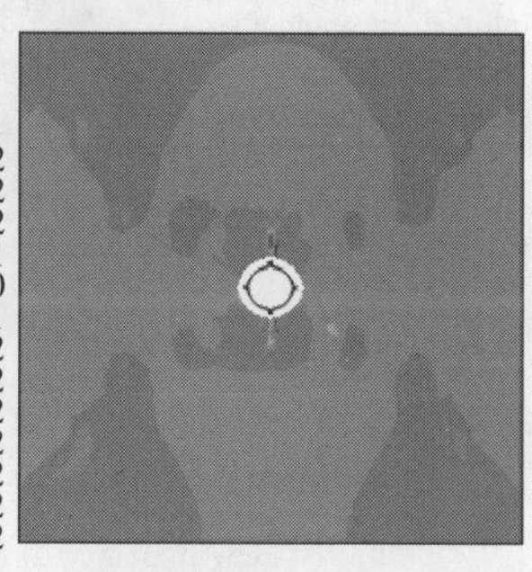

(b) PLY-1 45°铺层母板应力云图

(c) PLY-2 0°铺层母板应力云图

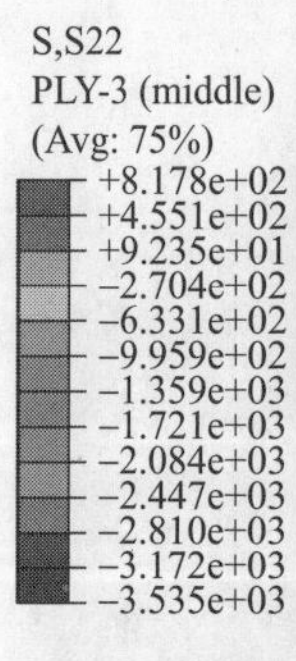

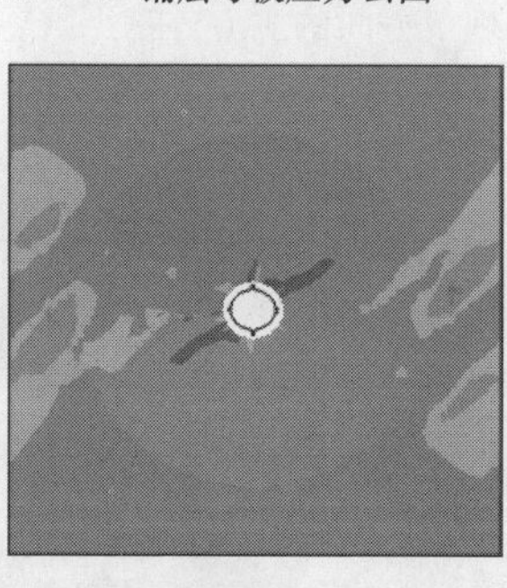
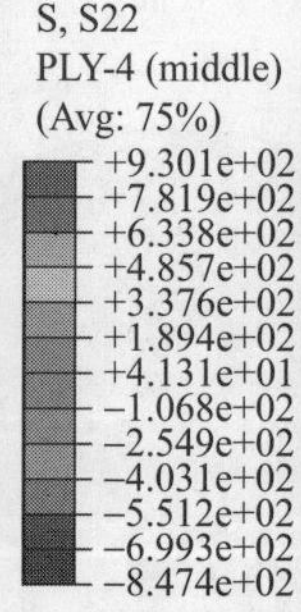

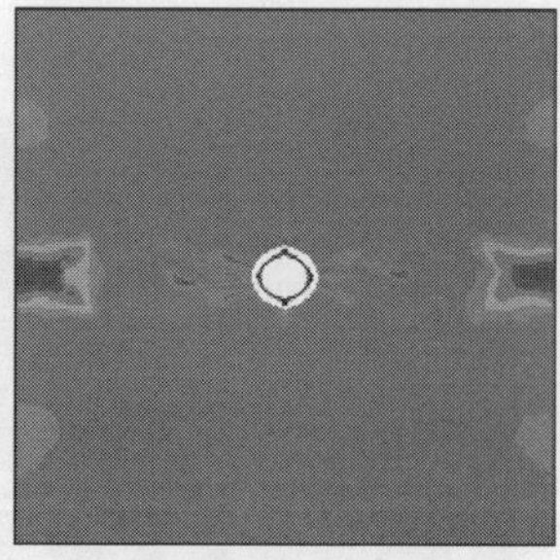

(d) PLY-3 –45°铺层母板应力云图

(e) PLY-4 90°铺层母板应力云图

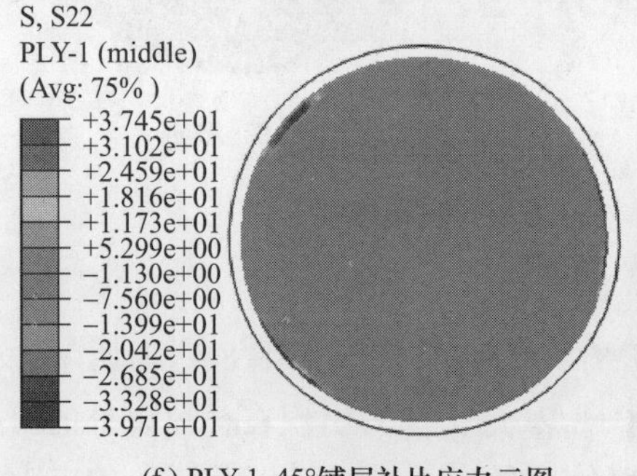

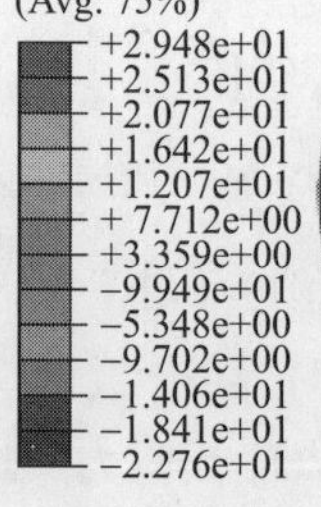

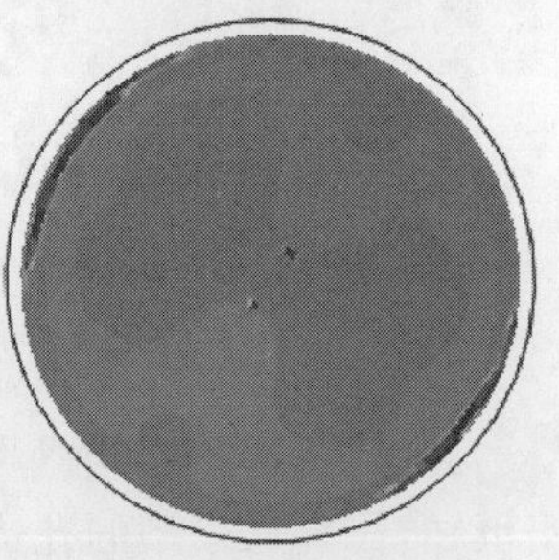

(f) PLY-1 45°铺层补片应力云图

(g) PLY-2 0°铺层补片应力云图

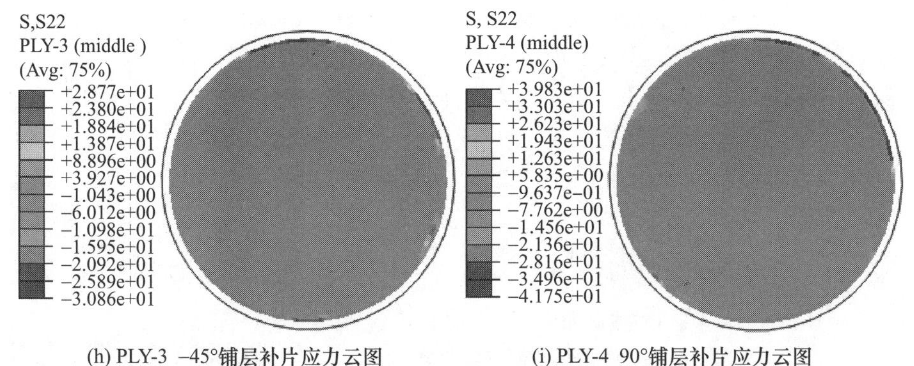

(h) PLY-3 −45°铺层补片应力云图　　(i) PLY-4 90°铺层补片应力云图

图 8 − 81　OH1 斜面修理 Y 方向的应力云图

由图 8 − 82 所示的损伤模拟结果可知:修补后模型损伤始于母板,最终破坏至补片修补位置,破坏模式为纤维破坏和基体破坏。胶层中心位置为胶层损伤起始点,沿横向或径向位置向外扩展。斜面修理补片没有发生损伤。

层合板的每一层纤维和基体均发生损伤,0°铺层的损伤面积最小,90°铺层的损伤面积最大,45°、−45°铺层居中。补片上没有发生损伤,但补片与母板粘合胶层发生损伤,损伤起始位置为原孔径周围。

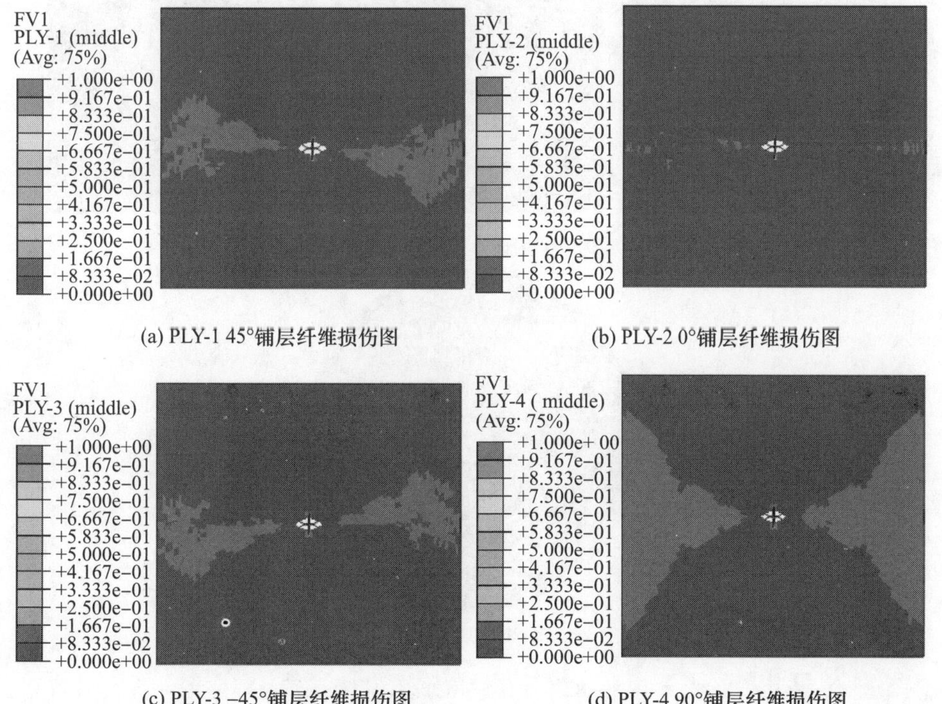

(a) PLY-1 45°铺层纤维损伤图　　(b) PLY-2 0°铺层纤维损伤图

(c) PLY-3 −45°铺层纤维损伤图　　(d) PLY-4 90°铺层纤维损伤图

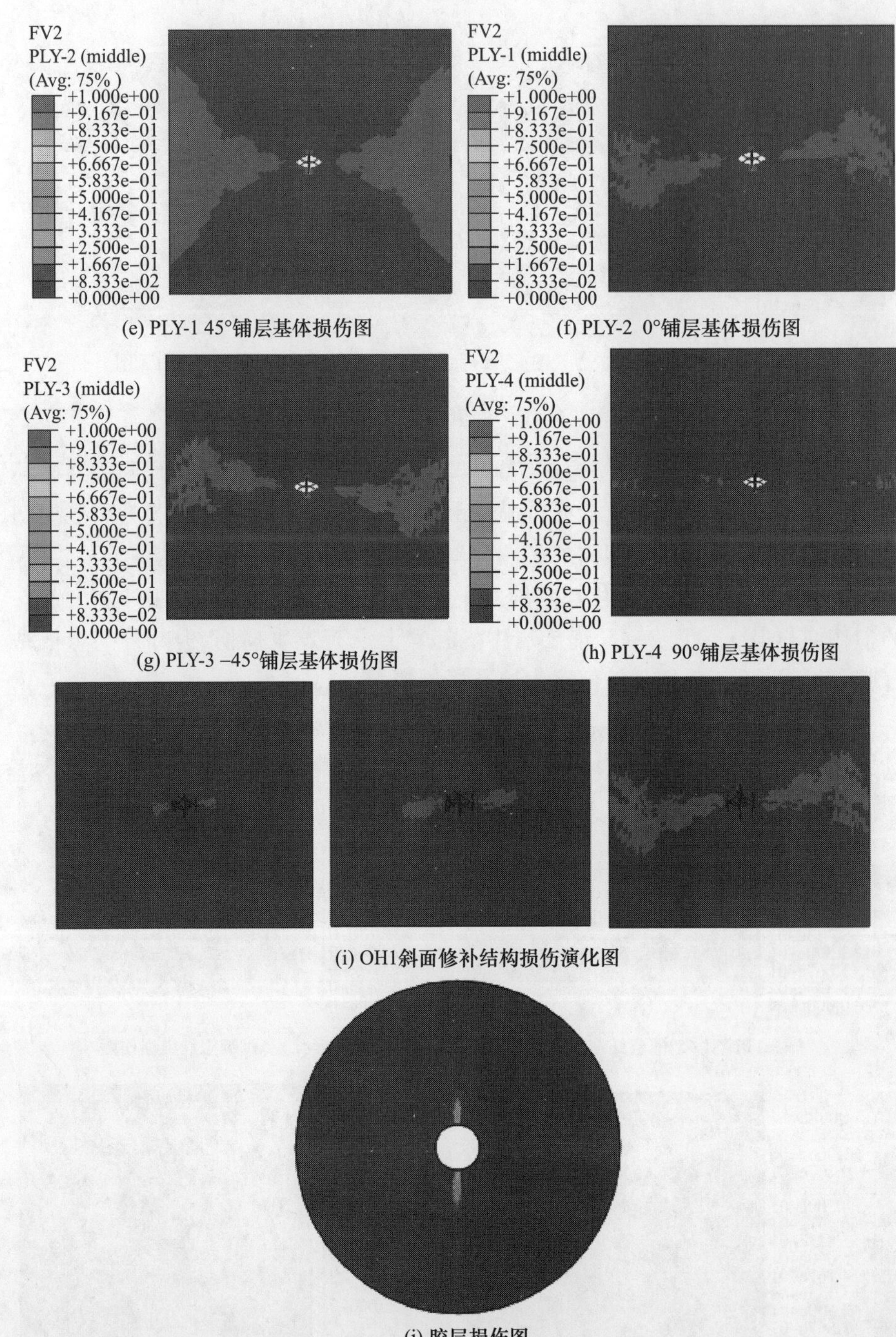

(e) PLY-1 45°铺层基体损伤图

(f) PLY-2 0°铺层基体损伤图

(g) PLY-3 −45°铺层基体损伤图

(h) PLY-4 90°铺层基体损伤图

(i) OH1斜面修补结构损伤演化图

(j) 胶层损伤图

图 8 – 82 OH1 斜面修理的损伤云图

（4）斜面修理（斜面角度 1∶10）压缩应力及失效分析。

当压缩载荷为 90kN 时，层合板的 Y 方向的应力云图如图 8－83 所示。由图可知：修补后模型的孔边存在应力集中现象，最大应力出现在补片以外的母板上。对于母板及斜面修补补片，90°、45°、－45°铺层的应力均大于 0°铺层上的应力。

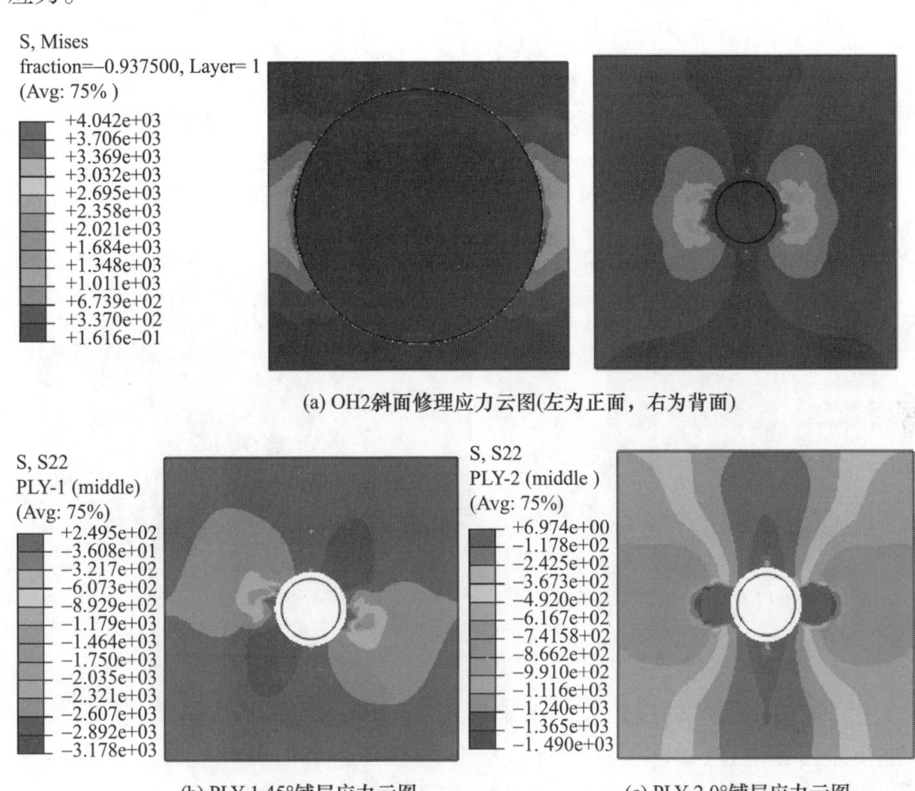

(a) OH2斜面修理应力云图(左为正面，右为背面)

(b) PLY-1 45°铺层应力云图

(c) PLY-2 0°铺层应力云图

317

(d) PLY-3 –45°铺层应力云图.

(e) PLY-4 90°铺层应力云图

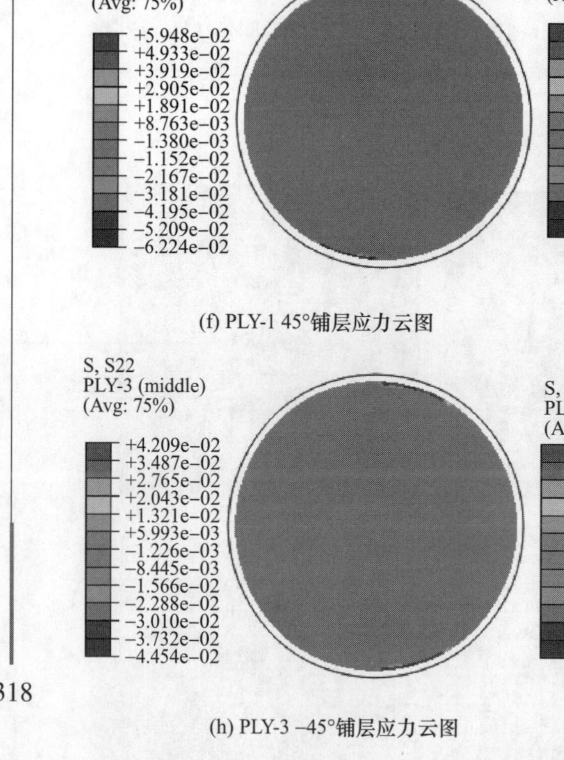

(f) PLY-1 45°铺层应力云图

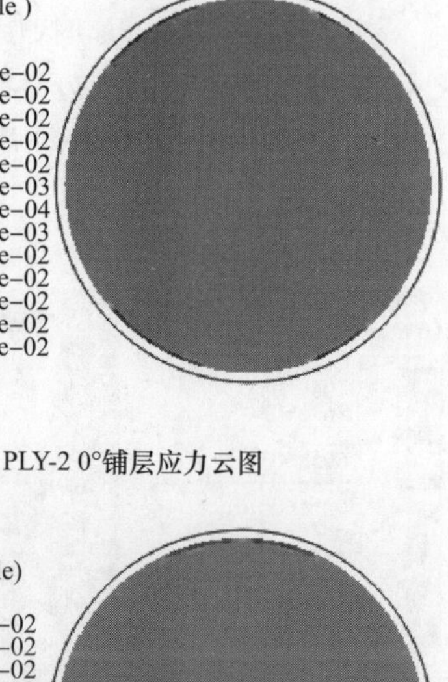

(g) PLY-2 0°铺层应力云图

(h) PLY-3 −45°铺层应力云图

(i) PLY-4 90°铺层应力云图

图 8 - 83　OH2 斜面修理 Y 方向的应力云图

由图 8 - 84 所示的损伤模拟结果可知：修补后模型损伤始于母板，最终破坏至补片修补位置，破坏模式为纤维破坏和基体破坏。补片上并没有发生损伤。斜面修理补片与层合板粘合胶层中心位置为胶层损伤起始点，沿横向或径向位置向外扩展。

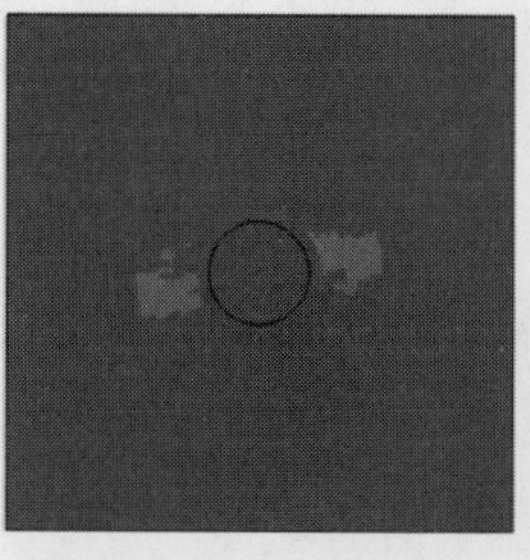

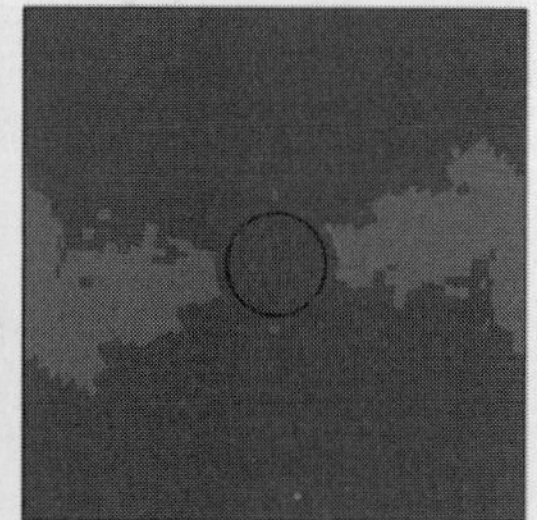

(a) OH2斜面修理损伤演化图

(b) 胶层损伤图

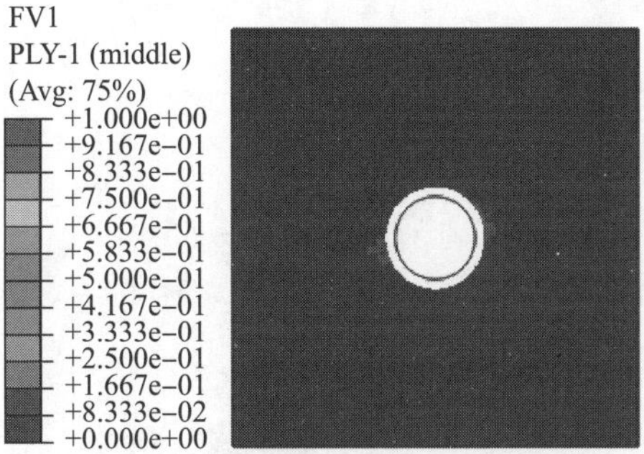

FV1
PLY-1 (middle)
(Avg: 75%)
+1.000e+00
+9.167e−01
+8.333e−01
+7.500e−01
+6.667e−01
+5.833e−01
+5.000e−01
+4.167e−01
+3.333e−01
+2.500e−01
+1.667e−01
+8.333e−02
+0.000e+00

(c) PLY-1 45°铺层纤维损伤图

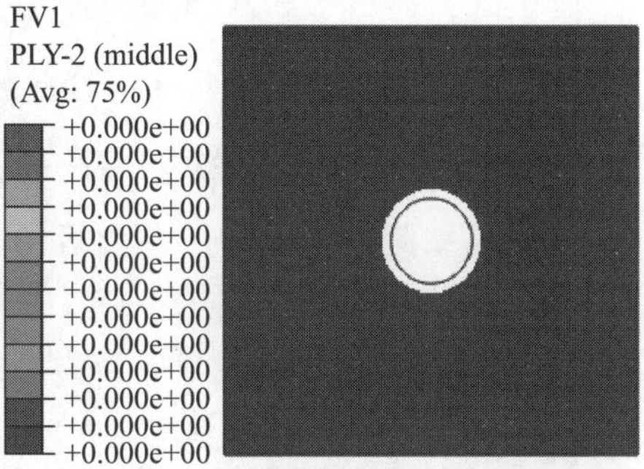

FV1
PLY-2 (middle)
(Avg: 75%)
+0.000e+00
+0.000e+00
+0.000e+00
+0.000e+00
+0.000e+00
+0.000e+00
+0.000e+00
+0.000e+00
+0.000e+00
+0.000e+00
+0.000e+00
+0.000e+00
+0.000e+00

(d) PLY-2 0°铺层纤维损伤图

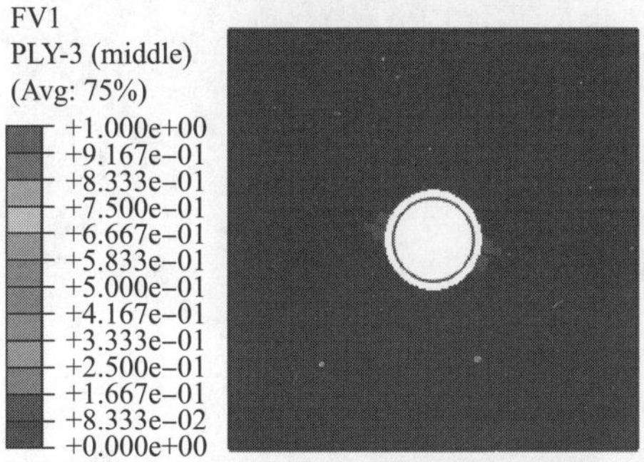

FV1
PLY-3 (middle)
(Avg: 75%)
+1.000e+00
+9.167e−01
+8.333e−01
+7.500e−01
+6.667e−01
+5.833e−01
+5.000e−01
+4.167e−01
+3.333e−01
+2.500e−01
+1.667e−01
+8.333e−02
+0.000e+00

(e) PLY-3 −45°铺层纤维损伤图

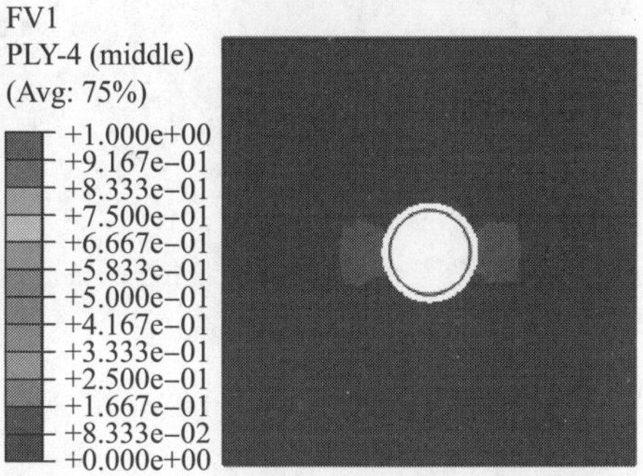

FV1
PLY-4 (middle)
(Avg: 75%)
+1.000e+00
+9.167e−01
+8.333e−01
+7.500e−01
+6.667e−01
+5.833e−01
+5.000e−01
+4.167e−01
+3.333e−01
+2.500e−01
+1.667e−01
+8.333e−02
+0.000e+00

(f) PLY-4 90°铺层纤维损伤图

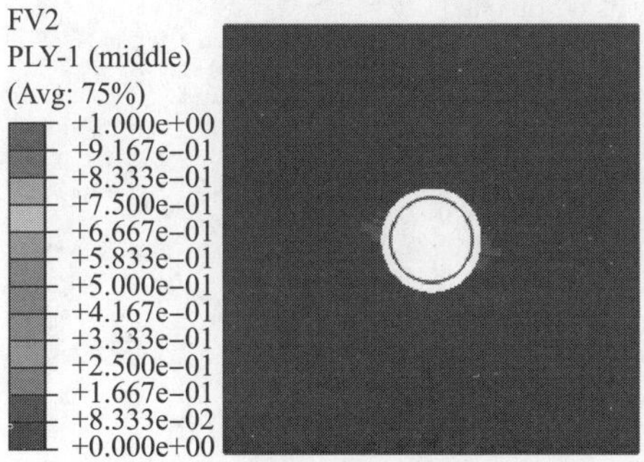

FV2
PLY-1 (middle)
(Avg: 75%)
+1.000e+00
+9.167e−01
+8.333e−01
+7.500e−01
+6.667e−01
+5.833e−01
+5.000e−01
+4.167e−01
+3.333e−01
+2.500e−01
+1.667e−01
+8.333e−02
+0.000e+00

(g) PLY-1 45°铺层基体损伤图

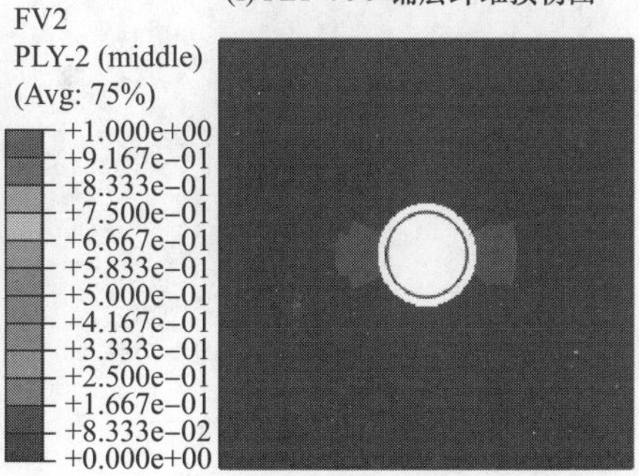

FV2
PLY-2 (middle)
(Avg: 75%)
+1.000e+00
+9.167e−01
+8.333e−01
+7.500e−01
+6.667e−01
+5.833e−01
+5.000e−01
+4.167e−01
+3.333e−01
+2.500e−01
+1.667e−01
+8.333e−02
+0.000e+00

(h) PLY-2 0°铺层基体损伤图

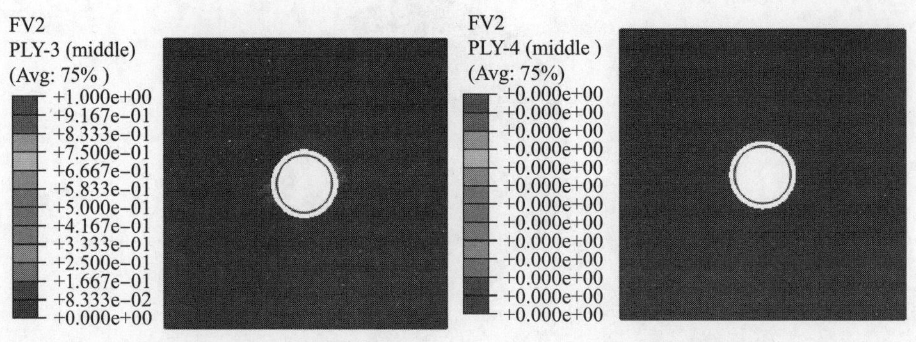

(i) PLY-3 –45°铺层基体损伤图　　(j) PLY-4 90°铺层基体损伤图

图 8－84　OH2 斜面修理的损伤云图

(5) 补片修理(单面补片)的压缩应力及失效分析。

当压缩载荷为 90kN 时,层合板的 Y 方向的应力云图如图 8－85 所示。由图可知:修补后模型的孔边存在应力集中现象,最大应力出现在填料中心。对于母板及补片材料,0°、90°铺层的应力均大于 45°、－45°铺层上的应力。

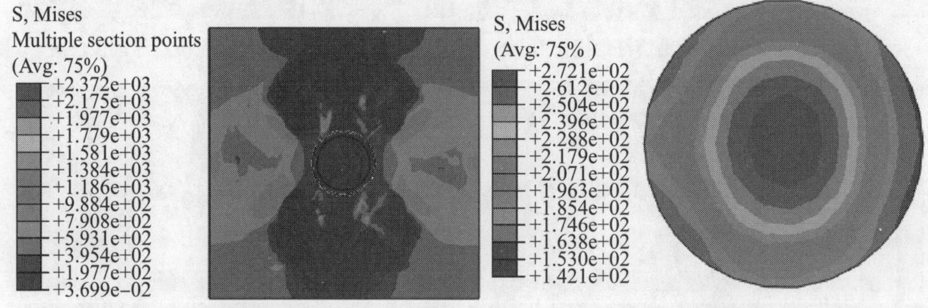

(a) OH1补片单面修理结构压缩应力云图　　(b) 填料应力云图

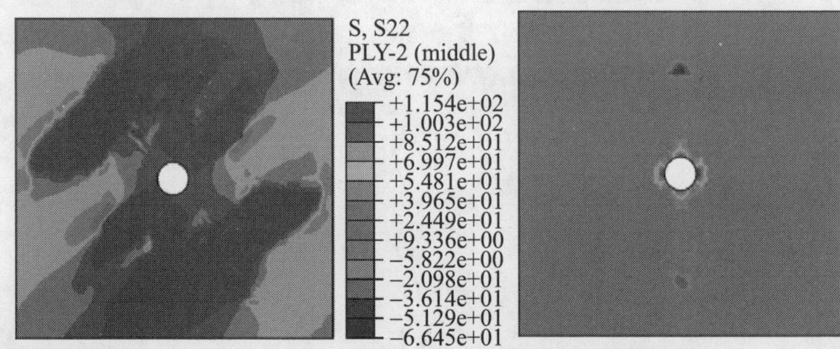

(c) PLY-1 45°铺层应力云图　　(d) PLY-2 0°铺层应力云图

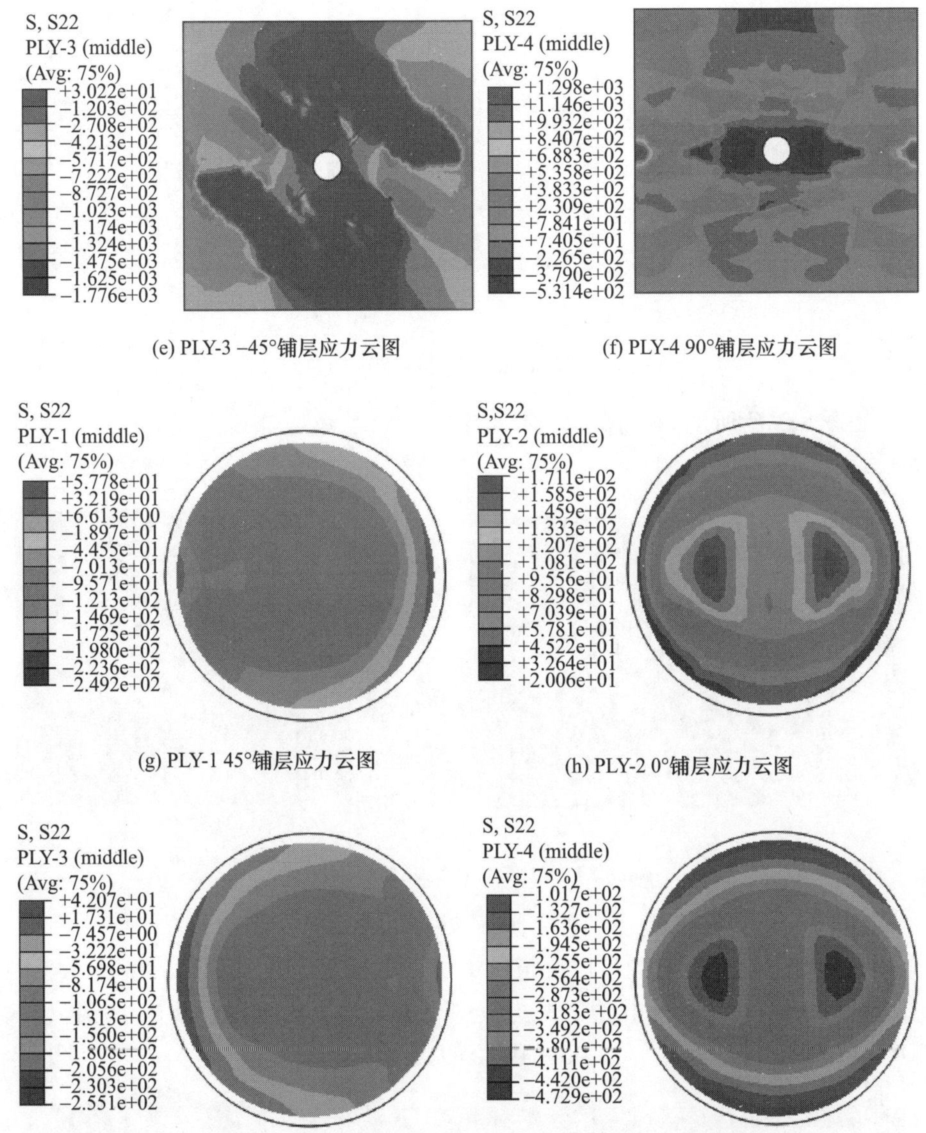

(e) PLY-3 −45°铺层应力云图　(f) PLY-4 90°铺层应力云图

(g) PLY-1 45°铺层应力云图　(h) PLY-2 0°铺层应力云图

(i) PLY-3 −45°铺层应力云图　(j) PLY-4 90°铺层应力云图

图 8 – 85　单面补片修理结构 Y 方向的应力云图

由图 8 – 86 所示的损伤模拟结果可知：修补后模型损伤始于母板与补片修补位置，损伤沿着加载方向扩展，最终破坏，破坏模式为纤维破坏和基体破坏。补片上并没有发生损伤。胶层上下压缩方向与补片边缘为胶层损伤起始点，沿补片圆周及加载方向向外扩展。

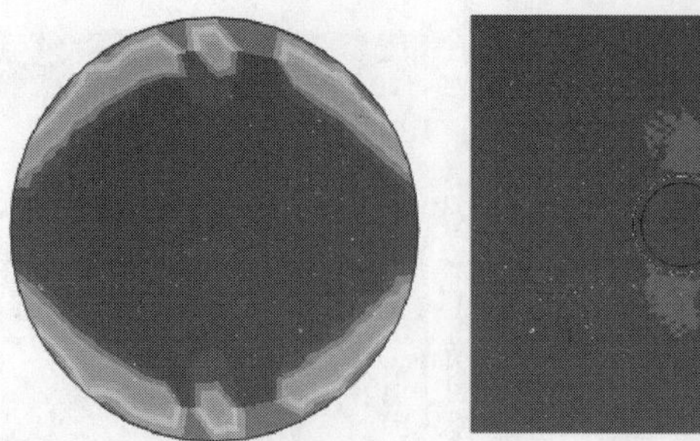

(a) 胶层损伤

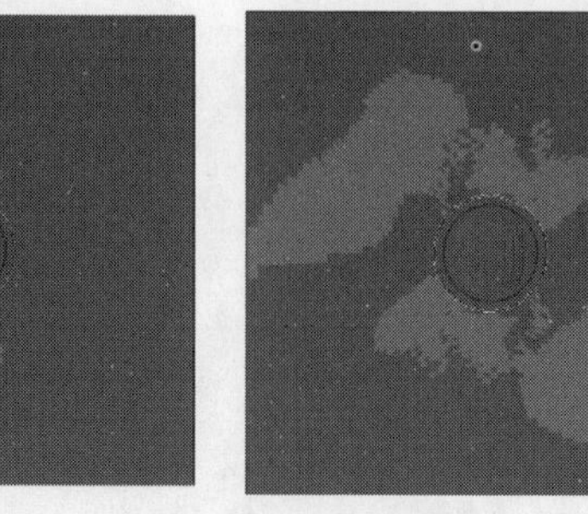

(b) 单面补片修理结构损伤演化图

图 8－86　OH2 单面补片修理的损伤及演化图

由图 8－87 所示的层合板位移云图可以看出，单面补片修理的这种结构压缩后期有所失稳。

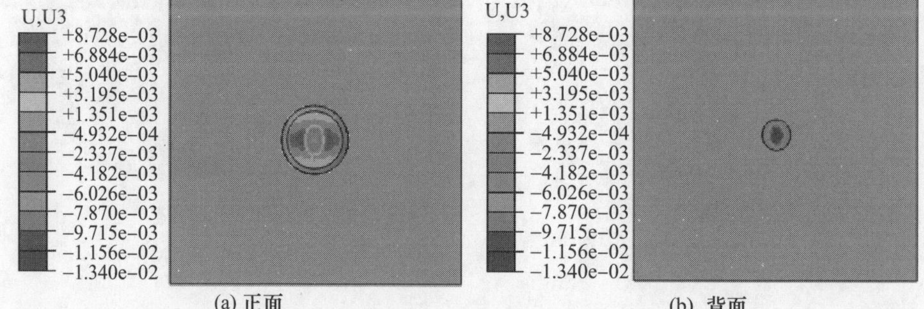

(a) 正面　　(b) 背面

图 8－87　单面补片修理结构位移云图

(6) 补片修理(双面补片)层合板压缩应力及失效分析。

当压缩载荷为 90kN 时，层合板的 Y 方向的应力云图如图 8－88 所示。由图可知：修补后模型的原孔边的应力集中现象消失。对于母板及补片材料，0°、90°铺层的应力均大于 45°、－45°铺层上的应力。

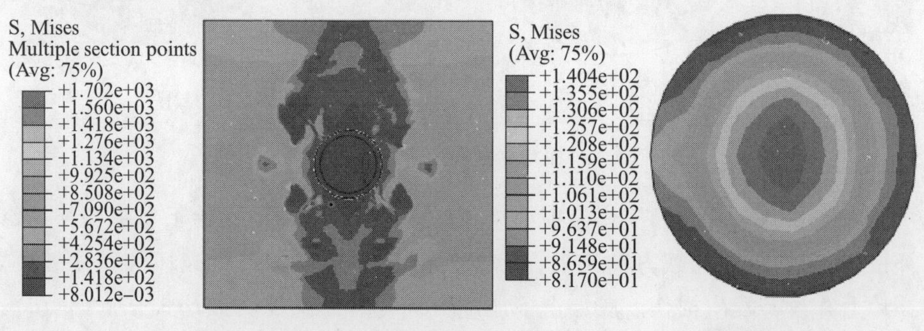

(a) OH1 双面补片修理结构压缩应力云图　　(b) 填料应力云图

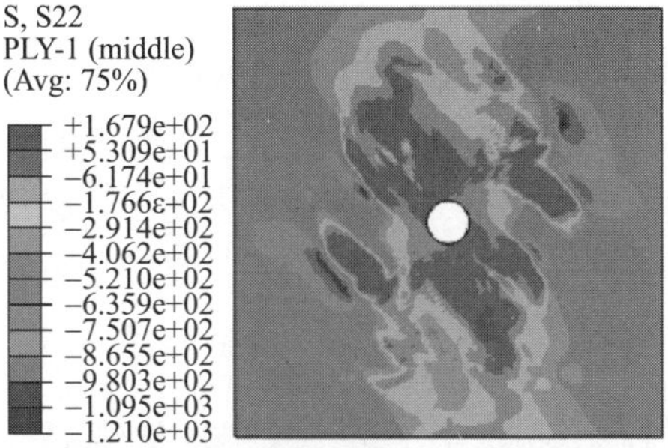

S, S22
PLY-1 (middle)
(Avg: 75%)
+1.679e+02
+5.309e+01
−6.174e+01
−1.766e+02
−2.914e+02
−4.062e+02
−5.210e+02
−6.359e+02
−7.507e+02
−8.655e+02
−9.803e+02
−1.095e+03
−1.210e+03

(c) PLY-1 45°铺层应力云图

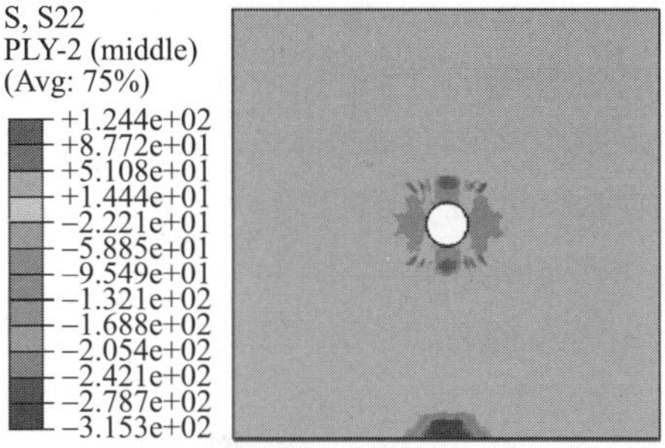

S, S22
PLY-2 (middle)
(Avg: 75%)
+1.244e+02
+8.772e+01
+5.108e+01
+1.444e+01
−2.221e+01
−5.885e+01
−9.549e+01
−1.321e+02
−1.688e+02
−2.054e+02
−2.421e+02
−2.787e+02
−3.153e+02

(d) PLY-2 0°铺层应力云图

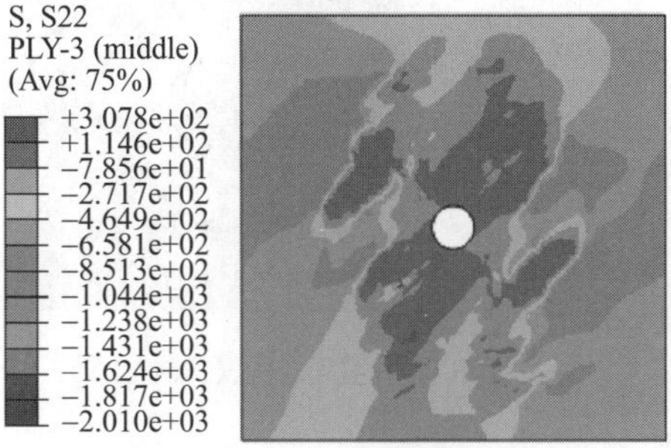

S, S22
PLY-3 (middle)
(Avg: 75%)
+3.078e+02
+1.146e+02
−7.856e+01
−2.717e+02
−4.649e+02
−6.581e+02
−8.513e+02
−1.044e+03
−1.238e+03
−1.431e+03
−1.624e+03
−1.817e+03
−2.010e+03

(e) PLY-3 −45°铺层应力云图

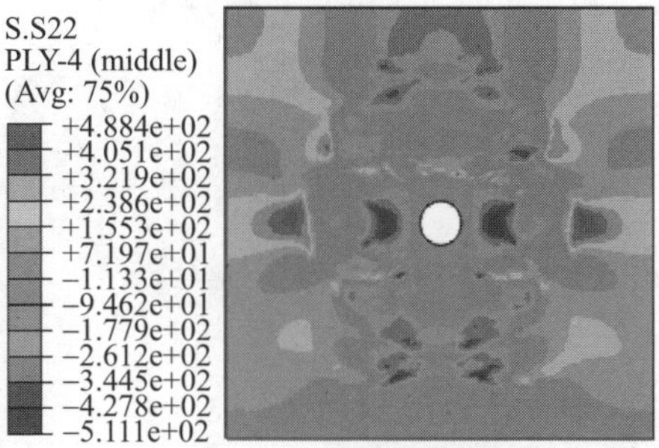

S.S22
PLY-4 (middle)
(Avg: 75%)
+4.884e+02
+4.051e+02
+3.219e+02
+2.386e+02
+1.553e+02
+7.197e+01
−1.133e+01
−9.462e+01
−1.779e+02
−2.612e+02
−3.445e+02
−4.278e+02
−5.111e+02

(f) PLY-4 90°铺层应力云图

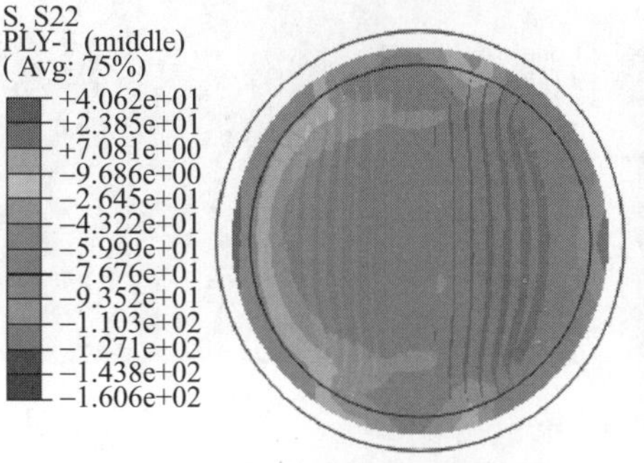

S, S22
PLY-1 (middle)
(Avg: 75%)
+4.062e+01
+2.385e+01
+7.081e+00
−9.686e+00
−2.645e+01
−4.322e+01
−5.999e+01
−7.676e+01
−9.352e+01
−1.103e+02
−1.271e+02
−1.438e+02
−1.606e+02

(g) PLY-1 45°铺层应力云图

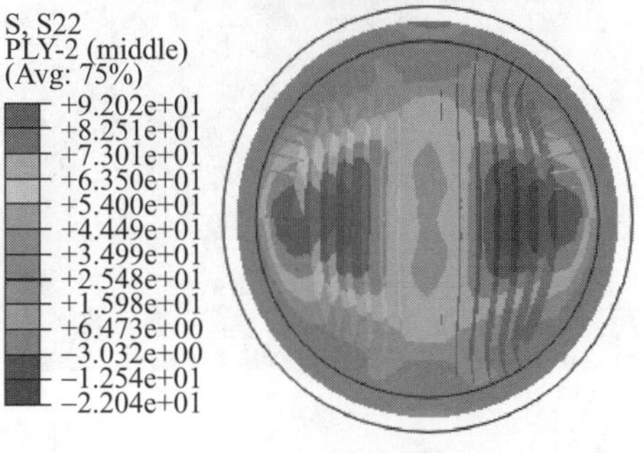

S, S22
PLY-2 (middle)
(Avg: 75%)
+9.202e+01
+8.251e+01
+7.301e+01
+6.350e+01
+5.400e+01
+4.449e+01
+3.499e+01
+2.548e+01
+1.598e+01
+6.473e+00
−3.032e+00
−1.254e+01
−2.204e+01

(h) PLY-2 0°铺层应力云图

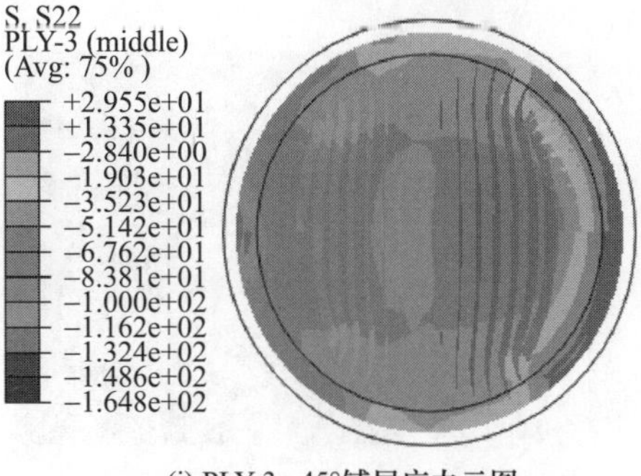

S, S22
PLY-3 (middle)
(Avg: 75%)
+2.955e+01
+1.335e+01
−2.840e+00
−1.903e+01
−3.523e+01
−5.142e+01
−6.762e+01
−8.381e+01
−1.000e+02
−1.162e+02
−1.324e+02
−1.486e+02
−1.648e+02

(i) PLY-3 −45°铺层应力云图

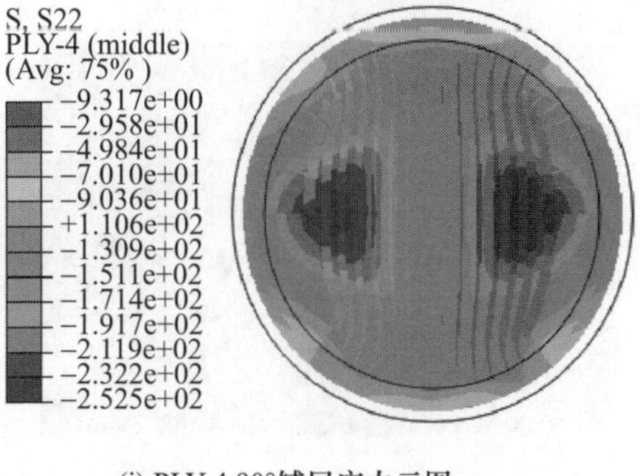

S, S22
PLY-4 (middle)
(Avg: 75%)
−9.317e+00
−2.958e+01
−4.984e+01
−7.010e+01
−9.036e+01
+1.106e+02
−1.309e+02
−1.511e+02
−1.714e+02
−1.917e+02
−2.119e+02
−2.322e+02
−2.525e+02

(j) PLY-4 90°铺层应力云图

图 8－88　双面补片修理结构 Y 方向的应力云图

由图 8－89 所示的损伤模拟结果可知：母材修理处在压缩方向的上下端为损伤起始点，沿横向或径向位置向外扩展。层合板破坏模式为纤维破坏和基体破坏。纤维损伤中 0°铺层的纤维未发生损伤，90°铺层的发生损伤面积最大，45°、－45°铺层居中。基体损伤中 90°铺层的基体未发生损伤，0°铺层的发生损伤面积最大，45°、－45°铺层居中。补片没有发生损伤。胶层在胶层边缘发生损伤。

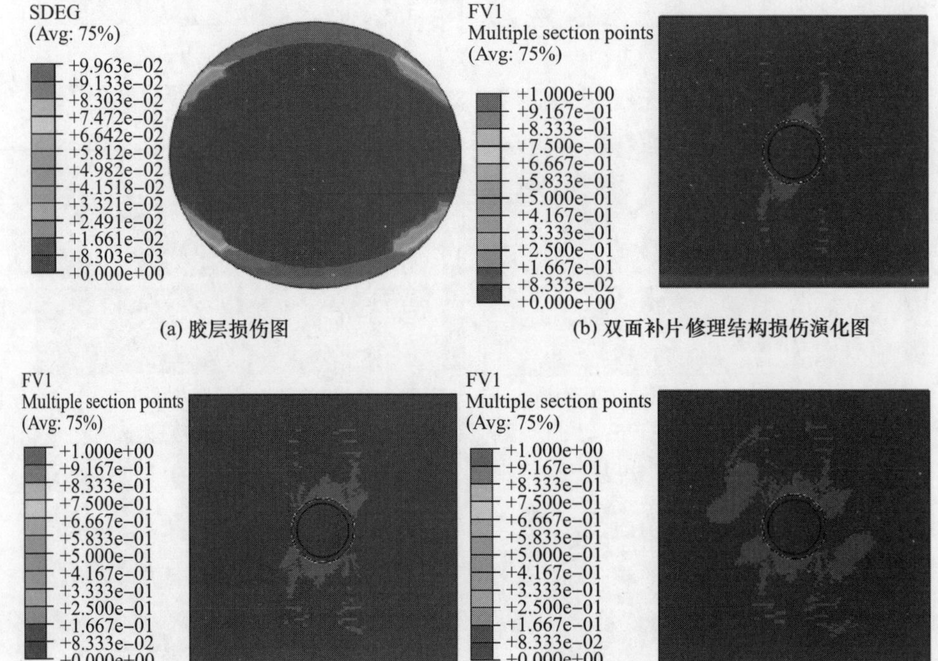

(a) 胶层损伤图

(b) 双面补片修理结构损伤演化图

(c) 双面补片修理结构损伤演化图

(d) PLY-1 45°铺层纤维损伤图

(e) PLY-1 45°铺层基体损伤图

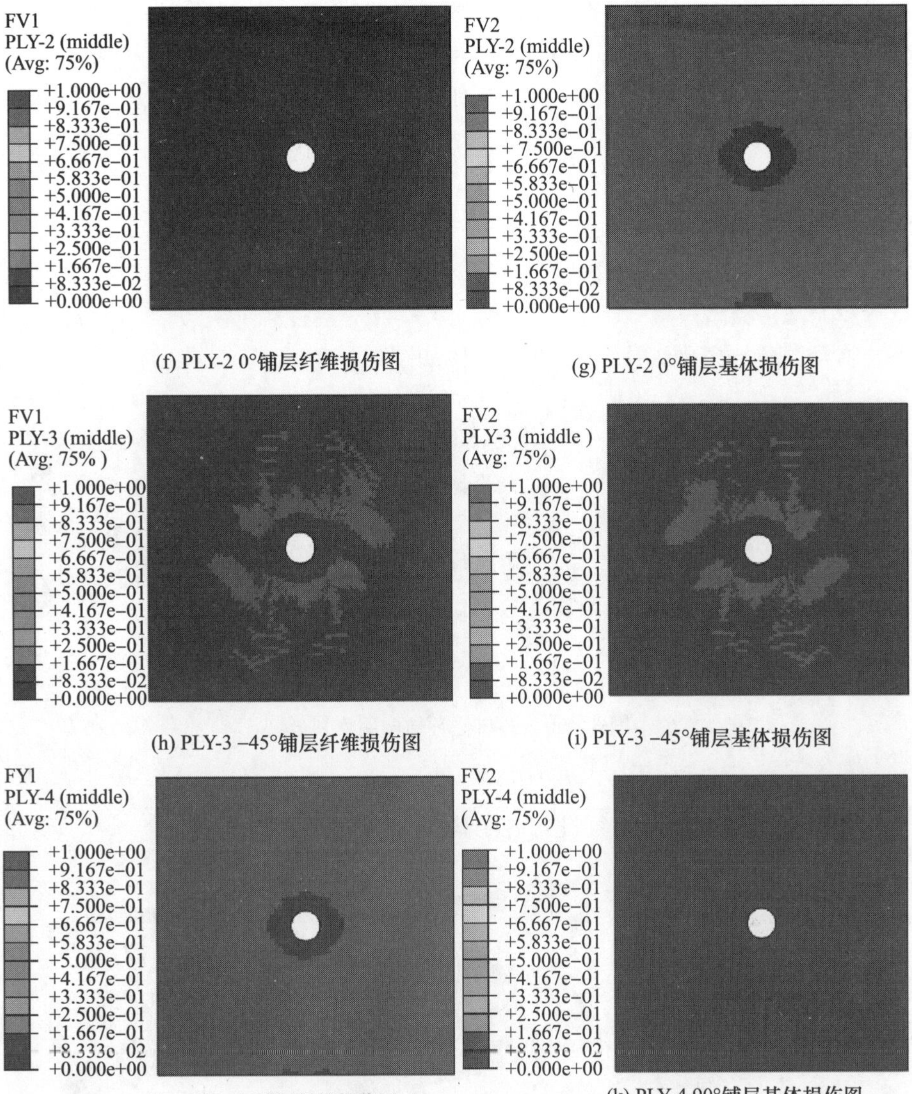

(f) PLY-2 0°铺层纤维损伤图

(g) PLY-2 0°铺层基体损伤图

(h) PLY-3 –45°铺层纤维损伤图

(i) PLY-3 –45°铺层基体损伤图

(j) PLY-4 90°铺层纤维损伤图

(k) PLY-4 90°铺层基体损伤图

图 8 – 89　OH2 双面补片修理的损伤云图

8.2.2 裂口修补

1. 裂口修补后层合板拉伸模拟

1）裂口修补拉伸模型描述

层合板裂口修补模型为三维模型，裂口位置在层合板的两侧，裂口长度为 $L_1=15$mm 和 $L_2=5$mm 两类。针对裂口 L_1 的损伤建立修补模型，A –

FL1、B－FL1，分别为铺层修理、补片修理。针对裂口 L_2 的损伤建立修补模型，C－FL2 为切口修理。修补模型的尺寸与修补位置均与试验中试件一致。建立模型中采用三维 Hashin 准则来模拟层合板的损伤失效，从而预测结构的承载能力。胶层采用 Cohesive 单元，建立内聚力单元来模拟胶层的损伤失效过程。

（1）材料参数。

母板材料、修补材料、胶黏剂与穿孔修理结构一致。

（2）网格类型。

单元类型与穿孔修补结构一致，具体如图 8－90 所示。

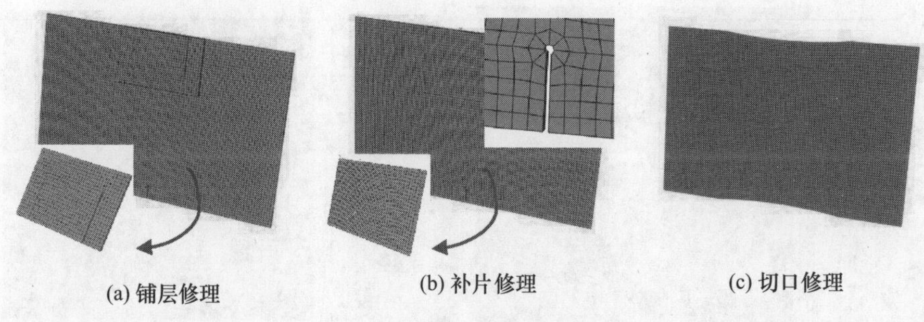

图 8－90　裂口修补结构网格划分

（3）载荷和边界条件。

边界条件、约束方式与穿孔修补结构一致，如图 8－91 所示。

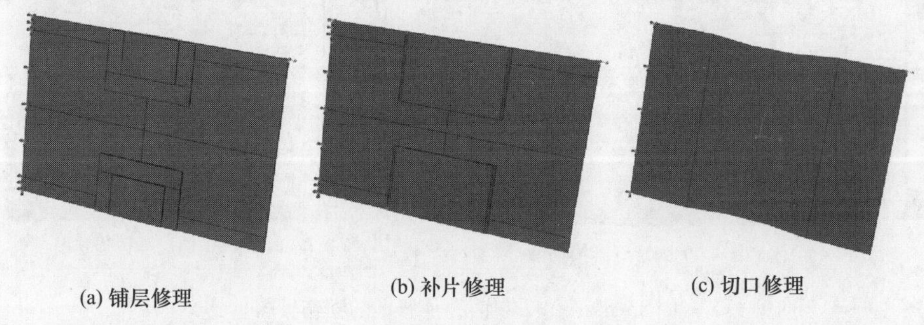

图 8－91　裂口修补拉伸边界条件

（4）接触类型。

补片与母板之间采用胶层属性接触，具体设置见图 6－4。

2）裂口修补拉伸性能模拟结果

图 8－92 和图 8－93 所示为不同长度裂口损伤修理后层合板的拉伸载荷－位移曲线。破坏载荷试验值与模拟值的对比见表 8－13。

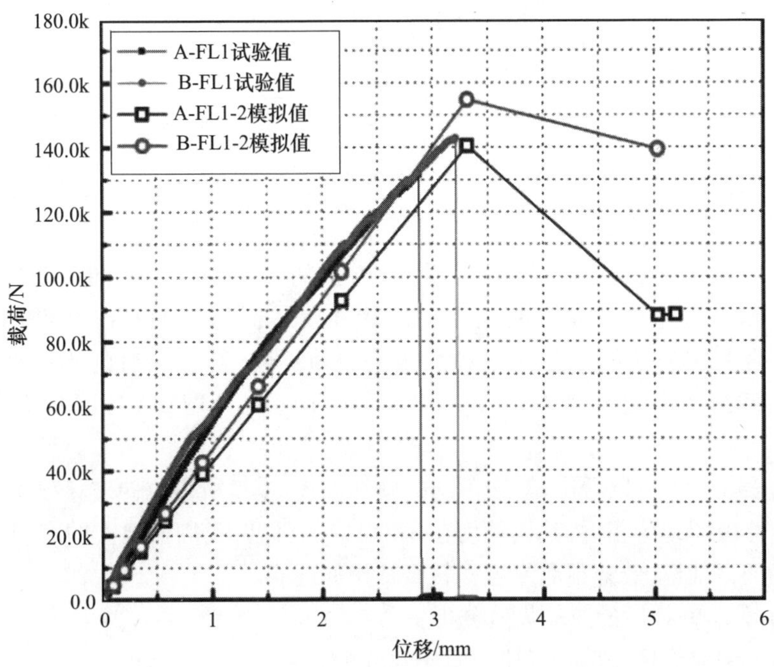

图 8-92　裂口 L_1 拉伸载荷-位移曲线

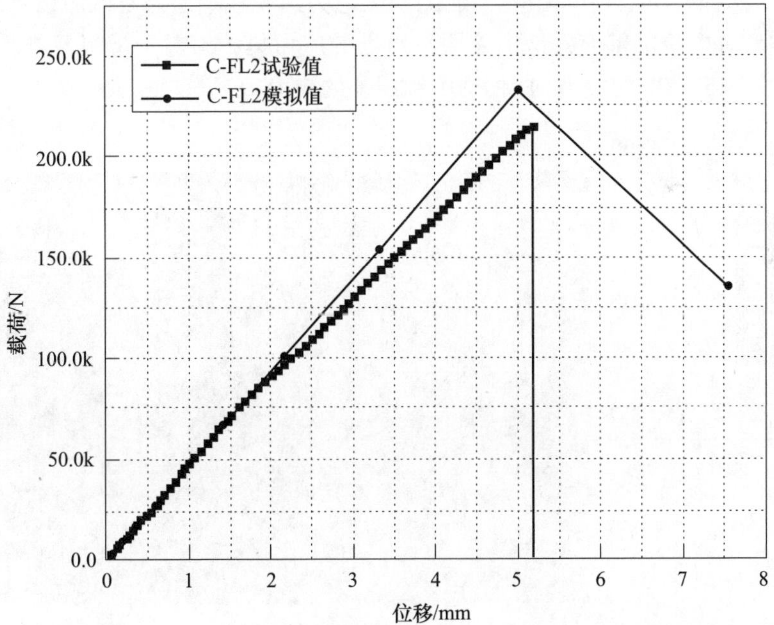

图 8-93　裂口 L_2 拉伸载荷-位移曲线

表 8-13　修补后拉伸破坏载荷试验值与模拟值

损伤类型	修补方式	试验值/N	模拟值/N	误差/%
裂口 L_1	A-FL1	131644	140485.6	6.29
	B-FL1	142855	154712	7.66
裂口 L_2	C-FL2	215082	231957	7.27

由图 8-92 和图 8-93 可以看出，模拟的曲线和试验的曲线几乎重合，仅仅在试件破坏附近有一些偏差。位移随着载荷的增加呈线性增加，直至破坏。不同修补方式的层合板拉伸极限载荷不同，对于裂口的不同修补，其修补后载荷从大到小依次为：C-FL2、B-FL1、A-FL1，这与试验所得结论一致。

由表 8-13 可以看出，对于不同的修补方式，模拟所得拉伸破坏载荷与试验所得拉伸破坏载荷相近，其误差均在 8% 以内。可见，我们所建立的有限元模型是正确的，可以有效地预测复合材料修补拉伸性能。

3）裂口修补后的拉伸失效分析

（1）铺层修理的层合板应力及失效分析。

当拉伸载荷为 120kN 时，层合板的 X 方向的应力云图如图 8-94 所示。由图可知：修补后模型裂口无应力集中，最大应力出现在铺层修复区域以外的母板上。该修补方法能够有效地消除原裂口处的应力集中。对于母板及补片材料，0°、45°、-45°铺层的应力均大于 90°铺层上的应力。

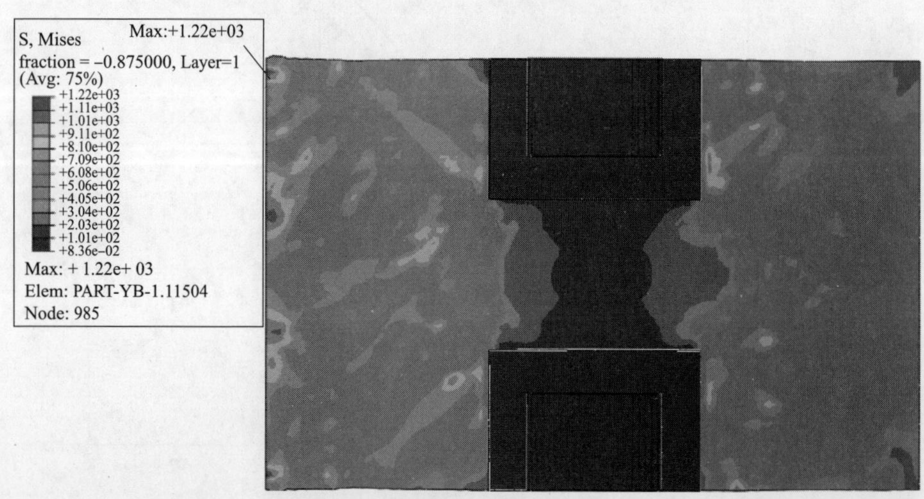

(a) 铺层修理结构应力云图

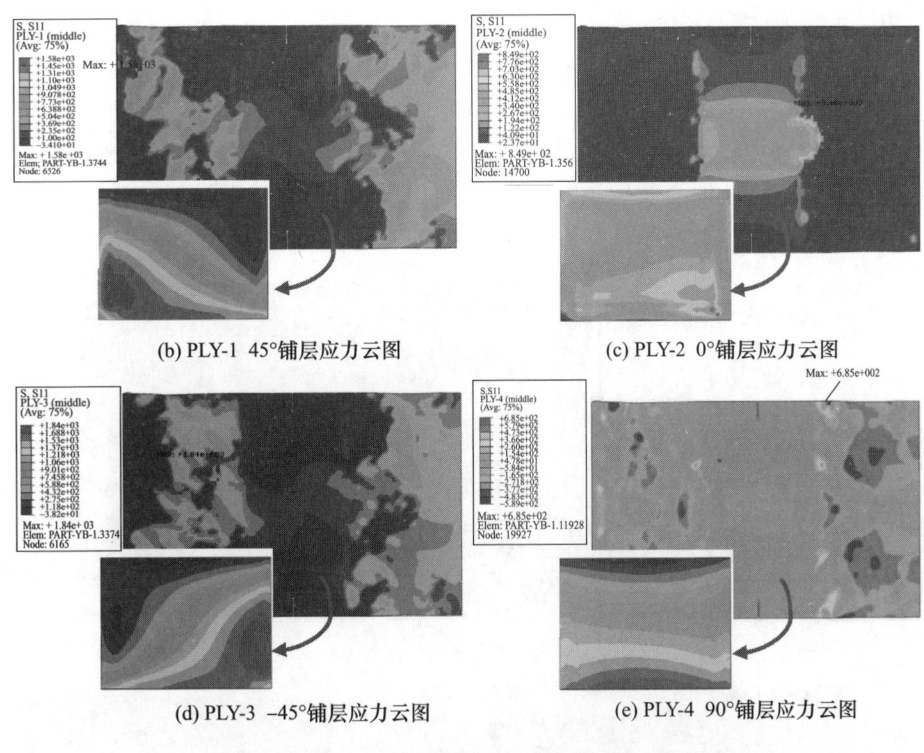

(b) PLY-1 45°铺层应力云图　　(c) PLY-2 0°铺层应力云图

(d) PLY-3 -45°铺层应力云图　　(e) PLY-4 90°铺层应力云图

图 8-94　A-FL1 铺层修理层合板拉伸应力云图

由图 8-95 所示的拉伸损伤模拟结果可知：修补后损伤始于母板，最终破坏至补片修补位置，破坏模式为纤维破坏和基体破坏。修理铺层未发生损伤，胶层

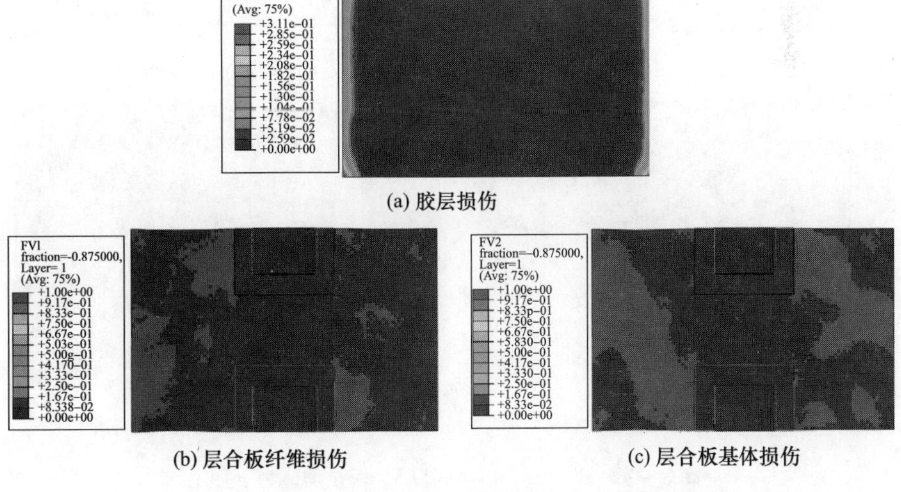

(a) 胶层损伤

(b) 层合板纤维损伤　　(c) 层合板基体损伤

图 8-95　A-FL1 铺层修理层合板拉伸损伤云图

的边缘位置发生损伤。

(2) 补片修理的层合板应力和失效分析。

当拉伸载荷为120kN时,层合板的 X 方向的应力云图如图8-96所示。由图可知:修补后模型裂口无应力集中,最大应力出现在补片修补区域以外的母板上。该修补方法能够有效地消除原裂口处的应力集中。对于母板及补片材料,0°、45°、-45°铺层的应力均大于90°铺层上的应力。

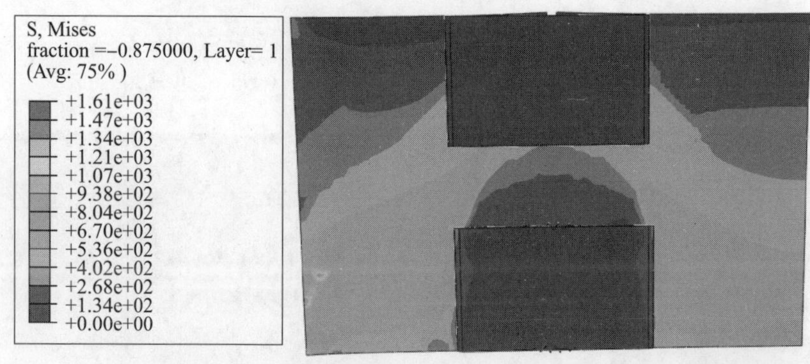

(a) 补片修理结构应力云图

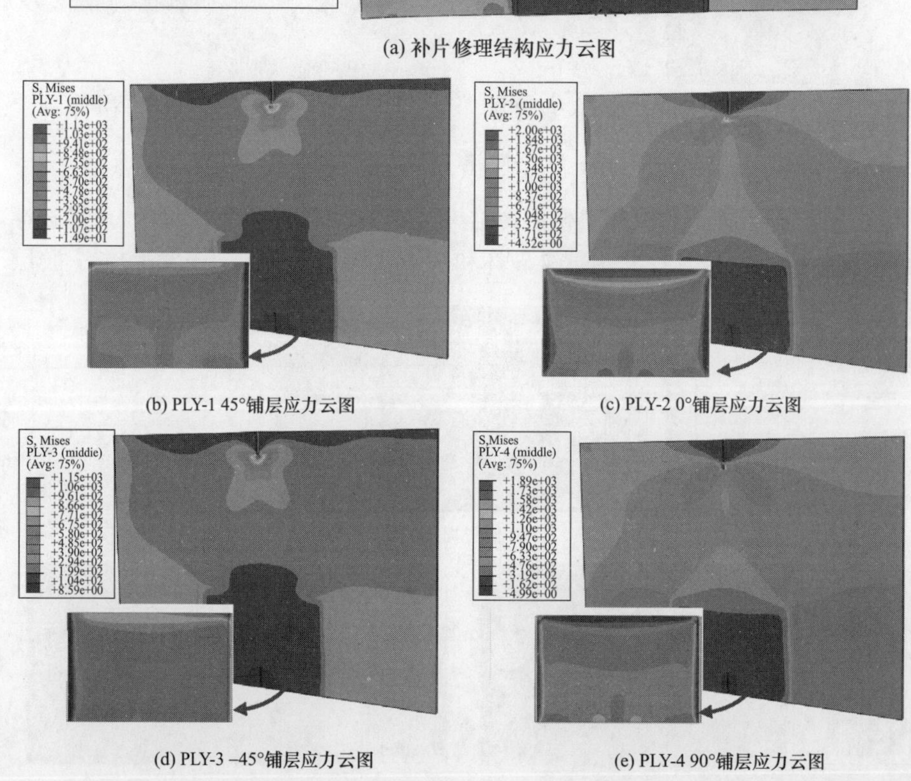

(b) PLY-1 45°铺层应力云图

(c) PLY-2 0°铺层应力云图

(d) PLY-3 -45°铺层应力云图

(e) PLY-4 90°铺层应力云图

图8-96 B-FL1补片修补层合板拉伸应力云图

由图 8－97 所示的拉伸失效模拟结果可知：修补后模型损伤始于母板，最终破坏至补片修补位置，破坏模式为纤维破坏和基体破坏。补片上未发生损伤。胶层的边缘位置发生损伤。

(a) 胶层损伤

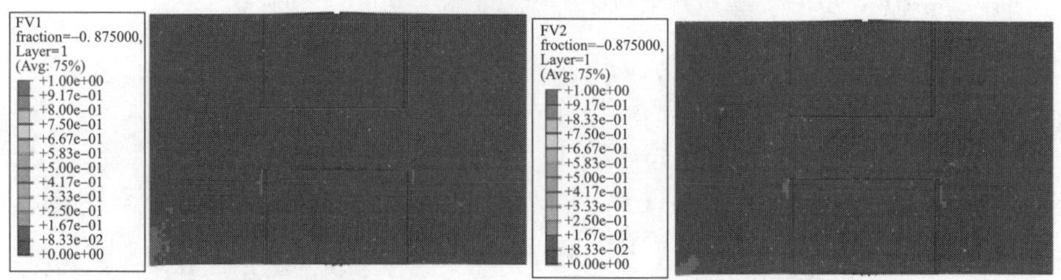

(b) 层合板纤维损伤　　(c) 层合板基体损伤

图 8－97　B－FL1 补片修补层合板拉伸损伤云图

（3）切口修理的层合板应力和失效。

当拉伸载荷为 120kN 时，层合板的 X 方向的应力云图如图 8－98 所示。由图可知：修补后模型裂口处无应力集中，该修补方法有效地消除了原裂口处的应力集中。对于母板及补片材料，0°、45°、－45°铺层的应力均大于 90°铺层上的应力。

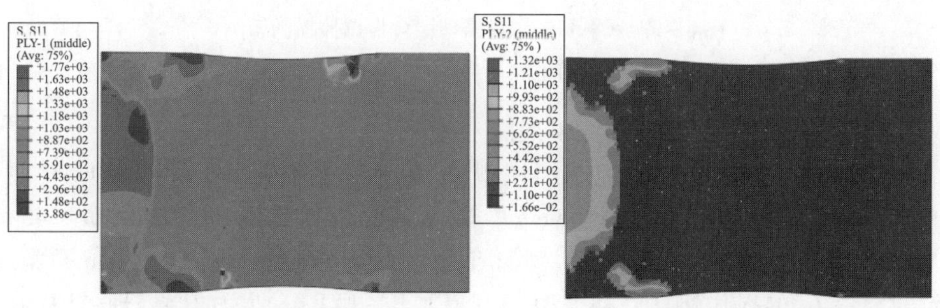

(a) PLY-1 45°铺层应力云图　　(b) PLY-2 0°铺层应力云图

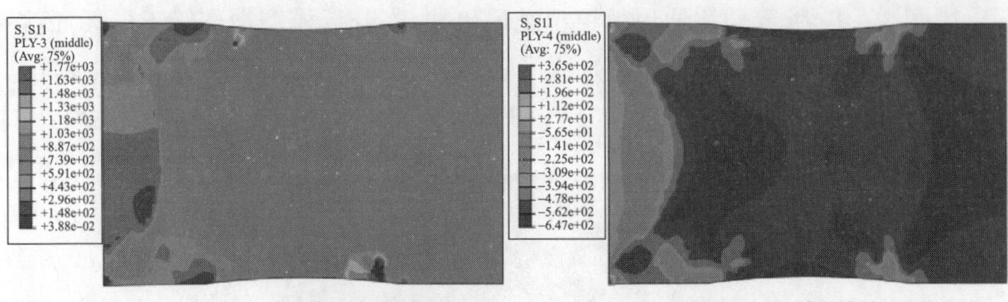

(c) PLY-3 -45°铺层应力云图　　(d) PLY-4 90°铺层应力云图

图 8-98　C-FL2 切口修理层合板拉伸应力云图

由图 8-99 所示的切口修理的拉伸损伤模拟结果可知:切口修补后,原裂口被切除后无损伤发生。破坏模式为层合板纤维破坏和基体破坏。

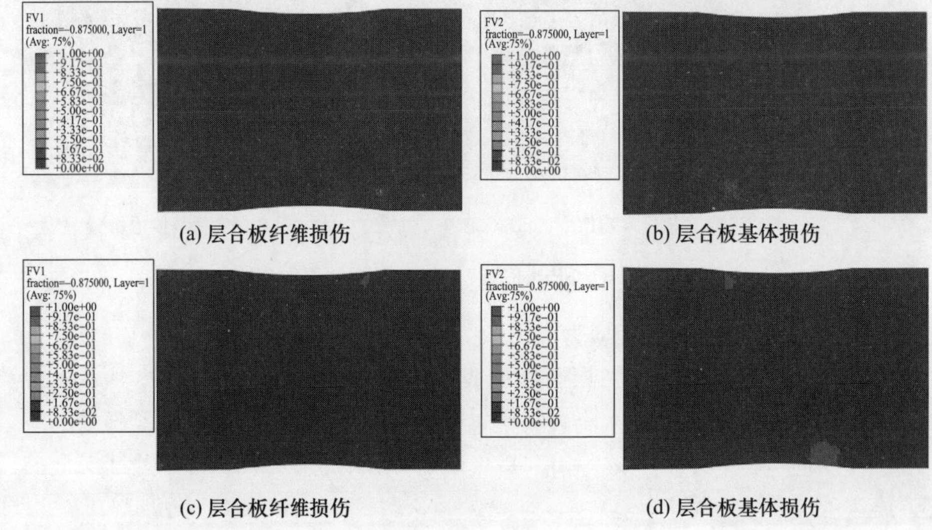

(a) 层合板纤维损伤　　(b) 层合板基体损伤

(c) 层合板纤维损伤　　(d) 层合板基体损伤

图 8-99　C-FL2 切口修理层合板拉伸损伤云图

2. 裂口修补后层合板压缩模拟

1) 裂口修补后层合板压缩模型描述

层合板裂口修补模型为三维模型,母板尺寸为长 200mm、宽 200mm、厚 3.4944mm。单层厚度为 0.2184mm,共 16 层,铺层为 $[45/0/-45/90/90/-45/0/45]_s$。裂口位置在层合板的两侧,裂口长度为 $L_1 = 15\text{mm}$ 和 $L_2 = 5\text{mm}$ 两类。针对裂口 L_1 的损伤建立修补模型,A-FL1、B-FL1 分别为铺层修理、补片修理。针对裂口 L_2 的损伤建立修补模型,C-FL2 为切口修理。修补模型的尺寸与修补位置均与试验中试件一致。建立模型中采用三维 Hashin 准则来模拟层合板的失效,从而预测夹层结构的承载能力。胶层采用 Cohesive 单元,建立内聚力单元来模拟胶层的损伤失效过程。为了使模型加载端不被压溃，给模型的上表面增加一个刚性板，载荷施加在刚性板上。

（1）材料参数。

母板材料、修补材料、胶黏剂与裂口拉伸修理结构一致。

（2）网格类型。

单元类型与裂口拉伸修补结构一致，具体如图 8－100 所示。

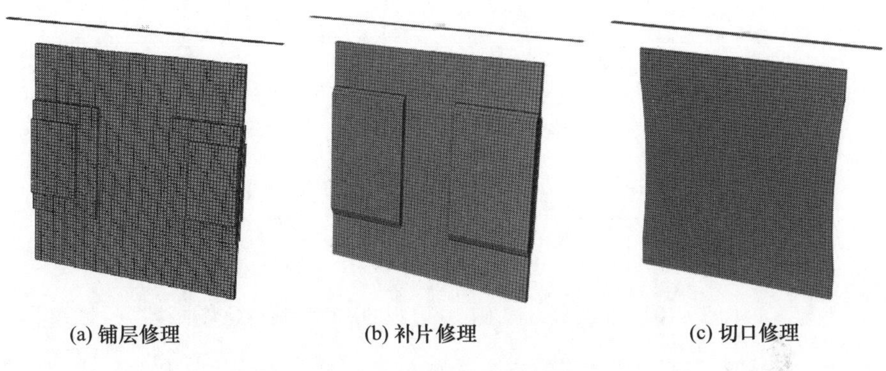

图 8－100　裂口压缩修补结构网格划分

（3）载荷和边界条件。

边界条件、约束方式与裂口拉伸修补结构一致，如图 8－101 所示。

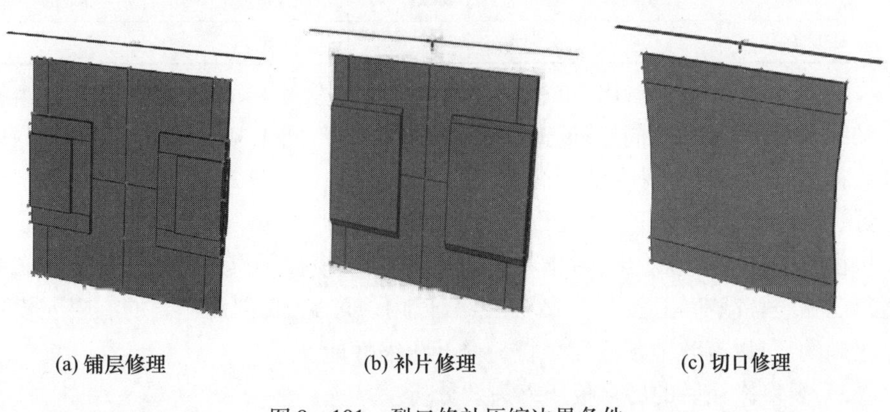

图 8－101　裂口修补压缩边界条件

（4）接触类型。

补片与母板之间采用胶层属性接触，具体设置见图 6－4。

2）裂口修补后层合板压缩性能模拟结果

图 8－102 所示为不同裂口损伤修理后层合板的压缩载荷－位移曲线。破坏载荷试验值与模拟值的对比见表 8－14。

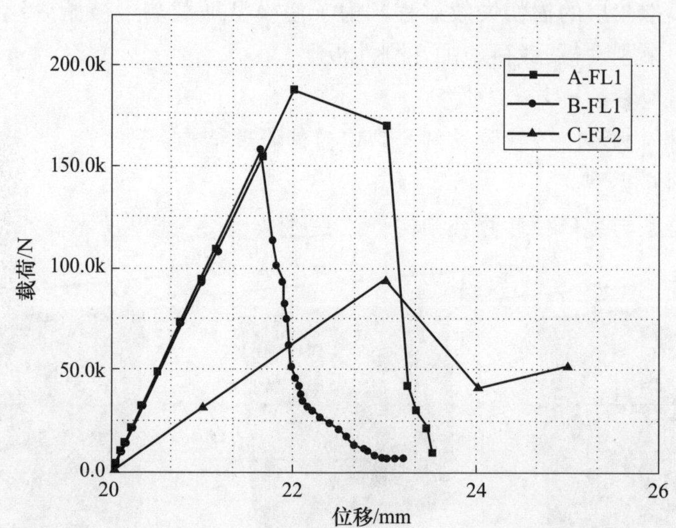

图 8－102　不同裂口修理后层合板的压缩载荷－位移曲线

表 8－14　裂口修补后层合板破坏载荷试验值与模拟值

损伤类型	修补方式	试验值/N	模拟值/N	误差/%
裂口 L_1	A－FL1	193696	204926	5. 48
	B－FL1	149496	158727	5. 82
裂口 L_2	C－FL2	88282	95221	7. 28

由图 8－102 可以看出，位移随着载荷的增加呈线性增加，直至破坏。由模拟的结果可以看出，不同修补方式的压缩极限载荷不同，对于裂口的不同修补，其修补后载荷从大到小依次为 A－FL1、D－FL1、C－FL2，这与试验所得结论一致。

由表 8－14 可以看出，对于不同的修补方式，模拟所得压缩破坏载荷与试验所得压缩破坏载荷相近，其误差均在 8% 以内。可见，我们所建立的有限元模型是正确的，可以有效地预测复合材料修补压缩性能。

3）裂口修补后的层合板压缩失效分析

（1）铺层修理的压缩应力分析。

当压缩载荷为 100kN 时，层合板的 Y 方向的应力云图如图 8－103 所示。由图可知：修补后模型裂口无应力集中，最大应力出现在铺层修补区域以外的母板上。该修补方法有效地消除了原裂口处的应力集中。对于母板及补片材料，0°、90°铺层的应力均大于 45°、－45°铺层上的应力。最外层补片的应力大于内部补片的应力。由图 8－104 所示的层合板位移云图可以看出，结构未发生失稳。

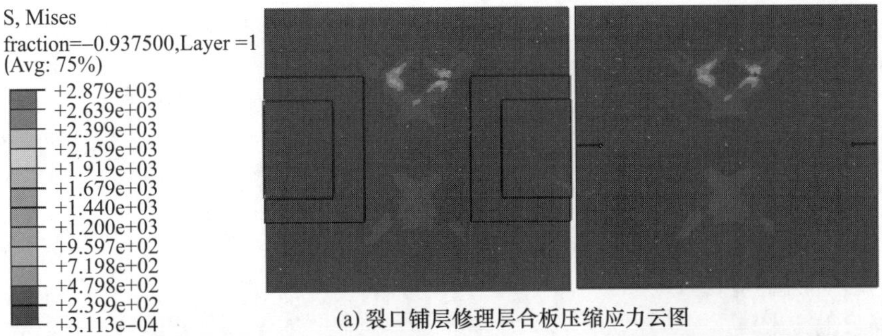

S, Mises
fraction=–0.937500,Layer =1
(Avg: 75%)
+2.879e+03
+2.639e+03
+2.399e+03
+2.159e+03
+1.919e+03
+1.679e+03
+1.440e+03
+1.200e+03
+9.597e+02
+7.198e+02
+4.798e+02
+2.399e+02
+3.113e–04

(a) 裂口铺层修理层合板压缩应力云图

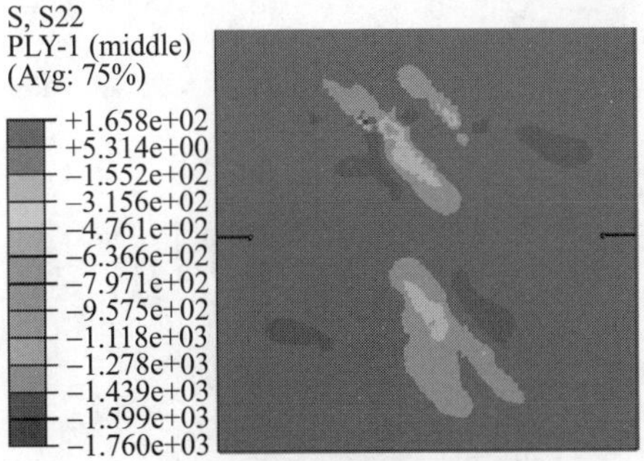

S, S22
PLY-1 (middle)
(Avg: 75%)
+1.658e+02
+5.314e+00
–1.552e+02
–3.156e+02
–4.761e+02
–6.366e+02
–7.971e+02
–9.575e+02
–1.118e+03
–1.278e+03
–1.439e+03
–1.599e+03
–1.760e+03

(b) PLY-1 45°铺层应力云图

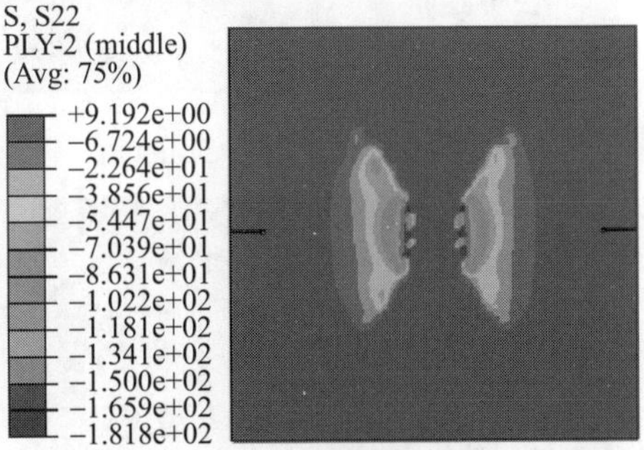

S, S22
PLY-2 (middle)
(Avg: 75%)
+9.192e+00
–6.724e+00
–2.264e+01
–3.856e+01
–5.447e+01
–7.039e+01
–8.631e+01
–1.022e+02
–1.181e+02
–1.341e+02
–1.500e+02
–1.659e+02
–1.818e+02

(c) PLY-2 0°铺层应力云图

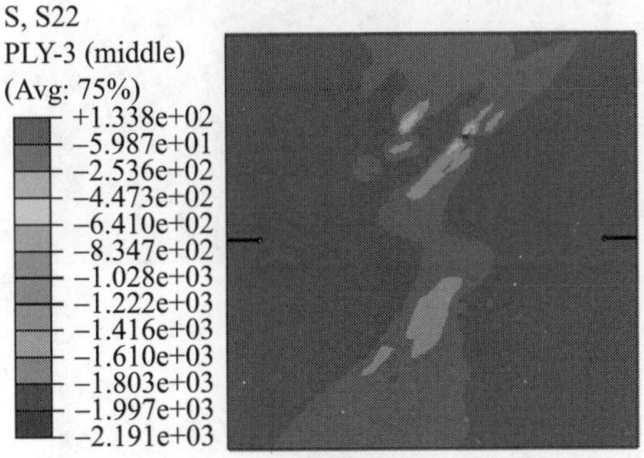

S, S22
PLY-3 (middle)
(Avg: 75%)
+1.338e+02
–5.987e+01
–2.536e+02
–4.473e+02
–6.410e+02
–8.347e+02
–1.028e+03
–1.222e+03
–1.416e+03
–1.610e+03
–1.803e+03
–1.997e+03
–2.191e+03

(d) PLY-3 –45°铺层应力云图

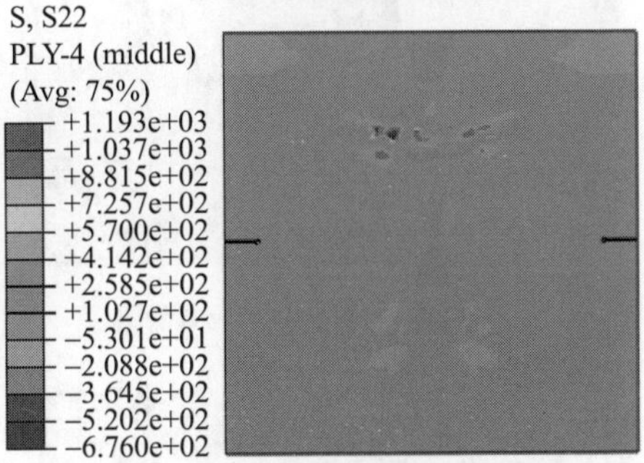

S, S22
PLY-4 (middle)
(Avg: 75%)
+1.193e+03
+1.037e+03
+8.815e+02
+7.257e+02
+5.700e+02
+4.142e+02
+2.585e+02
+1.027e+02
–5.301e+01
–2.088e+02
–3.645e+02
–5.202e+02
–6.760e+02

(e) PLY-4 90°铺层应力云图

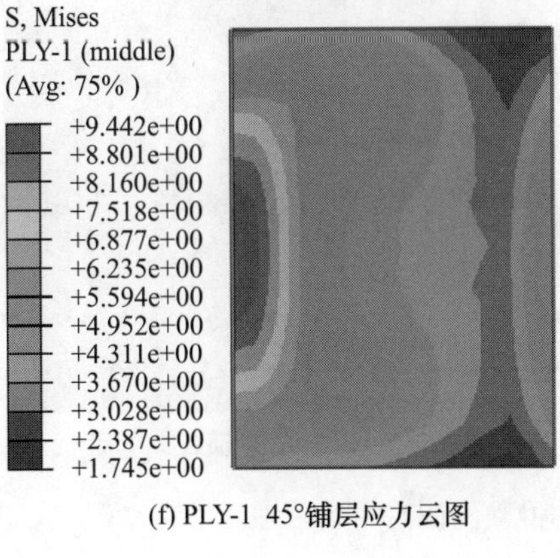

S, Mises
PLY-1 (middle)
(Avg: 75%)
+9.442e+00
+8.801e+00
+8.160e+00
+7.518e+00
+6.877e+00
+6.235e+00
+5.594e+00
+4.952e+00
+4.311e+00
+3.670e+00
+3.028e+00
+2.387e+00
+1.745e+00

(f) PLY-1 45°铺层应力云图

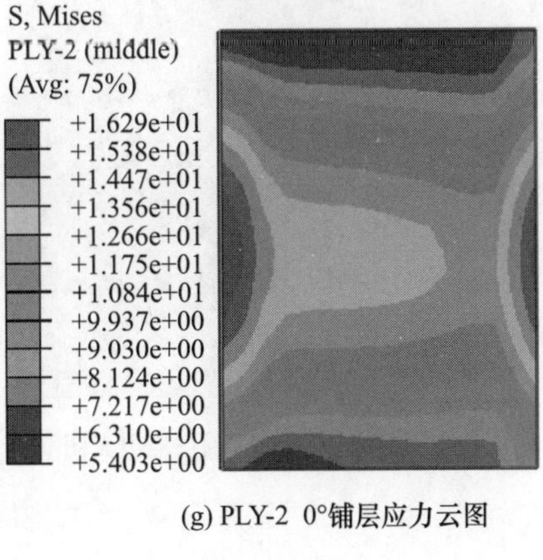

S, Mises
PLY-2 (middle)
(Avg: 75%)
+1.629e+01
+1.538e+01
+1.447e+01
+1.356e+01
+1.266e+01
+1.175e+01
+1.084e+01
+9.937e+00
+9.030e+00
+8.124e+00
+7.217e+00
+6.310e+00
+5.403e+00

(g) PLY-2 0°铺层应力云图

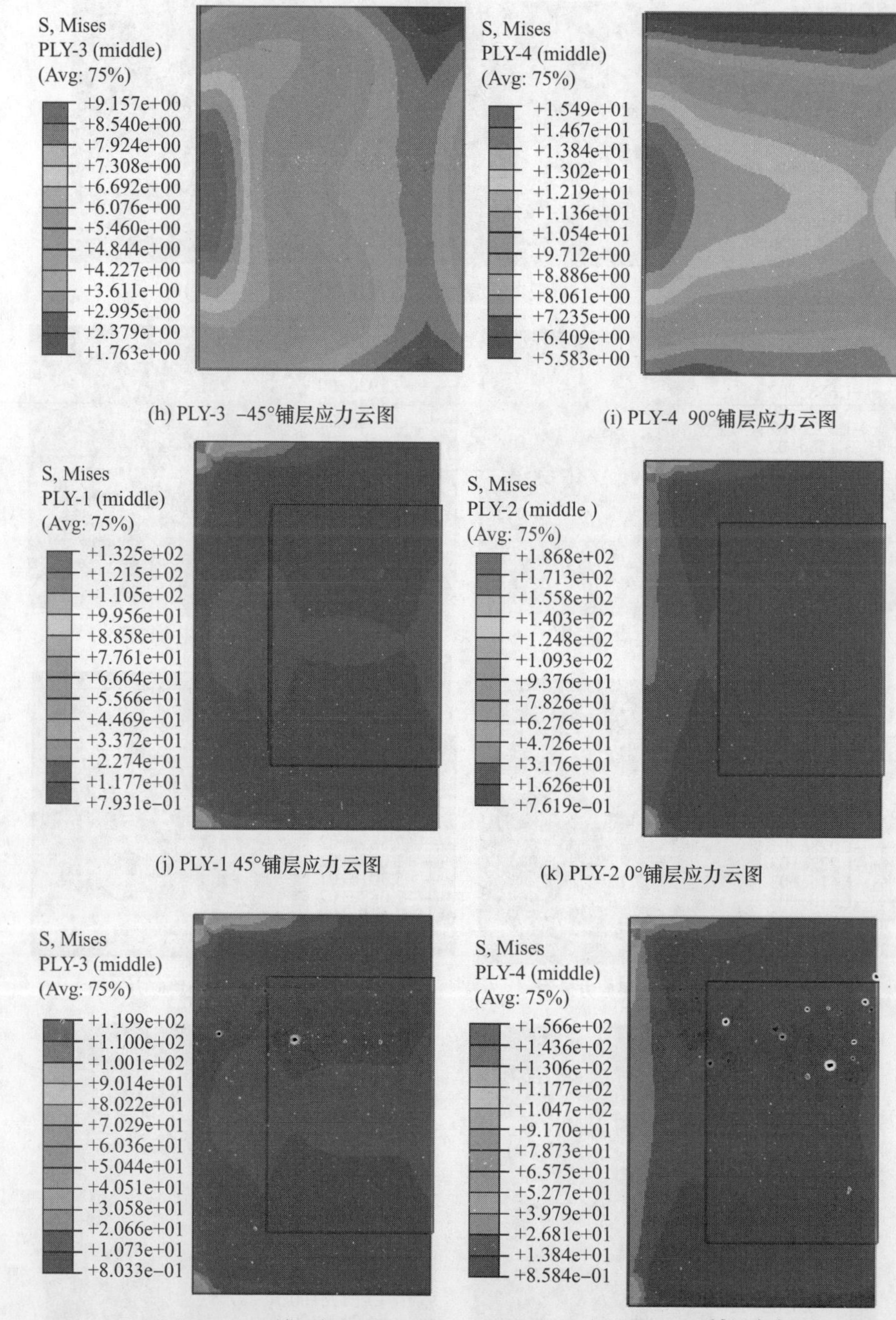

(h) PLY-3 −45°铺层应力云图　(i) PLY-4 90°铺层应力云图

(j) PLY-1 45°铺层应力云图　(k) PLY-2 0°铺层应力云图

(l) PLY-3 −45°铺层应力云图　(m) PLY-4 90°铺层应力云图

图 8－103　裂口铺层修理层合板压缩应力云图

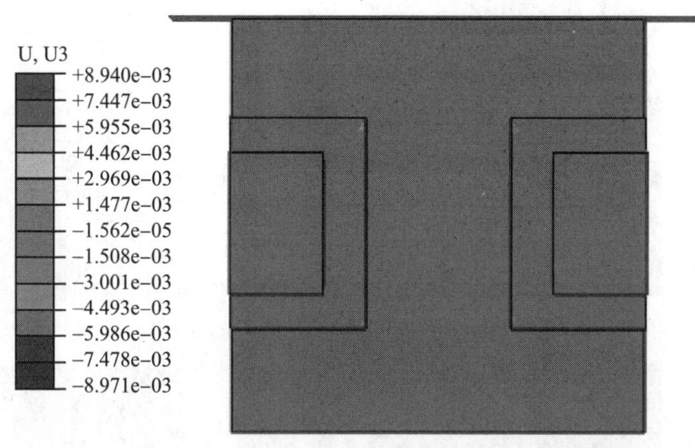

图 8 – 104　裂口铺层修理层合板压缩位移云图

由图 8 – 105 所示的铺层修补压缩损伤模拟结果可知:层合板在铺层修补边缘为损伤起始点,并向外扩展。层合板破坏模式为纤维破坏和基体破坏。纤维损伤中 0°铺层的纤维未发生损伤,90°铺层的发生损伤面积最大。基体损伤中 90°铺层的基体未发生损伤,0°铺层的发生损伤面积最大。修补铺层上没有发生损伤。胶层损伤发生在胶层上下边缘。

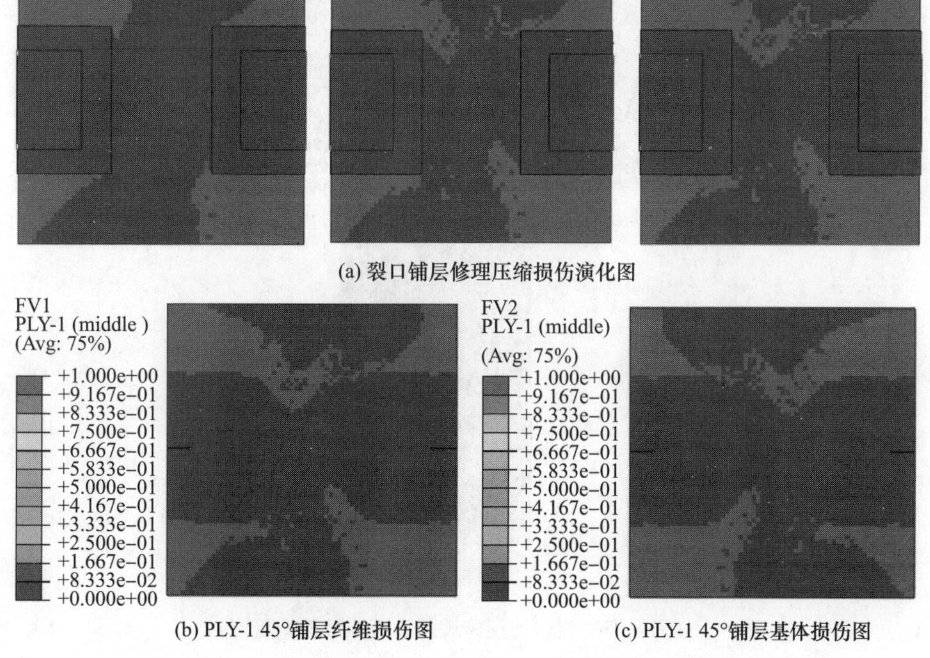

(a) 裂口铺层修理压缩损伤演化图

(b) PLY-1 45°铺层纤维损伤图

(c) PLY-1 45°铺层基体损伤图

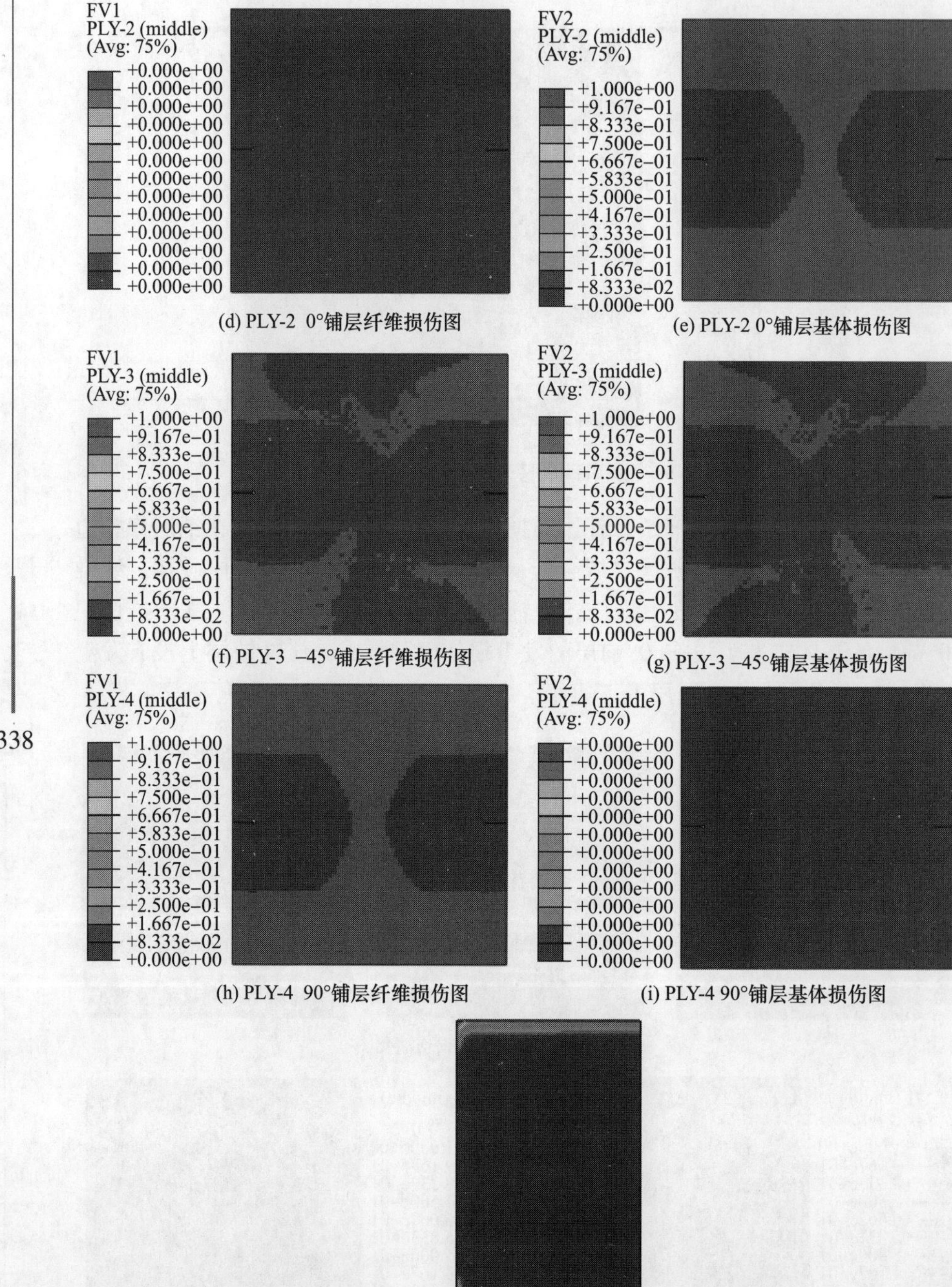

(d) PLY-2 0°铺层纤维损伤图

(e) PLY-2 0°铺层基体损伤图

(f) PLY-3 –45°铺层纤维损伤图

(g) PLY-3 –45°铺层基体损伤图

(h) PLY-4 90°铺层纤维损伤图

(i) PLY-4 90°铺层基体损伤图

(j) 胶层损伤图

图 8 – 105　裂口铺层修理层合板压缩损伤云图

（2）补片修理层合板的压缩应力和失效分析。

当压缩载荷为100kN时，层合板的Y方向的应力云图如图8-106所示。由图可知：修补后模型裂口无应力集中，最大应力出现在补片修补区域以外的母板上。该修补方法有效地消除了原裂口处的应力集中。对于母板及补片材料，0°、90°铺层的应力均大于45°、-45°铺层上的应力。最外层补片的应力大于内部补片的应力。

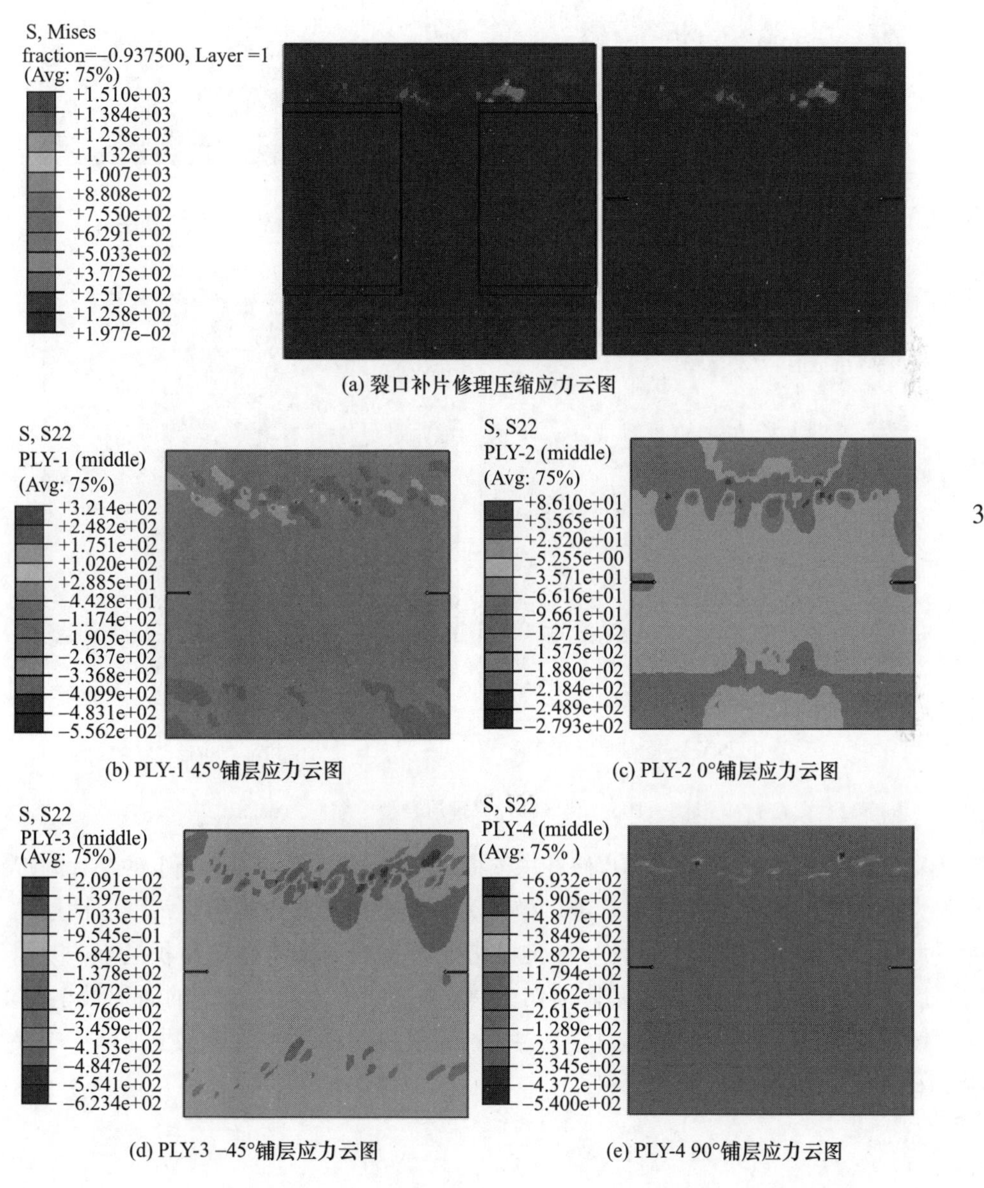

(a) 裂口补片修理压缩应力云图

(b) PLY-1 45°铺层应力云图

(c) PLY-2 0°铺层应力云图

(d) PLY-3 -45°铺层应力云图

(e) PLY-4 90°铺层应力云图

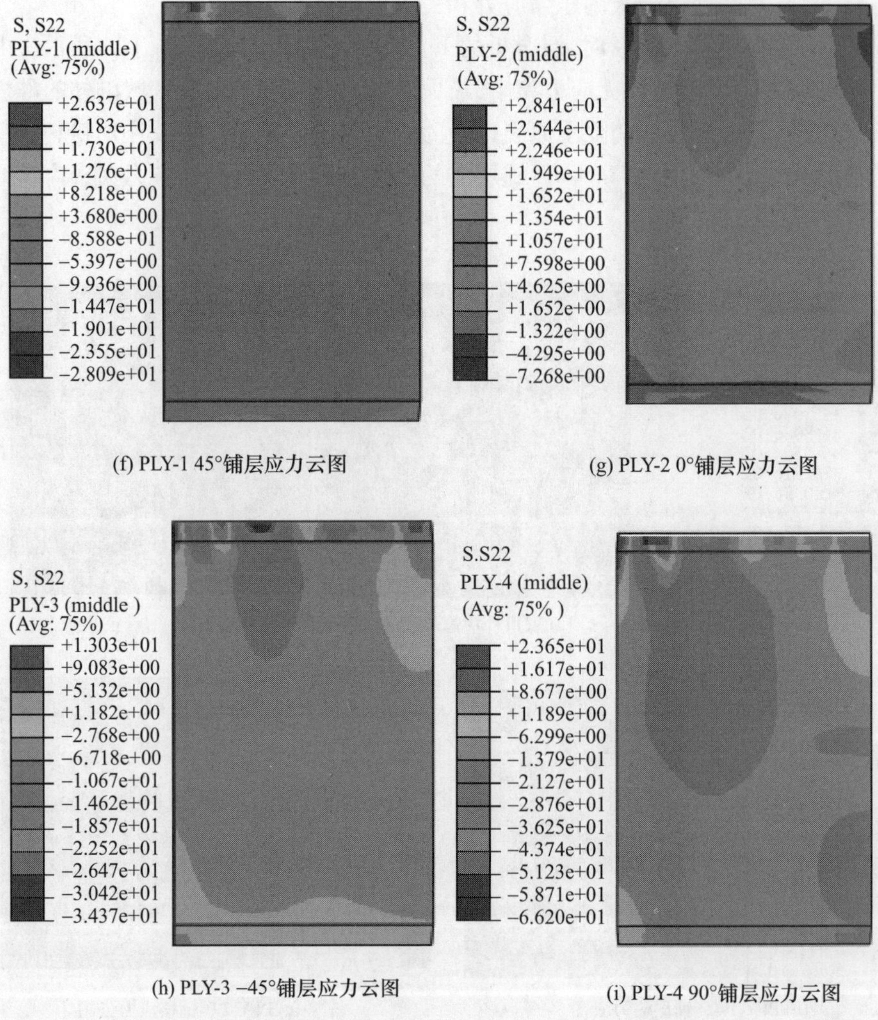

(f) PLY-1 45°铺层应力云图

(g) PLY-2 0°铺层应力云图

(h) PLY-3 −45°铺层应力云图

(i) PLY-4 90°铺层应力云图

图 8－106　裂口补片修理层合板压缩应力云图

由图 8－107 所示的补片修补压缩损伤模拟结果可知:层合板上的补片附近为损伤起始点,并向外扩展。破坏模式为纤维破坏和基体破坏。每一层铺层均发生了纤维损伤和基体损伤。纤维损伤中 0°铺层的纤维损伤面积最小,90°铺层发生损伤的面积最大。基体损伤中 90°铺层的基体发生损伤的面积最小,0°铺层发生损伤的面积最大。45°、－45°铺层居中。补片上没有发生损伤。胶层发生了损伤,损伤位置为胶层上下边缘。

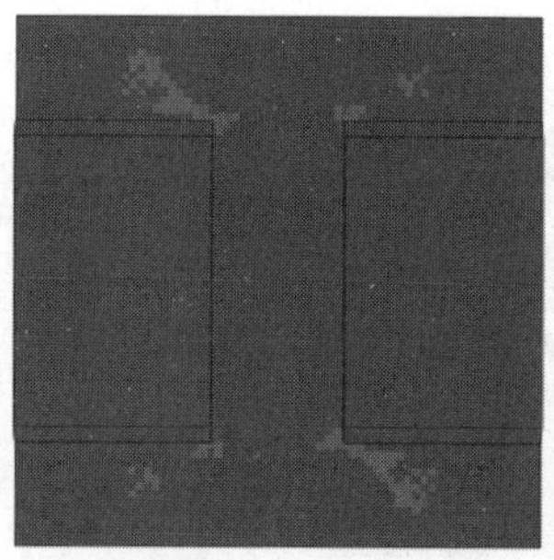

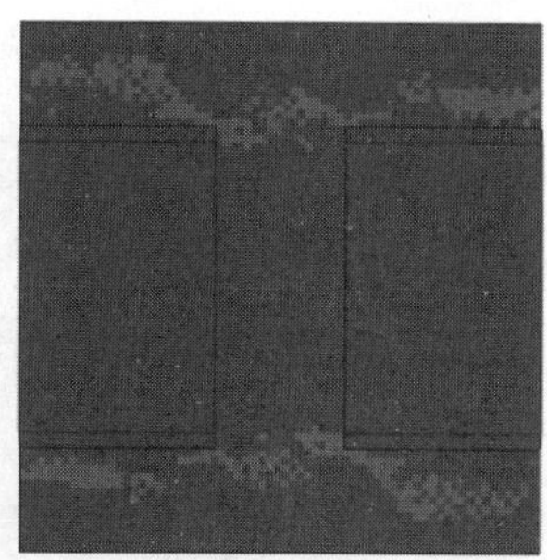

(a) 补片修理结构的损伤演化图

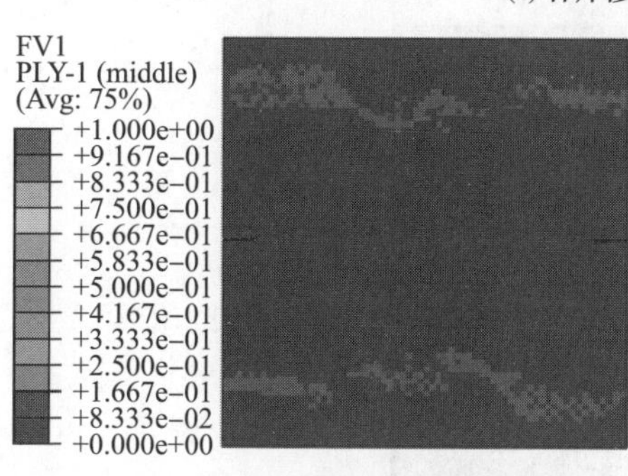

(b) PLY-1 45°铺层纤维损伤图

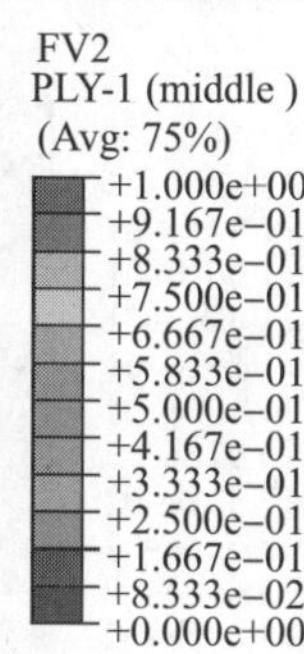

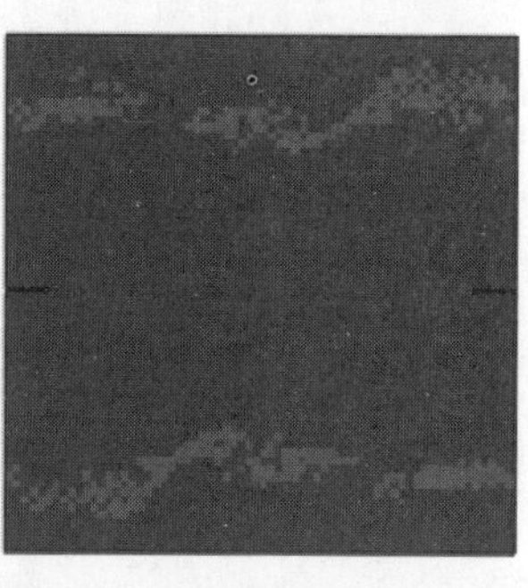

(c) PLY-1 45°铺层基体损伤图

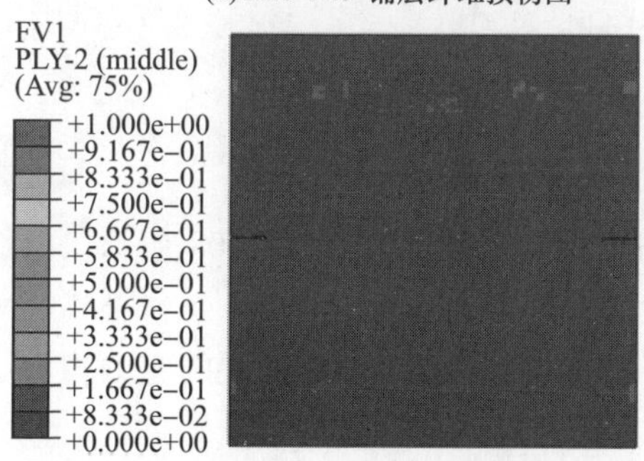

(d) PLY-2 0°铺层纤维损伤图

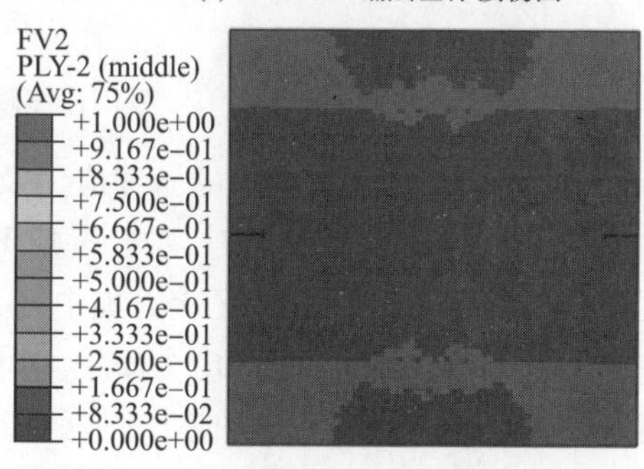

(e) PLY-2 0°铺层基体损伤图

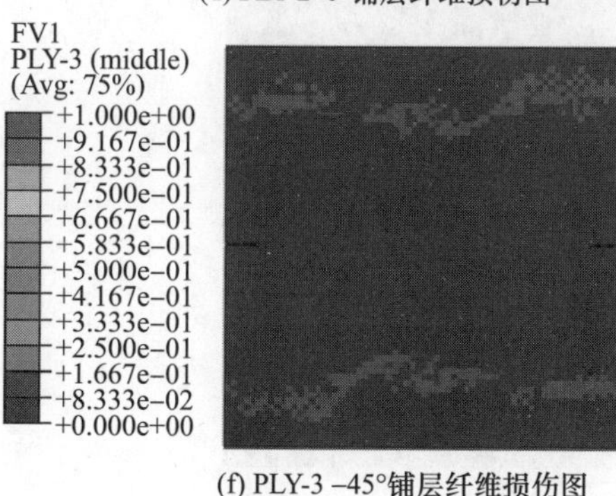

(f) PLY-3 −45°铺层纤维损伤图

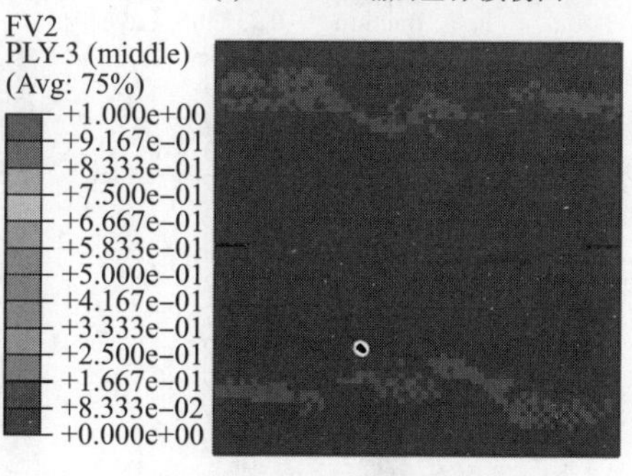

(g) PLY-3 −45°铺层基体损伤图

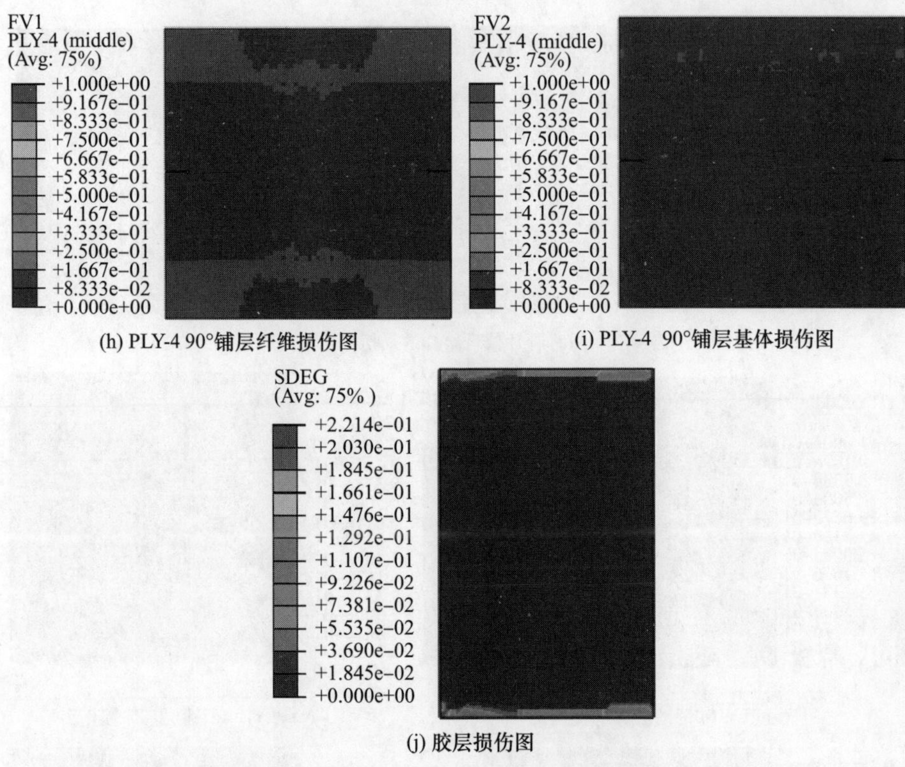

(h) PLY-4 90°铺层纤维损伤图

(i) PLY-4 90°铺层基体损伤图

(j) 胶层损伤图

图 8 - 107　裂口补片修理层合板压缩损伤云图

(3) 切口修理层合板的压缩应力及失效分析。

当压缩载荷为 70kN 时,层合板的 Y 方向的应力云图如图 8 - 108 所示。由图可知:修补后模型裂口无应力集中,最大应力出现在母板圆弧处。该修补模式有效地消除了原裂口处的应力集中。对于母板及补片材料,90°铺层的应力均大于 0°、45°、- 45°铺层上的应力。

(a) 切口修补压缩应力云图

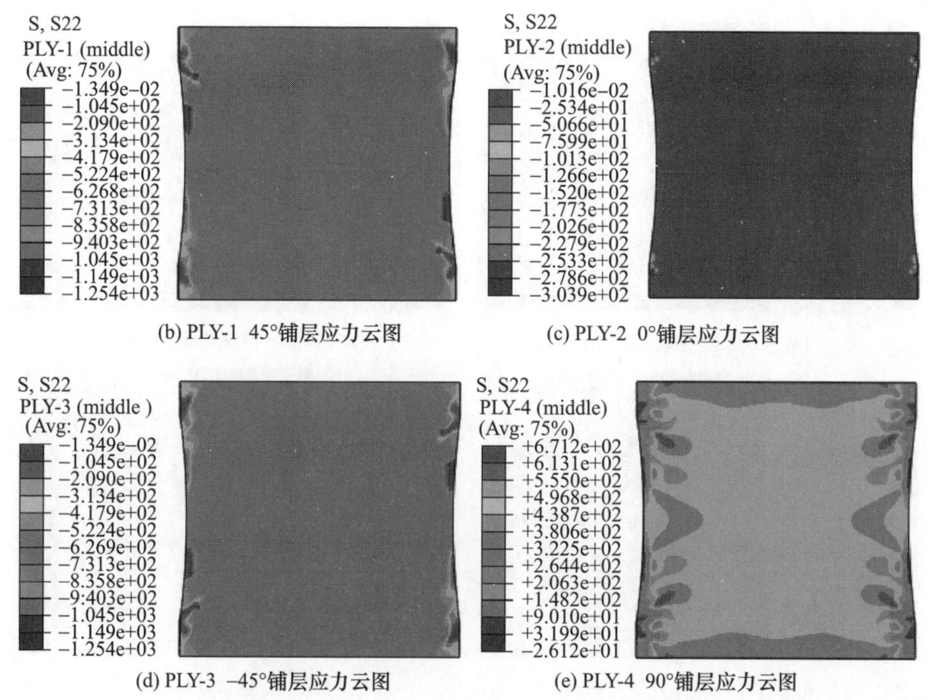

(b) PLY-1 45°铺层应力云图　　(c) PLY-2 0°铺层应力云图

(d) PLY-3 −45°铺层应力云图　　(e) PLY-4 90°铺层应力云图

图 8 - 108　切口修补层合板压缩应力云图

由图 8 - 109 所示的切口修补压缩损伤模拟结果可知:损伤起始点为圆弧处,并向外扩展。层合板的破坏模式为纤维破坏和基体破坏。纤维损伤中 0°铺层的纤维未发生损伤,90°铺层的发生损伤面积最大。基体损伤中 90°铺层的基体未发生损伤,0°铺层的发生损伤面积最大。

(a) 切口修补压缩损伤演化图

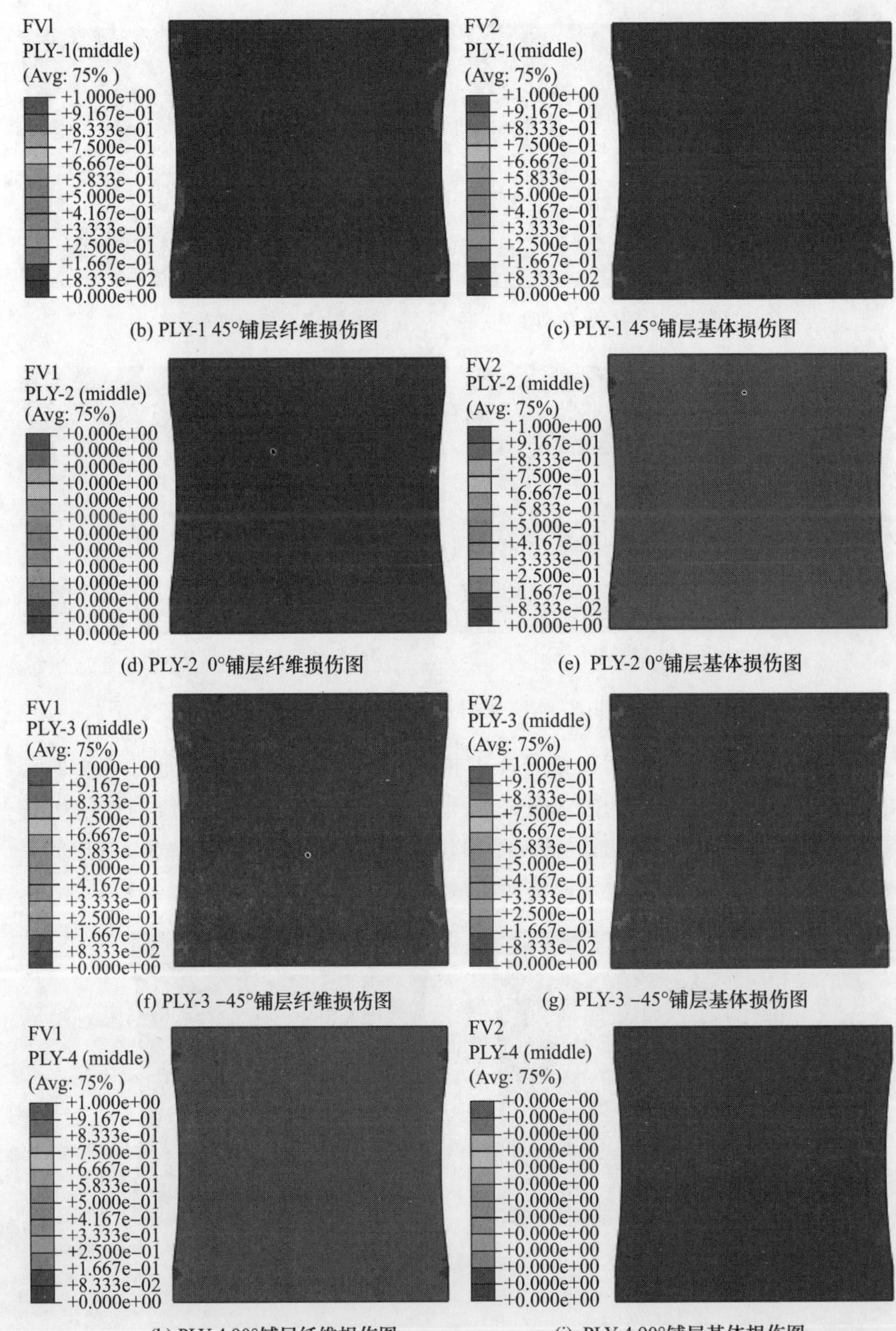

(b) PLY-1 45°铺层纤维损伤图　(c) PLY-1 45°铺层基体损伤图

(d) PLY-2 0°铺层纤维损伤图　(e) PLY-2 0°铺层基体损伤图

(f) PLY-3 −45°铺层纤维损伤图　(g) PLY-3 −45°铺层基体损伤图

(h) PLY-4 90°铺层纤维损伤图　(i) PLY-4 90°铺层基体损伤图

图 8 – 109　切口修补层合板压缩损伤云图

8.2.3 分层修补

1. 分层修补压缩模型描述

层合板分层模型为三维有限元模型，尺寸为长 200mm、宽 200mm、厚 3.4944mm。单层厚度为 0.2184mm，共 16 层，铺层为$[45/0/-45/90/90/-45/0/45]_s$。分层位置在层合板的中心，分层孔径大小为 $\phi=20$mm 和 $\phi=40$mm 两类。针对两种尺寸损伤分别建立挖补模型 DL1、DL2。

1）材料参数

母板材料、修补材料、胶黏剂与裂口修理结构一致。

2）网格类型

单元类型与穿孔修理结构一致，具体如图 8－110 所示。

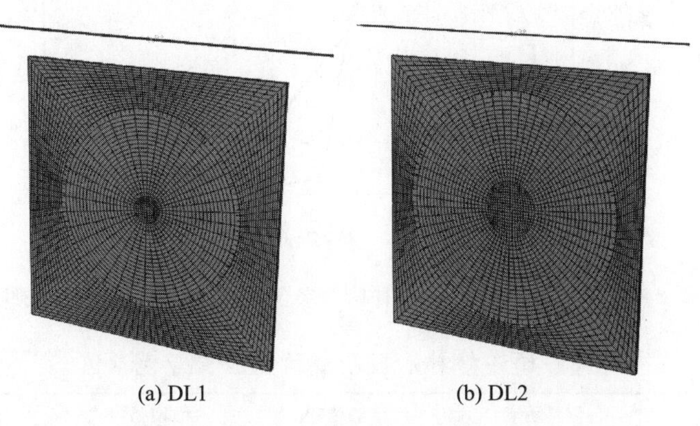

(a) DL1　　(b) DL2

图 8－110　分层压缩修补结构网格划分

3）载荷和边界条件

边界条件、约束方式与裂口修补结构压缩设置一致，如图 8－111 所示。

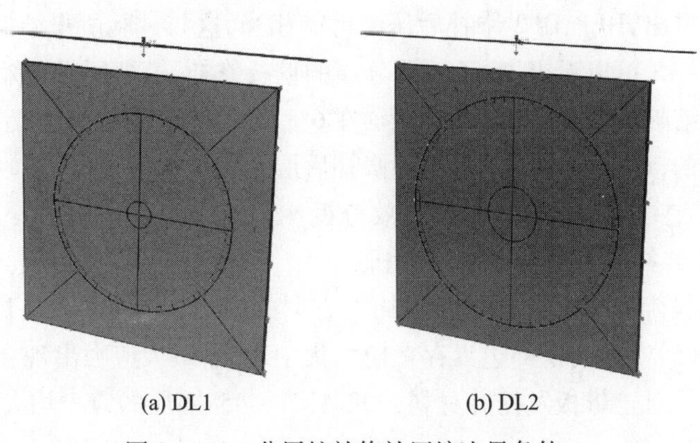

(a) DL1　　(b) DL2

图 8－111　分层挖补修补压缩边界条件

4）接触类型

挖补材料与母板之间采用胶层属性接触，具体设置见图 6-4。

2. 分层修补压缩性能模拟结果

图 8-112 所示为不同分层损伤修补后层合板的压缩载荷-位移曲线。破坏载荷试验值与模拟值的对比见表 8-15。

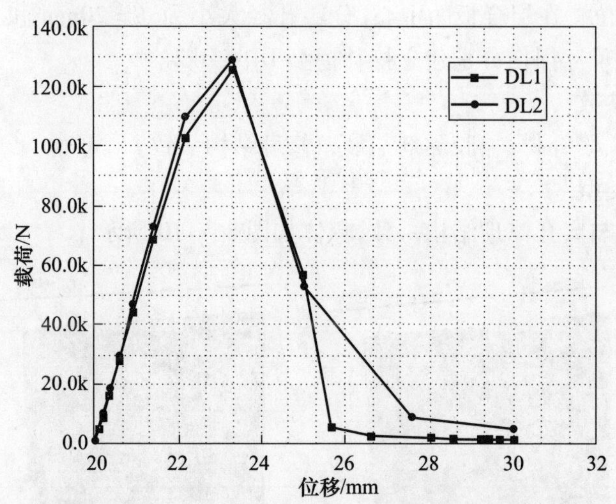

图 8-112　不同分层损伤挖补修理层合板的压缩载荷-位移曲线

表 8-15　修补后极限载荷试验值与模拟值

损伤类型	修补方式	试验值/N	模拟值/N	误差/%
分层 1	DL1	118751	125233	5.17
分层 2	DL2	124351	127689	2.61

由图 8-112 可以看出，载荷随着位移的增加呈线性增加，直至破坏。模拟的结果可以看出，DL1、DL2 修补后压缩性能相当，这与试验所得结论一致。

由表 8-15 可以看出，对于不同分层的挖补修补，模拟所得压缩破坏载荷与试验所得压缩破坏载荷相近，其误差均在 6% 以内。可见，我们所建立的有限元模型是正确的，可以有效地预测挖补修补后层合板压缩性能。

3. 分层挖补后的层合板压缩失效分析

1）DL1 修补压缩应力及失效分析

当压缩载荷为 90kN 时，层合板的 Y 方向的应力云图如图 8-113 所示。由图可知：修补后模型的挖补边界存在应力集中现象，最大应力出现在挖补区域以外的母板上。对于母板及挖补材料，90°、45°、-45°铺层的应力均大于 0°铺层上的应力。

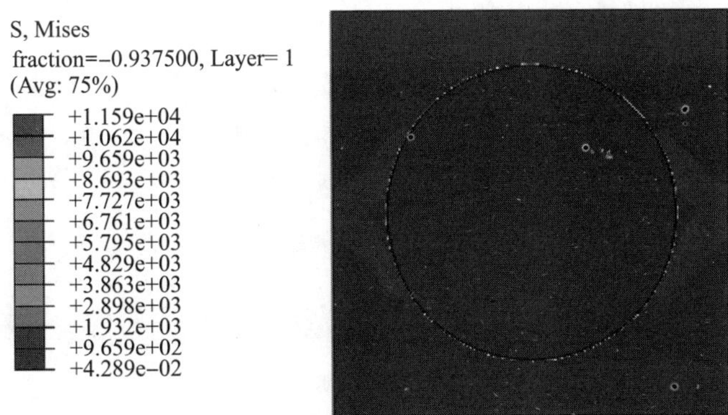

(a) DL1挖补修理压缩应力云图

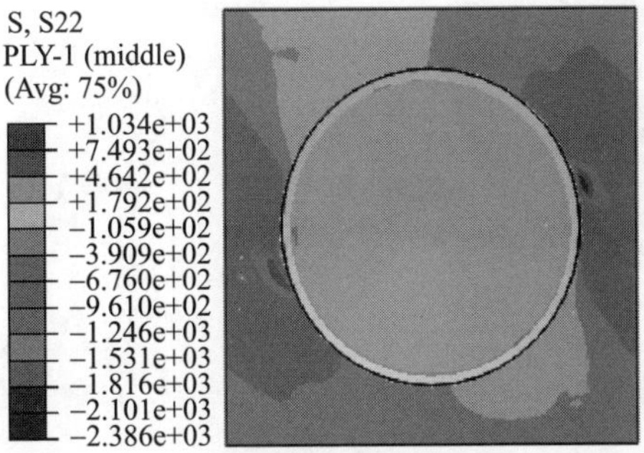

(b) PLY-1 45°铺层应力云图

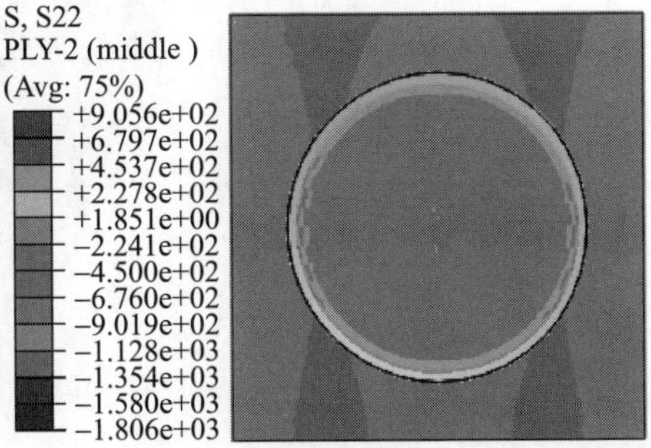

(c) PLY-2 0°铺层应力云图

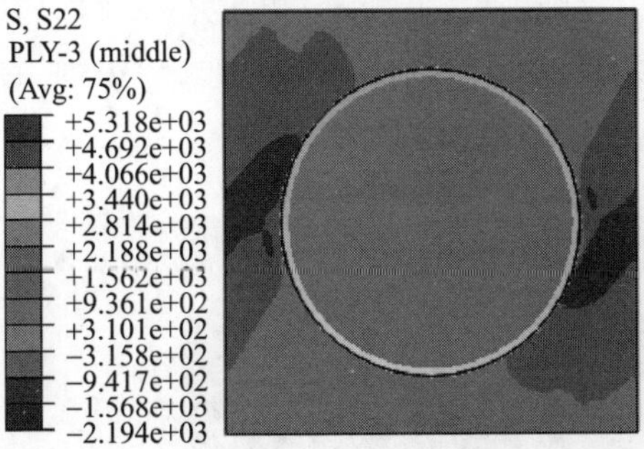

(d) PLY-3 -45°铺层应力云图

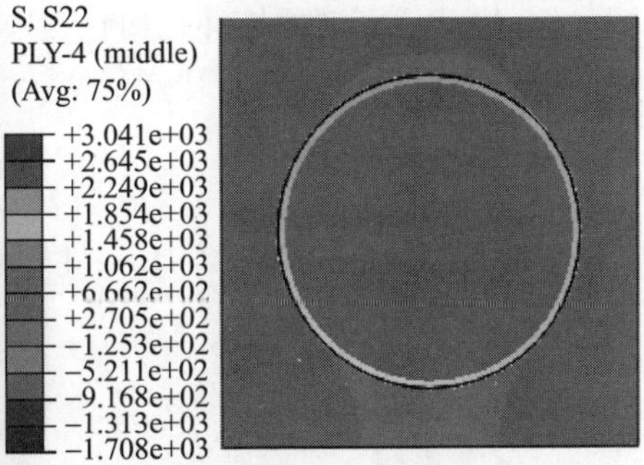

(e) PLY-4 90°铺层应力云图

图 8-113　DL1 挖补修理压缩应力云图

由图 8-114 所示的挖补后层合板压缩损伤模拟结果可知:层合板的挖补修理边界为损伤起始点,沿横向方向向外扩展,直至母板边缘破坏。破坏模式为纤维破坏和基体破坏。挖补材料上并没有发生损伤。胶层损伤起始位置为靠近孔边位置，沿径向往外扩展。

(a) DL1挖补修理损伤演化图

(b) 胶层损伤图

图 8－114　DL1 挖补修理压缩失效云图

2）DL2 修补压缩应力及失效分析

当压缩载荷为 90kN 时，层合板的 Y 方向的应力云图如图 8－115 所示。由图可知：修补后模型的挖补孔边存在应力集中现象，最大应力出现在挖补区域以外的母板上。对于母板及补片材料，90°、45°、－45°铺层的应力均大于 0°铺层上的应力。

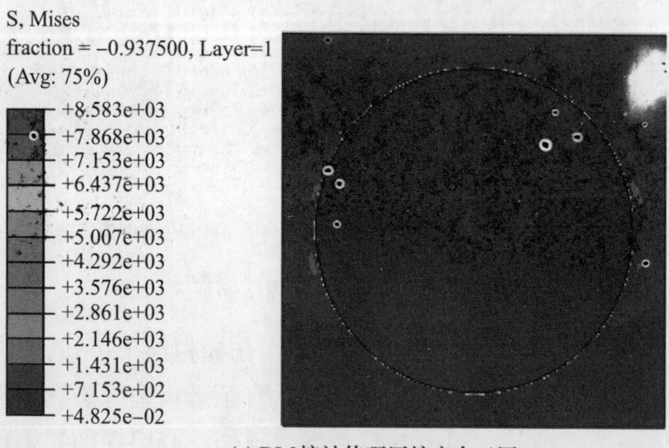

(a) DL2挖补修理压缩应力云图

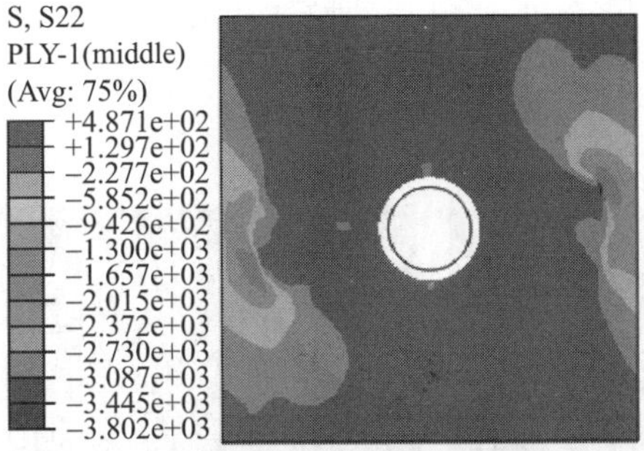

S, S22
PLY-1(middle)
(Avg: 75%)
+4.871e+02
+1.297e+02
−2.277e+02
−5.852e+02
−9.426e+02
−1.300e+03
−1.657e+03
−2.015e+03
−2.372e+03
−2.730e+03
−3.087e+03
−3.445e+03
−3.802e+03

(b) PLY-1 45°铺层应力云图

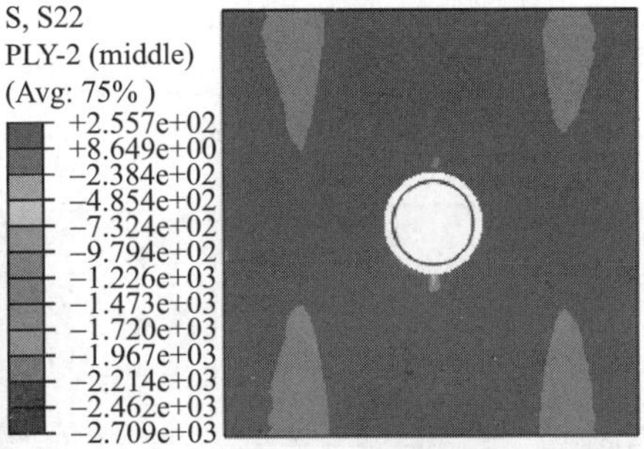

S, S22
PLY-2 (middle)
(Avg: 75%)
+2.557e+02
+8.649e+00
−2.384e+02
−4.854e+02
−7.324e+02
−9.794e+02
−1.226e+03
−1.473e+03
−1.720e+03
−1.967e+03
−2.214e+03
−2.462e+03
−2.709e+03

(c) PLY-2 0°铺层应力云图

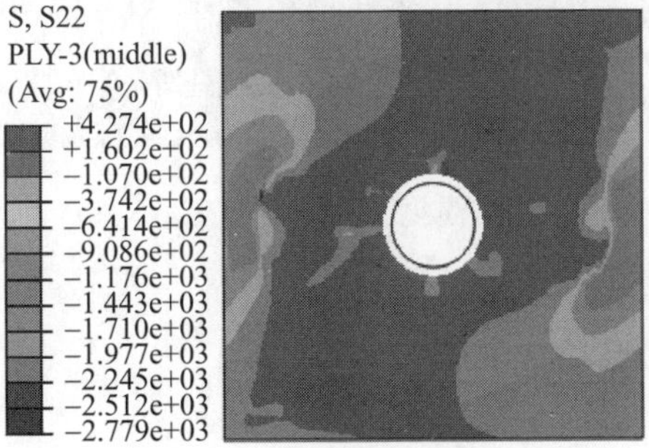

S, S22
PLY-3(middle)
(Avg: 75%)
+4.274e+02
+1.602e+02
−1.070e+02
−3.742e+02
−6.414e+02
−9.086e+02
−1.176e+03
−1.443e+03
−1.710e+03
−1.977e+03
−2.245e+03
−2.512e+03
−2.779e+03

(d) PLY-3 −45°铺层应力云图

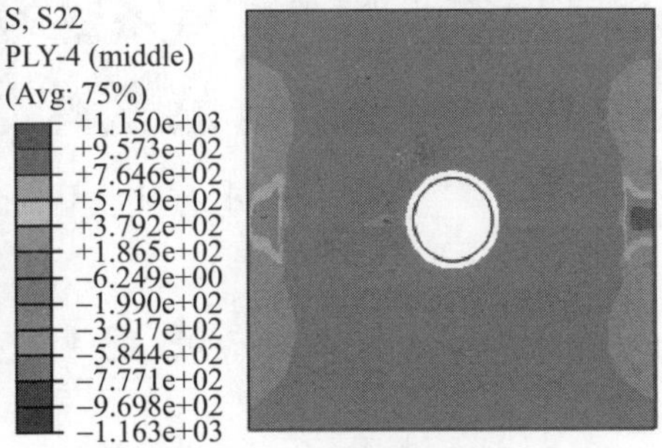

S, S22
PLY-4 (middle)
(Avg: 75%)
+1.150e+03
+9.573e+02
+7.646e+02
+5.719e+02
+3.792e+02
+1.865e+02
−6.249e+00
−1.990e+02
−3.917e+02
−5.844e+02
−7.771e+02
−9.698e+02
−1.163e+03

(e) PLY-4 90°铺层应力云图

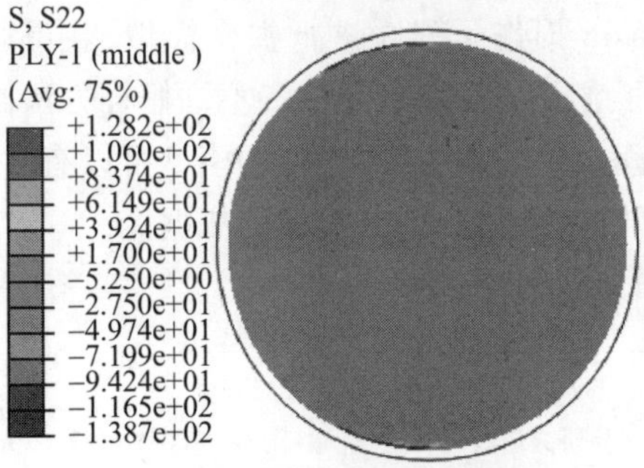

S, S22
PLY-1 (middle)
(Avg: 75%)
+1.282e+02
+1.060e+02
+8.374e+01
+6.149e+01
+3.924e+01
+1.700e+01
−5.250e+00
−2.750e+01
−4.974e+01
−7.199e+01
−9.424e+01
−1.165e+02
−1.387e+02

(f) PLY-1 45°铺层应力云图

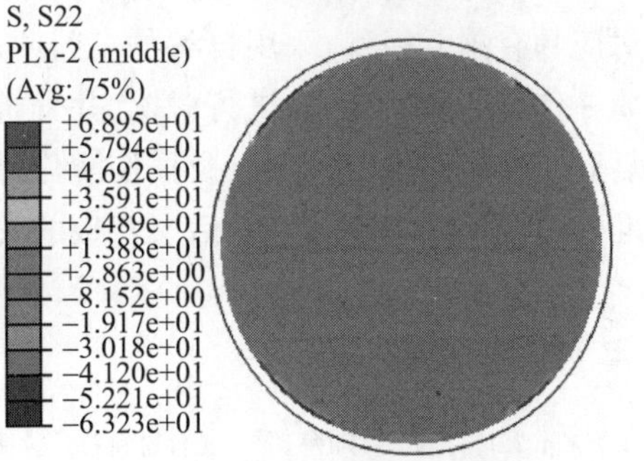

S, S22
PLY-2 (middle)
(Avg: 75%)
+6.895e+01
+5.794e+01
+4.692e+01
+3.591e+01
+2.489e+01
+1.388e+01
+2.863e+00
−8.152e+00
−1.917e+01
−3.018e+01
−4.120e+01
−5.221e+01
−6.323e+01

(g) PLY-2 0°铺层应力云图

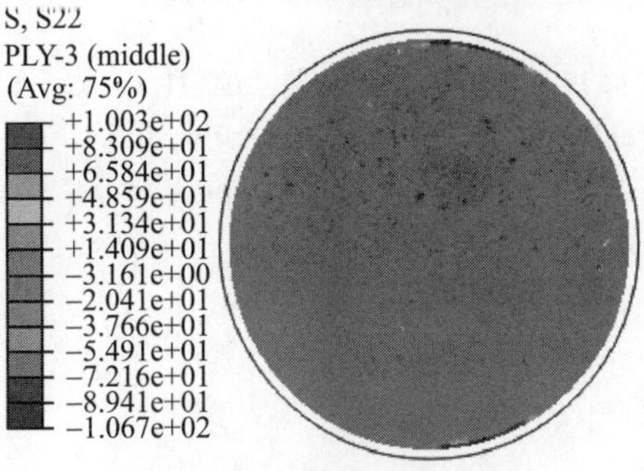

S, S22
PLY-3 (middle)
(Avg: 75%)
+1.003e+02
+8.309e+01
+6.584e+01
+4.859e+01
+3.134e+01
+1.409e+01
−3.161e+00
−2.041e+01
−3.766e+01
−5.491e+01
−7.216e+01
−8.941e+01
−1.067e+02

(h) PLY-3 −45°铺层应力云图

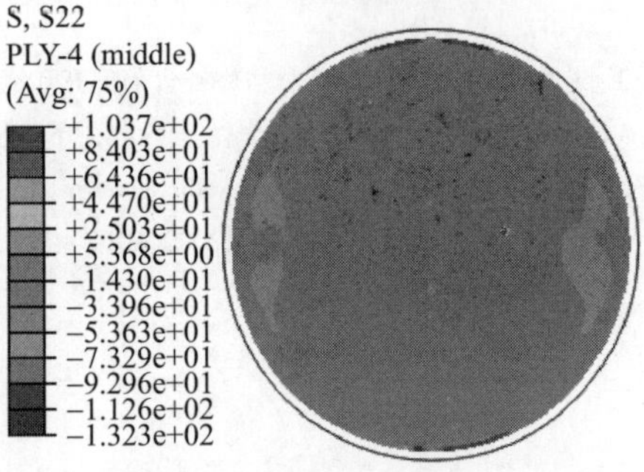

S, S22
PLY-4 (middle)
(Avg: 75%)
+1.037e+02
+8.403e+01
+6.436e+01
+4.470e+01
+2.503e+01
+5.368e+00
−1.430e+01
−3.396e+01
−5.363e+01
−7.329e+01
−9.296e+01
−1.126e+02
−1.323e+02

(i) PLY-4 90°铺层应力云图

图 8－115　DL2 挖补修理压缩应力云图

由图 8－116 所示的压缩损伤模拟结果可知:层合板的挖补孔边为损伤起始点,沿横向方向向外扩展,直至母板边缘。其破坏模式为纤维破坏和基体破坏。挖补材料上并没有发生损伤。

 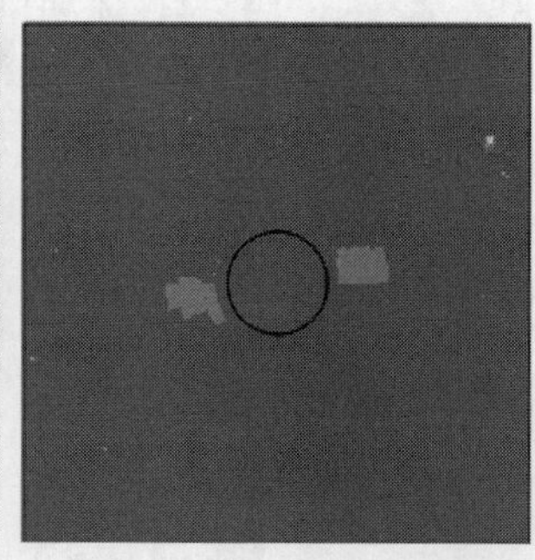 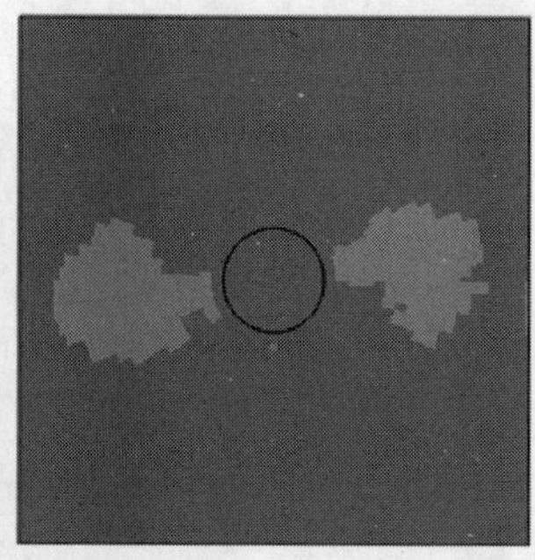

图 8－116　DL2 挖补修理损伤演化

8.3 本章小结

本章根据前一章介绍的试验内容中碳纤维元件级试件的实际尺寸,建立相对应的有限元模型,采用自编的三维 Hashin 损伤子程序进行损伤模拟,获得载荷－位移曲线,与试验进行对比,并分析了含不同损伤层合板和不同修补方法修复后层合板的应力分布以及损伤演化过程。结果表明,所建立的模型可以有效、准确地模拟含损伤及修复后层合板的失效,为后续章节分析提供依据。

参考文献

[1] 梁重云,曾竟成,肖加余,等. 复合材料补片胶接修补研究进展[J]. 宇航材料工艺,2002(4):7－10.

[2] 白金泽,孙秦,董善艳. 复合材料补片胶接补强修补技术参数分析[J]. 机械科学与技术,2001,5(20):749－750.

[3] 范江海,章向明. 复合材料修补含菱形开孔钢板的有限元分析[J]. 中国修船,2011,3(24):43－45.

[4] 叶正浩. 复合材料修补结构在面内载荷下的强度分析[D]. 南京:南京航空航天大学,2013.

[5] HU F Z,SOUTIS C. Strength prediction of patch－repaired CFRP laminates loaded in compression [J]. Composites Science & Technology,2000,60(7):1103－1114.

第9章

复合材料损伤修理容限评估技术

复合材料在飞机结构上的使用日益广泛,而复合材料与金属材料的力学特性不同,因而原来适用于金属的损伤修理容限规范等内容已不再适用于复合材料修理[1]。本章针对复合材料损伤修理容限开展评估工作,介绍了损伤修理容限的指标、依据以及层合板和蜂窝夹层结构的各类损伤修理容限尺寸。

9.1 损伤修理容限概述

由于各种原因,飞机复合材料结构在使用中很难避免出现各类损伤,这就要求飞机复合材料结构设计人员在设计中要充分考虑复合材料结构的可修复性,并提供优质、高效、低成本的修理技术。

大多数修理都是在飞机定期检查(定检)时进行的,但也有紧急情况。为此,可将修理分为两种类型:临时性修理和永久性修理[2]。临时性修理也称为外厂紧急修理,这种情况切实可行的办法是采用补片机械连接。永久性修理也称为返厂修理(或内厂修理),一般在飞机定检时进行,当损伤比较严重时,应将可拆卸的部件送到复合材料维修中心进行修理。

根据损伤的程度和损伤部位的重要程度,可将复合材料飞机结构的损伤分为三大类:许可(允许)的损伤、可修理的损伤、不可修理的损伤[3]。

修理容限是指修与不修、能修与不能修的界限。影响复合材料损伤修理容限的因素很多,如不同的结构形式、不同的材料体系、不同类型的飞机都有不同的规定[4]。首先要根据缺陷和损伤的类型,检测出其大小和范围,根据指定的生产和使用中允许的缺陷和损伤标准,来确定修与不修的界限。这里的关键是缺陷和损伤许用标准的确定。

一般来讲,复合材料结构的修理是一件耗时费力的事,弄不好还会适得其反,因此不能轻易言“修”。所以确定修与不修、能修与不能修的界限是十分重要的。当缺陷和损伤超过了一定量值时,结构修理又难于达到标准要求或在经济上已不合算,只好报废更换构件。

9.1.1 确定修与不修的界限

首先要根据缺陷和损伤的类型,检测出其大小和范围,比照制定出的生产和使用中允许的缺陷和损伤标准,从而确定修与不修的界限,这里的关键是缺陷与损伤许用标准的确定。如 F-18 的修理指南规定压痕小于 0.4mm,深分层小于 ϕ13mm 圆面积,开胶小于 ϕ19mm 圆面积可不修理,照常使用。最近他们的经验又表明,以前的规定偏保守一些,还可放宽[5]。但定量上放宽到什么程度还要基于进一步的试验慎重决定。

9.1.2 确定能修与不能修的界限

当缺陷和损伤的大小超过一定的量值时,制件修理难以达到标准要求或在经济上已不合算,则只能报废更换制件。如波音飞机公司规定缺陷或损伤的范围大于制件面积的 15% 时报废不可修,F-18 规定蜂窝结构分层大于 50mm,开胶大于 75mm,层压板分层大于 75mm 时报废不可修[5]。

上述工作简单示意如图 9-1 所示。

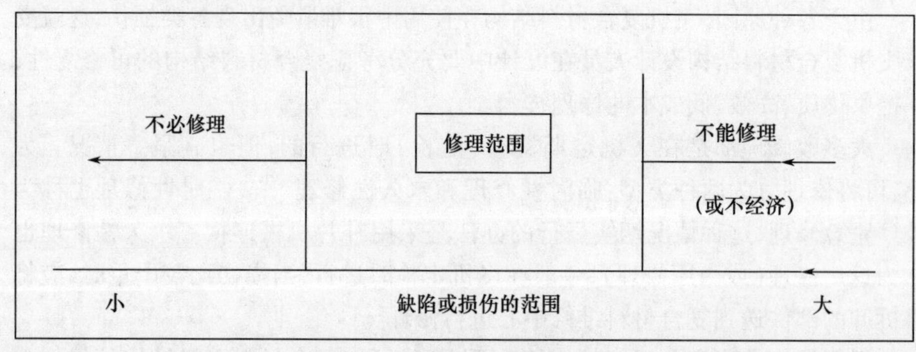

图 9-1 修与不修、能修与不能修界限与修理范围

落在修理范围内的缺陷或损伤才是修理的对象。修理容限的准确定出要有试验研究的基础和生产、使用的实践经验。

9.1.3 修理指标

美国波音飞机公司的指标要求强度、刚度恢复到原制件的 60% ~80% 即可,这被多数航空公司所接受。如何定量地确定这一标准,仍是一个需要研究的问题。

对波音公司提出的这个指标进一步分析,得到以下4个结论[6-8]:

(1) 修理容限直接控制参数不是损伤尺寸等具体参数,而是损伤结构的剩余强度与原设计强度之比。修理下限的理论分析内容包括研究由各种典型损伤情况下结构的剩余强度,以及湿热环境、损伤和载荷同时作用于结构的情况下,结构的静强度和疲劳强度。修理上限的理论分析主要研究一定工艺下修补对结构强度的影响。事实上,这些影响最终可以推算出一个参数,也就是损伤结构的剩余强度。考虑到一般性,将不同损伤结构的剩余强度进行归一化处理。即将剩余强度除以原设计强度,其结果可直接用来衡量修理容限,评估修理效果,该方法直观且对损伤结构的适用范围广[6]。

(2) 全机所有复合材料损伤结构相应的修理容限均在自身设计强度60%~80%之间,具体要求由损伤结构部位特点决定。J. W. Choi 等人对石墨/环氧复合材料采用三种修理方法(即单面预固化补片法、双面预固化补片法和实地固化法)进行了静强度研究,得出了静强度恢复率为无缺口件的60%~80%的结论。这结果正好与波音公司的修理指标相吻合[7]。事实上,对于最低值60%(大于90%设计限制载荷,即0.9LL),并非所有元件都可以只恢复到这个值。只有对于一些特定结构,如翼身整流罩、雷达罩等,临时修理强度恢复要求可为0.9LL。结构剩余强度小于设计限制载荷,但大于持续安全飞行载荷(0.7LL)的目视易检损伤,其上限定为最大易检损伤,可在飞机常规使用少数几次飞行期间被检出。

(3) 受各种因素影响,修理后的结构不能完全恢复到完好状态[7]。

图9-2给出维修效果与成本关系示意图。在开始阶段,成本缓慢增加,而维修效果显著增加,这时修理是经济的。到了一定程度后,维修效果和成本均出

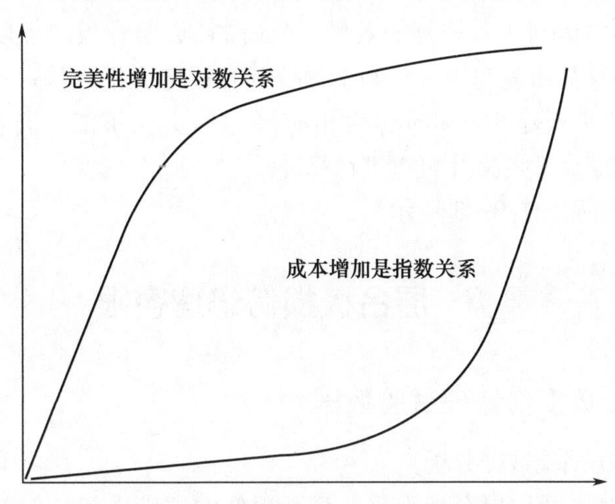

图9-2 维修完美性与成本的关系

现拐点，此后维修成本需要增加很多，才可以稍微提高维修效果。由于受修理条件，如设备、航材、技术、时间、经济等影响，使得修理不能一味追求完美。事实上，修理结构是奇异结构，在修理处强度、刚度上都有突变。因此，波音公司将复合材料结构修理后强度恢复最高指标定为80%。也就是说，若将原制件强度恢复到原有强度的80%以上，可能在时间、经济、增重等综合因素考虑下并不划算。

（4）波音公司提出的修理效率验收指标（60%～80%），实质上正是修理下限（修与不修的界限）[8]。另一方面，若受损严重，使得修理后的结构强度仍然不能达到这个验收标准，这时建议更换。

9.2 损伤修理容限研究方案

本章具体说明了复合材料修理容限的研究内容、修理容限的表征，通过有限元分析的手段研究了层合板穿孔、裂口、分层等损伤形式的修理容限，以及蜂窝夹层结构开孔、开胶、划伤等形式的损伤修理容限。

本书通过试验和数值模拟结合的方式，对损伤修理容限进行研究，修理容限评估准则为：根据复合材料层合板损伤试验结果，结合《复合材料结构修理指南》中的要求，本书取保守界限，将剩余载荷比率 Q 为80%定为损伤修理容限中修与不修的界限，Q 高于80%时认为复合材料层合板结构可以包容相应尺寸的穿孔损伤，Q 低于80%时认为复合材料层合板结构不能包容该尺寸穿孔损伤，需要进行修理。根据复合材料层合板修补试验结果，结合复合材料修理指南中的要求，在修补中达到永久修复的效果，保证修补后层合板的强度性能完全恢复，本书将修补载荷恢复率 M 为100%的修补孔径定为损伤修理容限中能修与不能修的界限，M 低于100%时认为相应尺寸的穿孔不能进行修补，M 高于100%时认为相应尺寸的穿孔可以进行修补。

具体研究流程如图9-3所示。

9.3 层合板损伤修理容限

9.3.1 层合板损伤修理试验数据

1. 穿孔损伤试验数据分析

第7章针对碳纤维层合板无损及穿孔损伤的试件进行拉伸、压缩试验，其中穿孔包括 $\phi_1=20\text{mm}$、$\phi_2=40\text{mm}$ 两种孔径，得到其所能承受的最大载荷，结

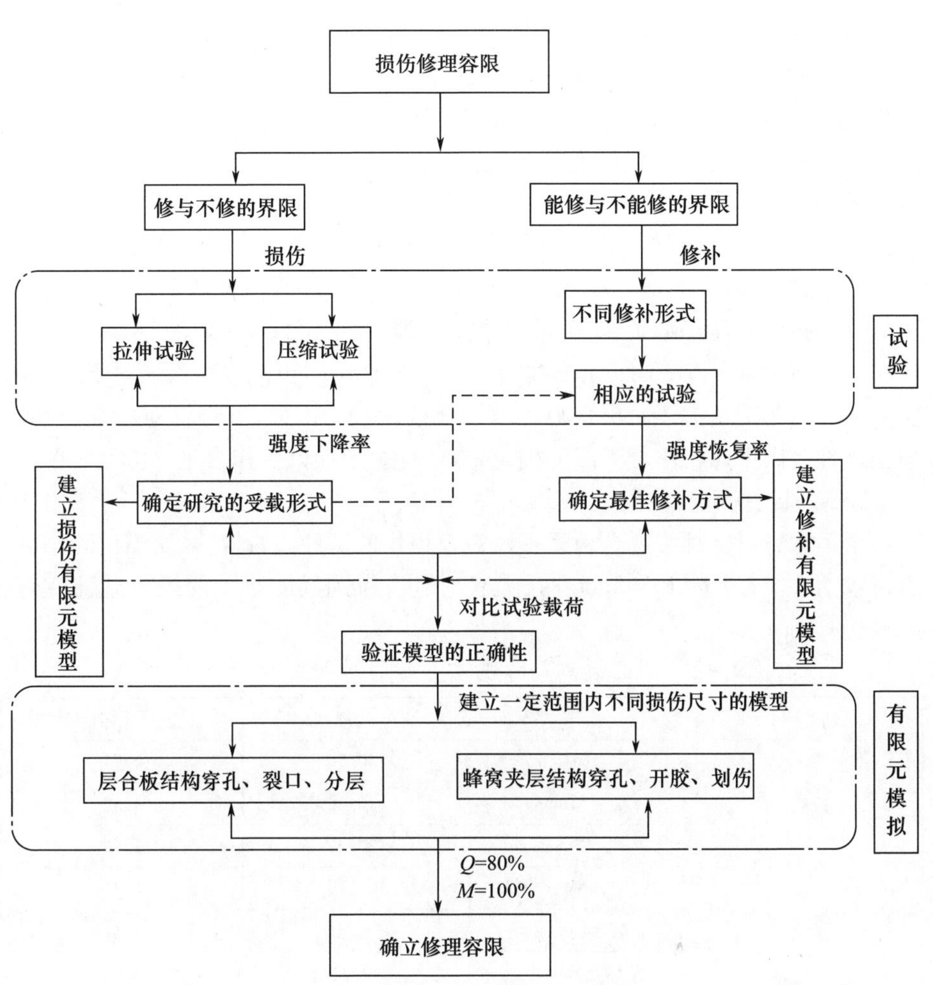

图9-3　复合材料损伤修理容限研究流程

果见表9-1。

表9-1　不同穿孔尺寸的层合板拉伸强度及变异系数

试验项目	损伤	P平均值/kN	变异系数/%
拉伸	无损	180.79	4.74
	$\phi_1=20$mm	106.41	3.07
	$\phi_2=40$mm	88.07	7.46
压缩	无损	101.19	4.31
	$\phi_1=20$mm	97.57	1.81
	$\phi_2=40$mm	95.27	10.88

由表9-1可以看出,试验数据的变异系数均较小,除了压缩(ϕ_2 = 40mm)的变异系数,其余均小于10%,且压缩(ϕ_2 = 40mm)的变异系数基本接近于10%,说明该试验数据的分散性小,数据可靠。

含穿孔损伤层合板拉伸强度由大到小依次为:无损、穿孔 ϕ_1 = 20mm、穿孔 ϕ_2 = 40mm。压缩强度由大到小依次为:无损、穿孔 ϕ_1 = 20mm、穿孔 ϕ_2 = 40mm。穿孔损伤导致了复合材料层合板的拉伸及压缩强度降低。随着损伤程度的加深,降低的程度越发明显。相比无损复合材料层合板的拉伸载荷,穿孔1(ϕ = 20mm)的拉伸载荷降低了41.1%,压缩载荷降低了3.58%;穿孔2(ϕ = 40mm)的拉伸载荷降低了51.3%,压缩载荷降低了5.85%。可见穿孔损伤对于层合板拉伸性能的影响远大于对层合板压缩性能的影响。因而,本书针对穿孔损伤的损伤修理容限中修与不修界限的确定,选取穿孔拉伸试验作为主要考量对象。

2. 裂口损伤试验数据

第7章针对碳纤维层合板无损及裂口损伤的试件进行拉伸、压缩试验,其中裂口包括 L_1 = 15mm、L_2 = 5mm 两种裂口长度,得到其能承受的最大载荷,结果见表9-2。

表9-2　不同裂口尺寸的层合板拉伸强度及变异系数

试验项目	损伤	P 平均值/kN	变异系数/%
拉伸	无损	180.79	4.74
	L_1 = 15mm	113.35	4.68
	L_2 = 5mm	137.49	7.56
压缩	无损	101.19	4.31
	L_1 = 15mm	59.50	3.11
	L_2 = 5mm	79.72	3.08

由表9-2可以看出,试验数据的变异系数均较小,均小于10%,说明该试验数据的分散性小,数据可靠。

含裂口损伤层合板拉伸强度由大到小依次为:无损、裂口 L_2 = 5mm、裂口 L_1 = 15mm。压缩强度由大到小依次为:无损、裂口 L_2 = 5mm、裂口 L_1 = 15mm。裂口损伤导致了复合材料层合板的拉伸及压缩强度降低。随着损伤程度的加深,降低的程度越发明显。相比无损复合材料层合板的拉伸载荷,穿孔1(L = 15mm)的拉伸载荷降低了37.3%,压缩载荷降低了41.2%。裂口2(L = 5mm)的拉伸载荷降低了23.9%,压缩载荷降低了21.2%。可见裂口损伤对于层合板拉伸和压缩性能均有较大影响,影响力基本相当。因而,本书针对裂口损伤的损伤修理容限中修与不修界限的确定,仅选取了裂口拉伸试验为主要考量对象。

3. 分层损伤试验数据

由于分层损伤对层合板的压缩性能有影响，而对其拉伸性能影响不大，因而第7章试验针对碳纤维层合板无损及分层损伤的试件进行了压缩试验，其中分层包括 $D_1\phi=20\text{mm}$、$D_2\phi=40\text{mm}$ 两种分层，得到其能承受的最大载荷，结果见表9-3。

表9-3 不同损伤形式的层合板拉伸强度及变异系数

试验项目	损伤	P 平均值/kN	变异系数/%
压缩	无损	101.19	4.31
	$\phi=20\text{mm}(D_1)$	101.27	3.05
	$\phi=40\text{mm}(D_2)$	96.14	3.94

由表9-3可以看出，试验数据的变异系数均较小，均小于10%，说明该试验数据的分散性小，数据可靠。

相比无损复合材料层合板的压缩载荷，$D_2(\phi=40\text{mm})$ 的压缩载荷降低了4.99%，$D_1(\phi=20\text{mm})$ 的压缩载荷没有降低。可见当分层损伤的直径较大时，才会对层合板压缩性能有所影响。本书将分层压缩试验作为考量对象，针对分层损伤确定其损伤修理容限中修与不修界限。

4. 穿孔修补试验数据

第7章针对碳纤维层合板穿孔损伤修补后的试件进行拉伸、压缩试验，其中修补方案见表9-4，试验测得其能承受的最大载荷，拉伸强度结果见表9-5。

表9-4 穿孔损伤修补方案

损伤类型	修理方法	方法细节	分组编号
穿孔	常规铺层修理	双面铺层	A-OH1;A-OH2
		单面铺层	B-OH1
	斜面铺层修理	斜面角度1:10,单面铺层	C-OH1
		斜面角度1:18,单面铺层	D-OH1;D-OH2
	补片修理	双面补片	E-OH1
		单面补片	F-OH2

表9-5 穿孔损伤修补后层合板拉伸强度

试验项目	损伤形式	修补方式	F 平均值/MPa	变异系数/%
拉伸	穿孔 $\phi=20\text{mm}$	A-OH1	477.53	5.03
		B-OH1	420.59	9.20
		C-OH1	404.31	5.33
		D-OH1	522.38	3.07
		E-OH1	338.65	4.62

续表

试验项目	损伤形式	修补方式	F 平均值/MPa	变异系数/%
拉伸	穿孔 $\phi=40$mm	A - OH2	444.12	9.41
		D - OH2	528.21	5.52
		F - OH2	266.19	7.69
压缩	穿孔 $\phi=20$mm	A - OH1	208.61	3.21
		D - OH1	163.72	6.44
		F - OH1	139.28	2.75
	穿孔 $\phi=40$mm	B - OH2	177.12	7.68
		D - OH2	232.24	5.53
		E - OH2	151.28	2.56

从表9-5中可以看出，每组试验的变异系数均小于10%，数据分散性小，可靠性高。表中A、B、C、D、E、F为6种不同的修补方式，依次代表：常规铺层（双面）、常规铺层（单面）、斜面（挖补角度1∶10）、斜面（挖补角度1∶18）、补片（双面）、补片（单面）。

相比损伤后层合板的拉伸性能，6种修补方式均使强度有所恢复。针对OH1（穿孔 $\phi=20$mm）的损伤试件，修补后强度恢复由小到大依次为：补片（双面）、斜面（挖补角度1∶10）、常规铺层（单面）、常规铺层（双面）、斜面（挖补角度1∶18）。其中斜面（挖补角度1∶18）的修理方式使得修补后强度超越无损层合板的强度，其修补后强度为522.38MPa，强度恢复率为100.96%，是可以采取的最佳修补方式。针对OH2（穿孔 $\phi=40$mm）的损伤试件，修补后强度及恢复率由小到大依次为：补片（单面）、常规铺层（双面）、斜面（挖补角度1∶18）。其中斜面（挖补角度1∶18）的修理方式使得修补后强度超越无损层合板的强度，其修补后强度为528.21MPa，强度恢复率为102.1%，是可以采取的最佳修补方式。

相比损伤后层合板的压缩性能，对于OH1（穿孔 $\phi=20$mm）的不同修补结果，其修补后载荷从大到小依次为：A-OH1、D-OH1、F-OH1，对于OH2（穿孔 $\phi=40$mm）的不同修补结果，其修补后载荷从大到小依次为：D-OH2、B-OH2、E-OH2。

对于修补后压缩强度，除了F-OH1，其余均高于无损压缩强度，说明对于孔径 $\phi=20$mm 和 $\phi=40$mm 两种穿孔损伤，除了单面补片修理外，其余修补方式均能使其剩余强度完全恢复。对于修补后拉伸强度，仅集中在D-OH1和D-OH2组中，说明对于穿孔损伤，孔径 $\phi=20$mm 和 $\phi=40$mm 两种损伤，斜面铺层修理（斜面角度1∶18）均能使其剩余强度完全恢复。因此，本书针对穿孔损伤的损伤修理容限中能修与不能修界限的确定，我们选取斜面修理这种修补方式为主要考量对象。

5. 裂口修补试验数据

本试验针对碳纤维层合板裂口损伤修补的试件进行拉伸、压缩试验，其中修补方案见表9－6，试验测得其所能承受的最大载荷，拉伸强度结果见表9－7。

表9－6　裂口损伤修补方案

损伤类型	修理方法	方法应用	分组编号
裂口	铺层修理	拉伸、压缩	A－FL1
	补片修理	拉伸、压缩	B－FL1
	切口修理	拉伸、压缩	C－FL2

表9－7　裂口损伤修补后的层合板拉伸强度

试验项目	修补方式	*F* 平均值/MPa	变异系数/%
拉伸	A－FL1	424.67	3.69
	B－FL1	423.65	1.56
	C－FL2	628.92	1.16
压缩	A－FL1	283.61	7.52
	B－FL1	217.33	3.52
	C－FL2	140.78	8.13

从表9－7中可以看出，每组试验的变异系数均小于10%，数据分散性小，可靠性高。表中A、B、C为3种不同的修补方式，依次代表：铺层修理、补片修理、切口修理。由表可见，相比损伤后层合板的拉伸性能，3种修补方式均使强度有所恢复，修补后强度由小到大依次为补片修理、铺层修理、切口修理。其中切口修理的修理方式使得修补后强度超越无损层合板的强度，其修补后强度为628.92MPa，强度恢复率为121.6%，是可以采取的最佳修补方式。相比损伤后层合板的压缩性能，3种修补方式均使强度有所恢复，修补后强度由小到大依次为切口修理、补片修理、铺层修理。其中铺层修理的修理方式使得修补后强度超越无损层合板的强度，其修补后强度为283.61MPa，强度恢复率为195.6%，是可以采取的最佳修补方式。

修补后超过无损层合板拉伸强度的，仅集中在C－FL2组中，说明对于含裂口层合板拉伸性能，切口修补能使其剩余强度完全恢复。修补后超过无损层合板压缩强度的，仅集中在B－FL1、B－FL2组中，说明对于含裂口层合板压缩性能，铺层修补、补片修补能使其剩余强度完全恢复，而铺层修补效果最好。针对裂口损伤的损伤修理容限中能修与不能修界限的确定，我们选取修补的方式分类讨论，对拉伸性能选取切口修补为考量对象，对压缩性能选取铺层修补为参考对象。

6. 分层修补试验数据

第7章针对碳纤维层合板分层损伤修补的试件进行压缩试验，其中选取挖补修理为修补方式，试验测得其能承受的最大载荷，修理后的压缩强度结果见表9-8。

表9-8 挖补修补分层损伤后的层合板压缩强度

试验项目	修补方式	F 平均值/MPa	变异系数/%
压缩	DL1(ϕ=20mm)	170.53	2.85
	DL2(ϕ=40mm)	175.53	1.83

从表9-8中可以看出，每组试验的变异系数均小于10%，数据分散性小，可靠性高。由表可见，对于 ϕ=20mm 和 ϕ=40mm 两种损伤，挖补修理这种修补方式是可取的。针对分层损伤的损伤修理容限中能修与不能修界限的确定，我们选取挖补这种修补方式为考量对象。

9.3.2 穿孔损伤修理容限

1. 修与不修界限的确定

本书在前面章节中根据层合板损伤试验结果，已确定采用穿孔损伤拉伸性能研究层合板损伤修理容限的确定，并已经验证了层合板穿孔损伤模型的正确性，运用该模型进一步探讨层合板穿孔损伤结构损伤修理容限中修与不修的界限。《复合材料结构修理指南》中指出，美国波音飞机公司的指标要求强度恢复到原制件的60%~80%即可，根据复合材料层合板损伤试验结果，结合《复合材料结构修理指南》中的要求，本书取保守界限，将剩余载荷比率 Q 为80%定为损伤修理容限中修与不修的界限，Q 高于80%时认为复合材料层合板结构可以包容相应尺寸的穿孔损伤，Q 低于80%时认为复合材料层合板结构不能包容该尺寸穿孔损伤，需要进行修理。Q 按照式(9-1)进行计算。

$$Q=\frac{P_1}{P}\times 100\% \tag{9-1}$$

式中：P_1 为穿孔层合板的极限载荷(N)；P 为无损层合板的极限载荷(N)。

本书选取穿孔孔径为 ϕ4mm、ϕ6mm、ϕ8mm、ϕ10mm、ϕ11mm、ϕ12mm、ϕ20mm 的穿孔损伤层合板进行拉伸模拟，输出其载荷位移曲线，如图9-4所示。

由图9-4可以看出，在层合板破坏之前，随着载荷的增加，位移呈线性增加。随着损伤孔径的变大，极限载荷逐渐降低。其极限载荷和载荷比率见

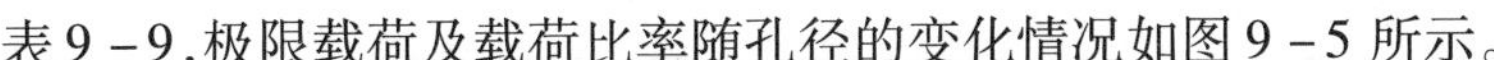
表9-9,极限载荷及载荷比率随孔径的变化情况如图9-5所示。

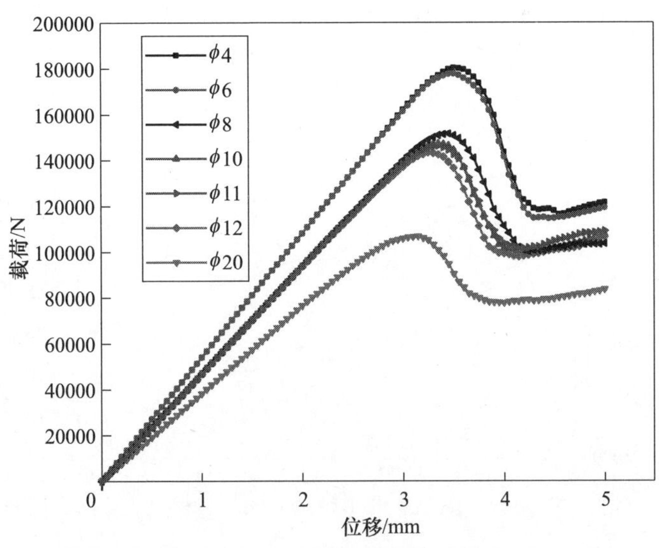

图9-4　含不同孔径穿孔层合板的拉伸载荷-位移曲线

表9-9　不同孔径穿孔层合板极限载荷和载荷比率

穿孔孔径/mm	极限载荷/N	剩余载荷比率/%
ϕ4	180202.7	99.68
ϕ6	177837.2	98.37
ϕ8	151547	83.82
ϕ10	147151	81.39
ϕ11	146234	80.89
ϕ12	143283	79.25
ϕ20	106852	59.10

由表9-9可以看出,ϕ12mm的剩余载荷比率稍小于80%,而ϕ11mm的剩余载荷比率稍大于80%,则损伤修理容限修与不修的界限处于两者之间。图9-5中给出Q为80%时临界点的坐标,可以看出,该临界点孔径为ϕ11.56mm,考虑经济性,可将层合板穿孔损伤修理容限中修与不修的界限定为ϕ12mm。

2. 能修与不能修界限的确定

根据复合材料层合板修补试验结果,结合《复合材料结构修理指南》中的要求,在修补中达到永久修复的效果,保证修补后层合板的强度性能完全恢复。本

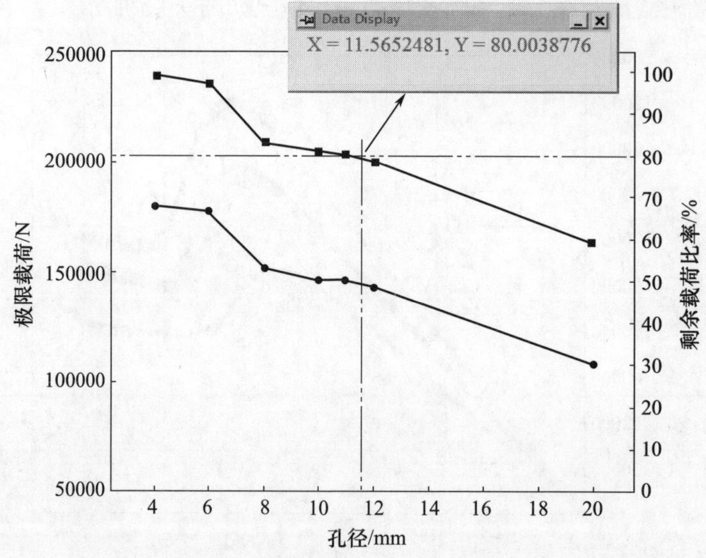

图 9－5　极限载荷及剩余载荷比率随孔径的变化情况

书将修补载荷恢复率 M 为 100% 的修补孔径定为穿孔损伤修理容限中能修与不能修的界限，M 低于 100% 时认为相应尺寸的穿孔不能进行修补，M 高于 100% 时认为相应尺寸的穿孔可以进行修补。M 按照式(9－2)进行计算。

$$M = \frac{P_2}{P} \times 100\% \tag{9-2}$$

式中：P_2 为穿孔修补后层合板的极限载荷(N)；P 为无损层合板的极限载荷(N)。

根据前文中针对穿孔损伤的 3 种修补方式的试验结果的探讨，确定采用斜面修补的方式对穿孔损伤修理容限能修与不能修的界限进行研究，且在第 7 章中已经验证了层合板斜面修补模型的正确性。

运用该模型进一步研究挖补角度对修补效果的影响。本书选取斜面修理的斜面角度为变量，分别取 1∶6、1∶8、1∶10、1∶12、1∶14、1∶16、1∶18、1∶20 和 1∶22，其他变量不变，对修补后结构进行拉伸试验，得到其极限载荷，结果如图 9－6 所示。

图 9－6 中，点划线为无损层合板的拉伸极限载荷。由图可以看出，在选取的斜面角度中，斜面角度为 1∶6、1∶10、1∶20、1∶22 时，其修补结构的极限载荷低于无损层合板的极限载荷。1∶8、1∶12、1∶14、1∶16、1∶18 的斜面修补角度结构的极限载荷高于无损层合板的极限载荷，在对强度恢复率要求高的修理结构中可以采用。图中曲线为拟合出的修补后层合板极限拉伸载荷随斜面角度变化而变化的规律曲线。斜面角度小于 1∶8 时，随着斜面

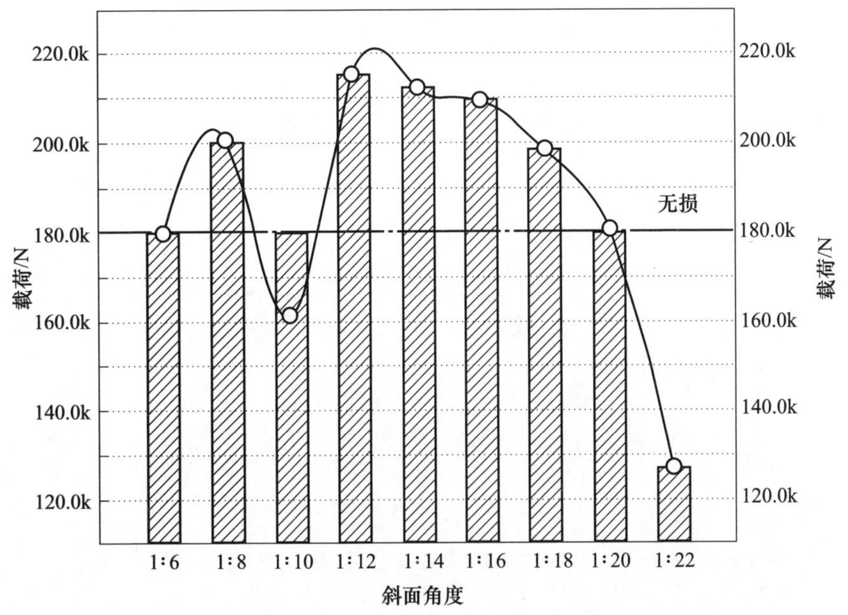

图 9-6　斜面角度对穿孔层合板斜面修补承载能力的影响

角度的增大，极限载荷增大；斜面角度大于 1:8 小于 1:10 时，随着斜面角度的增大，极限载荷减小；斜面角度大于 1:10 时，随着斜面角度的增大，极限载荷先增大后减小，修补后拉伸极限载荷最大值出现在斜面 1:12 和 1:14 之间，且偏近于 1:12。这主要是因为胶层承载能力和去除母板材料的面积两者综合影响层合板的修补强度。斜面角度越小，挖补角越小，胶层有效面积越大，胶层的承载能力越大，但同时斜面角度越小，需要去除母板中未损伤的材料越多，母板和补片在胶层部位的剖面厚度越小，锲形端部的应力集中越大。显然，使修补结构中的胶层和层压板同时发生破坏的斜面角度为最佳斜面修理角度。在单向拉伸载荷作用下，斜面角度稍大于 1:12 时复合材料层合板斜面挖补修理强度达到最佳。

根据如上参数研究结果，本书模型中将斜面角度设为 1:12。选取孔径为 ϕ40mm、ϕ45mm、ϕ50mm、ϕ52mm、ϕ54mm、ϕ55mm、ϕ60mm、ϕ80mm 的穿孔损伤，采用斜面修补的方法进行拉伸模拟，输出其载荷位移曲线，如图 9-7所示。

由图 9-7 可以看出，在层合板破坏之前，随着载荷的增加，位移呈线性增加。随着损伤孔径的变大，修补极限载荷逐渐降低。根据孔径 ϕ40mm 斜面修补的试验结果对模拟的结果进行修正，其修正极限载荷和修补载荷恢复比率见表 9-10，极限载荷及修补载荷恢复比率随孔径的变化情况见图 9-8。

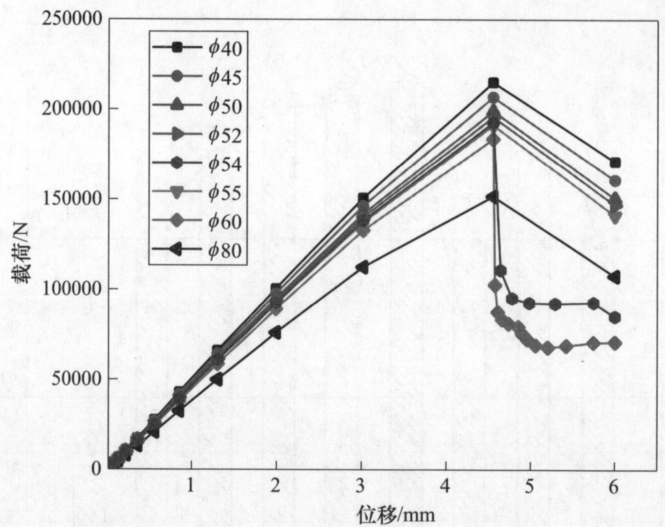

图 9－7　不同孔径穿孔损伤斜面修补后层合板拉伸载荷－位移曲线

表 9－10　不同穿孔孔径修理后极限载荷和修补载荷恢复比率

孔径/mm	极限载荷/N	修正载荷/N	修补载荷恢复比率/%
φ40	214893	197299	109. 13
φ45	206870. 4	189934	105. 06
φ50	199126. 6	182824	101. 13
φ52	195910. 1	179871	99. 49
φ54	192839. 8	177052	97. 93
φ55	191375. 4	175708	97. 19
φ60	183672. 5	168635	93. 28
φ80	151746. 2	139323	77. 06

由表 9－10 可以看出，φ52mm 的剩余载荷恢复比率稍小于 100%，而 φ50mm 的剩余载荷比率稍大于 100%，则损伤修理容限能修与不能修的界限处于两者之间。图 9－8 中显示出 M 为 100% 时临界点的坐标，可以看出，该临界点孔径为 φ51. 61mm，考虑安全性，可将层合板穿孔损伤修理容限中能修与不能修的界限定为 φ51mm。

9. 3. 3 裂口损伤修理容限

1. 修与不修界限的确定

在第 8 章中已经验证了层合板裂口损伤模型的正确性，运用该模型进一步

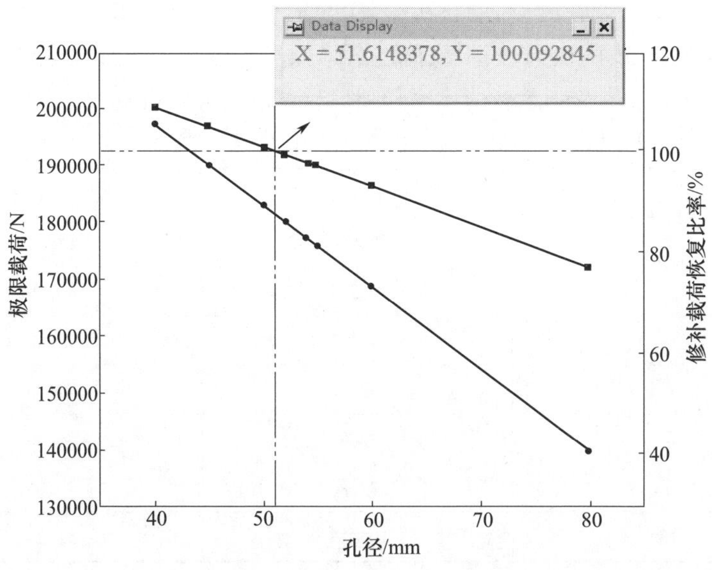

图 9-8　极限载荷及修补载荷恢复比率随孔径的变化

探讨层合板裂口损伤结构损伤修理容限中修与不修的界限。根据复合材料层合板损伤试验结果，结合复合材料修理指南中的要求，将剩余载荷比率 Q 为 80% 定为损伤修理容限中修与不修的界限。

选取裂口长度 $L=2\text{mm}$、$L=3\text{mm}$、$L=5\text{mm}$、$L=6\text{mm}$、$L=7\text{mm}$、$L=8\text{mm}$、$L=15\text{mm}$ 的裂口损伤层合板进行拉伸模拟，输出其载荷-位移曲线，如图 9-9 所示。

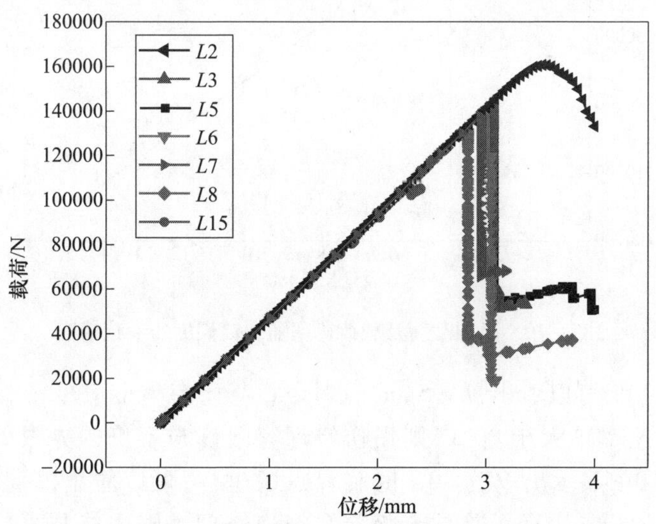

图 9-9　不同长度裂口损伤层合板拉伸载荷-位移曲线

由图9-9可以看出，在层合板破坏之前，随着载荷的增加，位移呈线性增加。随着裂口长度的变大，极限载荷逐渐降低。其极限载荷和剩余载荷比率见表9-11，极限载荷及剩余载荷比率随裂口长度的变化情况如图9-10所示。

表9-11　不同裂口长度修补极限载荷和剩余载荷比率

裂口长度/mm	极限载荷/N	剩余载荷比率/%
2	160660	88.87
3	145364	80.40
5	144126	79.72
6	139680	77.26
7	137689	76.16
8	132086	73.06
15	105213	58.20

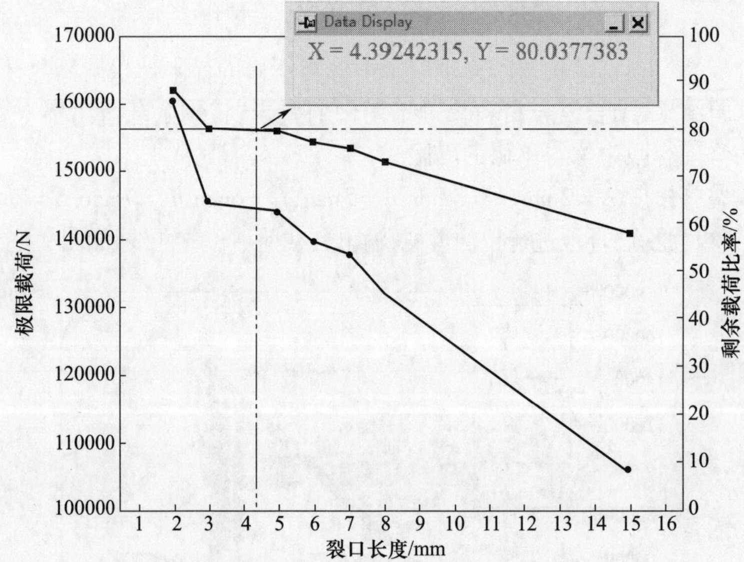

图9-10　极限载荷及载荷比率随裂口长度的变化情况

由表9-11可以看出，$L=5$mm的剩余载荷比率稍小于80%，而$L=3$mm的剩余载荷比率稍大于80%，则损伤修理容限修与不修的界限处于两者之间。图9-10中显示出Q为80%时临界点的坐标，可以看出，该临界点裂口长度为$L=4.4$mm，因而可将层合板穿孔损伤修理容限中修与不修的界限定为$L=4$mm。

2. 能修与不能修界限的确定

根据复合材料层合板修补试验结果，结合《复合材料结构修理指南》中的要求，在修补中达到永久修复的效果。本书将修补载荷恢复率 M 为 100% 的修补尺寸定为损伤修理容限中能修与不能修的界限。

本书在 9.2 节针对裂口损伤的 3 种修补方式的试验结果进行了探讨，发现拉伸和压缩两种载荷下最优的修补方式不同，因而本节对拉伸和压缩两种载荷分开讨论。针对层合板拉伸性能，采用切口修补的方式对裂口损伤修理容限能修与不能修的界限进行研究；针对层合板压缩性能，采用铺层修理的方式对裂口损伤修理容限能修与不能修的界限进行研究，且在第 7 章中已经验证了层合板切口修理及铺层修理模型的正确性。

1）裂口损伤切口修理后拉伸性能研究

选取裂口长度为 $L = 5\text{mm}$、$L = 10\text{mm}$、$L = 12\text{mm}$、$L = 14\text{mm}$、$L = 15\text{mm}$、$L = 20\text{mm}$、$L = 30\text{mm}$、$L = 35\text{mm}$、$L = 40\text{mm}$ 的裂口损伤，采用切口修补的方法进行拉伸模拟，输出其载荷 - 位移曲线，如图 9 - 11 所示。

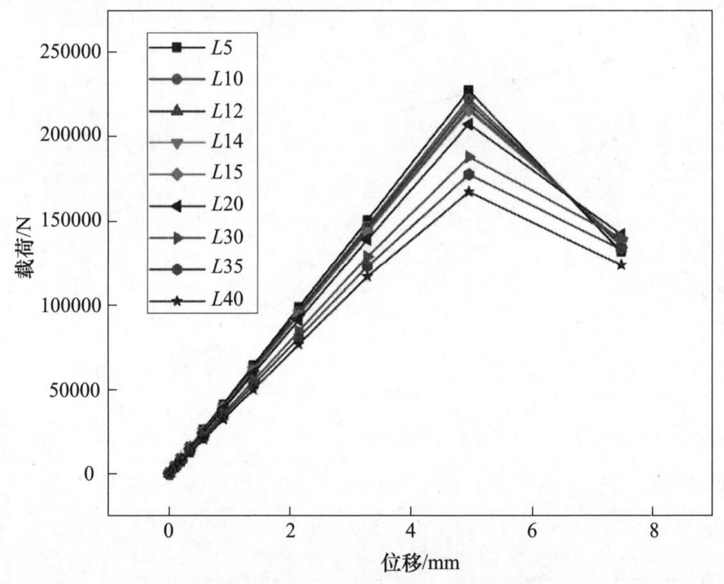

图 9 - 11　不同长度裂口切口修理后层合板拉伸载荷 - 位移曲线

由图 9 - 11 可以看出，在层合板破坏之前，随着载荷的增加，位移呈线性增加。随着裂口长度的变大，修补极限载荷逐渐降低。其极限载荷和修补载荷恢复率见表 9 - 12，极限载荷及修补载荷恢复率随裂口长度的变化情况如图 9 - 12 所示。

表9-12 不同裂口长度修补极限载荷和修补载荷恢复率

裂口长度/mm	极限载荷/N	修补载荷恢复率/%
5	231957	128.30
10	226968	125.54
12	224358	124.10
14	221380	122.45
15	219711	121.53
20	211371	116.92
30	191516	105.93
35	180968	100.10
40	170466	94.29

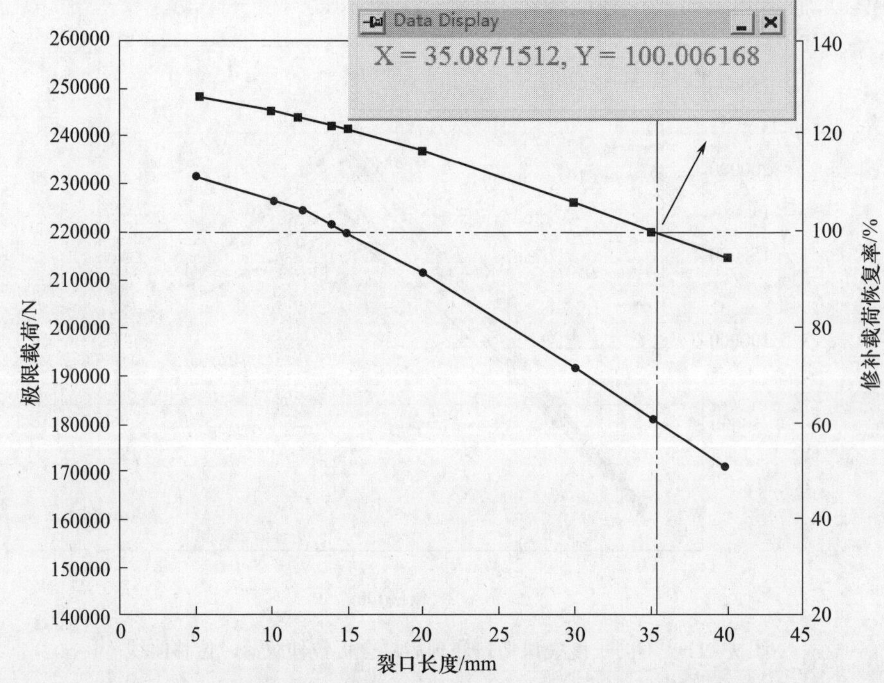

图9-12 极限载荷及修补载荷恢复率随裂口长度的变化

由表9-12可以看出，$L=40$mm 的修补载荷恢复率稍小于100%，而 $L=35$mm 的修补载荷恢复率稍大于100%，则损伤修理容限能修与不能修的界限处于两者之间。图9-12中显示出 M 为100%时临界点的坐标，可以看出，该临界

点的裂口长度为 $L=35.09\text{mm}$,因而在拉伸性能考核下,可将层合板裂口损伤的修理容限中能修与不能修的界限定为 $L=35\text{mm}$。

2）裂口损伤铺层修理压缩性能研究

选取裂口长度为 $L=15\text{mm}$、$L=20\text{mm}$、$L=30\text{mm}$、$L=40\text{mm}$、$L=50\text{mm}$ 的裂口损伤,采用铺层修补的方法进行压缩模拟,输出其载荷-位移曲线,如图 9-13所示。

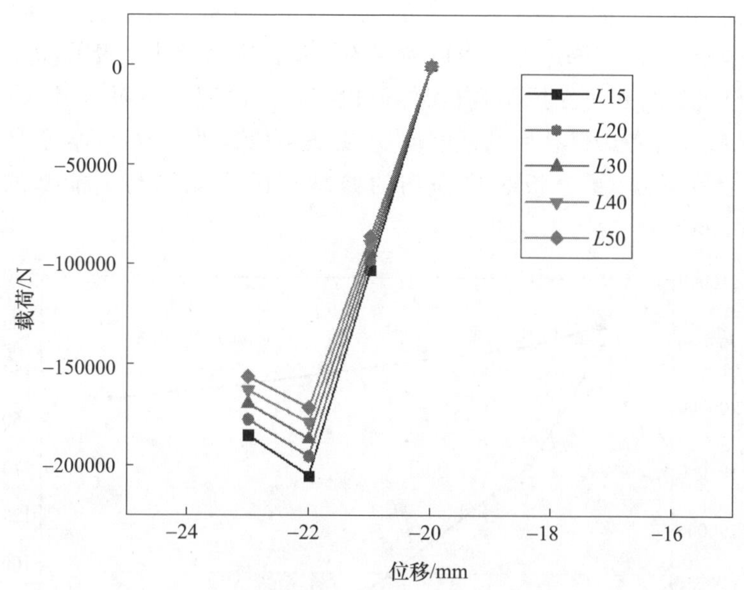

图 9-13　不同长度裂口铺层修理层合板压缩载荷-位移曲线

由图 9-13 可以看出,在层合板破坏之前,随着载荷的增加,位移呈线性增加。随着裂口长度的变大,修补极限载荷逐渐降低。其极限载荷和修补载荷恢复率见表 9-13,极限载荷及修补载荷恢复率随裂口长度的变化情况如图 9-14 所示。

表 9-13　不同裂口长度铺层修理层合板极限载荷和修补载荷恢复率

裂口长度/mm	极限载荷/N	修补载荷恢复率/%
15	204895.3	202.48
20	195296.6	192.99
30	186496.9	184.30
40	178429.6	176.32
50	170977.5	168.96

由表 9－13 可以看出，本书选取的裂口长度的修补载荷恢复率均远远大于 100%。从图 9－14 中可以看出，裂口损伤铺层修补后的压缩性能非常好，从其极限载荷及修补载荷恢复率随裂口长度的变化趋势可以看出，铺层修理这种修补方式可以使很长的裂口恢复其无损的承载能力，但是修补中除了考虑其修补后强度及刚度的恢复率，也要考虑修补的经济成本、修理方案的可操作性等因素。当裂口长度为 50mm，单侧补片的长度已达到 100mm，双侧补片长度则为 200mm，而试验中层合板的宽度仅为 200mm，补片已经沿宽度方向布满整个层合板，该修理方法中可使用的补片长度已经达到极限，该修补结构的重量已经远远超过无损层合板，外形也有较大改变。因而本书不再探讨更长的裂口，综合考虑修补后的强度恢复、方案可操作性、经济成本等因素，在压缩性能考核下，将层合板裂口损伤的修理容限中能修与不能修的界限定为$L=50$mm。

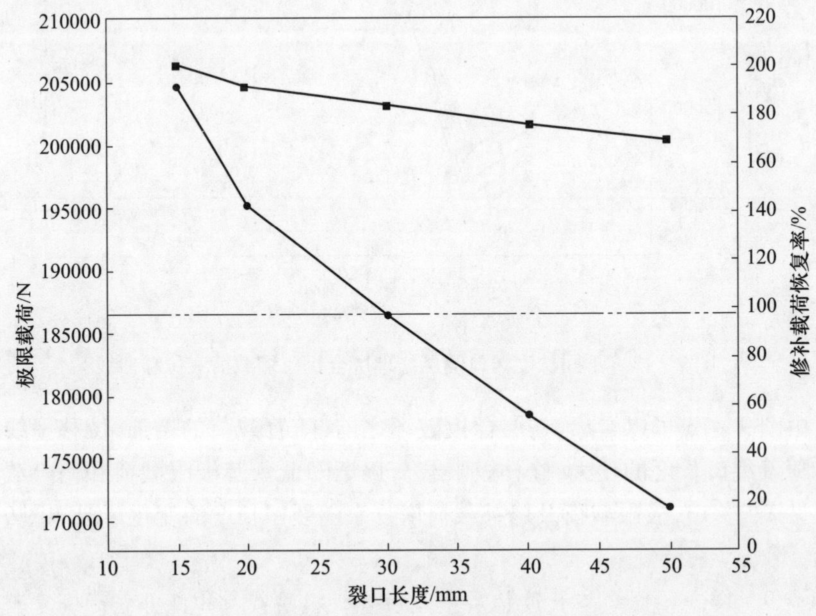

图 9－14　极限载荷及载荷恢复率随裂口长度的变化

9.3.4 分层损伤修理容限

本书在第 8 章中已经验证了层合板分层损伤模型的正确性，运用该模型进一步探讨层合板分层损伤修理容限中修与不修的界限。根据复合材料层合板损伤试验结果，结合《复合材料结构修理指南》中的要求，将剩余载荷比率 Q 为 80% 定为损伤修理容限中修与不修的界限。

选取分层损伤直径 ϕ40mm、ϕ50mm、ϕ55mm、ϕ58mm、ϕ60mm、ϕ70mm、ϕ80mm、ϕ100mm 的分层损伤层合板进行压缩模拟，输出其载荷－位移曲线，如图9－15所示。

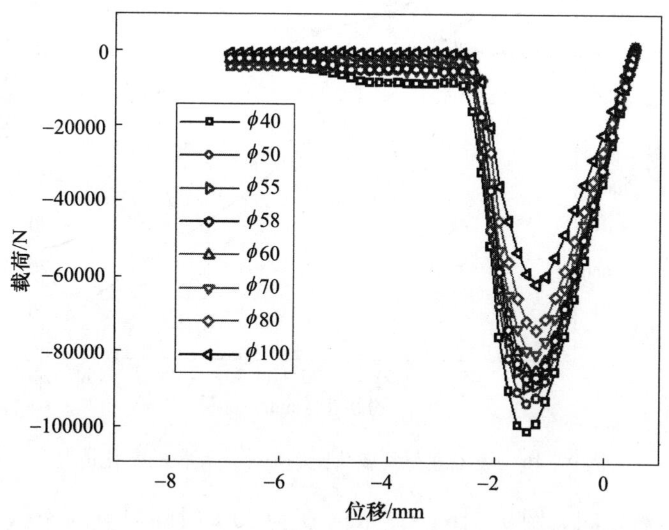

图9－15　不同分层孔径损伤层合板压缩载荷－位移曲线

由图9－15可以看出，在层合板破坏之前，随着位移的增加，载荷呈线性增加。随着分层孔径的变大，极限载荷逐渐降低。其极限载荷和剩余载荷比率见表9－14，极限载荷及剩余载荷比率随分层孔径的变化情况如图9－16所示。

表9－14　不同分层孔径极限载荷和剩余载荷比率

分层直径/mm	极限载荷/N	剩余载荷比率/%
40	96020.6	94.89
50	89064.5	88.01
55	85071.5	84.07
58	82749.5	81.77
60	80341.6	79.39
70	75792.5	74.90
80	68527.6	67.72
100	56565.9	55.90

由表9－14可以看出，ϕ60mm 的剩余载荷比率是79.39%，稍小于80%，而 ϕ58mm 的剩余载荷比率是81.77%，稍大于80%，则损伤修理容限修与不修的

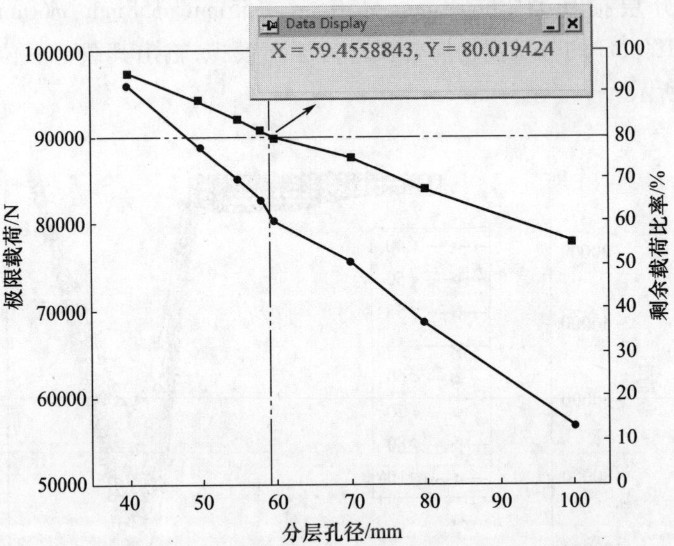

图 9 - 16　极限载荷及载荷比率随分层孔径的变化情况

界限处于两者之间。图 9 - 16 中显示出 Q 为 80% 时临界点的坐标，可以看出，该临界点孔径为 ϕ59. 45mm，可将层合板分层损伤修理容限中修与不修的界限定为 ϕ60mm。

由于分层损伤采取斜面修补，斜面角度为 1∶18，当分层为 ϕ60mm 时，挖补上界已经接近面板宽度，模型无法计算。考虑到边界效应及修补的经济性，故不对分层损伤能修与不能修的界限进行讨论。

9. 4　蜂窝夹层结构损伤修理容限

9. 4. 1　蜂窝夹层结构损伤修理试验数据

1. 穿孔损伤试验数据

第 5 章针对蜂窝夹层无损及穿孔损伤的试件进行侧压试验，得到其能承受的最大载荷，计算其侧压强度，结果见表 9 - 15。

表 9 - 15　无损及穿孔损伤的蜂窝夹层侧压极限载荷及强度

项目	无损		穿孔	
	极限载荷	侧压强度	极限载荷	侧压强度
平均值	49578. 2N	290. 26MPa	25546. 40N	121. 46MPa
变异系数	4. 01%	4. 30%	12. 87%	11. 09%

由表9-15可以看出变异系数均小于13%，分散性较小，数据可靠。穿孔损伤使得蜂窝夹层结构的压缩性能大大降低，侧压强度降低了58.2%。本书将以侧压试验为考量对象，针对蜂窝夹层结构穿孔损伤，确定其损伤修理容限中修与不修的界限。

2. 开胶损伤试验数据

第5章针对蜂窝夹层无损及开胶损伤的试件进行侧压试验，得到其能承受的最大载荷，计算其侧压强度，结果见表9-16。

表9-16　无损及开胶损伤的蜂窝夹层侧压极限载荷及强度

项目	无损		开胶	
	极限载荷	侧压强度	极限载荷	侧压强度
平均值	42079.5N	222.37MPa	36662.17N	167.89MPa
变异系数	7.16%	9.98%	7.57%	8.93%

由表9-16可以看出变异系数均小于10%，分散性较小，数据可靠。开胶损伤使得蜂窝夹层结构的压缩性能大大降低，侧压强度降低了24.5%。本书将以侧压试验为考量对象，针对蜂窝夹层结构开胶损伤，确定其损伤修理容限中修与不修的界限。

3. 划伤损伤试验数据

本试验针对蜂窝夹层无损及划伤损伤的试件进行四点弯曲试验，得到其能承受的最大载荷，计算其面板应力及模量，结果见表9-17。

表9-17　无损和划伤损伤蜂窝夹层四点弯曲性能

项目	参数	最大载荷	面板 极限应力	下面板 拉伸模量	上面板 压缩模量	夹层 弯曲刚度
无损	平均值	1573.23N	23.41MPa	22.14GPa	-17.62GPa	2001.96MN/mm
	变异系数	2.98%	2.73%	6.54%	-7.06%	7.30%
划伤损伤	平均值	1531.83N	22.91MPa	22.52GPa	-16.53GPa	1980.81MN/mm
	变异系数	3.06%	3.21%	6.86%	-16.39%	11.40%

从表9-17可以看出变异系数均小于12%，分散性较小，数据可靠。划伤损伤使得蜂窝夹层结构的弯曲性能有所降低，但影响不大，弯曲强度仅降低了2.63%。本书将以弯曲试验为考量对象，针对蜂窝夹层结构划伤损伤，确定其损伤修理容限中修与不修的界限。

4. 蜂窝夹层结构穿孔修补试验数据

第5章针对蜂窝夹层结构穿孔损伤修补的试件进行侧压试验，其中修补形式采用单面铺层和单面补片两种修理方案，试验测得其能承受的最大载荷，计算其侧压强度，结果见表9－18。

表9－18　蜂窝夹层穿孔损伤修补拉伸强度

项目	单面铺层		单面补片	
	极限载荷	侧压强度	极限载荷	侧压强度
平均值	39211.2N	260.40MPa	38751.2N	201.35MPa
变异系数	7.02%	8.72%	5.42%	8.25%

由表9－18可以看出变异系数均小于10%，数据分散性小，可靠性高。对于蜂窝夹层结构的穿孔损伤，单面铺层和单面补片这两种修补方式均可以提高损伤试件的侧压性能。其中单面铺层修理后强度恢复率为89.8%，单面补片修理后强度恢复率为69.4%，可见单面铺层的修补效果更好，本书对蜂窝夹层穿孔损伤的损伤修理容限中能修与不能修界限的确定，选取单面铺层这种修补方式为考量对象。

5. 蜂窝夹层结构开胶修补试验数据

第5章针对蜂窝夹层结构开胶损伤修补的试件进行侧压试验，其中修补形式采用注射和挖补两种修理方案，试验测得其能承受的最大载荷，计算其侧压强度，结果见表9－19。

表9－19　蜂窝夹层开胶损伤修补侧压强度

项目	注射		挖补	
	极限载荷	侧压强度	极限载荷	侧压强度
平均值	37248N	213.81MPa	37908.4N	217.65MPa
变异系数	5.91%	7.61%	4.59%	9.38%

由表9－19可以看出，试验的变异系数均小于10%，数据分散性小，可靠性高。相比蜂窝夹层结构开胶损伤，两种修补结构均可以提高损伤试件的侧压性能。其中注射修理后强度恢复率为73.7%，挖补修理后强度恢复率为75.1%，两种修补方式的修补效果相当，挖补的修补效果略好一点，本书对蜂窝夹层开胶损伤的损伤修理容限中能修与不能修界限的确定，选取挖补这种修补方式为考量对象。

6. 蜂窝夹层结构划伤修补试验数据

第5章针对蜂窝夹层划伤损伤修补结构的试件进行四点弯曲试验，修补采用铺层修理和注射修理两种方案，得到其所能承受的最大载荷，计算其面板应力及模量，结果见表9－20。

表 9-20 划伤损伤蜂窝夹层修理后四点弯曲性能

修补方式	参数	最大载荷	面板 极限应力	下面板 拉伸模量	上面板 压缩模量	夹层 弯曲刚度
铺层修理	平均值	1635.64N	24.35MPa	5.35GPa	5.20GPa	337.05MN/mm
	变异系数	3.65%	4.11%	7.26%	6.88%	7.39%
注射修理	平均值	1610.96N	24.11MPa	5.60GPa	5.23GPa	336.42MN/mm
	变异系数	1.20%	1.52%	5.39%	3.62%	6.53%

由表 9-20 可以看出,试验的变异系数均小于 10%,数据分散性小,可靠性高。相比蜂窝夹层结构划伤损伤结构,铺层修理和注射修理这两种修补结构均可以提高划伤损伤试件的弯曲性能。其中铺层修理后强度恢复率为 104%,注射修理后强度恢复率为 102.4%,两种修补方式的修补效果相当,铺层修理的修补效果略好一点,本书对蜂窝夹层划伤损伤的损伤修理容限中能修与不能修界限的确定,选取铺层修补这种修补方式为考量对象。

9.4.2 穿孔损伤修理容限

1. 修与不修界限的确定

本书在第 6 章中已经验证了蜂窝夹层结构穿孔损伤模型的正确性,运用该模型进一步探讨蜂窝夹层结构穿孔损伤结构损伤修理容限中修与不修的界限。根据复合材料蜂窝夹层损伤试验结果,结合《复合材料结构修理指南》中的要求,将剩余载荷比率 Q 为 80% 定为穿孔损伤修理容限中修与不修的界限。

选取蜂窝夹层结构穿孔孔径为 ϕ6mm、ϕ8mm、ϕ10mm、ϕ12mm、ϕ16mm、ϕ20mm 的穿孔损伤蜂窝夹层进行侧压模拟,输出其侧压载荷-位移曲线,如图 9-17 所示。

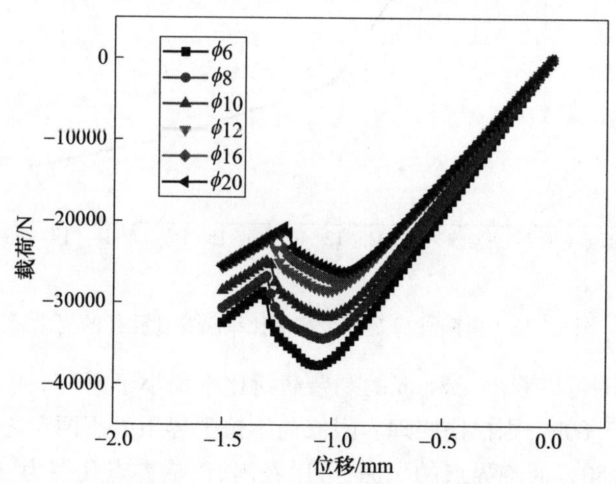

图 9-17 不同穿孔孔径损伤蜂窝夹层的侧压载荷-位移曲线

由图9－17可以看出，在蜂窝夹层破坏之前，随着载荷的增加，位移呈线性增加。随着损伤孔径的变大，极限载荷逐渐降低。其极限载荷和剩余载荷比率见表9－21，极限载荷及剩余载荷比率随孔径的变化情况如图9－18所示。

表9－21　不同孔径极限载荷和剩余载荷比率

穿孔孔径/mm	极限载荷/N	剩余载荷比率/%
ϕ6	37696.5	82.26
ϕ8	34365.9	74.99
ϕ10	31720.9	69.22
ϕ12	28522.6	62.24
ϕ16	27249.3	59.46
ϕ20	26249.7	57.28

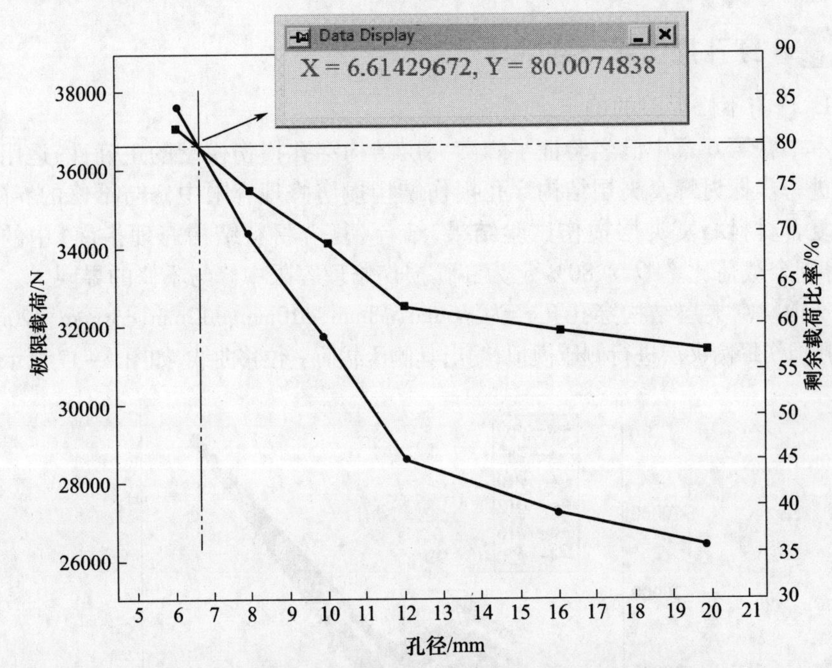

图9－18　极限载荷及剩余载荷比率随穿孔孔径的变化

由表9－21可以看出，ϕ8mm的剩余载荷比率稍小于80%，而ϕ6mm的剩余载荷比率稍大于80%，则损伤修理容限修与不修的界限处于两者之间。图9－18中显示出Q为80%时临界点的坐标，可以看出，该临界点孔径为ϕ6.6mm，因而可将蜂窝夹层结构穿孔损伤修理容限中修与不修的界限定为ϕ7mm。

2. 能修与不能修界限的确定

《复合材料结构修理指南》指出蜂窝夹层结构损伤的修补方案中，有贴补、挖补、加衬挖补等修理形式，然而只有双面贴补这种方式能使蜂窝夹层结构的强度恢复到100%，其他的修补方式仅能恢复80%~90%。根据第5章中蜂窝夹层结构穿孔损伤修补试验结果，其强度未能达到100%的恢复，可见蜂窝夹层修理容限不能按照前面层合板修理容限而确定，而《复合材料结构修理指南》中指出，美国波音飞机公司的指标要求强度恢复到原制件的60%~80%即可，本书取保守评估界限，将蜂窝夹层结构穿孔损伤修补载荷恢复率 M 为80%的修补孔径定义为损伤修理容限中能修与不能修的界限。

本书在前面章节针对蜂窝夹层穿孔损伤的两种修补方式的试验结果进行了探讨，确定采用单面铺层修补的方式对蜂窝夹层结构穿孔损伤修理容限能修与不能修的界限进行研究，且在第6章已经验证了蜂窝夹层结构穿孔损伤单面铺层修理模型的正确性。

本书选取穿孔孔径为 ϕ20mm、ϕ30mm、ϕ40mm、ϕ50mm、ϕ60mm 的穿孔损伤，采用单面铺层修补的方法进行蜂窝夹层压缩模拟，输出其载荷－位移曲线，如图9－19所示。

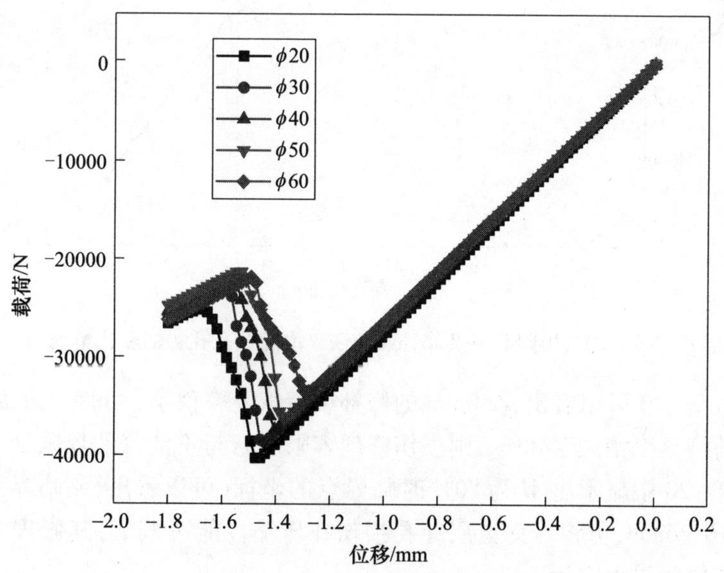

图9－19　不同孔径穿孔损伤修复后蜂窝夹层的压缩载荷－位移曲线

由图9－19可以看出，在蜂窝夹层破坏之前，随着载荷的增加，位移呈线性增加。随着损伤孔径的变大，修补极限载荷逐渐降低。其极限载荷和修补载荷恢复率见表9－22，极限载荷及修补载荷恢复率随穿孔孔径的变化情况如

图9-20所示。

表9-22　不同穿孔孔径修补极限载荷和修补载荷恢复率

穿孔孔径/mm	极限载荷/N	修补载荷恢复率/%
ϕ20	40327.8	88.00
ϕ30	38706.6	84.46
ϕ40	37423.4	81.66
ϕ50	36313	79.24
ϕ60	33533.9	73.17

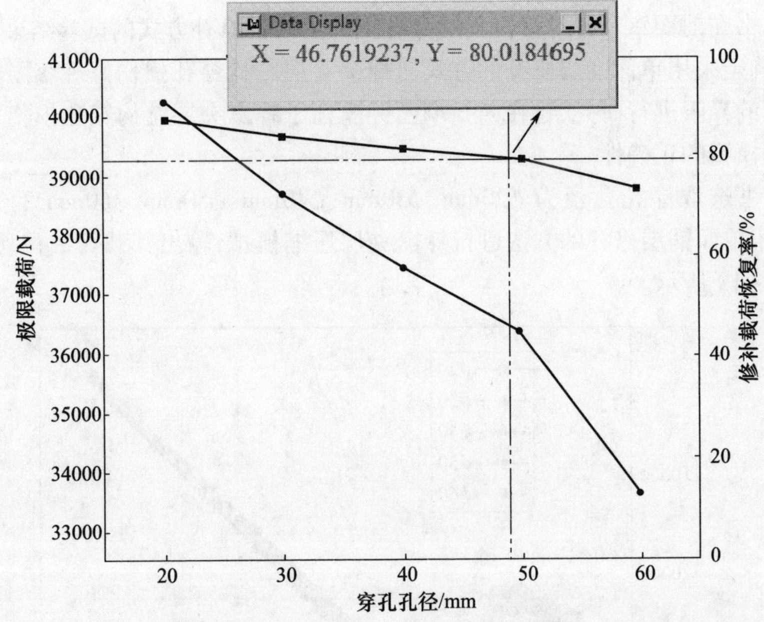

图9-20　极限载荷及修补载荷恢复率随穿孔孔径的变化情况

由表9-20可以看出，ϕ50mm的修补载荷恢复率稍小于80%，而ϕ40mm的修补载荷恢复率稍大于80%，则损伤修理容限能修与不能修的界限处于两者之间。图9-20中显示出M为80%时临界点的坐标，可以看出，该临界点的穿孔孔径为46.76mm，可将蜂窝夹层穿孔损伤在压缩性能考核下，其修理容限中能修与不能修的界限定为ϕ47mm。

9.4.3 开胶损伤修理容限

1. 修与不修界限的确定

在第6章已经验证了蜂窝夹层结构开胶损伤模型的正确性，运用该模型进一步探讨蜂窝夹层结构开胶损伤修理容限中修与不修的界限。根据复合材料蜂窝夹层损伤试验结果,结合《复合材料修理指南》中的要求,将剩余载荷比率 Q 为 80% 定为损伤修理容限中修与不修的界限。

本书选取蜂窝夹层结构开胶孔径分别为 ϕ15mm、ϕ16mm、ϕ18mm、ϕ20mm、ϕ22mm、ϕ26mm 的开胶损伤蜂窝夹层进行压缩模拟,输出其压缩载荷 - 位移曲线,如图 9 - 21 所示。

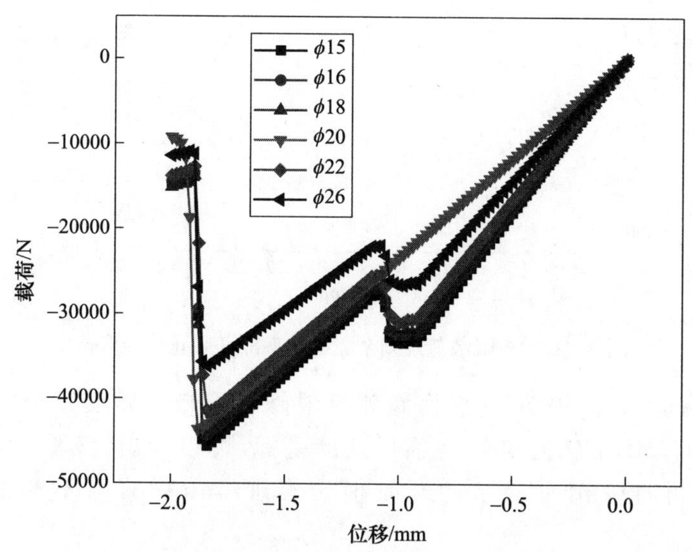

图 9 - 21　不同孔径开胶损伤蜂窝夹层的压缩载荷 - 位移曲线

由图 9 - 21 可以看出,在蜂窝夹层破坏之前,随着载荷的增加,位移呈线性增加。随着开胶损伤孔径的变大,极限载荷逐渐降低。其极限载荷和剩余载荷比率见表 9 - 23,极限载荷及剩余载荷比率随孔径的变化情况如图 9 - 22 所示。

表 9 - 23　不同开胶孔径极限载荷和剩余载荷比率

开胶孔径/mm	极限载荷/N	剩余载荷比率/%
ϕ15	43658	95.26
ϕ16	43314	94.51
ϕ18	42860	93.52
ϕ20	42655	93.08
ϕ22	41479	90.51
ϕ26	36203	79.00

由表 9 - 23 可以看出,ϕ26mm 的剩余载荷比率稍小于 80%,而 ϕ22mm 的剩

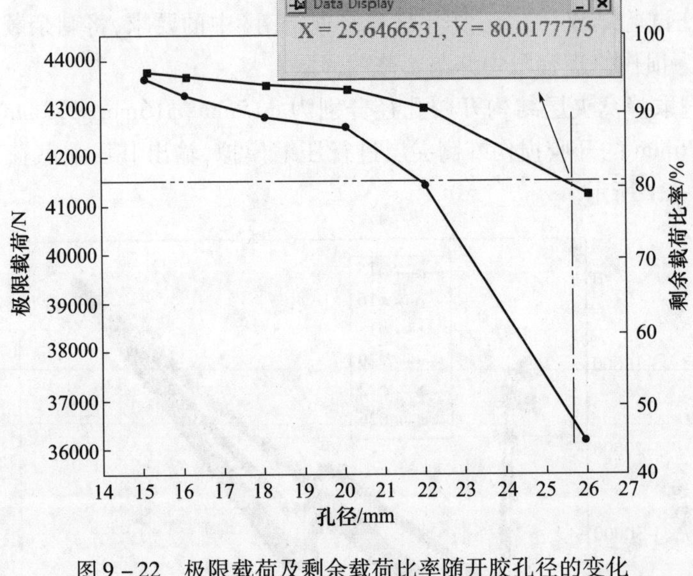

图 9-22　极限载荷及剩余载荷比率随开胶孔径的变化

余载荷比率远大于 80%，则损伤修理容限修与不修的界限处于两者之间。图 9-22中显示出 Q 为 80% 时临界点的坐标，可以看出，该临界点孔径为 ϕ25.6mm，可将蜂窝夹层结构开胶损伤修理容限中修与不修的界限定为 ϕ25mm。

2. 能修与不能修界限的确定

根据第 5 章中蜂窝夹层结构开胶损伤修补试验结果，结合《复合材料结构修理指南》中的论述，将蜂窝夹层结构开胶损伤修补载荷恢复率 M 为 80% 的修补开胶孔径定义为损伤修理容限中能修与不能修的界限。

本书在前面章节中针对蜂窝夹层开胶损伤的两种修补方式的试验结果进行了探讨，确定采用挖补修补的方式对蜂窝夹层结构开胶损伤修理容限能修与不能修的界限进行研究，且在第 6 章中已经验证了蜂窝夹层结构开胶损伤挖补修理模型的正确性。

选取开胶孔径为 ϕ20mm、ϕ30mm、ϕ40mm、ϕ50mm、ϕ60mm 的穿孔损伤，采用挖补修补的方法进行蜂窝夹层压缩模拟，输出其压缩载荷 - 位移曲线，如图 9-23所示。

由图 9-23 可以看出，在蜂窝夹层破坏之前，随着载荷的增加，位移呈线性增加。随着损伤孔径的变大，极限载荷逐渐降低。其极限载荷和修补载荷恢复率见表 9-24，极限载荷及修补载荷恢复率随开胶孔径的变化情况如图 9-24 所示。

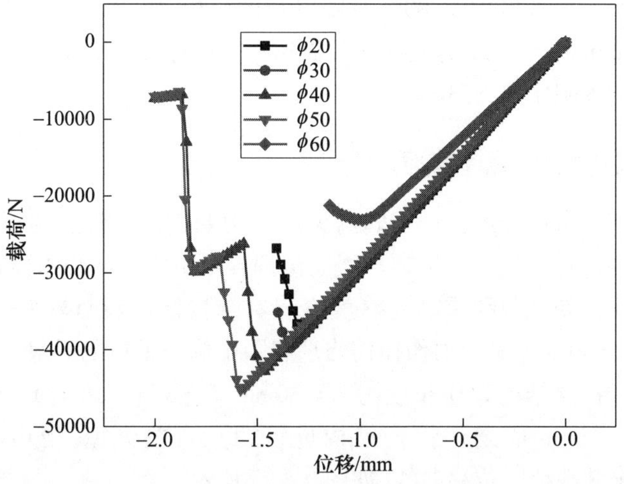

图 9-23 不同孔径穿孔损伤蜂窝夹层的压缩载荷-位移曲线

表 9-24 不同开胶孔径修补极限载荷和修补载荷恢复率

开胶孔径/mm	极限载荷/N	修补载荷恢复率/%
ϕ20	37864.89	82.62
ϕ30	39750.56	86.74
ϕ40	42843.61	93.49
ϕ50	45203.00	98.63
ϕ60	23150.47	50.52

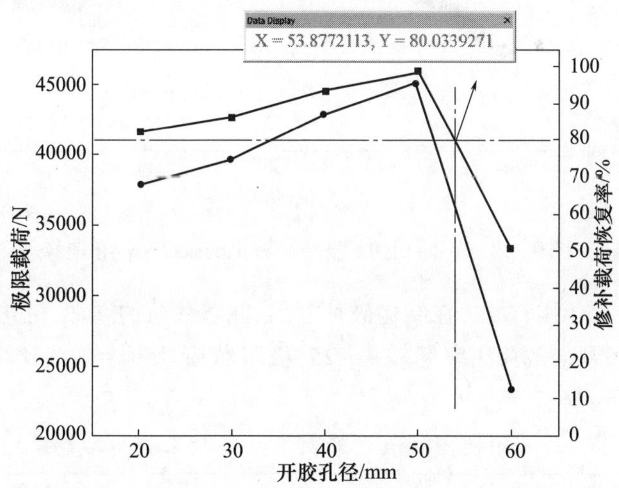

图 9-24 极限载荷及修补载荷恢复率随开胶孔径的变化

图 9-24 中显示出 M 为 80% 时临界点的坐标，可以看出，该临界点的开胶孔径为 ϕ53.87mm，可将蜂窝夹层开胶损伤在压缩性能考核下，其修理容限中能修与不能修的界限定为 ϕ53mm。

9.4.4 划伤损伤修理容限

本书在第 6 章中已经验证了蜂窝夹层结构划伤损伤模型的正确性，运用该模型进一步探讨蜂窝夹层结构划伤损伤修理容限中修与不修的界限。根据复合材料蜂窝夹层损伤试验结果，结合《复合材料结构修理指南》中的要求，将剩余载荷比率 Q 为 80% 定义为划伤损伤修理容限中修与不修的界限。

选取蜂窝夹层结构划伤长度为 $L=30$mm、$L=40$mm、$L=50$mm、$L=60$mm、$L=70$mm、$L=75$mm 的划伤损伤结构进行四点弯曲模拟，划伤深度不变，为 0.13mm，输出其载荷-位移曲线，如图 9-25 所示。

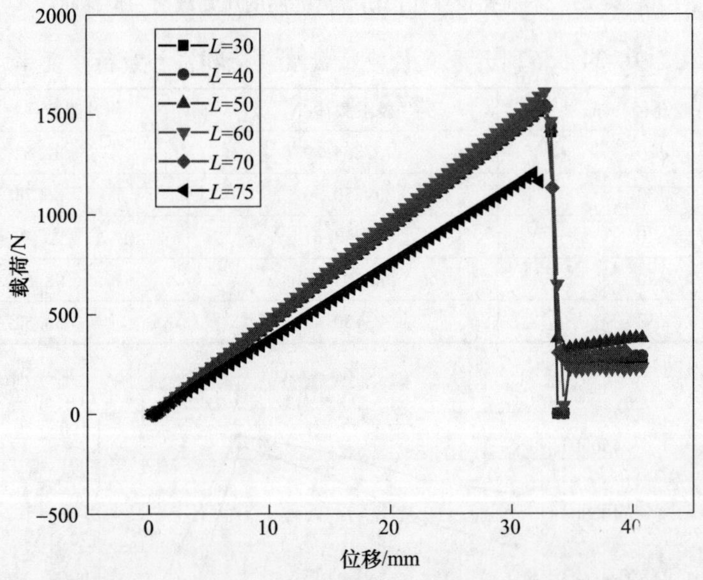

图 9-25　不同划伤长度蜂窝夹层的载荷-位移曲线

由图 9-25 可以看出，在结构破坏之前，随着载荷的增加，位移呈线性增加。其极限载荷和剩余载荷比率见表 9-25，极限载荷及剩余载荷比率随孔径的变化情况如图 9-26 所示。

表 9-25　不同划伤长度蜂窝夹层的极限载荷和载荷比率

划伤长度/mm	极限载荷/N	剩余载荷比率/%
30	1532.99	97.44

续表

划伤长度/mm	极限载荷/N	剩余载荷比率/%
40	1542.16	98.03
50	1538.66	97.80
60	1608.66	102.25
70	1537.43	97.72
75	1202.32	76.42

图 9－26 中显示出 Q 为 80% 时临界点的坐标，可以看出，该临界点划伤长度为 74.2mm，板宽为 75mm，可见只有损伤长度贯穿整个板厚时，划伤才对结构有影响。说明划伤长度对蜂窝夹层结构的弯曲性能影响不大，因而本书继续在划伤长度为 30mm 时，改变划伤深度，研究其对结构的影响。

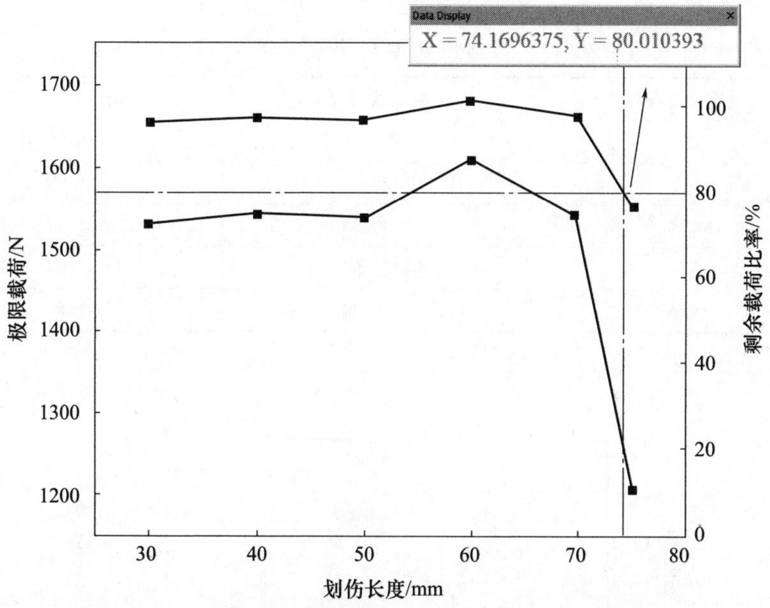

图 9－26　极限载荷及剩余载荷比率随划伤长度的变化情况

本书选取 $h=0.13\text{mm}$、$h=0.2\text{mm}$、$h=0.3\text{mm}$、$h=0.4\text{mm}$、$h=0.65\text{mm}$ 的划伤深度，建立四点弯曲模型，输出载荷－位移曲线，如图 9－27 所示。

由图 9－27 可以看出，在结构破坏之前，随着载荷的增加，位移呈线性增加。其极限载荷和剩余载荷比率见表 9－26，极限载荷及剩余载荷比率随划伤深度的变化情况如图 9－28 所示。

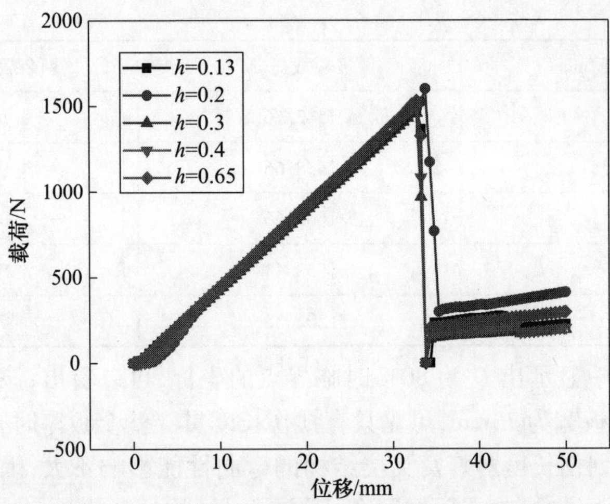

图 9－27　不同划伤深度蜂窝夹层结构载荷－位移曲线

表 9－26　不同划伤深度极限载荷和剩余载荷比率

划伤深度/mm	极限载荷/N	剩余载荷比率/%
0.13	1416.86	90.06
0.2	1525.94	96.99
0.3	1390.30	88.37
0.4	1422.59	90.42
0.65	1460.98	92.87

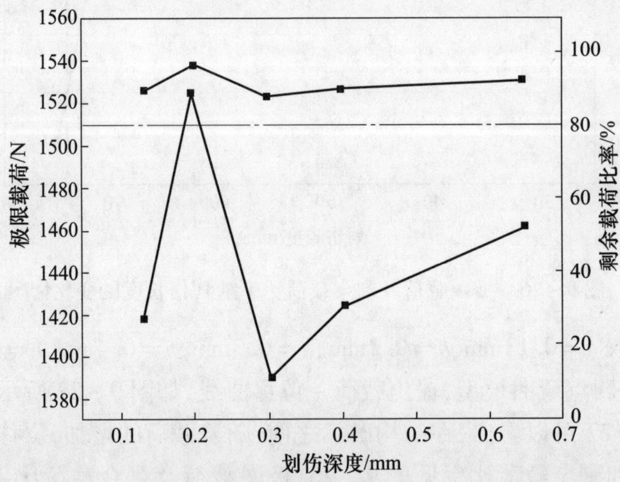

图 9－28　极限载荷及剩余载荷比率随划伤深度的变化情况

从图9-28可以看出，划伤深度贯穿整个面板时，剩余载荷比率依然高于80%，说明划伤深度对蜂窝夹层结构的弯曲性能影响不大，因而对蜂窝夹层结构的损伤容限可以不作讨论。

9.5 本章小结

本章着重开展了复合材料修理容限分析，根据制定的损伤修理容限准则，采用试验及数值模拟分析结合的方法，研究了层合板穿孔、裂口、分层的损伤修理容限以及蜂窝夹层结构穿孔、开胶、划伤的损伤修理容限。主要结论如下：

（1）层合板穿孔损伤采用斜面修补的方式最好；裂口抗拉伸性能采用切口修补的方式最好；裂口抗压缩性能采用铺层修补的方式最好；分层损伤采用挖补的修补方式最好。

（2）蜂窝夹层穿孔损伤采用单面铺层修补的方式较好；开胶损伤采用挖补修补的方式较好；划伤损伤采用铺层修补的效果较好。

（3）在试验基础上，通过数值模拟制定了层合板不同损伤形式的损伤修理容限。层合板穿孔损伤修理容限中修与不修的界限定为ϕ12mm，能修与不能修的界限定为ϕ51mm；层合板裂口损伤修理容限中修与不修的界限定为4mm，层合板裂口损伤在抗拉伸性能时，其修理容限中能修与不能修的界限定为35mm；层合板裂口损伤在抗压缩性能时，其修理容限中能修与不能修的界限定为50mm；层合板分层损伤修理容限中修与不修的界限定为ϕ60mm。

（4）在试验基础上，通过数值模拟制定了蜂窝夹层结构不同损伤形式的损伤修理容限。蜂窝夹层结构穿孔损伤修理容限中修与不修的界限定为ϕ7mm，修理容限中能修与不能修的界限定为ϕ47mm；开胶损伤修理容限中修与不修的界限定为ϕ25mm，能修与不能修的界限定为ϕ53mm；划伤的长度和深度对其性能影响较小，只有贯穿板宽后才对夹层结构的强度性能有影响。

参考文献

[1] 沈真．复合材料飞机结构损伤容限特性[J]．航空学报，1988，2(9)：1-10.

[2] 陈绍杰，等．复合材料结构修理指南[M]．北京：航空工业出版社，2001.

[3] 薛克兴．复合材料结构的损伤与修补[M]．北京：航空工业出版社，1992.

[4] 罗立．浅谈飞机复合材料结构损伤检测及评估方法[J]．科技创新与应用，2016，20：20-21.

[5] 赵美英,孙晓波,万小朋. 蜂窝夹芯结构板芯脱胶修补研究[J]. 航空学报,2003,5(24):474-476.
[6] 冯康军. 飞机复合材料结构损伤容限评定及适航审定技术研究[D]. 南京:南京航空航天大学,2010.
[7] 梁艳勤,余音,汪海. 民机复合材料结构修理容限研究[J]. 固体力学学报,2011,5(32):188-193.
[8] 刘萱. 民机复合材料结构分层损伤修理容限评估[D]. 北京:中国民航大学,2016.

第 10 章
通用飞机复合材料结构修理数据库

10.1 引　言

本章介绍的“通用飞机复合材料结构修理数据库”是基于 C#语言和 SQLite 数据库引擎编写而成的。

C#是微软公司发布的一种面向对象的、运行于 NET Framework 之上的高级程序设计语言[1]。C#是一种安全的、稳定的、简单的、由 C 和 C ++ 衍生出来的面向对象的编程语言。它在继承 C 和 C ++ 强大功能的同时去掉了一些它们的复杂特性(例如没有宏以及不允许多重继承)。C#是面向对象的程序语言。它使得程序员可以快速地编写各种基于 Microsoft. NET 平台的应用程序，Microsoft. NET 提供了一系列的工具和服务来最大程度地开发利用计算与通信领域。

SQLite 是一款轻型的数据库，是遵守 ACID 的关系型数据库管理系统，它包含在一个相对小的 C 库中[2]。它的设计目标是嵌入式的，而且目前已经在很多嵌入式产品中使用了它，它占用资源非常少。

“通用飞机复合材料结构修理数据库”包含 36 个用户界面和 SQLite 数据处理相关代码，总代码数约为 3 万行。

10.2 数据库内容

采用试验的方法，统计分析“海鸥”300、“小鹰”500 和“领世”AG300 复合材料结构检测和修理试验数据，建立通用飞机复合材料结构数据库，数据库包含结构检测与维修所需的内容，包括修理材料性能数据、典型飞机结构、常见的损伤类型、常用的无损检测方法、典型的复合材料结构修理方法以及实际飞机结构修理的示例，数据库框架如图 10 - 1 所示。

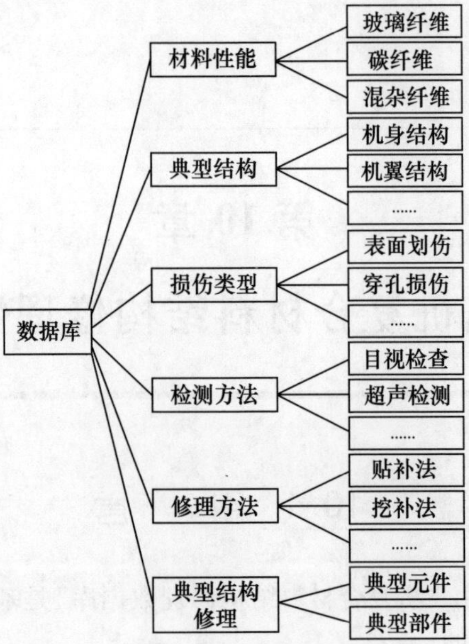

数据库
- 材料性能
  - 玻璃纤维
  - 碳纤维
  - 混杂纤维
- 典型结构
  - 机身结构
  - 机翼结构
  - ……
- 损伤类型
  - 表面划伤
  - 穿孔损伤
  - ……
- 检测方法
  - 目视检查
  - 超声检测
  - ……
- 修理方法
  - 贴补法
  - 挖补法
  - ……
- 典型结构修理
  - 典型元件
  - 典型部件

图 10－1　数据库框架

此外,对数据库中所有数据能进行删除、增加、修改等操作。数据库的数据形式包括文档、图片以及文字说明等。同时,设置数据库的不同访问权限:管理员权限和普通用户权限。管理员可对数据库内数据进行操作,普通用户仅允许浏览数据。

1. 通用飞机复合材料结构检测和修理试验数据结构定义与分析

(1) 材料性能数据。包括玻璃纤维、碳纤维和混杂纤维,由于性能数据种类繁多,为便于后续数据库的扩充,对数据的具体格式不做严格的要求,可按具体数据的形式以 Excel 表格的形式直接录入。该部分数据主要为材料的力学性能数据以及物理化学性能数据。

(2) 典型结构数据。该部分数据主要为介绍典型的通用飞机复合材料结构。因此,数据结构形式包括图片以及文字说明,可结合图片对结构进行描述。

(3) 损伤类型数据。该部分数据主要为对基本损伤类型的介绍。数据结构形式包括图片和文字说,可结合图片对损伤类型的定义进行描述。

(4) 检测方法数据。该部分数据主要是对现有的在复合材料结构上可应用的无损检测方法的介绍。考虑到检测方法的介绍相对复杂,并且后续可添加检测的规范以及实例,该部分数据除了图片和文字说明外,还允许文档形式的数据。

(5) 修理方法数据。该部分数据主要是对复合材料结构修理基本方法的介绍。数据形式为图片和文字说明。

(6) 典型结构修理数据。该部分数据包含典型元件修理和典型部件修理两部分内容:典型元件修理主要为基于典型小试件的修理研究数据;典型部件修理主要为真实飞机结构件的实际修理过程数据。考虑到这两部分数据的复杂性,允许的数据形式包括图片、文字说明以及文档。

2. 典型试验数据的试验获取与整理

材料性能数据主要来自"海鸥"300、"小鹰"500 以及"领世"AG300 以及本书进行的材料试验结果。

典型结构数据主要为"海鸥"300、AG300 等的典型结构形式。

损伤类型数据主要为基于前期调研研究得出的在通用飞机运营中经常出现的损伤类型。

检测方法数据主要为基于前期调研研究得出的目前常用的以及可以应用的无损检测方法。

修理方法数据主要为基于前期调研研究得出的复合材料结构修理常用的修理方法。

典型结构修理数据主要为课题典型元件试验结果以及"西锐"SR-20 飞机、"领世"AG300 飞机的修理实例。

3. 通用飞机复合材料结构检测和修理试验基础数据建立数据库

在以上数据的基础上,最后形成"通用飞机复合材料结构修理数据库",其登录界面如图 10-2 所示。

图 10-2　数据库登录界面

登录后数据库的主界面如图 10－3 所示。

图 10－3　数据库登录后主界面

其中,材料性能模块的典型界面如图 10－4 所示。

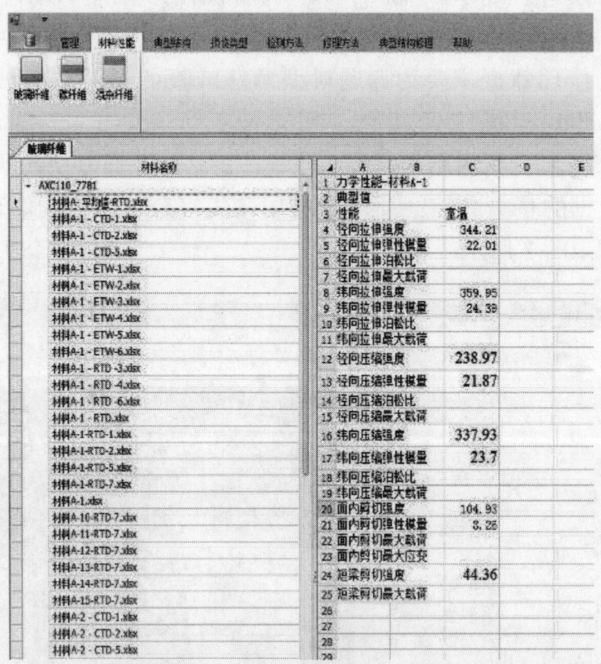

图 10－4　材料性能模块的典型界面

典型结构模块的典型界面如图 10－5 所示。

损伤类型模块的典型界面如图 10－6 所示。

损伤检测方法模块的典型界面如图 10－7 所示。

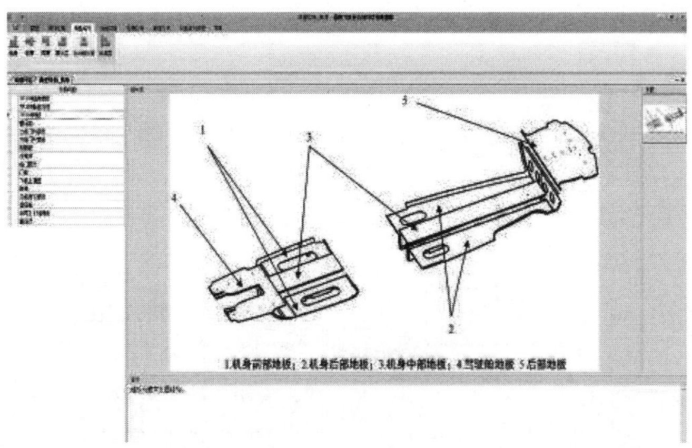

图 10-5　典型结构模块的典型界面

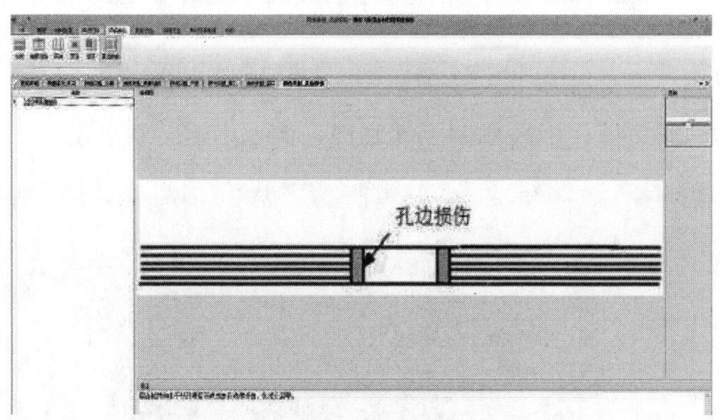

图 10-6　损伤类型模块的典型界面

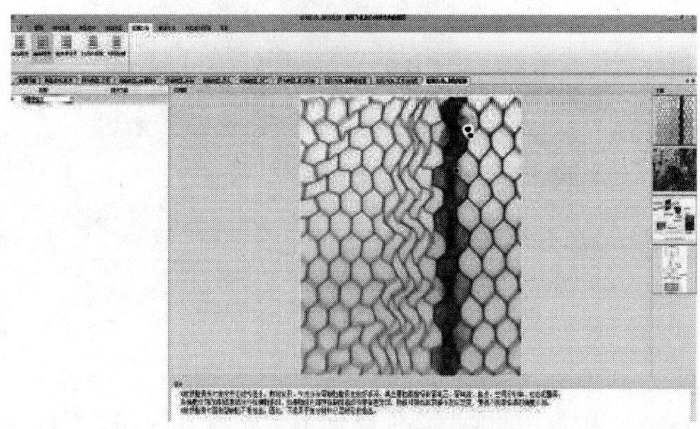

图 10-7　损伤检测方法模块的典型界面

修理方法模块的典型界面如图 10 – 8 所示。

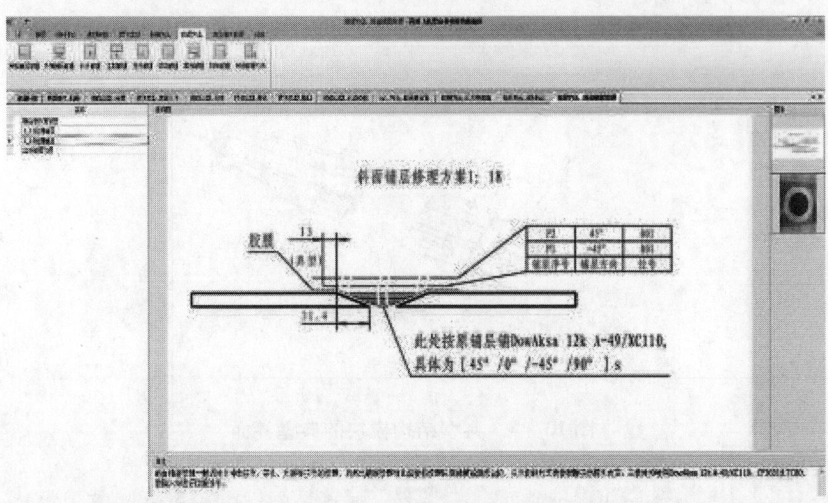

图 10 – 8　修理方法模块的典型界面

典型结构修理模块中的典型元件修理示例如图 10 – 9 所示。

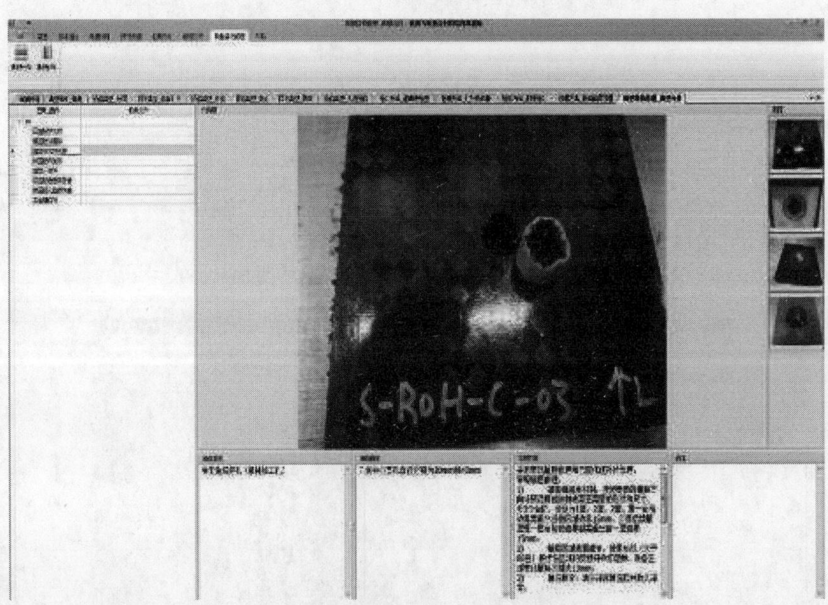

图 10 – 9　典型元件修理示例

典型结构修理模块中的典型部件修理示例如图 10 – 10 所示。

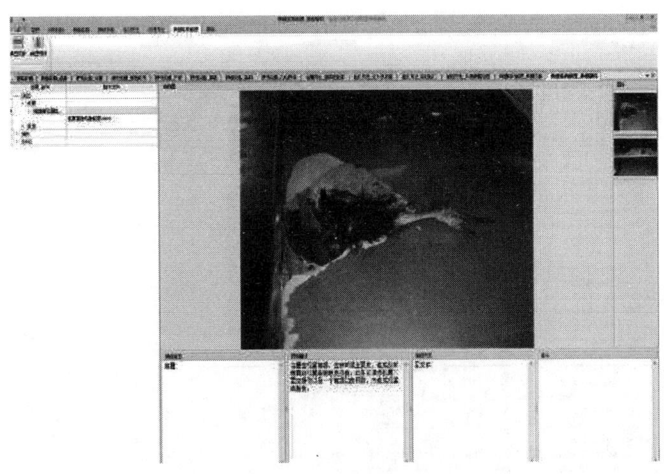

图 10－10 典型部件修理示例

10.3 数据库的安装和使用

“通用飞机复合材料结构修理数据库”的安装和使用方法如下：

(1) 安装，双击“setup”，如图 10－11 所示。

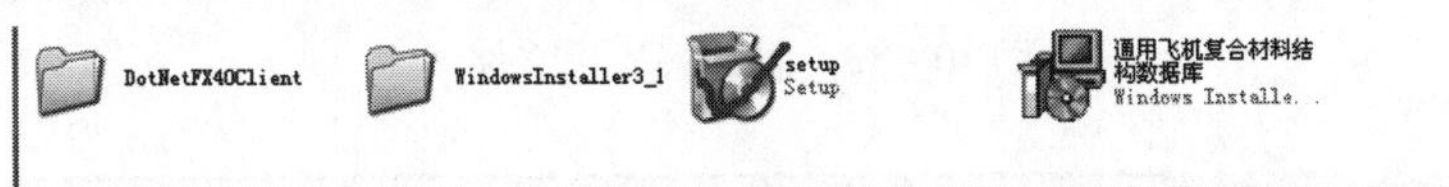

图 10－11 安装点击界面

一直单击“下一步”，注意选择安装目录，建议不要选择默认的系统盘，可以是 D 盘等。

(2) 根据电脑配置，解压“复材数据库 64Bit”或“复材数据库 86Bit”，如图 10－12所示。将解压后文件夹内的所有文件复制并替换安装目录下的文件，如图 10－13 和图 10－14 所示。

图 10－12 解压数据库文件

本地磁盘 (F:) ▸ 课题 ▸ 设计维修 ▸ 数据库相关 ▸ 安装包 ▸ 通用飞机复合材料结构数据库_安装包 ▸ Debug

新建文件夹

名称	修改日期	类型	大小
DevExpress.Sparkline.v16.1.Core	2017/11/8 13:56	XML 文档	29 KB
DevExpress.Utils.v16.1.dll	2017/11/8 13:56	应用程序扩展	8,565 KB
DevExpress.Utils.v16.1	2017/11/8 13:56	XML 文档	767 KB
DevExpress.XtraBars.v16.1.dll	2017/11/8 13:56	应用程序扩展	5,600 KB
DevExpress.XtraBars.v16.1	2017/11/8 13:56	XML 文档	2,243 KB
DevExpress.XtraEditors.v16.1.dll	2017/11/8 13:56	应用程序扩展	4,809 KB
DevExpress.XtraEditors.v16.1	2017/11/8 13:56	XML 文档	2,193 KB
DevExpress.XtraGrid.v16.1.dll	2017/11/8 13:56	应用程序扩展	2,931 KB
DevExpress.XtraGrid.v16.1	2017/11/8 13:56	XML 文档	1,492 KB
DevExpress.XtraLayout.v16.1.dll	2017/11/8 13:56	应用程序扩展	1,787 KB
DevExpress.XtraLayout.v16.1	2017/11/8 13:56	XML 文档	363 KB
DevExpress.XtraPrinting.v16.1.dll	2017/11/8 13:56	应用程序扩展	933 KB
DevExpress.XtraPrinting.v16.1	2017/11/8 13:56	XML 文档	165 KB
DevExpress.XtraRichEdit.v16.1.dll	2017/11/8 13:56	应用程序扩展	2,160 KB
DevExpress.XtraRichEdit.v16.1	2017/11/8 13:56	XML 文档	130 KB
DevExpress.XtraTreeList.v16.1.dll	2017/11/8 13:56	应用程序扩展	1,174 KB
DevExpress.XtraTreeList.v16.1	2017/11/8 13:56	XML 文档	616 KB
Microsoft.CSharp.dll	2010/3/18 19:31	应用程序扩展	64 KB
Microsoft.ReportViewer.Common.dll	2010/5/4 1:29	应用程序扩展	6,239 KB
Microsoft.ReportViewer.WinForms.dll	2010/5/4 1:29	应用程序扩展	534 KB
SQLite.Interop.dll	2016/9/14 11:14	应用程序扩展	1,379 KB
SQLite.Interop.pdb	2016/9/14 11:14	PDB 文件	2,587 KB
System.Data.DataSetExtensions.dll	2010/3/18 19:31	应用程序扩展	30 KB
System.Data.dll	2010/3/18 19:31	应用程序扩展	1,298 KB
System.Data.SQLite.dll	2016/9/14 11:13	应用程序扩展	308 KB
System.Data.SQLite.EF6.dll	2016/9/14 11:14	应用程序扩展	182 KB
System.Data.SQLite.EF6.pdb	2016/9/14 11:14	PDB 文件	204 KB
System.Data.SQLite.EF6	2016/9/14 11:14	XML 文档	122 KB
System.Data.SQLite.Linq.dll	2016/9/14 11:14	应用程序扩展	182 KB
System.Data.SQLite.Linq.pdb	2016/9/14 11:14	PDB 文件	204 KB
System.Data.SQLite.Linq	2016/9/14 11:14	XML 文档	119 KB
System.Data.SQLite.pdb	2016/9/14 11:13	PDB 文件	600 KB
System.Data.SQLite	2016/9/14 11:13	XML 文档	850 KB
System.Deployment.dll	2010/3/18 19:31	应用程序扩展	586 KB
System.DirectoryServices.dll	2010/3/18 19:31	应用程序扩展	131 KB
System.dll	2010/3/18 19:31	应用程序扩展	899 KB
System.Drawing.dll	2010/3/18 19:31	应用程序扩展	208 KB
System.Web.Services.dll	2010/3/18 19:31	应用程序扩展	259 KB
System.Windows.Forms.dll	2010/3/18 19:31	应用程序扩展	1,600 KB
System.Xml.dll	2010/3/18 19:31	应用程序扩展	920 KB
System.Xml.Linq.dll	2010/3/18 19:31	应用程序扩展	47 KB
WeifenLuo.WinFormsUI.Docking.dll	2016/10/24 10:27	应用程序扩展	446 KB
WeifenLuo.WinFormsUI.Docking.pdb	2016/10/24 10:27	PDB 文件	712 KB
通用飞机复合材料结构修理数据库	2017/11/22 9:08	应用程序	2,255 KB
通用飞机复合材料结构修理数据库.pdb	2017/11/22 9:08	PDB 文件	1,086 KB
通用飞机复合材料结构修理数据库.vshost	2017/11/22 9:08	应用程序	23 KB
通用飞机复合材料结构修理数据库.vshos...	2017/3/19 5:00	MANIFEST 文件	1 KB

解压后文件夹名称

解压后文件夹内文件

图 10-13　复制解压后文件

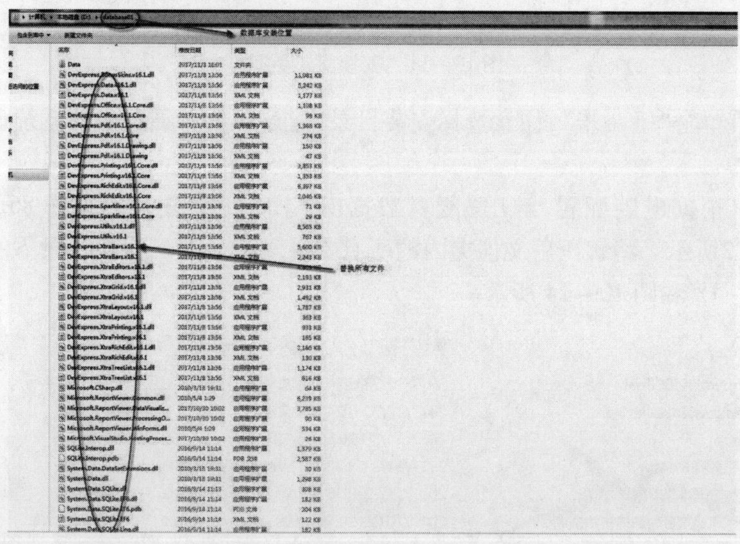

图 10-14　替换安装目录下的文件

(3) 安装完成后,在桌面会生成快捷方式,双击进入登录界面,使用默认的账号和密码登录,如图 10 - 15 所示。

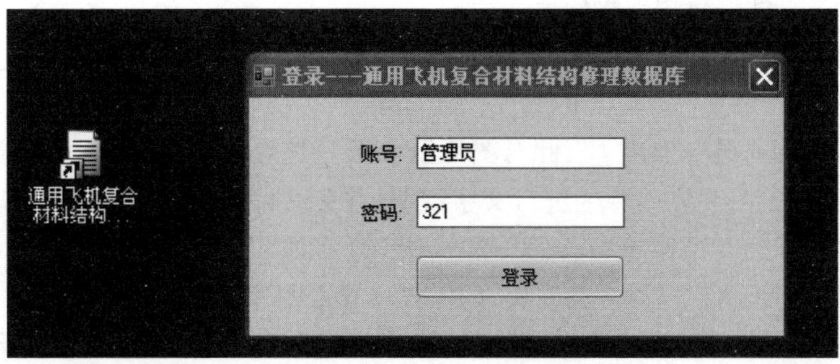

图 10 - 15　登录界面

(4) 进入数据库界面,如图 10 - 16 所示。

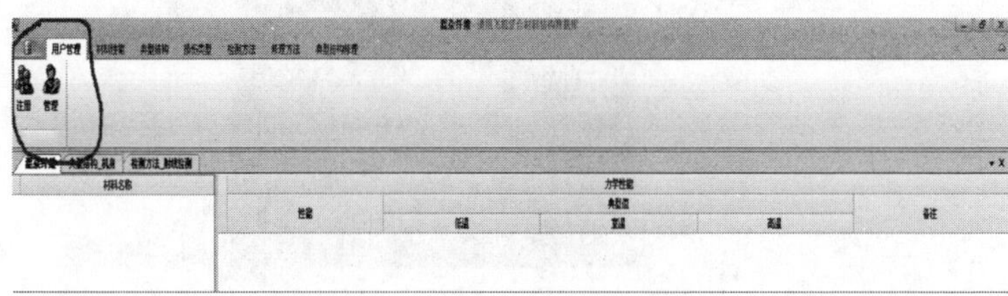

图 10 - 16　用户数据库界面(1)

(5) 数据库界面注意区域如图 10 - 17 所示。

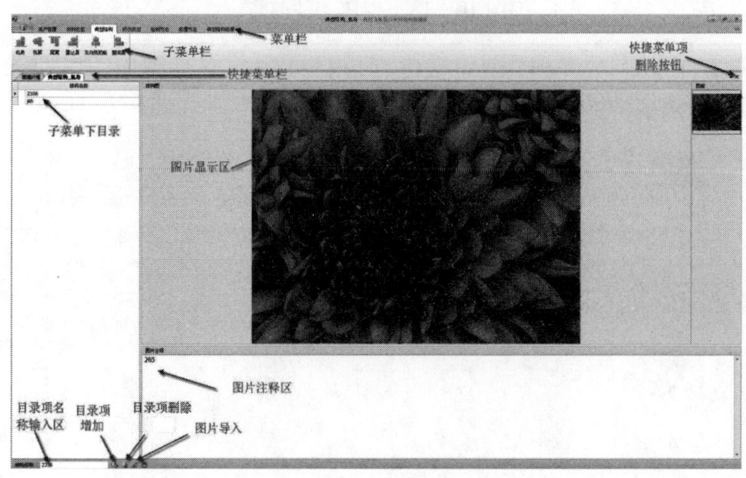

图 10 - 17　用户数据库界面(2)

(6) 在“菜单栏”—“子菜单”找到需要编辑/查看的模块,并通过底部的内容编辑菜单进行增加、删除等操作。此外,选择的每一个“子菜单”都会在快捷菜单显示,方便进行快速操作。

(7) 下面以“典型结构模块”—“机身”来说明内容增加、删除操作过程。先在界面左下角输入“结构名称”,如“机身蒙皮 1”并点击左侧的“+”,并保存。在目录中单击“机身蒙皮 1”,此时图片区和图片注释区均为空白,可通过“图片导入”导入图片,并在注释区进行文字说明,并务必保存!

(8) “损伤类型模块”“修理方法模块”的界面与“典型结构模块”类似。

(9) 下面说明“检测方法模块”的操作。导入图片以及图片注释操作与“典型结构模块”相同。“检测方法模块”增加了导入文件的功能,如图 10-18 所示。

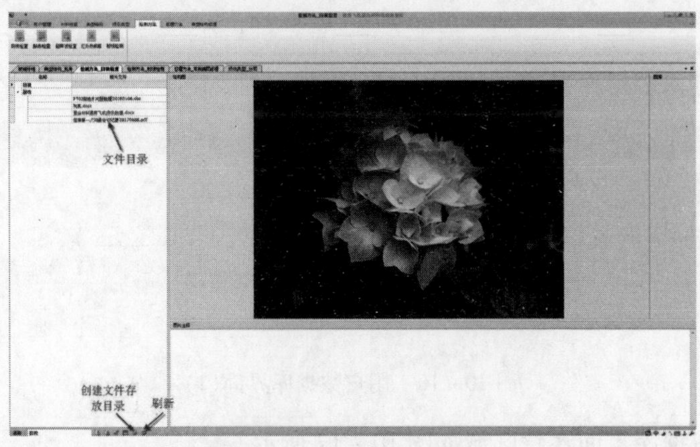

图 10-18　创建文件内容

导入文件步骤:先单击“创建文件存放目录”,再在数据库安装目录中找到该文件夹,本例子中的目录如图 10-19 所示。

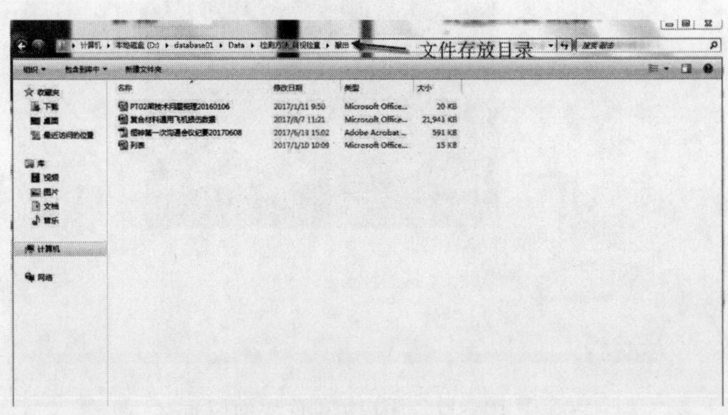

图 10-19　创建文件存放目录界面

将文件复制进该目录，在数据库界面单击“刷新”，此时，可在数据库中看到文件目录。

(10)“典型结构修理模块”操作方法：该标签除名称输入增加了 1 个层级外，其余操作与“检测方法模块”类似。项目名称增加的层级用于输入飞机型号和部件名称，如图 10－20 所示。

图 10－20　名称输入操作界面

(11)“材料性能模块”操作方法：该标签较简单，只需输入具体数据进表格并保存即可，如图 10－21 所示。

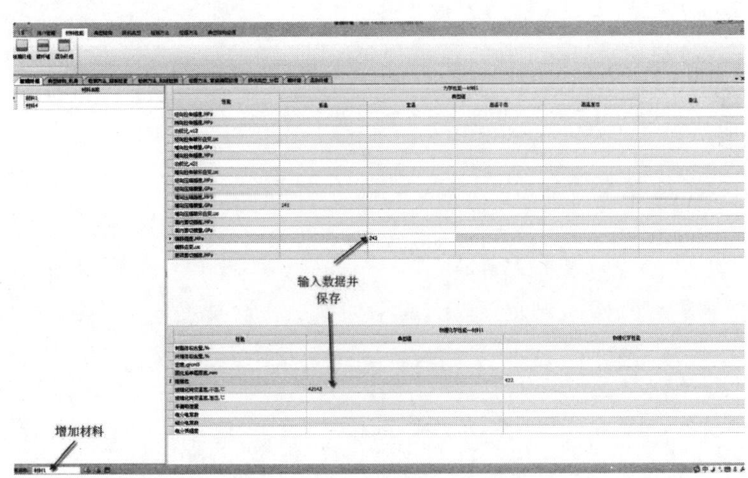

图 10－21　材料性能表格输入界面

10.4 本章小结

本章介绍了通用飞机复合材料结构修理数据库的模块内容和详细设计框架。在此基础上开发了该数据库系统,可以为后续通用飞机的缺陷和损伤提供样本及维修方法借鉴。

参考文献

[1] 王小科,等. C#程序开发参考手册[M]. 北京:机械工业出版社,2013.
[2]【美】本·福达. SQL 必知必会[M]. 钟鸣,刘晓霞,译. 北京:人民邮电出版社,2007.

内 容 简 介

本书针对通用飞机复合材料层合板和蜂窝夹层结构的典型损伤模式，研究其满足适航要求下的修补容限、修补方法、修补前后结构强度分析技术和相关试验技术，内容涉及碳纤维修补材料、层合板、蜂窝夹层结构、复合材料连接件和复合材料机翼等典型元件和结构。

本书可以使读者了解目前国内外复合材料损伤修补、分析、检测以及试验方面的技术及其进展，真正理解复合材料修补技术的实质。本书可为飞机设计、材料等相关专业的研究人员和工程技术人员提供参考。

Introduction

This book focuses on the typical damage modes of general aviation aircraft composite laminates and honeycomb sandwich structures, and studies the repair allowance, repair methods, structural strength analysis techniques before and after repair and related test techniques. Carbon fiber repair materials, laminated plates, honeycomb sandwich structures and typical components and structures such as connectors and composite wing are included.

This book makes readers know much knowledge about the technology and progress of damage repair, analysis and test techniques of composite component both at home and abroad, and really understand the essence of composite material repair technology. This book also can provide reference for researchers and engineers in aircraft design, materials and other related fields.